AKADEMIE DER LANDWIRTSCHAFTSWISSENSCHAFTEN
DER DEUTSCHEN DEMOKRATISCHEN REPUBLIK

INSTITUT FÜR PFLANZENSCHUTZFORSCHUNG (BZA)
ZWEIGSTELLE EBERSWALDE
ABTEILUNG TAXONOMIE DER INSEKTEN
(EHEMALS DEI)

BEITRÄGE ZUR ENTOMOLOGIE

AKADEMIE-VERLAG · BERLIN

SONDERHEFT 1974

Beitr. Ent. · Bd. 24 · 1974 · Sonderheft · S. 1–431 · Berlin

Beitr. Ent. Bd. 24 1974 · Sonderheft · S. 1–431 · Berlin

Institut für Pflanzenschutzforschung
der Akademie
der Landwirtschaftswissenschaften der DDR zu Berlin
Zweigstelle Eberswalde
Abteilung Taxonomie der Insekten (ehem. DEI)
Eberswalde (DDR)

Naturhistorisches Museum
der Benediktiner-Abtei Admont
Admont (Österreich)

GÜNTER MORGE

Das Naturhistorische Museum des Stiftes Admont

unter dem Aspekt seiner wissenschaftlich wertvollsten Kollektionen

Mit 30 Farbtafeln, 10 Bildtafeln und 32 Textfiguren

(Würdigung anläßlich des 900jährigen Bestehens der Benediktiner-Abtei Admont, Österreich)

Geleitworte

Prälat Abt Koloman Holzinger

Abt des Stiftes Admont (seit 1956)
und Abtpräses der Österreichischen Benediktinerkongregation

Dank, Anerkennung, Freude und Hoffnung

scheinen mir als Leitgedanken für dieses Werk einzig und allein würdig zu sein.

In gelungenem Kompromiß werden Öffentlichkeit und spezieller wissenschaftlicher Fachwelt zu zweifellos gleichgroßem Interessenanteil und Informationsmöglichkeit eine eigene Festschrift präsentiert, die in sich vereint, was in früheren Jahrzehnten und Jahrhunderten in Admont auf naturkundlichem Gebiet erarbeitet und was in den letzten eineinhalb Dezennien an naturwissenschaftlicher Forschung und für die Erhaltung vorhandener Werte geleistet wurde.

Die schlichte Feststellung, daß diese Festschrift überhaupt die erste zusammenfassende wissenschaftliche Betrachtung über die naturhistorische Tätigkeit im Stifte Admont und die daraus resultierenden naturkundlichen Sammlungen ist, beschreibt von selbst ihre Bedeutung. Daß dieses Werk zum Zeitpunkt des 900jährigen Bestehen des Stiftes vorliegt, vervollkommnet einen damit erzielten historischen Abschnitt in idealer Form.

Mein Dank gilt vor allem Herrn Oberforstmeister Dr. habil. GÜNTER MORGE, der durch eine an Aufopferung grenzende, selbstlose Arbeit nicht nur völlig allein dieses Werk schuf, sondern auch in nunmehr 16jähriger Kustodiatstätigkeit unser Naturhistorisches Museum betreut und alle wissenschaftlichen Sammlungen, die dem Stift widerrechtlich enteignet worden waren, wieder zurückführte und sie vereinte. Seine Arbeit zu würdigen heißt, eine unendlich mühevolle, seine eigenen Kräfte fast übersteigende Leistung zu bestätigen, die in der kompletten Restaurierung aller wissenschaftlichen Kollektionen, ihrer schon teilweise erfolgten Auswertung und einer vollständigen Renovierung des gesamten Museums gipfelt, womit die Konservierung aller Sammlungen wieder für Jahrzehnte gewährleistet ist. Tiefste wissenschaftliche Verpflichtung und absolute persönliche Selbstlosigkeit sind die einzige Erklärung, daß Dr. MORGE alles Erwähnte ohne jede Hilfskraft schaffte.

Die Freude des Stiftes darüber, daß dieses Werk entstanden ist, kann nicht getrennt werden von dem Dank an alle Stellen, die durch ständige Unterstützung und großes Verständnis seine Realisierung überhaupt erst gewährleisteten und die finanziellen Voraussetzungen für das Erscheinen der Festschrift gaben: insbesondere die Akademie der Landwirtschaftswissenschaften der DDR und das Ministerium für Land-, Forst- und Nahrungsgüterwirtschaft der DDR. Korrekte Erfüllung aller mit dem übertragenen Kustodiat zusammenhängenden

Vereinbarungen verbunden mit dem großen persönlichen Einsatz von Herrn Dr. Morge bilden die Basis all dessen.

Anerkennung und Freude über dieses Werk haben ihre Wurzel in der Tatsache, daß es das Stift nicht nur als eine echte Aufgabe betrachtet, das Erbe seiner Vorfahren auch auf naturhistorischem Gebiet zu hüten, sondern naturwissenschaftliche Forschung gleichermaßen für Gegenwart und Zukunft zu fördern. Unter diesem Aspekt sehen Abt und Kapitel diese zum Anlaß des 900jährigen Jubiläums nun vorliegende Festschrift auch als Zeugnis ihres Bestrebens und ihrer Verpflichtung, vorhandene naturkundliche Kollektionen durch wissenschaftliche Auswertung zu nutzen und damit den Spezialdisziplinen zu dienen.

Gewürdigtes gestattet einen frohen Ausblick in die Zukunft, in der das Stift immer bestrebt sein wird, auch die naturwissenschaftliche Forschung so intensiv wie möglich zu unterstützen. Es berechtigt aber ebenfalls zu der Hoffnung, daß der mit dem Kustodiat unseres Naturhistorischen Museums beschrittene Weg auch in Zukunft durch die damit verbundene kontinuierliche wissenschaftliche Auswertung weitere schöne Erfolge sichern wird und erwarten läßt, wie das bis jetzt schon Erreichte bereits bestätigt.

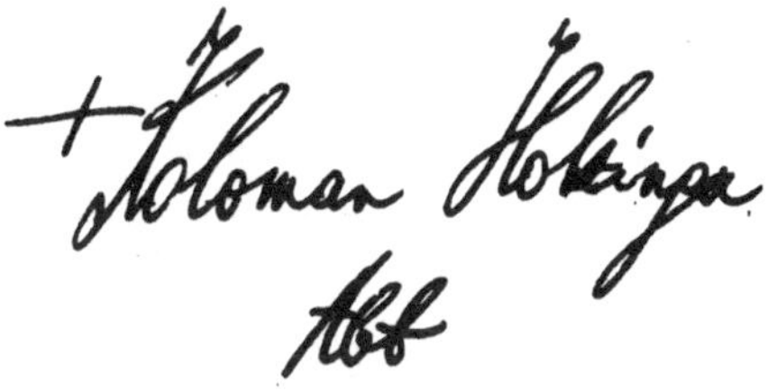

Koloman Holzinger
Abt des Stiftes Admont
und Abtpräses der Österreichischen Benediktinerkongregation

Die Akademie der Landwirtschaftswissenschaften der Deutschen Demokratischen Republik betrachtet es als eine ehrenvolle Verpflichtung, mit dieser Festschrift, die als Sonderband der von der Akademie herausgegebenen wissenschaftlichen Zeitschrift ,,Beiträge zur Entomologie" erscheint, einen in seiner Art wissenschaftlich wie kulturhistorisch wohl einmaligen Schatz zu erschließen und allgemein zugänglich zu machen. Diese Festschrift ist das Resultat der Wahrnehmung des Kustodiats des Naturhistorischen Museums des Stiftes Admont durch den Wissenschaftlichen Abteilungsleiter unserer Akademie, Herrn Dr. habil. GÜNTER MORGE, ist ein Ergebnis viele Jahre währender, vertrauensvoller Zusammenarbeit.

Bei erster Betrachtung mag es vielleicht verwundern, daß eine wissenschaftliche Akademie eines sozialistischen Staates zu Ehren eines 900jährigen Stiftsjubiläums eine Festschrift herausgibt. Das ist aber durchaus nicht verwunderlich. Dieses Geschehen findet vielmehr eine sehr reale Begründung in dem humanistischen Grundanliegen unseres Staates, das das Bewahren und die Pflege großer Leistungen vergangener Epochen einschließt und sich davon leiten läßt, daß gerade in unserer Zeit der Existenz unterschiedlicher Gesellschaftsordnungen das gegenseitige Respektieren Voraussetzung für die internationale Zusammenarbeit ist und sie ermöglicht.

Diese Festschrift berichtet darüber hinaus von jenem Unrecht, das dem Stift bei der faschistischen Annexion Österreichs in Form von widerrechtlicher Enteignung und Verlagerung der bedeutenden wissenschaftlichen Werte seiner naturkundlichen Sammlungen zugefügt wurde. Herr Dr. MORGE hat in mühevoller Kleinarbeit durch erneutes Konservieren, Ordnen und wissenschaftliches Auswerten eine wertvolle Aufbauarbeit geleistet und mit diesem Werk eine Aufgabe erfüllt, deren Ergebnisse weltweises Interesse verdienen. Es darf in diesem Zusammenhang nicht unerwähnt bleiben, daß ohne die besonderen Fachkenntnisse von Herrn Dr. MORGE und ohne seinen unermüdlichen persönlichen Einsatz diese Leistungen nicht möglich gewesen wären.

Ein bedeutsames Anliegen der wissenschaftlichen Bestrebungen der Deutschen Demokratischen Republik ist die Förderung humanistischer Forschungsarbeit, wie sie auch in vorliegender Festschrift zum Ausdruck kommt. Unter diesem Aspekt ist die Fürsorge zu sehen, die die Akademie der Landwirtschaftswissenschaften der DDR außer den ihr vornehmlich übertragenen praxisorientierten umfangreichen Forschungsvorhaben der entomologisch-taxonomischen Forschung angedeihen läßt. Die Akademie wird die von ihrem Mitarbeiter Herrn Dr. MORGE für das Stift Admont wahrzunehmende Kustodiatsverantwor-

Prof. Dr. sc. Eberhard Wojahn
Vizepräsident der Akademie der Landwirtschaftswissenschaften der DDR

tung auch in Zukunft fördern und unterstützen. Möge dieses Werk auch jenen Bemühungen dienen, die darauf gerichtet sind, durch eine vertrauensvolle internationale Zusammenarbeit zur Vertiefung der Entspannung in Europa und zur Sicherung des Friedens in der Welt beizutragen.

Prof. Dr. sc. Eberhard Wojahn
Vizepräsident der Akademie
der Landwirtschaftswissenschaften der DDR

Prof. Kurt Jungwirth
Landesrat
Steiermärkische Landesregierung

Die Benediktinerabtei Admont zählt zu den bedeutendsten geistlichen und kulturhistorischen Stätten unseres Landes. Die Stiftsbibliothek ist weltberühmt, das Stiftsgymnasium leistet beachtliche pädagogische Arbeit, die Forstverwaltung genügt den zeitgemäßen forstwirtschaftlichen Ansprüchen in besonderer Weise, alles in allem ein aus der Geschichte des Landes in die Gegenwart hereingewachsenes kulturelles und wirtschaftliches Zentrum des Landes.

Daß dieses Stift mit einer Insektensammlung auch wissenschaftlich internationale Bedeutung erlangt hat, wußten bislang nur wenige. Oberforstmeister Dr. habil. Günter Morge aus Eberswalde/DDR, hat seit 16 Jahren einen Großteil seiner Forschertätigkeit dieser Sammlung gewidmet, mit besonderer Intensität seit er mit dem Kustodiat über sie betraut wurde. In einer naturwissenschaftlichen Festschrift, die anläßlich des 900jährigen Bestandsjubiläums des Stiftes Admont veröffentlicht wird, hebt Dr. Morge diesen Schatz in das Licht des kulturellen Bewußtseins unseres Landes und verschafft ihm zugleich verdiente nationale und internationale Würdigung. Die wissenschaftlichen Beziehungen des Stiftes Admont zu einer Reihe bedeutender Institutionen und Hohen Schulen ist ebenso Gegenstand dieser Festschrift wie die Bearbeitung der Fülle vorhandener wissenschaftlicher Objekte und nicht zum geringsten eine Würdigung so bedeutender Gelehrter wie des Begründers der Dipterologie Johann Wilhelm Meigen oder des Naturhistorikers Pater Gabriel Strobl. Des letzteren Lebensbeschreibung ist ein Stück steirische Kulturgeschichte. Das Admonter Naturhistorische Museum ist mit dem Namen des Admonter Benediktinerpaters Gabriel Strobl untrennbar verbunden, wenngleich seine Entstehung in der derzeitigen Form Herrn Dr. Günter Morge zu danken ist, der als Kustos Tradition und Leistung des Begründers fortgesetzt hat. Insbesondere ist die wissenschaftliche Erschließung der Insektensammlung eine Tat, für welche Dr. Morge den Dank des Stiftes und des Landes Steiermark verdient. Dieser soll und wird in gebührender Weise noch sichtbar zum Ausdruck kommen. Daß mit der nun 16jährigen wissenschaftlichen Verbundenheit Dr. Morges zu Admont und zum Bundesland Steiermark ein wertvoller Schritt der Verständigung über Grenzen hinweg gelungen ist, soll auch bei diesem Anlaß vermerkt sein.

Es ist zu hoffen und zu wünschen, daß seine Arbeit noch nicht abgeschlossen, sondern ein festgefügter Meilenstein auf dem Wege zu weiterem guten Gedeihen ist.

K. Jungwirth

Prof. Kurt Jungwirth
Landesrat, Steiermärkische Landesregierung

Dr. Niederl
Landeshauptmann von Steiermark

Oberforstmeister Dr. habil. Günter Morge legt eine Festschrift zum Anlaß des 900jährigen Bestandsjubiläums unseres Stiftes Admont vor. Es ist ein Werk, das große Beachtung finden wird. Es ist zugleich ein international zu würdigendes Zeichen freundschaftlicher Zusammenarbeit zwischen dem Gelehrten aus der DDR und der Stiftsvorstehung, die seit eh und je die künstlerischen und wissenschaftlichen Schätze treu zu hüten und zu verwalten weiß. Die Übertragung des Kustodiats an den Gelehrten aus der DDR bedeutete für die große Insektensammlung eine nach modernen Forschungsgesichtspunkten orientierte Auswertung und damit auch eine neue Nutzanwendung. Diese Wiedererschließung der Sammlung des Admonter Benediktinerpaters Gabriel Strobl wird das wissenschaftliche Ansehen des Stiftes Admont wieder in das Bewußtsein der Gelehrtenwelt rücken. Oberforstmeister Dr. Morge hat in jahrelanger Arbeit mit seltenem Verantwortungsbewußtsein und großer Fachkenntnis sich um dieses Werk verdient gemacht und alle Jahre mehrere Monate in der Steiermark zugebracht, gewiß wohl auch Land und Leute kennen und schätzen gelernt und unsere Gastfreundschaft wohltuend empfunden. Er ist für uns schon fast ein Landsmann, einer, dem wir besten Erfolg in allen seinen Bemühungen herzhaft wünschen. So ist es mir ein ernstes Bedürfnis, ihm und allen jenen Stellen, die seine Arbeit gefördert und unterstützt haben, ein Wort des aufrichtigen Dankes zu sagen. Seine Arbeit wird auch als Beispiel des Verständnisses und der Freundschaft über Grenzen hinweg zu werten und zu achten sein. Mag es sich fügen, daß die Arbeit dieses Mannes nur ein Anfang zu einer noch besseren, von gegenseitigem Vertrauen geprägten wissenschaftlichen Zusammenarbeit ist.

Dr. Niederl
Landeshauptmann von Steiermark

Inhalt

Contents

* * *

Содержание

Prospectus

Von viel Ungewöhnlichem gilt es in gedrängter Form zu berichten:

In einem 900jährigen Kloster, dem Stift Admont, befindet sich ein über hundertjähriges Naturhistorisches Museum von seltener Eigenheit und mit großen Sammlungen aus allen drei Naturreichen: Tiere, Pflanzen und Gesteine. — Hierunter ist aus noch näher zu erläuternden Gründen als wissenschaftlich wertvollste Kollektion die der Insekten zu nennen, mit rund 250000 Exemplaren, die 56000 verschiedene Arten umfassen. Von dieser wiederum sind eine Dipteren- und eine Hymenopteren-Sammlung die bedeutendsten. So kommt es zu der sonderbaren und wohl ziemlich einmaligen Kombination, daß neben vielen anderen naturwissenschaftlichen Schätzen

*

eine Benediktiner-Abtei (Admont) fast 48000 Fliegen von mehr als 6600 verschiedenen Arten beherbergt, stammend von Fundorten, die sich kontinuierlich quer über Europa erstrecken, von jenseits der Karpaten bis zur portugiesischen Grenze, versehen mit Etiketten, die in einer anfangs stenographischen, später hieroglyphenartigen Beschriftung geographische Details und solche der Lebensweisen der betreffenden Arten beinhalten.

*

Ein einziger Mensch, der Benediktiner-Pater Gabriel Strobl, trug mit Bienenfleiß völlig allein sämtliche Kollektionen dieses Museums zusammen, auch jene riesige Insektenzahl, und ordnete und katalogisierte sie.

*

Trotz dieser wissenschaftlichen Fülle sucht man nach P. Strobls letzter Veröffentlichung, mithin in über sechs Jahrzehnten, vergeblich nach einer entsprechenden Würdigung dieser Werte oder auch nur nach einer Bestandserfassung, etwa in der Form eines Museumsführers, obwohl es für letzteren Ansätze gegeben hat. Die Folge war Unkenntnis über den Verbleib dieser Sammlungen, über die seinerzeit viele Publikationen erschienen waren.

Außergewöhnliche Leistungen und wechselhaftes Schicksal im Wandel von Jahrzehnten sind zu würdigen und in der Literatur als verschollen deklarierte, indessen wohl erhaltene, bestens geordnete wissenschaftliche Werte sind mitzuteilen.

Eine historische Festschrift zum 900jährigen Jubiläum dieses Klosters behandelt seine geistige, kulturgeschichtliche und wirtschaftliche Entwicklung über die Jahrhunderte. Sie läßt vereinbarungsgemäß die große und bisher wohl auch aus Bescheidenheit absolut unterschätzte naturwissenschaftliche Ausstrahlungskraft des Stiftes dieser gesonderten Darstellung vorbehalten. Es ist zudem eben festzustellen, daß es bislang auch keinerlei die naturwissenschaftlichen Leistungen des Stiftes zusammenfassend würdigende Veröffentlichung überhaupt gibt.

In der folgenden Artikelserie habe ich versucht, diesen Verpflichtungen und den genannten Aufgaben gerecht zu werden. Eine solche Betrachtung und Würdigung konnte jedoch durch die enorme Vielseitigkeit allein schon in den verschiedenen naturwissenschaftlichen Disziplinen, vertreten durch eben die vorhandenen Sammlungen, nur in einem Kompromiß bestehen: Es galt eine objektive Wertschätzung des wissenschaftlich Bedeutsamsten vorzunehmen. Diese fällt aber zugunsten der gerade äußerlich unansehnlichsten Kollektionen aus, eben jener erwähnten besonderen Insektensammlungen. Und leider können diese für die jährlich viele Tausende zählenden Besucher von Stift und Museum und modernerweise dioramenerwartenden Augen makroskopisch nicht viel bieten. Das Stiftsmuseum Admont ist aber andererseits gerade durch diese Sammlungen eine Art „Residenz der Entomologie": in Bescheidenheit, die dieser Disziplin eigen, wissenschaftliche Leistung bekundend — und erst danach Besucherattraktion.

Der Leser dieser naturwissenschaftlichen Festschrift möge daher nicht enttäuscht sein, wenn es dem Verfasser nicht möglich war, allzu populärwissenschaftlich zu bleiben, und die Entomologen andererseits werden um Verständnis für Hinweise auch auf Sammlungen anderer Wissensgebiete gebeten, deren Würdigung in diesem Zusammenhang, ebenso begründet, nicht unterbleiben kann.

Auf Umschlag und Innentitelblatt dieser Schrift habe ich versucht, die in ihrer Kombination wohl einmalige naturwissenschaftliche Ausstrahlungskraft des Stiftes Admont symbolisch darzustellen: Unter geistiger Obhut und Voraussetzung des 900jährigen Stiftes (Wappen), auf der materiellen Basis einer gedeihlichen Forstwirtschaft in den stiftischen Wäldern (Nadelzweige) bekunden Insektensammlungen (Fliegen) eine besondere Art wissenschaftlicher Forschung und scientificaler Leistung.

Die Aufgaben, mit denen ich seit nunmehr 16 Jahren die Verantwortung über das Kustodiat des Naturhistorischen Museums Admont und seiner naturwissenschaftlichen Sammlungen erfülle, erwiesen sich als ähnlich dreiseitig orientiert: Zuerst galt es, einer äußerst realistischen Verpflichtung nachzukommen in Form der Rückführung der wissenschaftlich wertvollsten Bestände, die wie das gesamte bewegliche und unbewegliche Vermögen des Stiftes bei der Annexion Österreichs durch das faschistische Deutschland 1938 als „staats- und volksfeindlicher Besitz" widerrechtlich enteignet und verlagert worden waren. Danach mußten diese und alle anderen Sammlungen nach und nach restauriert und damit konserviert werden. Auf der Basis von beiden war dann endlich wieder eine wissenschaftliche Bearbeitung zur Hauptpflicht und -verantwortung des Kustodiats geworden. Es war mein Ziel, diese mit dem Kustodiat verbundene dreiseitige Verpflichtung sich ebenso in der folgenden Artikelserie widerspiegeln zu lassen, bei Wahrung des Charakters der wissenschaftlichen Zeitschrift, in deren Rahmen diese Festschrift hiermit erscheint.

* * *

Wenn eingangs auf viel Ungewöhnliches hingewiesen wurde, so gilt Gleiches ganz besonders auch für eben dieses Kustodiat des Naturhistorischen Museums des Stiftes Admont und seiner Sammlungen, das nun schon durch diesen langen

Zeitraum kontinuierlich und über Staatsgrenzen hinweg wahrgenommen wird. Die Realisierung dieses wohl ebenfalls ziemlich einmaligen Arrangements war und ist nur möglich auf der Basis eines jahrelang bewährten, außerordentlich guten Verständnisses und einer ebensolchen, weitsichtigen Unterstützung wissenschaftlicher Belange durch gegenseitige Achtung, Anerkennung und Vertrauen der zuständigen Stellen in beiden Staaten: Österreich und der DDR.

Eine vertrauensvolle, stete Förderung durch folgende drei Seiten gewährleistete diese Arbeit, wofür meine höchste Anerkennung und tiefer Dank gebührt:

dem Stift Admont:

Seiner Gnaden Abtpräses Prälat KOLOMAN HOLZINGER, seit 1956 Abt des Stiftes;

den staatlichen Institutionen der Deutschen Demokratischen Republik:

dem Ministerium für Land-, Forst- und Nahrungsgüterwirtschaft der DDR, dem Ministerium für das Hoch- und Fachschulwesen der DDR, der Akademie der Landwirtschaftswissenschaften der DDR zu Berlin und der Botschaft der Deutschen Demokratischen Republik in der Republik Österreich, insbesondere Seiner Exzellenz, dem Herrn Außerordentlichen und Bevollmächtigten Botschafter Dr. WERNER FLECK;

den staatlichen österreichischen Stellen der Steiermärkischen Landesregierung in Graz:

dem ehemaligen Landeshauptmannstellvertreter und jetzigen Präsidenten des Steiermärkischen Landtages, Univ.-Prof. Dr. HANNS KOREN, Herrn Landesrat Prof. KURT JUNGWIRTH, Herrn Wirkl. Hofrat Dr. HANS DATTINGER und Herrn Oberregierungsrat Dr. ALOIS URABIC.

* * *

Zahlreichen Persönlichkeiten verdanke ich Rat und Unterstützung bei meiner Arbeit und viele von ihnen haben sich für die Erhaltung der Sammlungen während ihrer Verlagerung bleibende Verdienste erworben, die an der betreffenden Stelle in der folgenden Artikelserie gewürdigt werden. — Drei Mitgliedern des Konvents des Stiftes Admont gebührt darüber hinaus besondere Erwähnung für ihr stetes wissenschaftliches Interesse in der Unterstützung dieses Kustodiats: dem Herrn Prior des Stiftes Direktor P. BENEDIKT SCHLÖMICHER, P. BLITMUND TSCHURTSCHENTHALER und †Hofrat Dr. P. ENGELBERT LACHOWITZ. — Im Konvent der Barmherzigen Brüder zu Graz gilt mein Dank für stetes Gastrecht und die damit gebotenen Arbeitsvoraussetzungen dem derzeitigen Prior P. ANTONIUS PICHLER und dem früheren, P. AUGUSTIN GRUBHOFER.

Eine besondere Bereicherung erfuhr die Festschrift durch die Veröffentlichungsmöglichkeit einer ersten Serie MEIGENscher Originalzeichnungen zu seinen Dipteren-Beschreibungen aus den Jahren 1790 bis 1838, die erst jetzt in Paris aufgefunden wurden und manche bisher nicht lösbare Artdeutung gestatten werden. Für dieses große Entgegenkommen ist Verfasser den Direktionen von Bibliothèque und Laboratoire d'Entomologie des Muséum National d'Histoire Naturelle de Paris sowie den Herren Dr. Matile und Prof. Dr. Dr. Hennig sehr zu Dank verpflichtet.

Ohne das besondere Verständnis des Akademie-Verlages Berlin und ein außerordentliches Bemühen des VEB Druckerei „Thomas Müntzer" der Akademie der Wissenschaften der DDR, Bad Langensalza, wäre diese Festschrift in ihrer Gestaltung nicht möglich gewesen.

* * *

Die riesigen Sammlungen dieses Museums erfordern bezüglich Restaurierung und vor allem wissenschaftlicher Auswertung noch viel weitere Arbeit. Es ist meine Verpflichtnng, diese fortzuführen in der Hoffnung auf ihre weitgehende Vollendung.

Eberswalde (DDR)/Admont (Österreich), im März 1974

Dr. habil Günter Morge
Oberforstmeister

Wissenschaftlicher Abteilungsleiter im Institut für Pflanzenschutzforschung der Akademie der Landwirtschaftswissenschaften der DDR

Kustos des Naturhistorischen Museums und der naturwissenschaftlichen Sammlungen der Benediktiner-Abtei Admont

Beitr. Ent. · Bd. 24 · 1974 · Sonderheft · S. 23—40 · Berlin

Institut für Pflanzenschutzforschung
der Akademie
der Landwirtschaftswissenschaften der DDR zu Berlin
Zweigstelle Eberswalde
Abteilung Taxonomie der Insekten (ehem. DEI)
Eberswalde (DDR)

Naturhistorisches Museum
der Benediktiner-Abtei Admont
Admont (Österreich)

GÜNTER MORGE

Geschichtliche Entwicklung des Naturhistorischen Museums des Stiftes Admont und seiner Sammlungen

I. Nachweise naturkundlicher Tätigkeit bis zum Brand des Stiftes im Jahre 1865

Während insbesondere die zweite Hälfte des 19. und das erste Jahrzehnt des 20. Jahrhunderts in der 900jährigen Geschichte des Stiftes Admont von besonderen Leistungen auf naturwissenschaftlichem Gebiet zeugen, sind in der langen Zeit davor seit seiner Gründung nur wenige Arbeiten zoologischer, botanischer oder mineralogischer Art in der Chronik nachweisbar. So bildet das 19. Jahrhundert den eigentlichen Beginn naturkundlicher Tätigkeit, die dann aber gleichsam konzentriert und in kürzestem Zeitraum zu hervorragender Blüte und Ausstrahlungskraft führte.

Aus den Jahrhunderten davor ist in der Stiftsgeschichte (WICHNER 1874, 1876, 1878) eigentlich nur ein Beleg naturhistorischer Bestrebungen vorhanden. Daneben ist die erste mir bekanntgewordene Überlieferung eine in der Stiftsbibliothek Admont befindliche Handschrift aus dem 12. Jahrhundert. Diese enthält eines der wenigen bis zum Ende des Mittelalters erschienenen Werke über die damalige Kenntnis auf entomologischem Gebiet sowie der übrigen naturwissenschaftlichen Disziplinen: „Originum sive Ethymologiarum" von ISIDOR HISPALENSIS, Bischof von Sevilla. Die Handschrift stammt aus der Admonter Schreibschule. (Eine Abbildung von vier Seiten dieser Admonter Handschrift wurde erst unlängst publiziert: MORGE 1973, p. 60—61.)

Erste eigene naturhistorische Werke Admonter Benediktiner stammen vom Abt ENGELBERT (? POETSCH), der dem Stift von 1297 bis 1327 vorstand. Von ihm sind fünf Abhandlungen bekannt, von denen zwei erhalten sind (nach WICHNER 1878). In seinem Werk „Tractatus de naturis animalium" teilt Abt ENGELBERT die Tiere in Zwei-, Vier- und Vielfüßler ein. Zu den Schlangen werden Fabelwesen, wie Drachen und Basilisken, gezählt, gleichermaßen Greif und Pegasus zu den Vögeln. Die Fledermaus wird den Vögeln zugeordnet und auch in entomologischer Hinsicht findet sich eine Bemerkung, indem „die Wespe aus dem Fleisch gefallener Esel" entstünde. — Zumindest zwei seiner übrigen Werke nehmen vornehmlich auf ARISTOTELES Bezug, wie zu jener Zeit üblich.

Nach Abt ENGELBERT findet sich in der Admonter Stiftsgeschichte erst aus dem Jahre 1801 wieder ein nächster Hinweis in naturhistorischer Beziehung. Nach WICHNER (1892) erwarb der naturwissenschaftlich sehr interessierte Abt GOTTHARD KUGLMAYR (Abt des Stiftes Admont von 1788 bis 1818) in den Jahren 1801 bis 1807 eine forstbotanische Sammlung in 90 Bänden. „Jeder einzelne Holzband hatte als Rücken die Rinde des betreffenden Baumes und im Innern Blätter, Blüten, Frucht, Kohle etc. des Gewächses.“ Auch botanische Werke wurden unter seiner Regie angeschafft. 1802 wurde von ihm in Wien eine große Mineralien-Sammlung für das Stift gekauft. Dieser Abt, der als Mäzen aller wissenschaftlichen Bestrebungen beschrieben wird und als einer, der die meisten Opfer für die Pflege der Wissenschaften erbracht hat, war im Jahre 1809 auch der Gründer des ersten Naturhistorischen Museums des Stiftes (dem Vorläufer des jetzigen), eines sogenannten „Naturalien-Kabinetts“, das damals aber zugleich auch eine Art Kunst- und Raritätenkammer sowie ein „chemisches Laboratorium“ und „ein physikalisches Cabinet“ darstellte. Neben einer Kollektion von Marmorarten war eine „Flora Admontensis et adfinium“ offenbar dessen naturkundlich interessantester Bestand. Abt GOTTHARD war auch Kurator des Joanneums zu Graz (heutiges Steiermärkisches Landesmuseum).

Aus dieser Zeit wird von einem Mitglied des Admonter Konvents, JOHANN REINISCH, berichtet, daß er sich mit Mineralogie beschäftigt habe und seine Sammlung 1805 von den Franzosen teils entwendet, teils beschädigt worden sei.

In der Zeit des Wirkens von BENNO KREIL als Administrator (1823 bis 1839) und als Abt (1839 bis 1861) des Stiftes Admont werden mehrere Konventmitglieder genannt, die sich auf naturhistorischem Gebiet betätigt haben, vor allem die Botaniker P. IGNAZ SOMERAUER (†1854) und P. MORIZ VON ANGELIS (†1894) fanden durch die Beschreibung neuer Pflanzenarten Eingang in die botanische Taxonomie. P. ULRICH SPECKMOSER (†1845) trug ein 10000 Arten umfassendes Herbar zusammen, das leider beim Brand von 1865 verlorenging. Auch P. HARTNID DORFMANN (†1862), P. GABRIEL STROBL sen. (†1865), P. THEODOR GASSNER (†1876) und P. ANTON HATZI (†1897) werden als Botaniker genannt. P. ENGELBERT PRANGNER (†1853) beschrieb eine neue Gattung fossiler Saurier *Enneodon ungeri*. Der 1874 verstorbene P. THASSILO WEYMAYR legte eine mineralogische Sammlung an.

Die schon unter Abt GOTTHARD seit 1813 durchgeführten meteorologischen Beobachtungen wurden kontinuierlich fortgesetzt, wobei Daten über Temperatur, Luft- und Dunstdruck, Regenmenge, Windrichtung und -stärke, Zug, Grad und Gestalt der Bewölkung und die Elektrizität der Luft erfaßt wurden. In diese Zeit fallen auch Aufzeichnungen über die Phänologie der Tierwelt sowie der Vegetation und insbesondere die obstbaukundlichen Untersuchungen von P. CONSTANTIN KELLER in Gröbming im Ennstal. Dieser schuf auch in den Jahren 1829 bis 1833 eine eigenartige pomologische Sammlung von ursprünglich 245 von ihm selbst gezogener Obstsorten (Stein- und Kernfrüchte), indem er diese naturgetreu in Form und Farbe, ja selbst mit Wiedergabe von Insekteneinstichen, Fäulnisflecken und Runzelungen in Wachs bossierte. Diese wächsernen Nachbildungen entsprechen fast perfekt den natürlichen Früchten. Aufzeichnungen über die Art und Weise der Technik dieses besonderen Wachsgusses konnten bislang nirgends aufgefunden werden. Diese wächserne Obstsammlung ist die einzige naturkundliche Kollektion, die aus der Zeit vor dem großen Stiftsbrand im Jahre 1865 erhalten geblieben ist. (Auf p. 70—74 dieses Bandes findet sich eine Übersicht der jetzt noch vorhandenen und von mir im Museum wieder ausgestellten wächsernen Nachbildungen von Obstsorten.)

Eine Publikation aus dem Jahre 1861 (THASSILO WEYMAYR: Über leuchtende Tiere. Grazer Gymnasialprogramm; 1861) und eine Bemerkung in der Literatur sind die ersten Hinweise auf insektenkundliche Betätigung: WICHNER (1892) bezeichnet das Konventmitglied P. RUDOLF GERSPRICH als ein „vorzüglicher Entomolog", doch ist das die einzige Bemerkung über ihn und es findet sich kein weiterer Nachweis, daß er irgendwie eine Sammlung angelegt oder etwas für das vor dem Brand bestehende Naturhistorische Museum in insektenkundlicher Hinsicht getan hat. Es ist anzunehmen, daß WICHNER (1892) bei dieser Feststellung ein Irrtum unterlaufen ist; denn auch STROBL vermerkt GERSPRICH nur als Botaniker, nicht aber als Entomologen.

Eine Brandkatastrophe furchtbaren Ausmaßes vernichtete am 27. April 1865 mit Ausnahme der Bibliothek das ganze Stift. Ihr fielen auch sämtliche Naturaliensammlungen des Museums und das physikalische Kabinett zum Opfer. Als einzige Kollektion aus der Zeit vor dem Brand blieben jene schon beschriebenen wächsernen Obstnachbildungen erhalten, die sich am Tag des Brandes noch nicht in Admont befanden. Durch den Stiftsbrand wurden mithin vernichtet: eine 90 bändige forstbotanische Kollektion, ein umfangreiches Herbar, ein versteinertes Exemplar des *Ichthiosaurus communis* und eine große Mineraliensammlung.

II. 1866 bis 1910: Gründung des jetzigen Naturhistorischen Museums, Anlage großer Sammlungen aus allen drei Naturreichen, Jahre bedeutendster naturwissenschaftlicher Ausstrahlungskraft des Stiftes

Zur Zeit des Brandes und danach bis 1868 stand dem Stift Abt CARLMANN HIEBER vor, der als „Freund und Förderer der Wissenschaften" beschrieben wird. Er beauftragte im Jahre 1866 den damals gerade als Novizen in das Stift eingetretenen GABRIEL STROBL, ein neues Naturhistorisches Museum aufzubauen. Und tatsächlich wurde dasselbe in den folgenden 44 Jahren mit fast allen seinen Sammlungen (lediglich die Mineralien-Kollektion beispielsweise wurde nach dem Brand durch zahlreiche Spenden zusätzlich zu seinen eigenen Aufsammlungen bereichert), wie sie noch heute nahezu vollständig erhalten sind, mit endlosem Fleiß und vielen Mühseligkeiten von diesem absolut allein geschaffen und gestaltet und in den ersten 12 Jahren in botanischer Hinsicht, in den 32 folgenden Jahren ausschließlich in entomologischer wissenschaftlich bearbeitet und ausgewertet. Mit P. GABRIEL STROBL erreichte das Stift Admont seine größte und bedeutsamste naturwissenschaftliche Ausstrahlungskraft in seiner 900jährigen Geschichte.

Daneben sind aus der Zeit nach dem Brand nur wenige Feststellungen in bezug auf naturkundliche Sammlungen für das Museum und entsprechende wissenschaftliche Arbeiten anderer Konventmitglieder zu treffen. Bevor auf das große Werk P. STROBLS eingegangen wird, seien diese noch zusammengefaßt:

Aus dem Jahr 1868 datiert eine Untersuchung über Gefäßpflanzen von P. THASSILO WEYMAYR, dessen Name schon in entomologischem Zusammenhang Erwähnung fand. 1870 wurde von Ritter FELICETTI-LIEBENFELS dem Stift ein Herbar übergeben und aus den Jahren 1878 bis 1883 sind bienenkundliche Untersuchungen von P. LEONIDES KALTENEGGER bekannt. Die Stiftsmitglieder P. THASSILO WEYMAYR, und P. THEODOR GASSNER besaßen reichhaltige Mineraliensammlungen. Diese gelangten nach deren Tod 1874 respektive 1876 in das Naturhistorische Museum. Die WEYMAYRsche Kollektion umfaßte ausschließlich steirische Mineralien, Gesteine und Petrefacten, die von P. GASSNER war eine fast vollständige Mineraliensammlung. Von dem 1897 verstorbenen Konventmitglied P. ANTON HATZI stammt eine ursprünglich zu Schulzwecken bestimmte, aber nicht selbst gesammelte, sondern gekaufte, mineralogische und geognostische Kollektion.

An botanischen Sammlungen von Stiftsmitgliedern gelangten nach dem Brand ins Museum diejenigen von P. STROBL senior, P. GASSNER, ein geretteter Teil der Kollektionen von P. ANGELIS und P. HATZI.

Abt ZENO MÜLLER (1869 bis 1885) galt als eifriger Mineraloge. Er hatte bereits von 1845 bis 1849 auch die erwähnten meteorologischen Beobachtungen in Admont durchgeführt. — Administrator und Abt GUIDO SCHENZL (1886 bis 1890) war Direktor an der Königlich Ungarischen Centralanstalt für Meteorologie und Erdmagnetismus gewesen. — P. ALTMANN FREISSMUTH (†1890) betätigte sich auf den Gebieten der theoretischen und praktischen Forstwissenschaften, auch durch entsprechende Publikationen.

Diesen wenigen sonstigen Feststellungen über naturkundliche Betätigung aus der Zeit unmittelbar nach dem Brand steht die vielseitige und immer wieder nur zu bestaunende und bewundernde 44jährige kontinuierliche Arbeit P. GABRIEL STROBLS gegenüber. Da sein Gesamtwerk im folgenden Kapitel dieser Festschrift en detail Würdigung findet und in einem weiteren dieses Bandes sämtliche bedeutsamen Sammlungen des Museums beschrieben werden, kann sich hier die Darstellung auf rein historische Fakten in Entwicklung und Schicksal des Naturhistorischen Museums beschränken.

Unter den Äbten CARLMANN HIEBER (bis 1868), ZENO MÜLLER (1869 bis 1885) und GUIDO SCHENZL (Administrator von 1886 bis 1890 und Abt 1890) bestand das Museum nur aus einem einzigen Saal, dem sogenannten Südost-Pavillon, im zweiten Stock des stiftischen Südtraktes. Mit dem Regierungsantritt des Abtes KAJETAN HOFFMANN im Jahre 1891 wurde es wesentlich vergrößert, indem es auf zusammen drei große Säle und ein Arbeitszimmer erweitert wurde, Räumlichkeiten, die auch bis heute beibehalten sind. Die gesamte Ausstellungsfläche umfaßt seitdem 567 m².

Der bis 1907 regierende Abt Kajetan war nach allen Überlieferungen der größte Förderer des Naturhistorischen Museums und der wissenschaftlichen Arbeiten P. Gabriel Strobls. Auch der größte Teil des Museumsmobiliars, das auch jetzt noch vorhanden ist, und jener Sammlungsteile, die nicht von P. Strobl selbst stammen, wurden durch seine Unterstützung angeschafft. Im Jahre 1906 war hiernach die innere Ausstattung des Museums praktisch abgeschlossen und vollendet, sowohl hinsichtlich der Räumlichkeiten als auch in bezug auf das wissenschaftliche Inventar.

Die meisten und wertvollsten Arten respektive Präparate der Säugetiersammlung wurden von P. Strobl aus seinem Professorengehalt angeschafft. Einige Admonter Arten erhielt er vom damaligen Forstdirektor P. Thassilo Reimann, von dem auch der größte Teil der vorhandenen steirischen Vogelarten stammt, die dieser vorwiegend selbst erlegt und ausgestopft hatte, beziehungsweise die ihm von stiftischen Forstbeamten geliefert wurden. Auch der Güterverwalter P. Emmeran Schlander übergab P. Strobl für das Museum einige Säugetiere und viele untersteirische Vogelarten. Viele Vogelpräparate kaufte und tauschte P. Strobl selbst. Eine große Bereicherung erfuhr das Museum durch den von Abt Kajetan getätigten Kauf der großen indischen Vogelsammlung des Baron Brenner in Gainfarn, die dieser auf seiner Indienreise 1885—1887 durch Jagd und Kauf zusammengetragen hatte.

Die Bezahlung des Präparierens erfolgte ebenfalls zum Teil von P. Strobl selbst. Außerdem gab er, wie noch zu erläutern ist, von ihm gesammelte Insekten für Ankäufe in Zahlung. Sämtliche Determinationen führte P. Strobl selbst durch.

Eine kleine Sammlung von Eiern und Nestern stammt ebenfalls von P. Thassilo Reimann, einige von dem berühmten Ornithologen P. Blasius Hanf, dessen Sammlung sich im Stift St. Lambrecht befindet.

Die vorhandenen europäischen Reptilien und Amphibien des Museums entstammen ebenfalls vorwiegend der Sammel- und Tauschtätigkeit P. Strobls, einige wenige Exemplare sind Geschenke von Stiftsmitgliedern und eines in Ostafrika tätig gewesenen Ingenieurs. Abt Kajetan und P. Strobl kauften weiters eine Sammlung von der Goldküste. Strobl präparierte auch von diesen Sammlungen selbst viele Tiere und determinierte sie.

Fische erwarb P. Strobl durch Tausch gegen Pflanzen und Insekten und durch Kauf oder Tausch gegen Mineralien. Einige Arten entstammen wieder der Tätigkeit des damaligen Forstdirektors P. Thassilo Reimann und manchen anderweitigen Spendern. Auch hierfür besorgte P. Strobl die Präparation fast allein.

Ebenfalls größtenteils durch Tausch erwarb er für das Museum eine große Conchylien-Sammlung, insgesamt fast 2500 verschiedene Formen in über 9000 Exemplaren. Interessant hierbei ist, daß P. Strobl bei all diesen durch Tausch erworbenen Kollektionen vorwiegend Dipteren (Fliegen) als Äquivalent in Zahlung gab.

Es ist unmöglich und würde auch weit den Rahmen dieser Arbeit und dieser Zeitschrift überschreiten, allein alle zoologischen Sammlungen hier aufzuführen, die P. STROBL für das Museum zusammentrug. Bezüglich Details sei der Interessierte auf eine Zusammenstellung verwiesen, die er 1906 gegeben hat und auf meine folgende Übersicht im dritten Kapitel der Artikelserie dieser Festschrift. Lediglich folgender Überblick soll hier den enormen Aufschwung wiedergeben, den das Museum in diesen Jahren des Wirkens von P. STROBL allein an makroskopischen Schauobjekten nahm.

Am Ende dieser Epoche (1910) waren vorhanden und existieren bis auf Ausnahmen heute noch:

	Verschiedene Formen (Arten und Varietäten)	Exemplare (Ex.) respektive Präparate (Pr.)
Rezente Säugetiere (inklusiv etliche Skelette, Hörner und Geweihe)	94	
Ausgestorbene Säugetiere	6	
Vögel	über 500	mehr als 1100 Ex.
Reptilien	107	178 Pr.
Amphibien	21	48 Pr.
Fische	69	107 Pr.
Conchylien	2484	9193 Ex.

Daneben schuf P. STROBL für das Museum bis zum Ende seines Wirkens außerdem noch einige kleinere Sammlungen von Spinnen, Tausendfüßlern, Krebsen, Würmern etc., eine 391 Arten und 173 Varietäten umfassende Mineraliensammlung, 1207 Gesteine und 469 Versteinerungen von Tieren sowie 92 von Pflanzen.

Neben der geschilderten Gestaltung des Museums war die Zeit zwischen 1866 und 1910 durch eine geradezu einmalige wissenschaftliche Tätigkeit und Ausstrahlung gekennzeichnet, die sich in den ersten 12 Jahren des Wirkens P. STROBLS als Mitglied des Stiftes auf die botanische Forschung konzentrierten und danach über 32 Jahre ausschließlich der Insektenkunde galten. Sind die oben genannten Fakten der Museumsausstattung schon beeindruckend genug, so bekunden die folgenden drei die in naturwissenschaftlicher Hinsicht geleistete eminente Tätigkeit dieser Dezennien:

1. Die botanischen Arbeiten P. STROBLS führten zur Anlage folgender Sammlungen:

a) das „*Herbarium universale*“ mit 21416 Arten und Varietäten, die Gefäßpflanzen in 139 Bänden Hauptsammlung und 31 Bände Nachtrag, die Zellpflanzen in 16 Bänden;

b) das „*Italienische Herbar*“ (Flora von Italien) in 3432 verschiedenen Formen;

c) das „*Obersteirische Herbar*“ (Flora von Obersteiermark) mit 2759 verschiedenen Arten und Varietäten;

d) eine „*Typensammlung*“ aller im Museum vertretenen Pflanzengattungen und Untergattungen;

e) *vier verschiedene Schausammlungen*: obersteirische Alpenflora, Cryptogamen, obersteirische Flechten, exotische Fruchtformen.

2. Für die entomologische Forschung lassen sich die Resultate einerseits in der Realität der überlieferten Sammlungen, andererseits der wissenschaftlichen Publikationen mit der Beschreibung von mehr als 1000 neuen Arten und Varietäten zusammenfassen.

In der dritten Arbeit dieser Publikationsreihe sind Umfang und Bedeutung dieser Insektensammlungen ausführlich beschrieben und im folgenden Artikel alle Veröffentlichungen darüber zusammengestellt. Mit nahe 57000 verschiedenen Arten und Varietäten in über 252000 Exemplaren dürfte diese Sammlung heute wie damals nach dem Naturhistorischen Museum Wien eine der größten Österreichs sein. Ja, sie dürfte hinsichtlich ihres Umfanges und der Weite ihrer geographischen Herkunft sowie durch die Tatsache, daß sie ein einziger Mensch zusammengetragen, präpariert, etikettiert, katalogisiert und über zwei riesige Teile davon (Hymenopteren (Hautflügler) und Dipteren (Fliegen)) über 30 Jahre hinweg zahlreiche Veröffentlichungen erarbeitet hat, weltweit ihresgleichen suchen.

3. 103 Publikationen bezeugen insgesamt die naturhistorischen Leistungen dieser Museumsepoche. Auch sie alle stammen von P. Gabriel Strobl und sind im folgenden Artikel erstmalig, soweit als überhaupt möglich, vollständig zusammengestellt.

Wenn in diesem Kapitel die naturwissenschaftliche Ausstrahlungskraft des Stiftes Admont im Vordergrund der Betrachtung steht, so muß an dieser Stelle nochmals darauf hingewiesen werden, daß diese in erster Linie nicht in den hier nur ganz kurz beschriebenen makroskopischen Schauobjekten des Museums selbst zu sehen ist, sondern vielmehr in jenen eben gerade nicht ausgestellten Sammlungen, die für eine Betrachtung durch ihre geringe Größe, unauffällige Farbe, und unscheinbare Gestalt nichts bieten würden. Und innerhalb jener Kollektionen wiederum ist sicher die riesige Zahl beispielsweise an Käfern und Schmetterlingen imponierend, von denen besonders auch die exotischen außerdem noch herrliche Ausstellungsstücke sind, wissenschaftlich aber haben außerordentlichen Wert dennoch nicht jene zahlen- und attraktionsmäßig größten Sammlungen, sondern, aus den schon genannten Gründen, die beiden speziellen Kollektionen in Verbindung mit den vielen über sie erschienenen wissenschaftlichen Publikationen. (Es wird so eindringlich hierauf hingewiesen, weil die wenigen bislang erschienenen Veröffentlichungen über dieses Museum und über die Tätigkeit P. Strobls gerade diesen wahren Wert nicht erkennen lassen, sondern immer wieder nur die makroskopisch attraktiven Teile von Museum und Sammlungen in den Vordergrund stellen.)

Ein weiterer Faktor, der die unterschiedliche Bedeutung der verschiedenen Sammlungen unterstreicht, liegt in der Tatsache, daß die makroskopisch attraktiven und einige der zahlenmäßig größten mehr lokale Bedeutung haben gegenüber den weit über die Grenzen Österreichs hinaus reichenden gesamt-palaearktischen etwa der Dipteren (Fliegen) und Hymenopteren (Hautflügler). Dies zumal, da P. Strobl neben all seinen Publikationen und neben dem noch zu erwähnenden Hauptkatalog für diese auch eigens zwei spezielle Zusatzkataloge in stenographischer respektive hieroglyphenartiger Schrift verfaßte. Darüber hinaus ist festzustellen, daß gewiß auch jene großen Sammlungen, über die P. Strobl nicht selbst publizierte, noch vieles Interessante besonders für die Entomologie beinhalten, zumal der größte Teil in bestem Erhaltungszustand ist.

Zusammenfassend ist über diese Museumsepoche nur mit Ehrfurcht zu konstatieren, daß es, schlicht ausgedrückt, einfach bewundernswert und nahezu unfaßbar wirkt, was hier ein einzelner Mensch geleistet hat, der zudem noch Direktor und Professor am Admonter Stiftsgymnasium war. Man muß in diese Betrachtung unbedingt die riesigen handgeschriebenen Kataloge einbeziehen, die mit äußerster Sorgfalt und Exaktheit jedes Exemplar und alle Details dazu beinhalten. Um den ungewöhnlichen Fleiß und Eifer dieses Mannes auch nur annähernd zu beleuchten, sei hier nur erwähnt, daß allein der Insekten-Hauptkatalog 804 Großquart-Seiten (36 × 25 cm) umfaßt. Um jeden freien Platz zu nutzen, sind zudem noch alle Seiten zweispaltig, so daß die angegebene Seitenzahl in Wirklichkeit doppelt so groß ist. Der Katalog der Gefäßpflanzen erreicht insgesamt 1166 solche dicht beschriebenen Seiten! Eine vergleichbare, einerseits derart vielseitige und doch andererseits auch spezialisierte naturwissenschaftliche und naturhistorische Leistung eines einzelnen Menschen wie diese sucht ihresgleichen.

Es muß in diesem Zusammenhang nochmals auf das alle naturkundlichen Belange in jenen Jahren enorm unterstützende Verständnis des Abtes Kajetan Hoffmann hingewiesen werden. Sein Tod bedeutete einen großen Verlust für das Stift. Besonders die Entomologie verlor in ihm einen zwar indirekten, aber großen Förderer. (Da die Räumlichkeiten, die das Museum in dieser Zeit eben durch diese Unterstützung gewann, bis heute die gleichen blieben, erfolgt ihre Beschreibung im dritten Artikel dieser Serie.)

Ein Schlaganfall, den P. Gabriel Strobl im Herbst des Jahres 1910 erlitt, beendete jäh diese naturwissenschaftlich erfolgreichste Epoche des Stiftes, zu der das große Werk Wichners über die Geschichte des Stiftes nichts mehr aussagen konnte, weil ihr letzter Band bereits 1880 abschließt. (Auch Wichners Publikation über die Beziehungen des Klosters Admont zur Wissenschaft erschien 1892, mithin ebenfalls schon vor dem Ende dieser Epoche.) P. Strobl war nach dem Schlaganfall linksseitig fast vollkommen gelähmt. Dadurch zur Untätigkeit verurteilt, konnte er seine riesigen Sammlungen nicht mehr betreuen. Das nahm ihm jedes Interesse und er widmete sich entgegen anderslautenden Mitteilungen in der Literatur seit dem Zeitpunkt seiner Lähmung bis zu seinem Tod am 15. März 1925 nicht mehr dem Museum — die schwerste Zäsur, die dasselbe in seiner Geschichte erfuhr.

III. Schicksal von Museum und Sammlungen in der Zeit von 1910 bis 1958

Im Vergleich zu dem im vorangegangenen Kapitel beschriebenen Zeitraum bedeutet der nun zu überblickende ein Abschnitt, der in wissenschaftlicher Hinsicht Stagnation darstellt. Das Museum wurde vorwiegend als Lehrobjekt für den naturkundlichen Unterricht des Stiftsgymnasiums und als Schausammlung für Besucher des Stiftes genutzt. Der internationale Leihverkehr der wissenschaftlichen Sammlungen, der in jenen Jahren zuvor unter P. STROBL ein ungewöhnliches und für die Forschung so fruchtbringendes Ausmaß angenommen hatte, ruhte fast zur Gänze. Eine der Ursachen dafür war sicher auch STROBLS, aber nur scheinbar, äußerst kompliziertes System der Gliederung in den wissenschaftlich bedeutsamsten Insektenkollektionen, vor dem die meisten Kustoden und Spezialisten, die nach Admont kamen, zurückschreckten, obwohl es sich bei Vergleich mit den sorgfältigst gefertigten Katalogen so logisch und eindeutig wie selten ein Sammlungsaufbau erweist. In der Folge häuften sich in der Fachliteratur die Bemerkungen „Typen verschollen“ oder „undeutbar“ bei jenen Arten und Kategorien, die STROBL beschrieben hatte und etliche wurden aus diesem Grunde für Synonyma erklärt.

Nach der Erkrankung P. GABRIEL STROBLS wurde der damalige Kapitular P. LUDWIG PERNER mit der Instandhaltung des Museums betraut. Ab April 1918 übernahm dasselbe der stiftische Forstdirektor P. THASSILO REIMANN. Im Oktober 1922 wurde das Kustodiat dem Direktor des Stiftsgymnasiums Dr. P. HEINRICH SCHMAUS übertragen. Unter seiner Regie wurden zu den vorhandenen sehr schöne weitere Weingeistpräparate angekauft (darunter heute kaum noch beschaffbare Metamorphosereihen etc.) und alle vorhandenen neu konserviert. Einige Schaukästen in Gang- und Südsaal wurden von ihm eigenhändig gestrichen.

Am 1. Oktober 1925 begann der Oberlehrer HANS KIEFER mit dem Aufstellen einer steiermärkischen Schmetterlingssammlung im stiftischen Naturhistorischen Museum, die aus der von P. STROBL und einer eigenen resultiert. Nach seiner handschriftlichen Überlieferung nahm er seine offizielle Tätigkeit als Konservator für das Naturhistorische Museum am 6. September 1926 auf, wo er von dem damaligen Kustos, Direktor Dr. P. HEINRICH SCHMAUS, damit beauftragt wurde. In mühsamer und aufopferungsvoller Kleinarbeit betreute er bis nach dem zweiten Weltkrieg das Museum. Sein großes Verdienst ist vor allem die Konservierung aller Sammlungen, die im Jahre 1925 nach seinen Aufzeichnungen zum Teil in einem sehr bedenklichen Zustand gewesen sein müssen. Diese Feststellung dürfte indessen nicht für die so wertvollen Dipteren- und Hymenopteren-Kollektionen gegolten haben, die beide extrem stark desinfiziert gewesen sind. Selbst bei der Übernahme des Kustodiats durch mich, rund 50 Jahre nach dem Ende P. STROBLS Tätigkeit, waren die Tiere in diesen beiden Sammlungen selbst überwiegend in guter Verfassung, Nadeln und vor allem Laden allerdings nicht.

KIEFER hat auch selbst über Schmetterlinge und Käfer publiziert und besaß aus beiden Ordnungen eigene umfangreiche Sammlungen, von denen er während seiner Tätigkeit im Museum die Lepidopteren mit denen STROBLS zu einer Kollektion vereinte und weitere dem Stiftsmuseum überließ. HANS KIEFER wurde am 30. 7. 1875 zu Radkersburg geboren und verstarb am 18. 5. 1949 in Admont. Sein Wirken fand erst vor nicht allzu langer Zeit bereits eine Würdigung, die auch seine Publikationen zitiert (KRAUSE 1966). Eine Wertschätzung seiner langjährigen Tätigkeit für das Museum kann man in den schlichten, aber alles besagenden Worten zusammenfassen und ehren, daß ihm die Erhaltung zunächst aller Sammlungen STROBLS zu verdanken ist, und später (auf Grund der noch zu schildernden Ereignisse) all jener, die über die gesamte Zeit seines Wirkens in Admont blieben.

Diese Bemerkung leitet über zu einem weiteren Schicksalsschlag, den das Museum durch die Annexion Österreichs an das faschistische Deutschland erlitt. Man kann die Situation, in deren Folge es zu einer widerrechtlichen Enteignung kam, nicht besser schildern als durch Zitate der entsprechenden Verfügungen und Geschehnisse aus jenen Tagen (KRAUSE 1972, LIST 1974): „Am 19. Juli 1938 kam das Stift unter die kommissarische Leitung der Gestapo, am 9. September erfolgte die Beschlagnahme des Stiftsbesitzes mit allem beweglichen und unbeweglichen Vermögen als „staats- und volksfeindlicher“ Besitz und am 18. November 1939 geschah die vollständige Enteignung der Abtei mit ihrem gesamten beweglichen und unbeweglichen Vermögen zugunsten des Deutschen Reiches beziehungsweise des Gaues Steiermark.“

In einer Beilage der Stifts-Pfarrchronik befindet sich ein Rundschreiben des damaligen Abtkoadjutors an die Mitglieder des Konvents vom folgenden Tag, in dem es nach LIST (1974) heißt: „. . . daß laut Eröffnung der Geheimen Staatspolizei Graz vom 18. ds. das gesamte bewegliche und unbewegliche Vermögen des Stiftes als volksfremd und staatsfeindlich zugunsten des Deutschen Reiches, bzw. des Landes Steiermark eingezogen wurde . . .“. Bis zum 1. Januar 1940 hatten alle Ordensmitglieder, bis auf einen Pater und einen Laienbruder, das Kloster zu verlassen.

Nach Aufzeichnungen des Konservators KIEFER wurde das Museum am 20. Juli 1938 von der Kommissarischen Leitung gesperrt. In der Zeit vom 14. bis 20. Oktober 1938 mußte KIEFER über Auftrag der Kommissare der Landesregierung etwa 20 Kisten mit Museumsobjekten verpacken, die dann am 22. Oktober 1938 ins Landesmuseum Joanneum nach Graz abtransportiert wurden. Das Museum in Admont wurde daraufhin wieder abgesperrt. Im April des Jahres 1939 konnte es KIEFER einige Tage durchsehen und ab Mai 1939 übernahm er wieder im Auftrage der Landesregierung und des Landesschulamtes die Konservierung des Museums. Im Laufe des gleichen Jahres revidierte und desinfizierte er die verbliebenen Schausammlungen und mehrere Insektenschränke respektive -laden. In den Frühjahren 1939 und 1940 betreute KIEFER, als Konservator für die Insektensammlungen ins Grazes Landesmuseum Joanneum verpflichtet, dort auch selbst die dahin ausgelagerten stiftischen Kollektionen.

Vom 7. bis 9. Juni 1940 erfolgte eine zweite Beschlagnahme von Museumsobjekten in Admont und ihre Überführung ins Joanneum nach Graz, diesmal im

Umfang von eineinhalb Waggon! Unter die Beschlagnahme fielen vor allem Teile der Vogelsammlung, die Kollektion der Land-Conchylien, sämtliche Herbarien und insbesondere alle rein wissenschaftlichen Insektensammlungen, darunter auch die beiden wertvollsten, die der Dipteren und Hymenopteren mit den über 1000 von P. Strobl beschriebenen Arten und den entsprechenden Typen- sowie sonstigen historischen Exemplaren.

Während des Krieges war das Museum für den Publikumsverkehr gesperrt. — Am 10. Juni 1942 brach erneut ein unheilvolles Geschehnis über das Museum herein: ein Sturm rollte einen Teil des Blechdaches vom Südtrakt des Stiftes auf, in dem sich das Museum befindet, ein Ereignis, das sich in den 60er Jahren noch einmal wiederholte. Die Kriegsverhältnisse machten ein neues Blechdach unmöglich. Die provisorische Reparatur mit Holzbrettern ließ bald das Regenwasser in Gang- und Südsaal sowie in das Arbeitszimmer des Museums eindringen, nur der Hauptsaal (Südost-Pavillon) blieb verschont. Dorthin rettete Kiefer in mühevoller Arbeit die verbliebenen Sammlungsteile aus den anderen Räumlichkeiten.

Im Mai 1945 wurde das Spital der Barmherzigen Brüder in Graz zur Errichtung eines Reservelazaretts nach Admont verlegt. Hierfür mußten Südsaal und Arbeitszimmer des Museums binnen kürzester Zeit total geräumt werden, wobei viel Schaden entstand. Bereits einen Monat später aber wurde das Lazarett erneut verlegt und die Museumsräume waren damit wieder verfügbar, aber in schlimmer Verfassung. Kiefer richtete nun neuerdings das Museum ein und übergab es dem nach Ende des Krieges nach Admont zurückkehrenden Konvent. — Mit seiner aufopferungsvollen Arbeit in all den schweren Jahren hat sich Kiefer bleibende Verdienste um Museum und Sammlungen erworben.

Mit dem Wiedererstehen der Republik Österreich nach dem Krieg wurden die entsprechenden juristischen Voraussetzungen zur Rückgabe der seinerzeit enteigneten und verlagerten Stiftsbestände gegeben. Der Stiftsbibliothekar, Archivar und Kustos der stiftischen Kunstsammlungen, Univ.-Prof. DDr. P. Adalbert Krause hat sich daraufhin sehr um die Rückführung der im Joanneum in Graz befindlichen Schausammlungsobjekte bemüht und diese 1948 durchgeführt. Mit Ausnahme weniger Vögel und Fische gelangten damals alle Stopf- und sonstigen -präparate und das „Obersteirische Herbar" wieder nach Admont. Jedoch, alle rein wissenschaftlichen Insektensammlungen, die übrigen Herbarien und die wächserne pomologische Kollektion, das einzige Relikt des alten Naturhistorischen Museums aus der Zeit vor dem Stiftsbrand im Jahre 1865, blieben weiter in Graz.

Wenn oben für die Jahre zwischen 1925 und 1949 Kiefer für die Erhaltung der riesigen Sammlungen in Admont gewürdigt wurde, so muß an dieser Stelle, und schon vorab auch für einen Teil des im folgenen Kapitel zu beschreibenden Zeitabschnitts, Dank und große Anerkennung für die sorgfältige Wartung und vorbildliche Erhaltung insbesondere der in Joanneum Graz verlagerten Insekten-Kollektionen dem dortigen Kustos und langjährigen Vorstand der ehemaligen Zoologisch-Botanischen Abteilung des Steiermärkischen Landesmuseums,

Dr. KARL MECENOVIC, gezollt wurden. Seiner überaus korrekten Verwaltung und behütenden Konservierung dieser Bestände ist zu verdanken, daß sie die Auslagerung ohne jede schädigende Spuren oder auch nur geringste Verluste überdauerten. — Ebenso muß die jahrelange Unterstützung und das oft mühevolle Zugänglichmachen dieser ausgelagerten Bestände durch den jetzigen Leiter der (nun von der Botanik getrennten) Zoologischen Abteilung des Steiermärkischen Landesmuseums, Kustos Dr. ERICH KREISSL, gewürdigt werden, der sich gleichermaßen über die vielen Jahre hinweg bemühte, auch meine Arbeit in den damals noch in Graz befindlichen Kollektionen sehr zu unterstützen. — Für beide Kustoden bedeutete die langjährige Verwaltung dieser ausgelagerten Admonter Bestände eine zusätzliche Belastung und Verantwortung, die sie mit großem Pflichtbewußtsein erfüllten.

IV. 1958 bis 1974: Neubeginn wissenschaftlicher Erschließung und Auswertung der Sammlungen

Im Jahre 1958 erhielt ich unter Abt KOLOMAN HOLZINGER, dessen verständnisvolle Unterstützung noch besondere Erwähnung findet, vom damaligen Direktor des Stiftsgymnasiums, Hofrat Dr. P. ENGELBERT LACHOWITZ, dem zu dieser Zeit auch das Naturhistorische Museum unterstand, in Übereinstimmung mit dem Staatssekretariat für das Hoch- und Fachschulwesen der DDR und der Steiermärkischen Landesregierung in Graz, den Auftrag zur Vorbereitung der Rückführung aller noch ausgelagerten, seinerzeit widerrechtlich enteigneten, rein wissenschaftlichen Sammlungen von Graz nach Admont. Hofrat Dr. LACHOWITZ war sehr an einer regelmäßigen Betreuung des Museums interessiert und im Laufe der nun folgenden Jahre fand meine Arbeit auf der Basis steter Unterstützung seitens der DDR-Behörden in ihm und den damaligen Rentmeister des Stiftes, P. BLITMUND TSCHURTSCHENTHALER, große Förderung. Beide erkannten den wissenschaftlichen Wert, der durch P. STROBL dem Stift gegeben war, und die damit verbundene Notwendigkeit und Verpflichtung seiner Erhaltung und vor allem auch Erschließung.

In der Folge begann ich zunächst alles in Admont verbliebene Insektenmaterial und die ins Steiermärkische Landesmuseum Joanneum in Graz verlagerten Bestände zu sichten. Bereits nach kurzer Zeit wurde mir bewußt, einerseits welche wissenschaftlichen Werte hier der Auswertung harrten, andererseits welche Dringlichkeit aber auch bestand, die zwar in ihrem Zustand konservierten, aber zu einem großen Teil nur in provisorischen Schachteln aufbewahrten Sammlungen zu restaurieren. Die teilweise nur aus Pappe bestehenden Behältnisse waren durch das lange Interregnum nach P. STROBLS Lähmung sehr in Mitleidenschaft gezogen. Zunächst unter Belassung der Sammlungen in Graz begann ich daher mit der Revision und Restaurierung einiger Laden sowie der Erarbeitung einer Art gutachterlichen Vorschlages, was, vom wissenschaftlichen Standpunkt aus gesehen, Erforderliches für die wesentlichen Kollektionen des Museums zu tun sei. In der Folge fand derselbe die Zustimmung der Admonter

Administration und der genannten staatlichen Institutionen und wurde zur Basis der weiteren Arbeit.

Bei der Prüfung der zu diesem Zeitpunkt in Admont befindlichen Sammlungsteile entdeckte ich als erstes in dem als „Arbeitszimmer" bezeichneten einzigen kleineren Raum des Museums, der damals eigentlich mehr eine Abstellkammer war, beim Aufräumen und Ordnen all dessen, was sich in den vielen Jahren seit KIEFERS Tod dort angehäuft hatte, die in STROBLS Katalogen so oft erwähnten, aber unauffindbaren Holzkassetten seiner sogenannten Dipteren-„Typensammlung". Wahrscheinlich waren diese in der Eile des Einpackens bei der Beschlagnahme im Jahre 1939 mit äußerlich gleichartigen verwechselt worden, die aber statt Fliegen Tausendfüßler und die Nachträge zu anderen Gruppen enthielten; denn es findet sich auch auf einem der handschriftlichen Übergabeprotokolle ein entsprechender Vermerk. Welche Ursache auch immer dazu geführt hatte, daß diese Holzkassetten einen so versteckten und unvermuteten Aufbewahrungsort gefunden hatten, war ihre Wiederentdeckung eine besondere Überraschung. (Die Revision dieser „Typensammlung" ist in einem der folgenden Beiträge dieser Festschrift mit allen Details enthalten.)

In vier Arbeitsperioden wurden nun in den Sälen des Admonter Museums räumlich die Voraussetzungen für die Wiederaufnahme aller noch ausgelagerten Bestände geschaffen und gleichzeitig mit der Restaurierung und Revision der Dipteren-Kollektion begonnen. Das Stift gab bei einer Spezialfirma in Wien einhundert neue Vitrinen zur Aufnahme der Fliegensammlung P. STROBLS in Auftrag. Diese wurden unter einem beachtlichen Kostenaufwand aus Eichen- und Erlenholz mit einer gleich unter der Torfeinlage eingefügten Schicht von Desinfektionssubstanz in einem besonderen Verfahren handgefertigt. Das „Arbeitszimmer" des Museums, das sich ideal als gesondertes Kabinett für die Aufnahme der wertvollsten wissenschaftlichen Sammlungen eignet, die für die jährlich viele Tausend Besucher des Museums aus den schon an anderer Stelle dargelegten Gründen uninteressant sind, wurde vollständig renoviert. Alle darin abgestellten Schränke, Utensilien und anderen Sammlungsteile wurden zu den betreffenden Kollektionen in den drei großen Sälen gebracht.

Am 20. November 1962 wurde dann die gesamte palaearktische Dipteren-Kollektion von Graz nach Admont zurückgeführt. (Dieser erste Transport wird mir immer in Erinnerung bleiben; denn als der Wagen mit dem wertvollen Gut ins Paltental kam, war die damals noch nicht ausgebaute Straße spiegelblank und total vereist. In schier endloser Fahrt gelangte dennoch alles heil nach Admont.) Am 22. November des gleichen Jahres wurde ich offiziell mit der Wahrnehmung des Kustodiats für das Naturhistorische Museum des Stiftes Admont und seiner naturwissenschaftlichen Sammlungen beauftragt.

Die folgenden Jahre waren einerseits durch die nun kontinuierlich erfolgende Revision der Dipteren-Kollektion und andererseits der sukzessiven Rückführung aller anderen noch in Graz befindlichen Sammlungen gekennzeichnet. So wurden im November 1966 die exotischen Dipteren und Hemipteren, ein Teil der exotischen Hymenopteren und Coleopteren zurück nach Admont überführt. Im

Dezember 1968 folgte der Rücktransport des Hauptteiles der Hymenopteren- und Neuropteren-Sammlung, im November 1970 der Rest derselben. Im November 1969 wurden der Hauptbestand der exotischen Coleopteren und die Hemipteren-Kollektion ins Stift zurückgebracht. 1971 geschah die Überführung der wächsernen pomologischen Sammlung von Graz nach Admont, deren Verpackung besondere Mühe bereitete. (Sie bildet nun das einzige Relikt in sich geschlossener naturkundlicher Objekte aus der Zeit vor dem Stiftsbrand 1865, das sich im jetzigen Museum befindet.) Im November 1972 wurde mit der Rückführung der exotischen Lepidopteren und eines Restes der Orthopteren die Retournierung aller 1939 und 1940 dem Stift beschlagnahmten und ausgelagerten wissenschaftlichen Insektenbestände abgeschlossen. — Hiernach sind zum gegenwärtigen Zeitpunkt im Einvernehmen zwischen Stift und Landesmuseum von allen damals von Admont weggeführten Objekten nur einige ganz wenige Vögel und Fische sowie über besonderen Wunsch die botanischen Herbarien mit Ausnahme des obersteirischen als Leihgaben vorläufig noch im Joanneum in Graz verblieben. Der gesamte übrige Museumsbestand aus der Zeit vor der Beschlagnahme ist mithin wieder geschlossen in Admont.

In diesen Jahren erfolgte zu gleicher Zeit auch die Restaurierung der Dipteren- und Hymenopteren-Kollektionen. Das Stift ließ eigens für die schon erwähnten einhundert neuen Vitrinen eine fünfteilige Schrankwand aus Zirbenholz arbeiten, die die gesamten 48000 Fliegen Strobls aufnimmt. Die schon vollständig restaurierten und revidierten Exemplare dieser Kollektion und die gesamte in vorliegender Artikelserie publizierte sogenannte „Typensammlung" befinden sich bereits in diesen Zirbenschränken. Alle anderen Dipteren und die gesamte Hymenopteren-Kollektion sind so zusammengestellt, daß sie wieder jener Ordnung entsprechen, in der sie P. Strobl publiziert und katalogisiert hat, so daß Gliederung und Übersicht zugleich bewahrt blieben.

Hofrat Dr. P. Engelbert Lachowitz verstarb am 7. Januar 1970. Noch wenige Tage vor seinem Tod unterfertigte er zusammen mit mir als eine seiner letzten Amtshandlungen die Übergabeprotokolle rückgeführter Museumsbestände. Sein Nachfolger in der Direktion, der auch das Naturhistorische Museum untersteht, Stiftsprior P. Benedikt Schlömicher, förderte seitdem mit ebensolchem Interesse wie sein Vorgänger und mit ständiger Initiative weiter die Belange dieses Museums und der damit verbundenen Aufgaben und Arbeiten. Er veranlaßte auch die Anschaffung eines wertvollen Stereomikroskopes, neuen Mobiliars und ermöglichte die Auslage aller Museumsräume mit Teppichbelägen sowie die noch zu schildernde Generalrenovierung des gesamten Museums.

Die wächserne pomologische Sammlung wurde von mir geordnet, vollständig beschriftet und in fünf großen neuen Schauvitrinen aufgestellt. — Im Winter 1972/73 wurden sämtliche Weingeistpräparate komplett neu aufgefüllt und verschlossen und damit wieder für viele weitere Jahre konserviert. Schließlich erfolgte von Oktober 1973 bis März 1974 eine totale äußere Renovierung aller Räume des gesamten Museums und sämtlicher Ausstellungsschränke, wofür sich allein die Malerkosten auf rund 90000.— Schilling beliefen. Nur wer das Ausmaß und den Umfang der Schauobjekte und der vielen Sammlungen gesehen hat, wird ermessen können, welch mühsame Aufgabe allein das Aus- und Wiedereinräumen sowie Neuordnen für diese aber so dringend erforderlich gewesene Renovierung bedeuteten. (Die meisten Schränke waren innen seit 70 bis 80 Jahren nicht mehr restauriert worden.) Sämtliche damit verbundenen Arbeiten und die Wiedereinrichtung des Museums wurden mit Ausnahme der Malerleistungen und der Reinigung (durch Hilfskräfte des stiftischen Waldamtes) von mir allein ohne jedo Hilfskraft durchgeführt. In diesem Zusammenhang darf ich Dank und Anerkennung Ew. Sr. Oberin Gertraud Rofner sagen, die mir in der Bescheidenheit ihrer steten Pflichterfüllung seit Jahren und besonders in der Zeit dieser Renovierung viel Unterstützung durch die Pflege der räumlichen Voraussetzung für viele damit verbundene Kleinarbeit und manche Hilfe gegeben hat.

Neben all diesen mehr äußerlichen Arbeiten wurden Auswertung und Revision vorrangig jener Sammlungen weitergeführt, die weit über ein lokales Interesse hinaus Bedeutung haben. Für etwa 20000 Exemplare wurden bis jetzt die zugehörigen stenographischen respektive hieroglyphenartigen Aufzeichnungen P. Strobls, auch die aus seinen Katalogen, enträtselt. In mehreren Publikationen fanden meinerseits diese Revisionsresultate direkt oder indirekt ihren Niederschlag. Vier weitere Veröffentlichungen gestatteten über rein entomologische Revisionen hinaus Untersuchungsresultate auf den Gebieten von Forstschutz und Forstentomologie.

Der jahrzehntelang unterbrochene internationale Leihverkehr wurde wieder kontinuierlich aufgenommen. 1973 erreichte er die Zahl von 71 Entlehnungen.

Eine beachtliche Bereicherung erfuhr das Museum durch die Schenkung der 1200 Arten umfassenden Dipteren-Kollektion des verstorbenen Gutsbesitzers Walter Peller, Schloß Freiling (Oberösterreich), des einzigen nach dem zweiten Weltkrieg noch tätig gewesenen österreichischen Dipteren-Sammlers. Diese Kollektion ergänzt auch hinsichtlich ihrer geographischen Herkunft der verschiedenen Arten in idealer Weise die Sammlungen P. Strobls. (In drei Publikationen habe ich ihre Bedeutung und ihren Inhalt im Detail beschrieben: Morge 1970, 1973b, 1974). Sie wurde am 16. April 1970 von Oftering (Schloß Freiling) nach Admont überführt.

Schon an anderer Stelle wurde darauf hingewiesen, daß die wesentlichen Sammlungen des Museums insgesamt in guter Verfassung sind. Es ist das um so bemerkenswerter als sämtliche Räumlichkeiten des Naturhistorischen Museums ohne jede Heizung sind. Zur Wahrung der traditionellen Gestaltung der Säle wurde vom Stift der Einbau von Heizung und elektrischer Beleuchtung bewußt unterlassen. Das Beibehalten der äußeren Gliederung und Ordnung wurde vom Kustos auch für Revision und Restaurierung der Sammlungen konsequent befolgt; denn nur so ist voll gewährleistet, daß jedes Objekt entsprechend den so detaillierten, handgeschriebenen Katalogen P. Strobls aufgefunden und taxonomisch beurteilt werden kann. Außerdem wäre es vermessen, in anderen Ordnungen respektive taxonomischen Einheiten als jenen, in denen man selbst arbeitet, eine neue Gliederung einführen zu wollen, nur um modernen Gesichtspunkten Rechnung zu tragen. Solcherart „Neuordnung“ von Sammlungen hat oft genug schon dazu geführt, daß Typen- und sonstige historische Exemplare nur schwer oder gar nicht mehr auffindbar wurden. Besonders in den in sich ohnehin nicht einfach gegliederten Kollektionen STROBLS war das konsequente Befolgen einer solchen Verfahrensweise unbedingt erforderlich. (Hinsichtlich sämtlicher Literatur über die STROBLschen Sammlungen verweise ich auf seine in dieser Festschrift erstmals komplett zusammengestellte Veröffentlichungsliste und die Literaturangaben in meiner Publikationsserie über die Revision der Dipteren-Kollektion.)

Wenn an anderer Stelle Abt KAJETAN HOFFMANN als besonderer Förderer der naturwissenschaftlichen Forschung im Kloster Admont und als solcher auch für die Anlage und ursprüngliche Ausstattung des Naturhistorischen Museums gewürdigt wurde, so ist sieben bis acht Jahrzehnte später festzustellen, daß der jetzige seit 1956 regierende Abt des Stiftes und Kurator des Steiermärkischen Landesmuseums Joanneum in Graz, Abtpräses KOLOMAN HOLZINGER, in meiner nun 16jährigen Kustodiatstätigkeit ein ebenso großes Verständnis zeigte und gleich beachtliche Unterstützung für die Belange des Museums, die damit verbundenen Aufgaben und Verpflichtungen sowie meine diesbezügliche Arbeit gewährte. Seine stete Munifizenz ermöglichte das bis jetzt für Museum und Sammlungen Erreichte. Wenn am GEBHARDItag des Jahres 1974 diese Festschrift dem Stift Admont offiziell übergeben wird, dann verbinde ich damit den Wunsch, mich durch Erfüllung der schon im Vorwort geäußerten Verpflichtung zu bestmöglicher Vollendung der begonnenen Arbeit dieser Unterstützung und der Förderung gerecht zu erweisen, die mir als Voraussetzung für die geschilderte langjährige Kustodiatstätigkeit von der Akademie der Landwirtschaftswissenschaften der DDR gegeben wurde und die seitens der Österreichischen Landesregierung in Graz ihre Ergänzung fand.

Literatur

KRAUSE, A.: HANS KIEFER, Lehrer, Musiker und Naturforscher in Admont. Blätter für Heimatkunde, Graz. **40**, 121, 126; 1966.

KRAUSE, A.: Die Stiftsbibliothek in Admont. Kunst der Heimat. Reihe III: Kirchen und Klöster. 7., verbesserte Auflage. OBERÖSTERREICHISCHER LANDESVERLAG Linz. ? 1972.

LIST, R.: Stift Admont. 1074–1974. Festschrift zur Neunhundertjahrfeier. OBERÖSTERREICHISCHER LANDESVERLAG, Ried im Innkreis. 559 pp.; 1974.

MORGE, G.: Sammlungsverbleib. (Dipteren-Kollektion WALTER PELLER). Beitr. Ent. **20**, 823; 1970.

MORGE, G.: Entomology in the Western World in Antiquity and in Medieval Times. Annual Review of Entomology. (Suppl. Vol. History of Entomology). p. 37–80; 1973a.

MORGE, G.: Eine unbekannte Dipteren-Kollektion Österreichs von ausgefallenen Fundorten. 1. Teil. Naturkundl. Jahrbuch der Stadt Linz **19**; 1973b.

MORGE, G.: Eine unbekannte Dipteren-Kollektion Österreichs von ausgefallenen Fundorten. 2. Teil. Naturkundl. Jahrbuch der Stadt Linz **20**; 1974. [im Druck].

STROBL, P.: Das Naturhistorische Museum der Benediktiner-Abtei Admont in Steiermark. 132 pp. Admont; 1906.

WICHNER, J.: Geschichte des Benediktiner-Stiftes Admont von den ältesten Zeiten bis zum Jahre 1177. 344 pp., Graz; 1874.

WICHNER, J.: Geschichte des Benediktiner-Stiftes Admont von der Zeit des Abtes ISENRIK bis zum Tode des Abtes HEINRICH II. (1178–1297). 518 pp., Graz; 1876.

WICHNER, J.: Geschichte des Benediktiner-Stiftes Admont von der Zeit des Abtes ENGELBERT bis zum Tode des Abtes ANDREAS v. STETTHEIM (1297–1466). 585 pp., Graz; 1878.

WICHNER, J.: Geschichte des Benediktiner-Stiftes Admont vom Jahre 1466 bis auf die neueste Zeit. Festgabe zur Feier der Erinnerung an den vierzehnhundertjährigen Geburtstag des hl. BENEDIKT. 702 pp., Graz; 1880.

WICHNER, J.: Kloster Admont und seine Beziehungen zur Wissenschaft und zum Unterricht. 216 pp., Graz; 1892.

Admont gegen Nordosten. — Im rechten (Süd-)Trakt des hufeisenartigen Stiftes befindet sich dessen Naturhistorisches Museum

Stift Admont

Beitr. Ent. · Bd. 24 · 1974 · Sonderheft · S. 41 – 63 · Berlin

Institut für Pflanzenschutzforschung
der Akademie
der Landwirtschaftswissenschaften der DDR zu Berlin
Zweigstelle Eberswalde
Abteilung Taxonomie der Insekten (ehem. DEI)
Eberswalde (DDR)

Naturhistorisches Museum
der Benediktiner-Abtei Admont
Admont (Österreich)

GÜNTER MORGE

P. GABRIEL STROBL — Begründer des Naturhistorischen Museums des Stiftes Admont und sämtlicher derzeitig vorhandener Kollektionen

Mit 5 Tafeln und 10 Textfiguren

Man kann das ohne jede Übertreibung als einmalig zu bezeichnende Werk dieses Mannes wohl am ehesten und besten ehren, indem man nachholt, was trotz einiger Widmungen bislang unterblieben ist: ein vollständiges Verzeichnis seiner Publikationen zu geben, die eigentlich ohne jedes Begleitwort bezeugen, was da in fünf Jahrzehnten geleistet worden ist. Es gibt darüber hinaus aber auch noch einige andere Details aus seinem Leben und aus seiner Arbeit, die in den bisherigen Veröffentlichungen über P. GABRIEL STROBL unberücksichtigt blieben oder unrichtig wiedergegeben wurden.

Es würde Wiederholung bedeuten, an dieser Stelle das Gesamtwerk P. STROBLS darzulegen. Dasselbe ist mit allen wesentlichen Einzelheiten im vorangegangenen und im folgenden Kapitel dieser Festschrift umrissen. Hier soll nur jenes, in seinen Lebenslauf eingefügt, beschrieben werden, was an Besonderheiten und Voraussetzungen dann schließlich den schon geschilderten Aufbau des Naturhistorischen Museums des Stiftes Admont und vor allem aber seine wissenschaftlichen Veröffentlichungen charakterisiert.

Die Zusammenstellung seiner Publikationen erwies sich als unerwartet mühsam, weil STROBL oft, besonders in den ersten Jahren seiner Tätigkeit, in ausgefallenen Zeitschriften publizierte. Für besondere Unterstützung bei Überprüfen der Titel etc. danke ich Frau CH. WUTZMER, Bibliothekarin im Institut für Pflanzenschutzforschung der Akademie der Landwirtschaftswissenschaften der DDR, Eberswalde, und Frau F. MARWINSKI, Weimar.

GABRIEL STROBL wurde am 3. November 1846 zu Unzmarkt in Österreich als Sohn eines Lederermeisters geboren. Nach dem frühen Tod seiner Mutter wurde er von seiner Tante in Rottenmann erzogen und besuchte in Admont das Untergymnasium und danach in Kremsmünster das Obergymnasium, welches er 1866 mit Auszeichnung absolvierte. Schon als Gymnasiast widmete sich STROBL mit großem Eifer dem Studium von Moosen und Flechten und sammelte in den Ferien fleißig in den bis dahin völlig unerforschten Gebirgen um Rottenmann. 1866 trat er als Novize in das Stift Admont ein, wo ihn Abt CARLMANN HIEBER mit dem Aufbau eines neuen Naturhistorischen Museums beauftragte, nachdem das alte durch den Stiftsbrand 1865 total vernichtet worden war. Von 1866 bis 1871 widmete er seine gesamte freie Zeit der Erarbeitung einer Admonter Flora und botanisierte auch in den Gebirgen des Mur- und oberen Ennstales. 1871 unternahm er eine große botanische Reise nach Krain, auf die quarnerischen Inseln und in das kroatische Littorale, 1872 eine nach Italien und Sizilien.

Ab 1872 studierte er an der Universität Innsbruck Naturgeschichte als Hauptfach, Mathematik und Physik als Nebenfächer. Er beschäftigte sich schon als Student in freien Stunden damit, nach REDTENBACHERS Fauna Käfer zu bestimmen und sammelte zahlreiche Insekten. Er unternahm Exkursionen bis zum Gardasee und auf den Monte Balbo. Schon von da brachte er wertvolles Insekten-, Pflanzen- und mineralogisches Material für das neue Admonter Museum mit, wo er zwischenzeitlich eine große Mineralien- und Conchylien-Schausammlung sowie eine solche obersteirischer Flechten aufstellte. 1873 und 1874 folgten während seiner Studienzeit vier weitere Reisen nach Sizilien, besonders um die Fauna des Ätna und der Nebroden zu untersuchen. Gleichzeitig studierte er während dieser Reisen die Herbarien in Napoli, Palermo und Catania. Seine Reisen finanzierte er zum Teil aus der Vergabe seiner von ihm selbst zusammengetragenen sizilianischen Centurien. Daneben sammelte er während seiner Innsbrucker Universitätsjahre von 1873 bis 1875 im Stubai, in den Nordtiroler Kalkalpen, um Schwaz, Bad Häring etc., später auch in der Obersteiermark, Mineralien und Gesteine.

Von 1876 bis 1880 wirkte er nach Beendigung seiner Universitätsstudien und seiner Lehramtsprüfungen als Professor für Naturgeschichte am Stiftsgymnasium der Benediktiner in Seitenstetten, wo er einen botanischen Garten unter Verwendung von mehr als 2000 verschiedenen Samenarten anlegte. Die Gartenarbeiten verrichtete er eigenhändig. In den Sommerferien 1878 unternahm er eine botanische Reise nach Südfrankreich und Spanien und 1879 eine entomologische ins kroatische Küstenland, nach Dalmatien bis Ragusa und durch das Krngebiet. Von 1880 bis 1887 wirkte STROBL am Gymnasium der Benediktiner zu Melk. Hier widmete er seine gesamte freie Zeit teils der Fertigstellung seiner größeren floristischen Werke, teils schon entomologischen Arbeiten und der Anlage der Insektensammlungen. 1883 unternahm er eine lange entomologische Sammelreise in das kroatische und istrianische Littorale sowie in die Umgebung von Nabresina, Monfalcone und Görz.

Zu seinen wissenschaftlichen Neigungen in jenen Jahren schreibt STROBL selbst, daß seine Vorliebe stets den Insekten gehörte, diese aber in der Zeit von 1866 bis 1878 von der Botanik zurückgedrängt wurde. Neben all dem war P. STROBL auch ein ausgezeichneter Bergsteiger und ein Gebirgssattel trägt seinen Namen. Er verstand es auch vorzüglich, seine Reisen und Natureindrücke zu schildern, wie die entsprechenden umfangreichen Publikationen in den ersten Jahren seiner Veröffentlichungstätigkeit bezeugen.

1887 übernahm P. STROBL die Direktion des Stiftsgymnasiums in Admont und wirkte als Professor für Naturgeschichte. Von dieser Zeit an widmete er sich fast ausschließlich der Entomologie und der Gestaltung des Naturhistorischen Museums bis zu seinem Siechtum im Jahre 1910. 1904 unternahm er allein eine zweite entomologische Reise nach Spanien und 1907 eine zusammen mit dem Dipterologen LEANDER CZERNY, Abt von Kremsmünster. Die letztere brachte allein 20000 Käfer als Ergebnis und 10000 Dipteren.

P. GABRIEL STROBL sammelte nicht um des Sammelns willen, sondern wertete jeden Fund bis zum Äußersten aus. Er determinierte, etikettierte und katalogisierte jedes Exemplar und publizierte alle Ergebnisse, wovon sein folgendes Veröffentlichungsverzeichnis überdeutlich beredtes Zeugnis ablegt. Er hinterließ fast kein undeterminiertes Material, konzentrierte sich in den beiden letzten Jahrzehnten seines Wirkens ausschließlich auf Hymenopteren und Dipteren und bevorzugte davon am Ende die Fliegen mehr und mehr. Mehrfach vorhandene Exemplare nutzte er zu Tauschzwecken und finanzierte mit Fliegen, Käfern etc. den Ankauf großer Sammlungen aus anderen Ordnungen des Tierreiches.

Einige Bemerkungen in seinen Publikationen beweisen, daß er sich mehrfach hart gegen ungerechtfertigte Angriffe von Fach„kollegen" verteidigen mußte. Er tat dies stets in fairer Weise, obwohl seine Widersacher mit allen anderen als sachlichen Argumenten gegen ihn vorgingen. So begegnete zum Beispiel ein Hymenopterologe STROBL in ironischer, zynischer und arroganter Weise wegen einer Artbeschreibung, die sich später als absolut gerechtfertigt erwies. Die Art des Vorgehens dieses unfairen Gegners, dessen Ironie, Zynik und Arroganz sich nur als Deckmantel eigener Schwächen entpuppten, war indessen so, daß STROBL jede Lust an dieser Insektengruppe verlor und sie danach nicht mehr bearbeitete. Dabei gehörte P. STROBL gewiß nicht zu jenen Systematikern, die um ihrer selbst willen Neubeschreibungen von Arten vornahmen. Wie sorgfältig er vielmehr die von ihm als neu deskribierten Spezies unter den damaligen Voraussetzungen prüfte, beweist, daß beispielsweise erst unlängst, 65 Jahre danach, eine von ihm nach einem einzigen Exemplar als neu beschriebene Hymenopteren-Gattung modernsten Revisionsbedingungen standhielt und Bestätigung fand.

P. GABRIEL STROBL war Ehrenmitglied der Zoologisch-Botanischen Gesellschaft in Wien und gehörte mehreren österreichisch-ungarischen und ausländischen naturwissenschaftlichen Vereinigungen an. Für sein Werk wurde er durch die Verleihung des Ritterkreuzes des FRANZ-JOSEFS-Ordens geehrt.

Sein unermüdliches Schaffen wurde durch einen Schlaganfall in der Nacht auf den 7. September 1910 jäh unterbrochen. Dieser war wohl die Folge ständiger Überarbeitung. Er war danach linksseitig fast vollkommen gelähmt und mußte 15 Jahre in Siechtum und Untätigkeit bis zu seinem Tod am 15. März 1925 verbringen.

Ein voreiliger Nekrolog vom 23. Oktober 1910 bewirkte, daß sich dieses falsche Datum in der Literatur als Todestag STROBLS einbürgerte. So wird es zum Beispiel in allen drei Bänden der berühmten „Flora Europaea" in dieser unkorrekten Weise zitiert.

Will man das Werk P. GABRIEL STROBLS beurteilen und seine nur mit Bienenfleiß vergleichbare Leistung würdigen, so muß man jenen Sammlungsumfang beachten, den ich im vorangegangenen Kapitel auf p. 28 dieser Festschrift umrissen habe und dazu vor allem jene Insektenverzeichnisse des folgenden Abschnittes (p. 75) überdenken. Berücksichtigt man des weiteren, daß alles das und das gesamte Museum von ihm allein ohne jede Hilfskraft geschaffen wurde, für jede Ordnung und für jede Kollektion ein handgeschriebener Katalog existiert, mit beispielsweise 804 zweispaltigen Seiten von 36 × 25 cm Größe allein für die Insekten, dazu zwei gesonderte Kataloge mit 412 Seiten in stenographischer und hieroglyphenartiger Schrift für Dipteren und Hymenopteren, 1166 Seiten für Gefäßpflanzen etc., kann man nur in Ehrfurcht feststellen, daß eine vergleichbare Leistung eines einzelnen Menschen, bescheiden ausgedrückt, zumindest sehr selten sein dürfte. Es freut mich aus diesem Grund ganz besonders, daß es mir gelungen ist, zur Würdigung dieses Werkes in diese Festschrift die Autobiographie von JOHANN WILHELM MEIGEN aufnehmen zu können, des Begründers der Dipterologie, zu der P. GABRIEL STROBL so viel beigetragen hat.

Jedoch, alle Würdigung des Werkes STROBLS vermag seine Leistung nur ungenügend und unvollkommen widerzuspiegeln. Seine eigenen Veröffentlichungen und die im folgenden Kapitel enthaltenen Sammlungsverzeichnisse sprechen für sich und dieses unermüdliche Schaffen.

▶

Fig. 1. Seite 118 des von P. GABRIEL STROBL handgeschriebenen „Catalogus Dipterorum Collectionis STROBL. I. Pars.“. (Zwei weitere Photographien von Seiten aus seinem handgeschriebenen Dipteren-Katalog sind in den Figuren 1 und 2 in MORGE (1967) und zwei Photographien von Seiten aus seinem ebenfalls handgeschriebenen Insekten-Hauptkatalog in MORGE (1969a) und MORGE (1969b) wiedergegeben.)

MORGE, G.: Diptera Collectionis P. GABRIEL STROBL — I. Beitr. Ent. **17**, 151—224; 1967.
MORGE, G.: Diptera Collectionis P. GABRIEL STROBL — II. Beitr. Ent. **19**, 27—30; 1969a.
MORGE, G.: Diptera Collectionis P. GABRIEL STROBL — III. Beitr. Ent. **19**, 31—44; 1969b.

118 Xyst. holosericea [illegible] ill[illegible]
Xyst. [illegible] Lesina [illegible]

4. **Xysta** grandis Egg. Austria [illegible] Kalocsa [illegible]

[illegible] Seitenstetten [illegible] Bamberg [illegible]

latifrons Schin. [illegible] (Spalato [illegible]) Fiume [illegible]

semicana Egg. Kalocsa [illegible]

convexa [illegible] Seitenstetten [illegible]

petiolata [illegible] Seitenstetten [illegible] Melk [illegible]

[illegible]

II. Abth. Gymnosominae.

3. **Gymnosoma** nitens Mg. [illegible] Spalato [illegible] Fiume [illegible] Melk [illegible] Görz [illegible] Bozen [illegible] Berlin [illegible]

*rotundata L. [illegible] Innsbruck [illegible] Auer 1♂. Oberdrauburg [illegible] Villach 1♂. Triest [illegible] Fiume [illegible] Steinbrück [illegible] Cilli [illegible] Mariahof [illegible] *Scheifling 1♂. *Frohnleithen 1♀. *Rottenmann 1♀. *Admont [illegible] Seitenstetten [illegible] Melk [illegible] Olmütz [illegible] Abbazia [illegible] Nabresina [illegible] Ragusa [illegible] Zara [illegible] San Celoni 1♂. [illegible]

*var. costata Pz. [illegible] Fiume [illegible] Triest [illegible] Görz [illegible] Melk [illegible] Nabresina [illegible] Zara [illegible] Seitenstetten [illegible] Volosca [illegible]

Cistogaster globosa Fbr. [illegible] Bozen [illegible] Triest [illegible] Fiume [illegible] Berlin [illegible] *Radkersburg [illegible]

III. Abth. Ocypterinae.

4. **Ocyptera** Exogaster rufifrons Lw. [illegible] Fiume [illegible] Volosca [illegible] Nabresina [illegible] Madrid [illegible]

rufipes Mg. [illegible] Zara [illegible] Montfaucon [illegible]

Tafel 1. P. GABRIEL STROBL. (Nach einer Photographie auf einer von ihm zur Korrespondenz verwendeten Postkarte)

I. Veröffentlichungen von P. GABRIEL STROBL

Ausflug auf den Hochschwung. (8. August 1868). Oesterr. Bot. Ztschr. (Wien) **19**, 40–48; 1869.

Ausflug vom Gstatterboden auf den Brucksattel und durch den Bruckgraben und Laffawald nach Weng. (12. Sept. 1868). Oesterr. Bot. Ztschr. (Wien) **19**, 176–184; 1869.

Correspondenz. Oesterr. Bot. Ztschr. (Wien) **19**, 379–380; 1869.

Ausflug auf den großen Bösenstein (17. Aug. 1868). Oesterr. Bot. Ztschr. (Wien) **20**, 208 bis 214, 245–250; 1870.

Eine Beseitigung des Dachsteins. (Mit 4 Fortsetzungen). Grazer Volksblatt; 1870.

Das Leben. (Ein Bergstieg.). Gedicht. Wiener Tourist; 1871. 7 S.

Eine Fahrt durchs Gesäuse. (Mit 1 Fortsetzung). Grazer Volksblatt; 1871.

Das Sparafeld bei Admont nebst einer Skizze der obersteirischen Gebirgszüge. Wiener Tourist; 1871. 17 S.

Auf hoher Alp. Gedicht. Wiener Tourist; 1871. 1 S.
Wanderungen ins Gesäuse und auf die Johnsbacher Alpen. Wiener Tourist; 1871. 37 S.
Die Radstädter Tauern. (Mit 4 Fortsetzungen). Grazer Volksblatt; 1871.
Eine Partie auf den Hochgolling. Juli 1871. (Mit 7 Fortsetzungen). Grazer Volksblatt; 1871.
Der Radstädter Tauern als Repräsentant der Ennsthaler Kalk- und Urgebirgskette. Oesterr. Bot. Ztschr. (Wien) **21**, 142–147, 170–176, 204–213, 237–242; 1871.
Reisebilder aus Süd-Italien. ? Oesterr. Bot. Ztschr. (Wien) **21**, 1–28, 602–613; 1871.
Eine Frühlingsreise nach dem Süden. Reise-Eindrücke aus Südsteiermark, Krain, dem kroatischen u. istrianischen Küstenlande und den Inseln des Quarnero mit einer Beschreibung der Adelsberger-Grotte und des Panzer-Casemattenschiffes „Lissa“. Graz 1872. 256 S.
Aus der Frühlings-Flora und -Fauna Illyriens. Verh. zool.-bot. Ges. Wien **22**, 577–616; 1872.
Nachträgliche Berichtigungen zum Aufsatze: „Aus der Frühlingsflora Illyriens“. Verh. zool.-bot. Ges. Wien **22**, 743; 1872.
Die Frauenburg bei Unzmarkt. Wiener Tourist; 1872. 12 S.
Ausflug auf die Hochhaide in der Rottenmanner Tauernkette. Berichte des österr. Alpenvereins. Wien; 1873. 6 S.
Auf die Griesweber-Alm bei Admont. Berichte des österr. Alpenvereins. Wien; 1873. 4 S.
Eine Partie auf den Hochgolling (9047′) am 2. August 1870. Berichte des Alpenvereins 1873. p. 270–288; 1873.
Eine Sommerreise ins Tyrol nach Lienz. (Mit 18 Fortsetzungen). Grazer Volksblatt; 1873.
Auf die Höhe des Lichtmessberges. (Eine botan. Exkursion vom 6. Sept. 1870.). Oesterr. Bot. Ztschr. (Wien) **23**, 283–288; 1873.
Reisebilder aus Süd-Italien. ? Oesterr. Bot. Ztschr. (Wien) **23**, 406–422; 1873.
Reisebilder aus Süd-Italien. ? Oesterr. Bot. Ztschr. (Wien) **24**, 1874.
Kurzer Bericht über meine Reise nach Sizilien. Oesterr. Bot. Ztschr. (Wien) **24**, 27–30; 1874.
Über die Sclerantheen des Aetna und der Nebroden. Oesterr. Bot. Ztschr. (Wien) **24**, 69–74; 1874.
Über die Vegetationsverhältnisse des Aetna. Tagebl. deutsch. Naturf. u. Aerzte (Graz) **48**. Versamml., 148–149; 1875.
Ueber die Vegetationsverhältnisse des Aetna. Oesterr. Bot. Ztschr. (Wien) **25**, Dezemberheft; 1875. [Siehe II].
Studien über italienische Veilchen. Oesterr. Bot. Ztschr. (Wien) **27**, 221–229; 1877.
Sechs Tage in Paris. (Mit 17 Fortsetzungen). Grazer Volksblatt; 1878.
Reise-Erinnerungen aus Sicilien. Graz 1878. 635 S.
Ueber die sizilianischen Arten der Gattung *Ranunculus* mit verdickten Wurzelfasern. Oesterr. Bot. Ztschr. (Wien) **28**, 109–115; 1878.
Flora der Haller Mauern. In: MARTINEZ, AUGUST u. FRANZ EDUARD RUMPEL: Die Haller Mauern. Eine topographisch-touristische Studie mit naturhist. Beiträgen. Graz, Wien 1878. 155 S.
Ueber die Vegetation des Aetna. Mediz. Ztschr. Innsbruck, 1878. 19 S.
Flora der Nebroden mit Bezug auf die Flora ganz Siciliens. [1.]. Flora (Regensburg) **61**, 2–10, 41–47, 57–62, 65–72, 97–103, 151–159, 184–190, 201–205, 216–224, 299–303, 313–319, 327–335, 505–511, 539–543, 556–559, 562–574; 1878.
Flora der Nebroden mit Bezug auf die Flora ganz Siciliens. [2.]. Flora (Regensburg) **62**, 139–144, 189–192, 283–288; 1879.
Flora der Nebroden mit Bezug auf die Flora ganz Siciliens. [3.]. Flora (Regensburg) **63**, 336–338, 344–353, 369–370, 394–402, 410–418, 427–434, 441–449, 458–466, 479–482, 554–562, 573–578; 1880.
Dipterologische Funde um Seitenstetten. Ein Beitrag zur Fauna Nieder-Österreichs. Linz 1880. 65 S. Progr. Obergymn. Seitenstetten **14**; 1880.
Eine Sommerreise nach Spanien. Graz 1880. 616 S.

Flora des Etna. [1.]. Oesterr. Bot. Ztschr. (Wien) **30**, 363–371, 401–406; 1880.
Der Etna und seine Vegetation. Wissensch. Studien und Mitth. des Benedictiner-Ordens. I. Jahrg. Brünn, 1880. S. 1–116.
Flora der Nebroden mit Bezug auf die Flora ganz Siciliens. [4.]. Flora (Regensburg) **64**, 347–352, 363–367, 430–432, 438–448, 459–463, 491–496, 566–570; 1881.
Flora des Etna. [2.]. Oesterr. Bot. Ztschr. (Wien) **31**, 23–28, 52–60, 93–95, 122–130, 158–162, 195–199, 232–235, 260–264, 291–298, 330–334, 358–364, 396–400; 1881.
Flora von Admont. 1. Progr. Obergymn. Melk **31**, 3–78; 1881.
Flora der Nebroden mit Bezug auf die Flora ganz Siciliens. [5.]. Flora (Regensburg) **65**, 177–189, 193–201, 221–224, 241–256, 458–464, 474–481, 490–496, 505–512, 535–540, 553–562; 1882.
Flora des Etna. [3.]. Oesterr. Bot. Ztschr. (Wien) **32**, 22–25, 55–58, 91–97, 129–132, 159–162, 196–198, 229–232, 265–268, 297–302, 329–333, 366–370, 400–404; 1882.
Flora von Admont. 2. Progr. Obergymn. Melk **32**, 3–96; 1882.
Flora der Nebroden mit Bezug auf die Flora ganz Siciliens. [6.]. Flora (Regensburg) **66**, 173–176, 206–208, 477–482, 511–514, 525–530, 538–554, 564–577; 1883.
Flora des Etna. [4.]. Oesterr. Bot. Ztschr. (Wien) **33**, 18–23, 56–61, 90–93, 125–126, 159 bis 162, 193–195, 228–231, 266–267, 295–297, 328–333, 403–407; 1883.
Flora von Admont. 3. Progr. Obergymn. Melk **33**, 79–99; 1883.
Flora der Nebroden mit Bezug auf die Flora ganz Siciliens. [7.]. Flora (Regensburg) **67**, 521–532, 538–548, 621–639; 1884.
Flora des Etna. [5.]. Oesterr. Bot. Ztschr. (Wien) **34**, 24–27, 63–67, 101–104, 135–139, 173–175, 222–224, 252–255, 293–297, 329–332, 368–371, 399–403, 435–440; 1884.
Flora der Nebroden mit Bezug auf die Flora ganz Siciliens. [8.]. Flora (Regensburg) **68**, 365–374, 382–390, 430–438, 450–454, 467–469, 633–642, 1885.
Flora des Etna. [6.]. Oesterr. Bot. Ztschr. (Wien) **35**, 24–26, 61–63, 97–101, 132–135, 169–173, 209–213, 244–247, 276–281, 321–324, 360–364, 400–405, 432–436; 1885.
Flora der Nebroden mit Bezug auf die Flora ganz Siciliens. [9.]. Flora (Regensburg) **69**, 187–194, 526–530, 540–545, 564–574; 1886.
Flora des Etna. [7.]. Oesterr. Bot. Ztschr. (Wien) **36**, 30–34, 60–62, 91–94, 127–129, 159–165, 200–203, 237–240, 278–281, 310–313, 348–351, 381–386, 417–421; 1886.
Reisebilder aus Süd-Italien. Studien u. Mitth. aus d. Benedictiner- u. d. Cistercienser-Orden **8**, (Brünn) 406–422, 602–613; 1887.
dass. Sep.-Abdr. o. O. u. J. 28 S.
Flora der Nebroden mit Bezug auf die Flora ganz Siciliens. [10.]. Flora (Regensburg) **70**, 119–128, 142–144, 164–174; 1887.
Flora des Etna. [8.]. Oesterr. Bot. Ztschr. (Wien) **37**, 24–27, 62–63, 101–105, 136–138, 174–177, 211–213, 243–248, 287–289, 320–323, 360–364, 395–398, 433–435; 1887.
Flora des Etna. [9.]. Oesterr. Bot. Ztschr. (Wien) **38**, 24–26, 58–60, 95–96, 131–134, 161–163; 1888.
Botanische Skizze. In: Ferdinand Krauss: „Die eherne Mark". Eine Wanderung durch das steirische Oberland. Bd. **1**, 123–126. Graz (Leykam), 1891 [oder 1892].
Zur Synonymie von *Symballophthalmus pictipes* Beck. Wien. ent. Ztg. **10**, 267; 1891.
Die Dipteren von Steiermark. T. 1. Mitt. naturw. Ver. Steierm. (Graz) **29** (1892), 1–199; 1892.
Zur Kenntnis und Verbreitung der Phoriden Oesterreichs. Ein dipterolog. Beitr. Wien. ent. Ztg. **11**, 193–204; 1892.
Untersuchungen über die Gattung *Spania* Meig. Wien. ent. Ztg. **11**, 121–125; 1892.

Interessante österreichische Dolichopoden. Wien. ent. Ztg. **11**, 102–107; 1892.
Zwei alpine Sapromyzen. Wien. ent. Ztg. **11**, 155–157, 192 [Corrigenda]; 1892.
Die österreichischen Arten der Gattung *Hilaria* MEIG. (Mit Berücks. d. Arten Deutschlands u. d. Schweiz.). Verh. zool.-bot. Ges. Wien **42**, 85–182; 1892.
Zur Kenntnis und Verbreitung der Phoriden Österreichs [Corrigenda]. Wien. ent. Ztg. **12**, 88; 1893.
Neue österreichische Muscidae Acalypterae. [1.]. Wien. ent. Ztg. **12**, 225–231, 250–256, 280–285, 306–308; 1893.
Beiträge zur Dipterenfauna des österreichischen Littorale. Wien. ent. Ztg. **12**, 29–42, 74–80, 89–108, 121–136, 161–170, 214: Corrigenda zu meinem Aufsatze ...; 1893.
Die Dipteren von Steiermark. T. 2. Mitt. naturw. Ver. Steierm. (Graz) **30** (1893), 1–152; 1894.
Die Anthomyinen Steiermarks. (Mit Berücks. d. Nachbarländer.). Verh. zool.-bot. Ges. Wien **43** (1893), 213–276; 1894.
Anmerkungen zu Herrn EM. POKORNY's Aufsatz in den Verhandlungen der K. K. Zoologisch-Botanischen Gesellschaft in Wien, Jahrg. 1893, pag. 526–544. Wien. ent. Ztg. **13**, 65–76; 1894.
Hilaria longicornis n. sp. Wien. ent. Ztg. **13**, 59–60; 1894.
Die Dipteren der Steiermark. T. 3. Mitt. naturw. Ver. Steierm. (Graz) **31** (1894), 121–246; 1895.
Beiträge zur geographischen Verbreitung der Tenthrediniden. [1.]. Wien. ent. Ztg. **14**, 139 bis 144, 171–175, 194–198, 264–265, 277–279; 1895.
Beiträge zur geographischen Verbreitung der Tenthrediniden [2.]. Wien. ent. Ztg. **15**, 8–12, 60–63, 117–120, 143–144, 193–197, 218–224, 249–253, 275–281, 295–298; 1896.
Siebenbürgische Zweiflügler, gesammelt von G. STROBL, Dr. D. CZEKELIUS und M. v. KIMAKOWICZ. Verh. Mitt. Siebenbürg. Ver. Naturw. (Hermannstadt) **46** (1896), 11–48; 1897.
Die Dipteren der Steiermark. T. 4 (Nachtr. 1). Mitt. naturw. Ver. Steierm. (Graz) **34** (1897), 192–298; 1898.
Фауна диптера Босне, Херцеговине и Далмације, (Dipterenfauna von Bosnien, Hercegovina u. Dalmatien, [serb.]). Glasn. Zem. Muz. Bosn. Herceg. (Sarajevo) **10**, 387–466, 561–616; 1898.
Spanische Dipteren. [Beitr. I, T. 1]. Wien ent. Ztg. **17**, 294–302; 1898.
Spanische Dipteren. [Beitr. I, T. 2.]. Wien. ent. Ztg. **18**, 12–27, 77–83, 96 [Corrigenda], 117–128, 144–148, 213–229, 246–250; 1899.
Dipterenfauna von Bosnien, Hercegovina und Dalmatien. Wiss. Mitt. Bosnien (Wien) **7**, 552–670; 1900.
Spanische Dipteren. [Beitr. I, T. 3]. Wien ent. Ztg. **19**, 1–10, 61–70, 92–100, 169–174, 207–216; 1900.
Steirische Hemipteren. Mitt. naturw. Ver. Steierm. (Graz) **36** (1899), 170–224; 1900.
TIEF's dipterol. Nachlaß aus Kärnten u. Oesterr.-Schlesien. Jahrb. Naturhist. Landes-Mus. Kärnten (Klagenfurt) **26** (47), 171–246; 1900.
Ichneumoniden Steiermarks (und der Nachbarländer). [1.]. Mitt. naturw. Ver. Steierm. (Graz) **37** (1900), 132–257; 1901.
Hymenopteren aus Ungarn und Siebenbürgen. Gesammelt v. Prof. GABRIEL STROBL u. Prof. JOHANN THALHAMMER. Verh. Mitt. Siebenbürg. Ver. Naturw. (Hermannstadt) **50** (1900), 43–79; 1901.
Erwiderung auf J. BISCHOF's Angriffe gegen meine Fauna von Bosnien etc. Verh. zool.-bot. Ges. Wien. **51**, 407–412; 1901.
Нови прилози фауни диптера балканског полуострва. (Neue Beiträge zur Dipterenfauna der Balkanhalbinsel, [serb.]). Glasn. Zem. Muz. Bosn. Herceg. (Sarajevo) **14**, 461–517; 1902.
Ichneumoniden Steiermarks (und der Nachbarländer). [2.]. Mitt. naturw. Ver. Steierm. (Graz) **38** (1901), 3–48; 1902.

Ichneumoniden Steiermarks (und der Nachbarländer). [3.]. Mitt. naturw. Ver. Steierm. (Graz) **39** (1902), 3–100; 1903.

Die Dialypetalen der Nebroden Siziliens. Verh. zool.-bot. Ges. Wien **53**, 434–558; 1903.

Neue Beiträge zur Dipterenfauna der Balkanhalbinsel. Wiss. Mitt. Bosnien (Wien) **9**, 519 bis 581; 1904.

Spanische Dipteren. II. Beitrag. Bearb. u. meist gesammelt v. Prof. G. STROBL. Mem. Real Soc. españ. Hist. nat. (Madrid) **3** (1905), 271–422; 1905/1906.

Ichneumoniden Steiermarks (und der Nachbarländer). [4.]. Mitt. naturw. Ver. Steierm. (Graz) **40** (1903), 43–160; 1904.

Neuropteroiden (Netzflügler) Steiermarks (und Niederösterreichs). Gesammelt u. bearb. v. G. STROBL unter Mitw. v. FRANZ KLAPÁLEK. Mitt. naturw. Ver. Steierm. (Graz) **42** (1905), 225–266; 1906.

Das Naturhistorische Museum der Benediktiner-Abtei Admont in Steiermark. Admont 1906. 132 S.

Neue österreichische Muscidae Acalypterae. [2.]. Wien. ent. Ztg. **28**, 283–301; 1909.

Spanische Dipteren. III. Beitrag. Von G. STROBL u. L. CZERNY. Verh. zool.-bot. Ges. Wien **59**, 121–301; 1909.

Die Dipteren der Steiermark. T. 5 (Nachtr. 2). Mitt. naturw. Ver. Steierm. (Graz) **46** (1909), 45–293; 1910.

* * *

II. Veröffentlichungen über P. GABRIEL STROBL (in chronologischer Folge)

ANONYMUS: Kurze Notiz über STROBLS Vortrag: „Ueber die Vegetationsverhältnisse des Aetna“, gehalten in der botanischen Section. Oesterr. Bot. Ztschr. (Wien) **25**, Dezemberheft; 1875.

ANONYMUS: STROBL GABRIEL. Gallerie österreichischer Botaniker. XXXIV. (Mit einem xylogr. Porträt und Publikationsliste.). Oesterr. Bot. Ztschr. (Wien) **36**, 217–225; 1886.

HENDEL, F.: (Rezension) STROBL, G.: TIEF's dipterologischer Nachlaß aus Kärnten. Wien. Ent. Ztg. **20**, 118–119; 1901.

ANONYMUS: Der Naturforscher von Admont. Prior P. GABRIEL STROBL†. Fremden-Blatt, Nr. 290, Wien. Vom 22. 10. 1910: Seiten 9–10.

DUSMET y ALONSO, J. M.: P. GABRIEL STROBL. Bol. Soc. Ent. España (Zaragoza) **2**, 185; 1919.

HAYEK, A. VON: Nachruf über G. STROBL. Verh. zool.-bot. Ges. Wien **74/75**, (72), (73); 1924/1925.

ANONYMUS: Todesfall-Meldung. [11 Zeilen]. Grazer Tagblatt vom 17. 3. 1925, Morgenausgabe; 1925.

HEDICKE, H.: (Nekrolog). Deutsch. Ent. Ztschr. (Berlin) **1925**, 250; 1925.

CZERNY, L.: Prof. P. GABRIEL STROBL†. (Mit Bibliogr. und Portr.). Konowia (Wien) **4** (1925), 376–381; 1926.

KIEFER, H.: GABRIEL STROBL und sein Lebenswerk. (Mit Porträt). Ztschr. Wiener Ent.-Ver. **26**, 186–191; 1941.

MORGE, G.: Diptera Collectionis P. GABRIEL STROBL – I. Beitr. Ent. (Berlin) **17**, 151–224; 1967.

MORGE, G.: Diptera Collectionis P. GABRIEL STROBL – II–IV. Beitr. Ent. (Berlin) **19**, 27–44, 569–593; 1969.

Tafel 2. P. GABRIEL STROBL. (Photographie aus dem Archiv des Stiftes Admont)

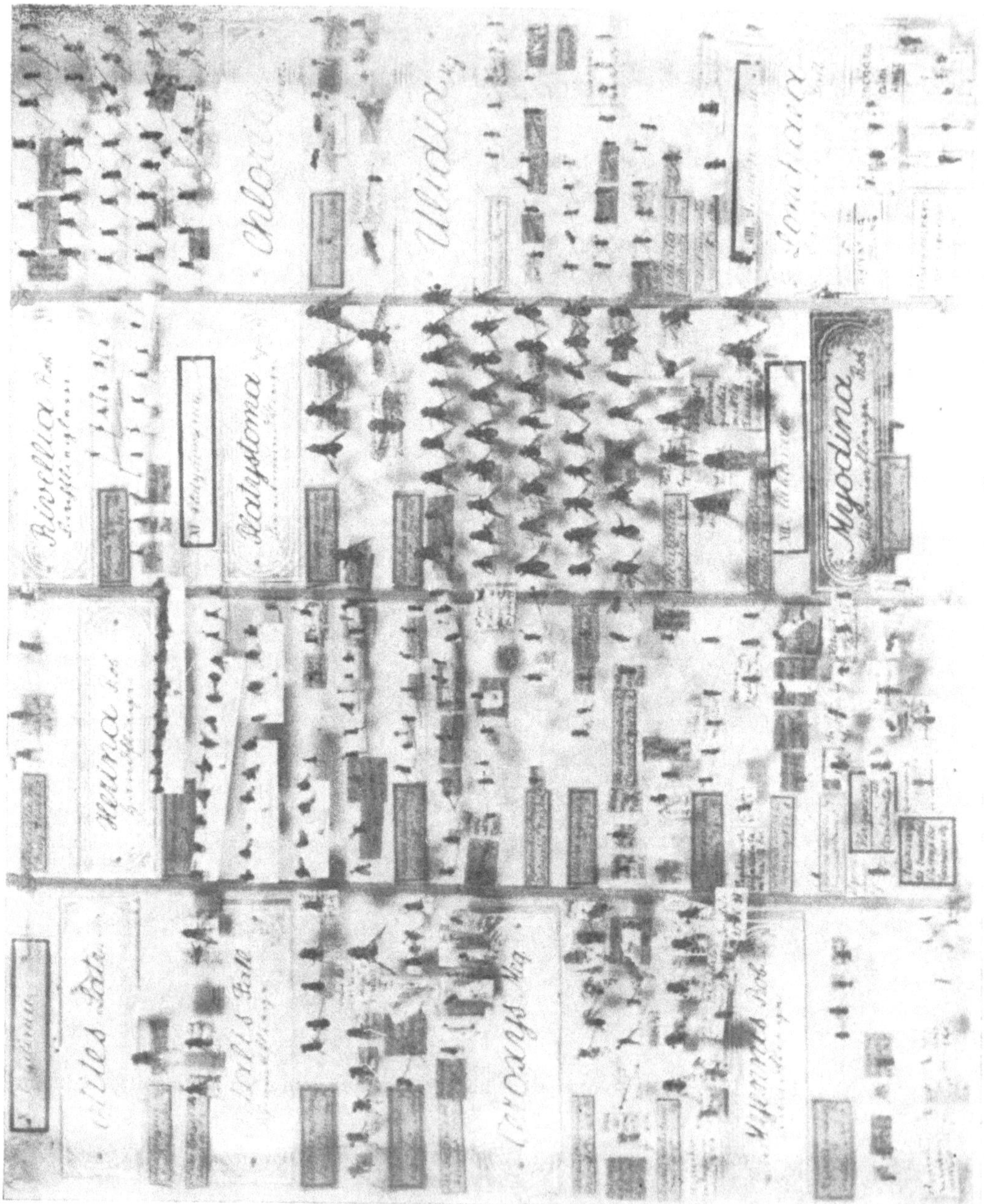

Fig. 2. Ehemalige Hauptlade 43 der Dipteren-Kollektion vor der Restaurierung

Tafel 3. P. Gabriel Strobl. (Photographie aus dem Archiv des Stiftes Admont)

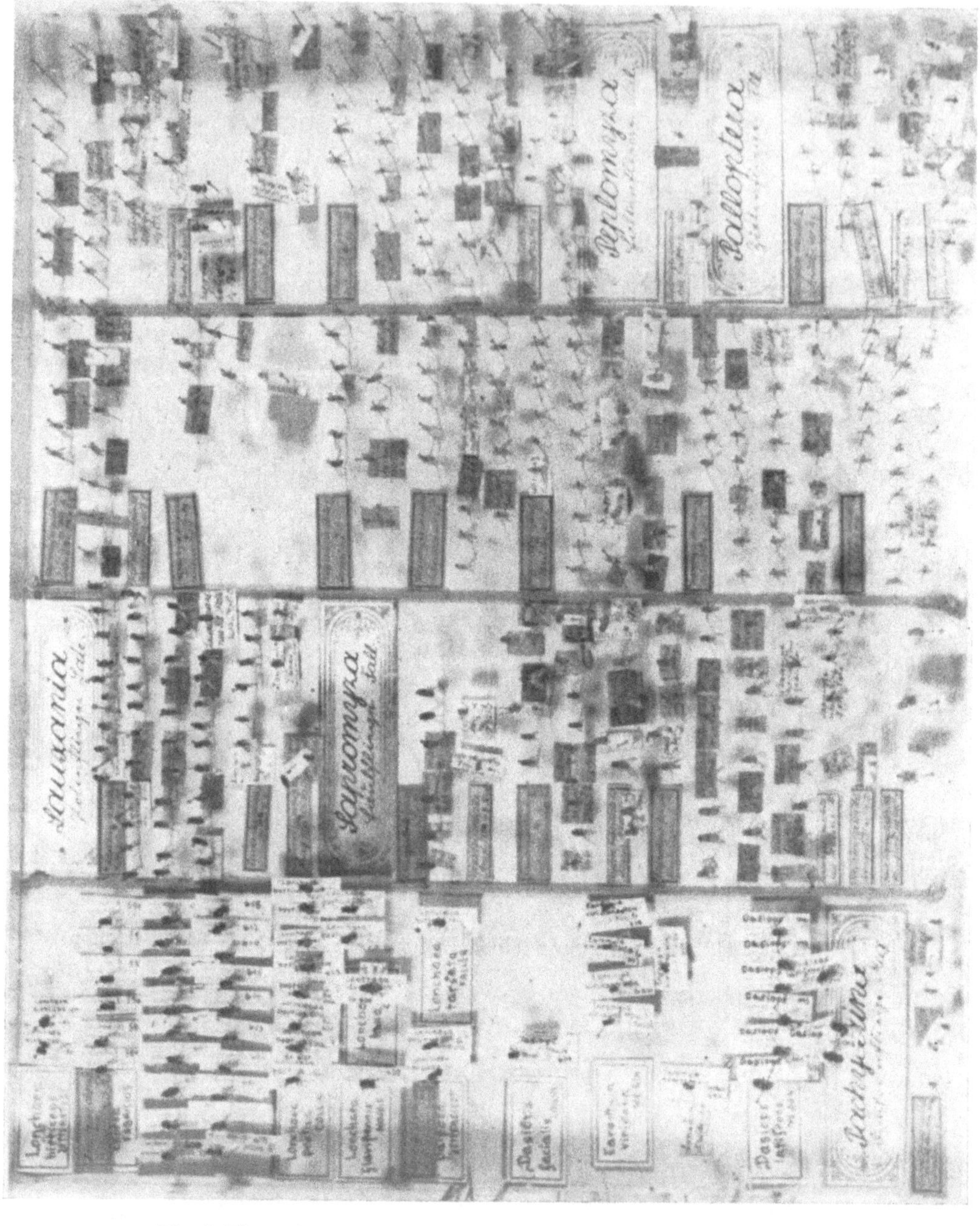

Fig. 3. Ehemalige Hauptlade 44 der Dipteren-Kollektion vor der Restaurierung

Tafel 4. P. Gabriel Strobl. (Photographie seines Porträts im großen Ecksaal des Naturhistorischen Museums des Stiftes Admont)

Fig. 4. Hauptlade 45 der Dipteren-Kollektion im ursprünglichen Zustand vor der Restaurierung

Tafel 5. P. Gabriel Strobl. (Photographie aus dem Archiv des Stiftes Admont)

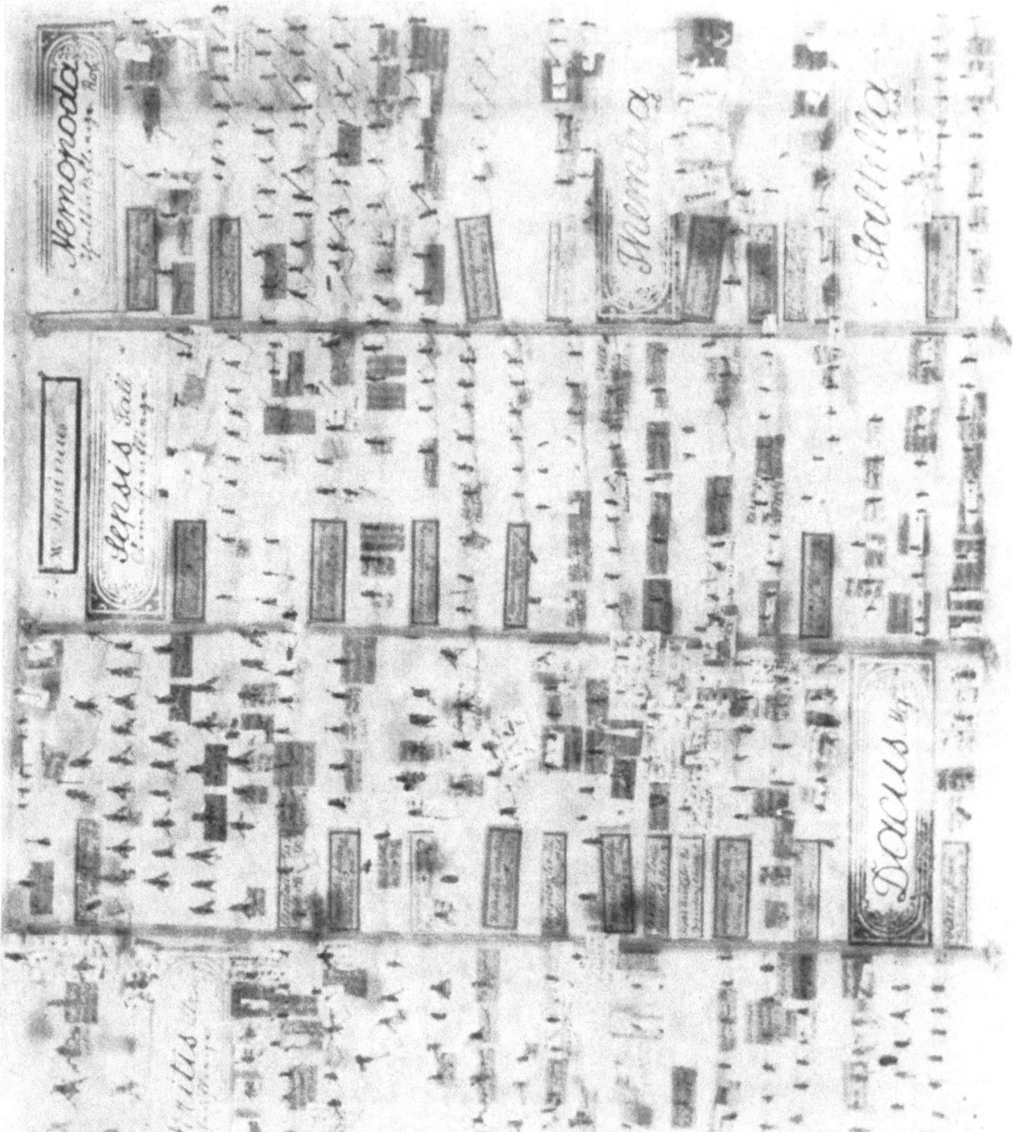

Fig. 5. Hauptlade 46 der Dipteren-Kollektion im ursprünglichen Zustand

Fig. 6. Hauptlade 47 der Dipteren-Kollektion im ursprünglichen Zustand

Fig. 7. Hauptlade 48 der Dipteren-Kollektion im ursprünglichen Zustand

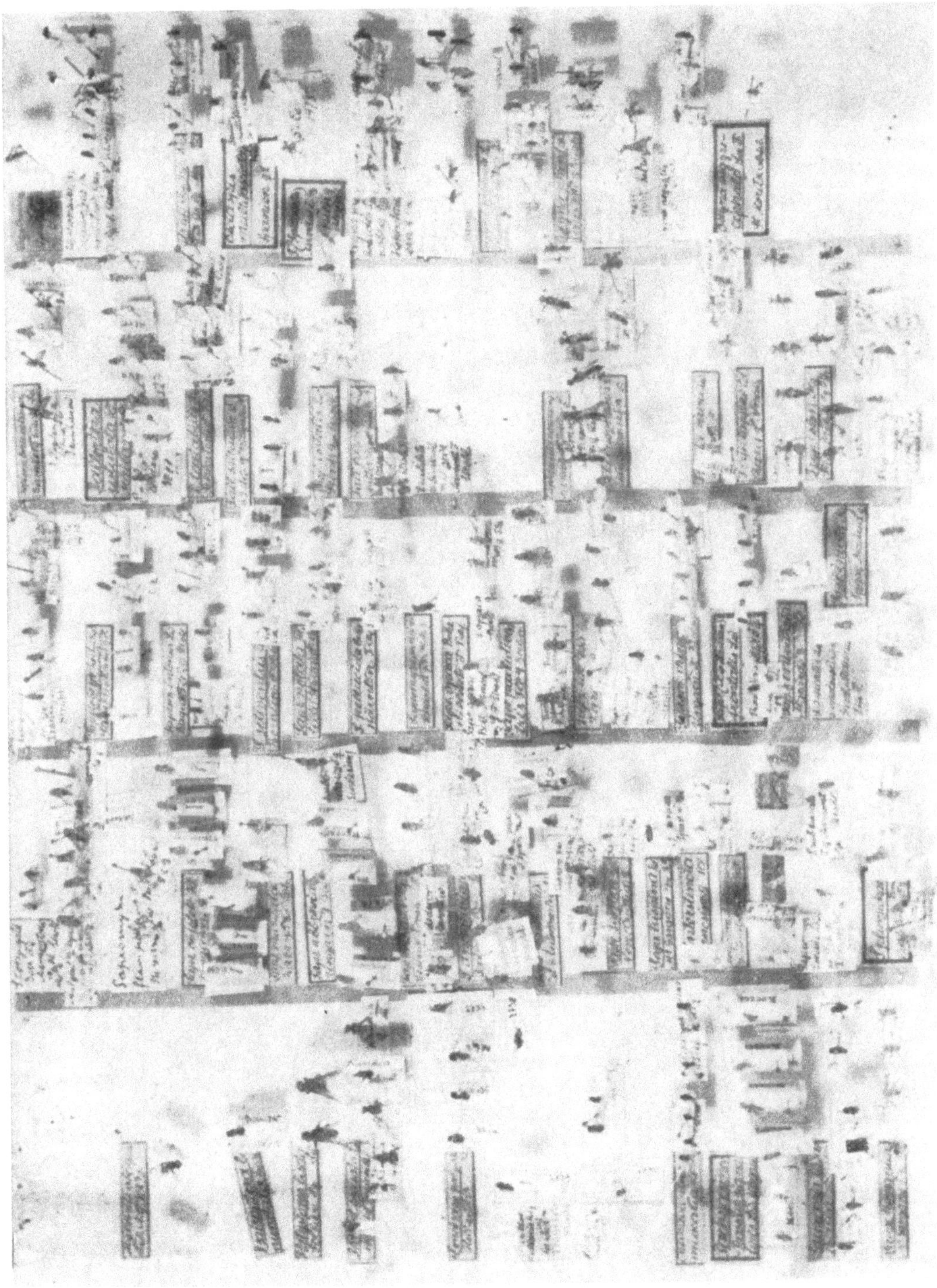

Fig. 8. Ehemalige Acalyptraten-Nachtragslade III vor der Restaurierung

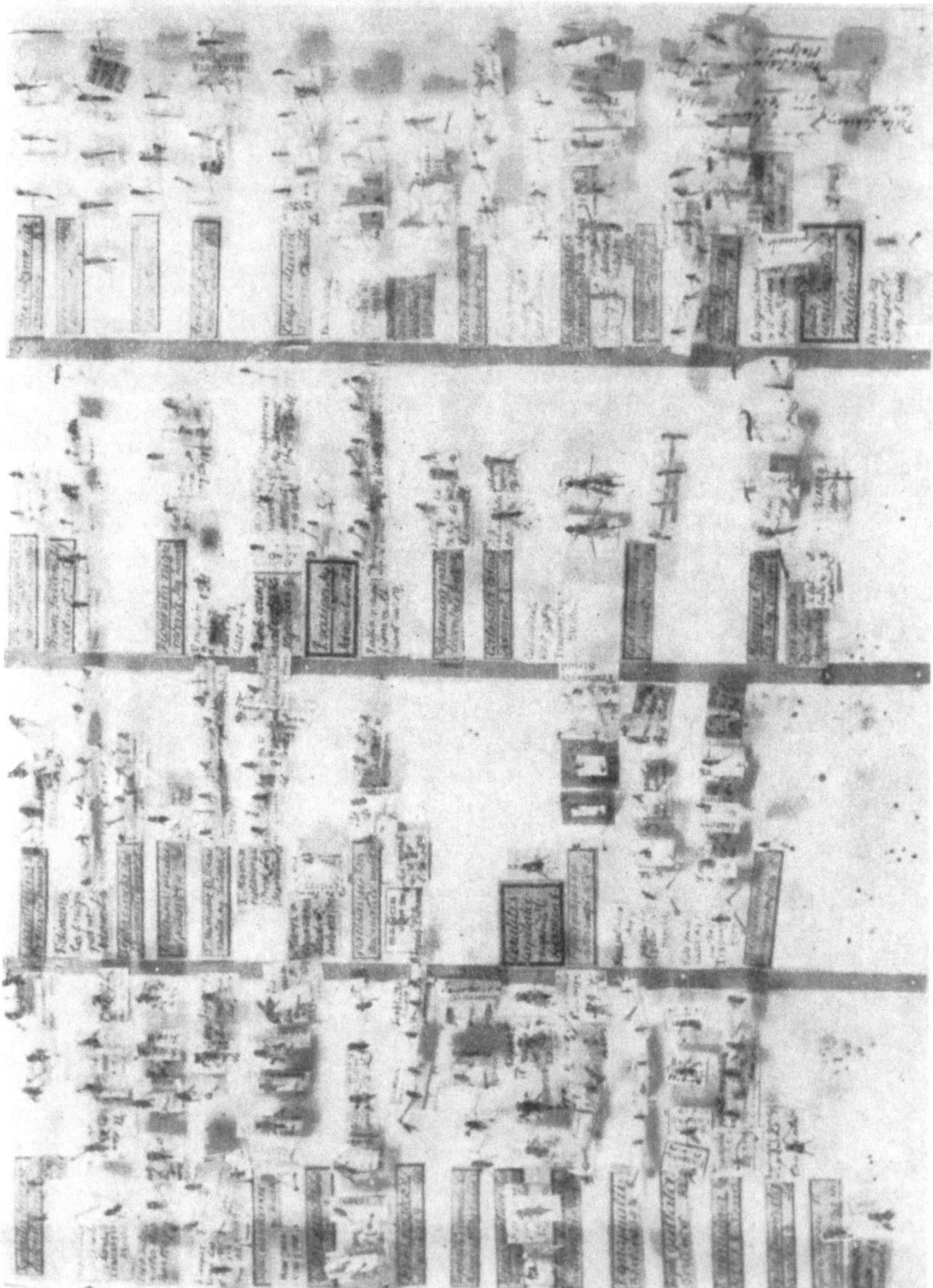

Fig. 9. Acalyptraten-Nachtragslade IV im ursprünglichen Zustand

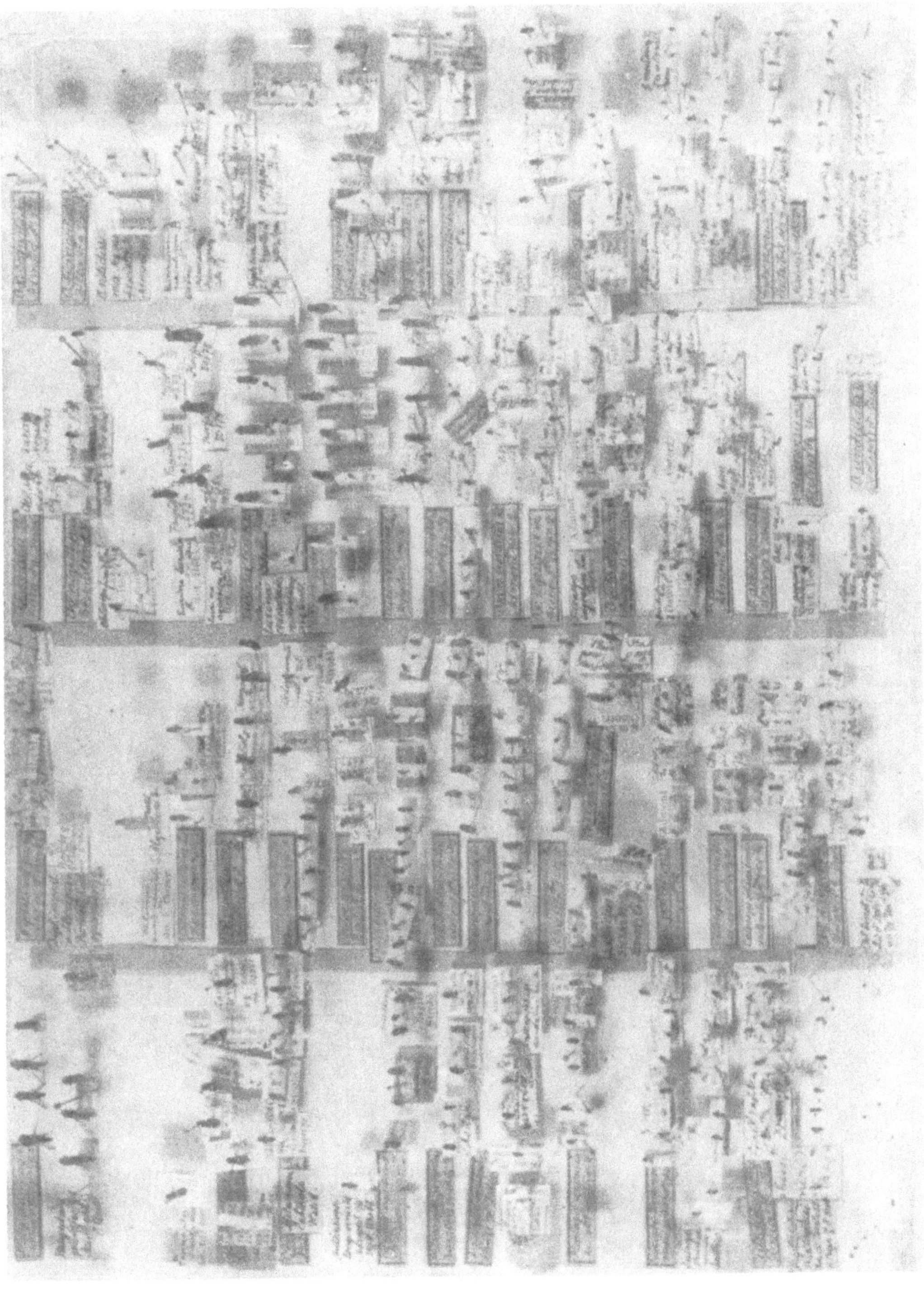

Fig. 10. Acalyptraten-Nachtragslade V im ursprünglichen Zustand

Beitr. Ent. · Bd. 24 · 1974 · Sonderheft · S. 65–82 · Berlin

Institut für Pflanzenschutzforschung
der Akademie
der Landwirtschaftswissenschaften der DDR zu Berlin
Zweigstelle Eberswalde
Abteilung Taxonomie der Insekten (ehem. DEI)
Eberswalde (DDR)

Naturhistorisches Museum
der Benediktiner-Abtei Admont
Admont (Österreich)

GÜNTER MORGE

Das Naturhistorische Museum der Benedektiner-Abtei Admont im Jahre 1974

(Übersicht der Sammlungen als kurzer Museumsführer)

Es kann nicht Aufgabe eines Beitrages in dieser Festschrift sein und würde dem Charakter dieser wissenschaftlichen Zeitschrift widersprechen, einen für Besucher bestimmten und üblicherweise photographisch illustrierten Museumsführer zu geben. Ich habe an anderer Stelle darauf hingewiesen, daß der wissenschaftliche Wert des Naturhistorischen Museums des Stiftes Admont gerade in jenen unscheinbaren, makroskopischer Betrachtung nichts bietenden Kollektionen liegt, die samt und sonders in bester respektive zumindest in guter Verfassung sind und alle Voraussetzungen für spezielle Revisionen bieten. Mit dieser Feststellung, das sei hier nochmals betont, sollen nicht im geringsten die vorhandenen Schausammlungen in ihrem Wert unterschätzt oder in ihrer Bedeutung gemindert werden, zumal etliche Objekte, besonders in der Vogelkollektion von exzellenter Präparierkunst zeugen und ebenfalls in all diesen Sammlungen zahlreiche sehr seltene oder heute kaum mehr beschaffbare Präparate enthalten sind. Deswegen sei auch hier wiederholt, daß das Museum für jeden Besucher eine Attraktion ist und bleibt. Die Bestände des Museums sind indessen viel zu heterogen und in sich viel zu speziell, um sie in Form eines herkömmlichen Führers zu beschreiben. Das dürfte auch der Grund dafür sein, daß in früheren Jahrzehnten nach P. STROBL vorhanden gewesene Ansätze für einen Museumsführer nie verwirklicht wurden.

Es kommt mir mit dieser Beschreibung des Museums vielmehr darauf an, in Form der folgenden mehr oder weniger summarischen, synoptischen Übersicht der Fachwelt mitzuteilen, was hier an wissenschaftlichen Besonderheiten verwahrt wird. Es sei zudem darauf hingewiesen, daß gewiß auch in den im folgenden schlicht als mit „exotischer“ Herkunft bezeichneten Kollektionen manch seltener Fundort und interessante Art verborgen liegt. Es sei auch vermerkt, daß beispielsweise vergleichbare berühmte ornithologische Kollektionen, selbst in Österreich, artenzahlmäßig teilweise wesentlich ärmer als die Admonter sind.

Interessant ist zum Beispiel in diesem Zusammenhang, daß P. STROBL ein nicht publiziertes Manuskript über die Coleopteren-Fauna von Obersteiermark verfaßt hat mit den genauen Fundorten von 1148 Arten und 130 Varietäten.

Dasselbe füllte 279 Quartseiten, größtenteils in stenographischer oder hieroglyphenartiger Schrift. Es wurde in Kurrentschrift übertragen und enthielt ein alphabetisches Gattungsregister. Dieses Manuskript, das schon KIEFER vergeblich suchte, wurde leider bis heute nicht aufgefunden und dürfte möglicherweise in den Wirren von Beschlagnahmen und Krieg verlorengegangen sein.

Verfasser maßt sich über keine der verschiedenen Kollektionen außerhalb jener, in denen er selbst als Spezialist arbeitet, ein Werturteil an, aber hält sich verpflichtet, darauf hinzuweisen, daß in vielen wertvollste wissenschaftliche Reserven liegen, wovon eben die Insektensammlungen die meisten beinhalten. Ich würde mich wiederholen, dies nochmals zu begründen, sondern verweise vielmehr auf das im ersten Artikel dieser Festschrift Gesagte.

Vor der Beschreibung eines kurzen „Rundganges“ durch das Museum in seinem heutigen Zustand seien noch einige grundsätzliche Bemerkungen zu den folgenden Sammlungsverzeichnissen vorausgeschickt:

Die jetzt vorhandenen Bestände sind mit Ausnahme der vorläufig noch im Steiermärkischen Landesmuseum Joanneum Graz in Leihgabe verbliebenen Herbarien und wenigen anderen Präparate (im ersten Kapitel der Festschrift näher erläutert) unverändert jene, die das Museum bis zum Jahre 1910 durch das Werk STROBLS erhielt. Auch die Anordnung und Gliederung in den drei großen Sälen des Museums wurde nach der Totalrenovierung im Prinzip beibehalten. Die Begründung hierfür gab ich ebenfalls schon im ersten Abschnitt dieser Festschrift. Verluste sind mit unbedeutenden Ausnahmen nicht zu verzeichnen. Hinzugekommen sind die Coleopteren- und Lepidopteren-Sammlungen KIEFERS und die Dipteren-Kollektion PELLER. Die nachfolgenden Familien-, Arten- und Exemplarzahlen etc. sind ohne Ausnahme die sämtlicher Kollektionen, die P. GABRIEL STROBL zusammentrug, ordnete, publizierte und für die detaillierte handgeschriebene Kataloge existieren. Sie enthalten also nicht die beiden Sammlungen KIEFERS und die eine PELLERS. (Über letztere verweise ich auf die von mir erst unlängst publizierte detaillierte Übersicht: Literaturverzeichnis zum ersten Kapitel dieser Festschrift.)

Die folgenden Tabellen beinhalten auch all jene Arten und Exemplare, die in den Jahren nach der von P. STROBL gegebenen letzten Übersicht bis zu seiner Lähmung noch hinzugekommen waren. In den von mir in bisher fünf Teilen publizierten katalogartigen Sammlungsverzeichnissen der Dipteren berücksichtigte ich zuerst jene, über die bisher nichts oder nur wenig bekannt war und die weit mehr als lokale Bedeutung haben sowie vorrangig Typen- oder andere historische Exemplare enthalten. Die Publikation der Revisionsresultate der Dipteren-Haupt- und Nachtragssammlung wird daneben kontinuierlich fortgesetzt. — Das Verzeichnis der wächsernen pomologischen Sammlung nahm ich hier wegen der sonderbaren Originalität derselben und der Tatsache auf, daß sie das einzige Relikt jenes „Naturalienkabinetts“ geblieben ist, das durch den riesigen Stiftsbrand 1865 total vernichtet wurde.

* * *

Über Gründung und Entwicklung des Naturhistorischen Museums des Stiftes Admont ist alles Wesentliche in den vorangegangenen beiden Kapiteln dieser Festschrift gesagt. Die im folgenden beschriebene jetzige Gestaltung der Räumlichkeiten ist unter Wahrung der ebenfalls schon begründeten traditionellen Gliederung (mit Ausnahme einiger Veränderungen in der Schausammlung durch Veränderung der räumlichen Verteilung) diejenige nach einer vollständigen Renovierung aller Räume, Schränke und Vitrinen. Sie wurde in der Zeit von 17. Oktober 1973 bis Frühjahr 1974 vorgenommen. Das Museum wurde für diese Renovierung vollständig ausgeräumt. Sämtliche damit verbundenen Arbeiten und die Wiedereinrichtung wurden mit Ausnahme der Malerleistungen und der Reinigung (durch Hilfskräfte des stiftischen Waldamtes) von mir allein ohne jede Hilfskraft durchgeführt. Nur die Erneuerung der Beschilderung und Beschriftung harrt noch der Vollendung.

Aus den schon genannten besonderen Gründen unterblieb auch bei der Renovierung der Einbau von Heizung und elektrischem Licht, womit das Museum seine traditionelle äußere Gestaltung bewahrte, im Inneren aber nun mit jener Sauberkeit und schlichten Farbgebung versehen ist, die seinen Schauobjekten würdige Wirkung und vor allem den rein wissenschaftlichen Sammlungen Sicherheit bestmöglicher, beständiger Konservierung geben.

* * *

Der kurzen, nur einer groben Übersicht dienenden Beschreibung der drei Säle schicke ich voraus, daß alle Teile der diversen Schausammlungen selbstverständlich in sich geordnet und gegliedert sind. Es würde aber hier zu weit führen, das en detail mitzuteilen.

Der 27 m lange Gangsaal des Museums zeigt links an den Wänden europäische und exotische Großschmetterlinge, darüber prächtige Geweihe von Hirsch, Steinbock und Elch, zum Teil mit Schädel. Die linke Seite des Saales wird von fünf großen Vitrinen mit der wächsernen pomologischen Sammlung eingenommen. Ihnen schließen sich zwei große zweiteilige Schauschränke mit Fischpräparaten, diversen Früchten, Zapfen, Holzquerschnitten und Schwämmen an. Über der Tür zum Hauptsaal hängt der Panzer einer Riesenschildkröte. Rechts schließt der Saal mit zwei großen zweiteiligen Schauschränken ab, die Bryozoen, Korallen, Seesterne und andere Meerestiere enthalten, Krebse, Krabben, Tausendfüßler und große Weingeistpräparate mit den einzelnen Metamorphosestadien aus verschiedenen Ordnungen, auch solche mit tierischen Organen. Die rechte Seite des Saales wird weiterhin von zwei Schauschränken mit Muschel- und Schneckengehäusen eingenommen und von einem Schrank mit der Petrefaktenkollektion. Eine Gemse, Hühnerhabicht und Bussard, ein riesiges Krokodil, eine Elchschaufel, eine exotische Schildkröte, ein Elefantenschädel, Hörner des Nashorns, Gehörne von Wasserböcken etc., eine Hyäne, Robbe, Känguruh und Beutelratte sowie Schaukästen mit exotischen Heuschrecken und Ohrwürmern sind weiterhin auf Boden, Schränke und Wände des Saales verteilt. Ein 10 m langer Wandschrank mit exotischen Säugetieren und zahlreichen Weingeistpräparaten von Schlangen, Fischen, Fröschen etc. schließt den Saal zum Eingang hin rechtsseitig ab.

Der Hauptsaal (Ecksaal oder Südost-Pavillon) zeigt in den sechs großen Fensternischen eine komplette Käfer-Schausammlung, eine solche von Heuschrecken, Netzflüglern, europäischen und exotischen Wanzen und Hautflüglern sowie Skorpione, Spinnen, Kannenpflanzen, Borkenkäferfraßstücke und biologische Objekte von forstlichen Fichtenschädlingen. Die großen Wandschränke und freistehenden Vitrinen enthalten die Mineralien, Gesteine, Kristalle und diverse Skelette. Ein mehrteiliger Wandschrank zeigt eine Schausammlung von besonderen Gesteinen, von Farnen, Flechten, Algen und Pilzen, darauf in 38 Holzbänden das „Obersteirische Herbar". In einem separaten Schrank befindet sich ein menschliches Skelett. 14 große, mehrteilige Schauschränke beinhalten Säugetiere und prächtige Vogelpräparate. Geweihe, Großpräparate von Raubvögeln, anderen Großvögeln und von Säugetieren befinden sich an den Wänden und auf den Schränken.

Der Hauptsaal beherbergt auch einen Teil der rein wissenschaftlichen Sammlungen, so in zwei Schränken getrennt, die exotischen Coleopteren und in 84 großformatigen Laden in der unteren Hälfte der Mineralienschränke die gesamte palaearktische Coleopteren-Sammlung. Ein weiterer Schrank enthält die vollständige Neuropteren-Kollektion sowie je einer die palaearktischen und exotischen Lepidopteren.

Im Südsaal finden sich an den Wänden die Schausammlungen von Hymenopteren, Dipteren, Zikaden und Heuschrecken, exotischen Libellen und exotischen Macrolepidopteren. Die großen Schaukästen des Saales beinhalten in Schrankwänden exotische und europäische Vögel, 515 verschiedene Alpenpflanzen, exotische Säugetiere, und Schlangen. Die Großvitrinen enthalten Löwen, Leopard, Antilopen und Schildhähne. Auf den Schränken stehen auch hier ebenfalls Großpräparate von Vögeln, von Pelikanen, Albatros, Geiern bis zu Flamingos und Schwarzem Schwan.

An rein wissenschaftlichen Sammlungen beinhaltet der Südsaal die Hymenopteren- und Hemipteren-Kollektion, den anderen Teil der palaearktischen und exotischen Lepidopteren, die Insekten-Dubletten KIEFERS, die Carabiden- und die von KIEFER stammende steirische Coleopteren-Kollektion.

Die wissenschaftlichen Kollektionen der Hymenopteren-„Nachträge", die exotischen Hemipteren, Myriapoden, Isopteren, Acariden und Cicaden sind in separaten Schränken verwahrt. Über die Dipteren-Kollektion sind alle Details schon in der betreffenden Publikationsserie mitgeteilt.

Da die gegebene Beschreibung absolut nicht mehr beinhalten kann als einen ganz groben Überblick folgt in diesem Zusammenhang zur besseren Übersicht nochmals die Gesamtzahl der größeren Schau- und sonstigen Kollektionen des Museums (außer den rein wissenschaftlichen der Insekten):

	Verschiedene Formen (Arten und Varietäten)	Exemplare (Ex.) respektive Präparate (Pr.)
Obersteirisches Herbar	2759	
Herbarium universale (noch in Graz)	21416	
Italienisches Herbar (noch in Graz)	3432	
Rezente Säugetiere (inclusive Geweihe, Gehörne, Skelette etc.)	94	
Ausgestorbene Säugetiere	6	
Vögel	über 500	mehr als 1100 Ex.
Reptilien	107	178 Pr.
Amphibien	21	48 Pr.
Fische	69	107 Pr.
Conchylien	2484	9193 Ex.
Mineralien	564	
Gesteine	1207	
Versteinerungen von Tieren	469	
Versteinerungen von Pflanzen	92	

* * *

Die wächserne pomologische Sammlung und vor allem die rein wissenschaftlichen entomologischen Kollektionen sind im Detail der folgenden Zusammenstellung zu entnehmen:

Verzeichnis der in Wachs bossierten Stein- und Kernfrüchte

(Wächserne Obstsammlung von P. CONSTANTIN KELLER)

Den meisten der nachfolgend aufgeführten wächsernen Obstmodelle sind zwei, wenigen drei oder nur ein, handgeschriebene Etiketten beigegeben. In der Regel stammt ein Etikett von P. CONSTANTIN KELLER und ist in alter Orthographie geschrieben; das zweite Etikett hat P. GABRIEL STROBL hinzugefügt, offenbar weil die alten Etiketten brüchig und oft beschädigt waren. P. STROBLS Etiketten unterscheiden sich von den alten im allgemeinen jedoch nur in der Schreibweise, während die Details identisch sind. Soweit vorhanden, ist in folgendem Verzeichnis die Beschriftung der alten Originaletiketten zitiert.

Mehrere Modelle sind ohne Etiketten. In diesem Zusammenhang ist eine aufgefundene stenographische Notiz von P. STROBL zu dieser Sammlung von Interesse:

„**In dieser Sammlung wurden leider durch das Ein- und Auspacken bei der Überführung* die Etiketten vielfach verwechselt, die meisten sogar ganz von den dazugehörigen Früchten getrennt, so daß alles durcheinander kam.** Äpfel **sind 164 vorhanden; bei 68 lagen Etiketten, bei 96 aber keine; manche Äpfel hatten Birnenetiketten und umgekehrt.** Birnen **sind 60 vorhanden, nur 15 Etiketten. Ich versuchte nach den dürftigen Angaben der Etiketten die Sorten zu ordnen; manches wird wohl unrichtig sein. Die übrigen 21 Früchte sind** Feigen (3), Erdbeere (1), Paradiesapfel (1), Limone 1, Quitten (2), Eierpflaume (1), Apricosen (2), Pfirsiche (4), Reinclaudes (6).“

Bei der von mir im November 1971 geleiteten Rückführung dieser pomologischen Sammlung von Steiermärkischen Landesmuseum Joanneum in Graz nach Admont fanden sich noch fünf separate Originaletiketten mit folgender Beschriftung:

Der Wildling von Moffr.**
Der graue . . .*** von Baron MASKON
Der böhmische Jungfrauenapfel von MOFOW
Nro 488. Die Reinette von BRODA. von H. EUFINGER in Admont. unächt.
Nro 754. Foxley Rußian Apple

* Hier dürfte die Überführung der Sammlung von Gröbming, dem Wohnsitz P. CONSTANTIN KELLERS, in das Stift Admont gemeint sein.

** Fast unleserlich.

*** Unleserlich.

Etikettenbeschriftung	Vitrine	Reihe	Fach	Anzahl der Exemplare
Nro 254. Die Forellenreinette	I	1	1	1
Französische Goldreinette. (la reinette d'orée)	I	1	2	1
Nro 42. Lange, rothgestreifte, grüne Reinette	I	1	3	1
Gelbe Herbstreinette von H. P. Ludwig	I	1	4	1
Nro 580. Die Cavillartige Reinette mit sehr vielen aufgesprungenem Roste. Vom Jahre 833	I	2	1	1
Nro 261. Rothgraue Kelchreinette	I	2	2	1
Maskons gelbe, harte Glasreinette	I	2	3	1
Die französische graue Reinette	I	2	4	1
Nro 209. Neujorkner Goldreinette von 833	I	3	1	1
Nro 555. Die große englische Reinette	I	3	2	1
458. Lothringer Reinette von Canada	I	3	3	1
143. Englische Granat-Reinette. Vom Jahre 1833	I	3	4	3
Wahre weiße Herbst-reinette. Von Ham̄erlitz	I	4	1	1
Grüne Lothringer Reinette	I	4	2	1
Reinette von Orleans von Mayer	I	4	3	1
Große englische Reinette	I	4	4	1
Nro 180. Holländische Gold-reinette	I	5	1	2
Goldgelbe Som̄erreinette mit rothem langen Stiel	I	5	2	1
Die frühe gelbe Gewürz-Reinette von H. v. Mayer	I	5	3	1
Nro 591. Van Mons Goldreinette	I	5	4	1
Triumphreinette	I	6	1	1
Die Honigreinette von H. v. Mayer	I	6	2	1
Der gestreifte Küm̄el-rambour, von Kam̄ern	I	6	3	1
Der sauere Winter-rambour aus eigenem Garten	I	6	4	1
Kleiner guter gestreifter Erdbeerapfel von Wildbach. Von Mayer. Nro 493	I	7	1	1
Kleiner von innen und außen rother Erdbeerapfel	I	7	2	2
Nro 567. Der Schleswiger Erdbeerapfel	I	7	3	2
Der englische Prahlrambour aus eigenem Garten Nro 172	I	7	4	1
Nr. 633. Der gestreifte Muskaten-Calville. Sehr schön groß und gut, vom Jahre 833	I	8	1	1
Weißer Winter-Calville. 1833	I	8	2	1
Rother Winter-Calville vom Eder in Winkel (oder) Rothling Nb auf Moschbeer gebelzt. Von Nro 483, 484 und 485	I	8	3	2
Der Lothringer Rambour von Jager in Leoben	I	8	4	1
Der weiße Stern-Calville von Kam̄ern	I	9	1	1
Nro 162. Der Gewürz Calville	I	9	2	1
Gewürz Calville. Der gelbe Pariser Streifling von Kam̄ern	I	9	3	1
Rheinischer gestreifter Winter-Rambour von Eder in Winkl (oder) der hintere Thauapfel. Von Nro 483	I	9	4	1
Nro 569. Wahrer weißer Som̄er-Calville. Zeitigt Ende August. – Der wahre weiße Som̄ercalville von H. v. Mayr	I	10	1	2
Gestreifter Som̄er Muskaten Calville oder Gestreifter Som̄er Karling von Lanzbauer Hansl	I	10	2	1
Nro 646 und 647. Der gestreifte Herbst-Calville (oder) Herrenapfel von hiesigen Lederer	I	10	3	2
Nro 423. Der pohlnische gestreifte Herrenapfel	I	10	4	2
Nro 644 und 645. Der schöne Herbststreifling aus uns. Garten	II	1	1	2
Nro 8. Der glänzende blutrothe Streifling von Kam̄ern	II	1	2	1
Nro 312, 338 u. 538. Der gestreifte gelbe Herbst Calville vom Schulmeister in Irdning. Jahr 834	II	1	3	1
Der rothe Herbst-Calville	II	1	4	1
Nro 241. Der rothe 3 Jahre lang dauernde Streifling	II	2	1	1
Nro 299. Gelber lang und rein geflam̄ter Streifling	II	2	2	1
Der ächte rothe Winter-Calville (oder) Muskobiter von Gösting	II	2	3	1
Meissners leberrother Herbst-Calville	II	2	4	1

Etikettenbeschriftung	Vitrine	Reihe	Fach	Anzahl der Exemplare
Nro 66. Gestreifter Blut-apfel. Vom Jahre 1833	II	3	1	1
Safran – oder gestreifter Zirchner Apfel	II	3	2	1
Nro 1. Der rothe Herbst-Calville von Admont. Rother Herbst Calville von H. v. PLICKER	II	3	3	2
Der Rothling von LEDERER in Preg. Der rothe Sommer Calville	II	3	4	1
Der rothe birnförmige Taubenapfel. Vom Klauswirth PHILIPP LACKNER. Jahr $\overline{834}$, zeitigt Ende Aug.	II	4	1	1
Der große gestreifte Taubenapfel von BREITLER	II	4	2	1
Der gestreifte Som̄er-Taubenapfel von H. v. MAYER	II	4	3	1
Der Harpfling vom GÖSSENBERGER und SIMETER . . . der gestreifte Taubenapfel	II	4	4	1
Der kleine gelbe Kirsch-apfel	II	5	1	1
Der Mathäus Apfel vom HUBER in St. Martin	II	5	2	1
D. Rother Som̄er agi. Ein Rosenapfel von der Sch. . . zu Pruggern	II	5	3	1
Der Fürstenapfel	II	5	4	1
Der gestreifte Süßling vom GÖSSENBERGER in Aich mit dem Zeichen ☰. Ganz wie der fränkische Non̄enapfel bandförmig gestreift, zeitigt im Oktob. und hält sich bis Jänner. Wuchs am Baume – der Pflinderling	II	6	1	1
Der gestreifte Sönbrunnerapfel vom KREITNER in . . .	II	6	2	1
Nro 127. Der braune Mathapfel	II	6	3	1
Eydolken-Apfel	II	6	4	1
Der fränkische Nonnenapfel v. H. v. MAYER	II	7	1	1
Nro 451. Der Eminente von DIEL $\overline{833}$. – Nro 451. Der Eminente von DIEL vom Jahre $\overline{841}$	II	7	2	2
Der große gestreifte pohlnische Weinapfel von Marburg o. Weinling	II	7	3	1
Nro 103. Großer gestreifter Kastanienapfel	II	7	4	1
Nro 424. Königsapfel von Jersey	II	8	1	1
Der große edle Princessin-Apfel	II	8	2	1
Nro 21. Aechter gelber Stettiner	II	8	3	1
Nro 353. Pohlnischer süßer Papierapfel	II	8	4	1
Der große edle Prinzessin Apfel. 157	II	9	1	1
Nro D. Der weiße Gulderling von Göß. Vielleicht Palasapfel	II	9	2	1
Der rothe Gulderling	II	9	3	1
Nro 177. Spanischer gestreifter Gulderling	II	9	4	1
Die gelbe Walze von JAGERWIRTH zu Leoben	II	10	1	1
D. Der Wachsapfel von Köln oder der Weißling. Von Nro 469, 474 und 475	II	10	2	3
Der Krautapfel von Traxl in Kaysersberg	II	10	3	2
Nro 324. Schöner Marienapfel	II	10	4	1
Nro 136. Der Gräfensteiner vom Jahr $\overline{833}$ wurde zu Gstatt im nähmlichen Jahre goldgelb, und stark gestreift	III	1	1	1
Der englische Kantapfel reift im halben Aug. und hält sich nur 8 Tage	III	1	2	1
Großer Kantapfel	III	1	3	1
D. Großer Schnutzbolch oder Bolchapfel, Aus-rig. Gart.	III	1	4	1
Nro Der hochaussetzende Lederapfel. Reifet um die Hälfte Sept.	III	2	1	1
Nro 117. SCHARLANOWSKY NELOY	III	2	2	1
Nro 572 und 67. Großer englischer Winterquittenapfel vom SCHWÖDLINGER	III	2	3	2
Der kleine Striemapfel	III	2	4	1
Der süße Borstorfer von Gaißhorn	III	3	1	1
Der kleine Winterborstorfer	III	3	2	2
Hoher Borstorfer	III	3	3	1
Nro 419, und 607. Der hohe Borstorfer vom EGGMAYR Jahr $\overline{834}$	III	3	4	1
Nro 302. Neuer Ribbstons Pepping Jahr $\overline{834}$. – Neuer Ribstons Pepping von $\overline{833}$	III	4	1	2

Etikettenbeschriftung	Vitrine	Reihe	Fach	Anzahl der Exemplare
Grumkower Wachspepping von $\overline{833}$	III	4	2	2
Nro 427. Grauer flandrischer Pepping	III	4	3	1
Der grüne Maschanzker. . . . Der grüne Borstorfer	III	4	4	2
Marmelac Pepping	III	5	1	1
Rosenpepping	III	5	2	2
Der italienische Rosmarinapfel v. Klagenfurt	III	5	3	1
Der deutsche Rosmarin- o. der rheinische Bohnapfel von Baron MASKON	III	5	4	1
Französischer edler Prinzessinapfel	III	6	1	1
Nro 2. Der stark gestreifte sehr fruchtbahre Strichapfel von Kam̄ern	III	6	2	1
Der grüne rothgestreifte Brabanter- o. Paßamaner	III	6	3	1
Der Kornapfel mit dem Fleischstiele von WARFNER	III	6	4	1
Die große rothe Schafsnase von H. BRÄUNER in der Fuchslucken	III	7	1	1
D. Die gelbe Schafsnase. Von Gstatt	III	7	2	1
Nro 321. MEISSNERs leberrother Himbeerapfel	III	7	3	2
D. Großer rother Som̄er Himbeerapfel von Köhln o. Pflinderling. Von Nro 466 und 479	III	7	4	1
Som̄er Taffetapfel von HERITSCH	III	8	1	1
Der französische Taffet-apfel, von Admont	III	8	2	2
Nro 206. Der Tulpencardinal	III	8	3	1
Der fleckichte Butter oder Barthelmä Apfel von TRAXEL in Kaysersberg	III	8	4	1
Weißer Som̄er Gewürz Apfel	III	9	1	1
Rother königlicher Kurzstiel	III	9	2	1
Nro 236. Der Mostapfel, Jahr 1834	III	9	3	1
Der grüne Kayserapfel	III	9	4	2
Sogenan̄ter Zigeunerapfel von Hofergarten zu Gröbming	III	10	1	1
Der schwarze Zigeuner-apfel, auch Mohrenkopf von JAGER in Leoben. – Der schwarze Zigeuner oder schwarze Borstorfer	III	10	2	2
Nro 373. Die punktierte Herbst Rousselet	IV*	4	1	1
Die königliche späte Rousselette	IV	4	2	2
Nro 190. Die Rousselet von Rheims	IV	4	3	2
Nro 220. Die doppelte Muskateller Birn, auch Russelet von Rheims vom Jahr $\overline{841}$	IV	4	4	1
Nro 417. DIEL's Butterbirne	IV	5	1	1
Die große weiße Herbstbutterbirne	IV	5	2	1
Die fruhe gelbe Herbstbutterbirn vom hohen Aste des GLASERER im Jahre $\overline{828}$ Nro muß erst gegolzt werden	IV	5	3	1
Die frühe gelbe Herbst Butterbirn vom PACHAUER. Noch nicht aufgespreizt	IV	5	4	1
Die Champagner Weinbirne von H. v. MAYER	IV	6	1	1
Die edle Mostbirne vom alten HACKL. Die Schampagner Birne	IV	6	2	1
Die frühe rothgraue Herbstbutterbirn vom hohen Aste des GLASERER im Jahr $\overline{829}$	IV	6	3	1
Große graue Herbstbutterbirne von Nagerlhof. Von Nro 416	IV	6	4	1
Merlet's frühe Hermanns Birne. MAYER	IV	7	1	1
Die grüne Winter Hermannsbirne	IV	7	2	1
Die gelbe langstielichte Zapfen oder Herrnbirne	IV	7	3	2
Die Forellenbirne von Nagerlhof	IV	7	4	2
Die Lothringer Dechantsbirne, v. H. v. MAYER	IV	8	1	1
Vom hiesigen Postknecht seiner Heimath unter dem Nahmen Schüßl Birn, von Schönbrun	IV	8	2	1
Calebasse musque. Die graue Flaschenbirn. Von PAUL ADLER. D. 1.22	IV	8	3	1

* Die ersten Reihen in dieser Vitrine beinhalten nicht etikettierte Wachs-Früchte.

Etikettenbeschriftung	Vitrine	Reihe	Fach	Anzahl der Exemplare
Die kleine gelbe Strauß-Muskateller Birne	IV	8	4	1
Aechte Feigenbirne	IV	9	1	1
Nro 238. Die ächte Feigenbirne	IV	9	2	1
Die graue Honigbirne im Obstgarten	IV	9	3	1
Die englische Wintergoldparmäne. Nro 432	IV	9	4	1
Die Gestreifte Schweitzer Bergamotte	IV	10	1	1
Die weiße Herbstbergamotte vom GLASERER in Gröbming	IV	10	2	1
Die Schweitzerhose von Nagerlhofe	IV	10	3	1
Die grüne Som̄ermagdalene o. Die Weitzbirnen	IV	10	4	1
Grünfleckichte Frauenbirn von Gstatt 503	V	1	1	1
Der Frauenschenkel	V	1	2	1
Nro 207. Gelbe langstielichte Alantbirne an der Blanken	V	1	3	1
Nro 57. Die große langstielichte Zapfenbirn	V	1	4	1
Die rothe Hotteltasche Gössenberg in Aich	V	2	1	1
Die gelbe Hotteltasche vom ASINGER	V	2	2	1
Die Beurre Beauchamp von Assach und Haus, eine ganz dem Lederapfel ähnliche Birne	V	2	3	1
Salzburger Birne	V	2	4	5
Die edle Lederbirne oder Weberbirne von H. HAm̄ERLITZ von Eingang rechts 6te Abtheilung, 1der Stamm	V	3	1	2
Nro 7. Große Sommer-Apothekerbirn, auch Flaschenbirn genan̄t vom Jahre $\overline{833}$	V	3	2	1
Die frühe gelbe Apotheker Birne von Marburg. Le bon Chrétien D'Automne	V	3	3	1
Die Navelle Calebasse von PAUL ADLER	V	3	4	1
Die köstliche königliche Winter Ambrette	V	4	1	1
Die runde Pomeranzenbirne	V	4	2	2
Nro 291. Die gestreifte Pomeranzenbirne vom Jahre $\overline{823}$ (1829), diese wurde aber im Jahre $\overline{830}$ so merklich schöner und größer (um vieles größer und sehr schön) daß sie gar nicht zu kennen war	V	4	3	2
Die Sparerbirn. L'Espargne. Nro Die Patatschen von der Schulmeisterin	V	5	1	2
ZINKS rothe Jungfraubirne oder die lakierte schöne Frau. Eine rothe Syrenen Birne	V	5	2	1
Wein Eierpflaume o. Marunke	V	5	3	1
Die rothe Damaszener Pflaume vom Kloster	V	5	4	2
Die große weiße Damaszener v. SCHACHARER	V	6	1	1
Nro 136. Die weiße Jungfernpflaume	V	6	2	1
Grüne Weinpflaume = Reine-claude, *Prunus insititia* L. var.	V	6	3	1
Die blaue Schweitzerpflaume	V	6	4	1
Roter glatter Pfirsich, *Persica vulg.* v. *laevis*	V	7	1	1
Roter, glatter Pfirsich, *Persica laevis*	V	7	2	1
Grüner, glatter Pfirsich, *Prunus persica* var. *laevis*	V	7	3	1
Grüner, glatter Pfirsich, *Prunus persica* var. *laevis*	V	7	4	1
Feige	V	8	1	1
Feige	V	8	2	1
Feige, *Ficus carica* L.	V	8	3	1
Ein Apfel Quitten von der oberen HUTTERER SÖFERL	V	8	4	2
Apricose, *Prunus armeniaca* L.	V	9	1	1
Apricose, *Prunus armeniaca* L.	V	9	2	1
Gestreifter Winter-Paradiesapfel. Nro 171. Gestreifter Winter Paradiesapfel. Vom Jahre 1833	V	9	3	1
Kleiner gestreifter Topfm̄elon mit weißem Fleische von MAYER	V	9	4	1
Limone, Citrone, *Citrus limonum* L.	V	10	1	1
Erdbeere, var. Pröpstling	V	10	2	1

Insekten-Kollektionen P. Gabriel Strobls

Übersicht der Familien, Arten, Varietäten und Laden in der Anordnung der einzelnen Sammlungen

(Sämtliche Namen und Bezeichnungen in P. Strobls Originalschreibweise, Arten- und Varietätenzahlen entsprechend seinen Katalogen und Publikationen)

I. Diptera

1. Übersicht der gesamten Kollektion mit Ausnahme der Schausammlung

Familien und Laden (S. = Hauptsammlung, N. = Nachtrag)	Europäische Arten	und Varietäten	Steirische Arten	und Varietäten	Admonter Arten	und Varietäten	„Exotische" Arten	und Varietäten
A. Brachycera, Kurzhörner								
1. Stratiomyidae, Waffenfliegen. S. I, II; N. I	115	12	39	6	32	3	26	
2. Xylophagidae, Holzfliegen. S. II	5		4		3		1	
3. Tabanidae, Bremsen. S. II, III; N. II	76	11	34	6	26	6	31	
4. Nemestrinidae. S. IV; N. II	8							
5. Bombyliidae, Schweb- oder Hummelfliegen. S. IV, V; N. III, IV	147	6	24		14		42	
6. Acroceridae. S. V, N. IV	10		1					
7. Empidae, Tanzfliegen. S. VI – VIII; N. IV bis VIII	482	73	294	39	279	36	22	
8. Midasidae							1	
9. Asilidae, Raubfliegen. S. IX – XI; N. IX	228	16	52	3	40	3	35	
10. Scenopinidae, Fensterfliegen. S. XI; N. X	5	3	2	2	2	2	2 (– 1)⁺	
11. Therevidae, Stilettfliegen. S. XI, XII; N. X	32	3	9		7		5	
12. Leptidae, Schnepfenfliegen. S. XII; N. X	48	10	26	9	25	7	7	
13. Dolichopidae, Langbeinfliegen. S. XII – XV; N. XI – XIII	336	12	178	5	149	4	30	
14. Platypezidae, Breitfußfliegen. S. XV; N. X	19		15		15			
15. Lonchopteridae, Lanzenflügler. S. XV; N. X	11	1	9	1	8	1		
16. Pipunculidae, Augenfliegen. S. XV; N. X	40	3	28	3	26	2	1	
17. Syrphidae, Schwebfliegen. S. XV – XXIII; N. XIII, 14, XV – XVI	402	113	262	69	253	62	63 (– 4)⁺	
18. Conopidae, Dickkopffliegen. S. XXIII, XXIV; N. XVI	49	4	22		15		4	
19. Oestridae, Dasselfliegen. S. XXIV	13		3		3			
20. Muscidae, Gemeinfliegen (Muscidae calypterae). S. XXIV – XXXII, 33 – 39; N. XVI bis XXIII	1068	169	701	93	585	87	110 (–13)⁺	6
21. Muscidae acalypterae (Flügel ohne deutliche Schüppchen). S. 39 – 54; N. I – IX	1175	162	739	99	680	96	122 (–13)⁺	
22. Phoridae, Randnervfliegen. S. 54, 55; N. 1 ad 55	70	24	51	11	51	11	1 (– 1)⁺	
B. Nemocera, Langhörner, Mücken								
23. Bibionidae, Fliegenmücken. S. 55; N. 1*	44	8	26	5	26	5	11 (– 1)⁺	1
24. Simuliidae, Kriebelmücken. S. 56; N. 1*	10	2	7	1	7		4 (– 1)⁺	
25. Cecidomyiidae, Gallenmücken. S. 56; N. 2*	95		41		39			
26. Mycetophilidae, Pilzmücken. S. 56 – 59; N. 3* – 5*	392	50	325	37	318	37	4 (– 1)⁺	
27. Rhyphidae, Pfriemenmücken. S. 60; N. 6*	4	1	4	1	4	1	2 (– 1)⁺	
28. Tipulidae, Schnaken. S. 60 – 73; N. 6* – 9*	290	30	207	10	197	9	11 (– 1)⁺	
29. Chironomidae, Zuckfußmücken. S. 74 – 77; N. 8*	202	23	139	6	139	6	22 (– 6)⁺	
30. Culicidae, Gelsen, Stechmücken. S. 77; N. 8*	21		13		12		4 (– 1)⁺	
31. Psychodidae, Schmetterlingsmücken. S. 78; N. 8*	14	1	12		12		3	
32. Dixidae, Gabelmücken. S. 78	4	4	4	4	4	4		
33. Blepharoceridae. S. 78	4		4		4		1	
34. Orphnephilidae. S. 78	2	2	2	2	2	2		
C. Pupipara								
35. Hippoboscidae, Lausfliegen. S. 78	11	1	6		5		1	
36 – 37. *Nycteribia*, Fledermausfliegen und Pulicidae, Flöhe	8							
Summa°	5440	744	3283	412	2982	384	566 (– 44)⁺	7

2. Übersicht der Schausammlung europäischer Dipteren

Familien und Laden (Sch. = Schaulade)	Arten	Exemplare
1. Stratiomyidae, Waffenfliegen. Sch. I	9	41
2. Tabanidae, Bremsen. Sch. I	12	35
3. Bombyliidae, Schweb- oder Hummelfliegen. Sch. I	22	61
4. Asilidae, Raubfliegen. Sch. I	22	72
5. Therevidae, Stilettfliegen. Sch. I	3	9
6. Leptidae, Schnepfenfliegen. Sch. I	10	29
7. Empidae, Tanzfliegen. Sch. II	9	50
8. Dolichopidae, Langbeinfliegen. Sch. II	8	81
9. Syrphidae, Schwebfliegen. Sch. II	75	298
10. Conopidae, Dickkopffliegen. Sch. II	6	22
11. Oestridae, Dasselfliegen. Sch. III	4	10
12. Muscidae calypterae:		
A. Tachinidae. Sch. III	33	131
B. Muscinae. Sch. III	12	51
C. Anthomyinae. Sch. III	13	197
13. Muscidae acalypterae. Sch. III	45	536
14. Phoridae, Randnervfliegen. Sch. III	2	24
15. Bibionidae, Fliegenmücken. Sch. IV	4	32
16. Simuliidae, Kriebelmücken. Sch. IV	1	6
17. Cecidomyiidae, Gallenmücken. Sch. IV	1	8
18. Mycetophilidae, Pilzmücken. Sch. IV	15	335
19. Chironomidae, Zuckfußmücken. Sch. IV	7	80
20. Culicidae, Gelsen, Stechmücken. Sch. IV	3	18
21. Dixidae, Gabelmücken. Sch. IV	1	8
22. Rhyphidae, Pfriemenmücken. Sch. IV	1	5
23. Psychodidae, Schmetterlingsmücken. Sch. IV	2	11
24. Hippoboscidae, Lausfliegen. Sch. IV	5	19
25. Tipulidae, Schnaken. Sch. IV	35	105
Summa	360	2274

– bedeutet, daß die Art auch in Europa vorkommt.

° In P. STROBLs Hauptkatalog findet sich abweichend von den hier angegebenen Zahlen auf Seite 741 unter dem „29. 4. 1910" als letzte handschriftliche Bestandsangabe über die Dipteren-Kollektion „5436 palaearktische Arten, 744 Varietäten; 472 rein exotische Arten und 7 Varietäten = zusammen 6659 verschiedene Formen in 45530 Exemplaren (ohne die Schausammlung)". – Die Differenz von 4 bei den „europäischen Arten" liegt bei den „Xylophagidae", wo P. STROBL versehentlich nur eine gezählt hat.

II. Hymenoptera

Familien und Laden (N. = Nachtragslade)	Europäische Arten	und Varietäten	Steirische Arten	und Varietäten	Auch aus Admont vorhandene Arten	und Varietäten	Exotische Arten	und Varietäten	Exemplare
1. Tenthredinidae, Blatt- und Holzwespen. Nr. 1 – 4 und 34 – 36 N.	508	87	248	33	235	30	17		2874
2. Chrysidae, Goldwespen. Nr. 4, 5 und 36, 37 N.	77	20	8	3	6	3	11	4	487
3. Vespidae, Faltenwespen. Nr. 5, 6 und 37, 38 N.	75	34	35	7	30	6	123	6	1178
4. Crabronidae, Grabwespen. Nr. 6 – 10 und 39 N.	274	255	85	62	67	53	130		2716
5. Pompilidae, Wegwespen. Nr. 10, 11 und 39 N.	66	36	24	2	16	1	71		642
6. – 8. Sapygid., Scoliad., Dolchwespen und Mutillidae, Spinnenameisen. Nr. 11, 12 und 40 N.	60	31	10	3	7	2	80		497
9. Formicidae, Ameisen. Nr. 12, 13 und 40 N.	87	19	41		31		88	7	1526
10. Anthophila, Bienen. Nr. 14 – 23 und 41 N.	652	141	194	36	138	28	171	4	6450
11. Ichneumonidae, Schlupfwespen:									
a) Ichneum. und genuinae. Nr. 23 – 25 und 42 N.	305	168	187	123	157	109	1		1434
b) Cryptidae. Nr. 26, 27 und 43, 44 N.	409	173	238	143	204	138	6		1834
c) Pimplariae, Nr. 27 – 29 und 44 – 46 N.	193	92	130	81	108	74	9		1091
d) Tryphonidae. Nr. 29 – 31 und 46 – 48 N.	424	233	315	198	193	189			1880
e) Ophionidae. Nr. 31 – 33 und 48, 49 N.	427	128	285	73	247	61	5		1987
f) Plectiscidae. Nr. 33 und 50 N.	104	28	78	24	74	24			357
Gesamtzahl der echten Schlupfwespen	1862	822	1233	642	983	595	21*)		8583
12. Evaniadae, Hungerwespen. 52 N.	15	1	3		2		7		88
13. Braconidae, Weichschlupfwespen. 52 – 58 N.	416	114	182	39	166	35	9		2046
14. Cynipidae, Gallwespen. 59 N.	95	8	26	3	22	3			355
15. Chalcididae und Proctotrupid., Zwergschlupfwespen. 60 – 62 N.	441	57	145	19	130	18	3		2396
Summa	4628	1625	2234	849	1833	775	731	21	29838

*) Die 21 exotischen Ichneumonidae stecken in der 51. Nachtragslade.

III. Lepidoptera

Familien	Palaearktische Arten	und Varietäten	Steirische Arten	und Varietäten	Auch aus Admont vorhandene Arten	und Varietäten	Palaearktische Raupen	Palaearktische Puppen und Gespinste	Exotische Arten	und Varietäten
1. Rhopalocera, Tagschmetterlinge	383	253	141	37	99	6	150	67	2707	201
2. Sphingidae, Abendschmetterling, Schwärmer (inclus. Zygaenidae)	151	77	41	13	26	3	90	29	151	3
3. Bombyces, Spinner	300	74	131	10	46	1	364	192	295	5
4. Noctuae, Eulen	716	143	298	29	94	5	545	23	165	5
5. Geometrae, Spanner	614	179	290	58	118	15	375	14	71	1
6. Pyralididae, Zünsler	357	23	138	10	57	2	20	2		
7. Tortricidae, Wickler	403	43	199	20	57	2	17	7		
8. Tineidae, Motten	837	19	437	12	76	2	16	214		
9. Pterophoridae und Alucitidae, Federmotten	66		33		16			3		
Summa°	3827	811	1708	189	589	39	1577	551	3389	215

IV. „Neuroptera" sensu STROBL

Familien und Laden (Von P. STROBL geordnet nach BRAUER)	Europäische Arten	und Varietäten	Steirische Arten	und Varietäten	Admonter Arten	Exotische Arten
I. Trichoptera = Phryganidae, Wassermotten oder Frühlingsfliegen. 5., 6. und 8. Lade	157	1	100 (−8)	1	85	2
II. Mecoptera = Panorpidae, Skorpionsfliegen. 5. und 8.	8	1	5	1	4	2
III. Myrmeleontidae, Ameisenlöwen. (Schausammlung)	18	1	3		1	23
IV. Hemerobidae, Florfliegen. 6., 7.	40	2	29	1	23	
V. Coniopterygidae, Staubflügler. 6.	5		3		3	
VI. Sialidae, Schlamm- und Kamelhalsfliegen. 6.	9		7		5	
VII. Mantispidae, Flor-Heuschrecken. 7.	2		1			1
VIII. Odonata, Libellen oder Wasserjungfern. 1−4. und 7.	62		38		31	119 +5 Var.
IX. Ephemeridae, Eintagsfliegen. 5. und 8.	29		18		14	
X. Corrodentia = Psocidae, Holz- und Bücherläuse. 5. und 8.	27		22		21	
XI. Termitidae, Termiten oder weiße Ameisen	2					5
XII. Perlidae, Uferfliegen. 5. und 8.	57		43		40	
Summa°	416	5	261	3	227	152 +5 Var.

° Nach der letzten handschriftlichen Eintragung P. STROBLs vom „20. 10. 1910", die identisch ist mit einer ebensolchen vom „24. 4. 1910", betrug die Gesamtzahl der Exemplare 2509. [Obwohl deutlich „20. **10**. 1910" geschrieben steht, dürfte „Oktober" wahrscheinlich ein Schreibfehler sein, da P. STROBL zu diesem Zeitpunkt schon gelähmt war und sich sonst kein einziger Hinweis findet, daß er nach dem 7. September 1910 noch jemals in seiner Sammlung gearbeitet hat.]

V. Orthoptera

Familien	Europäische Arten	und Varietäten	Steirische Arten	und Varietäten	Admonter Arten	und Varietäten	Exotische Arten	und Varietäten
1. Locustidae, Laub- oder langhörnige Heuschrecken	64	3	21	2	14	2	213	
2. Phasmodea, Gespenst-, Schreit- oder Stabheuschrecken	2						78	1
3. Mantodea, Fangheuschr. oder Gottesanbeterinnen	7	1	1				93	4
4. Acridioidea, Schnarr-, Wanderheuschr., kurzhörnige Heuschr.	79	7	22	2	20	2	255	3
5. Grillodea, Grillen	19		2		2		12	
6. Blattodea, Schaben	14	2	4	1	3		93	
7. Forficulidae, Ohrwürmer	12	1	3		3		26	
8. Physopoda, Blasenfüßer	10		4		4			
9. Thysanur. u. Lepismat., Spring- u. Borstenschwänze	27		5		5			
Summa°°	234	14	62	5	51	4	770	8

°° Nach der letzten handschriftlichen Eintragung P. STROBLs vom „24. 4. 1910" betrug die Gesamtzahl der Exemplare 3123.

◄

° Nach der letzten handschriftlichen Eintragung P. STROBLs in seinem Hauptkatalog vom „23. 4. 1910" betrug die Gesamtzahl der Exemplare 32978.

VI. Coleoptera

Familien und Laden (H. = Hauptsammlung, N. = Nachtragssammlung, Sch. = Schausammlung)	Palaearktische Arten	und Varietäten	Admonter Arten	und Varietäten	Obersteirische Arten	und Varietäten	Untersteirische Arten	und Varietäten	Exotische Arten	und Varietäten
1. Cicindelidae, Sandläufer. H. 1, N. 1, Sch. 1	40	53	5	3					296	34
2. Carabidae, Laufkäfer. H. 2–12, N. 2–9, Sch. 1	1664	647	190	45	23	8	59	4	1117	32
3. Dytiscidae, Schwimmkäfer. H. 12–14, N. 10, Sch. 1	230	38	39	8			15		159	6
4. Gyrinidae, Dreh- oder Taumelkäfer. H. 14, N. 10	24	2	1	1			1		79	2
5. Hydrophilidae, Kolben-Wasserkäfer. H. 14, 15, N. 11, Sch. 1	208	49	33	8	3		11		135	1
6. Staphylinidae, Kurzflügler. H. 15–20, N. 11	1251	90	372	25	14		63	5	292	2
7. Pselaphidae, Tasterkäferchen. H. 21, N. 12	180	7	18	2	3		8		19	
8. Clavigeridae, Keulenkäfer. H. 21	6						1			
9. Paussidae. N. 12	2								3	
10. Scydmaenidae. H. 21, N. 12	107	9	9		2		3		5	
11. Silphidae, Aaskäfer. H. 21, 22, N. 12, Sch. 1	203	27	31	1			8	1	41	1
12.–14. Anisotom., Clambid. und Sphaerius. H. 22, 23	71	4	17		1		5		6	
15. Trichopterygidae, Haarflügler. H. 23	42		6		1		2		1	
16. Scaphidiidae, Nachenkäfer. H. 23	8		2				2		13	
17. Histeridae, Stutzkäfer. H. 23, 24, N. 12	166	8	10		6		14		166	
18. Phalacridae, Kahlschaben. H. 24, N. 12	30	6	5				5		13	
19. Nitidulidae, Glanzkäfer. H. 24, 25, N. 13	171	25	59	7	2	1	23	1	172	8
20. Trogositidae, Getreidenager. H. 25, N. 13	12	1	4				1		40	8
21. Colydiidae, Walzenholzkäfer. H. 25, N. 13	47	3	4		1		8		38	
22. Rhysodidae. H. 25	3								3	
23. Cucujidae, Flachrindenkäfer. H. 25, 26, N. 13	60	5	4		1		5	1	49	
24. Cryptophagidae, Verborgennager. H. 26	106	7	23	1	3		4	2	21	
25. Lathridiidae, Mulmkäfer. H. 26	85	13	16	1			8		19	1
26. Mycetophagidae, Pilzfresser. H. 26, 27, N. 13	18	14	5	1			8	1	17	
27. Thorictidae. H. 27	9									
28. Dermestidae, Speckkäfer. H. 27, N. 13	78	20	9	5			5		31	1
29. Byrrhidae, Pillenkäfer. H. 27, N. 14	55	15	17	6			6		18	
30. Georyssidae, Erdgräber. H. 27	6	1							1	
31. Parnidae, Hacken- oder Klauenkäfer. H. 27, N. 14	38	1	6				4		23	
32. Heteroceridae, Maulwurfkäfer. H. 28	25	2					3		7	
33. Lucanidae, Hirschkäfer. H. 28, 29, N. 14–16, Sch. 2, 3	12	8	4	2			1		254	3
34. Lamellicornia = Scarabaeidae, Blatthornkäfer. H. 29–42, N. 16–28, Sch. 3–9	767	256	49	32	4		39	2	2539	174
35. Buprestidae, Prachtkäfer. H. 42–46, N. 29–31, Sch. 10 u. 11	235	51	11		5		24		584	36
36. Eucnemidae (inclus. Troscid. und Monommatid.). H. 46, N. 31	19	2							22	1

Familien und Laden (H. = Hauptsammlung, N. = Nachtragssammlung, Sch. = Schausammlung	Palaearktische Arten	und Varietäten	Admonter Arten	und Varietäten	Obersteirische Arten	und Varietäten	Untersteirische Arten	und Varietäten	Exotische Arten	und Varietäten
37. Elateridae, Schnellkäfer oder Schmiede. H. 46–49, N. 31–33, Sch. 11	239	69	67	24	5		20	1	564	10
38. Rhipidocera, Fächerhornkäfer. H. 49, N. 33									9	
39. Cebrionidae, Dascillidae, Telephoridae. H. 49	40	7							68	2
40. Cyphonidae, Jochkäfer. H. 49, N. 33	26	6	9	2			2		31	1
41. Malacodermata, Weichkäfer. H. 49–51, N. 33, 34	447	61	73	10	3	1	1		288	11
42. Cleridae, Buntkäfer. H. 51, 52, N. 34, 35	46	8	4	1	2		5		137	10
43. Lymexylonidae, Werftkäfer. H. 52, N. 35	2	4	1	2					3	
44.–46. Ptinid., Anobiid., Cioid., Dieb-, Klopf- und Bohrkäfer. H. 52, 53, N. 35	180	11	28		3		16		96	
47. Trictenotomidae. N. 35									4	
48. Tenebrionidae = Melasomata, Schwarzkäfer. H. 53–56, N. 36–44, Sch. 11	948	50	8				16		980	7
49. Cistelidae. H. 56, 57, N. 45	97	14			1		11	2	63	
50. Nilionidae. N. 45									7	
51. Lagriidae, Wollkäfer. H. 57, N. 45	6				1				31	1
52. Melandryidae, Engflügler. H. 57, N. 45	44	2	5	1			7		25	
53. Pedilidae. H. 57, N. 45	19								19	
54. Anthicidae, Blumenkäfer. H. 57, N. 46	84	8	1		1		8		29	
55. Pyrochroidae, Feuerkäfer. H. 57, N. 46	3		2				1		5	
56. Mordellidae, Flohkäfer. H. 57, N. 46	66	12	12	1	1		3		59	
57. Rhipiphoridae, Wespennest-Käfer. H. 57	8	1							5	
58. Meloidae, Öl- und Pflasterkäfer. H. 57, 58, N. 46–48, Sch. 11	215	34	3				3		252	6
59. Oedemeridae, Fadenkäfer. H. 58, N. 48	55	11	8	3			9	1	28	
60. Pythidae. N. 48	17	2	3				4		5	
61. Curculionidae. Rüsselkäfer (incl. Rhynchitid. und Nemonych.). H. 58 bis 65, N. 49–61, Sch. 11, 12	1916	263	266	50	12	3	128		1964	28
62. Anthribidae, Breitrüsselkäfer. N. 61–63, Sch. 12	25	3	2				9		111	3
63. Brenthidae, Langkäfer. N. 63, 64, Sch. 12	1								97	5
64. Bruchidae, Samenkäfer. H. 66	62	14	3		1		7		31	
65. Tomicidae, Borkenkäfer. H. 66	124	7	19		2		8		51	
66. Cerambycidae, Bockkäfer. H. 67–76, N. 64–73, Sch. 12–23	432	140	74	15	4	1	33	2	1416	50
67. Chrysomelidae, Blattkäfer. H. 76–83, N. 75–78, Sch. 24	949	627	205	145	16	14	66	15	2040	90
68. Languriidae. N. 78									24	1
69. Erotylidae. N. 79, Sch. 23	18	9	3	2			6		150	3
70. Coccinellidae, Marien- oder Kugelkäfer. H. 84, N. 80	89	154	33	23	2	3	23	7	242	37
71. Endomychidae, Leimkäfer. N. 80	37	6	4	1			4		56	3
72. Corylophidae. N. 80	24		1				3		7	
Summa°	12197	2887	1783	428	123	31	749	46	15080	578

° Nach der letzten handschriftlichen Eintragung P. STROBLs in seinem Hauptkatalog vom „23. 4. 1910" betrug die Gesamtzahl der Exemplare 122703.

VII. Rhynchota

Familien	Europäische Arten	und Varietäten	Steirische Arten	und Varietäten	Admonter Arten	und Varietäten	Exotische Arten	und Varietäten
A. Hemiptera, Wanzen:								
1. Pentatomidae, Schildwanzen	132	44	54	12	24	4	346	36
2. Coreidae, Randwanzen	52	8	16	2	8	1	127	3
3. Berytidae, Stelzenwanzen	13	2	5		2			
4. Lygaeidae, Langwanzen	156	22	45	2	26	2	68	2
5. Tingitidae, Buckel- oder Kielwanzen	56	8	23	1	12	1	1	
6., 7. Hebridae und Phymatidae	5		1				1	
8. Aradidae, Rindenwanzen	12	1	6		3		12	
9. Capsidae, Blind- oder Weichwanzen	242	60	116	29	85	23	5	
10. Anthocoridae, Blumenwanzen	30	5	12	2	8	2	1	
11. Saldidae, Uferwanzen	17	3	9	2	8	2	9	
12. Reduviidae, Raubwanzen	42	5	13	2	7	1	117	2
13. Hydrometridae, Wasserläufer	14	2	9		6		8	
14.–17. Cryptocerata, Wasserwanzen	44	4	5	1	4	1	50	1
B. Homoptera, Gleichflügler, Cicaden oder Zirpen:								
18. Fulgoridae (incl. Flatid. und Ricaniid.), Leuchtcicaden	111	16	39	4	26	4	53	2
19. Cicadidae, Singcicaden	12	3	2		1		84	3
20. Cercopidae, Schaumcicaden	17	19	10	16	10	15	70	1
21. Membracidae, Buckelcicaden	2	1	2		1		40	
22. Jassidae, Kleincicaden	227	31	104	9	91	9	56	1
C. 23. Psyllidae, Blattflöhe	65	2	31		28			
D. 24., 25. Aphidae und Coccidae, Blatt- und Schildläuse: Ungefähr 40 Arten in 315 Ex., aber meist noch unbestimmt	40							
E–F. Mallophaga, Pelzläuse und Pediculina, Läuse: 16 Ex., noch unbestimmt								
Summe° (exclus. E–F)	1289	236	502	82	350	65	1048	51

° Nach der letzten handschriftlichen Eintragung P. STROBLS vom „24. 4. 1910" betrug die Gesamtzahl der Exemplare 13110.

* * *

Gesamtübersicht der Insekten-Kollektion P. STROBLS

	Anzahl der „Formen" nach P. STROBL	Anzahl der Exemplare
Diptera (ohne Schausammlung)	6663	45530
Diptera (Schausammlung)	*	2274
Hymenoptera	7005	29838
Lepidoptera	8242	32978
Neuroptera	578	2509
Orthoptera	1026	3123
Coleoptera	30742	122703
Rhynchota	2624	13110
Summa	56880	252065

* Die in der Schausammlung vertretenen Arten und Varietäten sind in der Hauptkollektion ebenso enthalten.

Beitr. Ent. · Bd. 24 · 1974 · Sonderheft · S. 83–92 · Berlin

Institut für Pflanzenschutzforschung
der Akademie
der Landwirtschaftswissenschaften der DDR zu Berlin
Zweigstelle Eberswalde
Abteilung Taxonomie der Insekten (ehem. DEI)
Eberswalde (DDR)

Naturhistorisches Museum
der Benediktiner-Abtei Admont
Admont (Österreich)

GÜNTER MORGE

Häufigste geographische Fundorte in P. GABRIEL STROBLs bedeutendsten Insekten-Kollektionen des Naturhistorischen Museums des Stiftes Admont

In Verbindung mit der Charakterisierung von Bedeutung und Wert der Insekten-Kollektionen P. GABRIEL STROBLs, insbesondere seiner Dipteren- und Hymenopteren-Sammlungen, habe ich auf die Besonderheit hingewiesen, daß er selbst seine Tiere von einem riesigen geographischen Raum zusammentrug. Daneben ertauschte oder erwarb er sich von Randgebieten und dazwischenliegenden, von ihm selbst nicht besammelten Arealen Material, so daß bei genauer Erfassung insbesondere seine wertvollsten Kollektionen Exemplare respektive Arten beinhalten, die von Fundorten quer über Europa stammen, oft in kontinuierlicher Kette von jenseits der Karpaten (dem ehemaligen Österreichisch-Galizien) bis zur portugiesischen Grenze. Darunter sind Fundorte, die für manche Gruppen selten oder gar nicht in Museen vertreten oder in der Literatur erwähnt sind. Nachfolgende Zusammenstellung soll hierüber Details vermitteln und zugleich erneut Umsicht, Mühe und Fleiß P. STROBLs bekunden.

Getreu dem Prinzip, seine gesamten Kollektionen in ihrem Originalzustand zu erfassen, werden auch die Fundorte in STROBLs ursprünglicher Schreibweise wiedergegeben, soweit sich eine andere nicht von selbst erklärt. Es ist zu beachten, daß das folgende Verzeichnis nur die Hauptfundorte erfaßt, nicht jene näher detaillierten Lokalitäten, die er meist in Kurzschrift oder Hieroglyphenform neben die größere Ortsbezeichnung geschrieben hat. In dieser Hinsicht beinhaltet seine Dipteren-Kollektion fast alle in sämtlichen Sammlungen vorkommenden geographischen Details. Sie sind mithin unschwer aus den Artenverzeichnissen dieser Sammlung zu entnehmen. Von P. STROBL in seinen Kollektionen etc. als „exotisch" bezeichnete Fundorte sind in der folgenden Übersicht nicht berücksichtigt.

A
Abbazia
Achillea
Acquasanta
Adana (As. min.)
Admont
Admonter Kalkalpen
Ägypten
Agram
Akasztó
Akbes
Ak-Palanka
Alassio
Alcázar
Alexandria
Algeciras

Algier
Alhambra
Alicante
Aliseda
Almeria
Almsee bei Turrach
Altai
Amasia
Amiens
Ampezzo
Amras
Amrum
Amsterdam
Amstetten
Andalusien
Anhalt
Antilibanon
Apaj
Aranjuez
Araxesthal (Kaukasus)
Araya
Ariach
Arles (Gall.)
Arquata
Aschbach
Asch (= Ǎs)
Astorga
Ateuch
Athen
Au bei Bozen
Auer (Südtirol)
Auliё-ata (Turkestan)
Auliё Ata Syr Darja (Turkestan)
Aussee

B

Bacs
Bakar
Bamberg
Banat
Bann
Baños (Estremadura)
Barcelona
Becs
Bejagora
Begzard
Beirut
Belz
Benasque
Berlin
Bessarabien
Bilek
Biskra
Bistrica
Bistriza
Bjelasnica
Blankenberg (Belgien)
Blankenburg
Bobadilla
Böhmen
Bösenstein
Borkum
Bornholm
Bosnien
Bozen
Brechelshof (ehemaliges Schlesien)
Bregenz
Bremia
Breslau
Brest
Bretagne
Breunotal
Bribir
Brincola
Brodbeck
Bruck
Brumow
Brühl bei Wien
Brünn
Brusina
Budapest
Büdestó
Bučeč
Bucsecs
Bulach
Bulgarien
Bulka
Buschhäuser
Buxey
Byzanz

C

Cadiz
Caen
Cagliari bei Bonomi
Calabria
Campiglio
Canarische Inseln
Cañizares
Cantabrisches Gebirge
Čapljina
Cardenas (Spanien)
Cartagena
Casa de Campa

Castilien
Catalonien
Cavalierè
Cemerno
Cemonico
Cercedilla
Cernovitz
Cetinje
Cette
Ceuta
Chamouný
Chiesa
Chinchon
Cilli
Cindrel
Ciudad Rodrigo
Cöthen
Col-de-Lautaret
Collioure
Condino (Südtirol)
Cordova
Corfu
Corsica
Coruña
Creta
Császártöltés
Csepel
Csiki
Csorba
Cusiano

D
Dänemark
Dalmatien
Damischbachthurm
Dasicki
Deliblat
Delnice
Dervent
Dios [nach STROBL: „F. Dios"]
Djacovar
Djakovar
Dobratal
Dölsach
Dörflstein
Dragatal
Drauufer
Dresden
Drieno
Dryas
Dürnschöberl
Düsseldorf
Duino
Duna Földvar

E
Egos
Ehrenbreitstein
Eichbachgraben
Eichelau
Eisenhut
Elbufer
Elche
El Molar
Elosu
El Pardo
Empalme
Encina
England
Ennstal
Ennswiesen
Epirus
Ersczhalmi Puszta
Eŕsekcsanád
Erzgebirge
Escorial
Esseg
Eyrs

F
Federaun
Fellesvar
Fiemme
Firenze
Fiume
Flietzen
Flitsch
Florenz
Földvar
Foktó
Franken
Frankenfels
Frankreich
Franzensbad
Freistadt
Freiwaldau (ehemaliges Schlesien)
Freudenthal
Friedau
Friedrichroda
Fröschelau
Frohnleithen
Fuente Teja
Fünfkirchen
Furca
Fužine

G
Gabela
Gallneukirchen

Gamperton
Gardasee
Gargano
Gastein
Gaucin
Geniltal
Genilufer
Genthin
Genua
Gesäuse
Gibraltar
Glatz
Glatzer Gebirge
Glaxter
Gleichenberg
Gmunden
Gnesau
Görz
Götzenberg
Goldberg
Gomagoi (Südtirol)
Gomera
Gottleuba
Grab an der Suha
Grado
Graefenberg
Granada
Gran Sasso d'Italia
Graz
Griesstein
Grindelwald
Gritsch
Großgassen
Großglockner
Großgraden
Grünbach
Gstadtmayrhochalpe
Gstatterboden
Guberli
Gumpeneck
Gurktal
Guttenstein
Gyon

H
Hadad
Hajos
Hall
Hamburg
Hammern
Hammersdorf (Rumänien)
Harz
Hautes Alpes
Heiligenblut
Heiligenblutertauern
Helgoland
Hengst
Henselli
Herault
Hercegowina Plaša
Herkulesbad
Hermagor
Hermannstadt
Hieflau
Hild bei Hajos
Hilversum
Hochschwung
Hofmoor
Hofmoos
Hohentauern
Holland
Holstein
Hoym
Hrotowiz
Huerta
Huerta di Valencia
Hüttenberg
Hütteldorf bei Wien
Hvar
Hyères

I
Imeretia
Indersk
Innsbruck
Irkutsk
Irun
Isonzo
Issyk-Kul
Italien
Ivan
Ivancica

J
Jablanica
Jannina
Jarina
Jaring
Jativa
Jauerling
Jerusalem
Johnsbach
Judendorf

K
Kärnten
Kairo
Kaiserau

Kalamata (Tripolis)
Kalaula Lašva
Kalbling
Kalocsa
Kals
Kaltwasser
Kalwang
Kaplitz
Kapljina
Kapornak
Kapornik
Karaula
Karpaten
Karst
Kasan Zichy
Kastav
Keczel
Kekfel
Kematen
Kerka
Kiel
Kleinsölk
Klekovača
Klosterneuburg
Klutsch
Kohlfurt (ehemaliges Schlesien)
Kolomea
Komotau
Konjica
Koralpe
Kosmaföld
Krakau
Kraubath
Krbljina, Grab
Krebenze
Kreta
Kreuth
Kreuzkogel
Krivčio
Krivî Put [auch Kriviput]
Krn
Krnalpe
Krojnatal
Kronstadt
Krumau
Kühweger Alpe
Kultuk
Kumizberg
Kutais

L

Labig
Lacroma
Ladusch
Lago Serodoli
La Granja
Landeron
Landskron
Lanjarón
Lappa
Lappland
Las Navas
Lašva
Laufen
Lauffen
Lavanttal
Ledererleithen
Ledro (Südtirol)
Leithagebirge
Leitmeritz
Lemberg
Lesina
Libanon
Lichtenwald
Lichtmeßberg
Liegnitz
Lienz
Lietzensee
Lindholm
Linz
Lippizza
Livland
Livrio
Llobregat
Lößnitz
Logarthal
Lopaca
Losoncz
Lugano
Luschariberg
Luttenberg
Luzon

M

Maastricht
Macerata
Macugnaga
Madrid
Mähren
Mailand
Málaga
Malatia (Taurus)
Malgrat
Malmö
Malthathal
Mandronhütte

Mannhartsberg
Marbach
Marburg
Marchfeld
Mardin
Marécage
Maria Elend
Mariahof
Mecklenburg
Medina
Medinaceli
Mehádia
Melk
Mentau
Menthon
Merigio
Metkovic (Dalmatien)
Mießbach
Mina de Justicia
Ministra
Miracle
Mixnitz
Mödling
Moisdorf
Mollaro
Mollero
Monfalcone
Mongolei
Monistrol
Montarco
Mont Cenis (Piemont)
Montseny
Monte Baldo
Monte Conero
Monte Gargano
Monte Marciano
Monte Mario
Monte Spinale
Montserrat
Moosbrunn
Moreda
Mori
Mostar
Mrzla vodica
Mühlau
Mühlauerfall
Mühlauwald
München
Mürzhofen
Mürzzuschlag
Mulhacen
Murauen
Muresa

N

Nabresina
Nago
Nagy-Röcze
Narun
Nassau
Natterriegel
Nauders
Náxos
Neapel
Nees
Negoii
Nemestrin a
Neusiedlersee
Niederösterreich
Niederrhein
Nienburg
Niž
Norwegen
[Nówa]-Stara-Pázowa

O

Oase Fayum
Oberdrauburg
Ober-Lößnitz
Oberösterreich
Obladis
Obrosz
Oderwald
Öreg Csertò
Örs [= ? Tisca Örs]
Oertzen
Oistriza
Olavo
Olmütz
Omla
Orb
Oreg Csertö
Orek
Orense (Provinz)
Origano
Orlat
Osijek
Ossiach
Ostpyrenäen
Ostsee

P

Palanka
Palencia
Palenzia
Palermo
Paltental

Pandoro
Pardo [auch El Pardo]
Paris
Paseo de Campo
Passo Rolle
Paternion
Patras
Pavia
Pázowa Stara [Nówa-Pázowa]
Pecs
Pesara
Pest bei Sashegi
Pfarrkirchen
Pichelsberg [Berlin-]
Pielach
Piemont
Pinares
Pinzolo
Pitz
Plaša
Plato
Plécken
Plěsivica
Počarevac
Pod. bei Lemberg
Podolia
Podolien
Podsused
Pößneck
Pöverding
Polen
Ponferrada
Pontresina
Portboù
Porto-Civitanova
Potsdam
Pozarevac
Prag
Prater
Predlitz-Turrach
Pregaten
Prethal
Preußen
Prevesa
Prichowic
Puerto del Pico
Puerto Orotava
Pyrgas
Pyrgasgatterl

Q

Quadalquivir
Quartu

R

Rabenau bei Dresden
Rabenau (ehemaliges Schlesien)
Radkersburg
Ragusa
Rambouillet
Rann
Rečinathal
Rehovot
Reichenstein
Rein
Rein bei Graz
Reiteralm
Rendena bei Trient
Rennstein
Retiro
Rhodus
Rhogas
Ribas
Riecina
Riegersburg
Rimini
Rimon
Rio Alberche
Riul-Vadului
Riva
Rodaun
Röthelstein
Rogatica
Rolle-Passo
Rom
Romanj
Ronda
Rosenau
Rosen-Bedeguar
Rosenhof in Oberösterreich
Rosenlaui
Rostock bei Prag
Rotenturmpaß
Rothkirch
Rothkofel
Rottenmann
Rouen
Roveredo
Rubland
Rügen
Rügenwalde
Ruište
Ruppin
Rutesheim
Rutes Villa

S

Saan
Sachsen
Sächsische Schweiz
Saint Charles (Algier)
Salona
Salzburg
Samarkand
Samobor
San Canziano della Grotta
San Celoni
San Fernando bei Cadiz
San Pablo
San Sebastian
Sancti Marci
Sankt Andrä im Lavanttal
Sankt Anna im Lavanttal
Sankt Gallen
Sankt Lambrecht
Sankt Martin
Sankt Michael
Sankt Moritz
Sankt Paul im Lavanttal
Sankt Peter
Sankt Stephan
Santa Cruz
Santa de Guadarrama
Sarajevo
Sarepta
Sarke (Südtirol)
Sashegi
Saßnitz
Satruph
Sattendorf
Saualpe
Sausal
Scardona
Schafferweg
Schauerfeld
Scheibleggerbach
Scheibleggerhochalpe
Scheiblstein
Scheifling
Scheiplalm
Scheiplsee
Schildhorn [Berlin-]
Schlesien
Schletterer Mon
Schlins
Schneeberg
Schöckl
Schönstein
Schulergebirge
Schwarzburg
Schwarzenbachgraben
Schwarzensee
Schweden
Schweiz
Sebenico
Sebenstein
Seckauerzinken
Sedrun
Seebach
Seeland
Seitenstetten
Selrain
Semmering
Senj
Serbien
Serroni
Sibirien
Siebenbürgen
Siegen
Sierra Aiscurre
Sierra Alpujarras
Sierra de Gredos
Sierra de la Luna
Sierra de la Nieve
Sierra Elvira
Sierra Ministra
Sierra Morena
Sierra Nevada
Sierra Quadarrama
Simontonya
Sirbitzkogel
Sizilien
Sjleme
Skto
Smyrna
Soča
Soltvadkerl
Sondrio
Sonntagberg
Soria
Soulac
Spalato
Spandau [Berlin-]
Spanien
Stade
Stadl (Murtal)
Stadlau
Stara-[Nówa]-Pázowa
Steinbrück
Stelvio
Stelzing
Stertzing
Steuer
Steyer

Stilfser Joch
Stobakka
Stolac
Straußberg
Strechau
Strechen
Strechengraben
Stubai
Südfrankreich
Süd-Ussuri
Suha
Sulzbacher Alpen
Suna
Sunk
Sutra
Sveti Gjuragj
Sylt
Syra
Syr Darja (Turkestan)
Syrien
Szagzard
Szálka bei Kalocsa
Szeged
Szegedom
Szezzard
Szilágy Cseh
Szilágy Somlyo

T
Tambach
Tarifa
Tarvis
Tatra
Tauernstraße
Tauernteiche
Temesvar
Teneriffa
Thal
Tharandt
Thery
Thorda
Thüringen
Tiermas
Tinos
Toledo
Tolmein
Trafoi
Tragöss
Transsylvanien
Trapani
Travnik
Travnik Grab
Trebešina-Gebirge
Trebevic
Trebinje
Treffen
Treffling
Treffneralm
Trencsin
Trentino
Trescavica
Trieben
Triebental
Trient
Trier
Triest
Trins
Trnovo
Tschinowitsch
Tunis
Turdau
Turkestan
Turrach
Tusnád
Tirol

U
Ublic Bala
Udine
Ürdingen
Ulm
Ungarn
Unterösterreich
Usedom
Usföd
Ussuri

V
Vadkert
Vagasufer
Valaperta
Va! di Susa [auch als Susa]
Valencia
Val Grnova
Vallombrosa
Vannes
Vannes Atalante
Van. Prorsa
Varaždinske-Toplice
Varna
Văsic
Vaskút bei Baja
Vassach
Vatkert
Veitlgraben
Vellebith
Venta de Cardenas
Vesica

Beitr. Ent. · Bd. 24 · 1974 · Sonderheft · S. 93–160 · Berlin

Institut für Pflanzenschutzforschung
der Akademie
der Landwirtschaftswissenschaften der DDR zu Berlin
Zweigstelle Eberswalde
Abteilung Taxonomie der Insekten (ehem. DEI)
Eberswalde (DDR)

Naturhistorisches Museum
der Benediktiner-Abtei Admont
Admont (Österreich)

GÜNTER MORGE

JOHANN WILHELM MEIGEN

(Autobiographie des Begründers der Dipterologie und eines der bedeutendsten Dipterologen vor P. GABRIEL STROBL)

Mit 17 bisher nicht veröffentlichten Original-Farbtafeln MEIGENS und einem Porträt

Ausgangs- und Mittelpunkt dieser Festschrift zum 900jährigen Bestehen des Stiftes Admont sind Dipteren. In dieser Verbindung erscheint die Möglichkeit, bisher Unbekanntes über den Begründer der Dipterologie, JOHANN WILHELM MEIGEN, und sein Werk zu veröffentlichen, als besonders geeignete Kombination. P. GABRIEL STROBL, dessen Arbeit in den vorangegangenen Kapiteln Würdigung fand, trug ebenfalls viel zum Wissen über die Fliegen bei, so daß er sich neben anderen Entomologen würdig in die Reihe der Dipterologen des 19. Jahrhunderts einreiht, die bei MEIGEN begann und über FALLÉN, WIEDEMANN, MACQUART, ROBINEAU-DESVOIDY, HALIDAY, SCHINER, ZETTERSTEDT, STAEGER, RONDANI, WINNERTZ zu OSTEN SACKEN führte. Sicher wären noch weitere Namen, wie BEZZI, BECKER, STEIN etc., zu nennen, doch dürften die zuerst zitierten die bedeutendsten sein. Indes, vor allem anderen stand MEIGEN mit seinem siebenbändigen Werk „Systematische Beschreibung der bekannten europäischen zweiflügeligen Insekten“ als Basis palaearktischer Dipteren-Kenntnis.

Obzwar MEIGENS Leben und Wirken schon kurz nach seinem Tod von FÖRSTER (1846) gewürdigt wurde, wofür FÖRSTER ein „Nachlaß“ MEIGENS vorlag, der möglicherweise auch die folgende Autobiographie mit beinhaltet haben könnte, und SPEISER (1914) in seinem Gedenkblatt zum 150. Geburtstag MEIGENS „beabsichtigte, diesen Lebenslauf“, der ihm handschriftlich vorlag, „in den ‚Zoologischen Annalen‘ (Würzburg, herausgeg. von BRAUN) wiederzugeben“, wurde er nie gedruckt.

Leben und Gedanken MEIGENS als Begründer der Dipterologie aus seiner eigenen Sicht, und von ihm selbst geschrieben, in schlichter, aber damals üblicher Form, und nicht b e schrieben, kennenzulernen, ist die Absicht dieser Publikation. — Seine Autobiographie erlaubt auch manchen bisher ebenfalls unbekannten Aspekt über das Entstehen und die Entwicklung seines Werkes und damit seiner vielen Artbeschreibungen, worüber es in der Folge so viel nomenklatorische Probleme gab. Einiges aus seinen eigenen Darlegungen wird Licht auf manche der diesbezüglichen Fragen werfen.

Seine Autobiographie gelangte nach langem und komplizierten Weg in meine Hände:

Am 21. September 1944 übersandte der Medizinalrat Dr. Paul Speiser, selbst Entomologe, aus dem damaligen Tilsit (er lebte sonst bei Königsberg) an den seinerzeitigen Direktor des ehemaligen Deutschen Entomologischen Institutes, Prof. Dr. Hans Sachtleben, mit einem Brief, in dem er den Verlust seiner gesamten Sammlung und Bibliothek durch Kriegseinwirkung mitteilte, die Autobiographie Meigens. Er schrieb dazu in dem mir vorliegenden Brief:

„. . . Ein glücklicher Gedanke, und eine fast zufällige Begegnung mit dem Stück hat jedoch eine Sache vor der Vernichtung bewahrt, und die möchte ich Ihnen in dem Beiliegenden für das Institut übersenden, zur ehrenden Aufbewahrung:

Es handelt sich um die — von mir gefertigte — Abschrift, nach dem Original der Darstellung, die der ja auch heute wohl noch als weltbekannt anzusprechende Dipterologe Joh. Wilh. Meigen von seinem Lebenslaufe niedergeschrieben hat. Ich habe seinerzeit, als Geheimrat Braun in Königsberg ‚Zoologische Annalen' herausgab, diese Abschrift angefertigt. Der Urenkel des genannten J. W. Meigen, damals Professor in Freiburg i. Br., hat uns (Braun und mir) die Originalhandschrift anvertraut; sie ist ihm heil zurückgestellt worden. Braun hatte die Absicht, das Ganze in seinen Annalen abdrucken zu lassen, doch kam es infolge Unstimmigkeiten mit dem Verleger, die schließlich zum Eingehen der Annalen führten, nicht zur Ausführung dieses Planes.

. . . Sei Ihnen, bezw. dem Institut also dieses Dokument anvertraut; das Institut wird doch wohl so eine Art historische Abteilung haben, — oder sollte eine solche anlegen . . .“

Jahre später, am 29. 8. 1957, wandte sich der Privat-Dozent Dr. K. Boventer aus Alsdorf, Kreis Aachen, mit einem Brief an Sachtleben und beklagte sich darüber, daß Meigens 100. Geburtstag 1945 ohne jedes Gedenken in der Literatur vorübergegangen sei. Er bat nun Sachtleben, ihm die Autobiographie Meigens zum Einblick zu überlassen, von deren Existenz und der Absicht, sie zu veröffentlichen, er durch Professor Martini Kenntnis bekommen hatte. Gleichzeitig teilte Boventer Sachtleben mit, daß er sich um die Nachfahren von Johann Wilhelm Meigen erkundigt habe, nachdem er gehört hätte, daß ein Professor Wilhelm Meigen um die Jahrhundertwende in Freiburg im Breisgau als Botaniker gewirkt habe.

Professor Sachtleben übersandte jedoch Boventer die Autobiographie nicht, sondern teilte ihm mit, daß er ihm einen Korrekturabzug senden werde, sobald sie gedruckt sei. — Boventer informierte dann später Sachtleben von dem Resultat seiner Nachforschungen nach Nachfahren Meigens. Tatsächlich war der Enkel (nicht Urenkel, wie es in oben zitierten Brief Speisers heißt) Professor der Chemie an der Universität Gießen gewesen, wo er, emeritiert, am

8. 11. 1934 verstorben ist. (Nekrolog bei MÜLLER 1935). Dieser Enkel JOHANN WILHELM MEIGENS soll daneben auch ein guter Botaniker gewesen sein.

Im Herbst 1957 teilte SACHTLEBEN BOVENTER erneut mit, daß MEIGENS Autobiographie in den „Beiträgen zur Entomologie“ 1958 erscheinen werde, deren Chefredakteur Professor SACHTLEBEN damals war.

Mir liegt ein letzter Brief in dieser Angelegenheit vor, worin am 1. Oktober 1958 der bekannte Dipterologe H. SCHMITZ Professor SACHTLEBEN mitteilt, daß PAUL SPEISER im Jahre 1945 Selbstmord begangen habe.

BOVENTER (1960) brachte dann von sich aus eine Gedenkschrift für MEIGEN heraus. Professor SACHTLEBEN hat indessen bis zum Ende seiner Tätigkeit als Chefredakteur MEIGENS Autobiographie nicht zum Druck gegeben. Der Grund dafür lag in ihrer seltsamen Beschaffenheit: SPEISER hatte das Manuskript mit einer abnormen Schreibmaschinentype, dazu extrem eng und unübersichtlich, geschrieben, vor allem aber auf ein sonderbares Papier, das durch seine Beschaffenheit selbst oder durch spätere äußere Einflüsse zu zerfallen drohte. Da Professor SACHTLEBEN ein etwas ängstlicher Mensch war, fürchtete er, das wertvolle Manuskript könne in der Druckerei zerstört werden, verwahrte es lieber gleichsam archivarisch und wagte auch nicht, es abschreiben zu lassen.

Lange nach der Übergabe der Chefredaktion an mich und erst kurze Zeit vor seinem Tode vertraute er mir das Manuskript mit MEIGENS Autobiographie an. Ich wartete auf den geeigneten Rahmen, in dem dieses interessante und einmalige Dokument hineinpassen würde und fand ihn in dieser Festschrift gegeben. (Tatsächlich erwies sich SACHTLEBENS Besorgnis, das Papier des Manuskriptes könne bei einer Handhabung zerfallen, als berechtigt: beim Satz zerbröckelten einige Seiten. Die Stücke konnten aber durch die Umsicht der Akademie-Druckerei in Bad Langensalza zusammengefügt werden und so blieb der Text doch vollständig erhalten.)

Mit Ausnahme einiger ganz weniger, kurzer, von mir gestrichener Passagen, in denen sich MEIGEN sehr weitschweifig über rein persönliche Dinge äußert, zum Beispiel die Beschreibung seines Befindens beim Erleben der Seekrankheit, und die in keiner Weise zu seinem Werk und zu seinem wissenschaftlichen Ansichten Beziehung haben, wird hier seine Autobiographie im Originalwortlaut und in der überlieferten, in sich aber fallweise unterschiedlichen, Originalschreibweise wiedergegeben.

Die Autobiographie lag bereits gedruckt im Umbruch vor, als ein weiterer merkwürdiger Zufall ihr seltsames Geschick bereicherte: In der Bibliothek des Muséum National d'Histoire Naturelle Paris wurden jene 305 kolorierten Originalhandzeichnungs-Tafeln MEIGENS aufgefunden, mit denen er alle ihm bekanntgewordenen Dipteren-Arten abgebildet hat, auch alle jene, von ihm selbst beschriebenen.

Schon FÖRSTER (1846, p. 140) erwähnte diese Zeichnungen, worüber auch MEIGEN selbst in seiner Autobiographie (§ 97) schreibt. MEIGEN hatte dieselben MACQUART gezeigt und über dessen Vermittlung wurden sie für 1800 Franken zusammen mit seiner gesamten wertvollen Dipteren-Kollektion (diese für ganze

1200 Franken) im Jahre 1839 an das Pariser Museum verkauft. Es ist unbekannt, warum diese Zeichnungen später nirgends Erwähnung fanden. Es scheint auch wenig bekannt zu sein, daß die ersten zehn Tafeln dieser 305 kolorierten in schwarzweißer Wiedergabe schon 1830 in Hamm gedruckt wurden (ANONYMUS 1830), worauf sich schon am Ende von MEIGENS 6. Band ein Hinweis findet (MEIGEN 1830). Diese zehn Tafeln beinhalten Arten aus den Gattungen *Culex*, *Aedes*, *Anopheles*, *Corethra* und *Chironomus*. Wie in einem Vorwort dazu mitgeteilt wird, beabsichtigten die Herausgeber in weiteren 30 bis 32 Heften die übrigen Tafeln folgen zu lassen und jeweils acht bis zehn Hefte zu einem Band zu vereinen, der Titel und Register enthalten sollte. Die Herausgeber schrieben, daß die Hefte in ununterbrochener Reihenfolge erscheinen würden, sofern das erste Heft, eben jenes aus dem Jahre 1830, in seinen Herstellungskosten gedeckt würde. Diese Forderung scheint sich nicht erfüllt zu haben und so erschienen die anderen 295 Tafeln nicht.

Über die dankenswerte Vermittlung von Professor Dr. Dr. WILLI HENNIG und viele Bemühungen durch Herrn Dr. LOÏC MATILE wurde es in buchstäblich letzter Minute noch möglich, eine erste Serie dieser Tafeln MEIGENS hier zu publizieren. MEIGEN war Zeichenlehrer und die detaillierten Wiedergaben der ihm bekannten Dipteren in diesen Tafeln bezeugen seine besondere graphische Begabung und Kunst. Es ist auch zu erwarten, daß durch die Publikation dieser Tafeln manche bisher schwer oder nicht deutbare, von ihm beschriebene Art ihre Klärung finden wird. Nach den Angaben jener anonymen Publikation aus dem Jahre 1830 hat MEIGEN alle diese Zeichnungen nach der Natur gefertigt und sie sollten, von ihm in Stein gestochen, auch „auf Steintafeln" herausgegeben werden, was aber eben mit Ausnahme der erwähnten zehn unterblieb.

Die Originale der Tafeln befinden sich in der Bibliothek des Muséum National d'Histoire Naturelle Paris. Die Vorlagen zum Druck derselben in dieser Zeitschrift wurden für diesen Sonderband und werden für die später folgenden anderen Tafeln von den Direktionen der Bibliothek und des Laboratoire d'Entomologie dieses Museums zur Verfügung gestellt, wofür vielmals gedankt sei.

Wie mir Dr. MATILE, Paris, mitteilte, hat MEIGEN in die Legenden und in den Index zu diesen Tafeln selbst noch Korrekturen eingefügt. Da diese möglicherweise auch von Interesse zur Deutung mancher Art sind, werde ich sie im Faksimile und mithin originalgetreu wiedergeben. — Außer den hier bereits enthaltenen 16 Tafeln werden auch alle übrigen 289 in dieser Zeitschrift „Beiträge zur Entomologie" publiziert, und zwar in dichtmöglichster Folge und in jener chronologischen Reihung, wie sie MEIGENS siebenbändigem Werk entspricht. Nur für diese hier publizierte erste Serie wurde in der diesbezüglichen Auswahl eine Ausnahme gemacht, um eine gewisse Verbindung mit jenen Farbtafeln herzustellen, die der in dieser Festschrift folgende fünfte Teil der „Diptera Collectionis P. GABRIEL STROBL" beinhaltet.

In diesem Zusammenhang gilt mein ganz besonderer Dank für das außerordentliche Verständnis, die viele Mühewaltung und alles Entgegenkommen der Druckerei der Akademie der Wissenschaften der DDR „THOMAS MÜNTZER" in Bad Langensalza und dem Akademie-Verlag Berlin.

Mögen diese so lange verschollenen und nun hier, mit für einen Außenstehenden kaum vorstellbarer Mühe, doch noch zum Druck gelangten Tafeln zusammen mit MEIGENS Autobiographie die Dipterologie in ihren Anfängen beleuchten und der gegenwärtigen Taxonomie manche bisher unlösbare Artdeutung ermöglichen.

Literatur

ANONYMUS: Abbildung aller bis jetzt bekannten europäischen zweiflügeligen Insekten. I. Heft. Mit 10 Steintafeln. 4 pp., 10 Tafeln SCHULZISCHE BUCHHANDLUNG, Hamm; 1830.

BOVENTER, K.: JOHANN WILHELM MEIGEN 1764–1845, Entomologe und Botaniker, Begründer der Dipterologie. SUDHOFFS Archiv Geschichte Med. Naturw. **44**, 45–53; 1960.

FÖRSTER, J. A.: Ueber das Leben und Wirken von J. W. MEIGEN. Stett. ent. Zeit. **7**, 66–74, 130–141; 1846.

MEIGEN, J. W.: Systematische Beschreibung der bekannten europäischen zweiflügeligen Insekten. 6. Teil. Mit 12 Steintafeln. 404 pp. SCHULZISCHE BUCHHANDLUNG, Hamm; 1830.

MÜLLER, K.: Nekrolog WILHELM MEIGEN. Mitt. Bad. Landesver. f. Naturkde u. Naturschutz. Neue Folge, **3**, 110–112; 1935.

SPEISER, P.: JOHANN WILHELM MEIGEN, ein Gedenkblatt zu seinem 150jährigen Geburtstag. Entom. Rundschau **31**, 52–53; 1914.

Autobiographie

von Johann Wilhelm Meigen

Johann Wilhelm Meigen * 3. 5. 1764 † 11. 7. 1845

Kapitel I

Skizze meiner Lebensgeschichte bis zum Jahre 1822

§ 1.

Mein Vater hieß JOHANN KLEMENS MEIGEN und meine Mutter SYBILLE MARGARETHE BICK. Der erstere war der einzige Sohn von JOHANN KLEMENS MEIGEN und ANNA KATHARINA WUPPER. Diese meine Großältern väterlicher Seite wohnten zu Meigen, einem Weiler von etwa zwanzig Häusern, der eine starke Viertelstunde von der Stadt Solingen im Herzogthum Berg liegt, an und in einem Thale, das von einem kleinen Bache durchflossen wird. Sie besaßen hier ein für diese Gegend nicht unbeträchtliches Landgut, worauf vier Kühe konnten gehalten werden, und welches außer dem eigenen Wohnhause noch vier Nebenhäuser enthielt, worinnen Miethlinge wohnten. An dem Hause lag ein Baumhof und ein ziemlich großer Gemüsegarten. Die Familie gehörte in die Zunft der Klingenschmiede, eine von den drei privilegirten Zünften des berühmten Klingenhandwerks. Außer der Landwirtschaft betrieb mein Großvater auch das Klingenschmieden.

§ 2.

Meine Großältern mütterlicher Seite waren FRIEDRICH BICK und ANNA MARGARETHE HOTTEJAN. Sie heiratheten sich im Jahre 1729, und meine Mutter war die einzige Tochter aus dieser Ehe. Nach dem bald erfolgten Tode seiner Gattinn heirathete BICK noch dreimal, und seine letzte Frau habe ich als Knabe noch gekannt, als sie nach dem Tode ihres Mannes (von dem sie eine Tochter hatte) wieder einen gewissen HAMMESFAHR aus dem Flecken Gräfrath, eine Stunde von Solingen, zum Manne nahm. Mein Großvater BICK, der bei meiner Geburt bereits gestorben war, war nach seiner Weise ein sehr religiöser Mann. Er wohnte in der Stadt Solingen, wo er einen Laden von Spezerei- und kleinen Waaren hatte. Er war ein Zeitlang ein Anhänger der damals berühmten schwärmerischen Sekte des ELIAS ELLER zu Ronsdorf. Die Anhänger dieser Sekte, sie mochten übrigens wohnen, wo sie wollten, gingen nirgends anders in eine Kirche als zu Ronsdorf; auch ihre Kinder wurden nur vom Ronsdorfer Prediger getauft. Mein Großvater war sogar willens, sich in Ronsdorf häuslich niederzulassen, und hatte zu dem Ende dort einen Platz zum Bau eines neuen Hauses für 400 Reichsthaler (klevisch, zu 60 Stüber) gekauft. Allein zum Hauskauf kam es nicht, und durch folgenden Vorfall ward er sogar veranlaßt, sich von dieser Sekte gänzlich los zu machen. Er ging nämlich einstens im Sommer auf einen Samstag Nachmittag nach Ronsdorf, um daselbst des folgenden Tages dem Gottesdienste beizuwohnen. Es war gerade damals, als die Ronsdorfer ihren Prediger SCHLEIERMACHER der Hexerei beschuldigten, weil er ihre gottlosen Ränke erkannt und aufgedeckt hatte. Man gab vor, er stehe des Nachts in Gestalt eines Ziegenbocks, einer Eule, einer Katze pp. auf den Dächern und werfe Gift in die Häuser, Gärten und Brunnen, treibe auch sonsten noch allerhand Unfug. BICK stand mit einem

Einwohner von Ronsdorf an einem offenen Fenster, und man sprach über diese Geschichte. Dem Ronsdorfer fällt der Hut vom Kopfe, er hebt ihn wieder auf und zeigt BICK ein großes Loch in demselben, mit dem Ausruf: „Kannst Du Teufel (nämlich SCHLEIERMACHER) uns hier nicht einmal ruhig sprechen lassen ?" BICK sahe zwar das Loch im Hute, wußte jedoch nicht, ob es vorher darin gewesen war oder nicht. Des folgenden Tages kam der zweite Prediger WÜLFING zu ihm in sein Logis und legte ihm einen Bogen Papier zum Unterschreiben vor, der schon mehrere Unterschriften, oben aber noch einen leeren unbeschriebenen Raum hatte. BICK fragte den Prediger, was er denn eigentlich unterschreiben solle ? Er antwortete, die gestrige Geschichte mit dem Hute, welche Herr ELLER nachher darüber schreiben werde. „Warum hat er dieses nicht schon jetzt getan ?", fragte BICK und erklärte, er würde nichts unterschreiben, was er nicht vorher gelesen hätte. Nun war sein Urtheil gesprochen, und er wurde für einen Abtrünnigen erklärt und ausgestoßen. Bald nachher verkaufte er seinen Hausplatz wieder für 75 Reichsthaler. Man sieht, der redliche Mann hatte zu viel gesunden Menschenverstand, um sich durch ein solches Gaukelspiel äffen zu lassen. Die Bosheit ging endlich so weit, daß man behauptete, SCHLEIERMACHER habe ganz Ronsdorf vergiftet, und nun wurden alle Gebäude inwendig und auswendig gescheuert, aller Hausrath und alle Kleidungsstücke ohne Ausnahme wurden gewaschen, alles Gemüse in den Gärten abgeschnitten und in die Mistgrube geworfen, alle Brunnen ausgeschöpft. Der Zweck war kein anderer, als den vorgeblichen Zauberer auf den Scheiterhaufen zu bringen, der demselben aber durch die Flucht entgangen war. Wer über diese entsetzliche Geschichte mehr Auskunft haben will, der lese: WERNER KNEVELS Buch über die ELLERianische Sekte oder auch JUNG-STILLINGS Buch über die Schwärmer, 2. Theil; er lese und erstaune, daß solcher Unsinn noch in der Mitte des achtzehnten Jahrhunderts geschehen konnte. ELLER und seine Frau (die Zionsmutter) starben bald, Pastor WÜLFING wurde von der bergischen Synode abgesetzt und das ganze höllische Spiel hatte ein Ende. Ronsdorf verdankt diesen Sektirern sein Dasein, denn vor dem Jahre 1730 stand an seiner Stelle nur ein Bauernhof, jetzt ist es ein ziemlich artiges Städtchen.

§ 3.

Meine Aeltern heiratheten sich im Jahr 1752, als sie beide zwanzig Jahre alt waren. Nun hatte aber mein Großvater zu Meigen den Fehler begangen, daß er seinen Sohn zwar ordentlich Lesen, Schreiben und Rechnen hatte lernen lassen, aber übrigens kein Handwerk, folglich hatte er auch keinen sichern Broderwerb. Vermuthlich glaubte er, daß das väterliche Erbe zu seinem Bestehen hinreichen würde. Durch die frühe Heirath hatte dieser aber auch die Landwirtschaft nicht ordentlich erlernen können; auch mochte er als einzelner Sohn wohl etwas verhätschelt worden sein. Meine Aeltern mietheten also in Solingen ein Haus und legten einen Laden an, wozu sie schon gleich ein Kapital auf ihr künftiges Erbe aufnehmen mußten; allein, es wollte mit diesem Gewerbe nicht recht fort. Einige Jahre nachher brach der siebenjährige Krieg aus, der seine Geißel auch über mein Vaterland schwang. Einquartirungen, Kontributionen, nahrlose Zeiten und andere Unglücksfälle zerrütteten unsere Vermögensumstände immer mehr. Endlich kam der Friede und machte diesen Drangsalen ein Ende. Im Jahre 1764, den 3. Mai, erblickte ich das Licht der Welt[1]. Zwei Jahre nachher, nach dem Tode meiner Großältern zu Meigen, bezogen meine Aeltern das schon stark verschuldete väterliche Gut, allein, sie konnten sich nicht durchhelfen. Mißwachs und damit verknüpfte theure Zeiten, so wie auch noch falsche und unbesonnene Handlungsspekulationen, wodurch mein Vater sich durchzuhelfen suchte, gaben vollends den Gnadenstoß, und im Jahr 1772 mußte das Gut mit großem Verluste verkauft werden. Ich war damals gerade acht Jahr alt und hatte bereits auf der Schule zu Meigen Lesen und Schreiben gelernt, aber im Herbste auch wohl die Kühe meiner Aeltern hüten müssen. Jetzt bezogen meine Aeltern das von meiner Mutter herrührende Haus in der Stadt und fingen von neuem einen Laden an, mit dem es aber auch nicht recht fort wollte. Ich besuchte von nun an die Stadtschule, wo aber freilich nach damaliger Weise der Unterricht sehr schlecht war und schlendrianmäßig betrieben wurde. Schon in diesem noch zarten Alter äußerte sich schon bei mir der Trieb zum Studium der Naturgeschichte. Die Schmetterlinge zogen zuerst durch ihre schönen Farben meine ganze Aufmerksamkeit auf sich; allein, dieses Vergnügen ward mir bald verleidet; denn da ich einstens auf einen Weidenkarmin (*Catocala Nupta*), der sich in unserer Wohnstube verirrt hatte, Jagd machte, und darüber den farbigen Staub an meine Hände bekam, rief meine Mutter voller Schrecken, das seie Gift, und ich mußte mich wiederholt mit Seife waschen, bis das Gift endlich weg war. Nun durfte ich mich mit solchen giftigen Thieren nicht mehr abgeben. Um diese Zeit sahe ich auch einstens eine Fliege (*Anthomyia quadrum*) in unserem Garten und machte die Bemerkung, daß es doch wohl mehr als eine Art dieser Geschöpfe geben müsse; denn die Stubenfliege war mir sehr wohl bekannt. Bei dieser Bemerkung blieb es auch vor der Hand. Auch die Pflanzen reizten schon meine Aufmerksamkeit; besonders gefiel mir von den wildwachsenden der Waldehrenpreis (*Veronica Chamaedrys*) wegen seiner niedlichen Blumen, und jetzt (in meinem sehr hohen Alter) sehe ich dieses Blümchen noch mit Vergnügen. Indessen blieb dieses alles vorerst ohne weitere Folgen, da mir Aufmunterung und Anweisung fehlte; denn sowohl meine Aeltern als auch mein Lehrer hatten für dergleichen Dinge gar keinen Sinn. Auch war schon dazumal die Begierde nach Büchern in mir erwacht, und ich suchte deren, wo ich wußte und konnte, aufzutreiben. Zu Hause beschäftigte ich mich fleißig, jedoch ohne alle Anleitung, mit Zeichnen von Blumen und Thieren und mit Farbenklecksen, so gut es gehen wollte, und es gab freilich nur Karrikaturen. Eine Zwistigkeit, welche meine Aeltern um diese Zeit, es mochte in meinem zehnten Jahre sein, um meinetwillen mit dem Stadtschullehrer bekamen, war Ursache, daß ich völlig die Schule verließ. Dieser, an sich selbst unbedeutende Vorfall, hat doch durch die Folgen, die

[1] Ich war von acht Kindern das fünfte. Meine beiden ältern Brüder starben beide jung. Der dritte (1759 geboren) starb 1838 in Elberfeld; meine ältere Schwester (1761 geboren) starb 1801 an einer langwierigen Nervenkrankheit; die jüngere Schwester (1767 geboren) starb 1830 als Wittwe CRONENBERG. Die jüngsten Zwillingsbrüder starben 1772 bald nach der Geburt.

er hatte, wohl stark auf meine Geistesbildung gewirkt, darum muß ich ihn hier kurz berühren:

§ 4.

Es war der Gebrauch, daß die Schreibschüler wöchentlich eine kalligraphische Probeschrift machten. Diese wurden dann nach der Schönheit der Schrift vom Lehrer geordnet und an ausgespannten Bindfäden an den Balken aufgehängt. Um Weihnachten wurden diese Probeschriften aber buntscheckig verziert. Am Advent kündigte daher der Lehrer an, daß diejenigen Schüler, welche eine solche von ihm gemacht zu haben wünschten, es ihm anzeigen möchten. Die Preise waren verschieden, 15, 12 und 6 Stüber das Stück. Die Kinder der Honoratioren bestellten die teuersten. Da ich mich nun, wie vorhin gesagt, im Zeichnen geübt hatte, auch die große Frakturschrift mit Schlangenlinien verbunden zu machen getraute, so faßte ich den heldenmütigen Entschluß, die meinige selbst zu verfertigen, wozu keiner meiner Mitschüler im Stande war, ja, der Lehrer selbst verstand nichts vom Zeichnen. Kurz vor Weihnachten erschien ich also mit meinem, wie ich glaubte, Meisterstücke in der Schule, das von den anderen Schülern allgemein bewundert wurde. Vorne linker Hand war auf dem Querfolio-Bogen das große E (als Anfangsbuchstabe des Evangeliums — Es begab sich aber zu der Zeit pp.) mit vielen Zügen durchflossen und verziert. Rechter Hand waren drei galoppirende Husaren mit gezogenem Gewehre über einander, oben einige bunte Züge. Der allgemeine Beifall kitzelte mich; allein, meine Freude war von kurzer Dauer. Denn endlich besah sie auch der Lehrer, und — sei es Neid, daß seine Arbeit übertroffen worden (welches würklich der Fall war) oder Verdruß, daß ihm ein kleiner Gewinn entgangen war — kurz, er warf mir mein eingebildetes Meisterstück mit einem verächtlichen Ausdruck hin. Von diesem Tage an konnten meine Aeltern, welchen ich weinend meine Kränkung erzählte, mich nicht mehr bewegen, in die Schule zu gehen; denn das unvernünftige Betragen des Lehrers verdroß sie auch. Ich blieb also von nun an zu Hause, und ich beschäftigte mich unablässig mit Lesen, Schreiben, Zeichnen so gut, wie ich konnte und wußte. Die Bibel war von meiner Lektüre nicht ausgeschlossen, besonders interessant waren mir die Heldenthaten der Makkabäer, welche ich auswendig wußte, auch mit vielem Feuer erzählen konnte.

§ 5.

Bücher waren damals bei dem gemeinen Manne noch eine seltenen Sache, außer Bibel, Gesangbuch und Kalender traf man nur wenige an. Ich stöberte deren auf, wo ich nur konnte. Außer einigen Rittergeschichten und Legenden fesselte mich besonders BUNIANS Christenreise und sein heiliger Krieg, wie nämlich die Stadt Menschenseele vom Könige ELSCHADOI gestiftet ward, von einem aufrührischen Fürsten DIABOLUS durch List erobert, vom Prinzen EMANUEL aber wieder befreit wurde pp.

§ 6.

Unter den wenigen Büchern meiner Aeltern waren auch JOHANN HÜBNERS geographische Fragen; dieses Buch studirte ich durch und durch, machte mir auch daraus einen systematischen Auszug. Landkarten waren damals dem gemeinen Manne nur dem Namen nach bekannt. Ich sehnte mich danach, und mein Wunsch wurde auch bald erfüllt. Meine Aeltern hatten einen Hausfreund bei sich wohnen, er hieß STAMM, war Amtslandmesser und ein sehr vernünftiger, religiöser und ausgebildeter Mann, ein wahrer Autodidakt, im ganzen Sinne des Wortes, und einer der ersten Arithmetiker der damaligen Zeit. Er hatte mir auch Unterricht in Rechnen gegeben. In den Jahren 1774 bis 1778 gab er einen Volkskalender heraus unter dem Namen Der ämsige Landwirth am Niederrhein, dessen Zweck war, dem herrschenden Kalenderaberglauben bei dem gemeinen Manne entgegen zu wirken und mehr zweckmäßige Ausbildung durch gemeinnützige Aufsätze zu verbreiten. Er hatte eine kleine Bibliothek von meist wissenschaftlichen Büchern und verschiedene homannische Landkarten. Ich ersuchte ihn einstens, mir die Karte von Europa zu leihen, und er willfahrete mir. Wer war froher als ich! Ich breitete meinen Schatz auf dem Tische aus und legte HÜBNERS geographische Fragen daneben. Und nun ward die ganze Jungfer von Europa von der Haube bis zum Rockssaum durchstudiert, und ich ließ nicht eher nach, bis ich mir alle Haupttheile derselben, Provinzen, Städte, Flüsse und Berge fest eingeprägt hatte. Daß bei meinem geographischen Eifer die Mademoiselle Europa an ihren Extremitäten stark beschädigt, auch mitunter ziemlich beschmutzt wurde, ist leicht zu erachten; ich hatte es aber nicht sonderlich bemerkt. Als ich sie dem Eigenthümer wieder zustellte und ihn um den anderen Welttheil Asien bat, bemerkte ich erst mit Schrecken den Schaden. STAMM hatte ihn auch bemerkt, schwieg aber stille dazu und gab mir das Verlangte. So wurden also nach und nach die vier Welttheile — denn der fünfte war für mich noch nicht entdeckt — durchstudiert. In der Folge bemerkte er mir einstens, daß ihm das Verschleißen seiner Landkarten die größte Freude gemacht habe. Weiter konnte sich damals mein geographisches Studium nicht erstrecken, denn es fehlte mir an den nöthigen Hilfsmitteln. Ich mochte zu der Zeit etwa 10 bis 11 Jahre alt sein. STAMM ließ sich auch bisweilen zu meinen kindlichen Spielen herab und fesselte mich dadurch mit einer innigen Liebe an sich.

§ 7.

Ein anderer Hausfreund meiner Aeltern war der reformirte Organist und Privatlehrer JOH. WILH. BERGER[2], der in unserer Nachbarschaft wohnte und uns

[2] BERGER war in seinen Jünglingsjahren Schullehrer, nachher Hauslehrer bei einem Kaufmann in Barmen; dann 1762 Organist zu Solingen und im Jahr 1778 französischer Sprachlehrer zu Mülheim am Rhein, wo er ein stark besuchtes Pensionnat mit dieser Stelle verband; endlich in seinem Alter Rentmeister der würdigen Gräfinn VON DER LIPPE, die ihm eine hinlängliche Pension gab, die er nach ihrem Ableben bis an seinen im Jahre 1829 erfolgten Tod (in einem Alter von 82 Jahren) behielt. Er war in jeder Hinsicht ein frommer und sehr gebildeter Mann mit vorzüglichen Geistesgaben, der unermüdet zum Besten der Menschheit wirkte. Ich habe ihm besonders meine eigentliche Bildung zu verdanken. BERGER war auch ein vertrauter Freund von JUNG-STILLING, mit dem er bis zu dessen Tode 1817 korrespondirte.

des Abends oft besuchte. Dieser edele Mann war ein Dutzfreund von STAMM. Er sahe meinen unermüdeten Eifer und meine brennende Wißbegierde und beschloß, sich meiner anzunehmen, da meine Aeltern nicht im Stande waren, mir fortzuhelfen. Es war im zehnten Jahre meines Alters, als er mir zuerst Unterricht im Klavierspielen, nachher auch in der Ortographie und Kalligraphie gab. Als er in der Folge im Jahr 1776 den Unterricht in der französischen Sprache anfing (die er durch eigenes Studium erlernt hatte), war ich einer seiner ersten Schüler. Nachher war ich den ganzen Tag als Gehülfe bei seiner Arbeit in seinem Hause, nur schlief ich im älterlichen Hause. Allen Unterricht erteilte er mir ganz unentgeldlich.

§ 8.

Dieses Leben dauerte so fort bis in mein 14. Jahr, da BERGER als französischer Sprachlehrer anfangs 1778 nach Mühlheim am Rhein zog. Damals war ich noch nicht konfirmirt, und deswegen mußte ich noch zu Solingen bleiben. Um mich nützlich zu beschäftigen, gab ich Unterricht im Französischen, auch gab ich mehrere Privatstunden. Anfangs Oktobers aber, nachdem ich konfirmirt war, kam ich bei BERGER als Gehülfe nach Mühlheim. An diesem Orte sahe ich zuerst eine kleine geordnete Schmetterlingsammlung und lernte die Behandlung dieser Thierchen kennen, die von nun an lange Zeit meine Lieblinge blieben und fleißig aufgesucht wurden. Ich machte auch die ersten Versuche, sie mit Farben abzumalen. Hier lernte ich auch zuerst meinen Freund JAKOB DANIEL TIPS aus Frechen bei Köln kennen, der sich bei BERGER zum Schulfache ausbildete, wir schlossen uns an einander an, und unsere Freundschaft besteht jetzt schon 66 Jahre ununterbrochen fort.

§ 9.

Im Anfange des Jahres 1779 bekam ich einen sehr unangenehmen und für meine Gesundheit nachtheiligen Zufall. Ich wurde nämlich von sehr heftigen und anhaltenden Konvulsionen befallen, die zuweilen 2 bis 3 Stunden dauerten. Die Ursache war wohl, weil ich in vergangenem Sommer 1778 eine allzu anstrengende Arbeit gehabt hatte, fast täglich von Morgens 8 Uhr bis tief in die Nacht 2 bis 3 Uhr Morgens. Diese Nervenzufälle dauerten abwächselnd zwei ganze Jahre hindurch und verloren sich erst durch anhaltende Bewegung in freier Luft. Allein die Furcht, daß mir ein solcher Zufall auf meinen Exkursionen zustoßen könnte, war die Ursache, daß ich lange Zeit nicht ohne Begleiter ausging.

§ 10.

Als ich im Herbst 1779 wieder zur Unterstützung meiner Aeltern nach Solingen zurück kehrte, gab ich anfänglich Privatunterricht; allein, im folgenden Frühling fing ich eine ziemlich stark besuchte französische Schule an, und diese Beschäftigung dauerte bis zum Frühlinge 1784. Inzwischen hatte ich alles, was ich nur von Büchern auftreiben konnte, gelesen, worunter mich die geschichtlichen Werke besonders anzogen, wozu vorzüglich ROLLIN histoire romaine in 15 Bänden und dessen histoire ancienne in vier Bänden, gehörten. Ich selbst konnte mir nur wenig anschaffen, denn mein Beutel protestirte noch stäts dagegen. Das einzige entomologische Werk, was ich besaß, war MEDERS (oder KLEMANNS) Raupenkalender, der mir aber von keinem großen Nutzen sein konnte. In dem Jahre 1784 aber suchte ein reformirter Kaufmann in Aachen, Namens ABRAH. FLOREN S PELZER, einen Hauslehrer für seine Kinder. Ich ward ihm empfohlen, und er trug mir diese Stelle an. Meine Aeltern waren dagegen, aber unsere Freunde STAMM und BERGER riethen beide sehr ernstlich, diese Stelle anzunehmen; denn sie bemerkten sehr richtig, daß ich in meiner bisherigen Lage zu einseitig würde, und daß es für mich durchaus nöthig seie, mehr Welt- und Menschenkenntniß zu erlangen, die ich in meinem älterlichen Hause nicht bekommen könnte. Ihr Rath wurde befolgt; ich nahm daher den Ruf mit Freude an und trat im Frühlinge 1784 meine neue Laufbahn an und reisete nach Aachen. Die Vorsehung hatte gut für mich gesorgt; denn ich kam bei ganz vortreffliche Menschen ins Haus, die mich wie einen Sohn behandelten. Auch meine 5 Zöglinge (3 Knaben und 2 Mädchen) waren sehr wohl erzogen und machten mir viele Freude. Der Unterricht und die Behandlung der Kinder waren mir ganz unbedingt überlassen, und ich habe in diesem Hause meine vergnügtesten Tage erlebt. Ich hatte auch meinen alten Schulfreund TIPS in der Nähe, denn er wohnte damals als Lehrer bei der reformirten Gemeine in Burtscheid, in der Nähe von Aachen, und wir besuchten uns fleißig. Sonntags ging ich entweder zu Fuße oder fuhr mit der PELZERschen Familie, wenn es schlechtes Wetter war, im Wagen nach Weels zur Kirche (denn die Protestanten in Aachen und Burtscheid hatten zwar ihre Prediger, aber damals keine freie Religionsübung) und kehrte jedesmal bei dem dortigen Schullehrer WEHLEN ein, für den ich auch zuweilen die Orgel spielte.

§ 11.

Herr PELZER hatte einen Vetter in Aachen, Namens MATHIAS BAUMHAUER, den Sohn eines Wollhändlers, der ganz für die Entomologie lebte. Mit diesem machte ich bald Bekanntschaft und wurde nun immer mehr in die Wissenschaft eingeweiht. BAUMHAUER hatte eine sehr beträchtliche Sammlung von Schmetterlingen (etwa 1200 verschiedene Arten), auch eine Menge Insekten aus den anderen Ordnungen; allein, entomologische Werke, außer den elenden Gladbachischen, besaß er auch nicht, sondern er hatte alles durch eigene Erfahrung.

§ 12.

Dieses angenehme Leben dauerte bis zum Herbste 1786. Um diese Zeit war der Solinger Organist, ein jüngerer Bruder von BERGER, gestorben, und ich wurde auf seine Stelle als Organist und französischer Sprachlehrer gewählt. Hätte ich meiner Neigung folgen können, so wäre ich gewiß lieber bei meinen lieben Aachener Freunden geblieben, besonders da Herr PELZER mir sehr vortheilhafte Anerbietungen machte; allein die Vortheile, die mit der Solinger Stelle verbunden waren und besonders der Wunsch meiner lieben Angehörigen, mich wieder in der Nähe zu haben, bewogen mich, die Stelle anzunehmen. Doch mußte ich meinen Aachener Freunden versprechen, sie jährlich wenigstens Einmal zu besuchen.

§ 13.

Meine Sammlung von Insekten hatte sich indessen ziemlich stark vermehrt. Allein, noch immer fehlte es mir an den nöthigen Büchern, um solche systematisch zu bestimmen. In MEDERS Raupenkalender fand ich wenig Trost. Ich kaufte nachher die beiden Bände über die Insekten, welche PHIL. LUDWIG STATIUS MÜLLER (mit Kupfern) herausgegeben hatte. Nach diesem Kompendium suchte ich nun, meine Sammlung zu bestimmen. Nur derjenige, der sich ganz allein überlassen, eine solche Arbeit unternommen hat, kann sich einen Begriff machen, mit welchen Schwierigkeiten man dabei zu kämpfen hat, wie man gleichsam jeden Fingerbreit Land mit großer Mühe erobern muß, und welche ausharrende Geduld erforderlich ist, um bei solcher Arbeit nicht muthlos zu werden. Damals war noch ein großer Mangel an populären Werken über Naturgeschichte, womit wir jetzt, gleich einer Sündfluth, überschwemmt sind.

§ 14.

Einstens saß ich an einem heitern Sommertage (es mochte im Jahr 1788 sein; denn gewiß erinnere ich mich dessen nicht mehr) und hatte eine Schachtel mit zweiflügeligen Insekten vor mir, um solche nach MÜLLERS Kompendium zu bestimmen. Mit mancher Art glückte es, mit andern wollte es aber nicht gelingen, und ich konnte sie, aller meiner Bemühungen zum Trotz, nicht heraus finden. Damals stand ich, wie wohl mancher andere, noch in dem Wahn, daß ein so großer Naturforscher wie LINNÉ alle Naturkörper unseres Erdbodens gekannt und in seinen Werken aufgeführt habe. Mir kam nicht der Gedanke in den Sinn, daß noch gewaltig vieles daran fehlen könne. Ich schob also die Schuld meines Nicht-Gelingens nicht auf das MÜLLER'sche Kompendium, sondern maß sie meiner Ungeschicklichkeit bei. Als ich nun aber die glücklich bestimmten Arten zusammen stellte, bemerkte ich nicht ohne Verwunderung, daß diese in ihrer Bildung eine große Verschiedenheit zeigten. Wie kommt es doch, dachte ich, daß man so abweichende Formen wie *Musca Chamaleon anilis, scolopacea, pyrastri, carnaria, domestica,* & c. und wiederum *Tipula pectinicornis, oleraica, plumosa, Marci* & c. dennoch in eine Gattung vereinigt hat. Jetzt fiel mein Blick zufällig auf die Flügeladern, die ich bisher keiner Betrachtung gewürdigt hatte, weil ich glaubte, es sei nichts Regelmäßiges darin. Ich bemerkte, daß *Musca pendula, nemorum, arbustorum, florea* gerade den nämlichen Adernverlauf hatten, und zwar, daß dieser an allen Stücken der nämlichen Art durchaus eins war. Diese Beobachtung führte mich weiter, und ich bemerkte, daß auch die übrige Bildung dieser Arten Uebereinstimmung hatte. Dies war der erste Lichtstrahl, der in diese chaotische Dunkelheit fiel. Ich untersuchte nun in dieser Hinsicht auch andere Arten, stellte diejenigen mit ganz gleicher Flügelbildung beisammen, und mit

Erstaunen bemerkte ich Harmonie[3]. Wie viele Freude mir diese so ganz sonderbare Entdeckung machte, kann man sich kaum vorstellen. Ich war gleich einem Wanderer, der bei stockfinsterer Nacht auf ungebahnten Pfaden herumtappt, nun aber plötzlich ein Licht bemerkt, das seinen Weg zu erleuchten verheißt. Von nun an wurden die zweiflügeligen Insekten meine Lieblinge; ich sammelte deren so viele Arten, als ich nur erhaschen konnte und gruppirte sie nach der neuen Ansicht. Nachher verschaffte ich mir auch FABRICII species Insectorum wie auch dessen Entomologia systematica & c. an. Jetzt lernte ich auch immer mehr einsehen, wie sehr ich wegen der Vollständigkeit des LINNÉischen Verzeichnisses im Irrthum gewesen war. Ich hatte schon Versuche gemacht, die von mir errichteten Gattungen nach den Flügeladern zu karakterisiren, bemerkte aber auch bald, daß es sehr schwer sein würde, das Karakteristische mit Worten deutlich zu machen. Ich war daher bemüht, auch einen anderen Weg einzuschlagen; denn es ahndete mir, daß meine neuen Gattungen gewiß auch noch durch andere Merkmale sich würden unterscheiden lassen, als durch die Flügeladern allein, wenn man sich nur bemühte, diese Merkmale aufzusuchen. Ich fing an, meine Lieblinge abzubilden und einzelne Theile derselben, z. B. Fühler, Flügel pp., in Vergrößerungen darzustellen. Hierzu aber bedurfte ich eines guten Mikroskops, aber der Genius der Wissenschaft hatte mich auch kurz zuvor mit diesem nothwendigen Werkzeug versorgt.

§ 15.

Um die Pfingsttage hatte ich nämlich einen Besuch in Aachen gemacht. Um diese Zeit ist dort Messe (Umgang genannt). Ich sahe in dem Laden eines Optikers ein zusammengesetztes Mikroskop, dessen Einfassung zwar von Holz war, das aber eine 20malige sehr deutliche Vergrößerung zeigte. Ich erstand es für $1^1/_3$ Reichsthaler. Dieses Instrument leistete mir alles, was ich verlangen konnte. Wie groß war meine Freude, als ich zuerst in einem Wassertropfen die tausende von Infusionsthierchen erblickte; sie war unbeschreiblich. Zwar habe ich in der Folge noch das JUNKERsche Sonnenmikroskop gekauft, das eine ungleich stärkere Vergrößerung hatte, aber es hat mir zu meinem Zwecke weniger gedient als das obige, weil ich so starker Vergrößerungen nicht bedurfte. Indessen sind doch die meisten vergrößerten Abbildungen, die ich in der Folge verfertigte, nicht durch dieses Instrument gezeichnet worden, sondern durch eine einfache, etwa sechs mal vergrößerte Lupe, wobei mir freilich mein ungemein scharfes Gesicht sehr zu statten kam.—Der eine meiner Wünsche, nämlich ein Mikroskop zu besitzen, war also erfüllt; ein zweiter Wunsch, nämlich ein achromatisches Fernrohr zu haben, wurde es in der Folge auch.

§ 16.

An einem schönen Nachmittage besuchte ich um diese Zeit meinen Freund BINGEN zu Wald (einem Dorfe 1 Stunde von Solingen) und machte dort die Be-

[3] Daß andere Naturforscher als HARRIS und JURINE in Genf schon die nämliche Beobachtung gemacht hatten, war mir damals durchaus unbekannt.

kanntschaft mit dessen Gehülfen Herm. Laur. Weniger. An diesen braven Jüngling schloß ich mich bald an, wir hatten einerlei Neigung, beide enthusiastisch beseelt für Botanik und Entomologie. Weniger kam bald in meine Nähe bei Solingen, und nun machten wir in unseren freien Stunden manche Exkursion zusammen. Wann wir dann von unsern Spaziergängen Abends wieder zurück kamen, saßen wir noch manchmal bis tief in die Nacht und plauderten zusammen über die gemachte Ausbeute. Immer einiger und herzlicher ward unsere Freundschaft und dauert noch bis auf den heutigen Tag. In Wald hatte ich auch Bekanntschaft mit dem Blumisten Rautenbach gemacht, der einen schönen Garten mit etwa 800 Arten Gewächsen besaß, von denen er auch den lateinischen systematischen Namen kannte. Dadurch erhielt meine botanische Kenntnis einen großen Zuwachs, da Rautenbach mir alles Unbekannte gern mittheilte. Ich lernte die Pflanzen nach dem Sexualsystem untersuchen, wozu ich mir das linnäische Pflanzensystem nach der Uebersetzung von Lippert in 2 Bänden anschaffte. Rautenbach verschafte mir auch die Bekanntschaft des weltbekannten Baron von Hüpsch in Köln, dessen Naturalien- und Kunstkabinet weit und breit berühmt war. Dieser vortreffliche Mann blieb auch mein Freund bis an seinen Tod. Sein Kabinet ist nach Darmstadt gekommen.

§ 17.

Zuweilen machte ich auch wohl mit Weniger und andern Freunden eine Exkursion nach der sogenannten Neandershöhle, welche 3 Stunden von Solingen entfernt ist. Gewöhnlich gingen wir Sonntags Nachmittags hin, übernachteten im Eidamshause, einem nahe dabei gelegenen Wirtshause, und am andern Morgen früh durchsuchten wir dann das Gestein oder die Hundsklippe (so heißen die dortigen Landleute diese merkwürdige Klippe). Vom Eidamshause aus kommt man zuerst an die sogenannte Leuchtenburg, ein natürliches Gewölbe, wie ein großer Brückenbogen, dessen Boden etwas schräge abwärts geht. Das Gewölbe ist so hoch, daß man überall aufrecht darinnen gehen kann. Von der untern Oeffnung geht der Berg steil abwärts und besteht aus Felsentrümmern, zwischen welchen die *Mondviola* (*Lunaria rediviva*) häufig wächst. Unten fließt der kleine Kosterbach in einem sehr abschüssigen Bette. Etwas weiter abwärts hat dieser Bach einen 30 Fuß hohen sehr niedlichen Wasserfall, der sich bald mit dem starken Düsselbache vereinigt. Hier wächst *Cnicus oleraceus*, *Campanula persicifolia*, *Cynanchum vincetoicum*, *Primula officinalis* und andere Pflanzen ziemlich häufig. Geht man durch den Wald und läßt die Leuchtenburg rechter Hand liegen, so kommt man auf den Rabenstein, eine vorspringende Terrasse in halbkreisiger Gestalt, so groß, daß etwa ein Dutzend Menschen darauf stehen können; die vorderste Seite dieses Plateau geht senkrecht bis auf den Düsselbach wie eine über 100 Fuß hohe Mauer. In den Felsenspalten findet man *Asplenium Ceterach* häufig. Geht man weiter durch den Wald und läßt den Rabenstein rechts liegen, so kommt man an die Engelskammer (die eigentliche Neandershöhle), eine Höhle, welche einen ordentlichen Eingang wie eine Thüröfnung hat; die Höhle ist ziemlich geräumig, etwas über Mannshoch, und es sind unzählige

Namen in die Seitenwände eingekratzt; auch der Meinige hat sich dazu gesellt. Im Jahr 1794 habe ich diesen Ort zuletzt besucht. Auf dem Rabenstein soll JOHANN JOACHIM NEANDER (der sich hiehin flüchtete) das schöne Lied: „Unbegreiflich Gut pp." gedichtet haben, wenigstens paßt es ganz auf diese Stelle. Die seltene Spannerphaläne *Geometra Ulmaria* entdeckte ich hier im Thale ziemlich häufig.

§ 18.

Mein Enthusiasmus für Entomologie und Botanik veranlaßte mich, um diese Zeit den Entschluß zu fassen, diese beiden Fächer der Naturgeschichte auch in fremden Ländern zu studieren. Eine kleine Parthie ausländischer Schmetterlinge, worunter sich unter andern *Pap. Menelaus, Nestor, Achilles, Leilus, Melpomene* befanden, hatte zuerst diesen Gedanken in mir hervorgebracht. Freund WENIGER wollte sich an mich anschließen. Ich entdeckte mich einem guten Freunde, der mit Herrn GERNING in Frankfurt in Verbindung stand und welcher demselben meinen Brief mittheilte. Herr GERNING schickte ihn seinem Sohne, der in Holland den Einkauf von Insekten für ihn besorgte.[4] Die Sache fand Beifall. Ein schweizerischer Graf VON MEURON in holländischen Diensten, dessen Bruder Gouverneur von Trinkonomale auf Ceilon war, verschafte uns die Aussicht auf einem Ostindienfahrer als Chirurgen angestellt zu werden mit einem ansehnlichen Gehalte (denn ohne eine bestimmte Anstellung im Dienste der Ostindischen Kompanie kann die Reise nicht gemacht werden). Der Herr Graf schrieb mir deswegen (der Brief muß sich unter meinen Papieren noch vorfinden) und verlangte meinen definiten Entschluß mit dem großmüthigen Anerbieten, seinerseits uns durch einen Beitrag von noch jährlich 25 Karolin zu unterstützen. Voller Freude sahe ich schon im Geiste, wie wir die herrlichen Zimmetwälder durchstrichen, Insekten und Pflanzen sammelten und untersuchten. Allein, die Herrlichkeit hatte bald ein Ende. Als meine Mutter mein Projekt vernahm, so setzte sie sich mit Hand und Fuß dagegen (auch meine alten bewährten Freunde riethen mir ernstlich davon ab) und ließ nicht eher nach, bis ich ihr fest versprochen hatte, gänzlich davon abzustehen. Ich schrieb also Herrn GERNING meinen Absagebrief, und damit wurde das ganze Projekt zu Grabe getragen.

§ 19.

Rastlos arbeitete ich indessen in beiden Fächern (Entomologie und Botanik) fort, besonders aber in der Anordnung der Zweiflügler, welche ich deswegen lieb gewann, weil ich wohl einsah, daß die bisher sehr waren vernachlässigt worden, und daß hier vielleicht am meisten aufzuräumen wäre. Ich hatte bereits so viel von der lateinischen Sprache gelernt, daß ich die Werke von FABRICIUS nothdürftig verstehen konnte. Die Gattungen wurden nach und nach immer mehr ausgefeilt; die Natur leitete dabei meine Schritte und war auch meine beste Rathgeberin. Ich suchte die Gattungskennzeichen da auf, wo die Natur sie

[4] GERING besaß damals die größte und vollständigste bekannte Insektensammlung.

nach meiner Einsicht hingelegt hat, ohne mich ausschließlich an einen Körpertheil zu binden; das System sollte also eklektisch sein. Und noch jetzt bin ich der steten Meinung, daß man nur auf diesem Wege dahin gelangen wird, die Insekten in ein System zu bringen, das allgemein brauchbar ist, da ich es für den menschlichen Geist als eine Unmöglichkeit ansehe, ein sogenanntes natürliches System aufzustellen. Eine auf einen einzigen Körpertheil basirte Anordnung (z. B. die Mundtheile) muß stäts einseitig blieben.

§ 20.

Um diese Zeit (im Jahre 1792) nahm ich auch ordentlichen Unterricht im Zeichnen. Bisher war mein Zeichnen bloß Selbstübung, ohne alle Anleitung, bloß nach der Natur geschehen. Jetzt aber zeichnete ich auch Köpfe und ganze menschliche Figuren mit schwarzer Kreide, zuweilen auch mit Tusche. Doch dieser Unterricht, der mir sehr nützlich gewesen ist, dauerte kaum ein halbes Jahr, als ich meinen Wohnort veränderte und meine Stelle in Solingen verließ.

§ 21.

Mein Freund TIPS beschloß nämlich, die Lehrerstelle in Burtscheid aufzugeben und wieder zu seinen Aeltern zu ziehen. Ich widerrieth ihm dieses zwar sehr ernstlich, allein, er bestand darauf und empfahl mich auf seine Stelle bei der Gemeine. Ich wurde auch ohne weiters gleich dazu berufen, und zwar mit einem jährlichen Gehalt von 100 Reichsthalern klevisch nebst freier Wohnung. Mit dieser Stelle war auch zugleich das Leichenbitten verbunden, was jedoch extra bezahlt wurde. Damals fand sowohl in Aachen wie in Burtscheid für die Protestanten keine freie Religionsübung statt. Der Gottesdienst wurde in dem 1 Stunde entfernten holländischen Dorfe Vaals gehalten, und der Unterricht der Kinder durfte nur in Privathäusern gehalten werden, Morgens drei Stunden und Nachmittags drei Stunden, wobei sich höchstens die Kinder zweier Familien versammeln durften. Die Leichen wurden, um kein Aufsehen zu erregen, im Sommer um 6 Uhr Morgens, im Winter etwas später begraben. Die protestantische Kirche lag in Ruinen. Das jährliche Einkommen meiner Stelle konnte man jährlichs zu 400 Reichsthalern anschlagen. Ich nahm diese Stelle also ohne vieles Bedenken an und machte mich reisefertig. Aber zur Abreise kam es sobald noch nicht; denn bald hernach hörte man in Solingen den Kanonendonner der Schlacht, welche DUMOURIEZ den 5. November zu Jemappes über die Oesterreicher gewann. Wegen des Vordringens der Franken war vorerst an eine Abreise noch nicht zu denken; denn im Anfange Dezembers rückten sie bereits in Aachen und Burtscheid ein und drangen bis an den Ruhrfluß. Erst im folgenden Jahre 1793, als Prinz KOBURG die Franken bei Aldenhoven überrumpelte, mußten sie diese Gegend wieder verlassen; aber erst nach der Schlacht bei Neerwinden konnte ich meine Reise und meine neue Stelle antreten. Es war aber für uns ein sehr unruhiges Jahr wegen der beständigen Truppenmärsche. Wir hatten häufig Einquartirung, bald Oesterreicher, dann Böhmen, Ungarn, Slavonier, Italiener pp. Doch betrugen sich die Truppen sehr ordentlich, und man konnte mit Recht nicht über sie klagen. Auch kamen einmal 15000 Hessen durch, die den Engländern waren verkauft worden.

§ 22.

Dieses dauerte bis zum folgenden Jahre 1794, da bekanntlich die Kriegsereignisse für die Deutschen und Engländer in Belgien eine höchst widrige Wendung nahmen. Die Franken gewannen eine Schlacht nach der andern, und ihr Sieg bei Fleuris hatte den völligen Rückzug der Alliirten aus Belgien zur Folge. Die Franken näherten sich wieder unserer Gegend, und nach der Einnahme von Valenciennes und Kondé hörten wir bald wieder in der Mitte Septembers den Kanonendonner aus der Gegend von Sprimont bei Lüttich, wo die Oesterreicher abermals ganz auseinander gesprengt wurden. Nach einem Gefecht bei Henri Chapelle rückten die Franken bis vor Aachen und nahmen des folgenden Morgens, den 21. Sept., wieder von dieser Stadt Besitz. Das Hauptquartier des Generals JOURDAN kam für einige Tage nach Burtscheid. Kurz nachher wurden die Oesterreicher abermals an der Ruhr geschlagen und flüchteten unaufhaltsam dem Rhein zu, den sie bei Köln passirten. Die Franken folgten ihnen auf dem Fuße nach bis zu dieser alten Reichsstadt, und der Feldzug hatte für dieses Jahr ein Ende. Die Franken hatten ihr Ziel erreicht und standen überall an diesem Strome. Nur Luxemburg und Mainz waren noch nicht erobert und wurden eingeschlossen.

§ 23.

Während der Zeit, da ich in Burtscheid wohnte, wurde die Umgegend fleißig von mir durchsucht, und ich fand manches mir noch Unbekannte. Auch wurde die PELZERische Familie in Aachen oft besucht, wo ich immer willkommen war; allein, er selber starb bald an einem bösartigen Fieber, und seine Gattinn folgte ihm ein Jahr nachher ebenfalls im Tode. BAUMHAUER und seine Sammlung wurden auch nicht vergessen. Bisweilen begleitete ich ihn auch wohl nach seinem im Limburgischen gelegenen Landgute Bleiberg, das in einer sehr romantischen Gegend lag, die an Naturprodukten sehr reichhaltig war. In der Folge indessen hat er dieses Landgut verkauft und machte von nun an häufige Reisen nach Frankreich und Italien, vorzüglich in der Absicht, seine Insekten-Sammlung zu vermehren. Schade, daß dieser thätige Mann keine eigentlichen theoretischen Kenntnisse besaß, alles beruhte bei ihm auf dem bloßen Sammeln. Die zahlreichen Bemerkungen, die er über die Lebensarten der Insekten auf einzelnen Blättern Papier auf seinen Excursionen aufgezeichnet hatte, und die manches Interessante enthielten, sind nach seinem im Jahre 1818 in Paris erfolgten Tode verloren gegangen. Seine zahlreiche Sammlung ist jetzt ein Eigenthum der Lütticher Universität. BAUMHAUER war vielleicht der unermüdetste Sammler in Europa; denn selbst im Winter wurde dieses nicht unterbrochen und die Thierchen in ihrem Winteraufenthalt aufgesucht.

§ 24.

Es war voraus zu sehen, daß die jetzige französische Regierung unseres Landes, wenn die Rheingrenze bleiben würde, den Protestanten völlige Religionsfreiheit gestatten würde. In diesem Falle hätte ich in Burtscheid eine Elementarschule übernehmen müssen; allein, dazu hatte ich wenig Lust, da mir dieser Unterricht, wozu ich nicht vorbereitet war, gar nicht anstehen konnte; denn mich mit demselben ständig zu befassen, war gar nicht nach meinem Sinne und widerstand meiner ganzen Denkungsart. Damals (1795) wurde aber die Stelle eines französischen Sprachlehrers in dem benachbarten Fabrikstädtchen Stolberg vakant. Ich empfahl mich dazu und wurde dahin berufen, und im December verließ ich Burtscheid und fing mit Anfang des Jahres 1796 den französischen Unterricht in Stolberg an. Meiner Schüler waren 30—36. Außer der Schulstunde gab ich noch Privatunterricht im Zeichnen, in der Geographie, Weltgeschichte, Klavierspielen und auch mitunter in der Astronomie. Mein Einkommen hatte sich im Vergleich mit Burtscheid zwar nicht bedeutend vermehrt, allein, die Arbeit war mir weit angenehmer und meinem Genie angemessener. Gleich im Anfange meines Hierseins machte ich die Bekanntschaft des Messingfabrikanten JOHANN ADOLPH PELTZER, der ein großer Liebhaber der mathematischen Wissenschaften und zugleich ein sehr gebildeter Mann war. Er wurde mein wahrer Freund und blieb es auch bis an seinen Tod (1837). Manche vergnügte Stunde haben wir zusammen zugebracht. Er besaß ein TIEDEMANNisches achromatisches Teleskop mit 90maliger Vergrößerung, das unsern astronomischen Beobachtungen treffliche Dienste leistete. Auch der hier als Hauslehrer einiger lutherischen Familien wohnende Kandidat JOH. SCHMIDT, den ich schon früher hatte kennen lernen, ward mein warmer Freund, und ich lieferte ihm manche Beiträge zu seinem Buche über die Geographie des Ruhrdepartements.

§ 25.

Meine Lebensart war nun mehrere Jahre hindurch so ziemlich eintönig. Ich machte mit Kandidat SCHMIDT häufig Exkursionen in der Umgegend. Eine derselben, die wir im Jahre 1798 nach der Eifel machten, verdient hier wohl einer kurzen Erwähnung. Wir gingen in meinen Ferien (die ich nach Belieben nehmen konnte) im Monate Mai an einem schönen Morgen von Haus und nahmen unsern Weg auf Bamersdorf durch den Wald immer aufwärts. Hier fanden wir zum ersten male die *Trientalis europaea*, *Crataegus Aria* und *Condellaria verticillata.* Den folgenden Tag nahmen wir unsern Weg über einen Theil des sogenannten Veens nach Rötgen; wir wurden unterwegs von dem Heerrauch (holländisch genannt: Mist) überfallen. Der Nebel war so dicht, daß wir unsere eigenen Beine nicht sehen konnten und uns nahe beisammen und bei der Hand halten mußten. Zum Glück war der Weg sehr gebahnt, sonst wäre der Gang mißlich gewesen wegen der hin und wieder befindlichen Torflöcher. Zu Rötgen aber warteten wir, bis sich gegen 10 Uhr der Nebel verzog. Nun setzten wir unsern Stab weiter, kamen bis zu der Quelle der Weese, wo wir *Vaccinium uliginosum* und *oxycoccos* und einige andere Pflanzen fanden. Dann gingen wir wieder über das Veen nach

Eicherscheid, von da durch ein tiefes Thal nach Dedenborn. Unterwegs trafen wir schöne Exemplare der *Euphorbia palustris* an. Unser Weg führte uns nun nach dem Ruhrthale über die Plausmühle (wo damals noch einige Menoniten wohnten, die sich mit Leinwandbleichen beschäftigten) nach dem Dorfe Einruhr, wo wir übernachteten. Abends schwebte über der Ruhr und den Wiesen eine ganze Wolke von Eintagsfliegen (*Ephemera diptera*). Am folgenden Morgen setzten wir unsere Reise steil aufwärts bis nach dem Dorfe Morsbach, dann wieder abwärts nach dem Urftbache bis nach Gemund fort. Die Kühe kletterten hier wie die Gemsen an den steilen Abhängen der Berge herum. Den folgenden Morgen gingen wir den Fluß aufwärts nach Kall, fanden *Antherimea liliago*. Ein Gewitter, das uns überfiel, nöthigte uns zur Rückkehr, die wir aber seitwärts über Voissel und weiter nach dem Dudling nahmen. Ich fand *Thesium tinophyllum*. Den fünften Tag unserer Wallfahrt gingen wir nach Heimbach, sammelten *Silene nutans* und *Phyteuma orbicularis*, dann über die Dörfer Hausen, Blens, Abenden, Kullerbrücke, Bergstein, kleinen Hau wieder durch den Wald nach Stolberg, nachdem wir auf dieser Tour 25 neue Pflanzen gefunden hatten, ohne diejenigen, welche wegen Mangel der Blüte nicht bestimmt werden konnten.

§ 26.

Im Jahre 1800 hatte ich meine neue Anordnung der zweiflügeligen Insekten so weit ausgearbeitet, daß ich den ersten Band davon herausgeben konnte. Ich schrieb ihn daher ins Reine und schickte hernach ein Fragment davon mit den dazu gehörigen Zeichnungen der Gattungsmerkmale dem Prediger Herbst in Berlin (der die Fortsetzung des Jablonskischen Insektenwerkes besorgte) mit der Anfrage um einen Verleger. Er antwortete mir unterm 11. Julius 1801, daß ihm mein Unternehmen sehr gut gefiele und seinen ganzen Beifall habe, aber zu einem Verleger wisse er vor der Hand keinen Rath in Berlin, er wolle sich desfalls anderwärts bemühen. Einige Zeit nachher erhielt er einen Besuch vom Buchhändler Reichard in Braunschweig, er bot ihm mein Werk zum Verlag an, und Reichard nahm das Fragment an und übergab es dem berühmten entomologischen Triumvirat in Braunschweig — dem Professor Helwig, Grafen von Hoffmannsegg und Illiger zur Prüfung. Da deren Urtheil günstig ausfiel, so übernahm Herr Reichard den Verlag unter sehr billigen Bedingungen. Ich kam dadurch mit diesen sehr achtungsvollen Gelehrten in Briefwechsel. Doktor Illiger schrieb mir, daß das Werk, in so fern sie solches aus dem Fragment beurteilen könnten, ihren ungetheilten Beifall erhalten, nur die Gattungsnamen (die ich zum Theil aus der Mythologie gewählt hatte) wollten ihnen nicht gefallen; statt der angenommenen Namen möchte ich lieber bezeichnende Benennungen aus der griechischen Sprache nehmen, die dazu Stoff genug biete. Das war nun freilich leicht gesagt, aber für denjenigen, der kein Griechisch versteht, ja nicht einmal die griechischen Buchstaben kennt wie ich, nicht so leicht gethan. Ich überlegte die Sache, was hiebei zu thun wäre. Nun (dachte ich endlich), die griechische Sprache zu erlernen, wenigstens in so fern, als es nöthig seie, meinen Zweck zu erreichen, müßte doch auch keine Hexerei sein, also frisch und muthig ans Werk! Ich lieh bei meinem Freunde SCHMIDT eine griechische Grammatik und ein Lexikon (beides schaffte ich mir bald nachher selbst an) und trieb mein griechisches Studium rastlos vor; und bald hatte ich von dieser Sprache so viel gefaßt, als zu meiner Absicht hinreichte. Jetzt fing ich nun auch die Erschaffung der neuen Gattungsnamen an, was mir aber weit mehr Mühe kostete; denn oft mußte ich lange nach einer passenden Benennung suchen; doch kam ich auch damit endlich glücklich zu Stande; denn — Fleiß und Beharrlichkeit machen möglich gar viele Sachen. — Ich schickte die neuerfundenen Namen und erhielt bald eine billigende Antwort.

§ 27.

Im Jahre 1801 hatte ich Gelegenheit, die Bekanntschaft des berühmten französischen Naturforschers Grafen VON LACEPIDE, Großkanzler der Ehrenlegion, zu machen. Er kam mit einem starken Gefolge nach Stolberg, um die hiesigen Messingfabriken zu besehen. Die Kaufmannschaft veranstaltete ein splendides Mittagsessen, wozu ich ebenfalls eingeladen wurde. Ich mußte Herrn LACEPIDE meine naturhistorischen Zeichnungen zur Einsicht zeigen, und während des Mittagsessens, wobei ich ihm gegenüber saß, unterhielten wir uns über verschiedene Gegenstände. Den folgenden Tag besuchte ich ihn nach seinem Verlangen in Aachen. Er that mir den Vorschlag, als Botaniker mit dem Kapitain BAUDIN die Reise in die Welt zu machen. Ob ich nun gleich früher einen solchen Antrag mit beiden Händen würde angenommen haben, so lehnte ihn ihn doch jetzt sehr höflich ab, wozu mich mancherlei Beweggründe veranlaßten. LACEPIDE hat in der Folge der Stolberger Kaufmannschaft bei etwaigen Gesuchen bei der französischen Regierung manche wichtige Dienste geleistet und sich mit vielem Vergnügen an seinen Stolberger Besuch erinnert.

§ 28.

Als ich im Sommer 1802 von einer Reise in meine Heimath zurück kam, fand ich einen Brief zu Hause liegen, worin Dr. ILLIGER mich einlud, ihn und den Grafen VON HOFFMANNSEGG in Aachen zu besuchen, wo sie beide jetzt das Bad brauchten. Das Herz klopfte mir bei dem Lesen desselben, zwei so würdige und allgemein geachtete Naturforscher persönlich kennen zu lernen, und meine Phantasie ward so aufgeregt, daß sie mich fast die ganze Nacht nicht schlafen ließ. Ich machte mich des folgenden Tages gleich auf den Weg und nahm meine Abbildungen der Zweiflügler mit. Ich blieb den ganzen Nachmittag bei ihnen, wo dann manches verhandelt wurde. Dr. ILLIGER hatte die Zeichnung eines bei Aachen entdeckten Insektes in seinem Briefe mit der Feder entworfen, mit der Anfrage, wohin es wohl zu stellen seie. Ich sahe sogleich, daß es zu der neuen Gattung *Loxorera* gehöre, doch war mir diese Art noch unbekannt. Sie ist nachher von mir als *Lox. Hoffmannseggii* aufgeführt worden. Beide Herren versprachen, mich nach geendigter Badekur in Stolberg zu besuchen, was auch geschah. Dr. ILLIGER versprach, die Korrektur des Druckes meines Werkes zu übernehmen. Beide reiseten bald hernach wieder von Aachen ab.

§ 29.

Im Jahr 1804 erschien der erste Band meines Werkes bei REICHARD in Braunschweig in 4to mit 15 Kupfertafeln. Durch die Erscheinung desselben ward ich nun in der entomologischen Welt mehr bekannt. Allein meine Eintheilungsmethode fand anfangs bei den Anhängern des FABRICIUSischen Systems vielen Widerspruch. Ich ließ mich aber dadurch nicht irre machen, sondern setzte meinen Weg unverdrossen fort und überließ es der Zeit, mich zu rechtfertigen. Das Werk ist jedoch damals nicht vollendet worden, die Kriegsereignisse in Deutschland legten dem Verlag zu viele Hindernisse in den Weg.

§ 30.

In eben diesem Jahre reisete Professor FABRICIUS in Kiel nach seiner Gewohnheit nach Paris, wo er mein Werk zur Einsicht bekam. Bei seiner Rückreise zeigte er mir den Tag seiner Ankunft in Aachen an, und ich ging dahin, um ihn zu bewillkommen. Einige Tage nachher besuchte er mich hier in Stolberg. Ich mußte ihm die Namen meiner neuen Gattungen mittheilen, um solche bei der bevorstehenden neuen Auflage seiner Systema Antliatorum zu benutzen, um Verwirrung zu vermeiden, die doch nachher nicht ganz ausblieb, da unsere Ansichten in manchen Stücken sehr verschieden waren. Er tadelte auch meine eklektische Methode als Klassifikationsgrund und behauptete, der Systematiker müßte sich nur an einen Körpertheil halten, nicht aber die Gattungsmerkmale bald von diesem, bald von jenem Theile hernehmen. FABRICIUS war übrigens ein schlichter gerader Mann, der aber durch sein auf die Freßwerkzeuge gegründetes System der Insekten der Wissenschaft gewiß keinen großen Dienst geleistet hat. Seine Methode verdient daher allerdings der scharfen Rügen, die ihr in der Folge gemacht wurden, selbst von denen, die zu seinen Verehrern gehörten, obgleich er seine Methode in ILLIGERS Magazin zu retten suchte. Denn es war ihm selbst nicht möglich, sie konsequent durchzuführen, da er nur die wenigsten Arten nach seinen Grundsätzen untersuchen konnte und den größten Theil derselben nur nach dem Habitus oder dem äußern Anstand nach, bald hie bald da unterbringen mußte. Eine ganz natürliche Folge dieses Verfahrens mußte sein, daß seine Kennzeichen der Gattung oft gar nicht paßten. Als ich in der Folge die Mundtheile der Zweiflügler selbst untersuchte, so zeigten sich die unzähligen Irrthümer in FABRICIUS Werken, so daß man in Versuchung geräth, zu glauben, er müsse seine Beobachtungen mit vieler Flüchtigkeit angestellt haben. Doch das richtige Beobachten so kleiner und zarter Theile ist auch eine Kunst, die durch anhaltende Uebung erlernt werden muß. Es mag auch sein, daß mein kurzes, aber in der Nähe sehr scharfes Gesicht, mir zum Beobachten sehr vorteilhaft gewesen ist; allein, die öftere Uebung trägt auch viel zur Genauigkeit bei. Die Folge der Zeit hat mich gelehrt, daß meine Methode (wenigstens bis jetzt) Stich gehalten hat, und sie ist auch fast allgemein von der Entomologie angenommen worden.

§ 31.

Das Jahr 1804 war noch in einer andern Hinsicht für mich merkwürdig, weil ich mich in demselben mit einer lieben Gattin verband. Allerhand Familienumstände, die ich hier aus wichtigen Ursachen übergehen muß, hatten mich bisher von einer solchen Verbindung abgehalten. Doch eines Umstandes muß ich hie Erwähnung thun und deswegen wieder etwas in die vorigen Jahre zurückgehen. — Als ich im Jahr 1779 von Mühlheim nach Solingen zurückkehrte (§ 10), hielt ich es für Pflicht, meine Aeltern bei ihren ganz zerrütteten Vermögensumständen durch meine Arbeit nach allen Kräften zu unterstützen. Dies that ich denn auch gerne und willig. Allein durch dieses Opfer, das ich der kindlichen Liebe brachte, ward ich auch gehindert, die zu meiner Lieblingswissenschaft unentbehrlichen Hülfsmittel anzuschaffen, so wie ich wohl gewünscht hätte. Diese Unterstützung ward auch von mir fortgesetzt, als ich in Aachen als Hauslehrer fungirte. Im Jahre 1786 trat ich wieder in die frühern Verhältnisse zu Solingen ein. Während meines nachherigen Aufenthaltes in Burtscheid, so wie hier in Stolberg, ward diese Unterstützung noch immer fortgesetzt. Da mein Bruder in Elberfeld kinderlos blieb, auch mehr Vermögen hatte als ich, so glaubte ich, daß es wohl billig wäre, meine Stelle in dieser Hinsicht zu übernehmen, welches er auch willig that und bis zum Tode meiner Aeltern ausgeführt hat. Nun konnte ich an eine Heirath denken, und es war auch wohl hohe Zeit, da ich schon 39 Jahre alt war. Durch einen bloßen Zufall oder vielmehr durch göttliche Fügung kam ich nach Hinkelhoven (einem Dorfe bei Binnich) und lernte dort bei dem Prediger Herrn MÄNSS dessen Schwester ALETTA kennen, die bei ihm die Stelle einer Haushälterinn bekleidete. Sie war ein stilles, sanftes Mädchen, aber in der Haushaltung gut erfahren. Wir waren bald einig und verlobten uns mit Einwilligung der Aeltern. Da indessen meine Verlobte noch nicht konfirmirt war, so wurde die Heirath noch einige Wochen verschoben. Den 30. August wurden wir zu Wanheim im aelterlichen Hause von meinem Schwager selbst feierlich verbunden, und den andern Tag reiseten wir zusammen über Düsseldorf nach Stolberg. Meine Frau wurde von allen meinen hiesigen Freunden herzlich bewillkommt.

§ 32.

Einige Tage nach unserer Ankunft in Stolberg gingen wir zusammen nach Aachen, um noch einiges Hausgeräth einzukaufen. Als wir auf die Komphausbadstraße bei die Redoute kamen, stand alles gedrängt voll Menschen an beiden Seiten. Freund WENIGER, der auch darunter war, rief uns an und sagte, sogleich würde Kaiser NAPOLEON hier vorbeikommen. Wir stellten uns neben ihn, und bald kam auch der Kaiser mit seinem Gefolge zu Pferde herangesprengt und grüßte rechts und links die Zuschauer sehr freundlich. Er war einfach gekleidet in dunkelblauer Uniform ohne alle Verzierung, sein Hut ohne Borten, nur die Schabracke schimmerte von Gold. Er stieg ab, ging auf den Redoutesaal und besah die dort aufgestellten Industrieprodukte. Nach einiger Zeit kam er zurück und ritt nach Burtscheid, um dort die Nähnadelfabrik von M. PASTOR auf Eckeberg zu besehen. Wir hatten also den damals so gefeierten, in der Folge aber so verlästerten Mann von Angesicht gesehen.

§ 33.

Im Sommer 1805 machte ich in Begleitung meines Freundes, des Kandidaten SCHMIDT, einen zweiten Ausflug nach der Eifel. Wir gingen eines Freitags über die Dörfer Bamersdorf, Kesternich, Einruhr pp. neun Stunden weit und kamen Abends im Dunkeln nach Gemund; folgenden Tags gingen wir weiter aufwärts über Oleff (wo wir die würklich sehenswürdige geschmackvolle Spieluhr eines dortigen Künstlers bewunderten) bis nach Blumenthal, wo wir bei einem Verwandten meines Freundes einkehrten. Sonntags ging ich weiter aufwärts bis nach Reiferscheid und entdeckte im Walde mehrere neue Insekten. Montags wanderte ich über die Dörfer Ober- und Nieder-Goldbach nach Kall, und weiter fort längs, die so genannte Bergdörfer nach Roggendorf. Unterwegs kam ich über den so genannten Sand, eine Fläche an der Seite des Bleiberges, die in einer weiten Ausdehnung nur aus weißem Sande bestehet, wo man nur wenig Grünes sieht; man glaubt in der afrikanischen Sahara (in Miniatur) versetzt zu sein. Das Gehen ist hier äußerst lästig und der weiße Sand den Augen beschwerlich. Ich kehrte zu Roggendorf bei einem Bekannten, Namens KNAUZ, ein, welcher Direktor des dortigen Bleiwerkes des zu Köln wohnenden Grafen VON LIPPE (Firma MEINERZHAGEN) war. Ich machte hier verschiedene Exkursionen in Begleitung des Herrn KNAUZ, besah die dortigen Bleischlemmen, die Schmelzwerke, war auch in den berühmten, eine Stunde langen dortigen Stollen, den die Grafen zur Ableitung des Wassers haben anlegen lassen. Die mannigfaltige Abwächslung der Bestandtheile des Berges in diesem Stollen sind für den Mineralogen sehr interessant. Dann machten wir noch einen Ausflug nach Breitenband und besahen den so genannten Römerkanal, der an der Seite oberhalb eines Berges noch ziemlich oberhalb des Thales seinen Ausgang hat. Man kann gebückt eine Strecke in den Kanal hineingehen, und es schien mir, als wenn er zum Abfluß des Wassers gedient habe. Vor der Oeffnung liegt ein zerbrochener Stein mit römischer Inschrift. Ich weiß nicht, ob eine Beschreibung dieses Aquädukts vorhanden ist, der sich sehr weit erstrecken soll. Die Gegend von Roggendorf ist für den Naturforscher sehr interessant. Vögel gibt es hier nicht; denn das Wasser des Bleibaches, der das Thal durchfließt, ist ihnen tödtlich, selbst Hühner können die Bewohner des Dorfes nicht halten. Nach einem angenehmen Aufenthalt von einigen Tagen kehrte ich über Froizheim und Düren wieder nach Hause zurück.

§ 34.

Im Jahr 1807 kam SAMUEL KRENZER als lutherischer Lehrer nach Stolberg. Wir lernten uns bald kennen, wurden Freunde und Dutzbrüder. In der Folge zog KRENZER nach Vaals und zuletzt nach Montjoie, woselbst er im Jahr 1823 an Magenkrebse nach vielen Leiden starb. Noch jetzt denke ich mit einiger Rührung an diesen an Kopf und Herz vortrefflichen, früh vollendeten Mann. An seine Stelle in Stolberg kam Herr BERTRAM FASBENDER, ein sehr gebildeter

Pädagoge, der ebenfalls mein Freund wurde und es noch ist. Er ward in der Folge als Elementar-Oberlehrer an die evangelische Schule nach Aachen berufen, der er mit vielem Ruhme bis zum Jahre 1813 vorstand, da er sein Amt niederlegte, nachdem er das Jahr vorher sein 50jähriges Amtsjubiläum gefeiert hatte. Die evangelische Gemeine in Aachen bestimmte ihm eine ansehnliche jährliche Pension zu seinem Ruhestande.

§ 35.

Um diese Zeit (vom Jahre 1808 an) wurde die Zahl meiner französischen Schüler nach und nach immer geringer, und mein Einkommen veränderte sich also nach Verhältniß ebenfalls. Die Ursachen waren verschieden und lassen sich hier nicht wohl angeben. Allein die Vorsehung ließ mich nicht im Stiche und sorgte auf eine andere ganz unerwartete Art für mein Bestehen. Ich wurde einstens zu meinem alten bewährten Freunde ADOLPH PELZER beschieden, der mir den Vorschlag machte, die Stelle eines Sekretärs bei dem Handlungs-Comité zu übernehmen. Ich antwortete, daß ich dieses Amt sehr gerne annehmen würde, wenn ich nur dazu die nöthigen Fähigkeiten besäße. Herr PELZER erwiderte, daß ich mich bald in dieses mir neue Geschäfte finden würde, und man würde mir dabei freundschaftlich zur Hand gehen, besonders da er selbst einer der Mitglieder des Comité wäre. Das jährliche Gehalt seie auf 150 Reichsthaler bestimmt; zudem könnte ich dabei auch vor wie nach meine andre Berufsarbeit ungehindert betreiben. Ich nahm daher seinen Vorschlag mit dankbarem Herzen an. Meine Verrichtungen in diesem neuen Wirkungskreis bestanden darinn, alle Schreibereien für das Comité zu besorgen, das Protokoll bei den jedesmaligen Sitzungen zu führen, die Korrespondenz mit der Regierung und den auswertigen Messingfabriken, theils in französischer, theils in deutscher Sprache, nach Anleitung der Deputirten zu übernehmen pp. Das Comité bestimmte von Zeit zu Zeit die Preise der Messingfabrikate, die nicht allein für Stolberg, sondern auch für die Fabriken zu Iserlohn, Namur, Givet, Paris, Laigle und Kügles (in der Normandie) zur Richtschnur dienen sollten; denn Stolberg war zu dieser Zeit die wichtigste und beträchtlichste Messingfabrike in Frankreich und Deutschland, daher gleichsam der Zentralpunkt. Die Preise wurden jedesmal so gestellt, daß dabei keine Einwendungen gemacht wurden, da man wohl höher aber nicht niedriger verkaufen durfte. Jährlichs wurden die Mitglieder des Comité zum Theil im Monate September erneuert, welcher Tag stäts mit einem fröhlichen Mahle begleitet war, an welchem alle hiesigen Fabrikanten (und auch ich) Antheil nahmen. Eine nähere Auskunft über dieses Institut, so wie über die hiesigen Messingfabriken überhaupt findet man in einer Broschüre — Denkwürdigkeiten des Fleckens Stolberg, von einem Einsiedler (JOH. ADOLPH PELZER). In der Folge wurde vom Comité noch der Dienst eines Courtien mit meinem Amte verbunden, wodurch mein Einkommen noch einen bedeutenden Zusatz erhielt. Beide Aemter habe ich auch bis zur völligen Auflösung des Comité verwaltet, welche nachher durch die fatale Handelkrisis herbei geführt wurde, die eine Folge der Zeitereignisse war.

§ 36.

Die französische Regierung hatte auch schon früherhin so genannte Chambres consultatives (berathende Kammern) eingesetzt, welche über die die Industrie betreffende Gegenstände von der Regierung zu Rathe gezogen wurden. Der Nutzen solcher Kammern springt von selbst in die Augen. Auch Stolberg erhielt eine solche Kammer, zu welcher die Kantone Eschweiler, Düren, Froizheim, Gemünd und Montjoie gehörten. Diese Kammer bestand aus 6 Mitgliedern aus dem Kaufmannsstande, welche jährlich zum dritten Theil durch Wahl erneuert und von der Regierung bestätigt wurden; der Orts-Maire war immerwährender Präsident. Diese Kammer hat jedoch keinen Sekretär, sondern die vorkommenden Schreibereien wurden durch die Mitglieder selbst besorgt. Da dieses aber aus mehreren Ursachen denselben allzu lästig fiel, so wurde ich von der hiesigen Kammer stillschweigend zum Sekretär angenommen und durch freiwillige Beiträge (Cotisation) ein Gehalt ausgemittelt, das anfangs ziemlich bedeutend war, sich aber unter der jetzigen Regierung allmählig verringerte, so daß es nicht mehr der Mühe lohnte, es einzusammeln. Zwar besteht die Kammer noch, ist aber seit mehreren Jahren außer Aktivität und hält keine Sitzungen mehr, und so ist auch mein Dienst von selbst weggefallen und mit ihm auch das Gehalt.

§ 37.

Zufolge eines Beschlusses der französischen Regierung mußten um diese Zeit (1812) von jeder Fabrikanlage ein dreifacher ausgemalter Plan, nach einem bestimmten Maßstabe, nebst einem Konzessionsgesuche, dem Gouvernement eingereicht werden. Die Ausfertigung der Plane übernahm der Direktor GRÄSER auf der Eschweiler Pumpe, bei welcher Gelegenheit ich mit diesem würdigen und kenntnisreichen Mann in Bekanntschaft kam. Herr GRÄSER konnte aber nur die Aufnahme der Plane besorgen, die ausgemalten Zeichnungen übernahm aber ich größtentheils. Diese Arbeit beschäftigte mich ungefär dritthalb Jahre, und sie wurde gut bezahlt. Auch die Konzessionsgesuche für die Fabrikanten habe ich fast alle ausgefertigt.

Der Sohn des Herrn PELZER nahm im Jahr 1812 die topographische Karte der Mairie Stolberg auf, wobei ich ihm von Zeit zu Zeit an die Hand ging. Nach vollendeter Aufnahme zeichnete ich die Karte in Landkartenformat, und sie wurde von Herrn BREITENSTEIN in Düsseldorf sehr sauber in Kupfer gestochen.

§ 38.

Im Jahr 1814 (nach dem ersten Pariser Frieden) kam der Ingenieurkapitän Herr VON DEDENROTH (vom MUFFLINGschen Armeekorps) nach Stolberg, um von mir einige Aufschlüsse über die Lokalitäten unserer Gegend zu erhalten. Er blieb einige Wochen hier. Er war ein sehr freundlicher, dabei religiöser Mann, dessen Umgang mir sehr erfreulich war. Er war auch ein intimer Freund des Grafen VON HOFFMANNSEGG, mit welchem ich bei dieser Gelegenheit wieder in Verbindung kam. Der Graf schickte mir kurz hernach ein Exemplar seiner prachtvollen portugiesischen Flora, so weit solche damals schon heraus gekommen war. Allein, die Korrespondenz stockte nachher wieder, da der Graf seine Sammlung von Insekten an das Berliner Museum verkaufte (wo ich solche nachher im Jahr 1828 in Augenschein nahm), und seit der Zeit hat er sich nicht mehr mit der Entomologie beschäftigt, auch Berlin verlassen und in Dresden einen botanischen Garten angelegt.

§ 39.

Die Jahre 1816 und 1817 waren für mich sehr traurig, wie sie es wohl für sehr viel Hausväter gewesen sind. 1816 war durch die anhaltenden Regen im Sommer ein Mißjahr, das Getreide konnte wegen der beständigen nassen Witterung nicht reifen (ich sahe im November bei Düren noch Weizen im Felde stehen). Die Lebensmittel stiegen zu ungeheuren Preisen, das achtpfündige Roggenbrod kostete 42 Stüber (16 Silbergroschen) und war dabei noch äußerst schlecht und kraftlos. Meine Familie bestand jetzt aus sieben Kindern, und mein Einkommen war äußerst geringe. Das Handlungs-Comité wurde aufgelöset, die Beiträge von der Handlungs-Kammer waren unbedeutend, der französische Unterricht hatte durch die Zeitereignisse größtentheils aufgehört, nur gab ich noch einige Privatstunden. Ich wandte mich daher an die Aachener Regierung und bat um irgend eine Anstellung, erhielt aber eine abschlägige Antwort, weil noch zu viele Invaliden aus dem Befreiungskriege zu versorgen wären. Ich wandte mich hierauf an die Plankammer (die mit der Landesvermessung beauftragt war), um als Zeichner angestellt zu werden. Ich erhielt auch von Zeit zu Zeit von derselben einige Arbeit, allein, sie wurde sehr karg bezahlt und reichte bei weitem zu meinem Bestehen nicht hin, ob wir gleich äußerst sparsam lebten. Doch bald hernach erhielt ich durch Verwendung des Wasserbau-Inspektor RÖSLER von der Regierung den Auftrag, die große TRANSCHOTsche Karte, in so weit solche den Regierungsbezirk Aachen betraf, auf Imperialpapier kreisweise abzuzeichnen. Diese Arbeit beschäftigte mich ein Paar Jahre und ward auch sehr reichlich bezahlt.

§ 40.

Zu meinem Vergnügen hatte ich schon vor einigen Jahren in den Morgenstunden eine Sammlung von astronomischen Karten in Querfolio von 75 Blättern gezeichnet. Die Fixsternkarten, die den größten Theil derselben ausmachten, waren nach dem Verzeichnis von Piazzi in Palermo als den genauesten, auf Horizont von Süd-Europa, verzeichnet. Dann folgten mehrere Blätter über unser Sonnensystem nebst verschiedenen Mondkarten nach SCHRÖTERS selenotopographischen Fragmenten. Die Fixsternkarten wurden im Jahre 1822 von ARNZ und Kompn. in Düsseldorf auf 16 litographirten Blättern in groß Querfolio, nebst einer Beschreibung der Sternbilder, herausgegeben. Auch diese Arbeit wurde mir gut bezahlt.

§ 41.

Es ist nöthig, daß ich hier wegen der Herausgabe meines Insektenwerkes über die Zweiflügler wieder einige Jahre in der Beschreibung meiner Lebensgeschichte zurückgehe. Im Jahre 1815 erhielt ich vom Professor und Justizrathe WIEDEMANN einen Brief, worin dieser ausgezeichnete und eifrige Naturforscher anfragte, ob denn keine Hoffnung wäre, die Fortsetzung des im Jahre 1804 angefangenen Werkes zu erhalten. Er erbot sich, mich bei meiner Arbeit nach Kräften zu unterstützen, da er den freien Gebrauch der Sammlung des bereits im Jahre 1808 verstorbenen Professor FABRICIUS habe, die jetzt ein Eigenthum der Kieler Universität seie. Ich antwortete ihm, daß ich allerdings nicht abgeneigt seie, diese Fortsetzung oder vielmehr eine ganz neue Ausgabe dieses Werkes heraus zu geben, wenn sich nur ein Verleger dazu finden würde, da dieses Unternehmen meine eigenen pekuniären Kräfte übersteige, und daß ich in diesem Falle seine Anerbietungen mit dem größten Danke annehmen würde. WIEDEMANN schrieb nun an die Könige von Preußen, von Dänemark, von Würtemberg, an den Kaiser von Oesterreich, so wie an den damaligen Erbprinz KARL VON BRAUNSCHWEIG und forderte solche auf, mich in meinem Unternehmen zu unterstützen. Diese Unterstützung erfolgte auch bald. Unser verehrte König schenkte dazu 40, der König von Dänemark und der Erbprinz von Braunschweig jeder 20 Friedrichsd'-or, der Kaiser FRANZ 100 Wiener Gulden und der König vom Würtemberg 150 Rheinische Gulden. Im Sommer 1816 kam WIEDEMANN (dessen Eine Tochter mit Professor WELKER in Bonn verheiratet war) selbst nach Stolberg und blieb 8 Tage bei mir. Er bewirkte außerdem, daß mir aus dem Kaiserlichen Museum zu Wien alle europäischen zweiflügeligen Insekten durch den Custos dieses Museums, Herrn MEGERLE VON MÜHLFELD, zugeschickt wurden. Jetzt hatte ich nun vollauf zu thun, um die vielen neuen Arten, die ich zur Einsicht erhielt, abzuzeichnen, zu beschreiben und gehörigen Ortes einzuschalten. Herr WIEDEMANN machte seine Rückreise über Berlin und sandte mir noch eine Menge Beiträge aus der großen HOFFMANNSEGGischen Sammlung und aus dem Nachlasse des Kollegienrathes PALLAS, die dieser im südlichen Rußland und in Taurien gesammelt hatte. Durch alle diese Beiträge stieg die Anzahl der bekannten europäischen Arten nun zu einer beträchtlichen Menge.

§ 42.

Unterstützt durch so viele Hülfsmittel arbeitete ich nun rastlos fort und im Jahr 1818 erschien der erste Band der neuen und vermehrten Ausgabe meines Werkes, welcher bloß die Tipularien enthielte. Diesem folgten nach und nach noch fünf andere Bände, wozu die Kupfertafeln mit den Gattungsmerkmalen durch Herrn BREITENSTEIN in Düsseldorf sehr schön gestochen wurden. Der 7. und letzte Band erschien aber erst im Jahre 1838 und enthielt Berichtigungen und eine Menge Nachträge. Andere Beiträge erhielt ich von Herrn von WINTHEM in Hamburg, von Professor FALLÉN in Lund und von Dr. BEACH (sprich: Bitsch) aus dem Brittischen Museum. Die Figuren vom 6. und 7. Bande wurden indessen von mir selbst in Stein gestochen. Herr WIEDEMANN gab die ausländischen Zweiflügler in zwei dicken Bänden heraus, wozu ich ebenfalls 12 Steintafeln verfertigte. Dieses nun vollendete Werk brachte mir nun allerdings viele Ehre, verursachte mir aber auch viele Auslagen. Der König von Dänemark subskribirte in der Folge noch auf 20 Exemplare und der preußische Staatskanzler Fürst von Hardenberg auf 10.

§ 43.

Für die ersten Bände hatte ich das Werk im Selbstverlag; allein die Kosten des Unternehmens beliefen sich so hoch, da die Zahl der Abnehmer nach Verhältniß so gering war, daß das Werk wohl schwerlich hätte durchgeführt werden können, wenn die Schulz-Wundermannsche Buchhandlung in Hamm nicht die Fortsetzung übernommen hätte und mir dabei ein ordentliches Honorar bezahlt hätte. Diese Buchhandlung betrieb das Subskribentensammeln mit so viel Eifer, daß der Verlag dadurch hinlänglich gedeckt wurde. So wurde also das Werk so vollständig, als es der Stand der Wissenschaft für diese Zeit erlaubte, und ich sahe meine vieljährigen Bemühungen mit einem glücklichen Erfolge gekrönt. Von einer hinlänglichen Entschädigung für die Mühe, die ich auf diese Arbeit verwendet hatte, war bei mir nie die Rede; ich war nur zufrieden, daß ich diesen Zweig der Naturgeschichte nach meinen geringen Kräften auf eine etwas höhere Stufe glaubte gehoben zu haben. Ich bin auch weit entfernt, mir einzubilden, daß ich schon das äußerste Ziel in Rücksicht auf Europa erreicht habe. Was mögen Frankreich, Spanien, Portugal, Italien, Sicilien, Griechenland und die vielen noch nicht durchsuchten Länder nicht noch alles enthalten! Meine Nachfolger haben also noch ein weites Feld zu Entdeckungen vor sich. Und selbst Deutschland ist noch bei weitem nicht allenthalben durchsucht und wird noch manches Neue darbieten, wovon jeder Forscher durch eigene Erfahrung sich leicht wird überzeugen können. Indessen ist der Weg gebahnt und kann nur weiter aufgeräumt werden.

§ 44.

Baumhauer, der unermüdliche Sammler, war indessen im Anfang des Jahres 1818 in Paris gestorben und seine Wittwe kam nun mit seiner Sammlung nach Aachen zurück, um solche zu verkaufen. Dies konnte aber nicht füglich geschehen, weil sie nur zum kleinsten Theil geordnet, alles Uebrige aber, so wie es dem Sammler zur Hand gekommen, ohne alle Ordnung zusammen gesteckt war. Ich übernahm das Ordnen im Jahr 1820 gegen eine mäßige Summe, hatte mich aber dabei ziemlich stark verrechnet, denn die ungeheure Menge der aufgehäuften Exemplare — mehr als 50000 Stücke, die der verstorbene Eigenthümer theils in der Gegend von Aachen und Stolberg, theils auf seinen Reisen im westlichen und südlichen Frankreich, im obern Italien, auf den Alpen und Pyrenäen zusammen gebracht hatte, verursachte mir durch Vergleichen und Bestimmen eine unsägliche Mühe und beschäftigte mich über $1\frac{1}{2}$ Jahre. Nachher wurde die Sammlung doch für den Spottpreis von circa 1100 holländische Gulden verkauft und kam größtentheils in das Lütticher Museum. Es mußten aber freilich viele

Tausend ganz verdorbene oder doch sehr zerstümmelte Stücke, auch unnützer Wust, weggeworfen werden.

§ 45.

Im Jahre 1820 machte ich im Spätsommer mit meinem ältesten Sohn eine Reise zu meinem Freunde Weniger nach Mülheim am Rheine. Schon längst war ich Willens gewesen, das Siebengebirge bei Bonn zu besuchen. Weniger entschloss sich, uns jetzt zu begleiten, da er das Gebirge schon früher bereiset hatte. Wir machten uns daher an einem heitern Nachmittage auf den Weg. Wir übernachteten in dem Dorfe Villig und gingen des folgenden Morgens bis Königswinter, einem Städtchen am Fuße des Siebengebirges, und nun stiegen wir den Drachenfels hinan. Anfangs geht der Weg durch Weinberge, dann kommt man an einen Bauernhof; nun geht es steil den Wald hinauf. Der Fahrweg geht über felsigen Boden an der Seite des Berges schräge hinauf, und man bemerkt noch deutlich die Spuren der Wagengleise, wo zu Olims Zeiten die Ritter vom Drachenfelsen herunter gefahren waren. Im Walde standen prächtige Exemplare von *Sedum maximum*, die wohl 4—5 Fuß hoch waren. Bald erreichten wir eine Pyramide von Stumm, die dort auf einer Terrasse als Denkmal einer Heldenthat im letzten Krieg aufgerichtet wurde. Am Anfange der Terrasse ist ein ungeheurer Steinbruch, der (wie man sagt) die Steine zum Dom von Köln hergegeben habe. Von hier geht der Fußpfad sehr steil eine Strecke aufwärts, und man gelangt nun vollends auf die Spitze und bei die Trümmer einer ehemaligen Ritterburg. Hier ist die Aussicht herrlich und entzückend. Vor sich gegen Westen wogt der Rhein mit vielen auf und ab fahrenden Kähnen, weiterhin rechts sieht man Godesberg mit seinem hohen Bergthurm, noch weiter Bonn; links, den Rhein aufwärts, liegt die Insel Rolandswerth und eine Menge Ortschaften. Gegen Osten hat man die prächtige Berggruppe mit ihren waldigen Gipfeln. Ein einfußiges achromatisches Taschenteleskop, das ich bei mir hatte, that uns hier vortreffliche Dienste. Wir stöberten noch eine Zeitlang zwischen den Ruinen herum, waren munter und guter Dinge, dachten an die alten Zeiten, da die Ritter noch hier ihre Residenz hatten und auf dieser schauerlichen Höhe ihr Wesen trieben. Aber — o weh! Plötzlich geschah ein starker Donnerknall und störte uns in unserer Entzückung. Ein heftiges Gewitter war im Anzuge, und dieses hier abzuwarten, war eben nicht rathsam. Schnell gingen wir also wieder hinunter durch den Wald nach dem Bauernhofe zu. Allein, wir hätten diese Eile nicht nöthig gehabt; denn das Gewitter nahm eine andere Richtung und kam uns nicht zu nahe. Wir spazierten nun vollends nach Königswinter, fanden unterwegs in den Weinbergen das *Bupleurum falcatum*. Das Bergsteigen in der Sonnehitze hatte uns durstig gemacht, und wir wünschten ein Glas Bier zu trinken. Allein, der Wirt in Königswinter erklärte uns scherzend, daß man in einem Weinlande kein Bier trinken dürfe, und wir mußten uns daher mit einer Flasche Wein begnügen. Nachmittags gingen wir nach Godesberg, bestiegen den hohen Bergthurm, von welchem man eine schöne Aussicht hat, besonders präsentirt sich das Siebengebirge recht majestätisch. Der Thurm hat ein flaches Bleidach. An seinem Fuße fand ich *Asperula Cynanchica* und *Melica ciliata* sehr häufig. Dann gingen wir vollends nach Bonn, besuchten dort den Oberbergrath NÖGGERATH und in dessen Begleitung in Poppelsdorf den Präsidenten der Universität NEES VON ESENBECK. Folgenden Tages fuhren wir mit der Wasser-Diligence den Rhein hinunter nach Köln und gingen von da gleich nach Mühlheim zurück. Nach einigen Tagen kehrte ich mit meinem Sohne wieder nach Stolberg zurück. Sowohl bei diesre als bei den anderen Reisen nach dem Bergischen besuchte ich meinen Freund TIPS, der schon lange wieder in Frechen wohnte, und brachte bei ihm einige angenehme Tage zu.

§ 46.

Im Jahre 1821 zeichnete ich für Professor LEHMANN in Hamburg eine Parthie Pflanzen nach getrockneten Exemplaren zu seinem Werke über die Asperifolien. In eben diesen Jahren erhielt ich eine hübsche Parthie schöner brasilianischer Insekten, besonders Käfer von meinem ehemaligen Schüler WILH. LYNEN, der sich jetzt in Rio de Janeiro aufhielt. Einige Jahre später bekam ich auch eine Parthie mexikanischer Insekten aus der Provinz Zacotecas von einem andren Bekannten aus Stolberg, dem Herrn DEBENGHER, der zu dieser Zeit in Mexiko war.

Ebenfalls machte ich damals die Bekanntschaft des liebenswürdigen Professors GAEDE in Lüttich. Er lieferte mir aus dortiger Gegend manche Beiträge zu meinem Werke, wir besuchten einander mehrmalen, allein, er wurde schon in seinen besten Jahren am 2. Januar 1834 durch den Tod in einen höhern Wirkungskreis versetzt.

Im Jahr 1822 besuchte mich Justizrath WIEDEMANN zum zweitenmal auf einige Tage. Er wünschte, daß ich mich entschließen möchte, nach Kiel zu kommen und seine und FABRICIUS Sammlung persönlich durchzusehen. Allein, die Unkosten zu einer so weiten Reise waren für mich zu groß, als daß ich mich darauf einlassen konnte. Im folgenden Jahre aber kam es dennoch dazu, wie ich jetzt weiter erzählen werde.

Ich rücke die Beschreibung dieser für mich so merkwürdigen Reise wörtlich hier ein, wie ich sie kurz nach meiner Zurückkunft aufschrieb, da noch alles in frischem Andenken war. Einige Ausführlichkeit wird man mir wohl dabei zu gute halten. Wenn das eine oder andere manche Leser nicht interessirt, so schlage er es nur über. Ich habe dabei vorzüglich meine Familie vor Augen gehabt.

Kapitel II

Reise nach Dänemark und Schweden

§ 47.

Mein Freund, der Justizrath und Professor WIEDEMANN in Kiel, hatte mir den Vorschlag gethan, eine Reise dorthin zu machen, weil es zur genauern Bestimmung und Berichtigung mancher in meiner systematischen Beschreibung der europäischen zweiflügeligen Insekten theils schon beschriebenen, theils der noch zu beschreibenden Arten durchaus nothwendig seie, diese selbst in FABRICIUS Sammlung zu untersuchen, weil man sich auf die in seinen Werken gemachten Beschreibungen nicht sehr verlassen könne, da solche manchmal allzu flüchtig auch oft viel zu unvollständig verfertigt worden seien, um daraus mit Sicherheit auf die darunter verstandene Art schließen zu können. So gern ich nun auch dem Verlangen meines Freundes gewillfahrt hätte, so waren doch die mit einer solchen Reise verknüpften Kosten für mich zu groß, als daß ich solche hätte bestreiten können. Diese Schwierigkeiten wurden indessen dadurch von ihm aus dem Wege geräumt, daß er sich erbot, nicht allein die Reisekosten zu bestreiten, sondern mir auch noch eine Versäumnisse, die ich ihm angeben mußte, und die ich auf eine mäßige Summe monatlich bestimmte, zu vergüten. Auf dieses gewiß höchst edelmüthige Anerbieten endschloß ich mich daher auch ohne weitere Umstände, die Reise zu unternehmen.

§ 48.

Den 23. Junius 1823 ging ich also zu Fuß nach Eschweiler, nachdem ich meinen Koffer schon voraus geschickt hatte. Meine Familie begleitete mich eine halbe Stunde weit, nahm einen herzlichen Abschied und wünschte mir alles Gute zu meiner Reise. Da meine Abwesenheit 2—3 Monate währen konnte, so fiel der Abschied meiner guten Gattinn natürlich sehr schwer. Gerätschaften zum Abzeichnen der Insekten, nebst allen meinen Abbildungen, so wie auch eine gute Parthie Insekten selbst, theils zum Vergleichen und theils zum Vertauschen, wurden mitgenommen. In Eschweiler nahm ich den Postwagen auf Köln, wo ich des folgenden Tages ankam und den Wagen nach Düsseldorf bestellte. Dann ging ich über den Rhein nach Mülheim zu meinem Freunde WENIGER, der sich nicht wenig verwunderte, als er vernahm, ich wollte nach Dänemark und Schweden reisen. Wir verplauderten einen recht vergnügten Abend zusammen. Am folgenden Morgen begleitete er mich zum Posthause, küßte mich zum Abschied mit den Worten: Vergiß meiner in Schweden nicht! Jetzt ging die Reise auf Düsseldorf und sogleich weiter bis Elberfeld. Nach meiner Ankunft verfügte ich mich sogleich zu meinem Bruder, der sich nicht wenig über meinen unerwarteten Besuch wunderte, noch mehr aber, als ich ihm das Ziel meiner Reise mittheilte. Wir plauderten ein Stündchen über Familienangelegenheiten und tranken am folgenden Morgen den Kaffee zusammen.

§ 49.

Da der Wagen erst um 1 Uhr Nachmittags von Elberfeld auf Schwelm abfuhr, so ging ich den 26. Morgens nach Gemerke, besuchte dort zuerst meine jüngere Schwester und hernach meinen bejahrten Lehrer BERGER, der sich ungemein freute, seinen ehemaligen Zögling zu sehen. Ich aß bei ihm zu Mittag und verfügte mich um ein Uhr nach dem Posthause[5] um in den Wagen zu steigen, in der

[5] Es ist meine Gewohnheit, bei Reisen auf dem Postwagen, meine Taschenuhr stäts nach der Postuhr jedesmal zu richten, um rechte Zeit der Abfahrt nicht zu verfehlen, was jedem Reisenden anzurathen ist.

festen Ueberzeugung, daß ich wohl noch eine Viertelstunde zu früh käme. Hier hatte ich nun schon das erste Reiseabentheuer zu bestehen. Denn zu meinem Schrecken vernahm ich, daß der Wagen schon abgefahren seie. Was die Ursache des frühen Ankommen des Wagens war, weiß ich nicht, hatte auch keine Zeit, mich darnach zu erkundigen. Da stand ich nun: Mein Koffer war auf dem Wagen und fuhr in alle Welt hinein. Ich suchte sogleich einen Hauderer auf, um eine Schäse zu miethen. Allein, es war keine vorhanden, und ich mußte mich entschließen, dem Wagen zu folgen, ob ich ihn vielleicht noch einholen möchte. Nach einem angestrengten Marsche von einer halben Stunde erreichte ich auch glücklich meinen Zweck. Allein, ich hätte den Weg bis Schwelm — 1½ Stunden weit — gemächlich zu Fuße machen können, ohne mich in der großen Hitze in Schweiß zu laufen; denn in Schwelm hielt der Wagen bei zwei Stunden lang. Das Umpacken und Sortieren der Pakete verursachte diesen Aufenthalt.

§ 50.

Gegen 5 Uhr fuhren wir endlich weiter. Der Wagen war ganz mit Reisenden besetzt; allein, keiner meiner Reisegefährten war nach meinem Geschmacke, daher war für mich an keine Unterhaltung zu denken. Einen schönen malerischen Anblick gewährt unterwegs die mit schönen Fabrikgebäuden beseete Ennaper Straße. Gegen halb acht Uhr waren wir in Hagen. Eigentlich hätte ich bei Hagen vorbei über Herdicke nach Unna reisen müssen; allein, die zerstörte Ruhrbrücke bei Herdicke war noch nicht wieder hergestellt, deswegen mußte ich leider einen großen Umweg über Iserlohn und Werl nehmen. Der Weg von Hagen nach Iserlohn schien zum Theil durch Wald zu führen, allein, es war zu dunkel, um die Gegenstände gehörig zu unterscheiden.

§ 51.

Den 27. Junius Morgens 1 Uhr hielt der Wagen zu Iserlohn vor dem Posthause. Alles war aber in tiefem Schlafe. Die 3 Postillons; denn es waren noch 2 Beiwagen, stellten sich vor die Thüre und bliesen auf ihren Hörnern ein lustiges Stückchen. Dieses kleine Konzert erreichte auch seinen Zweck; denn bald zeigte sich Leben im Posthause. Das Umpacken der Postgüter nahm wieder eine Stunde Zeit weg, während ich im eigentlichen Sinne des Wortes zu Nacht speisete. Dann fuhren wir wieder zum Theil durch Wald bis Werl, wo wir um 5 Uhr ankamen. Hier verließ ich meine Schwelmer Reisegesellschaft und reisete anderwärts hin. Das Umpacken dauerte wieder so lange, daß ich wieder erst um 8 Uhr von Werl abfahren konnte. Der Wagenmeister, den ich hier bekam, war ein sehr artiger und geselliger Mann, Namens Niemeyer, aus Hamm gebürtig. Gegen Mittag waren wir endlich in Unna, wo ich in einem Wirtshause nahe beim Posthause einkehrte. Der Wirth hieß Springerum und war ein Verwandter der Familie Botte in Stolberg. Um 1 Uhr fuhren wir weiter, Niemeyer war meine einzige Gesellschaft. Hinter Unna kommt man bei den Salzwerken vorbei, wo man die ansehnlichen Gradirwerke sieht, worinn die Sohle durch Reiserwerk von Schlepsträuchen gesättigt wird. Um 5 Uhr waren wir in Hamm.

§ 52.

Bis zur Abfahrt des Wagens hatte ich eine Stunde Zeit, die ich dazu benutzte, die Verleger meines Insektenwerkes zu besuchen, von welchen ich sehr artig und freundschaftlich empfangen wurde. Um 6 Uhr wurde ich abgerufen. NIEMEYER war wieder Conducteur. Ich hatte bis zur nächsten Station noch zwei Gesellschaften, die jedoch nicht von der Art waren, daß ich mit ihnen ein Gespräch hätte anknüpfen können. Spät am Abend kamen wir nach Drenksteinfurt und fuhren von hier im Dunkeln auf Münster zu, wo wir Nachts um 3 Uhr ankamen. Hier nahm der freundliche Conducteur Abschied von mir. Außer ein Paar Postdienern lag alles im tiefen Schlafe. Man wiese mich ins Passagierzimmer, wo mich eine schon betagte, aber sehr freundliche Frau empfing. Ein Paar Reisende saßen hier auf Stühlen und schliefen, ein Dritter lag auf einem Kanapee. Da ich in der vorigen Nacht gar nicht geschlafen, in der jetzigen aber nur ein wenig im Wagen geschlummert hatte, so wies mir die freundliche Frau auf meine Bitte ein weiches Bette an, worauf ich mich etwa $1\frac{1}{2}$ Stunden durch einen erquickenden Schlaf stärkte. Denn um 5 Uhr rief mich wieder die gute Alte an und brachte mir den Kaffee. Um 6 Uhr fuhr der Wagen nach Osnabrück ab. Dießmal aber hatte mein gutes Geschick mich besser bedacht. Mein einziger Reisegefährte war ein hannöverischer Lieutenant Namens HARDT. Er war Invalide und pensionnirt. Er kam jetzt aus England und reisete zurück nach seiner Heimat Lüneburg. Er hatte die spanischen Feldzüge unter WELLINGTON mit gemacht. Wir unterhielten uns theils über Kriegsbegebenheiten, theils über andere Gegenstände recht angenehm. Das Land, welches wir jetzt durchzogen, war schlecht, sandig und zum Theil Heideland, nur das Osnabrückische war etwas besser angebaut, hatte doch ebenfalls sandigen Boden. Ueberhaupt aber waren die schönen Gegenden, seitdem ich die Grafschaft Mark verlassen hatte, verschwunden, und man sahe meistens Sandwüsten und ödes Heideland, und dieser Ton der Landschaft dauerte — mehr weniger — durch ganz Norddeutschland bis zum Ufer des Baltischen Meeres. Abends 5 Uhr kamen wir nach Osnabrück; da hier Militär liegt, mußte ich zum ersten mal meinen Paß vorzeigen. Wir kehrten im Krummen Ellenbogen ein. Lieutenant HARDT und ich schliefen auf dem nämlichen Zimmer. Von hier aus schrieb ich zuerst an meine Familie in Stolberg.

§ 53.

Sonntags, den 29. Junius, fuhren wir Nachmittags um 3 Uhr von Osnabrück nach Nienburg an der Weser. Unser Vorhaben war anfänglich, über Bremen zu reisen; allein, da man uns im Posthause zu Osnabrück bemerkte, daß wir genöthigt sein würden, dort einen ganzen Tag stille zu liegen, so zogen wir die Route über Nienburg vor. Das Wetter war sehr schön und heiter. Unser Weg ging über Bompte, Lehmvörde, Diepholz und Suhlingen, 16 Stunden weit auf Nienburg. Etwa eine Stunde vor Bompte sahe ich am Wege einen dicken, aber geköpften und abgeschälten Baum, und Lieutenant HARDT sagte mir, dieses seie die berühmte Bompter Eiche, von der ich mich erinnerte, früher einmal gelesen zu haben, daß solche der dickste Baum in ganz Deutschland seie. Jetzt aber machte dieses Baumwunder eine sehr schlechte Figur und war gar nicht mit der 9 Fuß dicken Linde im Dorfe Forst bei Aachen zu vergleichen. Ich schätzte sie ungefär 6 Fuß dick und 20—25 Fuß hoch, und sie hatte am abgestutzten Ende nur einige dünne Reiser. Den Dümmersee sah ich im Dunkeln in einiger Entfernung eine kurze Zeit hervor schimmern. Spät in der Nacht bei Mondschein kamen wir nach Diepholz und den 30. Junius, Morgens 8 Uhr, nach Suhlingen, ein kleines Städtchen in der Grafschaft Höga (hier zu Lande sagt Heye). Von hier aus hatten wir fast beständig flache sandige Heiden zu passiren, worauf wir diejenige Art von Schafen, genannt Heideschnucken, zu tausenden weiden sahen, die größtentheils von schwarzer Farbe sind. Die Wohnungen der Schäfer sind unansehnlich und klein, gleichsam nur im Taschenformat. Die wenigen Wohnungen der Landleute, die wir antrafen, sind dagegen sehr geräumig, aber nur ein Stockwerk hoch. An der einen Seite derselben sind die Wohnzimmer der Menschen, an der andern jene des Rindviehes, der Pferde und Schweine und über diesen der Heuboden. An der Giebelseite ragt der Firstbalken in Gestalt eines Pferdekopfes vor, als Sinnbild des Ackerbaues, was ich früherhin mehrmals auf Landschaften abgebildet gesehen hatte. Das Heideland ist gewiß zur Hälfte ganz kahler Boden, ohne die geringste Vegetation, und die Heidepflanzen selbst sind auch nur klein und gewähren den Schafen nur eine dürftige Nahrung. Das wenige Ackerland ist schlecht, und weil es damals lange nicht geregnet hatte, so stand das Getreide äußerst kümmerlich, der Roggen mit sehr kleinen Aehren, der Hafer mit erbärmlichen Rispen von 4—6 Körnern, beides höchstens 1 Fuß hoch, so daß man beides in meinem Vaterland nicht der Mühe des Einärntens würde werth gehalten haben. In den Niederungen waren hin und wieder auch einige sparsame Wiesen. Die Chaussee, worauf wir fuhren — wenn der Weg anders diesen Namen verdiente — war lauter tiefer Sand, wodurch die Pferde den Wagen auch nur mühsam durchschleppten. Frachtkarren mit Gütern sieht man hier gar nicht, sondern alles wird mit der Post spedirt, wenn es nöthig ist, durch Baurwagen. Schnellwagen würden auf solchen Wegen gar nicht denkbar sein, und im Winter muß das Reisen hier äußerst beschwerlich sein. Der Anblick des Landes beweiset, dünkt mich, daß das ganze nördliche Deutschland in uralten Zeiten alles Meeresboden war. Es scheint indessen dem Lande jetzt an Menschen zu fehlen; denn in der Nähe der Ortschaften, die wir berührten, waren doch Gärten und Baumhöfe pp. Vielleicht hat sich auch diese Gegend von den Verheerungen des Dreißigjährigen Krieges noch nicht erhohlen können, der wie bekannt, hier seine ganze Wuth geäußert hat.

§ 54.

Montags Nachmittags den 30. Junius kamen wir gegen 5 Uhr nach Nienburg, wo wir die Weserbrücke passirten. Da die Weser, wie bekannt, einer der sechs Hauptflüsse in Deutschland ist, so hatte ich mir eine ganz andre Vorstellung davon gemacht, als ich jetzt fand. Ihre Breite ist nicht viel größer als jene der Ruhr bei Binnich, man konnte fast mit einem Steine hinüber werfen. Nach dem

Kaffeetrinken ging Lieutenant HARDT, um einige alte Militärbekannten zu besuchen, und ich machte einen Spazirgang um die Stadt herum, die nicht groß aber ziemlich nett gebaut ist. Um die Stadt herum liegen viele Gärten. Neue botanische Entdeckungen machte ich hier indessen nicht, da die Pflanzen mir alle bekannt waren und auch bei uns einheimisch sind.

§ 55.

Den 1. Julius, Morgens 5 Uhr, setzten wir unsere Reise weiter fort. Lieutenant HARDT und ich waren wiederum die einzigen Reisenden. Sechs Stunden von Nienburg kamen wir nach dem Städtchen Rathseim, jenseits desselben fließt die Aller, die mir breiter vorkam als die Weser bei Nienburg. Etwas weiter kamen wir an einen Landsee, den wir passiren mußten. Die Ueberfahrt geschieht auf folgende Weise: Am Ufer lag eine Fähre oder sogenannte Schale, die so groß ist, daß sie den Wagen mit den davor gespannten Pferden fassen konnte. Die Reisenden blieben im Wagen sitzen. Von einem Ufer bis zum andern ist ein starkes Seil gespannt. An diesem Seile hängt ein dicker Ring, der an einem andern Seil befestigt ist, dessen beide Enden nach dem beiderseitigen Ufer hingehen und dort um einen großen Haspel laufen. Durch Umdrehen des Haspels von den Fährleuten wird es um die senkrechte Achsel desselben gewunden, und da die Schale am Ringe befestigt ist, so wird sie auf diese Weise hinüber gezogen. Die Breite des Sees mag doch kaum ein Paar hundert Schritte betragen; die Länge ist aber wohl 4—5 mal so groß. Von hier reiseten wir 8 Stunden weiter nach Visselhöverde, ebenfalls ein kleines Städtchen. Das Lüneburgische, das wir jetzt durchreiseten, ist eben so öde und schlecht angebaut als die Grafschaft Hoya. Nur selten sieht man ein Haus, und seitwärts habe ich nur ein Paar Dörfer bemerkt, alles ist Sand und Heide und etwas wenig schlechtes Ackerland. Abends 11 Uhr kamen wir nach dem Städtchen Welle, welches 10 Stunden von Visselhöverde entfernt ist; hier verließ mich Lieutenant HARDT und reisete mit Extrapost weiter nach Lüneburg, seiner Wohnstadt. Morgens gegen 4½ Uhr zeigte mir der Conducteur Hamburg in der Ferne. Der Boden war jetzt etwas hügelig und buschig. Nach einer halben Stunde kamen wir in dem niedlichen Haarburg an, welches Hamburg gegenüber liegt, und ich kehrte nahe am Posthause in dem Gasthofe zur Stadt Lüneburg, am Ende der Hauptstraße, nahe am Elbufer, ein. Der Schirrmeister (der mit nach Hamburg fuhr) besorgte meinen Koffer in den Post-Ever welches eine große Schale mit Mast und Segel ist. Gegen 7 Uhr fuhren wir über die Elbe, welche hier wohl wegen der vielen Eilande, eine ganze Stunde breit ist. Diese Eilande sind größtentheils Wiesen, doch sind auf einigen auch Baurenhäuser mit Obst- und Gemüsegärten. Von hier aus gesehen macht Hamburg gar keine schöne Figur; man sieht außer den hohen Thürmen nur wenige Gebäude über den vielen Bäumen hervorragen. Die Ansicht der Stadt hält daher gar keine Vergleichung mit Aachen, Köln, Düsseldorf pp. aus. Allein der Anblick der ungeheuren Menge Schiffe, die hier vor Anker liegen, deren zahllose Masten gleichsam einen Wald bilden, ist wirklich imposant und überraschend und gibt schon gleich einen anschaulichen Begriff von der Wichtigkeit des hiesigen Handels. Bei der Durchfahrt zwischen denselben zählte ich — wo ich nicht irre — 15 Reihen Schiffe, die der Länge des Ufers nach hinter einander lagen. Gegen halb neun Uhr landeten wir in der Nähe des Baumhauses (wo bekanntlich auch der KAMPEsche ROBINSON ans Land stieg). Da Herr VON WINTHEM so gütig gewesen war, mir sein Haus zum Absteigequartier anzubieten, so ließ ich meinen Koffer also nach der Königsstraße tragen, die noch ziemlich weit von der Elbe entfernt ist, wo Herr VON WINTHEM wohnte. Ich hatte also Gelegenheit, schon vorher einen großen Theil dieser merkwürdigen Hansestadt zu sehen, welche einstens, nebst Lübeck, eine der Hauptstädte des Bundes war. Endlich gelangte ich an das bezeichnete Haus, gab dem Träger des Koffers eine Mark lübisch für seine Mühe und trat in die Wohnung.

§ 56.

Ueber der Hausthür war ein großer weißer Marmorstein eingemauert, der in schwarzen lateinischen Buchstaben folgende Inschrift enthielt: „KLOPSTOCK hat in diesem Hause dreißig Jahre gelebt vom Jahre 1773 bis an seinen Tod den 14. März 1803."

Ich war also in dem Hause KLOPSTOCKS, des unsterblichen Dichters der Messiade. Ich hatte wohl früher gehört, daß die Familie VON WINTHEM mit KLOPSTOCK verwandt seie, mehr wußte ich aber auch nicht. Gleich bei meinem Eintritte kam mir die Hausjungfer entgegen und fragte, ob ich von Stolberg seie. Auf meine Bejahung öffnete sie die Thüre eines Zimmers mit dem Zusatz: „Hier ist das Zimmer, wo Sie logiren werden, schon für Sie bereit, meine Herrschaft ist, weil es heute Feiertag[6] ist, in ihrem Gartenhause zu Eppendorf, eine Stunde von hier; sie hat mir aber aufgetragen, Sie zu fragen, ob Sie zu ihr nach Eppendorf kommen wollen, wo nicht, so soll ich gleich einen Expressen hinschicken, sie zu rufen". Ich hielt das letztere nicht für schicklich und antwortete, ich würde lieber selbst zu ihr hingehen. „Ganz gut", sagte die Hausjungfer, „aber vorher müssen Sie frühstücken"; und so mit wiese sie mich ins Wohnzimmer. Während sie das Frühstück hohlte, sahe ich mich im Wohnzimmer um und das erste, was mir ins Auge fiel, war ein großes Brustbild von KLOPSTOCK in Oelfarbe, das mir durch einen Kupferstich bekannt war. Während des Frühstücks kam ein Wagen vor die Thür und die Hausjungfer künd'gte mir an, daß ich abfahren könnte, wann ich wollte, doch brauchte ich mich nicht zu eilen, da der Kutscher den Auftrag habe, auf mich zu warten. Allein, ich ließ ihn nicht lange warten, denn meine Ungeduld war zu groß; ich stieg also bald ein und fuhr nach Eppendorf, wo ich nach einer halben Stunde ankam. Der Weg ist sandig, führt aber bei einer Menge reizender Landhäuser der Hamburger Kaufleute vorbei, die mit schönen englischen Gartenanlagen umgeben sind. Bei dem Aussteigen wurde ich von einem sehr freundlichen Frauenzimmer bewillkommt, die

[6] Nämlich ein Familien-Feiertag. Es war, wie ich nachher erfuhr, KLOPSTOCKS 99. Geburtstag. Sein 100. Geburtstag wurde im folgenden Jahre von ganz Hamburg auf eine sehr feierliche Art begangen. Schade, daß ich ein Jahr zu frühe ankam.

sich mir als Tante meines Freundes, des jungen WILHELM VON WINTHEM, ankündigte und hinzusetzte, ihr Bruder und seine beiden Söhne seien spazieren gegangen, würden aber bald zurück kommen. Bald darauf kam auch die Familie nach Hause, und ich war bei diesen vortrefflichen Leuten bald wie einheimisch. Bruder und Schwester META waren Kinder erster Ehe von KLOPSTOCKS zweiter Gattinn. Der Bruder war verheirathet gewesen und hatte zwei Söhne WILHELM und ERNST; die Schwester war aber ledig geblieben. Der älteste Sohn WILHELM war mir schon durch Korrespondenz und durch einen sehr edeln Zug früher bekannt und werth geworden. Er hat eine ungeheuer große Insektensammlung aus allen Weltgegenden und aus allen Fächern. KLOPSTOCKS Gartenhaus, wo wir uns jetzt befanden, ist sehr geräumig, doch nicht hoch, aber sehr bequem eingerichtet. Gleich aus dem Wohnzimmer tritt man in einen kleinen Garten mit Blumen und Stauden. Im Sommer geht die Familie bei schönem Wetter oftmals des Nachmittags hiehin und kehrt des Morgens wieder zurück. Wir blieben heute den ganzen Tag hier, und den andern Morgen (Donnerstag, den 3. Julius) kehrten wir nach der Stadt zurück.

§ 57.

Ich erkundigte mich nun nach dem Kieler Wagen, da ich meine Ankunft in Kiel so viel wie möglich beschleunigen wollte; allein, er fuhr erst am Sonntag Mittag ab, und ich mußte mich also bequemen, so lange zu warten. Diese Zeit wurde nun benutzt, die Insektensammlung im Allgemeinen durchzugehen, denn der Vorrath war zu groß, um etwas mehr als eine flüchtige Uebersicht zu nehmen, eine genauere Durchsicht mußte bis zu meiner Rückkehr aus Dänemark verschoben werden. Besonders waren die Schmetterlinge außerordentlich zahlreich, fast alles bis jetzt Bekannte war hier vereinigt[7]. Ich ließ in Hamburg auf dem Polizeibüreau meinen Paß visiren, welches Herr VON WINTHEM für nöthig hielt, um allenfalsigen Schikanen vorzubeugen; wiewohl es nicht nöthig gewesen wäre; denn unterwegs ward nirgends darnach gefragt. Vor meiner Abreise fragte mich noch Herr v. WINTHEM, ob ich keinen Reiserock bei mir hätte? Ich sagte: „Nein, nichts als meinen Ueberrock“[8]. Jetzt drang er mir seinen eigenen wattirten Reiserock auf mit der Bemerkung, daß ich das nordische Klima noch nicht kenne, und er würde mir wohl zu statten kommen.

§ 58.

Um Mittag ging ich nach dem Posthause und sahe einen offenen Korb- oder sogenannten Stuhlwagen vor der Thüre stehen, der hier den Titel Post- oder Güterwagen führt. Die Bank hing freilich in Riemen, allein, in einem solchen offenen Gefährt sitzt der Reisende wie auf offener Straße und ist allem Un-

[7] In der Folge hat die Familie ein anderes bequemer gelegenes Haus auf der Deichstraße bezogen. Da der große Brand, womit Hamburg im Jahre 1842 heimgesucht wurde, grade auf dieser Straße zuerst ausbrach, so hat die Familie dadurch großen Verlust erlitten, doch ist die Sammlung, wie ich vernommen habe, glücklich gerettet worden, vermuthlich weil sie in einem andern Lokale war.

[8] Da ich bis Haarburg in bedecktem Wagen fuhr, so reichte auch der Ueberrock zu meiner Bedeckung hin. Daß in Holstein offene Korbwagen gebräuchlich sind, wußte ich nicht.

gemach der Witterung ausgesetzt. Es war sehr schönes heiteres Wetter, als ich von Hamburg abfuhr. Ich war der einzige Reisende. Der Weg geht durch die dicht bei Hamburg liegende dänische Stadt Altona, welche groß und schön gebaut ist; aber die Straßen sind nicht wie in Hamburg mit Bäumen besetzt. Eine halbe Stunde hinter Altona wird die Bagage der Reisenden, jedoch nicht scharf, visitirt. Von hier geht die Reise über die Städtchen Bramstadt und Neumünster, wo wir Nachts gegen 2 Uhr ankamen. Das schöne Wetter war indessen verschwunden; der Himmel bewölkte sich, und es fing stark zu regnen an, und dies hielt bis 7 Uhr Morgens, so daß ich des dicken Reiserockes ungeachtet, bis auf die Haut naß wurde. Wer diesem Ungemache nicht ausgesetzt sein will, muß entweder einen eigenen bedeckten Wagen haben oder mit Extrapost reisen. Ein Regenschirm wäre mir hier wohl gut zu statten gekommen. Das Innere von Holstein ist eben so öde, sandig, unfruchtbar und schlecht bevölkert als das Lüneburgische. Einige Stunden diesseits Kiel ändert sich dieses jedoch, und das Land ist fruchtbarer, mehr umgebaut und auch besser bevölkert. Hier kamen wir auch bei einem ziemlich großen Landsee vorbei. Die Entfernung von Hamburg bis Kiel beträgt 21 Stunden. Endlich zeigte sich zu meiner Freude der Hauptthurm von Kiel von Ferne, und um 9 Uhr fuhren wir zur Stadt hinein. Ich verfügte mich vom Posthause gleich nach der Wohnung meines Freundes, der in einer Vorstadt, dicht am Ufer des Meerbusens, wohnte. Er kam mir schon auf der Treppe entgegen und bewillkommte mich aufs herzlichste. Mein Koffer wurde vom Posthause geholt und ich zog trockene Kleider an. Bald hernach brachte mein Freund schon eine Schachtel mit Insekten zur Besichtigung, wozu ich jedoch vorerst noch keine große Lust hatte. Seine Gattinn merkte dieses und sagte zu ihm: „Mein Gott, laß ihn doch erst einmal zu Athem kommen, ehe Du ihm mit Deinen Zweiflüglern auf den Hals kommst.“ Die Schachtel wurde also vor der Hand wieder auf Seite gestellt. Das Wetter hatte sich indessen wieder aufgeheitert, und so konnten wir nach dem Frühstück (um 12 Uhr) in dem Garten hinter dem Haus spaziren gehen, welcher terassenförmig an einem Hügel liegt und die Aussicht auf den Meerbusen hat.

§ 59.

Den andern Morgen machte ich (da WIEDEMANN grade Berufsgeschäfte hatte) in Gesellschaft des Herrn BOJE (eines Juristen, der eine zahlreiche Sammlung ausgestopfter Vögel besitzt) einen Spaziergang langs das Ufer des reizenden Meerbusens nach dem Badehause hin, und von da weiter, bis man das baltische Meer sehen konnte. Der Meerbusen ist ungefär 12 Stunden lang, aber die Breite ist verschieden; bei Kiel, welches fast am äußersten Ende noch etwas westlich liegt, mag solche wohl ½ Stunde betragen. Das Ufer ist von Hügeln eingeschlossen, die hin und wieder mit Landhäusern besetzt sind, besonders auf der östlichen Seite, Kiel gegenüber. An der westlichen Seite, jenseits des Badehauses nach der Mündung hin, ist ein hügeliger Laubwald, der Dunkelbroich genannt. Das Badehaus ist eine halbe Stunde von Kiel am westlichen Ufer. Es ist ein großes bedecktes Gebäude, vorne mit einem bedeckten offenen Säulengange, hinter diesem ein großer Tanzsaal, seitwärts sind kleinere Zimmer, und in den beiden Flügeln sind Badezimmer, von welchen auch ein Paar für die Armen bestimmt sind. Vor dem Badehause bis zum Meerufer ist ein ebener, mit Kies bedeckter Platz, und an den Seiten desselben Spaziergänge mit Bosketen. Bei schönem Wetter ist dieser Ort der Sammelplatz der schönen Welt aus Kiel. Sonntags und Donnerstag ist regelmäßig Nachmittags Tanzmusik. Man kann auch allerhand Erfrischungen, Wein, Thee, Kaffee pp. bekommen.

Freund Wiedemann kündigte mir an, daß wir am nächsten Donnerstage (dem 10. Julius) mit dem Dampfschiffe nach Koppenhagen fahren würden. Die Hauptarbeit in der Entomologie wurde daher bis zu unserer Rückkehr verschoben.

§ 60.

Hier zu Lande speiset die vornehme Klasse der Einwohner erst um 4 Uhr zu Mittag. Da wir aber schon um halb vier nach dem Hafen gehen mußten, so aßen wir heute (den 10. Julius) bereits um 2 Uhr. Ich genoß indessen nur wenig. Um 4 Uhr war alles an Bord der Calidonia, und das Schiff fuhr bei heiterm Wetter nach der Mündung des Meerbusens, die ungefär ein viertel Stunde breit ist. Außer der Dampfmaschine führt das Schiff auch einen Mast und Segel, welches bei günstigem Winde noch gebraucht wird, welches heute der Fall war. Der Reisenden mochten etwa 50 sein. Noch vor 5 Uhr hatten wir den Kieler Busen bereits im Rücken und schwammen nun auf dem baltischen Meere. Die Fahrt ging nordöstlich nach den Inseln Laland und Langeland und zwischen beiden hindurch, Langeland links und Laland rechts; dann östlich zwischen den Inseln Laland, Falster und Moen rechts und Seeland links. Auf der Spitze der Insel Moen steht ein Leuchtthurm. Die Durchfahrt zwischen diesen Inseln ist von verschiedener Breite. Manchmal kamen wir der Insel Seeland so nahe, daß wir nur einen Steinwurf davon entfernt waren. Von Zeit zu Zeit hielt das Dampfschiff still, gab Passagiere ab und nahm neue ein. Die Inseln schienen, so weit man sie übersehen konnte, gut angebaut, hatten doch mitunter auch viel Waldung. Als wir die Insel Moen hinter uns hatten, kamen wir wieder ins weite Meer, und eine große Strecke desselben war allenthalben mit schwarzem und grünem Seegrase oder Tang (*Fucus*) bedeckt. Es zeigten sich ganze Schwärme von Seemöven, deren blendend weiße Farbe einen angenehmen Abstich gegen das Blau des Himmels und die schmutziggrüne Meerfarbe machte. Schon in den Kanälen zwischen den Inseln sahen wir viele Schiffe herum segeln, jetzt aber im offenen Meere vermehrten sich solche immer mehr, und ich zählte deren einmal sechs und dreißig, die in allen Richtungen um uns herum segelten; gewiß für einen Binnenländer ein sehr imposanter Anblick. Quallen schwammen oft in Mengen herum. Eine eigene Erscheinung für mich war auch die Erscheinung vieler weißer Kohlschmetterlinge (*Pontia Brassica*), die um das Dampfschiff herum flogen, ob wir wohl eine ganze Stunde vom Lande entfernt waren, das sie wohl nie wieder erreicht haben.

§ 61.

Sobald wir auf unserer Fahrt den Kieler Busen verlassen und das offene Meer erreicht hatten, fing der Wind an, stärker zu blasen. Da er uns günstig war, wurde das Segel aufgespannt, und nun gings wie im Fluge vorwärts. Indessen fing auch unser Schiff an, gewaltig hin und her zu schaukeln; die Wellen stiegen immer höher, und die Wellen sprützten über das ganze Verdeck, doch war ich dagegen ziemlich geschützt, weil ich mich hinter eine Menge Ballen gesetzt hatte. Der Horizont bewegte sich wegen des Wiegen des Schiffes scheinbar auf und nieder. Ich sahe dem für mich neuen Schauspiel des Brausen und Schäumen des Meeres mit Vergnügen zu. Die Wellen waren — zwar nicht wie Berge — doch etwa 6—8 Fuß hoch, denn es war kein Sturm, sondern nur ein starker Wind, der sein Spiel mit uns trieb. Die Sonne schien sehr helle und verursachte auf der Oberfläche des Wassers ein sonderbares Gemisch von dunkeler blaugrüner Farbe und hellem Glanz, das sich in der Ferne in immer kleineren Kräuseleien verlor. Bisweilen bekam das Schiff einen Stoß, als wenn ein schnell fahrender Wagen über einen hohen Stein wegführt, und Wiedemann sagte, daß dieses von sogenannten Stoßwellen verursacht würde. Der Bruder des Herrn Westermann in Koppenhagen war einer der ersten, der das Lager suchen mußte, obgleich er mehrmalen die Reise nach Ostindien gemacht und daher wohl oft schlimmes Wetter erfahren hatte. Mein Reisegefährte hatte anfangs seinen Scherz über diese Seekrankheit, und wann die Matrosen eine Dame nach der Kajüte trugen, so sagte er wohl: „Es wird schon wieder jemand nach dem Orkus transportirt." Allein, der Scherz hatte bald ein Ende. Gegen 7 Uhr ward er ebenfalls stille und setzte sich so, daß er mit den Beinen sich an etwas anstemmen konnte; endlich gegen 8 Uhr stolperte er nach der Kajütentreppe — denn gehen konnte nur der Kapitän und die Matrosen —. Ich dachte, daß er als Arzt den Seekranken mit einem guten Rath beistehen wolle; allein, er kam nicht wieder zurück. Bis hiehin wußte ich noch von keinem Uebelsein, nur das gewaltige Hin- und Herwiegen des Schiffes hatte mir Schwindel verursacht. Endlich gegen 9 Uhr stolperte ich ebenfalls der Kajüte zu.

§ 62.

Gegen Mitternacht kam ein Matrose in die Kajüte und sagte, wir möchten uns jetzt beruhigen, das Schiff sei zwischen den Inseln (Langeland und Laland) und gehe nun ruhig seinen Gang; der Wind könnte nicht so heftig darauf wirken wie in offener See. — Gegen halb vier Uhr standen wir auf und gingen auf das Verdeck. Es war ganz heller Tag, aber der Himmel war bewölkt, und so konnte ich das Schauspiel der aufgehenden Sonne nicht beobachten. Nach und nach kamen auch die andern Reisenden aus ihrem Schlafkabinete hervor. Man gab uns reines Wasser (nicht Meerwasser) zum Waschen. Wir tranken Kaffee, rauchten Cigarren, betrachteten die Gegenden um uns und frühstückten um 11 Uhr mit Herrn Westermann, der sich erhohlt hatte. Der Himmel heiterte sich inzwischen auf, und die Sonne schien sehr heiß; es wurde daher an der einen Seite des Schiffes eine große dichte Leinwand gleich einem Baldachin ausgespannt, um

Schatten zu geben. Unter dieser Leinwand wurde auch um 3 Uhr Nachmittags an zwei langen Tafeln zu Mittag gespeist. Die Gerichte bestanden in Suppe, Gemüse, Rindfleisch, Braten und Seefischen, nebst Bier; Wein mußte man besonders fordern und bezahlen. Gleich nachher ward Kaffee getrunken. Wir hatten auch bald Koppenhagen am Horizont liegen und konnten es durch ein gutes Teleskop, das zum gemeinschaftlichen Gebrauch auf dem Schiffe war, deutlich vor uns sehen. Wir fuhren endlich bei der Batterie Prüfestein, die mitten im Wasser auf einer Insel liegt, vorbei, dann zwischen den Batterien Drei Kronen und Lünette hindurch. Erstere ist groß und soll sehr stark sein. Kurz darauf hielt unser Dampfschiff vor Koppenhagen still. Wir fuhren mit einem Nachen vollends ans Ufer, wo eine zahllose Menge Menschen stand, die uns begafften.

§ 63.

Wir wurden sogleich von einem sehr freundlichen Mann bewillkommt; es war Herr WESTERMANN, ein Freund von WIEDEMANN und Eigenthümer einer beträchtlichen Zuckerraffinerie. Nachdem unsere Pässe berichtigt und der Koffer visitirt war, gingen wir mit Herrn WESTERMANN nach seiner Wohnung, die ziemlich entfernt auf der Rathhausstraße lag. WIEDEMANN wurde bei ihm einquartiert, ich aber bekam in seiner Zuckerraffinerie Phönix ein helles, nettes Wohn- und Schlafzimmer, dessen Vorderseite noch einem geräumigen Hofplatze, die Hinterseite aber nach dem Meerkanale hinsahe, welcher Koppenhagen von der Vorstadt Christiansund trennt, ziemlich breit und tief ist, so daß Dreimaster dicht vor meinem Fenster vorbeifahren konnten. Nicht weit von meinem Wohnzimmer war das Börsengebäude mit dem sogenannten Drachenthurme. Dieser Thurm ist ziemlich hoch und aus vier Schlangen zusammengesetzt, die mit ihren Köpfen auf den Ecken des Mauerwerkes ruhen, ihre umeinander gewundenen Schwänze aber in die Höhe strecken, die den eigentlichen Thurm bilden. — Ich stand Morgens gegen 4 Uhr auf; um 6 Uhr brachte mir die Schwester des Direktors den Kaffee, beide waren Deutsche und aus Bremen gebürtig. Gegen 9 Uhr ging ich nach WESTERMANNS Haus, welches wohl eine Viertelstunde vom Phönix entfernt liegt, und der Weg führte bei dem Königlichen Pallaste vorbei. WIEDEMANN und ich gingen dann zu dem Königlichen Museum bei Professor REINHARD. Hier wurden nun die Zweiflügler untersucht; was davon beschrieben und abgebildet werden sollte, ward in eine Schachtel gesteckt und mit in mein Quartier genommen. Gewöhnlich verließen wir das Museum erst gegen Mittag und gingen zu Herr WESTERMANN zu Frühstück; dann arbeitete ich wieder bis 4 Uhr, da zu Mittag gespeiset wurde. Bei dem Mittagessen wurde herrlicher Blumenkohl, schmackhafte Seefische und eine Menge Erdbeeren aufgetragen. Als Gewürz diente auch spanischer Pfeffer (*Capsicum annuum*), dessen beißender Geschmack meinem deutschen Gaumen aber nicht behagte. Bourdeauxwein ist ein gewöhnliches Tischgetränk. Nach dem Essen wird Kaffee getrunken und bei schönem Wetter nachher noch ein Spaziergang gemacht. Abends wird Thee mit einem Butterbrod genossen. Da mein Aufenthalt in Koppenhagen in die langen Tage des Jahres fiel, so ging unter dieser

Polhöhe von etwa 56 Grad nördlicher Breite die Sonne erst gegen 9 Uhr unter und stand daher um Mitternacht nur 10—11 Grad unter dem Horizont; es war also alsdann noch so helle, wie bei uns im Sommer Abends neun Uhr, und man konnte im Freien noch recht gut lesen.

§ 64.

Bei dem großen Gewühle von Menschen und Gefähr, welches Tag und Nacht auf den Straßen ist, höret man beständig das Gerausch von Pferden und Wagen auf den Straßen. Die Straßen sind meistens breit, die Häuser schön gebaut. Im Winter werden die Straßen durch Lampen erleuchtet, die sich in gläsernen Kugeln auf hohen Pfählen befinden. Die meisten Bürgerhäuser haben im Erdgeschosse Buden. Das gemeine Volk spricht zwar dänisch, allein in Gesellschaften von gebildeten Leuten wird allenthalben deutsch gesprochen; auch in den Gasthäusern und Buden kann man alles in deutscher Sprache fordern und man wird immer verstanden. Wir waren eines Tages bei Professor SCHUMACHER zum Mittagsessen, wo eine zahlreiche Gesellschaft von Honoratioren versammelt war. Das Tischgespräch wurde deutsch geführt, nur zuweilen sprachen die Damen unter sich etwas dänisch, und man glaubte würklich in einer deutschen Stadt zu sein. Die Anrede Herr ist hier nicht gebräuchlich, sondern man nennt jedermann schlechtweg nur bei seinem Namen, ein Gebrauch, der mir sehr wohl gefiel. Auch ist hier — so wie auch in Kiel und Hamburg — der Gebrauch, wenn man von der Mahlzeit aufsteht, man einem jeden der Gäste die Hand gibt und herzlich drückt. Bei WESTERMANN ward über Tisch gewöhnlich deutsch gesprochen, doch mitunter auch wohl holländisch und englisch. Ein Malaie war hier unser Aufwärter. Herr WESTERMANN, der in frühern Zeiten 15 Jahre lang in Handlungsgeschäften theils in Bengalen und auf Java und nachher noch ein Jahr auf dem Hoffnungskap sich aufgehalten, hatte in den Nebenstunden überall sich der Entomologie gewidmet. Seine Sammlung ist in Hinsicht der Schönheit und Vollkommenheit würklich vielleicht einzig in ihrer Art. Kein Exemplar wird aufgenommen, welches nur die geringste Verletzung hat, sondern es kommt alsdann, wenn es nicht Werth hat, in den Ausschuß. Eine Menge Schmetterlinge wurden aus den Raupen erzogen und sind würklich prachtvoll. Unter andern aus Indien mitgebrachten Merkwürdigkeiten zeigte er mir auch einen mit dem Saft des Bohung-Upa vergifteten Dolch. Er machte mir mit einer Parthie Bengalischer, Javanischer und Kapscher Insekten ein angenehmes Geschenk. Auch Professor COLSMANN hat eine sehr schöne Sammlung vorzüglich von exotischen Käfern; bei ihm sahe ich auch ein Exemplar des HÜBNERschen Schmetterlingswerkes. Professor HORNEMANN, den wir besuchten, zeigte mir die Fortsetzung der Flora danica, die er jetzt besorgt. Stich und Illumination sind gleich schön, allein, das Werk ist auch sehr teuer. Er zeigt mir auch ächte chinesische Abbildungen von Pflanzen, deren Genauigkeit und Schönheit der Farben mich nicht wenig wunderte, da ich bisher eine sehr schlechte Meinung von der chinesischen Malerkunst gehabt hatte.

§ 65.

Den 13. Julius fuhren wir mit Herrn WESTERMANN des Nachmittags nach dem sogenannten Thiergarten, einem Walde, der 2 Stunden nördlich von Koppenhagen liegt. Der Weg geht lang das Ufer des Sundes. Wir stiegen an einem Gasthofe aus und gingen zu Fuße eine Viertelstunde weiter in den Wald. Hier waren mehrere Tausend Menschen versammelt, die sich auf mannigfaltige Art belustigten. In einer Menge aufgeschlagenen Zelten waren Erfrischungen zu haben. An Gauklern, Taschenspielern und Schaukelpferden, Drehmühlen pp. fehlte es ebenfalls nicht. Vor einer hölzernen Bude stand auf einem Gerüste ein Lappländer, der sich für Geld besehen ließe. Nachdem wir uns ungefär eine Stunde unter dieser Menschenmasse herum getrieben hatten, kehrten wir wieder zu dem Gasthofe zurück, wo wir in einem Garten am Ufer des Meeres Thee tranken. Von hier aus sahe man mehrere Schiffe auf dem Meere schwimmen; auch die Insel Hween, wo ehemals der berühmte TYCHO DE BRAHE seine astronomischen Beobachtungen anstellte, zeigte sich nordöstlich in einiger Entfernung sehr deutlich; seine Sternwarte (Uranienburg) ist nicht mehr vorhanden. Gegen 8 Uhr nahmen wir unsern Rückweg über Charlottenlund, ein anderer Belustigungsort, wo ebenfalls ein Menschenschwarm versammelt war, die alle lustig und guter Dinge waren. Hier waren auch mehrere Banden Musikanten. Mehrere Hundert Stuhlwagen standen in langen Reihen an beiden Seiten der Landstraße, und immer strömten noch aus Koppenhagen neue Zuschauer zu Fuße, Pferde und Wagen dahin, als wir um 10 Uhr wieder zurück nach der Stadt fuhren.

§ 66.

An einem andern Nachmittag machten wir eine Tour zu Fuße nach dem benachbarten königlichen Schloß Friedenberg, welches sehr reizend auf einem Hügel liegt, von Gärten und Lustgebüschen umgeben. Man hat von hier aus eine prächtige Aussicht nach Koppenhagen. Auch die Insel Amak wurde besucht, die durch eine Brücke mit Seeland zusammenhängt. Sie ist, soweit ich sie gesehen habe, vortrefflich angebaut und stark bevölkert. Bekanntlich ist diese Insel der Küchengarten von Koppenhagen. Bei unserer Rückkehr sahe ich die Wohnungen der Matrosen von der Königlichen Flotte. Sie bilden mehrere eigene Straßen, die ganz grade und parallel laufen. Die Häuser sind niedrig aber nett, alle gleich und langs die ganze Straße zusammenhängend. Jedes Haus hat auch ein kleines Gärtchen hinter sich.

§ 67.

Den 19. Julius fuhren Herr WIEDEMANN und ich um Mittag in einem Kahne nach Malmoe über den Sund. Die Entfernung beträgt $4\frac{1}{2}$ schwedische Meilen oder stark 9 Stunden. Die Fahrt geht nördlich über die Insel Saltholm hin, welche ungefär in der Mitte des Sundes liegt. Die Ueberfahrt war glücklich und um 5 Uhr stiegen wir zu Malmoe ans Land. Nachdem unsere Pässe visiret und die Bagage am Zollhause — wo man deutsch sprach — visitirt waren, gingen wir gleich zu Herrn BAGER hin, an den wir ein Empfehlungsschreiben hatten. Auch Herr BAGER sprach deutsch und erbot sich gleich, uns zu unserer Weiterreise nach der Universitätsstadt Lund, welche 5 Stunden entfernt ist, behülflich zu sein. Er schickte nach einem Wagen und bewirthete uns inzwischen in seinem schönen Gartenhause. In Schweden, wo nicht so viel gereiset wird wie in andern mehr kultivirten Ländern, ist daher auch eine ganz andere Postverwaltung. Für jeden ankommenden Reisenden werden die Pferde erst in Requisition gesetzt, und die Postwagen sind wie in Dänemark ganz offene Stuhlwagen. Herr BAGER wollte uns gern einen andern Wagen besorgen, da das aber nicht möglich war, so bot er uns seinen eigenen Wagen auf eine sehr gefällige Weise an. Wir nahmen sein Anerbieten mit vielem Danke an, unter dem Bedinge, daß wir ihm das Postgeld bezahlten, und so fuhren wir dann um 8 Uhr Abends nach Lund, wo wir schon um 11 Uhr ankamen und im besten Gasthofe des Ortes abstiegen. Der Kutscher kehrte gleich nach Malmoe zurück. Die Landstraße war sehr gut unterhalten und an beiden Seiten mit Weiden und Schwarzpappeln und Birken besetzt. In Malmoe konnten wir noch, wie schon bemerkt, mit der deutschen Sprache zurecht kommen; hier im Gasthofe zu Lund aber waren wir völlig in Schweden. Der Wirth verstand uns nicht und wir ihn eben so wenig. Wir hatten keine Lust, etwas zu essen, sondern tranken nur ein Glas Bier und gingen dann schlafen. Den andern Morgen tranken wir einen leidlichen Kaffee und ließen dann den beiden Professoren FALLÉN und ZETTERSTEDT unsere Ankunft melden, begaben uns auch gleich selbst auf den Weg zu ihnen, allein, ZETTERSTEDT kam uns schon entgegen, um uns abzuholen. FALLÉN war auf seinem Landgute und wurde erst am Abend erwartet. Die Ursache war, weil wir einen Tag früher von Koppenhagen abgereist waren, als wir Willens gewesen, weil Madam WESTERMANN stündlich ihre Niederkunft erwartete. FALLÉN und ZETTERSTEDT bewohnten gemeinschaftlich ein großes zweistöckiges Haus. Wir mußten mit Sack und Pack bei ihnen einkehren.

§ 68.

Gegen 5 Uhr Nachmittags kam auch FALLÉN von seinem Landgute Esperöd, welches 18 Stunden von Lund entfernt nahe am Meeresufer liegt. Als er uns beide schon vorfand, lief er auf uns zu, herzte und küßte uns und war vor Freude fast außer sich. Er war ein ziemlich korpulenter Mann von etwa 65 Jahren, sehr munter und aufgeräumt. FALLÉN sprach deutsch; ich wußte aber aus einem Briefe, daß er auch französisch verstand. Als ich ihm daher sagte, daß ich ebenfalls französisch spräche, so zog er diese Sprache vor. ZETTERSTEDT sprach ebenfalls nothdürftig französisch, so daß wir uns wenigstens verständigen konnten, mit WIEDEMANN sprach er aber lateinisch. Unser Tischgespräch wurde daher in 4 Sprachen geführt, da die beiden Professoren unter sich meist schwedisch sprachen. Es schien, FALLÉN hielt es für gesund, beim Essen viel Brod (Weißbrod) zu genießen; denn er erinnerte mich oft daran. Lund ist eben nicht groß, aber nett gebauet. Die Häuser sind fast alle weiß, meistens einstöckig, mit kleinen Fenstern, und von einander getrennt, was der Stadt ein ländliches

Ansehen gibt. Der botanische Garten liegt dem Hause der beiden Professoren, die wir besuchten, gegenüber, ist groß, gut besetzt und hat mehrere Treibhäuser. Im Garten ist ein großes akademisches Gebäude, welches die Hörsääle, die Bibliothek, das Naturalienkabinet, viele physikalische Apparate, auch eine kleine Sternwarte enthält. Das Naturalienkabinet war zahlreich, und ich sahe hier als nordische Produkte den Eisbär (ein schreckliches Thier), den Vielfraß, Zobel, das Rennthier, auch viele Wasservögel. Abends machten wir Spaziergänge, gingen auch einmal um die ganze Stadt herum. Zu den gemeinsten Pflanzen gehören unter andern *Arosium Bardana*, *Pastinaca sative* und *Lychnis vespertina*; aber *Heracleum sphondylium* ist selten. Im botanischen Garten fing ich mehrere zweiflüglige Insekten und darunter einige seltene; mehrere andere schenkte mir Prof. FALLÉN. Ich benutzte den kurzen Aufenthalt hieselbst mit der Untersuchung dieser Geschöpfe in FALLÉNS und ZETTERSTEDTS Sammlung, die sehr zahlreich waren. FALLÉN hat nach und nach die schwedischen Arten beschrieben. ZETTERSTEDT, welcher Lappland bereiset hatte, hat in der Folge seine Insekta lapponica herausgegeben, welches Land keinesweges so arm an Naturprodukten ist, als man seiner nördlichen Lage nach vermuthen könnte. Wir befanden uns übrigens bei unserem schwedischen Freunde recht wohl. FALLÉN wünschte, daß wir ihn nach seinem Landgute Esperöd (wo sich seine Familie befand) begleiten möchten, was wir aber ablehnen mußten, da eines Theils die Zeit zu kurz war, und andern Theils auch der Zweck meines Hierseins nicht gestattete, bloße Pläsirreisen zu machen.

§ 69.

Den 22. Julius gingen wir gegen 1 Uhr in den botanischen Garten, allein, die Hitze war für uns unerträglich, und wir mußten ihn bald wieder verlassen. Am längsten Tage geht die Sonne hier bald nach 3 Uhr Morgens auf, welches gegen Stolberg verglichen fast ein Unterschied von $^3/_4$ Stunden macht. Bei einem Aufenthalt von wenigen Tagen in einem Lande, von welchem man nur eine kurze Strecke gesehen hat, kann man natürlich nicht viele Beobachtungen machen, besonders wenn man diese Zeit noch meistens mit Stubenarbeiten hingebracht hat. Da wir einen Sonntag in Schweden waren, so war es mir auffallend, daß ich auf denselben jedermann wie in den Wochentagen arbeiten sahe. Zimmerleute, Schmiede, Schreiner, kurz, alle Handwerksbuden arbeiteten wie gewöhnlich, selbst die Landleute machten keine Ausnahme, sondern gingen ihren Geschäften nach. Dieses ist in Schweden und auch in Dänemark der Gebrauch. Indessen wird Sonntags doch Gottesdienst gehalten, dem ein jeder, der Lust dazu hat, beiwohnen kann. Ich glaube doch, daß das nordische Klima zu diesem Gebrauche viele Veranlassung mag gegeben haben. Der Winter ist lang und strenge und daher hier ein rechter Verzehrer; der Sommer hingegen kurz und der Landmann daher genöthigt, seine Arbeiten soviel wie möglich zu beschleunigen, um für diesen langwierigen Verzehrer zu sorgen. Er muß die kurze Zeit also bestmöglich zu benutzen suchen. Ob aber bei der beständigen Sorge für das Materielle das Geistige nicht allzu sehr dadurch zurückgesetzt wird, ist eine

Frage, die ich nicht entscheiden mag. Freilich ist es wohl besser, Sonntags zu arbeiten, als im Branteweinshause und bei dem Kartenspiel zu sitzen, allein der Mißbrauch hebt doch den rechten Gebrauch nicht auf. — Das Land zwischen Malmoe und Lund ist allenthalben gut angebaut; es ist meistens flach, nur gegen Südosten sahe man in der Entfernung einige Gebirge. Das Getreide, Roggen, Gerste und Hafer (Weizen habe ich weder hier noch in Dänemark gesehen, doch mag er auch wohl gebaut werden) stand gut; der Roggen soll zehnfach tragen. Die Aernte wird gegen Ende August gehalten, und zwar von allen Getreidearten nach einander. Dörfer liegen zwischen den beiden Städten nicht, wohl aber ist das Land mit einzelnen Bauernhäusern stark besetzt; doch stehen dieselben ganz kahl, ohne Bäume, was schon eine sehr dürftige Obstkultur anzeigt. Ein sonderbarer Gebrauch ist, daß alle Zimmer ohne Ausnahme mit klein gehackten Wachholdersträuchern ziemlich dick bestreut werden. Ich fragte nach der Ursache dieses Gebrauches, und man gab Reinlichkeit und auch den lieblichen Geruch an. Es ist daher nicht rathsam, barfuß zu gehen. Mir verursachte der starke Geruch anfangs Kopfschmerzen, was sich aber bald verlor.

§ 70.

Mittwochs, den 20. Julius, nahmen wir von den beiden lieben schwedischen Professoren einen rührenden Abschied, wobei dem guten FALLÉN die Thränen in den Augen standen. Unvergeßlich wird mir der Aufenthalt in Schweden bleiben. Wir fuhren um 5 Uhr Morgens in einem Korbwagen nach Malmoe zurück und kehrten, unserm Versprechen gemäß, wieder bei Herrn BAGER ein und wurden ebenso herzlich empfangen wie das erstemal. Wir mußten mit ihm frühstücken und zu Mittag essen, was diesesmal, unserer Seereise nach Koppenhagen wegen, bereits um 2 Uhr geschah, und wozu Herr BAGER verschiedene Honoratioren des Ortes eingeladen hatte. Vor dem Essen ließ aber Herr BAGER seinen Wagen anspannen und fuhr, da das Wetter vorzüglich war, mit uns durch den ganzen Ort und in der Umgegend spazieren. Ich überdachte dabei mein sonderbares Schicksal, daß ich, ein ehemaliger Baurenjunge aus Solingen jetzt bei einem reichen schwedischen Kaufmann im Wagen saß, der es für eine Ehre hielt, uns alles erdenkliche Vergnügen zu machen. Denn wir alle beide, WIEDEMANN sowohl als ich, waren ihm ganz fremd, und es war auch gar kein Anschein, daß wir jemals in der Lage sein würden, seine Gefälligkeiten zu erwidern. Um so mehr wird seine uneigennützige Gastfreundschaft für mich eine angenehme Erinnerung bleiben. Herr BAGER besorgte uns zu unserer Ueberfahrt ein geräumiges Boot mit zwei Matrosen. Durch einen unangenehmen Vorfall im Hafen konnten wir erst um 4 Uhr absegeln. Der Wind war so günstig, daß wir bloß mit seiner Hülfe schon um 7 Uhr nach Koppenhagen kamen. Eine Menge Fischerbarken schaukelten bei der Insel Saltholm herum. Obgleich unser Boot auch stark schwankte, so spürten wir doch nichts von der Seekrankheit, die nur durch Hin- und Herwiegen großer Schiffe verursacht wird.

§ 71.

In Koppenhagen blieben wir noch bis zum 29. Julius, während welcher Zeit ich noch meine gewöhnlichen Arbeiten fortsetzte, sowohl aus dem Königlichen Museum als aus der reichen WESTERMANNischen Sammlung. Wir machten auch einmal einen Ausflug nach Lingbye, 1½ Stunden von Koppenhagen. Wir besahen ebenfalls die Königliche Bildergallerie, die mir jedoch weniger gefiel als die ehemalige Düsseldorfer. Auf der Kunstkammer sahe ich den Stuhl, dessen sich TYCHO DE BRAHE bei seinen astronomischen Beobachtungen bedient hatte. — Jetzt nahete nun der Zeitpunkt, wo wir von dem gastlichen Herrn WESTERMANN Abschied nehmen und unsere Rückreise nach Kiel antreten mußten. Den 29. Julius um 5 Uhr Morgens gingen wir wieder an Bord des Dampfschiffes Calidonia. Das Wetter war herrlich, und diesmal blieben wir mit der Seekrankheit verschont. Am folgenden Morgen waren wir um 9 Uhr schon wieder in Kiel.

§ 72.

Jetzt wurden nun alle Exemplare der zweiflügeligen Insekten, so wohl in FABRICIUS Sammlung als in der WIEDEMANNischen sorgfältig verglichen, das noch Unbekannte abgebildet und beschrieben, wobei sich dann freilich manches sonderbare Resultat ergab. Es wurden auch mehrere Exkursionen in die benachbarten Gegenden gemacht, zum Beispiel nach Friedensberg zu Herrn BRANDES, nach Schrevenborn, nach der Knoop am Kieler Kanal und von da durch das romantische Thal nach Holtenau, welches etwas außerhalb der Mündung des Meerbusens ist. Blaue Quallen mit 4 Armen sind im Meerbusen sehr häufig, ja sie schwammen einstens bei einer Ueberfahrt zu vielen Hunderten um den Kahn. Gelbe Quallen mit sechs Armen sind etwas seltener; diese aber haben sich den Schwimmern dadurch furchtbar gemacht, daß ihre Berührung mit der bloßen Haut ein Brennen wie von Nesseln verursacht. Den 21. August, den Tag vor meiner Abreise, gingen wir Abends um 10 Uhr noch einmal nach dem Hafen, um das Leuchten des Meeres zu beobachten. Wir fuhren etwa bis auf die Mitte des Busens. Obgleich es noch nicht ganz dunkel, auch etwas Mondschein war, so konnte man doch das Leuchten ungemein schon bemerken, wenn man mit der Hand oder einem Stabe im Wasser rührte; dieses glich dann einem glühenden Eisen an Farbe. Wenn die Nacht recht dunkel ist, so muß es ein ungemein schönes Schauspiel sein. Der Ursachen dieses Leuchtens sind wohl mehrere, es soll jedoch meistens von phosphorisch glänzenden Infusionsthierchen herrühren.

§ 73.

Da ich nun schon zwei ganzer Monate von Haus abwesend war, so verlangte mich nach der Rückreise, obgleich Freund WIEDEMANN mich noch länger in Kiel gehalten hätte. Der Zweck meiner Reise war auch hier bereits erfüllt. In Koppenhagen hatte ich einen dänischen Pass vor meiner Abreise genommen, diesen ließ ich nun hier in Kiel visiren, packte meinen Koffer und bestellte den Wagen nach Hamburg. Nun nahm ich einen herzlichen Abschied von der WIE-

DEMANNischen Familie, welche sich so freundschaftlich bestrebt hatte, meinen langen Aufenthalt bei ihr so angenehm als möglich zu machen, wofür ich ihr meinen gerührtesten Dank bezeigte. Und so fuhr ich denn Mittags, den 22. August, in einem erbärmlichen Korbwagen von Kiel ab; auch diesesmal war ich der einzige Reisende auf demselben. Das Wetter war heiter und warm. Nachts war anfangs heller Mondschein, allein, dieses dauerte nur bis gegen 2 Uhr; dann bezog sich schnell der Himmel und es fing wieder an zu regnen, und zwar immer stärker, so daß ich wieder mit durchaus durchnäßten Kleidern Morgens gegen 8 Uhr bei meinem lieben Freunde VON WINTHEM in Hamburg ankam. Die Ursache des unbeständigen Wetters in diesen nördlichen Gegenden schreibe ich hauptsächlich dem Umstande zu, daß dort an beiden Seiten sowohl gegen Osten als gegen Westen Meer ist. Der Wind mag also entweder östlich oder westlich sein, so kann er stäts Regenwolken herbei führen und nur der Südwind bringt trockene warme Luft. Gewitter scheinen sich indessen selten zu ereignen, nur ein einziges mal hatten wir deren eines in Kiel gegen die Mitte des Augusts.

§ 74.

Bei meiner frühern Anwesenheit in Hamburg hatte ich meinen dortigen Freunden versprechen müssen, bei meiner Rückreise einige Zeit bei ihnen zu verweilen. Jetzt ward nun auch die Sammlung meines lieben Freundes durchgemustert und eine Menge Abbildungen und Beschreibungen verfertigt. Allein, des Neuen und mir Unbekannten war so viel, daß zu dessen Abfertigung eine längere Zeit nöthig gewesen wäre, als ich jetzt dazu verwenden konnte. Mein Freund erbot sich aber, daß er das Uebrige mir zu dem Zwecke nach Stolberg senden wolle, was auch in der Folge geschehen ist. Eines Morgens besuchten wir Professor LEHMANN, der uns in den neu angelegten botanischen Garten führte. Als wir im Treibhause waren, zeigte er mir einen *Cactus Opuntia* mit einer zahlreichen Kolonie von Koschenille. Mit freudiger Verwunderung entdeckte ich zuerst die Männchen derselben. In den folgenden Tagen machte ich eine vergrößerte Abbildung von beiden Geschlechtern eines Thierchens, das ich nie gehofft hatte, lebendig zu sehen.

§ 75.

Zu einer andern Zeit besuchten wir den freundlichen jungen Herrn BESCHKE, der mit Naturprodukten aller Art handelt. Er machte mir ein Geschenk mit einer Menge zweiflügliger Insekten aus Bahia, Buenos Ayres und den nordamerikanischen Staaten. Herr BESCHKE hat einen sehr großen Vorrath von Thieren aus allen Klassen und aus allen Weltgegenden zum Verkauf. In seinen Preisen ist er äußerst billig. In der Folge reisete er auch nach Brasilien und sammelte in diesem Wunderlande eine ungeheure Menge der seltensten Produkte. — Auch Herr SOMMER in Altona, der eine zahlreiche Sammlung von Insekten, vorzüglich von Schmetterlingen besitzt, wurde von mir besucht. Ich kannte diesen Herrn schon von Stolberg, wo er das Jahr vorher einige Tage zugebracht und mich besucht hatte. Ich sahe bei ihm einige Dutzend Raupen von der *Satur-*

nia Cecropia, die von den Blättern des Apfelbaumes lebten, der in einen Kübel in seinem Zimmer stand. Eigentlich ist dieser große und schöne Schmetterling ein Bürger von Nordamerika, wo er in Karolina und Georgien zu Hause ist; Herr SOMMER hat jedoch die Puppen von dort kommen lassen, und die ausgekrochenen Schmetterlinge haben sich in der Folge vermehrt. Er schenkte mir ein Paar davon nebst dem Gespinnste der Raupe. Der Gedanke des Herrn SOMMER, auf diese Weise schöne ausländische Schmetterlinge in Europa zu erziehen, verdiente mehr Nachahmung zu finden; allein, bei den großen schönen Tagfaltern ist es nicht wohl ausführbar, wenn man auch das Futter für die Raupen herbeischaffen könnte, weil sich solche in der Gefangenschaft nicht gerne begatten; bei den großen Spinnern ist dieses anders; denn diese paaren sich sehr gerne.

§ 76.

Ob es mir nun gleich bei der liebenswürdigen Familie, die mich so überaus freundschaftlich aufgenommen hatte, so wohl gefiel, so wurde doch endlich die Sehnsucht nach den Meinigen so stark, daß ich mich zur Abreise entschloß. Der Abschied fiel uns allen schwer, die Trennung von so edeln Menschen schmerzte mich, allein, es mußte nun einmal geschieden sein. Zum Andenken an meinen Aufenthalt in KLOPSTOCKS Hause schenkte mir Mademoiselle VON WINTHEM die Schnupftabacksdose dieses großen deutschen Dichters, die noch eine ziemliche Portion Schnupftaback enthält, wovon er selbst Gebrauch gemacht hatte. Diese Reliquie des großen Mannes wird von mir als ein köstliches Andenken verwahrt. Auch seine Handschrift erhielt ich. KLOPSTOCKS Geist schwebte noch auf seinen Nachgelassen. Herr v. WINTHEM begleitete mich mit seinem Sohne bis an den Hafen. Ich stieg mit gepreßtem Herzen in den Postever, um über die Elbe nach Haarburg zu fahren. So lange wir uns sehen konnten, warfen wir einander Küsse zu. Es war den 3. September gegen halb drei Uhr Nachmittags, als ich das industriöse Hamburg verließ, nachdem ich 12 Tage darinnen zugebracht hatte, die ich zu den angenehmsten und schönsten meines Lebens rechne, und die mir immer unvergeßlich bleiben werden. Und noch jetzt (1845) denke ich nicht ohne Rührung daran. Nach einer Stunde kam ich in Haarburg an, nachdem ich bei der Ueberfahrt noch einen skandalösen Auftritt erlebt hatte.

§ 77.

Den 4. September, Abends 7 Uhr, fuhr ich mit der Post von Haarburg ab; unserer waren nur zwei Reisende im Wagen. Auf dem Wege nach Nienburg, wo wir am folgenden Abend ankamen, fiel nichts Bemerkenswerthes vor. Den 5. fuhr ich schon um 2 Uhr Nachts von Nienburg auf Osnabrück zu. Ich hatte nach einen zweiten Reisegefährten bei mir, der bis Diepholz fuhr, mit dem aber kein Gespräch anzuknüpfen war; denn er war verschlossen, und so konnte ich mich ungestört meinen eigenen Gedanken überlassen. Nachmittag spät kamen wir nach Diepholz, wo mein Stummer ausstieg; dagegen aber stiegen mehrere Reisende, die von Bremen kamen, wieder ein. Unter diesen bemerkte ich bald an der Aussprache einen Landsmann aus dem Bergischen, der mich ebenfalls bald an meiner Sprache erkannte. Es war ein Herr FROWEIN von Gemerke, und ich hatte nun wieder Unterhaltung. Das bisherige schöne Wetter änderte sich, und es fing an zu regnen. So fuhren wir dann im Stockfinstern durch Leimvörde und Bompte und kamen gegen 3 Uhr Nachts in Osnabrück an. Wir erfuhren vom Wirthe, daß wir in Münster einen Tag würden stille liegen müssen, wenn wir uns der Post bedienten. Dieses stand so wohl Herrn FROWEIN als auch mir nicht an; denn wir hatten in dieser Stadt nichts zu verrichten. Der Wirth rieth uns daher, die Post zu verlassen und einen Haudern zu miethen, wobei wir nicht allein schneller fortkämen, sondern auch gemächlicher und dazu wohlfeiler reisen würden. Dieß geschah dann auch, und ein dritter Reisender, Namens BORN, aus Aachen gebürtig, jetzt aber zu Krempe in Holstein wohnhaft, schloß sich an uns an.

§ 78.

Den 6. September fuhren nach Mittag wir drei also in einem gemächlichen Korbwagen von Osnabrück. Wenn das Wetter schön ist — und das war jetzt der Fall — so ist das Reisen in einem solchen Wagen sehr angenehm; man sitzt frei und hat eine offene Aussicht auf die umliegende Gegend. Gegen Abend kamen wir an die preußische Gränze, wo das Visitiren der Bagage uns lange aufhielt, so daß wir heute nur bis Telgte kamen. Den 7. September fuhren wir Morgens um die Stadt Münster und kamen um 2 Uhr Nachmittags nach Hamm, bis wohin wir unsern Wagen bedungen hatten; wir schlossen aber mit dem Hauderer einen neuen Akkord bis Elberfeld, fuhren weiter und kamen Abends spät nach Unna. Den 8. setzten wir unsere Reise weiter über Herdike, Gevelsberg und Schwelm fort, und so gelangten wir um 7 Uhr Abends nach Gemerke, wo uns Herr FROWEIN verließ; wir beiden andern fuhren aber noch bis Elberfeld, wo wir den Hauderer befriedigten, der dann in einigen Tagen mit andern Reisenden die Rückreise antrat.

§ 79.

Nach meiner Ankunft in Elberfeld ging ich gleich zu meinem Bruder, der sich herzlich freuete, mich gesund und wohl wieder zu sehen. Folgenden Tages besuchte ich meine Gemerke Freunde BERGER und VON STEIN so wie meine Schwester. Alle freueten sich meiner Rückkehr und ließen sich meine Reisevorfälle erzählen. Den 11. Sept. fuhr ich Morgens mit dem Schnellwagen nach Düsseldorf. Hier traf ich bei Vetter LEBERT auch meinen Schwager aus Uedem, der von meiner Reise kein Wort wußte, und sich nicht wenig wunderte, als er hörte, daß ich jetzt aus Dänemark und Schweden wieder zurückkäme. Wir verplauderten einige Stunden recht angenehm zusammen, und ich fuhr dann weiter nach Mülheim zu Freund WENIGER, bei dem ich mich einige Tage verweilte, auch meiner Familie in Stolberg meine nahe Ankunft meldete. Von Mülheim ging ich zu Fuß nach Frechen zu Freund TIPS, und den 15. Sept. fuhr ich weiter nach Eschweiler, wo ich bei Freund SCHLEHECK meine Gattinn und Kinder antraf, die mir bis dahin entgegen gekommen waren und mich mit vielem Jubel umarmten und bewillkommten. Abends gingen wir dann zusammen nach Stolberg.

§ 80.

So war also diese für mich so merkwürdige Reise vollbracht, die 12 Wochen gedauert hatte. Während derselben hatte ich stäts einer vollkommenen Gesundheit genossen, und der Zweck derselben war auch, so viel es in meinen Kräften gestanden hatte, völlig erreicht worden. Ich hatte über 400 Insekten abgebildet und die dazu gehörigen Beschreibungen ausgefertigt. Die freundschaftliche Aufnahme und das liebreiche Zuvorkommen, das ich allenthalben erfahren hatte, wird bis ans Ende meines Lebens stäts eine angenehme Erinnerung für mich sein.

Kapitel III

Begebenheiten nach der dänisch-schwedischen Reise

§ 81.

Im Sommer des Jahres 1825 übernahm ich, aus Gefälligkeit für die hiesige reformirte Gemeine, das Orgelspielen in der Kirche. Ich hatte schon seit 1817 keine französische Schule mehr, da die Zeitereignisse und andere Umstände solche ganz in Verfall gebracht hatten, nichts destoweniger bezahlte mir die Gemeine doch meinen jährlichen Gehalt und ließ mir den freien Gebrauch der Wohnung, und aus diesem Grunde übernahm ich auch den besagten Dienst, jedoch mit dem ausdrücklichen Vorbehalt, daß ich durchaus nicht daran gebunden sein wolle; denn ich versah ihn gratis ohne weitere Belohnung. Zu dem Zwecke schrieb ich im folgenden Jahre ein eigenes Choralbuch, das mir vom Kirchenrathe reichlich bezahlt wurde. Das Orgelspielen habe ich auch bis zum Schlusse des Jahres 1834 fortgesetzt, da ich Veranlassung bekam, mich dessen zu entledigen.

Im Jahre 1826 bekam ich einen Besuch von meinem Hamburger Freunde Wilhelm von Winthem, der einige Tage bei mir verweilte, und dann seine Reise nach Frankreich fortsetzte.

§ 82.

Mein Schwager, der Prediger Mänss zu Uedem, zog im Jahr 1826 von da weg, und ward Prediger der deutsch-reformirten Gemeine in Magdeburg, mit dieser Stelle war zugleich jene eines Konsistorial- und Regierungsrathes und die Superintendentur verbunden. Einstweilen hatte er seine Familie noch in Uedem bei seinem Nachfolger und Eidam Welter gelassen. Im August 1827 kam er jedoch wieder in unsere Rheingegenden, um solche abzuhohlen. Bei dieser Gelegenheit besuchte er uns auch, nebst seiner Gattinn, hier in Stolberg. Es wurde beschlossen, daß meine älteste Tochter Luise mit nach Magdeburg reisen sollte zu ihrer fernern Ausbildung zu einer tüchtigen Hausfrau. Seine Rückreise war auf Anfangs September festgesetzt. Ich begleitete also meine Tochter um die bestimmte Zeit nach Uedem. Wir fuhren mit dem Postwagen nach Krefeld, und da der Klevische Wagen erst des folgenden Nachmittags um 1 Uhr abfuhr, so benutzte ich den Vormittag dazu, Herrn Hönnighaus zu besuchen, um dessen zahlreiches Konchylienkabinet in Augenschein zu nehmen. Ob ich nun gleich in diesem

Fache der Naturgeschichte nur wenig Kenntnisse besitze, so bewunderte ich doch die große Mannigfaltigkeit in diesem Zweige, doch konnte ich in den drei Stunden nur das Ausgezeichnete und Hauptsächliche betrachten; denn der Vorrath, den Herr HÖNNIGHAUS aus allen Meeren zusammengebracht hatte, war allzu groß. Um 1 Uhr, als wir in den Wagen steigen wollten, fand sich solcher schon besetzt und nur noch ein Platz für meine Tochter war offen. Da ich den Platz schon vorigen Tages bezahlt hatte, so beschwerte ich mich auf dem Bureau. Ein Postbeamter ging mit mir zum Wagen und hielt Inspektion. Da fand es sich denn, daß mein Platz von jemand eingenommen worden, der ins Kabriolet gehörte. Der Herr mußte sich also bequemen auszusteigen und mir seine Stelle einzuräumen. Dieß gab einige hämische Gesichter, woran ich mich aber nicht störte. Wir kamen Abends nach Xanten, wo ich mit meiner Tochter ausstieg, und von da gingen wir im Mondschein noch drei Stunden seitwärts nach Uedem in Begleitung eines Wegweisers. Hier brachte ich einige Tage bei meinen Verwandten zu. Wir besuchten das neu-angelegte Luisendorf und auch das Dorf Kevelar, wo grade jetzt die Zeit der Wallfahrt war zu dem dortigen wunderthätigen Marienbilde. Die Zahl der Pilger, besonders aus Holland, beläuft sich auf mehrere Tausende, und fast alle Häuser des Ortes sind zu Herbergen eingerichtet. Nach ein Paar Tagen kehrte ich über Düsseldorf, Mülheim, Köln, Frechen und Düren wieder zu Fuß nach Hause.

§ 83.

Im Jahre 1825 verfertigte ich für den Buchhändler LARUELLE in Aachen eine deutsche Uebersetzung des bekannten Telemachs vom Erzbischofe FÉNELON. Diese Uebersetzung wird in Belgien häufig in höhern Schulen und Gymnasien gebraucht. Im nämlichen Verlage erschien im Jahre 1827 von mir ein Handbuch für Schmetterlingssammler und Anfänger mit 16 Steintafeln. Beide Werke hat in der Folge der Buchhändler I. A. MAYER in Aachen an sich gekauft. Im nämlichen Jahre fing ich ebenfalls die Bearbeitung des größern Schmetterlingswerkes an, welches ebenfalls der Buchhändler MAYER in Verlag nahm. Es erschien Heftweise zu 10 Tafeln in 4to, die ich selbst litographirte. Von diesem Werke sind nach und nach 3 Bände mit 125 Tafeln erschienen; es ist bis zum Schlusse der Eulenphalänen fortgesetzt, dann aber liegen geblieben, weil, nach des Verlegers Aussage, der Absatz die Kosten nicht hinlänglich deckte. Das Werk blieb also unvollendet. Indessen kann ich doch mit Wahrheit versichern, daß die Abbildungen, welche größtentheils nach der Natur gezeichnet wurden, treue Bilder des Gegenstandes enthalten; nur für die wenigen Figuren, die ich aus andern Werken entlehnen mußte, kann ich nicht einstehen.

§ 84.

Im Sommer von 1825 erhielt ich vom Professor NEES VON ESENBECK aus Bonn ein Einladungsschreiben, der dießjährigen Versammlung der Naturforscher und Aerzte in Berlin beizuwohnen, mit dem Zusatze, daß, obgleich das Königliche Ministerium keine Reisekosten bezahle, so wurden doch in dieser Hinsicht auch Ausnahmen gemacht, und wenn ich es wünsche, so würde er sich desfalls wegen meiner verwenden. Ich bat ihn also um diese Gefälligkeit; denn ich hätte die Reise gern gemacht. Dieß geschah dann auch; aber die Antwort von Berlin verzögerte sich indessen, und der September rückte schon heran. Herr NEES schrieb mir daher, ich könne die Reise nur unbedenklich antreten; denn die Kosten würden mir wohl vergütet werden. Es war mir doch in meiner Lage allzu bedenklich. Ich verfügte mich mit diesen Briefen daher zu Herrn Hof-Regierungspräsidenten Herrn VON REIMANN und theilte ihm solches mit. Als dieser sie gelesen hatte, sagte er: „Sie müssen die Reise durchaus machen, ich will Ihnen Vorschuß thun; auch deswegen ans Ministerium schreiben; Sie können dieses unbedenklich thun.“ Nun entschloß ich mich ohne Weiters, erhielt auch den versprochenen Vorschuß.

§ 85.

Ich reisete also Dienstag, den 9. September, mit dem Schnellwagen über Düsseldorf, Elberfeld, Schwelm und Hagen, wo ich die folgende Nacht um 1 Uhr ankam. Nun kündigte mir aber der Postmeister an, daß ich hier warten müßte bis Sonntag, um dann mit der Kölner Schnellpost weiter nach Kassel zu reisen. Dieses wollte ich aber nicht; ich nahm daher einen Platz auf dem Mindener Wagen, um von da über Braunschweig und Magdeburg nach Berlin zu reisen. Der Wagen war ganz besetzt, und ich hörte, daß einer der Passagiere ebenfalls nach Berlin reisen wollte; es war der Medicinalrath Professor HARLES aus Bonn. Dieser bemerkte mir, daß ich auf dieser Route zu spät nach Berlin kommen würde, und rieth mir, ihn bis Lippstadt zu begleiten, wo er seinen Sohn erwarte, dann aber von dort aus nach Kassel zu reisen, wo wir den Kölner Schnellwagen antreffen würden. Ich befolgte diesen wohlgemeinten Rath, und wir fuhren über Soest und Lippstadt, wo wir gegen Mittag anlangten; und bald kam auch der junge HARLES. Wir blieben heute in Lippstadt.

§ 86.

Am andern Morgen früh fuhren wir mit einem Haudern nach Paderborn. Vor dem Mittagsessen machten wir noch einen Gang durch die Stadt, besuchten den Dom und die hervorsprudelten Quellen des Flusses Pader im untern Theile der Stadt, wo dieser in 24 verschiedenen neben einander liegenden Armen hervorkommt, einen kleinen Weier bildet und schon eine nahe dabei befindliche Mühle treibt. Der junge HARLES reisete wieder nach Herford, und wir beiden andern setzten unsere Reise nach Marburg fort. Spät Nachmittags erreichten wir einen hügeligen Wald, der etwas unsicher war. Wir kamen indessen glücklich durch und gegen 9 Uhr nach Marburg, wo wir übernachteten. Den andern Morgen fuhren wir vollends bis Kassel. Nachmittags besahen wir die Kurfürstliche Bildergallerie und den Park, und da wir noch einen ganzen Tag auf die Ankunft der Kölner Schnellpost warten mußten, so benutzte ich diese Zeit zu einem Ausflug nach der Wilhelmshöhe, welche $1^1/_4$ Stunden entfernt ist. Ich durchstrich die dortigen Anlagen des Berges, hatte indessen keine Lust, die Treppen von 900 Stufen bis an den Fuß der Pyramide hinaufzusteigen, die den kupfernen Herkules trägt, da ich mich sehr erhitzt hatte.

§ 87.

Den 14. fuhren wir von Kassel ab. Unser Weg ging über Witzenhausen an der Werra (wo Weinberge sind) und Heiligenstadt nach Nordhausen, wo wir in stockfinstrer Nacht anlangten. Die Wege waren zum Theil ziemlich schlecht, man war aber mit der Ausbesserung beschäftigt. Die Landschaft bietet viele hübsche und romantische Aussichten dar; in den hessischen Dörfern schien aber nicht viel Wohlstand zu herrschen, dessen Ursachen hier nicht hingehören. Da der Hauptwagen wegen der vielen Reisenden, deren Zahl sich auf jeder Station vermehrte, noch viele Beiwagen hatte, so gab es im Dunkeln bei dem Einsteigen oft viel Verwirrung; der Schirrmeister aber hielt vor der Abfahrt mit einer Leuchte doch erst Revision, um zu sehen, ob das Personal alles beisammen war. Montags Morgens gegen 4 Uhr kamen wir nach Eisleben und hatten bei dem Pferdewechsel noch eben Zeit, in dem hellen Mondschein das Haus LUTHERS zu besehen, dessen Brustbild über der Hausthür solches kenntlich macht; jetzt wohnt ein Schullehrer in diesem Hause. Wir fuhren bei den Mansfelder Seen vorbei und kamen Mittags nach Halle. Vor dem Essen ging ich in Gesellschaft zweier anderer Herren nach der Vorstadt Glauche, um das berühmte Waisenhaus wenigstens von außen zu besehen, dessen Anblick wirklich fähig ist, religiöse Empfindungen zu erregen. Es besteht aus zwei langen Reihen Gebäuden. Wenn man mit der Entstehung und ferneren Erweiterung dieser merkwürdigen Anstalt bekannt ist, so gewährt der Anblick desselben einen ganz eigenen wohlthätigen Eindruck auf ein gefühlvolles Herz. Es ist ein herrliches Denkmal des Stifters H. A. FRANKE! Sein Andenken wird stäts im Segen bleiben.

§ 88.

Nachmittags fuhren wir weiter nach Wittenberg, wo wir in der Dunkelheit ankamen. Hier wurde die Reisegesellschaft bis auf 80 Personen vermehrt, so daß noch 9 Beiwagen waren. Unter den Neuangekommenen war auch Professor OKEN von München. Da ich zufällig seinen Namen nennen hörte, ging ich auf ihn zu und gab mich ihm zu erkennen. Er war sehr artig und fragte mich Verschiedenes über meine Dipterographie. Seine Physiognomie machte einen eigenen Eindruck auf mich. Nachts kamen wir durch Treuenbritzen und Potsdam, und des Morgens 8 Uhr hielten alle 10 Wagen mit blasenden Postillionen ihren Einzug in die Königsstadt. Professor HARLES und ich kehrten im Gasthofe zum König von Portugal ein, der auf dem Burgwege an der Spree, gegenüber dem königlichen Schlosse, liegt. Es war ein großer Vortheil für mich, einen so erfahrenen Reisegefährten bei mir zu haben, ohne ihn hätte ich mich nicht so leicht zurecht gefunden, denn er wußte überall Bescheid. Wir kleideten uns um und gingen zusammen nach dem Museum in das allgemeine Versammlungszimmer. Hier wurden wir sogleich von dem berühmten Reisenden ALEXANDER VON HUMBOLDT und von Professor LICHTENSTEIN bewillkommt, schrieben unsere Namen in die Rolle und erhielten eine Karte, die uns allenthalben freien Zutritt verschaffte. Bald hing auch der Bergrath NÖGGERATH aus Bonn an meinem Halse und grüßte mich aufs herzlichste. Unvermuthet trat auch Freund WIEDEMANN herein, mit welchem ich sogleich ins Museum ging, wo er schon in voller Arbeit war. Nachdem ich Prof. LICHTENSTEIN noch einen kurzen Besuch abgestattet hatte, ging ich mit WIEDEMANN in sein Quartier und von da zum Mittagsessen ins Königliche Kaffeehaus unter den Linden. Dann machte ich einen Spaziergang in der Stadt und kaufte auch einen Plan von Berlin, um mich überall zu rechte finden zu können.

§ 89.

Den folgenden Tag ging ich ins Museum und fing meine Arbeit an, die darinnen bestand, daß ich die dort befindliche große HOFFMANNSEGG'sche Sammlung von Insekten durchmusterte und Bemerkungen notirte, auch mehreres abzeichnete. Ich hatte meine fertigen Abbildungen zum Vergleichen bei mir. Ich hätte zwar gewünscht, daß mir hier wie in Koppenhagen erlaubt gewesen wäre, Mehreres auszustecken, um es Morgens in meinem Quartier sorgfältiger beobachten zu können — denn das Museum war nur bis 1 Uhr Nachmittags zum Gebrauch offen — allein, dieses ging in den jetzigen Umständen, da immer eine Menge Besucher da waren, nicht an; ich schwieg also auch davon! Meine Abbildungen erregten bei mehreren viele Verwunderung. WIEDEMANN war stäts mein Gesellschafter im Museum.

§ 90.

Donnerstag, den 18. September, wurde nun die erste Versammlung der Naturforscher im großen Saale der Singschule gehalten. Eine Menge Honoratioren und auch der Kronprinz, unser jetziger König, waren in einer besondern Abtheilung des Saales gegenwärtig, auch eine Menge Zuhörer auf der Gallerie. Die Reden und Vorlesungen dauerten von 10 Uhr Morgens bis 2 Uhr Nachmittags. Da solche meistens von Gegenständen handelten, die für mich nur wenig Interesse hatten, so zog ich es vor, diese Zeit lieber auf dem Museum zuzubringen, wozu mir ohnehin nur wenig Zeit übrig blieb; ich ging deswegen auch die folgenden Tage nicht wieder hin, sondern arbeitete für mich. Das Mittagsessen wurde auch von nun an im großen Exerzierhause gehalten, welches mit Erlaubnis Sr. Majestät des Königs dazu eingerichtet wurde. Hier speiseten etwa 500 Personen in einem Einzigen großen Zimmer an 22 Tafeln. Die Bedienung war sehr ordentlich und prompt. Auf jedem Tische stand als Verzierung eine ungeheure Vase mit schönen und zum Theil seltenen Blumen. Das Essen kostete 20 Silbergroschen, ohne den Wein, was bei der Menge Gerichte gewiß sehr billig war. Die Sitze waren nicht bestimmt, sondern jeder konnte sich einen nach Belieben wählen, den er dann durch irgend etwas bezeichnete. Gemeiniglich vereinigten sich einige Bekannten zusammen. Ich war stäts mit den Herrn WIEDEMANN, Professor GERMAR aus Halle, Kunstgärtner BOUCHÉ aus Berlin und Dr. NORDMANN aus Abo in Finnland an einem Tische.

§ 91.

Als ich am folgenden Tage (den 19.) wieder zum Essen hiehin kam, traf ich auch Professor HARLES an, der mir rieth, ja bald dem Minister Herrn VON KAMPTZ aufzuwarten, welcher jetzt die Funktionen des kranken Kultusministers Herrn

v. Altenstein zu besorgen habe. Und eben jetzt trat Herr v. Kamptz ins Zimmer. Herr Harles sagte ihm meinen Namen. Er reichte mir freundlich die Hand und sagte, es freue ihn, daß ich die Aufforderung des Präsidenten v. Reimann befolgt habe. Ich erwiderte: „Se. Excellenz möge mir gütigst erlauben, ihr diese Tage meine Aufwartung zu machen." Er antwortete, es würde ihm angenehm sein. Während dem Essen bemerkte ich, daß Hr. Nöggerath zwischen den Tischen auf und abging, wahrscheinlich goudirten ihn die vielen zum Theil sehr interessanten Physiognomien. Er versprach mir, mich am künftigen Sonntag zum Minister zu begleiten; denn beide waren im nämlichen Hause in der Wilhelmstraße logirt. Wir verfügten uns also an diesem Tage dahin, blieben etwa eine Stunde da und unterhielten uns über allerhand gleichgültige Gegenstände. Bei dem Abschied sagte mir Herr von Kamptz, daß ich in der Ministeriumskasse in der Leipziger Straße eine Summe Geldes in Empfang nehmen könne. Als ich am folgendem Tage an die Kasse ging, wurde mir solche auch auf Vorzeigung meiner Karte sogleich in Kassenscheinen ausbezahlt, und damit hatte meine Geldverlegenheit ein Ende. Ich bemerke noch, daß man bei einem Staatsbesuche in schwarzem Fracke und Hute erscheinen muß; ein anderes Kostüm würde unanständig sein.

§ 92.

Ich blieb in Berlin bis den 25. September, an welchem Tage die letzte Sitzung der Naturforscher gehalten wurde. Ich besuchte in der Zwischenzeit einige male den Oberlehrer Ruthe am kölnischen Gymnasium, der eine bedeutende Insekten-Sammlung der Berliner Gegend besaß; auch den Kunstgärtner Bouché in der Blumenstraße. Den Professor Gravenhorst aus Breslau lernte ich ebenfalls kennen. In den Frühstunden machte ich gewöhnlich einen Spaziergang vor das Brandenburger Thor in den Thiergarten, auch einige male vor das Landsberger Thor in das freie Feld. Da ich in meinem Logis nichts als Morgens den Kaffee genossen hatte, so war meine Rechnung klein, auch sehr billig; ich beschenkte daher den Hausknecht und den Portier desto reichlicher, die mir auch manche Gefälligkeiten erzeigt hatten. Den 26. nahm ich von allen Bekannten Abschied und fuhr am nämlichen Tage Abends 7 Uhr mit der Schnellpost nach Magdeburg, wohin mein Koffer mit dem Güterwagen schon voraus gegangen war.

§ 93.

Der Weg von Berlin bis Magdeburg beträgt 19½ Postmeilen oder circa 30 Stunden. Nachts kamen wir durch Potsdam und Brandenburg, wovon ich daher nichts gesehen habe. In Burg wurde gefrühstückt und gegen 9 Uhr waren wir bereits in Magdeburg. Der Empfang meiner Verwandten und besonders meiner Tochter Luise war herzlich, lange hing sie an meinem Halse und weinte vor Freude. Mein Schwager erstaunte nicht wenig, mich in Magdeburg zu sehen. Meine Ankunft war allen unerwartet; denn sie wußten von meiner Berliner Reise nichts. Als ich aber sagte, daß ich von Berlin käme, sagte er: „Das hätte ich wohl denken können; denn Ihre Frau hat mir geschrieben, aber weiter von Ihrer Reise nichts als am Schlusse des Briefes den Zusatz: Wo mag jetzt mein Mann wohl sitzen? Ich glaubte daher, Sie wären wieder nach dem Nordpol gereiset.“ Ich brachte bei meinen Verwandten einige angenehme Tage zu, begleitete des Sonntags meinen Schwager nach Heimdorf, 6 Stunden von Magdeburg, wo er jährlichs Einmal predigen und die Kommunion austheilen mußte. Der breite Weg in Magdeburg ist vielleicht die breiteste Straße aller deutschen Städte. Man zeigte mir die Stelle, wo im Jahre 1630 bei der Belagerung der Stadt durch TILLY der schwedische Kommandant Oberst FALKENBERG gefallen war (an scharfen Ecke).

§ 94.

Mittags, den 2. Oktober, nahm ich Abschied; meine Schwägerin, ihre Kinder und LUISE begleiteten mich zum Posthause. Der letztern besonders fiel der Abschied von ihrem Vater schwer. Um 10 Uhr Abends fuhren wir ab. Unter den Reisegefährten war auch Professor VON MÜNCHOW aus Bonn, den ich schon in Berlin gesehen hatte. Wir schlossen uns an einander an, blieben auch bis Elberfeld beisammen. Nachts kamen wir durch Quedlenburg. Dann auf den Harz und fuhren über Harzgerode nach Stolberg. Zwischen beiden liegt der sogenannte Mädchensprung (wovon die Sage allgemein bekannt ist), den einige von uns besahen. Um 2 Uhr Nachmittags kamen wir nach Nordhausen. Wir mußten hier bis 11 Uhr Abends auf die Berliner Schnellpost warten. Ich benutzte die Zwischenzeit zu einem Spaziergange außer der Stadt. Dann ging die Reise weiter auf Kassel, Arnsberg pp. nach Elberfeld, wo wir den 5. Oktober Abends 10 Uhr ankamen. Nachdem ich in Elberfeld meinen Bruder, und zu Gemarke meine Schwester und meine Freunde besucht hatte, ging ich zu Fuß über Solingen nach Mülheim, und kam den 10. Oktober wieder gesund bei meiner Familie in Stolberg an, nach einer Abwesenheit von beinahe 5 Wochen.

§ 95.

Seit der Berliner Reise bis zum Jahre 1842 trug sich eben nicht viel Merkwürdiges in meinen Lebensverhältnissen zu. Mein Leben verlief in der gewöhnlichen Beschäftigung mit der Naturgeschichte dahin. Das Schmetterlingswerk wurde (wie schon bemerkt) mit der 125. Tafel geschlossen. Zu dem Werk über die zweiflügeligen Insekten arbeitete ich noch den 7. Band aus, wozu ich selbst viele Nachträge gesammelt hatte, und auch von andern hatte ich eine Menge Beiträge erhalten. Herr DEMEL in Prag schickte mir seine Sammlung Zweiflügler zum Bestimmen hiehin. In der Folge geschah das Nämliche von Professor WALTL in Passau, worunter auch viele andalusische Insekten waren, welche der Professor auf seiner spanischen Reise gesammelt hatte; die Beschreibung dieser interessanten Reise erschien nachher auch im Druck. Nachgehendes schickte Herr WALTL eine zweite Sendung von vielen hundert, meistens wegen ihrer Kleinheit aufgeklebte, Zweiflüglern; doch war das Aufkleben so vorsichtig geschehen, daß man sie durch die Lupe gut erkennen konnte. Auch Professor BROM in Heidelberg schickte eine Parthie Insekten zum Bestimmen. Alles dieses verursachte mir zwar viele Mühe, allein, da ich alles, was mir anständig war, behalten konnte (denn für meine Mühe nahm ich weiter nichts), so ward dadurch meine Sammlung sehr vermehrt. Doch fielen die Transportkosten natürlich auf den Absender. Unter den andalusischen Insekten befanden sich viele interessante Arten, wozu ich vorzüglich den *Bombylius analis* rechne, bisher nur als am Kapp einheimisch, der nun das europäische Bürgerrecht in Anspruch nimmt.

§ 96.

Nachher arbeitete ich die Beschreibung der Pflanzen Deutschlands aus, und zwar meistens nach der Ausdehnung des Territoriums, welches Dr. Reichenbach in seiner Flora excursoria angenommen hat, und versah solche mit den selbst litographirten Gattungskennzeichen meistens nach eigenen Beobachtungen. Herr Bädeker in Essen übernahm den Verlag dieses Werkes. Es hat mir vielfachen Tadel zugezogen, besonders da ich in der Vorrede etwas freimüthig meine Meinung über die sogenannte natürliche Methode ausgesprochen hatte. Ich verteidigte indessen meine Ansicht in der Vorrede zum 2. Bande, und noch jetzt (1845) ist bei mir noch eben dieselbe. Der Vorwurf eines gewissen Recensenten, daß meine Zeichnungen Kopien aus anderen Werken seien, wurde als verläumderisch zurückgewiesen, und Recensent hat (meines Wissens) auch darüber still geschwiegen und blieb den Beweis seiner Behauptung schuldig. Ein anderer Recensent tadelte mich über die Gattungskennzeichen von *Dipsacus* und *Scabiosa,* weil die Samen von *Scabiosa succisa* keine Grannen hätten; dieser Tadler muß aber entweder ein sehr schlechtes Gesicht gehabt haben, oder er hat diese Samen nie gesehen. Noch ein anderer tadelte die Merkmale der Gattung *Salvia,* und dieser hatte allerdings Recht, obgleich berühmte Botaniker (Mertens, Reichenbach u. a.) mit meiner Darstellung dieser Gattung überein stimmen. Ich lieferte daher bei dem 3. Bande eine verbesserte Abbildung dieser Gattung, zum Beweise, daß mir die Wahrheit theuer sei. Andere Kritiker verdienten keine Erwähnung. Mit der Herausgabe des 3. Bandes verzog es sich indessen bis zum Jahre 1842, und damit hatten meine litterarischen Arbeiten ihr Ziel erreicht.

§ 97.

Im Jahre 1839 besuchte mich Herr Macquart aus Lille (Ryssel), der die Diptères du Nord de la France so wie einen Theil der Fortsetzung des Buffonschen Werkes heraus gegeben und mir mitgetheilt hatte. Ich zeigte ihm 2 Bände Handzeichnungen in groß 4to in ausgemalten Figuren auf etwas mehr als 300 Blättern, von allen mir zu Gesicht gekommenen europäischen Dipteren meistens in vergrößerten Abbildungen, eine Arbeit, worüber ich in meinen Freistunden über 40 Jahre zugebracht hatte. Da ich mich jetzt nicht mehr mit der Entomologie beschäftigen konnte, so wünschte ich dieses Werk in guten Händen zu sehen gegen einige Entschädigung für meine darauf verwandte Mühe. Ich bemerkte daher Herrn Macquart, daß ich dieselbe zu verkaufen wünschte und bestimmte ihm (auf Verlangen) den Preis zu 1800 Franken. Herr Macquart bot bald hernach diese Zeichnungen dem Musée Royal in Paris an, und dieses erstand solche sogleich zu dem bestimmten Preise. Hiezu kam in der Folge noch die Sammlung meiner europäischen Zweiflügler — zu dem Preise von 1200 Franken. Beides wurde also nach Paris geschickt und dem königlichen Museum einverleibt.

§ 98.

Da meine naturhistorische Bibliothek mir jetzt nicht viel mehr nützen konnte, so wünschte ich solche ebenfalls zu verkaufen. Die Gesellschaft für nützliche Künste, Wissenschaften und Gewerbe erstand solche für 300 Thaler mit Einschluß meines Herbariums und meiner Sammlung. Auch alle übrigen Insekten meiner Sammlung, Käfer, Schmetterlinge pp., deren Zahl nicht unbedeutend, vorzüglich an inländischen Produkten war, wurden ebenfalls verkauft. Und so hatte ich mich dann nach und nach alles dessen entledigt, was nach meinem Tode meinen Erben würde zur Last gewesen sein, da keines meiner Kinder die Neigung zeigte, einstens in meine Fußstapfen zu treten. Denn hätten sie alle diese Sachen verauktioniren lassen, so würden sie nur ein Spottgeld dafür bekommen haben.

§ 99.

Mein guter Sohn Karl Ludwig hatte eine sehr vortheilhafte Stelle in Berlin als Buchhalter einer Handlungssocietät erhalten. Da diese sich aber bald auflösete, so kehrte er wieder ins älterliche Haus zurück. Durch einen guten Freund in Berlin aufgemuntert, rieth er mir, an unseren verehrungswürdigen Kronprinzen (unsern jetzigen verehrten König) eine Bittschrift zu schicken, darinnen eine kurze Schilderung meiner dürftigen Umstände in meinem hohen Alter zu machen, und Se. Königliche Hoheit um eine jährliche Unterstützung unterthänigst anzuflehen. Ich folgte diesem wohlgemeinten Rathe, da ich vermuthen konnte, daß man über meine Lage und die Wahrheit meiner Darstellung bei der Aachener Regierung sich erkundigen würde, so theilte ich dem Chef-Präsidenten Herrn von Euny eine Abschrift meiner Petition mit. Diese Erkundigung erfolgte auch bald nachher, und das Resultat war, daß Se. Majestät mir eine jährliche Pension von 200 Thaler vom 1. Julius 1839 an gnädigst bewilligte, die mir in monatlichen Rathen vom hiesigen Steueramte ausgezahlt wurde. Mein Alter ist also dadurch gegen Mangel gesichert. Zwar hatten meine beiden ältesten Söhne Friedrich Wilhelm und Ludwig mit kindlicher Liebe mich durch bedeutende Summen unterstützt; allein der letztere war jetzt nicht mehr in der Lage, diese Unterstützung fortsetzen zu können. Dieses wurde nun durch die gütige Fügung der Vorsehung durch die Königliche Pension reichlich ersetzt. Dank sei ihr dafür gebracht!

§ 100.

Das Jahr 1842, welches für so viele Oerter und Gegenden ein rechtes Unglücksjahr war (man denke nur an den Brand von Hamburg u. a.), war auch ein ausgezeichnetes Lebensjahr für mich, mehr als alle vorhergehenden. Es gefiel der gütigen Vorsehung, mich durch mancherlei Prüfungen heimzusuchen. Den 29. Jänner that ich Abends vor unserer Thür auf dem Eise einen unglücklichen heftigen Fall, wodurch ich ganz betäubt wurde. Mein rechter Arm schmerzte mich sehr und schwoll dick auf. Meine Gattinn ließ gleich den Arzt rufen, welcher Umschläge von kaltem Wasser verordnete. Dadurch schlug die Geschwulst zwar nieder, allein bei genauer Untersuchung fand der Arzt, daß der Knochen im Handgelenke gebrochen war; er richtete ihn wieder ein, verband ihn, und ich mußte 5 Wochen lang den Arm in einer Binde tragen. Zwar heilte der Bruch wieder, aber die Hand blieb ziemlich steif und kraftlos, obgleich allerhand Mittel angewandt wurden, um ihr die vorige Gelenkigkeit wieder zu geben. Doch erlangte ich wieder so viel Kraft, daß ich schreiben konnte, und dadurch wurde das Unangenehme wieder um vieles erleichtert.

§ 101.

Hiezu gesellte sich noch ein anderer Zufall. Ich fühlte nämlich im Frühjahr einen stumpfen Schmerz im linken Beine, oberhand der . . .[9]wurzel, der mich am Gehen hinderte, und der den dagegen versuchten Mitteln nicht weichen wollte. Ich merkte wohl, daß hier ein Geschwür vorhanden war. Auf Befehl des Arztes mußte ich mich einige Wochen zu Bette legen, um dem Bein Ruhe zu geben; das Geschwür wurde mit einer Lanzette geöffnet, die Wunde mußte offen gehalten werden; heilte aber doch endlich zu und erlaubte mir wieder leidlich das Gehen. Aber ein härterer Schlag für mich folgte bald nach. Meine 18jährige Tochter JOHANNA META bekam im September ein heftiges Nervenfieber, welches gleich Anfangs sehr bedenkliche Symptome annahm. Aller Bemühungen unseres sehr geschickten Arztes ungeachtet, unterlag die Kranke, und den 10. Tag, Morgens 6 Uhr, ging ihr unsterblicher Geist zu den ewigen Wohnungen der Seligen über. Der Verlust eines so geliebten sanften Mädchens beugte mich tief, und die Wunde schmerzt noch immer, ob ich gleich überzeugt bin, daß meine Tochter wohl aufgehoben ist. Die Natur fordert ihre Rechte!

§ 102.

Gegen die Mitte Oktobers bekam ich eine heftige Lungenentzündung, die mich 5 Wochen auf das Bette warf. Die Entkräftigung hielt, als die Krankheit auch gehoben war, doch noch bis zu Ende des Jahres an. So war also dieses für mich so verhängnisvolle Jahr überstanden. 78 Jahre hatte ich meistens in voller Gesundheit durchlebt (einige kleine nicht viel zu beachtende Unpäßlichkeiten ausgenommen); es war also wohl billig, daß ich einige Tropfen Wermuth in dem Lebenskelche mit Geduld und Ergebung annahm.

§ 103.

Im Jahr 1843 hatte ich mich wieder so weit erholt, daß ich in den schönen Tages des Maies eine Reise nach Köln machen konnte, um meine Verwandten und Freunde zu besuchen. Allein, im folgenden Jahr 1844 stellte sich im Frühjahr das alte Uebel am Fuße wieder ein und fesselte mich das ganze Jahr ins Haus, höchstens konnte ich einen kleinen Spaziergang in unser in der Nähe liegendes Blumengärtchen machen. Doch hatte mir die Vorsehung noch manche Freüde für dieses Jahr bereitet. Den 3. Mai wurde mein 81. Geburtstag von

[9] [Durch beschädigtes Manuskript unleserlich.]

meiner Familie feierlich begangen und die herzlichsten Glückwünsche dargebracht. Den 30. August wurde ebenfalls der 41. Jahrestag meiner ehelichen Verbindung aufs Festlichste begangen. Sieben meiner Kinder nebst meinen beiden Schwiegersöhnen und 6 Enkeln waren dabei gegenwärtig, und alle äußerten die herzlichste Freude und wärmste Theilnahme. Gegen die Mitte des Oktobers wurde ich ganz unerwartet durch einen Besuch meines ältesten Sohnes FRIEDRICH erfreut, der seit 1830 zu Grünberg in Schlesien eine Stelle als Buchhalter bekleidete, und den ich in diesem langen Zeitraume nicht gesehen hatte. Er blieb 14 Tage bei uns, besuchte auch in der Zwischenzeit seine Schwester ALETHA in Brüssel. Der Abschied von ihm fiel uns indessen beiden sehr schwer, da ich ihn in diesem Leben wohl schwerlich wieder sehen werde. Gott segne ihn und vergelte ihm seine uns bewiesene kindliche Liebe und Unterstützung. Das Uebel am Fuße ausgenommen, das mir zwar Ungemächlichkeit, doch keine Schmerzen verursachte, bin ich übrigens gesund und munter. Essen und Trinken schmäckt mir vortreflich; mein Schlaf ist ruhig und erquickend; die Geisteskräfte sind noch ungeschwächt; das Gesicht ist noch eben so scharf als es vor 20 Jahren war. Das Gehör ist zwar etwas schwächer, doch eben nicht so sehr, daß es mir sonderlich lästig fällt. Kann ich mit gutem Fuge wohl in meinem 81. Jahre mehr verlangen? Gewiß wenige Menschen dieses Alters können sich in vieler Hinsicht mit mir vergleichen.

§ 104.

So wäre ich dann mit diesem Abriß meiner Lebensgeschichte zum Schluß des Jahres 1844 gekommen. Heiter und ruhig sehe ich in die Vergangenheit zurück. Das Ziel meiner irdischen Laufbahn kann nicht ferne sein. Dann wird die Raupe ihre Haut abstreifen und zur Puppe werden. Blicke ich in mein vergangenes Leben zurück, so muß ich erkennen, daß die gütige Vorsehung mich von meiner Jugend an gleichsam an der Hand geleitet und meine Schicksale weise gelenkt hat. Es würde jedoch eine strafbare Anmaßung von mir sein, wenn ich mich deswegen als ihren besondern Liebling betrachten wollte. Nein, alle Menschen sind ein Vorwurf ihrer unendlichen Liebe, und ein jeder Mensch, wenn er nur auf seine Lebensvorfälle aufmerksam ist, wird die nämliche Erfahrung machen können.

§ 105.

Sollte diese Skizze meiner Lebensgeschichte Jünglingen in die Hand fallen, so mögen diese sich solche zur Aufmunterung dienen lassen, die in ihnen liegenden Talente, so viel es in ihren Kräften liegt, auszubilden, um dadurch die Fortbildung des menschlichen Geschlechtes zu befördern. Denn dieses soll ja der eigentliche Zweck des Naturforschers sein; wenn er aber einen andern im Auge hat, so verkennt er seine Bestimmung.

Im Jahre 1845 erhielt ich wieder einen besondern Beweis der väterlichen Bewahrung des himmlischen Vaters gegen mich. Als ich nämlich am 24. Jänner die Treppe hinauf gehen wollte, stürzte ich auf der Mitte derselben rücklings hinunter und blieb unten betäubt liegen mit dem Kopf an der Mauer und auf den Stufen eingeklemmt. Man richtete mich auf und führte mich in die Wohnstube zurück. Der Fall hätte für mich sehr gefährlich werden können, allein, eine unsichtbare Hand hatte mich bewahrt, so daß ich auch nicht die geringste Verletzung bekommen hatte, außer einem leichten Schmerzen im Rücken, der sich jedoch nach einigen Tagen wieder verlor.

§ 106.

Der 3. Mai war mein 82jähriger Geburtstag. Er wurde auf eine ganz unerwartete Weise feierlich begangen. Am 2. Mai, den Vorabend, wurden alle Glocken geläutet, was mich in Verwunderung setzte. Ich glaubte indessen, es würde jemand begraben; allein, ich vernahm bald, es geschähe meinetwegen, weil den folgenden Tag ein sollenes Fest mir zu Ehren würde gefeiert werden. Am 3. Morgens kamen meine Kinder von Köln hier an und bald darauf auch die hiesigen; alle brachten die Enkel mit. Gegen 12 Uhr versammelten sich die Honoratioren von Stolberg so wie mehrere Notabilitäten aus Aachen im Hotel Hissel. Um halb 2 kam eine Deputation derselben zu mir ins Haus, an deren Spitze der Oberbergrath Herr Professor NÖGGERATH. Dieser überreichte mir mit einer feierlichen Rede das Diplom eines Doktors der Philosophie auf Antrag der Universität zu Bonn. Herr SEEGER überreichte mir dann im Namen des Fest-Komite's eine kostbare prächtige Tafeluhr zum Geschenk. Unter den Anwesenden befanden sich: Der Direktor der Aachener höhern Bürgerschule Dr. KRIBBEN, die beiden Oberlehrer KALTENBACH und HEIS, Regierungsrath RITZ, meine ältern Freunde U. BENRATH, Oberlehrer zu Düren, Herr Lehrer SCHLESECK aus Eschweiler. Letzterer lud mich ein, dem Gastmahl im Hotel Hissel beizuwohnen, welches ich zusagte. Herr NAPOLEON SCHLEICHER schickte seinen Wagen, mich abzuholen. Im Hotel Hissel waren wohl 50 Personen versammelt, die mich alle herzlich bewillkommten. Ich mußte einen mit Guirlanden und Blumenkränzen verzierten Armstuhl am obern Ende der Tafel einnehmen. Während des Essens wurde schöne Musik gemacht. Mehrere Trinksprüche wurden ausgesprochen, zuerst unserm Könige, dann dem neugeschaffenen Doktor pp. Herr SCHLESECK las dann der Gesellschaft eine kurze Skizze meines Lebens vor. Als um halb 5 der Wagen zu meiner Aufnahme wieder vor der Türe stand, nahm ich von der Gesellschaft mit einem herzlichen Dank Abschied mit dem Wunsche, daß alle mein Alter erreichen möchten, jedoch mit völliger Gesundheit des Körpers und Heiterkeit des Geistes. Während des Festes wurden mehrere darauf verfertigte Festgesänge angestimmt, wovon einer die Gesellschaft besonders ansprach. Hierauf fuhr ich wieder nach Hause. Abends wurde vor meiner Thür Musik gemacht und hiemit dieser für mich so merkwürdige Tag beschlossen, an welchem ich eine so angenehme Ueberraschung und einen vorzüglichen Beweis der Liebe und Achtung für meine Person erhalten hatte. Herr Professor und Ober-Bergrath NÖGGERATH ließ eine umständliche und für mich zu schmeichelhafte Beschreibung dieses Festes in die Kölnische Zeitung einrücken. Auch die Aachener und Elberfelder Zeitung enthielten darüber einen Aufsatz.

Originallegenden Meigens zur ersten hier publizierten Serie seiner insgesamt 305 Dipteren-Farbtafeln

46. Erklärung der Figuren.

4. Notiphila nigriceps. – c Kopf; – d Fühler.
5. Ochthiphila litorella. – c Kopf; – d Fühler.
6. Opomyza laeta. – c Kopf; – d Fühler.
7. Diastata costata. – c Kopf, – d Fühler.
8. Ephydra punctato-nervosa.
9. —— flavipes.
10. —— interstincta.

CXLIV. 1. Ortalis marmorea.
2. —— Urticae ♂. – c Hinterleib des ♀; – d Kopf, – e Fühler.
3. —— ornata ♂♀. – c Kopf.
4. —— tristis. – c Kopf.
5. —— rivularis. – c "
6. —— afflicta. – c " (lugens d.)
7. —— paludum. – c "
8. —— oscillans ♀. – c "
9. —— vibrans ♀. – c Fühler, – d Mundtheile, – e Taster, – f Lefze und Zunge, – g Lippenkopf.
10. —— Syngenesiae. – c Mundtheile; – d e Taster, – f Lippenkopf.
11. —— Cerasi.

CXLV. 1. Drosophila funebris. – c Kopf, – d Fühler.
2. —— transversa.
3. —— phalerata.
4. —— fenestrarum ♂♀.
5. —— glabra.
6. —— obscura.
7. —— graminum ♂.
8. —— tristis.
9. —— melanogaster.
10. —— Histrio.
11. Asteia amoena ♀. – c Kopf; – d Fühler.
12. Cordylura analis.
13. —— varia. – c Fühler; – d e Kopf.

CXLVI. 1. Ortalis gangraenosa ♂♀. – d Kopf; e Fühler.
2. Sciomyza bucephala. – c Kopf, d Fühler, e Flügel.
3. Dorycera Graminum ♂. – c Hinterleib des ♀, d Kopf, – e Fühler.
4. Ortalis pulchella. – c Kopf.
5. —— centralis ♀. – c Kopf, d Fühler.
6. —— nebulosa.
7. Sepedon sphegea. – c Kopf; – d Fühler; e Mundtheile; – f Lefze und Zunge; – g Taster; – h Lippenkopf.
8. —— Hafneri. – c Fühler.
9. Platycephala planifrons. – c Kopf, d Fühler.
10. —— umbraculata. – c Kopf, – d Fühler.
11. Eurina lurida. – c Kopf, – d Fühler.

CXLVII. 1. Tetanocera ferruginea. – c Kopf; – d Fühler, – e Borste.
2. —— arrogans ♂. – c Fühler, – d Borste.
3. —— id. ♀. – c Fühler.
4. —— elata. – c Fühler.
5. —— marginata. – c "
6. —— Chaerophylli. – c "
7. —— stictica. – c "
8. —— reticulata. – c "
9. —— punctata. – c "
10. —— rufifrons. – c "
11. —— obliterata ♀. – c Fühler; – d Mundtheile; – e Lefze und Zunge; – f Taster.
12. —— Hieracii.
13. —— umbrarum. – c Fühler, – d Mundtheile, – e Lefze und Zunge; – f Taster.

CXLVIII. 1. —— cucullaria. – c Kopf; – d Fühler; – e Borste, – f Borstspitze.
2. —— dorsalis. – c Fühler, – d Mundöffnung; – e Mundtheile; – f Taster, – g Lefze und Zunge, – h Lippenkopf, – i Borstspitze.

Erklärung der Figuren. 37.

3. *Tetanocera arATORIA*. — c Fühler; — d Brustschild.
4. —— *lineata*. — c Fühler; — d Brustschild.
5. *Platystoma umbrarum*. — c Kopf; — d Fühler; — e Hinterleib des ♀.
6. —— *seminationis*. — c Mundtheile; — d Lippenkopf; — e Lefze und Zunge; — f g Taster.
7. *Cordylura livens*. — c d Kopf; — e Fühler.
8. *Actora aestuum*. — c Kopf; d Fühler.

CXLIX. 1. *Sciomyza nigripennis*. — c Kopf; — d Fühler.
2. —— *obscuripennis*.
3. —— *austera*.
4. —— *simplex*. — c Kopf; — d Brust.
5. —— *albocostata*. — c Brust.
6. —— *glabricula*. — c Kopf; — d Brust.
7. —— *obtusa*. — c Fühler.
8. —— *obsoleta*. — c Kopf; d Fühler.
9. —— *picta*. — c Kopf.
10. —— *limbata*. — c Brust.
11. —— *nana*. — c Brust.
12. —— *cinerella*. — c Kopf; — d Brust.
13. —— *monilis*. — c Fühler.
14. *Sapromyza placida*. — c Fühler.

CL. 1. *Psila fimetaria*. — c Kopf; — d Fühler; — e Mundöffnung; — f Mundtheile; — g Taster; h Lefze und Zunge; — i Lippenkopf.
2. —— *bicolor* ♂♀. — c e Fühler; — f Legeröhre.
3. —— *Rosae*. — c Kopf.
4. —— *nigra*. — c.
5. —— *atra*. — c.
6. —— *gracilis*. — c.
7. *Thyreophora cynophila* ♂♀. — d Kopf; — e Fühler; — f Schildchen des ♂; — g Hinterbein des ♂.
8. *Cephalia rufipes* ♀. — c Kopf; — d Fühler; — e Mundtheile; — f Lefze und Zunge; — g Taster.

CLI. 1. *Helomyza ustulata* ♂♀. — d Fühler.
2. —— *rufa* ♂. — c Fühler.
3. —— *tigrina* ♀. — c Kopf; — d Fühler; — e Mundöffnung; — f Mundtheile; — g Taster; h Lefze und Zunge; — i Lippenkopf.
4. —— *similis* ♂. — c Fühler.
5. —— *affinis* ♂. — c Hinterleib des ♀; — d Kopf; — e Brust.
6. —— *olens*. — c Fühler.
7. —— *pallida*. — c.
8. —— *flava*. — c.
9. —— *villosa*. — c.
10. —— *serrata* ♂. — c Kopf; d Mundtheile; — e Lefze und Zunge.
11. —— *canescens* ♀.

CLII. 1. *Ephydra riparia*. — c Kopf des ♂; — d e id. des ♀; — f Fühler.
2. —— *litoralis*. — c Mundtheile; — d Lefze und Zunge; — e Lippenkopf; — f Brust.
3. —— *aquila*. — c Kopf.
4. —— *coarctata*. — c Kopf.
5. —— *palustris*. — c Kopf; d Brust.
6. —— *stagnalis*. — c Brust.
7. —— *nortula*. —
8. —— *quadrata*. — c Kopf; — d Brust.
9. —— *pusilla*. — c Kopf; — d Brust.
10. —— *lacustris*. — c Kopf.
11. —— *rufipes*. — c Kopf.
12. —— *obscura*. — c Kopf; d Brust.
13. —— *leucostoma*. — c. d.
14. —— *flavipes*. — c. d.

CLIII. 1. *Trypeta Arctii* ♀. — c Hinterleib des ♂; — d Mundöffnung; — e Mundtheile; — f Taster; g. Lefze und Lippe. — h Lippenkopf.
2. —— *Lappae* ♂♀. — d Kopf; — e Fühler.

38. Erklärung der Figuren.

3. Trypeta Cardui ♂. – c Hinterleib des ♀; – d Kopf
4. —— Centaureae ♀
5. —— discoidea ♀.
6. —— Onopordinis ♂
7. —— rotundiventris ♂.
8. —— Zoe ♂ ♀.
9. —— intermissa ♂.
10. —— Abrotani ♀.
11. —— alternata ♀.

CLIV. 1. —— cognata ♂ ♀. – c Kopf.
2. —— cornuta ♀
3. —— tussilaginis ♀.
4. —— stylata ♂. – c Mundöffnung; – d Mundtheile, – e Taster; – fg Lefze und Zunge, – h Lippenkopf.
5. —— quadrifasciata ♀.
6. —— solstitialis Linn. ♀.
7. —— cuspidata ♀.
8. —— signata ♂ ♀.
9. —— ruficauda ♂, – c Hinterleib des ♀.
10. —— Lychnidis ♀.
11. —— marginata ♀.
12. —— pallens ♀.

CLV. 1. —— elata ♀.
2. —— Arnicae ♀. – c Legeröhre.
3. —— flavicauda ♀.
4. —— Leontodontis ♀.
5. —— irrorata ♀.
6. —— Hyoscyami ♀
7. —— Heraclei ♂
8. —— corniculata ♀.
9. —— parietina ♀. – c Mundtheile, – d Taster.
10. —— pardalina ♂. – c Fühler, – d Borste, – e Mundtheile, – f Lefze, – g Taster, – h Lippenkopf

11. Trypeta pupillata ♀.
12. —— guttularis ♀.
13. —— confusa ♂

CLVI. 1. —— Absinthii ♀.
2. —— terminalis ♂ ♀.
3. —— radiata ♀.
4. —— Sonchi ♀
5. —— gemmata ♂
6. —— fasciata. – c Fühler.
7. —— aprica ♀.
8. —— solstitialis ♀.
9. —— pugionata ♀
10. —— id. ♂ ♀.
11. —— Colon ♀
12. —— Wenigeri ♀
13. —— Winthemi ♀
14. —— Serratulae ♀.

CLVII. 1. Sepsis Punctum ♂ ♀. – d Fühler; – e Vorderbein.
2. —— violacea ♀ ♂.
3. —— cynipsea ♂. – c Mundöffnung; – d.e Mundtheile; – f Lefze und Zunge; – g Lippenkopf.
4. —— cornuta ♀
5. —— barbipes. – c Hinterbein.
6. —— flavimana. – c Fühler.
7. —— nigripes.
8. —— cylindrica. – c Mundöffnung; – d Mundtheile, – e Taster, – f Lefze und Zunge; – g Lippenkopf
9. —— Leachii ♀
10. —— putris ♂ ♀.
11. —— varipes ♀

CLVIII. 1. Piophila atrata. – c Kopf; – d Fühler.
2. —— nigriceps. – c Kopf
3. —— nigrimana. – c Kopf
4. —— Casei.

Erklärung der Figuren

5. Gymnopa subsultans ♂♀. — c d Kopf; — e Fühler; — f g Mundtheile; — h Lefze und Zunge; — i Taster; — k l Lippenkopf.
6. — aenea ♂♀. — c Kopf
7. — nigra.
8. — glabra. — c Kopf; — d Mundtheile; — e Lippenkopf; — f Taster.
9. Dacus Olea ♂♀. — c Kopf; d Fühler, e Flügel.

CLIX. 1. Chlorops speciosa ♀. — c Fühler.
2. — cingulata ♂. — c Fühler.
3. — strigula. — c Fühler.
4. — nasuta. — c Fühler.
5. — cereris ♀ — c Fühler; — d Hinterleib ♂.
6. — id. Abänderung. — c Fühler.
7. — messoria. — c Fühler.
8. Agromyza geniculata. — c Beine; — d Fühler.
9. — denticornis. — c Fühler.
10. Chlorops geminata.
11. — scalaris. — c g Fühler; — d Kopf; — e Mundöffnung; — f Mundtheile; — h Lippenkopf; — i Lefze und Zunge; — k Taster.
12. — Hypostigma. — c Fühler.
13. Agromyza amoena. — c Schildchen.
14. — blanda.

CLX. 1. Chlorops gracilis. — c Kopf.
2. — calceata. — c Fühler.
3. — palposa. — c Kopf; — d Fühler.
4. Agromyza luctuosa. — c Kopf.
5. — pusilla. — c Kopf.
6. Chlorops phaeoptera. — c Kopf.
7. — confluens.
8 — ornata.
9. Agromyza flaveola. — c Kopf.
10. Opomyza atrimana ♀. — c Kopf.
11 Agromyza flavifrons. — c Kopf.
12. Agromyza annulipes. — c Kopf.
13. Chlorops ruficeps. — c Kopf.
14. Agromyza obscurella. — c Kopf.
15. — lacteipennis.

CLXI. 1. — mobilis. — c Kopf; — d Mundöffnung; — e Mundtheile; — f Taster; — g Lefze; — h Lippenkopf.
2. — errans ♂.
3. — id. ♀. — c Kopf.
4. — aenea.
5. — M atrum. — c Kopf; — d Mundtheile; — e Taster.
6. — gyrans.
7. — pulicaria.
8. Chlorops laevigata. — c Kopf.
9. Opomyza albimana. — c Kopf.
10. Agromyza bimaculata. — c Kopf.
11. Chlorops cornuta. ♀.
12. Agromyza securicornis ♀. — c Kopf.
13. — pulla. — c Kopf.
14. — nigripes. — c Kopf.

CLXII. 1. — flava.
2. — acuticornis. — c Fühler.
3. — consimilis. — c Fühler.
4. — vagans.
5. Phytomyza elegans. — c Kopf; — d Fühler.
6. — lateralis ♂. — c Hinterleib des ♀; — d Kopf.
7. Chlorops glabra
8. — lineella
9. — id
10. Agromyza nigripes ♀. — c Kopf; — d Fühler
11. Meromyza pratorum. — c Kopf.
12. — saltatrix. — c Kopf; — d Mundtheile; e Taster
13. — variegata. — c Hinterkopf.
14. — id. Abänderung. — c Hinterkopf
15. — saltatrix Abänderung. — c Hinterkopf.

Beiträge zur Entomologie, Band 24, Sonderheft; 1974

11. Tachina ~~modesta~~ fatua — c Kopf; — d Fühler.
12. —— exigua ♂. — c „ ; d „
13. —— delicata ♀. — c „ , d „

CIII. 1. —— tragica ♀. — c „
2. —— Nemea. — c „ , d Fühler.
3. —— popularis ♀. — c „
4. —— temera ♀. — c „
5. —— trilineata ♀. — c „ , d Borsten; e Fühler.
6 —— pavida ♂. — c Kopf
7. —— tincta ♀. — c „
8. —— lota ♂. — c „
9. —— apicalis. — c „
10. —— incompta ♂. — c „
11. —— vulgaris ♀. — c „
12. —— leucophaea ♀. — c „
13. —— nectarea ♀. — c „
14. —— pabulina ♀. — c „
15. —— aprica ♀. — c „

CIV. 1. —— aurea ♂. — c „ , d Fühler.
2. —— longipes ♂. — c Kopf; d Fühler.
3. —— inanis ♂. — c „ , d „ ; e Kopf des ♀.
4. —— erinaceus. — c „ , d „
5. —— procera. — c „ , d „
6. —— rubricosa. — c „ ; d „ ; e Borsten.
7. —— quadrinotata? — c Kopf
8. —— seppunctata ♀. — c „
9. —— dimidiata. — c „ , d Fühler.
10. —— ~~... Abänd.~~ virginea ♂ c „ , d Kopf des ♀
11. —— Globula. — c Kopf; d Fühler.
12. —— antiqua. — c „
13. —— spinipennis Abänd. — c Kopf; d Taster.
14. —— magica. — c Kopf; — d Taster.
15. —— leucoptera. — c Kopf.

CV. 1. Phania obscuripennis ♂. — c Kopf des ♂, — d Kopf des ♀, — e Fühler; — f Hinterleib.
2. —— vittata ♂. — c Kopf des ♀; — d Abänderung des Hinterleibs; — e Fühlerborste.
3. —— lateritia. — c Kopf; — d Fühler.
4. Xysta cilipes. — c Kopf; — d Fühler, — e Hinterleibsspitze.
5. Trixa coerulescens ♀. — c Kopf; — d Fühler.
6. —— ferruginea ♀.
7. —— grisea ♂. — c Mundöffnung; — d Mundtheile.
8. —— dorsalis. ♂.
9. —— variegata ♂. — c d Kopf des ♀; — e Fühler

CVI. 1. Lophosia fasciata. — c Kopf
2. Ocyptera infuscata ♂. — c Hinterleib des ♀; — d Kopf des ♀.
3. —— brassicaria ♂. — c Hinterleib des ♀; — d Kopf des ♀; — e Fühler; — f Fühlerborste; g Mundöffnung; — h Mundtheile; — i Taster; k Lippenkopf
4. —— intermedia ♂. — c Hinterleib des ♀.
5. —— cylindrica ♀.
6. —— interrupta ♀. — c Vorderbein.
7. —— pusilla ♀. — c Hinterleib des ♂.
8. Gymnosoma rotundata ♂ ♀. — d Abänderung des ♀, — e Kopf; — f Fühler; — g Mundöffnung, — h Mundtheile; i Lefze und Zunge; — k Taster; — l Lippenkopf
9. —— costata ♀
10. —— globosa ♂ ♀. — d Kopf; — e Fühler.
11. —— nitens ♂. — c Kopf des ♂, — c id. des ♀.

CVII. 1. Phasia hemiptera ♂ ♀. — c Flügel; — d Abänderung des ♂ Hinterleib; — e Fühler; — f Kopf; — g Mundöffnung; h i Mundtheile; — k Lefze und Zunge; — l Taster; — n Abänderung des ♀ Hinterleib; — o Abänd. des ♀ mit braunen Flügeln

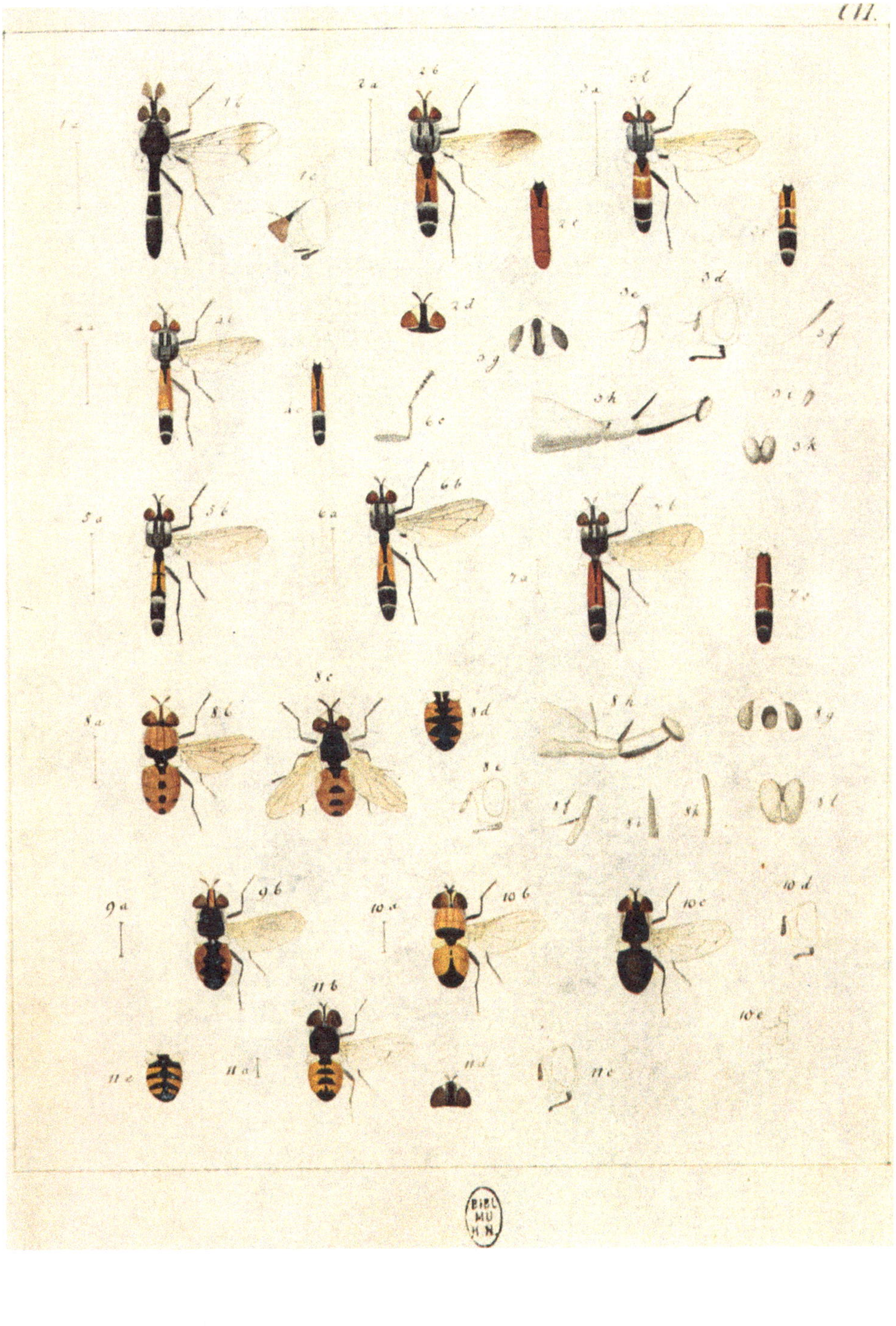

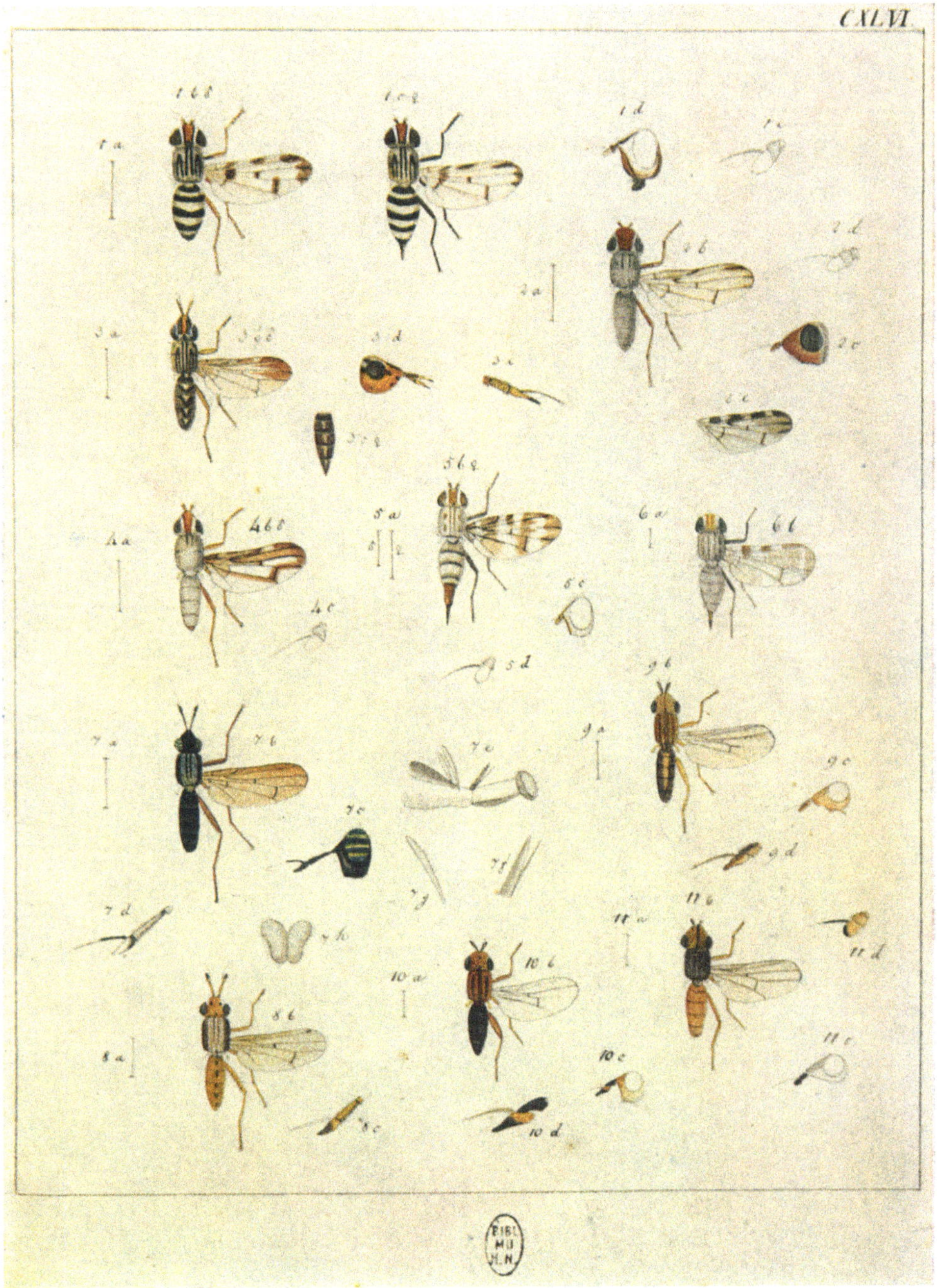
CXLVI

CXLVII.

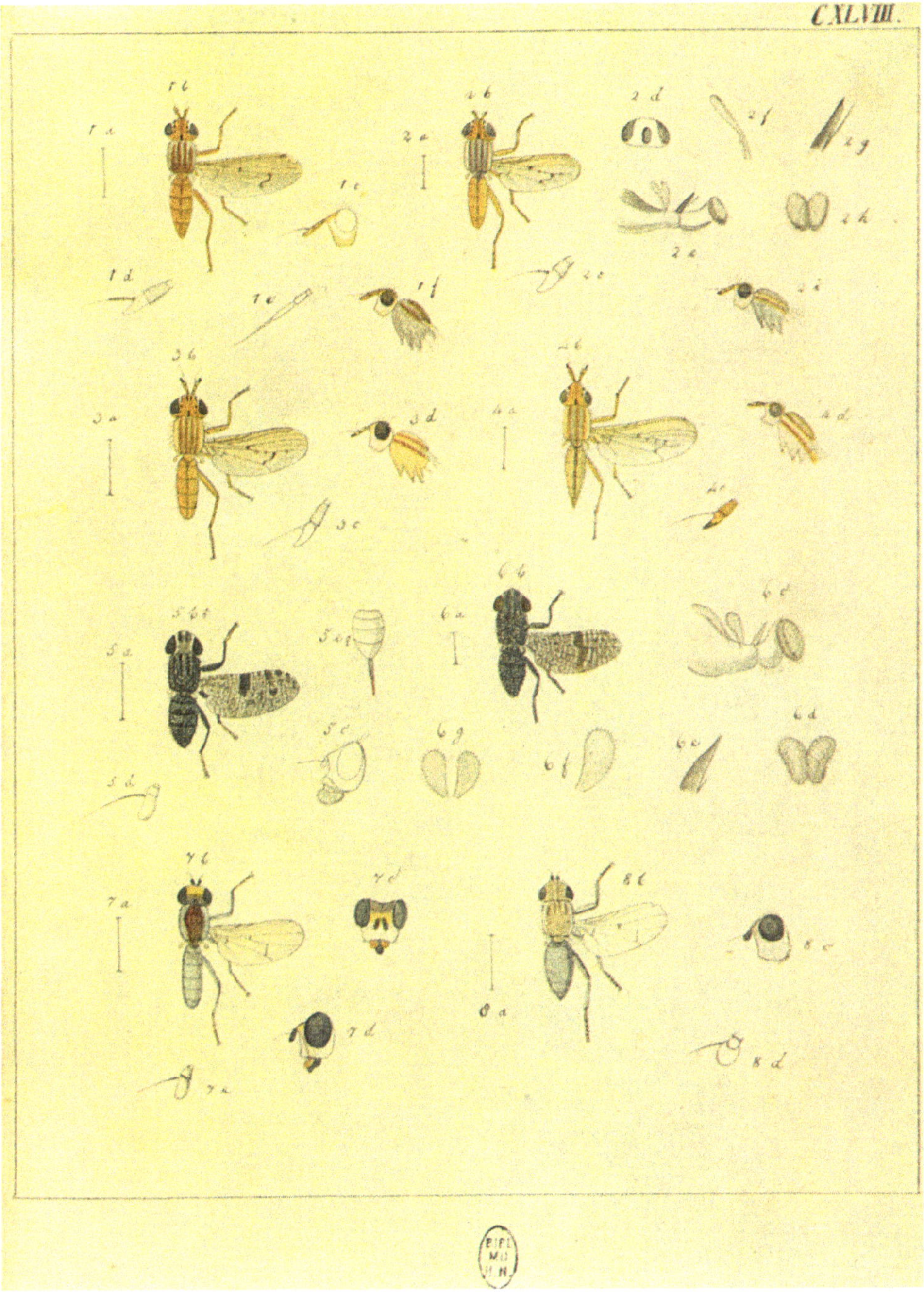

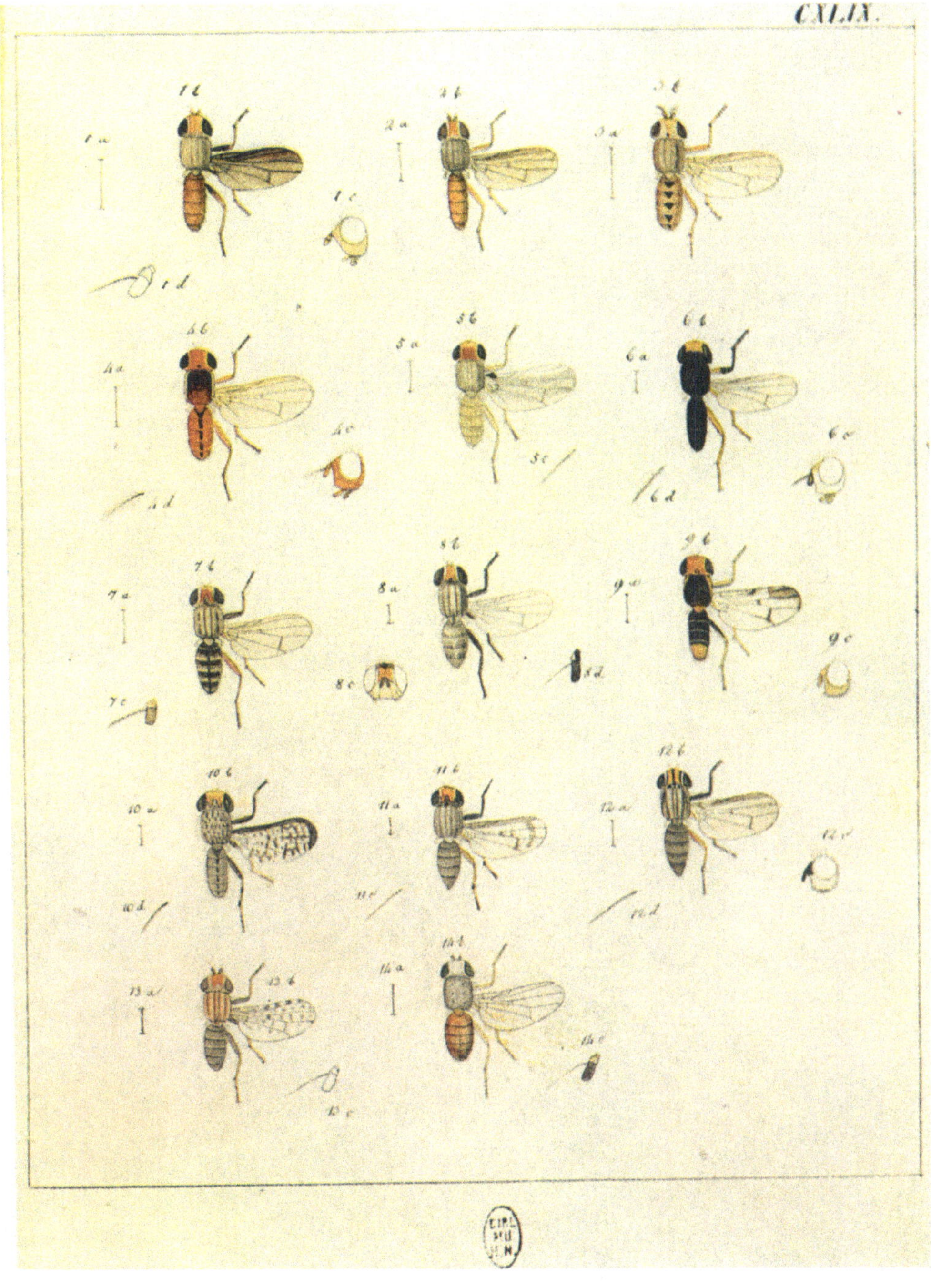
CXLIX.

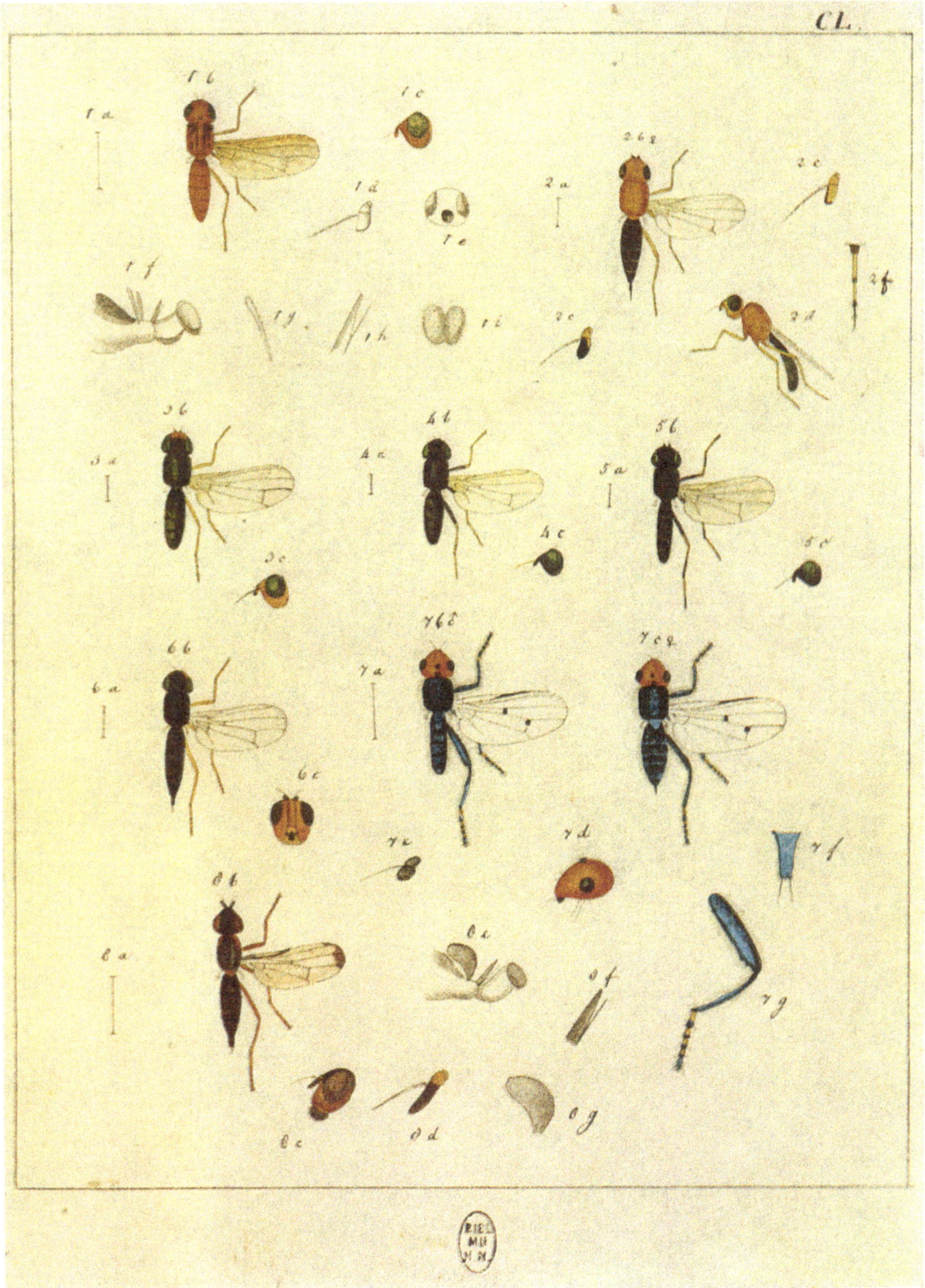
CL.

Beiträge zur Entomologie, Band 24, Sonderheft; 1974

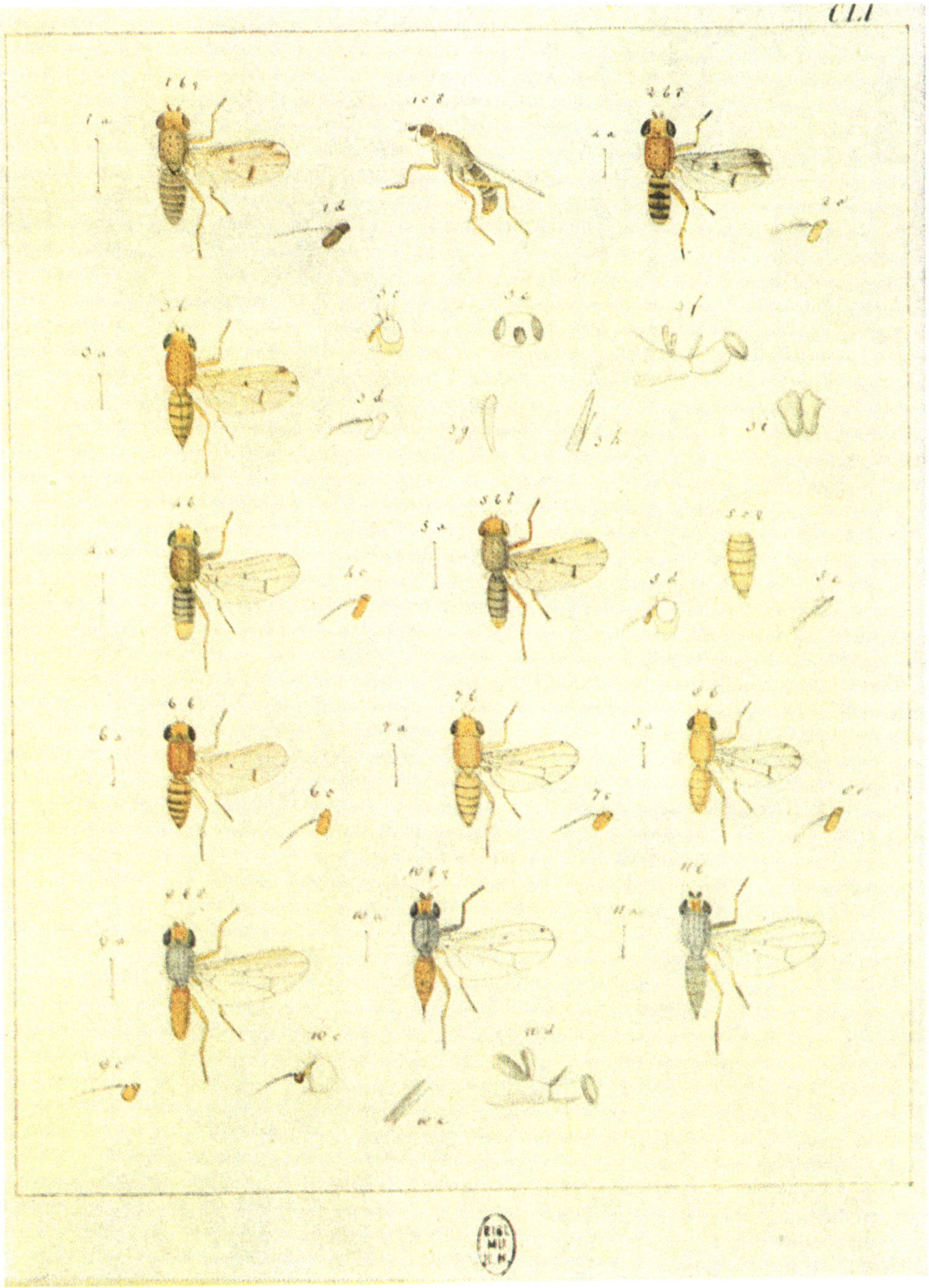

Beiträge zur Entomologie, Band 24, Sonderheft; 1974

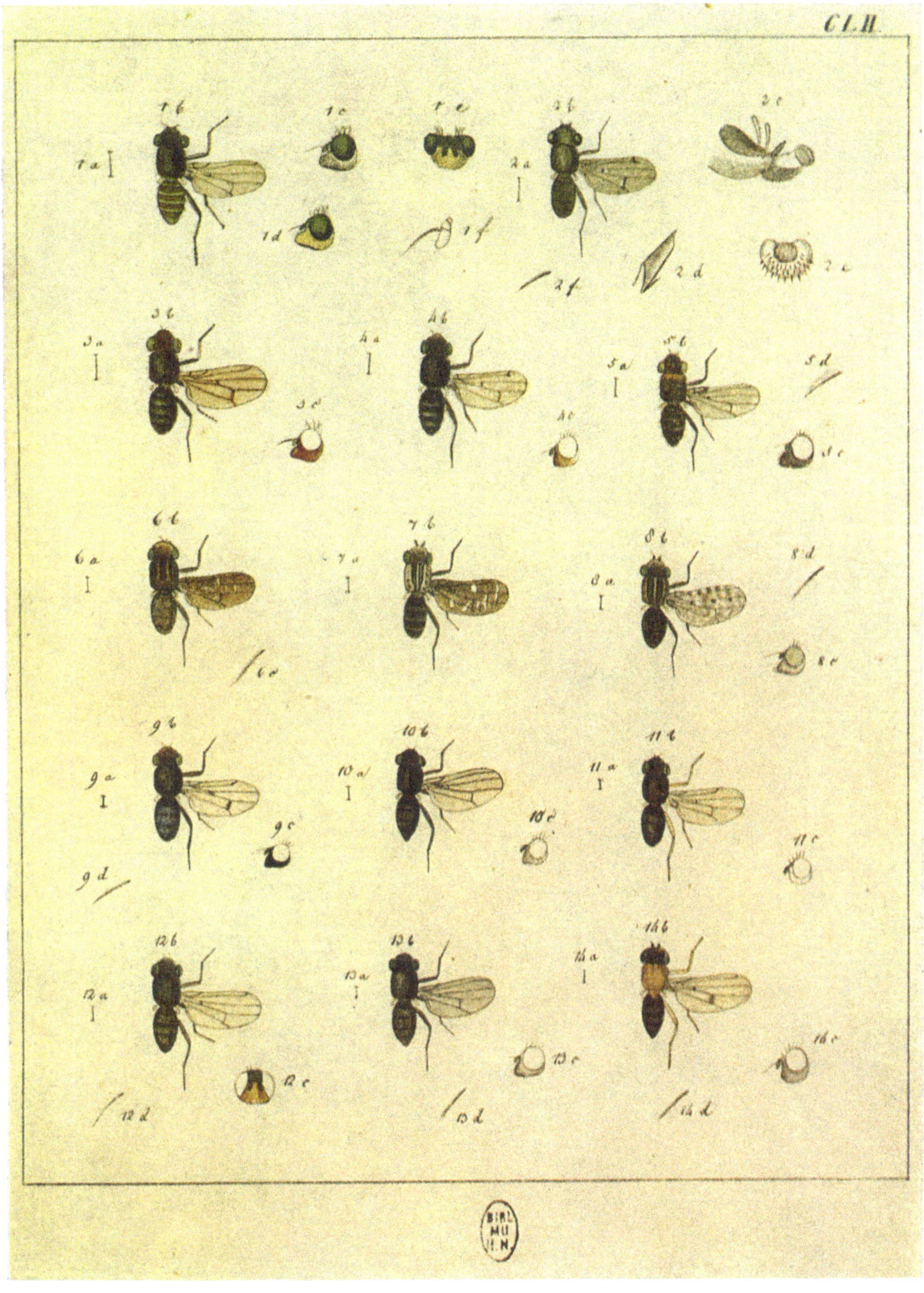

Beiträge zur Entomologie, Band 24, Sonderheft; 1974

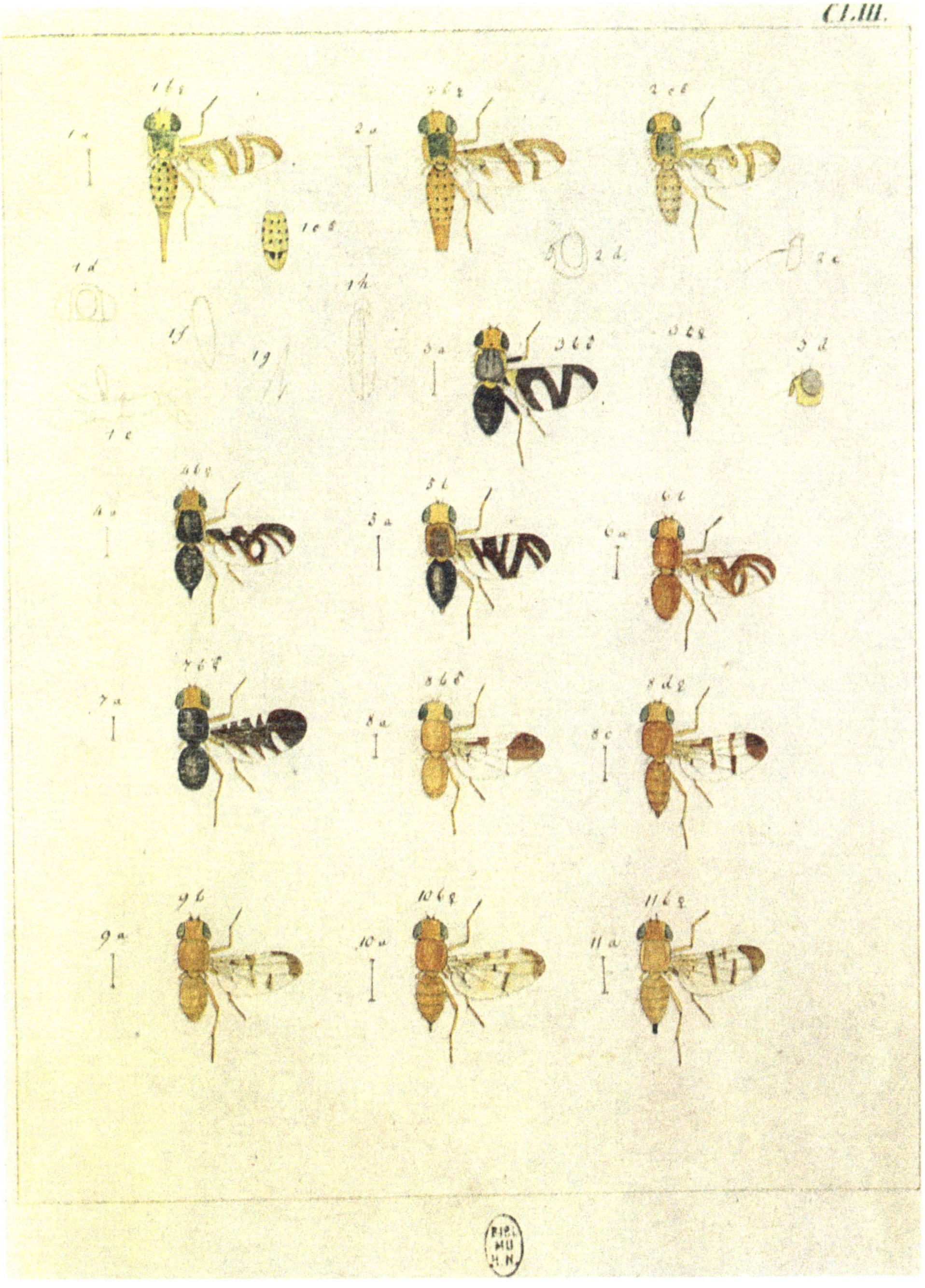

Beiträge zur Entomologie, Band 24, Sonderheft; 1974

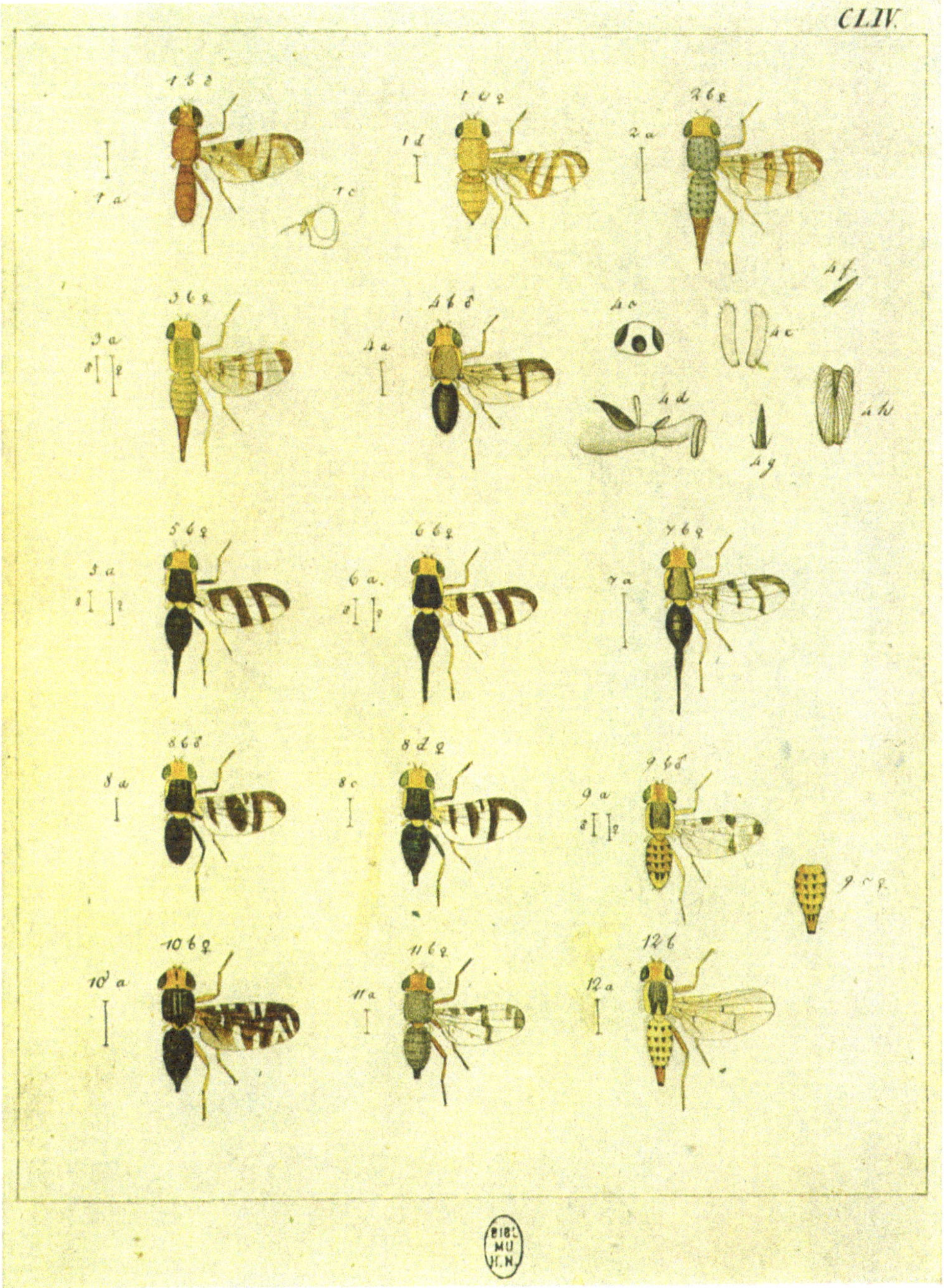

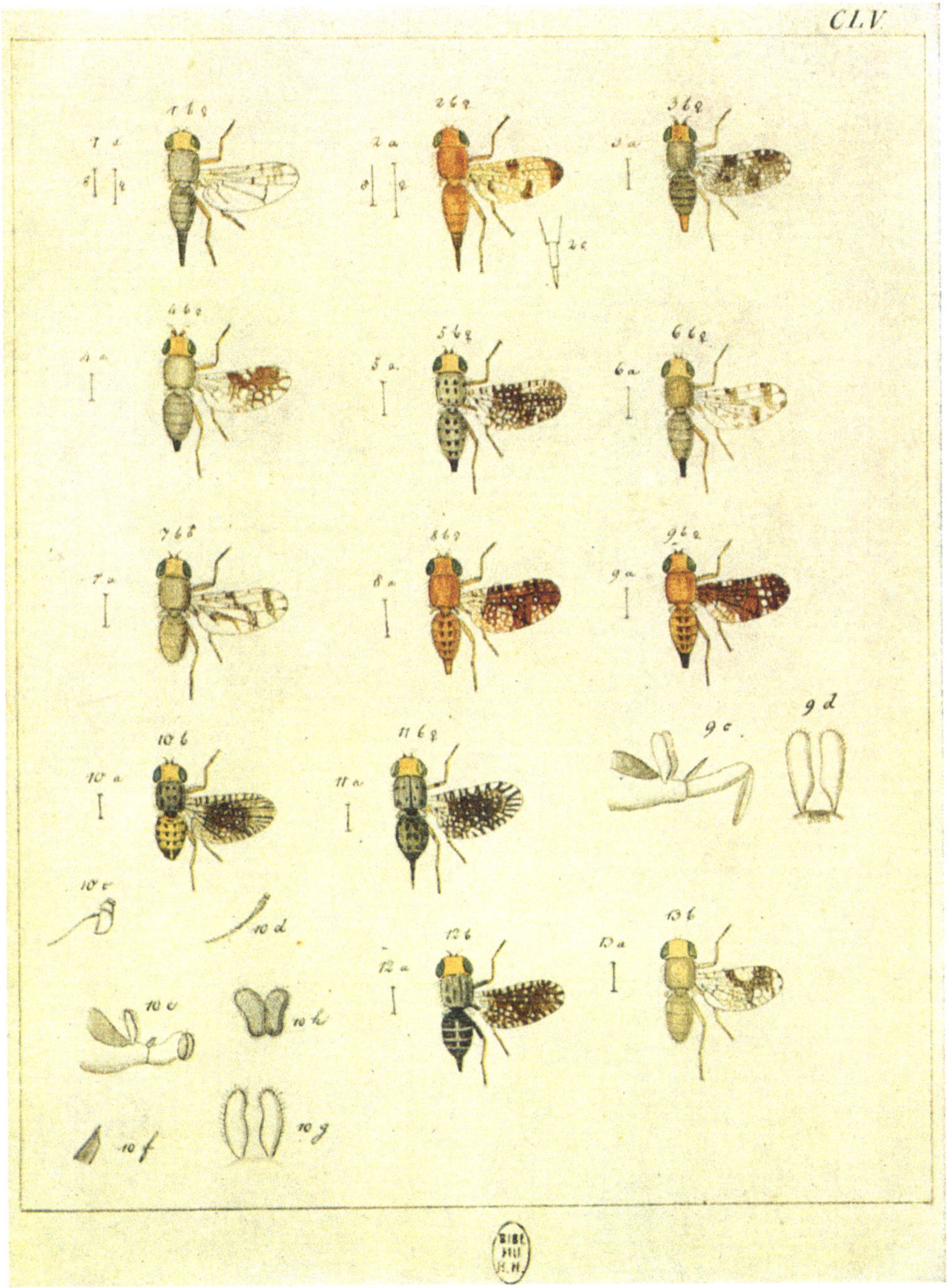
CLV

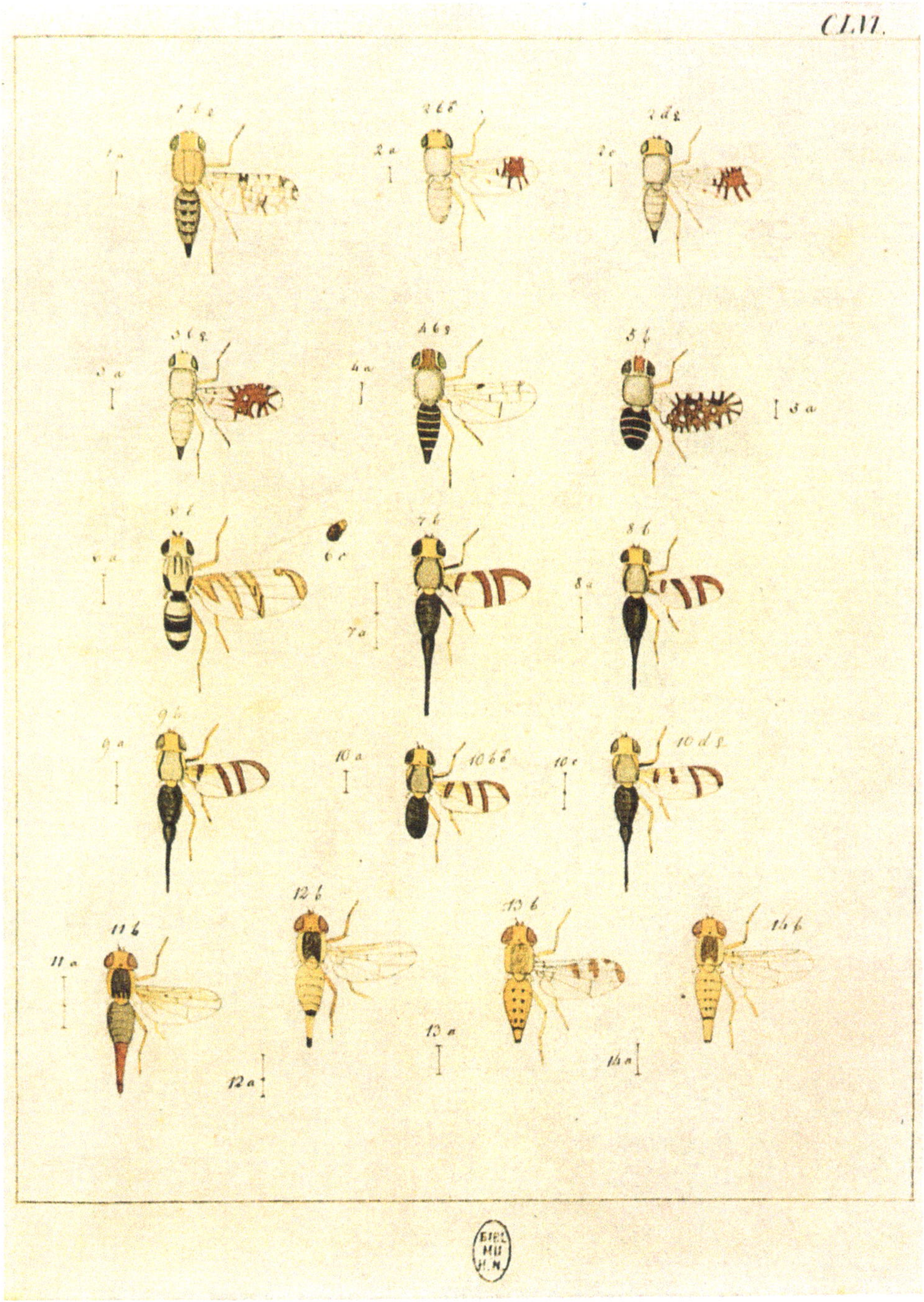
CLVI.

CLVII

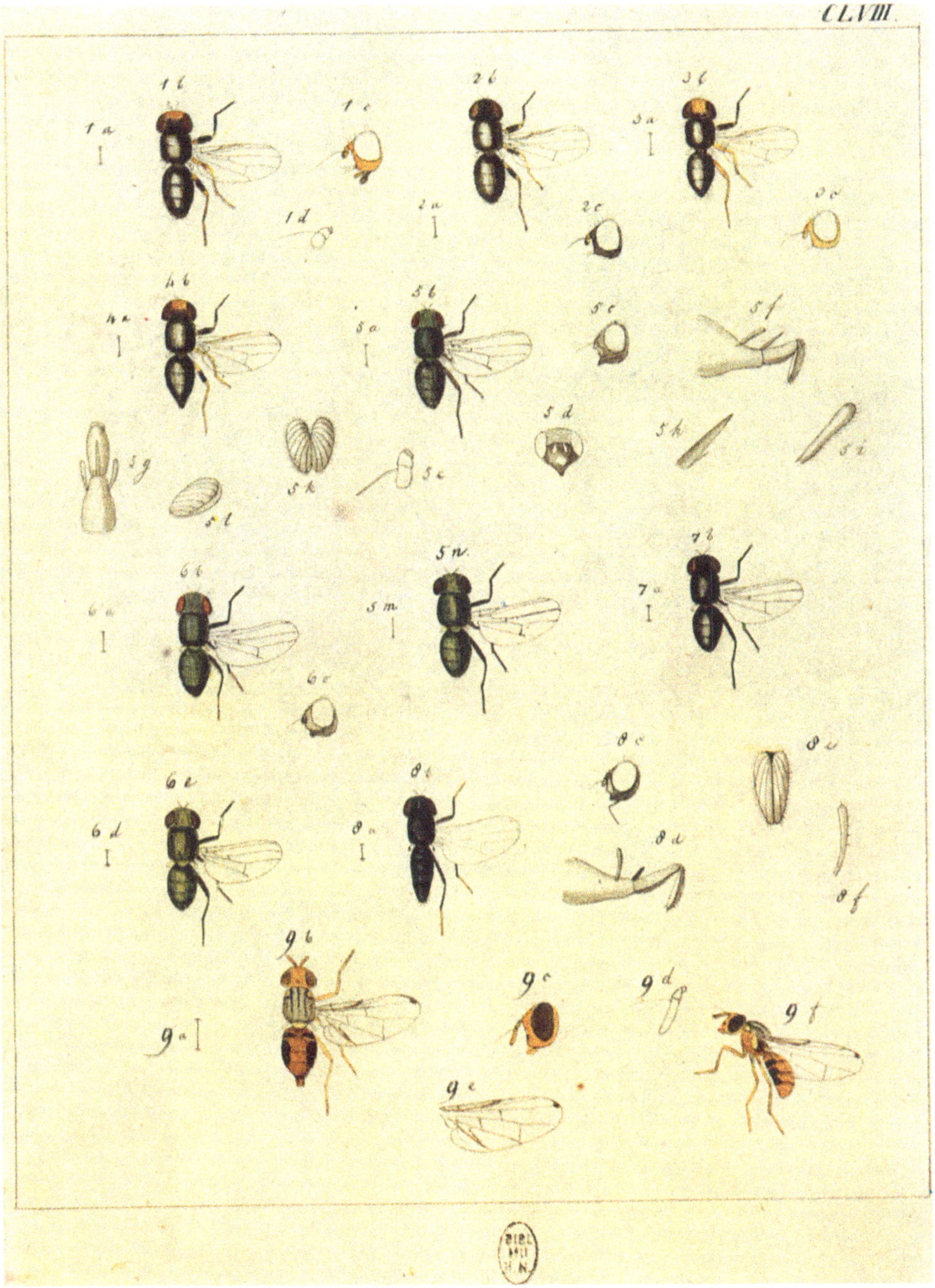
CLVIII.

CLIX

Beiträge zur Entomologie, Band 24, Sonderheft; 1974

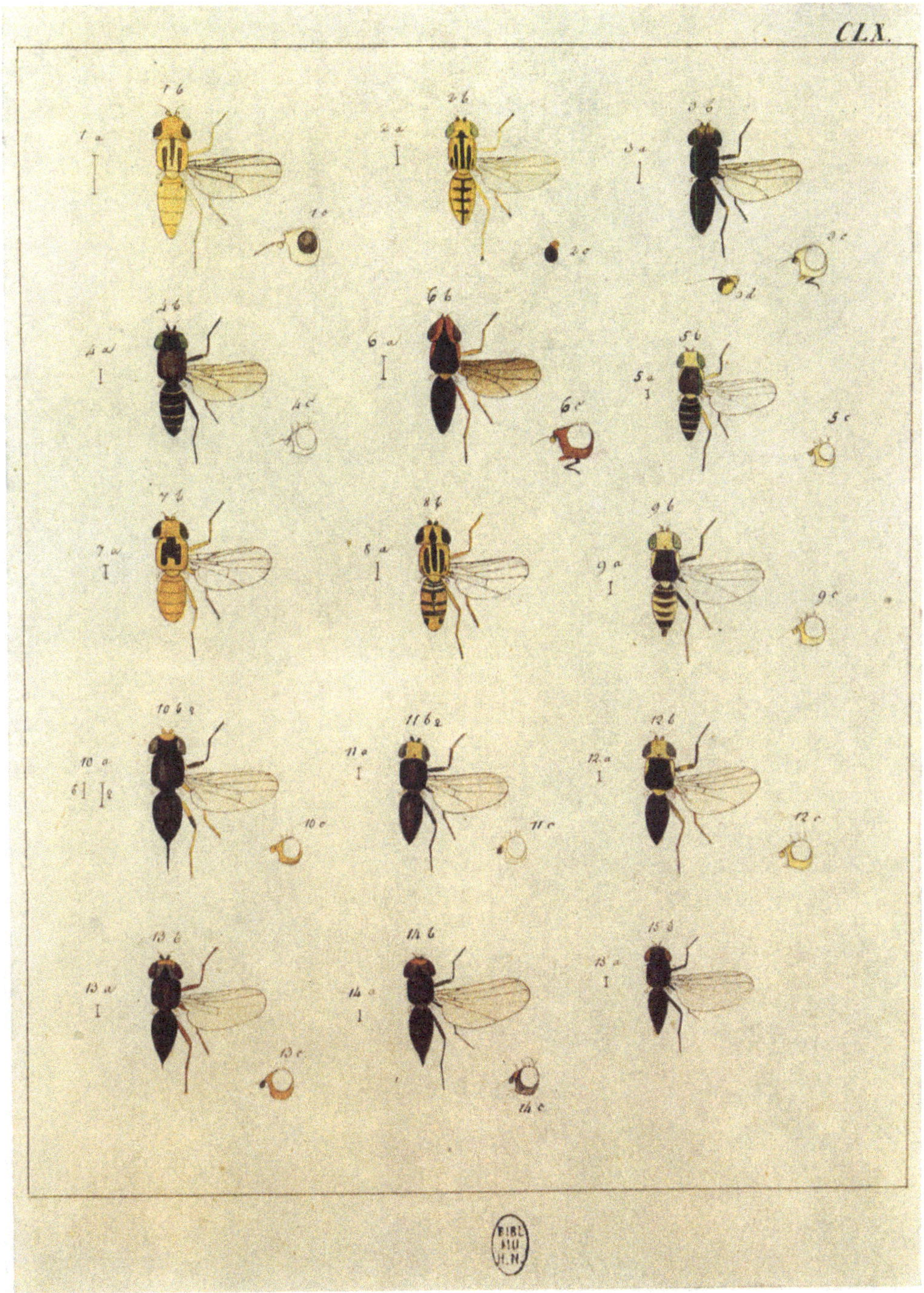

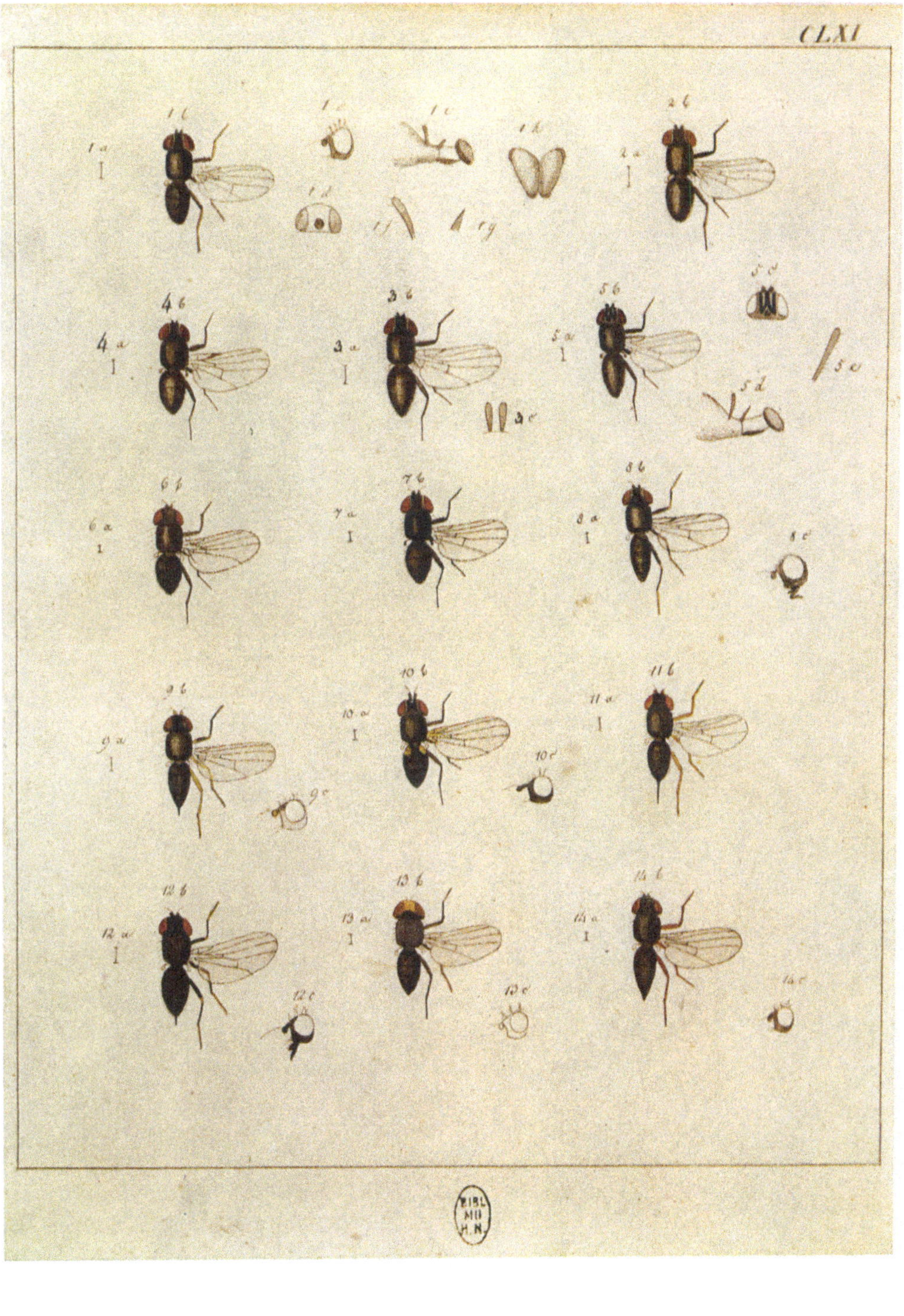
CLXI

Beitr. Ent. · Bd. 24 · 1974 · Sonderheft · S. 161–431 · Berlin

Institut für Pflanzenschutzforschung
der Akademie
der Landwirtschaftswissenschaften der DDR zu Berlin
Zweigstelle Eberswalde
Abteilung Taxonomie der Insekten (ehem. DEI)
Eberswalde (DDR)

Naturhistorisches Museum
der Benediktiner-Abtei Admont
Admont (Österreich)

GÜNTER MORGE

Diptera Collectionis P. GABRIEL STROBL — V[1]

(Die „Typensammlung“)

Mit 13 Farbtafeln und 20 Textfiguren

Im Vorwort zum ersten Teil dieser Publikationsreihe[1] finden sich einige grundsätzliche Bemerkungen zu dieser von P. STROBL als Handkollektion nur palaearktischer Arten getrennt geführten Sammlung. P. STROBL schreibt in seinem Hauptkatalog auf p. 669 selbst zu dieser Kollektion: „,. . . Außerdem besitze ich noch eine zum Handgebrauche dienende Typensammlung, gewöhnlich je /♂ u. /♀, deren Exemplare hier ebenfalls aufgeführt, aber zum Unterschiede von denen der Hauptsammlung eingeklammert sind . . . .“ — Da P. STROBL diese Trennung auch in seinen beiden Spezialkatalogen über sämtliche Dipteren des Admonter Museums in bezug auf alle Eintragungen konsequent befolgte, wurde sie auch bei der Revision der gesamten Dipteren-Kollektion unverändert beibehalten, anderenfalls bei der Dechiffrierung seiner Angaben fortgesetzt Verweise erforderlich geworden wären.

Eine Überprüfung der detaillierten Erfassung dieser „Typensammlung“ mit den Eintragungen P. STROBLS in seinem Hauptkatalog ergab jedoch, daß der Hauptkatalog in manchen Fällen mehr Exemplare und vielfach auch mehr Arten als in der Typensammlung befindlich aufweist als diese tatsächlich beinhaltet. Es gibt einerseits Arten, die nach dem Hauptkatalog in Form zweier Exemplare, je eines jeden Geschlechts: „(♂ ♀)“, in der Typensammlung vorhanden sein sollen, die aber dort nur mit einem Tier vertreten sind, während andererseits, in allerdings selteneren Fällen, wiederum Exemplare von Arten in der Typensammlung stecken, von denen im Hauptkatalog nichts erwähnt ist. — Da die Typensammlung nach P. STROBLS letztem Arbeitstag bis zu ihrem Auffinden durch mich von niemandem berührt wurde, muß er selbst noch diese Veränderungen vorgenommen haben.

[1] Pars I: Beitr. Ent. **17**, 151–224; 1967. – Pars II: Beitr. Ent. **19**, 27–30; 1969. – Pars III: Beitr. Ent. **19** 31–44; 1969. – Pars IV: Beitr. Ent. **19**, 569–593; 1969.

Die Typensammlung enthält nur die in der nachfolgenden Liste aufgeführten Exemplare, darunter in etlichen Fällen tatsächlich die Holotypen STROBLscher Arten, die vergeblich in seiner Hauptkollektion gesucht wurden, weil eben die Existenz der Typensammlung völlig unbekannt geblieben war. P. STROBLs handgeschriebene und in Klammern gesetzte Eintragungen im Hauptkatalog entsprechen also nicht in allen Fällen dem tatsächlichen Bestand der Typensammlung. Darüber hinaus ist festzustellen, daß die Reihenfolge der Familien in der Typensammlung nicht mit der in P. STROBLs Hauptkatalog übereinstimmt, wie schon aus seinen Originaletiketten hervorgeht, die in ihrem ursprünglichen Zustand noch heute außen auf fünf der sechs Holzkassetten erhalten sind. Da jedoch innerhalb der Kassetten die Anordnung der Exemplare genau der dieser Außenetiketten entspricht, wurde sie von mir so belassen wie sie P. STROBL traf. Lediglich wenn Exemplare ein- und derselben Gattung (innerhalb des von STROBL benutzten Systems) an verschiedenen Stellen, also zwischen einer Reihe von Tieren anderer Gattungen, steckten, wurden diese, in der betreffenden Gattung zusammengefaßt, aneinandergereiht, was die folgende Liste bekundet. Grundsätzlich aber, das sei nochmals betont, wurde das ursprüngliche System und die entsprechende Ordnung und Anordnung der Familien, Gattungen und der Exemplare so wie von P. STROBL hinterlassen belassen.

Die in der folgenden Liste in eckigen Klammern zur besseren Übersicht stehenden Gattungsnamen sind für die Typensammlung von mir im Gegensatz zur Hauptkollektion nur in dieser Liste ergänzt, aber nicht durch entsprechende Etiketten in den Holzkassetten selbst vertreten, während ich solche Gattungsetiketten bei der Revision der Hauptsammlung in diese einfügte, soweit das dort nicht ohnehin schon P. STROBL selbst getan hatte. (In den engen Reihen der Holzkassetten der Typensammlung wäre das aus Platzmangel gar nicht möglich gewesen.) Da, wie erwähnt, alle Exemplare gattungsweise geordnet sind und zwischen jeder Gattung ein etwas größerer Abstand in den Reihen belassen wurde, ist jederzeit bei einem Vergleich mit dem folgenden Verzeichnis die Abgrenzung und Übersicht gewährleistet.

Es existieren in der Typensammlung mithin überhaupt keine Gattungsetiketten, weder von P. STROBL selbst stammende noch, wie in der von mir ebenfalls revidierten Hauptsammlung, zusätzlich eingefügte. Wohl aber habe ich zur Erleichterung des Auffindens der Exemplare handgeschriebene Reihenetiketten (weißer Karton mit zweifacher roter Umrahmung) in die Holzkassetten eingefügt und diese auch in der folgenden Liste vermerkt. Darüber hinaus habe ich dem folgenden Verzeichnis eine Exemplar-Zahlen-Übersicht für jede der sechs Holzkassetten angeschlossen, aus der zusätzlich die Gattungsgruppierung mühelos und eindeutig erkennbar ist.

Wie in den restaurierten Teilen der Hauptkollektion ist auch in der Typensammlung jedes Exemplar mit einem Zahlenetikett (Ex.-Nr. der Liste) versehen. Die Reihenfolge ist jedoch nicht fortlaufend, sondern genau die des folgenden Verzeichnisses, das in seinen Einzelheiten vollständig dem der Hauptkollektion gleicht. (Erklärung dazu in Pars I, p. 156.)

Es sei hier nochmals besonders darauf hingewiesen, daß, wie schon im Vorwort zu Teil I, p. 155, betont, die von mir zusätzlich eingefügten dunkelroten Typenetiketten nur eine das Auffinden von Exemplaren STROBLscher Arten beziehungsweise Varietäten erleichternde Markierung darstellen. Sie bedeuten keine Designierung irgendeines Typenstatus, wie Lectotypus etc., die einer jeweiligen systematischen Revision der betreffenden Gattung oder Familie vorbehalten bleibt.

Dank schulde ich meiner langjährigen wissenschaftlich-technischen Assistentin, Frau HELGA BLECH, die mir bei der Zusammenstellung des Registers behilflich war, für Ergänzungen in demselben meinem Mitarbeiter, Herrn KLAUS ROHLFIEN.

Die Farbtafeln 1 bis 8 und die farbigen Abbildungen 12 und 13 fertigte mit jener Exaktheit und Prägnanz, die ihm eigen sind, und womit er in den letzten Jahren gleichsam eine Vollendung seiner wissenschaftlich-künstlerischen Leistung erreichte, nach gemeinsam beratenen Vorlagen und Korrekturen, Herr Maler und Graphiker KURT JOSEPHSKI, Hohen Neuendorf, der auch den Zusatzumschlag zu dieser Festschrift entwarf und gestaltete. Ihm gebührt besondere Anerkennung.

Sämtliche Schwarzweiß-Zeichnungen entstammen der Feder meiner wissenschaftlich-technischen Assistentin, Frau BIRGIT EWALD, Eberswalde. Ihr und Herrn FITZKOW, Glienicke, der die farbigen Abbildungen 9 bis 11 erarbeitete, sei ebenfalls besonders gedankt.

Einige der nachfolgenden Zeichnungen sollen der Artdeutung von Typenexemplaren und gleichzeitig der immer seltener werdenden entomologischen Illustration dienen.

Sämtliche farbigen Abbildungen und jene schwarzweißen Strichzeichnungen aus den Familien Lonchaeidae und Pallopteridae sowie aus diesen nahestehenden Gruppen, die in dieser Publikation eingefügt sind, bilden die Ergänzung zu den beiden Teilen meiner Monographienserie, die 1967 und 1974 im Naturkundlichen Jahrbuch der Stadt Linz erschienen: MORGE 1967 und 1974. (Aus drucktechnischen und finanziellen Gründen war eine geschlossene Veröffentlichung leider nicht möglich.) Diese Abbildungen bilden mithin auch einen direkten Zusammenhang mit jenen beiden Monographieteilen:

MORGE, G.: Die Pallopteridae. In: Die Lonchaeidae und Pallopteridae Österreichs und der angrenzenden Gebiete. 2. Teil. Naturkundl. Jahrb. der Stadt Linz **13**, 141–212; 1967.

MORGE, G.: Illustration taxonomisch-diagnostischer Merkmale seltener oder wenig bekannter Arten von phylogenetischer oder forstlicher Bedeutung. In: Dic Lonchaeidae und Pallopteridae Österreichs und der angrenzenden Gebiete. 3. Teil. Naturkundl. Jahrb. der Stadt Linz **20**; 1974.

* * *

Sämtliche Dechiffrierungen der gesamten Typensammlung verdanke ich noch meinem leider längst verstorbenen treuen Mitarbeiter, Herrn ROBERT REINHARD. Die Klärung zahlreicher verbliebener Fraglichkeiten besorgte in endlos geduldiger, diffiziler Kleinarbeit dankenswerterweise Herr Oberregierungsrat i. R. Dr. JOSEF KAPPEL, Graz. Die mit der Registrierung verbundene Restaurierung und Revision war jedoch für diese sechs Holzkassetten sehr mühsam und daher besonders zeitraubend. Deswegen konnte ihr Abschluß und damit auch die Publikation der Typensammlung im Detail erst jetzt erfolgen.

Ex.-Nr. Typendesignierung	Vollständige Etikettenbeschriftung: Familien-, Gattungs-, Artangaben	Vollständige Etikettenbeschriftung: Sonstige Details	Etikettenfarbe	Erhaltungszustand	Revisionsresultate nach 1910. [Bemerkungen von G. Morge]
	Holzkassette I Nematocera-Typen nach Cat. Kertesz: 1. Sciarin. u. Mycetophilid. 2. Bibionidae. 3. Chironomidae. 4. Culicidae. 5. *Dixa*. 6. Blepharoceridae. 7. *Simulia*. 8. *Orphnephila*. 9. Psychodidae. 10. *Rhyphus*. 11. *Ptychoptera*. 12. Limnobiinae pr. p. (a. Limnob., b. Antochinae, c. Eriopterin., d. Limnophilin., e. Anisomerinae, f. *Chionea*.).				[Die Kassette I steht im linken Teil des neuen Zirbenschrankes ganz oben. Sie war vor der Revision äußerlich im Holz durch je einen Riß ober- und unterseits beschädigt, wurde danach ausgebessert. – Außer dem nebenstehenden Originaletikett P. Strobls wurde die Kassette von mir mit folgendem Etikett versehen: „Diptera-Typensammlung Kassette I".]
1. Reihe:					[1.–10. Reihe im Kassettenoberteil]
	[*Sciara* Meigen]				
2987	*Sciara analis* Egg.	♀ **Seitenstetten, Blätter**	grün	3	
2988	*Sc. dubia* W.	♂ **Bösenstein Alpenwiese**	graugrün	3	
2989	*dubia* W.	♀ **Natterriegel Krummholz** 22. 8.	dunkelgrün	2	
2990	*Sc. carbonar*	♂ Melk **Donauaue feuchtbuschige Stelle** 4. 6.	dunkelgrün	2	
2991	*Sc. rufiventr* M.	♀ **Seitenstetten**	dunkelgrün	1	
2992	*Sc. Thomae* L.	**Veitlgraben Gesträuch**[1] ♀ 8. 8. **Schafferweg Fichten**	graugrün	2	[[1] Kann auch **„gestreift"** heißen]
2993	*Sc. pulicaria* Mg.	♂♀ **Seitenstetten Priemelrain** 16. 4.	graugrün	3	
2994	*Sc. Mannii* W.	♀ Mehadia **Min.**[1]	graugrün	3	[[1] Fast unleserliches stenographisches Zeichen]
2995	*Frauenfeldi* W.	♂ **Schafferweg** 5. 8.	grün	2	
2996	*Sc. proxima* W.	♀ **Veitlgraben Gesträuch**[1] 8. 8.	graugrün	3	[[1] = ? **„gestreift"**]
2997	*Sc. bilineata*	♂ Adm. Alpen **Scheibleggerhochalpe** 26. 6. Str.	blaugrün	1	
2998	*elegans*	♀ **Eichelau zwischen Schilf-(laub)**[1] 21/7 91	dunkelgrün	2	[[1] Unsichere Dechiffrierung]
2999	*tibialis* W.	♂ **Admont Sumpfrand** 7. 7.	dunkelgrün	2	
3000	*Sc. coarctata* W.	♀ **Natterriegel** Styriae alp. Strobl 15. 6. V.[1] **Bn**[2] **ganz schwarz**			[[1] Wahrscheinlich = Variation. – [2] Unsichere Dechiffrierung = ? Beine]
3001	*Sc. obscura* W.	**gegen Michael Gesträuch**[1] 7. 5. ♂ **Schafferweg**	graugrün	2	[[1] Kann auch **„gestreift"** heißen]
3002 Typus	*Sciar. hirsutissima* m.	♂ **Alp. Scheibling** 23. 6. Strobl	grün	1	

Ex.-Nr. Typen-designie-rung	Vollständige Etikettenbeschriftung: Familien-, Gattungs-, Artangaben	Vollständige Etikettenbeschriftung: Sonstige Details	Etiketten-farbe	Erhal-tungs-zustand	Revisionsresultate nach 1910. [Bemerkungen von G. MORGE]
3003 Typus	*interrupta* m.	♂ **Scheibleggerhochwald unter Felswand** 7. 7.	blaugrün	2	
3004 Typus	*Sc. nitidissima*	♂ **Gebüsch hinter der Kirche** 2. 5. **Strobl**	graugrün	2	
3005	*Sc. nocticolor* W.	♀ **Seitenstetten Waldrand**	graugrün	1	
3006	*Sc. bicolor* MG.	♂♀ **Seitenstetten Stiftsgarten** Linden 5. 5.	graugrün	1	
3007	*S. longiventris* Z.	**gegen Michael Gebüsch** ♂ **Froschau Gesträuch**[1] ♀	graugrün	3	[[1] Kann auch „**gestreift**" heißen]
3008 / 3008a	*cinerascens* GR.	♀ **Scheibleggerhochwald unter Felswand** 17. 7.	dunkel-grün	3 / 2	
3009	*S. brunnipes* MG. **nach der Sammlung aber** *annulata*	♀ **Seitenstetten Stiftsteich Gesträuch**[1]	graugrün	1	[[1] Kann auch „**gestreift**" heißen]
3010	*S. annulata* L.	♂ **Gebüsch bei Michael** 2. 5.	graugrün	1	
3011	*Sc. distincta* STG.	♂ Marburg STROBL	grün	1	
3012	*Sc. hybrida* W.	♂ Triest STROBL	grün	2	
3013	*Sc. valida* W.	♂ **Seitenstetten Stiftsteich Gesträuch**[1]	graugrün	3	[[1] Kann auch „**gestreift**" heißen]
3014	*S. obscuripennis*		graugrün	3	
3015	*Nowickii* GR.	♂ **Seitenstetten** 3. 6.	dunkel-grün	1	
3016 Typus	*Sciar.* **neben** *Nowicki* GR. 59 **aber** n. sp. *speciosissima* m.			4	
3017	*Sc. factuosa* W.	♂ **Melk Wach(t)berg Gesträuch**[1] 26. 6.	graugrün	1	[[1] Kann auch „**gestreift**" heißen]
3018	*Sciar. gregaria* W.	Gr. 59 ♂♀ Trebevic b. Serajevo 2/5 STROBL		3	
3019	*lugubris*	♂ Kalbling **Krummholzwiesen** 19. 7.	blaugrün	1	
3020	*lug.* v. *alpicola* W.	**Natterriegel**	dunkel-grün	1	
3021	*Schineri*	**Seitenstetten Blümelsbach**	dunkel-grün	2	
3022	*rustica* W.	♂ **Froschau Sumpfwiesen** 11. 5.	dunkel-grün	2	
2. Reihe:					
3023	*strigata*	♂ **Veitlgraben Wald(pfahl)**[1] 17. 8.	dunkel-grün	3	[[1] Unsichere Dechiffrierung]
3024	*Sc. tarda* W.	♂ Leuna	rosabraun	2	
3025	*Sc. alacris* W.	♀ **Seitenstetten Trefflingufer** 4. 5.	graugrün	4	
3026	*S. quinquelineata* MCQ.	♂ **Melk Pielach Holz** 20. 4.	graugrün	2	
3027	*Sc. fuscipennis*		graugrün	3	
3028	*tenella*	**Krumau Sumpfwiesen** 18. 7.	dunkel-grün	3	
3029	*Sc. pectinata*		rosabraun	3	
3030	*incomta* W.	**Steindorn vor der Herrenmühle Melk Stiftsgarten Gesträuch**[1] 9. 5.	dunkel-grün	1	[[1] Kann auch „**gestreift**" heißen]

Ex.-Nr. Typen-designie-rung	Vollständige Etikettenbeschriftung		Etiketten-farbe	Erhal-tungs-zustand	Revisionsresultate nach 1910. [Bemerkungen von G. MORGE]
	Familien-, Gattungs-, Artangaben	Sonstige Details			
3031 Typus	*Sc. nigrovittata* m.	♂ Admont **Mühlauer Wald** 1. 6. STR.		2	
3032 Typus	*Sc. cana* m.	♀ Admont **Ennsufer** 6. 9. STR.		5	
3033	*Sc. strenua* W.		graugrün	2	
3034	*Sc. villica* W.	♂ **Veitlgraben Gesträuch**[1] 8. 8.	graugrün	3	[[1] = ? „**gestreift**"]
3035	*silv.* v. *inornata* W.	♀ **Eichelau blühender Rain** 21. 9.	dunkel-grün	1	
3036	*praec.* v. *macilenta*		dunkel-grün	3	
3037	*Sc. praecox* MG.		graugrün	2	
3038	*Sc. preciosa* W.	♀ **Mühlauer Bach(schluchten)**[1] 1. 6.	dunkel-grün	2	[[1] Unsichere Dechiffrierung]
3039	*Sc. frigida* W.	♀ **Innsbruck Fenster**	graugrün	2	
3040	*Sc. velox* SCH.	♂♀ **Seitenstetten Stiftsgarten Linden**	graugrün	2	
3041	*Sc. venusta*	**Seitenstetten Stiftsgarten** 3. 6.	graugrün	3	
3042	*Sc. pratincola* W.	♀ Gr. 69	—	3	
3043	*Sciara selecta* W.	♀ Plaša Hercegowina **Hochlage**[1] 29. 4. STROBL	—	2	[[1] Unsichere Dechiffrierung]
3044	*Sc. colorata* GR.	♀ **Seitenstetten** 16. 4.	dunkel-grün	3	
3045	*satiata*	♀ **Seitenstetten Stiftsgarten**	dunkel-grün	3	
3046	*Sciar. indigena* W.	♀♂ **Natterriegel** 15/6 Styria STROBL	—	1	
3046a				3	
3047	*suavis*	♂ **Seitenstetten Stiftsgarten-mauer** 11. 5.	dunkel-grün	3	
3048	*Sc. flavipes* PZ.		graugrün	2	
3049	*fungicola*	♀ **Eichelau Wiesen** 21. 7. v.[1] **Rückenschild schwarzbraun**	dunkel-grün	2	[[1] = Variation]
3050	*Sc. nobilis* W.	♂ **Grasiger Hohlweg gegen Michael** 19. 4.	graugrün	3	
3051	*sororcula*	**Admont Sumpfwiesen** 18. 7.	dunkel-grün	3	
3052	*falsaria* W.	♀ **Seitenstetten Stiftsgartenmauer** 3. 5.	dunkel-grün	2	
3053	*monticola*	**Gstadtmayrhochalpe** 16. 8.	grün	3	
3054	*S. splendens*	♀ **Seitenstetten buschiges Bachufer** 26. 4.	graugrün	2	
3055	*ungulata* W.	♂ **Schafferweg Hohlweg** 18. 7.	grün	2	
3056	*Sc. ingrata* W.		graugrün	2	
3057	*lutea* W.	♂ **Scheipisee (zwischen grünen Erlen)**[1] 3. 7.	dunkel-grün	3	[[1] Kann auch heißen: „**Grünerlen**"]
3058	*sylvicola* W.		dunkel-grün	2	
3059	*Sc. inflata* W.	♂ **Admont Sautratte**	graugrün	3	
3060	*agilis* W.	♀ **Admont Kalkofen** 13. 8.	dunkel-grün	4	
3061	*S. triseriata*	♂ **Roseneck**	dunkel-grün	3	
3062	*Sc. spectrum* W.		graugrün	3	

Ex.-Nr. Typen-designie-rung	Vollständige Etikettenbeschriftung		Etiketten-farbe	Erhal-tungs-zustand	Revisionsresultate nach 1910. [Bemerkungen von G. MORGE]
	Familien-, Gattungs-, Artangaben	Sonstige Details			
3. Reihe:					
3063	*Sci. basalis* W.	♂ Ragusa **Lapad** 29. 4. STROBL	—	2	
3064	*Sc. silvatica* MG.	♂ **Melk Stiftsgarten auf Blättern** 3. 5.	graugrün	2	
3065 Typus	*Sc. bistriata*	♀ **Froschau Gesträuch**[1]	graugrün	2	[mit Puppe] [[1] = ? „**gestreift**"]
	[*Corynoptera* WINNERTZ]				
3066	*Corynoptera gracilis* W.	♂ **Buschiges Bachufer mit Grasgestrüpp** 27. 6.	graugrün	2	
3067	*Cor. perpusilla* W.	♂ **Mühlauer Wald** 17. 7.	rosabraun	2	
	[*Trichosia* WINNERTZ]				
3068 / 3068a Typen	*Trichosia* n. sp. 2 *jugicola* m.	**Scheibleggerhochalpe** ♀ **Kalbling** ♂ 21. 7. 97 Styriae alp. STROBL		2 / 3	
3069 Typus	*Tr. nigriclava* m.	♂ **Gesäuse Waldschlucht** 20. 6. Styria STROBL		2	
3070 Typus	*Trichosia maxima*	♂ **Sonntagberg Gesträuch**[1]	graugrün	2	[[1] = ? „**gestreift**"]
3071 Typus	*Trichosia* n. sp. *nigripes* m. *splendens* W.	♀ **Damischbachturm** 10. 7. Styriae Alpes STROBL		2	
	[*Cratyna* WINNERTZ]				
3073	*Cratyna atra* W.	♀ Kalbling **Krummholz** 5. 7. STROBL	dunkel-grün	2	
	[*Zygoneura* MEIGEN]				
3074	*Zygoneura sciarina* W.		dunkel-grün	2	
	[*Mycetobia* MEIGEN]				
3078	*Mycetobia pallipes* MG.	♂ **Österreich**	graugrün	2	
	[*Diadocidia* MEIGEN]				
3077	*Diadocidia ferruginosa* W.	♂ **Veitlgraben Gesträuch**[1] 8. 8.	graugrün	3	[[1] = ? „**gestreift**"]
	[*Ditomyia* WINNERTZ]				
3079	[1] *Ditom. fasciata* MG.	[1] ♂ [2] H. j. 7 III 96	[1] grün [2] —	2	
	[*Plesiastina* WINNERTZ]				
3080	*Plesiastina annulata* MG.	♂ **Seitenstetten Stiftsgarten**	graugrün	2	
	[*Bolitophila* MEIGEN]				
3081	*Bol. cinerea*		graugrün	2	
3082	*Bolit. fusca* MG.	♂ **Triebental Erlen** 19. 8.	grün	3	
3083	v. *disjuncta*	♂ **Damischbachturm Voralpenregion** 27. 8. 1891	dunkel-grün	3	
	[*Macrocera* MEIGEN]				
3111	*Macrocera centralis* MG.	♂ **Aufstieg zur Scheiblegger-hochalpe Fühler usw. lang!**	graugrün	2	
3084	*M. angulata* MG.	♂ **Seitenstetten Bachrand**	graugrün	2	
3085	*phalerata*	♂ **Melk Stiftsgarten Hain** 8. 7.	dunkel-grün	3	

Ex.-Nr. Typen-designie-rung	Vollständige Etikettenbeschriftung: Familien-, Gattungs-, Artangaben	Vollständige Etikettenbeschriftung: Sonstige Details	Etiketten-farbe	Erhal-tungs-zustand	Revisionsresultate nach 1910. [Bemerkungen von G. MORGE]
3086	*Macroc. fusca* LW.	♂ **Seitenstetten**	—	3	
3087	*Mac. lutea*	♂ **Winden Waldhohlwege** 6. 7.	dunkel-grün	3	
3088	*Macr. fasciata* L.	♂♀ **Seitenstetten Bachrand Gebüsch** 25. 5.	graugrün	3	
3089	*M. pusilla* MG.	♂ **Froschau Gesträuch**[1]	graugrün	4	[[1] = ? „**gestreift**“]
4. Reihe:					
3090	*Macr. annulicoxa*	♂ **Schlesien**	—[1]	3	[[1] Über dem Etikett noch ein braunes □-Blättchen]
	[*Ceroplatus* BOSC]				
3072	[1] *Cer. dispar* DUF.	[1] ♀. Vorarlberg **Isel** [2] 11. 8. 08 ♀ [3] Gamperton	[1] — [2] — [3] —	1	[Abdomen separat an Nadel]
3091	*C. lineatus* FB.	♂ **Admont Bachschlucht** 2. 7. 92	rosabraun	3	
3092	*Ceroplatus tipuloides* BSC.	♂ **Niederösterreich**	dunkel-grün	2	
3093	*Cer. testaceus* DLM.	♂ **Schwarzenbachgraben** 30. 8. 92	rosabraun	3	
	[*Platyura* MEIGEN]				
3094	*Plat. marginata* FL.	♀ **Schafferweg Fichten** 23. 7.	graugrün	3	
3095	*Pl. atrata*	♀ **Schafferweg Hohlweg** 16. 7.	dunkel-grün	1	
3096	*Pl. fasciata* LT.	♂ **Steinbrück Bergwald** 21. 7.	rosabraun	3	
3097	*Platyura modesta*	♂♀ **Winden Waldhohlwege** 6. 7.	dunkel-grün	3	
3098	*Plat. unicolor* MG.	♀ **Seitenstetten Stiftsgarten**	graugrün	3	
3099	*Plat. nigriceps* WLK.	♀ **Veitlgraben Gesträuch**[1] 8. 8.	graugrün	1	[[1] = ? „**gestreift**“]
3100	*nigriceps*	♂ **Wach(t)berg auf dürren Kiefernästen** 2. 6.	dunkel-grün	3	
3101	[1] *Pl. taeniata* W.	[1] ♂ Prag **Göbel** [2] Rőst[1]	[1] grün [2] —	2	[[1]= Rostock bei Prag]
3102	*P. humeralis* W.	♂ **Melk Winden Hohlweg** 2. 6.	grün	2	
3103	*Pl. discoloria* MG.	♀ **Seitenstetten Stiftsgarten**	graugrün	2	
3104	*infuscata*	♀ **Pielach Brückenholz** 27. 6. 85	grün	3	
3105	*infuscata* W.	♂ **Melk Winden Waldhohlweg** 2. 6.	grün	2	
3106	*Platyura cincta* WIN.	♂ **Seitenstetten Franzosen-wäldchen Gesträuch**[1]	graugrün	2	[[1] = ? „**gestreift**“]
3107 Typus	*Plat. minima* G.[1] DES.[1]	? Volosca ♂	—	3	[Nach P. STROBLs Katalog, Pars II = „*Bezzii* m.“. — [1] Fast unleserlich]
3108	*Pl. succincta* MG.	♂ **Seitenstetten Bachrand**	graugrün	2	
3109	*Platyura nemoralis* MG.	♂ **Seitenstetten Stiftsteich**	graugrün	3	
3110	*Pl. ruficollis* MG.	♂ **Seitenstetten Stiftsgarten**	graugrün	3	
	[*Asindulum* LATREILLE]				
3112	*Asindulum femorale*	♂ **Kaiserau Sumpfwiesen** 7. 8.	dunkel-grün	2	
3113	*flavum*	♂ **Pitz Waldfelsen** 13. 8.	dunkel-grün	3	
3114	*Asindulum brevimanum* LW.	♂ **Pitz** 16. 8.		3	

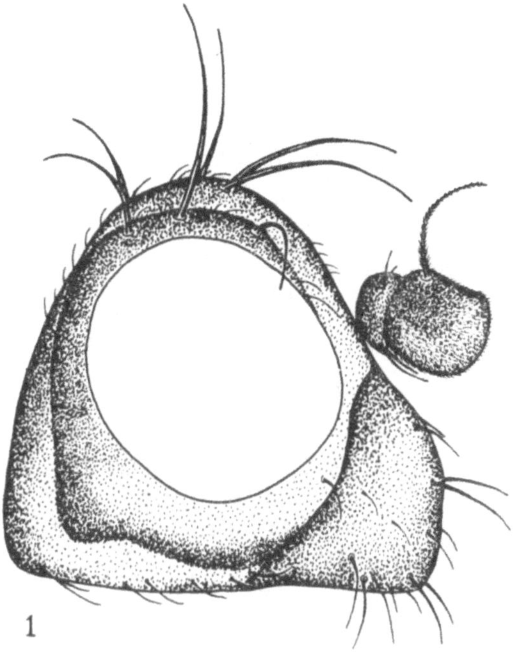

1

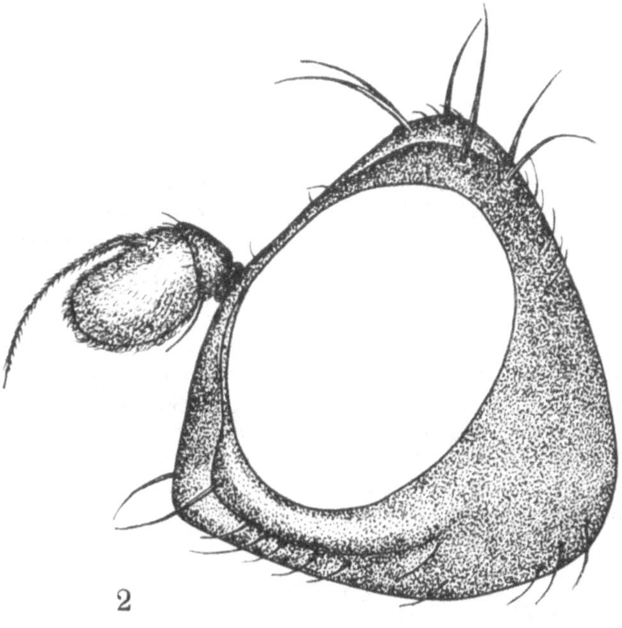

2

Fig. 1. *Scatophila infantina* OLDENBERG (Ephydridae):

Rechte Seitenansicht des Kopfes. (74×). (Gezeichnet nach einem Exemplar in der Kollektion des ehemaligen DEI, Eberswalde, mit folgender Etikettierung: 1. „Typus". – 2. „Potsdam 24. 5. 06". — 3. „coll. Oldenberg". – 4. „*Scatophila infantina* Beck." – 5. „*infantina* Bck. det. Oldenberg". – 6. „? Färbung u. Fl-Flecken wie *varieg.*, . . .* – Zeichn. ähnl. *signata*".)

[* Unleserlich.]

Fig. 2. *Eutaenionotum olivaceum* OLDENBERG (Ephydridae):

Linke Seitenansicht des Kopfes. (74×). (Gezeichnet nach einem Exemplar in der Kollektion des ehemaligen DEI, Eberswalde, mit folgender Etikettierung: 1. „Typus". – 2. „Berlin-Pichelsberg 21. 6. 06". – 3. „coll. Oldenberg". – 4. „*Taenionotum olivaceum* Oldbg.". – 5. „n. gen. n. sp.".)

Ex.-Nr. Typen-designie-rung	Vollständige Etikettenbeschriftung		Etiketten-farbe	Erhal-tungs-zustand	Revisionsresultate nach 1910. [Bemerkungen von G. MORGE]
	Familien-, Gattungs-, Artangaben	Sonstige Details			
	[*Sciophila* MEIGEN]				
3115	*Sc. fasciata*	♀ **Melk Winden Waldhohlweg** 22. 4.	graugrün	3	
3116	*Sc. incisurata* Z.	**Gemäuer Wolf**	rosabraun	2	
3117	*Scioph. inanis*	♂ **Sunk Felswand** 2. 8.	dunkelgrün	2	
3118	*Sc. decorosa* W.	♀ **Schafferweg** 26. 8.	dunkelgrün	3	
3119	*Sc. pallida* W.	♀♂ **Michael Bachschlucht**	graugrün	3	
3120	*notabilis*	♀ **Damischbachturm Voralpen** 26. 8.	dunkelgrün	3	
5. Reihe:					
3121	*Sc. limbata* W.	♂ **Michael Bachschlucht** 19. 4.	graugrün	2	
3122	*fusca* HGG.	**Seitenstetten Franzosenwäldchen**	dunkelgrün	2	
3123	*Sc. flavicollis* Z.	♀ **Admont Stiftsgarten** 17. 7.	rosabraun	3	
3124	*lugubris* W. v.	♂ . . .[1] **abgebrochen.** Admont **Krumau Kremswiese**[2] 24. 7.	dunkelgrün	3	[[1] Unleserliche stenographische Zeichen. – [2] Kann auch „**Hofmooswiese**" heißen]
3125 Typus	*Sc. taurica*	**Winzgraben** 27. 8. 97 Styriae STROBL	–	1	
3126	*Sc. punctata* MG.	♂ **Feuchte Waldschlucht Seitenstetten**	graugrün	3	
3127	*hyalinat*	♂♀ **Kematenbach** 18. 8.	rosabraun	2	
3128	*Sc. ornata* MG.	♂ **Reiteralm von** *Sen.* **Gestrüpp** 31. 8.	grün	3	
3129	*Sc. fraterna* W.	♀ **Seitenstetten buschiger Bachrand Gesträuch**[1]	graugrün	4	[[1] Kann auch „**gestreift**" heißen]
3130	*vittriventris* Z.	4111 ♀[1] **Kematenbach** 18. 8. ♂. **Stimmt ganz mit dem** ♀	rosabraun	3	[[1] Zahl und „♀" beziehen sich auf ZETTERSTEDT]
3131	*Sc. apicalis* W.	♂ **Pielach Waldschlucht Melk** 4. 5.	graugrün	3	
3132	*Sc. lucorum* W.	♂ **Veitlgraben Gesträuch**[1] 8. 8.	graugrün	3	[[1] = ? „**gestreift**"]
3133	*S. trilineata* Z.	♂ **Reiteralm von** *Sen.* **Gestrüpp**[1] 31. 8.	grün	3	[[1] Kann auch „**gestreift**" heißen]
3134	*Sc. cinerascens*	♂ **Aufstieg zur Kaiserau** 20. 8.	graugrün	3	
3135	*Sc. melania* W.		graugrün	3	
	[*Monoclona* MIK]				
3136 Typus	*Monoclona ?halterata* STG. *forcipata* m.	♀ **Götzenberg** Transsylv. 29/7 96	–	2	
3137 Typus	*Monoclona atrata* m.	♂ Jablanica **Hohlweg** 28. 4.	–	3	
	[*Empheria* WINNERTZ]				
3138	*Empheria Lineola* MG.	♂ **Admont Waldbach** 16. 7.	dunkelgrün	2	
3139	*Emph. pictipennis* HAL.	♂ **Kematenbach** 18. 8. 92	rosabraun	3	
3140	*Emph. formosa* W.	STEIN	rosabraun	5	
	[*Polylepta* WINNERTZ]				
3141	*Polylepta undata* W.	♂ **Schafferweg Hohlweg** 18. 7.	grün	3	

Ex.-Nr. Typen-designie-rung	Vollständige Etikettenbeschriftung: Familien-, Gattungs-, Artangaben	Vollständige Etikettenbeschriftung: Sonstige Details	Etiketten-farbe	Erhal-tungs-zustand	Revisionsresultate nach 1910. [Bemerkungen von G. MORGE]
	[*Lasiosoma* WINNERTZ]				
3142	*Lasiosoma hirta* MG.	♀ **Kematen Waldbach** 18. 8.	rosabraun	3	
3143	*Las. nitens* W.	♀ **Scheiblstein**	—	3	
3144	*Las. thoracic.*	♂ **Winden Waldhohlwege** 6. 7.	dunkel-grün	2	
	[*Empalia* WINNERTZ]				
3146	*Empalia stylifera* GR.	♀ **Admont Bachschlucht** 17. 7.	rosabraun	3	
	[*Apolephtisa* GRZEGORZEK]				
3145	*Apolephtisa rara* GR.	♀ 206![1] **Kematen Bach** 16. 7. 92	rosabraun	3	[[1] Bezieht sich auf „GR.": GR. 206!]
	[*Tetragoneura* WINNERTZ]				
3147	*Tetragoneura hirta* W.	♂ Kalbling 5. 7. 95	dunkel-grün	2	
	[*Syntemna* WINNERTZ]				
3150 Typus	*Syntema alpicola* m.	♀ **Gstadtmayrhochalpe** 26/8 83	dunkel-grün	3	[Abdomen und Beine separat aufgeklebt]
6. Reihe:					
	[*Leptomorphus* CURTIS]				
3148	*Leptomorphus Walkeri* CURT.	♀ **Seitenstetten Stiftsgarten Gesträuch**[1]	graugrün	2	[[1] Kann auch „**gestreift**" heißen]
	[*Anaclinia* WINNERTZ]				
3149	*Anaclinia nemoralis* MG.	♂ **Admont Kematenbachschlucht** 10. 6.	verblichen rosabraun	3	
	[*Boletina* STAEGER]				
3151	*B. sciarina* ST.	♀ **Gstadtmayrhochalpe Gesträuch**[1] **Weibchen Schafferweg Männchen** 26. 8. 83	grün	3	[[1] Kann auch „**gestreift**" heißen]
3152 Typus	*pseudosciarin*		dunkel-grün	3	
3153	*basalis* MG.	♀ **Schafferweg Hohlweg** 16. 7.	dunkel-grün	3	[Abdomen von mir an Nadel geklebt]
3154 Typus	*Bol. nitida* GR. ?	♂ **Admont Kematenbach** 10. 6.	verblichen beige	2	L. N. KIDD det. 1970: Holotypus ♂ *Boletina flaviventris* STROBL. — [Abdomen separat als Präparat]
3155	*B. trivittata* M.	♂ **Reiteralm von** *Sen.* **gestreift**[1] 3. 8.	grün	2	[[1] Kann auch „**Gestrüpp**" heißen]
3156	*B. consobrina* Z.	♂ **Kematen** 8. 6. Styria STROBL	—	2	
3157	*Boletin analis* MG.		—	4	
	[*Gnoriste* MEIGEN]				
3158	*Gnoriste trilineata* Z.	♂ **Admont Krumau Gras** 8. 6.	dunkel-grün	1	
	[*Phthinia* WINNERTZ]				
3159	*Pthinia humilis* W.	♂ Admont **Lichtmeßberg** 21. 8. 95	dunkel-grün	3	

Ex.-Nr. Typen-designie-rung	Vollständige Etikettenbeschriftung		Etiketten-farbe	Erhal-tungs-zustand	Revisionsresultate nach 1910. [Bemerkungen von G. MORGE]
	Familien-, Gattungs-, Artangaben	Sonstige Details			
3160	*Winertzii*	♀ **Kalkofen Waldpf.** 15. 8.	dunkel-grün	3	
3161	*Phthinia Winnertzii* MIK	♂ **Michael Bachschlucht** 3. 4.	graugrün	3	
	[*Glaphyroptera* WINNERTZ]				
3162	*Glaphyroptera fascipennis* M.	♂♀ **Seitenstetten Stiftsgarten**	graugrün	2	
3163	*Glaph. fasciola* MG.	♂ **Seitenstetten Bachschlucht**	graugrün	2	
3164	*subfasciata*	**Steinbrück** ♂ **Seitenstetten Schlag Laub** ♀ 28. 6.	dunkel-grün	3	
3165	*Gl. bilineata* W.	♂ **Bösenstein Hmsee**[1] 24. 8.	—	2	[[1] Unleserliche stenographische Zeichen]
3166	*Gl. Winthemii* LHM	♂ **unter Michael Bachschlucht** 19. 6.	dunkel-grün	2	
3167	*Gl. borealis* W.	♀♂ Lemberg **Göbel**	grün	1	
	[*Leia* MEIGEN]				
3168	*Leia elegans* W.	♂ **Melk Winden Waldhohlweg** 4. 7.	grün	2	
	[*Parastemma* GRZEGORZEK]				
3169	*Parastema brevicornis* Z.	♂ **Admont Waldrand Laub** 29. 9.	dunkel-grün	3	
	[*Coelosia* WINNERTZ]				
3170	*Coelosia flava* STG.	♂ Gesäuss 18. 6. 95 STROBL	dunkel-grün	3	
3171	[1] *Coelosia Bolet. tenella* ZTT.	[1] ♂. [2] Napolw 2. 5.	[1] — [2] —	1	
3172	*Coelosia flavicauda* W.	♂♀ Admont **Scheibling** 5. 7. STR.	graugrün	2	
	[*Acnemia* WINNERTZ]				
3173 Typus	*Acn. nigra* m.	♂ **Scheibleggerhochwald** 27. 7. 891	dunkel-grün	5[1]	PAKARINEN det.: *Acnemia nigra* STROBL 1895 Holotypus ♂. — [Exemplar nach Revision durch PAKARINEN verschollen]
3174	*Acnemia nitidicollis*	♂ **Winden Hohlwege** 22. 4.	dunkel-grün	4	
7. Reihe:					
3175 Typus	*Acnem. Braueri* m.	32. Admont **Kematenbach-schlucht** 18/8 ♂	rosabraun	2	PAKARINEN det.: *Acnemia braueri* STROBL 1895 Holotypus ♂
	[*Azana* WALKER]				
3176 Typus	*Azana anomala* STG. v. *nigricoxa* m.	♂ Jablanica **Hohlweg** 28. 4. STR.	—	4	PAKARINEN det. 1970: *Azana nigricoxa* STROBL 1898 Lectotypus. — [Genitalpräparat nach Revision durch PAKARINEN verschollen]

Ex.-Nr. Typen-designie-rung	Vollständige Etikettenbeschriftung		Etiketten-farbe	Erhal-tungs-zustand	Revisionsresultate nach 1910. [Bemerkungen von G. MORGE]
	Familien-, Gattungs-, Artangaben	Sonstige Details			
	[*Docosia* WINNERTZ]				
3177	*Docosia valida* W.	♂♀ **Bösenstein Voralpenwiesen**	graugrün	3	
3178	*Doc. sciarina* W. v.	♀ **Mühlauer Wald Bauch und Binden gelb** 1/9 92	rosabraun	4	
	[*Rymosia* WINNERTZ]				
3179	*Rym. signatipes* WLP.	♂ **Kalkofen** 17. 7. 91	rosabraun	1	
3180	*spinipes* W.	♀ **Admont Bachschlucht** 3. 6.	dunkel-grün	3	
3181	*discoide*	**Strechen Fels** 16. 8.	dunkel-grün	3	
3182	*R. placida* W.	♂ **Uferdamm**[1] **Buchen Hohlweg** 28. 6.	dunkel-grün	2	[[1] Unsichere Dechiffrierung]
3183	*Rym. truncata* W.	♀ **Seitenstetten feuchter Bachrand**	graugrün	3	
3184	*connexa* W.	♂ **Krumau Wiese** 25. 8.	dunkel-grün	3	
3185	*R. cristata* STG.	♂ **Seitenstetten Bachschlucht**	graugrün	1	
3186	*maculosa*	♂ Sunk 25/5.	dunkel-grün	2	
3187	*R. fenestralis*		graugrün	2	
3188	*Rym. domestica*	**Melk Winden Waldhohlwege** 22/	dunkel-grün	1	
	[*Allodia* WINNERTZ]				
3189	*Allodia crassicornis* ST.		graugrün	2	
3190	*All. ornaticollis* v. *grata*		graugrün	2	
3191	*All. punctipes* STG.	♀ **Lemberg**	–	3	
3192	*All. obscura* W.	♀ **Winden im Walde fliegend** 15. 3.	dunkel-grün	2	
3193	*barbipes* W.	♂ Gesäuss 19/8	blaugrün	3	
	[*Brachycampta* WINNERTZ]				
3194 Typus	*triangularis* m.	♂ **Scheibleggerhochwald unter Felsen** 17. 7.	dunkel-grün	2	
3195	*bicolor* M.	♂ **Kematenbachschlucht** 10. 6.	grün	3	
3196	*Brach. caudata* W.	♂ **Krumau**	–	2	
3197	*B. amoena*		graugrün	2	
3198	*B. griseicollis*		graugrün	4	
3199	*B. alternans* Z.	♂ **Michael Bachschlucht**	graugrün	2	
3201	*brachycera*	**Admont Bachrand** 20. 5.	dunkel-grün	3	
3202	*proxima*	♂ **Damischbachturm Krummholzwiesen** 17. 8.	dunkel-grün	3	
3203 Typus	*Brach. foliifera* m. n. sp.	♂ **Schlesien**	–	3	
	[*Trichonta* WINNERTZ]				
3200	*melanura*	♂ **Treffneralm Flitzenweg** 1/8 90	dunkel-grün	2	
3204	*Trichonta obesa*	♂♀ **Winden Waldhohlwege** 6/7	dunkel-grün	2	
3205	*Tr. funebris* W.	♀ **Steinbrück Rain** 21/7.	rosabraun	3	
8. Reihe: 3206	*Trich. hamata* M.	**Scheibleggerhochwald Fels**	dunkel-grün	3	

Ex.-Nr. Typen-designie-rung	Vollständige Etikettenbeschriftung: Familien-, Gattungs-, Artangaben	Vollständige Etikettenbeschriftung: Sonstige Details	Etiketten-farbe	Erhal-tungs-zustand	Revisionsresultate nach 1910. [Bemerkungen von G. MORGE]
3207	*Trichonta submaculata*	♂ Trebevic (Bosn.) STROBL	bräunlich-weiß	3	
3208	*Tr. trossula* W.	♀ **Schafferweg** 5. 8. 97 Styria STROBL		2	
3209	*Tr. simplex* W.	♂ **Schafferweg Hohlwege** 16. 4.	grün	2	
3210 Typus	*Tr. apicalis* m. n. sp.	♂ **Lichtmeßberg** 10. 8.	bräunlich-weiß	2	
	[*Anatella* WINNERTZ]				
3211 Typus	*Anatella nigriclava* m.	♂ Hohentauern **Winzgraben Westrand** 2. 8.	dunkel-grün	4	
	[*Phronia* WINNERTZ]				
3212 Typus	*Phronia appropinguata* m.	Admont STRO.	–	1	
3213	*Ph. annulata* W.	♀ **Veitlgraben Gesträuch** 8. 8.	graugrün	3	
3214	*Ph. flavipes*		–	5	
3215	*cinerascens* v.	♂ **Scheibling unter morschem Baum** 25. 5.	dunkel-grün	2	
3216	*basalis*		grün	2	
3217	*strenua*	♂ **Schafferweg Hohlweg**	dunkel-grün	3	
3218	*forcipata*	♂ **Damischbachturm** 27. 6.	dunkel-grün[1]	3	[[1] Über dem Etikett noch ein goldenes □-Blättchen]
3219	*vitiosa* W.	♂ **Damischbachturm Waldweg** 27. 8.	dunkel-grün	2	
3220	*Ph. lepida* W.	♀! **Admont Bachschlucht** 17. 7.	rosarot	3	
3221	*humeralis*	**Kematenbach** 18. 8.	rosarot	3	
3222	*nitidiventris*	♂ **Hohentauern Winzgraben**	dunkel-grün	3	
3223	*tenuis* W.		graugrün	3	
3224	*rustica* W.	♂ **Mühlau Waldhohlweg** 10. 8.	dunkel-grün	2	
3225	*Ph. tarsata* STG. *crassip*[*es*]		–	2	
3226 Typus	*Ph. emarginata* m.	♂ Nopolw 2. 5.	–	3	
	[*Exechia* WINNERTZ]				
3227	*Exechia interrupta* ZTT.	♂ Admont **Natterriegel** 1. 8. STROBL	bräunlich-weiß	4	
3228	*Exechia trivittata* W.	♂ Trebevic (Bosnien) 1. 5. STROBL	bräunlich-weiß	3	
3229	*pulchella*	**Hohentauern Wirtsbachgraben**	dunkel-grün	3	
3230	*subulat*[*a*]	**Veitlgraben** ♀ **Hohentauern Winzgraben** ♂ 2. 8.	dunkel-grün	3	
3231	*cincta*	**Damischbachturm**	dunkel-grün	1	
3232	*Ex. leptura* ? MG.	♀ **Michael Bachschlucht**	graugrün	2	
3233	*Ex. speciosa* W.	Admont **Stiftsgarten**	rosarot	1	
3234	*Ex. tenuicornis*		dunkel-grün	2	

Ex.-Nr. Typen-designierung	Vollständige Etikettenbeschriftung: Familien-, Gattungs-, Artangaben	Vollständige Etikettenbeschriftung: Sonstige Details	Etikettenfarbe	Erhaltungszustand	Revisionsresultate nach 1910. [Bemerkungen von G. MORGE]
3235	*Ex. bicincta* MG.	**Michael Bachschlucht** ♀ **Admont** ♂	graugrün	1	
3236	*Ex. intersecta* MG.	♀ **Schafferweg** 30. 5.	dunkelgrün	2	
3237	*confinis*	♂ Melk **Wald bei Winden** 30. 8.	dunkelgrün	4	
9. Reihe:					
3238 Typus	*Ex pseudcincta* m.	**Winzgraben**	–	1	
3239	*Ex. fungorum* DEG.	♂ **Veitlgraben Gesträuch** 8. 8.	graugrün	4	
3240	*lateralis*	♂ **Schafferweg Hohlweg** 11. 8.	dunkelgrün	3	
3241	*Ex. pallida* ST.		graugrün	3	
3242	*Ex. festiva* W.	♂ **Kematen**	bräunlichweiß	1	
3243	*Schum̄eli* ST.	♀ **Hohentauern**	dunkelgrün	3	
3244	*maculipennis*	♀ **Krumau Tuffsteingrotte**[1] 14. 4.	dunkelgrün	2	[[1] Unsichere Dechiffrierung]
	[*Zygomyia* WINNERTZ]				
3245 Typus	*Zyg. simplex* m.	♀ **Sunk Felswand** 25. 5.	dunkelgrün	2	
3246	*Zyg. pictipennis* STG.	♂ Adm. **Veitlgraben** 20. 9.	rosarot	3	
	[*Sceptonia* WINNERTZ]				
3247	*Sceptonia concolor nigra*[1] MG.[1]	♂ **Seitenstetten Stiftsgarten stimmt genau, aber bloß** $^4/_5$ **lang**	graugrün	2	[[1] Von P. STROBL selbst durchgestrichen]
3248	*Scepton nigra* W.	♀ **Scheibling Baumstamm** 18. 6.	dunkelgrün	2	
	[*Mycothera* WINNERTZ]				
3252	*Mycothera semifusca* M.	♂ **Schafferweg Hohlweg** 26. 8.	dunkelgrün	2	
	[*Epicypta* WINNERTZ]				
3249 /	*Epicypta punctum*	♂ **Schafferweg** 20. 8. ♀ **Damischbachturm** 27. 8.	dunkelgrün	3	
3249a				2	
3250 /	*Epic. trinotata* STG. var.	♂ ♀ **Kematen**		4	
3250a				4	
	[*Mycetophila* MEIGEN]				
3253	*M. aterima*	♂ ? **Melk Stiftsgarten Hain**[1] 4. 5.	dunkelgrün	3	[[1] Unsichere Dechiffrierung]
3254	*Mycetophila punctata* MG. v. *punctata*	♂ **Stiftsgarten Blätter**	graugrün	3	
3255	*M. punc![ata]* v. *semicinct[a]* (MG)	♂ **gegen Michael Gebüsch Ockergelb, Hinterleib oben braun mit gelben**[1] **Nähten**[1]	graugrün	4	[[1] Kann auch **„gelber Naht"** heißen]
3256	*M. punct[ata]* v. *unicolor* MG.	♀ **Veitlgraben** 8. 8.	graugrün	2	

Farbtafel 1: Linke Seitenansicht, etwas von unten, eines Weibchens von *Aenigmatomyia* spec. (31×). (Gezeichnet nach einem Exemplar aus „Puerto Williams Isla. Navarino T. del Fuego, Chile. 22.–29. XI. '60. Pena", das mir dankenswerterweise von Herrn Prof. Dr. Dr. HENNIG, Ludwigsburg, geliehen wurde.)

Ex.-Nr. Typen-designierung	Vollständige Etikettenbeschriftung: Familien-, Gattungs-, Artangaben	Vollständige Etikettenbeschriftung: Sonstige Details	Etikettenfarbe	Erhaltungszustand	Revisionsresultate nach 1910. [Bemerkungen von G. MORGE]
3257 / 3257a	*unipunctata* MG.	♂ ♀ **Admont Veitlgraben** 20. 9.	rosarot	3 4	
3258	*M. lineol[a]* v. *ruficollis* MG.	♀ **Veitlgraben** 8. 8.	graugrün	2	
3259	*Mycet. stolida* WLK.	♂ **Hof[1]wiese** 1. 7. 98		1	[[1] Kann auch „Groß" heißen]
3260	*biusta* W.	♀ **Kalkofen Wald [pf]**[1] 15. 8.	dunkelgrün	1	[[1] Unsichere Dechiffrierung]
3261	*maculipennis* W.	♂ Pitz **Waldhohlweg** 22. 8.	dunkelgrün	2	
3262	*luctuosa*	**Admont Bachschlucht**	dunkelgrün	1	
3263	*rufescens*	♂ **Hohentauern Winzgraben** 2. 8.	dunkelgrün	3	
3264	*gratiosa*		dunkelgrün	1	
3265	*M. lunata* MG.	♂ **Mühlauer Wald** 1. 9.	rosarot	1	
3266	*Myc. xanthpyga* W.	**Admont**	graugrün	2	
3267	*hamata* W.	♂ ♀ **Krumau Fischbach Hohlweg**	dunkelgrün	1	
3268 / 3268a	*tarsata* W.	♂ 14. 4., ♀ 11. 8. 91 **Krumau Sennhütte**	dunkelgrün	♀2 ♂5	
3269 Typus	*magnicauda* m.	♂ Sunk **an feuchter Felswand** 30. 7.	dunkelgrün	2	
10. Reihe:					
3270	*Myc. cingulum* MG.	♀ **Gemäuer Wolfsbrücke** 24. 8.	rosarot	2	
3271	*Mycetophila rudis* WINN.	♂ **Frauenfeld Lichtmeßberg Gestrüpp**	graugrün	1	
3272	[1] *M. morosa* W.	[1] ♂ [2] Napolw 2. 5. [1] **neu**[1]	[1] – [2] –		[[1] Unsichere Dechiffrierung]
	[*Opistholoba* MIK]				
3251 / 3251a	*Opistholoba caudata* STG.	♀ **Seitenstetten Gansberggraben** 3. 5., ♂ **Melk Winden Waldhohlwege** 6. 7.	rosarot	1 3	
	[*Dynastosoma* WINNERTZ]				
3285	*Dynastosoma fuscicornis*	♂ **Winden Waldhohlwege** 6. 7.	dunkelgrün	2	
3286 Typus	*D. rufithorax* [STROBL]	♂ **Scheibleggerhochwald Fels** 29. 7.	dunkelgrün	1	
3287	*D. nobilis* LW.	♂ **Götzenberg** Transs. 29. 7.	dunkelgrün	1	
3288 Typus	*Dyn. inaequale* n. sp.	**ausgezeichnet durch sehr lange Untergabel usw.** Transs. **Götzenberg** ♀ 29. 7.	dunkelgrün	1	
3289 / **3289 a Typen**	*D. cochleare* m.	♂ Mühlau **Waldhohlwege** 10. 8. 981		3 3	

Ex.-Nr. Typen-designie-rung	Vollständige Etikettenbeschriftung: Familien-, Gattungs-, Artangaben	Vollständige Etikettenbeschriftung: Sonstige Details	Etiketten-farbe	Erhal-tungs-zustand	Revisionsresultate nach 1910. [Bemerkungen von G. MORGE]
	[*Cordyla* MEIGEN]				
3290	*Cordyla semiflava* STG.	♀ **Winzgraben** 28. 8.		3	
3291	*C. cinerea* Z.	♂ **Mühlauer Wald**		2	
3273	*brevicornis* STG.	♂ **Damischbachturm Voralpenbach** 27. 9. 91	dunkelgrün	3	
3292	*Cordyla flaviceps* STG.	♂ ♀ [1]**Veitlgraben Gesträuch**[2] 8. 8.	graugrün	3	[[1] „♀" ist korrekt. — [2] Kann auch „**gestreift**" heißen]
3293	*Cordyla fusca* LTR.	♀ Algeciras **Wiesen** STROBL 11. 4.		4	
3294 / 3294a	*crassicornis* MG.	♂ ♀ **Damischbachturm Voralpenbäche** 27. 8.	dunkelgrün	2 / 3	
3295	*Cord. vitiosa* W.	♀ **Götzenberg** Transs. 29. 7.	dunkelgrün	3	
3296	*Cord. obscuripennis* W.	♀ **Hofwiese** 1. 7.		5[1]	[[1] Nur noch die Nadel vorhanden]
	[*Novakia* STROBL]				
3075 Typus	*Novakia scatopsiformis* [STROBL]	♂ Lesina **Novak**	rosarot	3	
3076 Typus	*Novak. simillima* m.		rosarot	3	
	[*Scatopse* GEOFFROY]				
3274	*Scatopse recurva* LW.	Berlin-P.		3	
3275 Typus	*Scat. tristis* Z. v. *obscuritarsis* m.	**Admont Kaiserau Type**[1] 25. 6.		3	[[1] Eines der wenigen Exemplare, das von P. STROBL selbst als Typus designiert und etikettiert wurde]
3276	*Sc. halterata* MG.	♂ **Seitenstetten Stiftsgarten Gesträuch**[1]	graugrün	3	[[1] Kann auch „**gestreift**" heißen]
3277	*Sc. albitarsis* Z.	♀ Steinbrück **Bergrain** 21. 7. 92	rosarot	3	
3278	*Sc. brevicornis* MG.	♀ **Seitenstetten Franzosenwäldchen Gesträuch**[1]	graugrün	3	[[1] Kann auch „**gestreift**" heißen]
3279	*Sc. pulicaria* LW.	♂ **Voralpenwiesen Bösenstein**	graugrün	3	
3280	*Sc. flavicollis* MG.	♀ **Unterösterreich**	graugrün	1	
3281	*Sc. scutellata*	♀ **Veitlgraben**	rosarot	1	
3282	*Sc. notata* L.	**Seitenstetten Apfel** ♀ **Melk Stiftsgarten**	graugrün	1	
3283	*Scatopse inermis* RTH.	♂ **Seitenstetten Stiftsgarten Blätter** 22. 5.	graugrün	2	
3284	*inerm* [*is*] v. *picea* MG.	♂ **Wolfsgraben Gebüsch** 18. 8.	dunkelgrün	3	
11. Reihe:					[Ab 11. Reihe alle Exemplare im Kassettenunterteil]
	[*Penthetria* MEIGEN]				
3297	*Penthetria holosericea* MG.	♂ **Gastein**	graugrün	3	
3298	*Pent. holoseric*[*ea*]	♀ Villach **Tief**	dunkelgrün	3	

Ex.-Nr. Typen-designie-rung	Vollständige Etikettenbeschriftung: Familien-, Gattungs-, Artangaben	Vollständige Etikettenbeschriftung: Sonstige Details	Etiketten-farbe	Erhal-tungs-zustand	Revisionsresultate nach 1910. [Bemerkungen von G. MORGE]
	[*Dilophus* MEIGEN]				
3376	*Dil. humeralis* ZETT.	♀ Lesina **Novak**	rosarot	3	
3377	*D. femoratus* MG.	♀ **Scheibleggerhochalpe Gestrüpp**	grün	3	
3378 / 3378a	*Dilophus vulgaris* MG.	♂ ♀ **Seitenstetten** 5. 5.	graugrün	2 / 2	
	[*Bibio* GEOFFROY]				
3299	*Bibio pomonae* FB.	**Dürrenschöberl Alpenwiesen** ♂ **Mariahof heit**[1] **Dolden** ♀ 29. 6.	graugrün	2	[[1] Unleserliches stenographisches Zeichen]
3300	○			2	
3301	*Bibio marci* L.	**Melk Waldrand Gesträuch**[1] 3. 5. ♂ **Stiftsgemäuer** 30. 4. ♀	graugrün	2	[[1] Kann auch „**gestreift**" heißen]
3302	○			2	
3303	*B. hortulanus* L.	♂ ♀ **Melk Stiftsgarten** 6. 5.	graugrün	2	
3304	*B. venosus* MG.	♂ ♀ **Seitenstetten Waldrand**	grün	3	
3305	*reticulatus* LW.	♀ Lemberg 10. 5. 60	grün	2	
3306	[1] *B. reticulat[us]*	[1] ♂ **für Mik** [2] H. j. 7. 11. 96	[1] – [2] –	1	
3307	*Bib. laniger* MG.	♂ **Wach(t)berg Gräser** 7. 5.	dunkel-grün	3	[Von P. STROBL selbst durchgestrichen]
3308	*B. fulvipes* Z.	♂ **Gesäuse auf Blüten**	graugrün	3	
3309	*B. varipes* MG.	♂ **Seitenstetten Waldrand Erlen**	grün	3	
3310	*hybridus*	♂ **Griesstein um den Ertlersee**[1] 20. 8.	grün	3	[[1] Unsichere Dechiffrierung]
3311	*B. Johannis* L.	♂ **Seitenstetten Waldrand**	grün	3	
3312	*fuscipennis* POK.	**Hochschwung Alpenregion Blume** ♀ 29. 7., ♂ 19. 8.	dunkel-grün	3	
3313	*clavipes* MG.	♀ **Seitenstetten Franzosenwäldchen Laub** 29. 9. 1890	dunkel-grün	3	
3314	*B. ferruginatus* L.	♂ **Gesäuse auf Blüten**	grün	3	
3315	*femoralis* MG.	♂ Lemberg **Göbel**	grün	3	
3316	*B. lacteipennis* ZTT. ♂ *nigricatris*[1] Ld[2] ♀.	♀ **Scheiblegg**	dunkel-grün	2	[[1] = *nigriventris*; „*ca*" von P. STROBL selbst durchgestrichen. – [2] Unsichere Dechiffrierung = ? „**Lw**" = „**Loew**"]
	[*Ceratopogon* MEIGEN]				
3319	*C. albipes* W.	♀ **Seitenstetten Stiftsteich Gesträuch**[1]	graugrün	3	[[1] Kann auch „**gestreift**" heißen]
3320	*Ceratop. solstitialis* WINN.	**Seitenstetten Stiftsteich** ♀ **vergleichen!**	graugrün	3	
3321	*flavipalpis* W.	♀ Thalhammer Innsbruck **für Mik**[1]		3	[[1] Kann auch „**mich**" heißen]
3322	*Cerat. femoratus* FBR.	♂! **Seitenstetten Stiftswald**	graugrün	3	
3323	*C. venustus* MG.	Velencze Hungaria THALHAMMER		1	
3324	*Ceratopogon rufipectus* WIN.	♀ **Seitenstetten gegen Michael Gebüsch**	graugrün	1	
3325	*Cer. ferrugineus* MG.	♀!! **gegen Michael Gebüsch**	graugrün	4	

Ex.-Nr. Typen-designie-rung	Vollständige Etikettenbeschriftung: Familien-, Gattungs-, Artangaben	Vollständige Etikettenbeschriftung: Sonstige Details	Etiketten-farbe	Erhal-tungs-zustand	Revisionsresultate nach 1910. [Bemerkungen von G. MORGE]
3326	*C. candidatus* Lw. = *fasciat.* MG.	♀ **Monfalcone Lagune** 27. 7. 83	rosarot	2	
12. Reihe:					
3327	*C. candidatus* W.	♀ **Michael Bachschlucht** 29. 4.	dunkel-grün	3	
3328	*C. bicolor* MG.	♀ **Melk Stiftsgarten Gesträuch**[1] 19. 6.		2	[[1] Kann auch „**gestreift**" heißen]
3329 Typus	*Cer. flavip[es]* v.	**Melk Stiftsgarten Gesträuch**[1] ♀ **Schienen fast ganz schwarz, Fühler[borsten]**[2] **rot**	graugrün	2	[[1] Kann auch „**gestreift**" heißen. — [2] Fast unleserliches stenographisches Zeichen]
3330	*Cer. ephippium* ZTT. v. b. 4873 ♀	♀ **Kraumau Wiesen** 27. 6.	dunkel-grün	2	
3331	*C. spinipes* Pz.	♂ **Seitenstetten Stiftsgarten**	graugrün	3	
3332 Typus	*Cer. 4striatus* STR.	♀ Admont **Scheibleggerhoch-alpentalsee** 8. 8.	rosa	3	
3333	*C. procerus* FR.	♀ **Melk Pielach Rain** 11. 7. 885	rosarot	3	
3334	*C. variegatus*	♀ **Seitenstetten Stiftsgarten**	graugrün	2	
3335	*C. brunnipes*		graugrün	3	
3336	*Ceratop. nitidus* MCQ.!	♀ **Amstetten Ybbsauen**	graugrün	3	
3337	*C. lacteipennis* Z.	♂ **Wach(t)berg Föhren**[1] 7. 5.	dunkel-grün	3	[[1] Unsichere Dechiffrierung]
3338	*C. frutetorum*		graugrün	3	
3339	○			4	
3340 Typus	*C. lateralis* MG. *flavirostroides* [STROBL]	♂ ♀ **Seitenstetten Waldrand**	graugrün	3	
3341	*flavirostris* W.	♂ Lembg. **Göbel**	grün	2	
3342	*C. albicans* W.	♂ Villach **Tief**	dunkelgrün	3	
3343	*C. niveipennis* M.	♀ **Seitenstetten Franzosen-wäldchen**	graugrün	2	
3344 Typus	*C. flavolineatus* [STROBL]		graugrün	3	
3345	*C. pavidus*	♂ **Amstetten Ybbsauen Ge-sträuch**[1]	graugrün	2	[[1] Kann auch „**gestreift**" heißen]
3346	*Cer. fascipennis* STG.	♂ **Admont Ennswiesen** 1. 7. 05	dunkel-grün	3	
3347	*C. scutellatus* MG.	♀ **Seitenstetten Stiftsteich**	graugrün	3	
3348	*C. nubeculosus* MG.	♀ **Radkersburg Bachrand** 26. 7.	rosarot	4	
3349	*Cer. pulicaris* L.	♀ **Admont Stiftsgarten Gemäuer** 18. 7.	rosarot	3	
3350	*C. ochraceus* W.		graugrün	3	
3351	*C. varius* W.		graugrün	3	
3352	*pictipennis*	♀ **Admont Stiftsgarten Gebüsch**	dunkel-grün	3	
3353	*ciliatus* W.	♀ **Seitenstetten Stiftsgarten Mauer** 15. 6.	dunkel-grün	3	
3354	*C. rostratus*	**Seitenstetten Rain gegen Michael**	graugrün	3	[In verblichener STROBLscher Normal-Handschrift findet sich auf dem Etikett noch die Angabe „**Villach**", die sich aber nicht

Ex.-Nr. Typen-designierung	Vollständige Etikettenbeschriftung		Etikettenfarbe	Erhaltungszustand	Revisionsresultate nach 1910. [Bemerkungen von G. MORGE]
	Familien-, Gattungs-, Artangaben	Sonstige Details			
					auf dieses Exemplar bezieht und von STROBL bei der Etikettierung offenbar übersehen wurde.]
3355	*Cer. fuscus* MG.	♀ **Gesäuse** 24. 6. 97 Styria STROBL		3	
3356	*C. griseolus* Z.	♀ **Admont Veitlgraben** 8. 8.	graugrün	3	
3357	*C. alacer* WIN.	**Admont Stiftsgartenmauer** 17. 7.	rosarot	3	
3358	*versicolor*	**Admont Bachrand** 10. 5.	dunkelgrün	2	
3359	*C. saltans*	♂ **Seitenstetten Stiftsgarten**	graugrün	3	
3360	*C. serripes* MG.	♂ **Seitenstetten Stiftsgarten**	graugrün	3	
3361	*Ceratop. lucorum* MG.!	♀ **Stiftswald Seitenstetten**	graugrün	3	
3362	*Cer. brevipennis* W.	♂ Velencze Hungaria THALHAMMER	—	3	
3363	*C. divaricatus* W.?	♂ **Kematen** 30. 5.		4	
3364	*Ceratop. flavipes* MG.	♂ **Amstetten Ybbsauen Meierhof-[sumpf][1] [Kraut][1]schicht**	graugrün	2	[1 Unsichere Dechiffrierungen
3365	*C. halteratus* W.	♂ **Stiftsgarten Gesträuch[1]** 14. 5.		4	[1 Kann auch „**gestreift**" heißen]
3366	*Cer. crassipes* W.	♀ Vorarlberg **für Mik[1]**	—	5[2]	[1 Kann auch „**mich**" heißen. — 2 Nur noch Nadel vorhanden, kein Exemplar]
3367 Typus	*Cer. decoratissimus* m.	♀ **Monfalcone**		3	
13. Reihe:					
3368	*C. seric[atus]*	♂ **Seitenstetten Stiftsgarten** 2. 5. **Schildchenrand gelb Schwinger weißlich**	graugrün	3	
3369	*C. Kaltenbachii* W.	♂ **Lesina**	rosarot	3	
3370	*Cer. piceus* W.	♂ ♀ Lesina	rosarot	3	
3371	*C. niger* W.	♀ **Scheibleggerhochalpe** 27. 7. 91	dunkelgrün	3	
3372	*C. myrmecophilus*		graugrün	3	
3373	*C. bipunctatus* L.	♂ **Seitenstetten Ledererleiten Gesträuch[1]** 1. 5.	graugrün	3	[1 Kann auch „**gestreift**" heißen]
3374	*regulus* W.	**Melk Herrenmühlschlucht Gesträuch[1] Seitenstetten Stiftsgarten** ♀	dunkelgrün	4	[1 Kann auch „**gestreift**" heißen]
3375	*Ceratopogon pallidus* W.	♀ **Seitenstetten Rain**	graugrün	3	
	[*Corynoneura* WINNERTZ]				
3317	*Corynoneura scutellata* W.	♀ **Stiftsteich Seitenstetten**	graugrün	5	
3318	*C. atra* W.	♂ **Seitenstetten Stiftsteich Gesträuch[1]**	graugrün	4	[1 Kann auch „**gestreift**" heißen]
	[*Chironomus* MEIGEN]				
3379	*Ch. atomarius*		graugrün	4	
3380	*Ch. flavipes* MG.	♀ **Seitenstetten Ledererleiten**	graugrün	3	
3381	*Chir. punctipes*	♂ **Seitenstetten Stiftsteich**	graugrün	3	

Ex.-Nr. Typen-designie-rung	Vollständige Etikettenbeschriftung		Etiketten-farbe	Erhal-tungs-zustand	Revisionsresultate nach 1910 [Bemerkungen von G. MORGE]
	Familien-, Gattungs-, Artangaben	Sonstige Details			
3382	*flavella*	**Blümelsbach[schluchten]**[1] 20. 5.	dunkelgrün	3	[[1] Unsichere Dechiffrierung. Kann auch . . . „**schlitter**" heißen]
3383	*Ch. latus* STG.	♂ ♀ **Seitenstetten Froschau Gesträuch**[1]	graugrün	1	[[1] Kann auch „**gestreift**" heißen]
3384	*Chir. riparius* MG.	♀ **Seitenstetten Stiftsteich**	graugrün	2	
3385	*Ch. gmundensis*		graugrün	3	
3386	*Chir. nubeculosus* MG.	♂ **Seitenstetten Stiftsgarten Gesträuch**[1]	graugrün	3	[[1] Kann auch „**gestreift**" heißen]
3387	*Chironomus flexilis* L.!	♂ **Seitenstetten Waldrand**	graugrün	3	
3388	*Chironom. scalaenus* SCHR.	♀ **Monfalcone Lagune** 24. 7.		5	
3389	*Ch. 4maculatus* MG.	♀ **Melk Stiftsgarten** 15. 6.	graugrün	4	
3390	*Ch. hirticollis* STG.	♂ **Eichelau**		3	
3391	*Chir. pictulus* MG.!	♀ **Seitenstetten Stiftsgarten Blätter**	graugrün	3	
3392 Typus	[1] *Chironom. Apfelbecki* m	[1] ♀ [2] Sarajevo APFELBECK	[1] — [2] —	3	
3393	*Chir. pusio* MG.	♂ **Almsee**	graugrün	3	
3394	*Chir. rufipes*!	♂ **Stiftsteich**	graugrün	2	
3395	*Chiron. lugubris* ZETT.	**Almsee aber 4''' lang**	graugrün	3	
3396	*Chir. plumos.*	♂! **gegen Hohlwasser**[1] **Waldrand**	grau	2	[[1] Unsichere Dechiffrierung. Kann auch „**Hohlwiesen**" heißen]
3397	*Ch. intermedius* STG.	♂ **Seitenstetten Stiftsgarten**	grau	2	
3398	*Ch. barbipes* STG.	♂ **Villach**	dunkelgrün	2	
3399	*ferrugineo-vittatus* Z.	♂ Prag Göbel	grün	1	
3400	*annularius* MG.	♂ **Melk Stiftsgarten** 8. 5.	dunkelgrün	1	
3401	*nemoralis* Z.	♀ **Scheiplsee zwischen Grün-[erlen]**[1] 1. 8.	dunkelgrün	3	[[1] Unsichere Dechiffrierung]
3402	*Chiron. aprilin[us]*	♂! **Seitenstetten Stiftsteich**	grau	2	
3403	*psittacinus* MG.	♂ **Meran**	—	3	
3404	*Ch. flaveolus*	♂ **Melk Stiftsgarten Gesträuch**[1]	dunkelgrün	2	[[1] Kann auch „**gestreift**" heißen]
3405	*maculipeñ[is]*	**Seitenstetten Stiftsgarten**	dunkelgrün	3	
3406	*Ch. tentans* ♂.	**Melk Stiftsgarten Hain**[1] 8. 7. Admont ♀	dunkelgrün	3	[[1] Unsichere Dechiffrierung]
3407	*Ch. tendens* FBR.	♀ **Seitenstetten Stiftsgarten**	grau	4	
3408	*ven[usta]* v. *nigrovir[idis]*	♂ **Melk Stiftsgarten Fichte**[1] **Gesträuch**[1,2]	dunkelgrün	3	[[1] Unsichere Dechiffrierung. Kann auch „**Fichtengesträuch**" oder „**Teichgesträuch**" heißen. — [2] Kann auch „**gestreift**" heißen]
14. Reihe:					
3409	*productus* Z.	♂ **Seitenstetten Ziegelbrennersumpf** 26. 6.	dunkelgrün	3	

Ex.-Nr. Typen-designie-rung	Vollständige Etikettenbeschriftung: Familien-, Gattungs-, Artangaben	Vollständige Etikettenbeschriftung: Sonstige Details	Etiketten-farbe	Erhal-tungs-zustand	Revisionsresultate nach 1910. [Bemerkungen von G. MORGE]
3410	*dispar*	♂ Melk 22. 4. **Melk Winden Waldgesträuch**	grau	3	
3411	*albimanus*	Admont	dunkel-grün	5	
3412 Typus	*Ch. canus* m. i. l.	♂ **Natterriegel Ennsabhang** 13. 9.	–	3	
3413	*Chiron. chloris* MG.!	♂ **Seitenstetten Stiftsteich**	grau	3	
3414	*Chironomus viridis* ZETT.	♂! **Stiftsgarten Blätter**	grau	3	
3415	*viridis* v. b. m[1]	♂ **Admont Bach[schluchten]**[2] 30. 5.	dunkel-grün	2	[[1] Trotz dieses „m" offenbar keine STROBLsche Varietät. – [2] Kann auch „**schlitter**" heißen]
3416	*Ch. nigrimanus*		grau	3	
3417	*Ch. ictericus* M.	♀ **Seitenstetten Stiftsgarten Laub**	grau	3	
3418	*Ch. variabilis* STG.	**Melk Wach(t)berg Föhren**[1]	grau	3	[[1] Unsichere Dechiffrierung]
3419	*brevitibialis* Z.	♂ **Admont Stiftsgarten** 15. 7.	dunkel-grün	3	
3420	*tricolor* v d W	♂ ♀ **Seitenstetten Stiftsgarten Gesträuch**[1]	dunkel-grün	4	[[1] Kann auch „**gestreift**" heißen]
3421	O			3	
3422	*Ch. tibialis*		grau	5	
3423	*Ch. vidulus* L.	♂ ♀ **Seitenstetten Bachrand** 20. 4.	grau	3	
3424	*Ch. pusillus* L.	♂ **Seitenstetten Stiftsteich**	grau	3	
3425	*Ch. pedestris* MG.	♂ **Seitenstetten Ledererleiten**	grau	2	
3426	*Ch. tenuis* MG.		grau	3	
3427	*Ch. hilarellus*		grau	4	
3428	*Ch. minimus*		grau	3	
3429	*Ch. minutus*		grau	3	
3430	*picipes* MG. = *fuscus* **Schiner**	**Seitenstetten Franzosen-wäldchen** 21[1]. 4.	dunkel-grün	2	[[1] „1" kaum lesbar]
3431	*atratulus* Z.	♂ **Seitenstetten Stiftsgarten Blume** 2. 5.	dunkel-grün	3	
3432	*immundus* Z.	♂ **Admont Bachschlucht** 20. 5.	dunkel-grün	4	
3433	*Ch. tremulus*		grau	3	
3434	*Ch. coracinus* Z. ♀	**Ziegelbrennerteich** 24. 4. ♂	grau	4	
3435	*Chir. leucopogon* MG.	♂ **Seitenstetten Stiftsteich**	grau	5	
3436	*albolineat.* MG.	**Admont Krumau**	dunkel-grün	5[1]	[[1] Nur noch Nadel vorhanden, kein Exemplar]
3437	*tricinctus* MG.	♂ **Admont Krumau Wiesen** 25. 8.	dunkel-grün	5	
3438	*albicornis*	♀ **Melk Donauufer Westen** 16. 4.	dunkel-grün	5	
3439	*ornatus*	♂ **Admont Krumau** 25. 8.	dunkel-grün	4	
3440	*Ch. motitator*		grau	4	
3441	*albipennis* MG.	♂ Ungarn	–	5	
3442	*Ch. pallidicollis* STG.	♂ **Seitenstetten Bachrand** 1. 6.	grau	3	
3443	*Ch. ephippium* Z.	♂ Monfalcone **Lagune** 23. 8. 93	rosarot	3	

Ex.-Nr. Typen-designie-rung	Vollständige Etikettenbeschriftung: Familien-, Gattungs-, Artangaben	Vollständige Etikettenbeschriftung: Sonstige Details	Etiketten-farbe	Erhal-tungs-zustand	Revisionsresultate nach 1910. [Bemerkungen von G. MORGE]
3444	*Ch. tib.* v. **Schiner Ring**[1] **ver-waschen**[1] **oder fehlend**[1,2] = *incisuratus* STG.		grau	3	[[1] Fast unleserliche stenographische Zeichen. — [2] Kann auch „**blind**" heißen]
3445	*Chir. bicinctu[s]* v. *dizonias*!	♂ **Amstetten Ybbsauen**	grau	3	
3446	*Ch. bicinctus*		grau	4	
3447	*Ch. alpicola* Z.	♂ **Donauinsel Gras** 30. 4.	grau	5	
3448	*Ch. annulipes* MG.	**Melk Stiftsgarten Gesträuch**[1]	grau	2	[[1] Kann auch „**ge-streift**" heißen]
3449	*Ch. silvestris* FBR.	♂ ♀ **Seitenstetten Stiftsteich**	grau	4	
3450	*Ch. stercorarius* DEG.	♂ **Melk**	grau	3	
3451	*Ch. barbicornis* FBR.	**Seitenstetten Froschau** ♀ **Melk Winden fliegend** 5. 7. ♂	grau	4	
3452	*Chir. aterrimus* MG.!	♂ . . .[1]	grau	3	[[1] Stenographische Zeichen und Fund-datum nicht lesbar, da größtenteils ab-geschnitten]
3453 Typus	*Ch. seitenstettensis* STROBL = *modestus* MG./WD.		grau	2	
15. Reihe:					
	[*Diamesa* MEIGEN]				
3454	*Diam. notata* STG.	**Seitenstetten Stiftsgarten**	dunkel-grün	2	
3455 Typus	*Diam. alboannulata* m. n. sp.	♀ Turrach 23. 7.		4	
	[*Tanypus* MEIGEN]				
3456	*Tanypus nervos* MG.!	♂ **Stiftsteich Gesträuch**[1]	grau	2	[[1] Kann auch „**ge-streift**" heißen]
3457	*T. signatus* Z.	♂ **Admont Hoffeld**	–	2	
3458	*Tan. plumipes* FR.	♂ Admont STROBL **Admont Krumau** 27. 6. 95	dunkel-grün	2	
3459	*T. punctipennis* MG.	♂ **Seitenstetten Stiftsteich**	grau	4	
3460	*unifascipen[nis]*	♂ Admont **Stiftsgarten Gebüsch** 10. 6. 88	dunkel-grün	3	
3461	*T. culiciformis*	**Seitenstetten Bachufer** ♀ **Stifts-garten** ♂	grau	3	
3462	*T. nebulosus* MG.	**Seitenstetten Stiftsgarten** 1. 5. ♀, 28. 6. 91 ♂	grau	1	
3463	*Tan. varius* FBR.	**Seitenstetten Froschau Laub** ♂ **Stiftsgarten**[1] ♀	grau	2	[[1] Unsichere Dechiffrierung]
3464	*T. punctatus* FBR.	♂ ♀ **Seitenstetten Waldrand**	grau	3	
3465	*Tanypus carneus* FBR.	♂ **Seitenstetten Stiftsgarten Gesträuch**[1]	grau	3	[[1] Kann auch „**ge-streift**" heißen]
3466		♀ Bregenz 8. 10.	–	3	
3467	*Tan. choreus* MG.	♂ **Monistrol** Span. **Strobl**	–	3	
3468	*Tan. nubilus* MG.	♀ **Seitenstetten Gesträuch**[1]	grau	3	[[1] Kann auch „**ge-streift**" heißen]
3469	*Tan. dubius* STR.	♂ **Seitenstetten Gesträuch**[1]	grau	3	[[1] Kann auch „**ge-streift**" heißen]
3470	*Tan. phatta* EGG.	♀ **Kematen Waldbach** 18. 8.	rosarot	3	

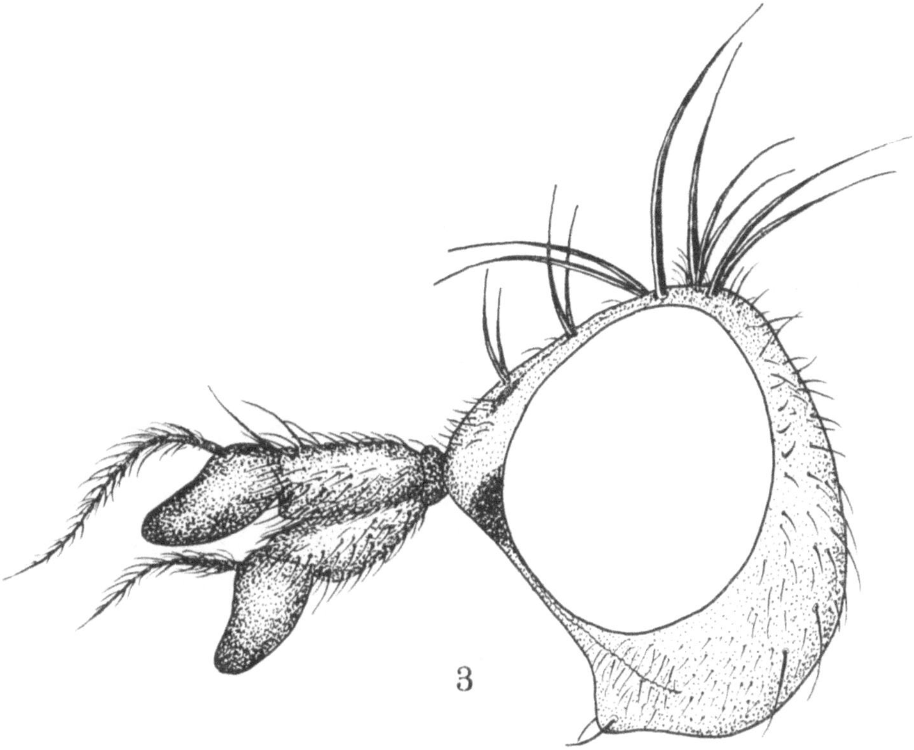

3

Fig. 3. *Limnia testacea* SACK (Sciomyzidae):

Linke Seitenansicht des Kopfes. (30 ×). (Gezeichnet nach einem Exemplar in der Kollektion des ehemaligen DEI, Eberswalde, mit folgender Etikettierung: 1. „Typus“. – 2. „Charbin 19. VII. 1937“. – 3. „W. Alin ded. 1937“. – 4. „*Limnia testacea* sp. n. det. Sack“.)

Ex.-Nr. Typen-designie-rung	Vollständige Etikettenbeschriftung		Etiketten-farbe	Erhal-tungs-zustand	Revisionsresultate nach 1910. [Bemerkungen von G. MORGE]
	Familien-, Gattungs-, Artangaben	Sonstige Details			
3471	*tenuis* MG.	♀ **Seitenstetten Stiftsgarten-mauer** 16. 6.	dunkel-grün	2	
3472	*melanurus*	♂ **Seitenstetten Giebelseite** 27. 5.	dunkel-grün	3	
3473 Typus	[1] *T. Schineri* m. *binotatus* **Schiner**	[1] ♀ **Trefflingufer Gebüsch** 9. 5. [2] **Hinterleib . . .**[1] **und Rückenschild oben braungelb, letzteres mit dunklen Striemen auf dem Quer . . .**[1]	[1] grau [2] –	3	[[1] Unleserliche stenographische Zeichen]
3474	*T. nigropunctatus* STG.	**Melk Stiftsgarten Gesträuch**[1] 10. 5. ♂ **Seitenstetten Stiftsgarten** ♀	grau	3	[[1] Kann auch „**gestreift**" heißen]
3475	*Tanypus melanops* MG.	♂ **Seitenstetten Stiftsgarten! vergleichen**	grau	3	
	[*Corethra* MEIGEN]				
3484	*C. plumicornis* FBR.	**Seitenstetten Froschau Laub** 20. 5. ♂ **Melk auf Grasrain**[1] **am Bach** 7. 5. ♀	grau	5[2]	[[1] Unsichere Dechiffrierung. Kann auch „**Gräsern**" heißen. – [2] Nur noch Nadel vorhanden, kein Exemplar]
3485	*Corethra pallida* FBR.	♂ **Froschau Laub** 20. 5.	grau	3	
	[*Anopheles* MEIGEN]				
3478	*Anopheles maculipennis* MG.	♀ **Seitenstetten Abtrittmauer**[1,2]! **Winter**[1]	grau	2	[[1] Unsichere Dechiffrierung. – [2] Kann auch „**Alphofmauer**" heißen]
	[*Culex* LINNAEUS]				
3480	*Cul. vex[ans]*	♂ Gesäuss **an Waldpfahl** 19. 8.	dunkel-grün	5[1]	[[1] Nur noch Nadel vorhanden, kein Exemplar]
3481	[1] *C. pulchritarsis* RND. *leucacanthus* LW.?	[1] ♀ Zara [2] + 186	[1] rosa-rot [2] –	3	
3482	*C. annulatus* SCH.	♂ **Melk Kammerfenster** 20. 5.	grün	3	
3483	*Cul. ornatus* MG.	♂ ♀[1] **Luttenberg Sumpfwiese** 30. 7.	rosarot	3	[[1] „♀" ist korrekt]
	[*Dixa* MEIGEN]				
3477	*D. nebulos[a]*	Admont	–	2	
3486	*autumnalis* MG.	♂ **Hohentauern Sumpfwiesen** 3. 8.	dunkel-grün	3	
3487	*maculata*	**Damischbachturm Bach** 27. 8.	dunkel-grün	4	
3488	*puberula*[1]	♂ ♀ . . .[2] **Strechen unter Felsen** 4′ [3] 18. 8. 90	dunkel-grün	3	[[1] Auf der Rückseite des Etiketts steht außerdem „*nebulosa*". – [2] Unleserliches stenographisches Zeichen. – [3] ′ = Ein „Wiener Fuß" = 0,316 m]

Ex.-Nr. Typen-designie-rung	Vollständige Etikettenbeschriftung: Familien-, Gattungs-, Artangaben	Vollständige Etikettenbeschriftung: Sonstige Details	Etiketten-farbe	Erhal-tungs-zustand	Revisionsresultate nach 1910. [Bemerkungen von G. MORGE]
3489	*D. nigra* STG.	♀ **Schafferweg feuchte Waldstelle** 15. 8.	dunkelgrün	4	
16. Reihe:					
	[*Liponeura* LOEW]				
3490	*Lip. brevirostris* LOEW	♂ **Admont Stiftsgarten Gesträuch**[1]	rosarot	3	[[1] Kann auch „**gestreift**" heißen]
	[*Simulia* MEIGEN]				
3500	*Simulia reptans* L.	♂ **Melk Wach(t)berg Gräser** 22. 6.	grau	3	
3501	*S. maculata* M.	♂ **Monfalcone Lagune** 27. 7.	grün	3	
3502	*ornata*	Gesäuss	grün	4	
3503 Typus	*S. argenteostriata* m.	♂ ♀	–	1	H. ZWICK 1971 det.: *Boophthora erythrocephala* DE GEER ♂ [Dieses Exemplar ist nach H. ZWICK i. l. nicht als Syntypus anzusehen. – Genitalpräparat von H. ZWICK angefertigt.]
3504	*latip[es]*	♂ ♀ **Scheibleggerhochalpe Strobl**	–	2	
3505	*S. cinerea* MCQ. MG. 7 53[1]	♀ **Admont [Hof]**[2]**wiese**		3	[[1] Fast unleserlich. – [2] Unsichere Dechiffrierung. Kann auch „**Groß**" heißen.]
	[*Orphnephila* HALIDAY]				
3476	*O. obscur[a]*	♀ **Scheibleggerhochalpenbach** 26. 5.	dunkelgrün	3	
	[*Phlebotomus* RONDANI]				
3499	*Phlebotomus Papatasii* SCP.	♀ Zara **Novak**	rosarot	2	
	[*Pericoma* WALKER]				
3494	[1] *Pericoma calceata* MG.	[1] ♀. **für Mik.**[1] [2] Travnik THALHAMMER	[1] – [2] –	3	[[1] Kann auch „**mich**" heißen]
3495	*Peric. palustr[is]*	**Seitenstetten Blümelsbachschlucht** 20. 5.	dunkelgrün	4	
3496	*P. ocellaris* MG.	**Seitenstetten Stiftsgarten Gesträuch**[1] 7. 5.	dunkelgrün	3	[[1] Kann auch „**gestreift**" heißen]
3497	*Per. nubila* MG.	♀ **Seitenstetten Bachrand** 3. 5.	dunkelgrün	3	
3498	*P. canescens*	♂ ♀ **Seitenstetten Franzosenwäldchen** 2. 5.	dunkelgrün	3	
	[*Psychoda* LATREILLE]				
3506	*Psych. albipennis*	**Seitenstetten Stiftsgartenmauer**	dunkelgrün	4	

Ex.-Nr. Typendesignierung	Vollständige Etikettenbeschriftung: Familien-, Gattungs-, Artangaben	Vollständige Etikettenbeschriftung: Sonstige Details	Etikettenfarbe	Erhaltungszustand	Revisionsresultate nach 1910. [Bemerkungen von G. MORGE]
3507	*sexpunctat[a]*	**Admont Stiftsgarten** 21. 6.	dunkelgrün	5	
	[*Rhyphus* LATREILLE]				
3479	*Rhyph. fen.* v. *cinctus* F.		–	2	
	[*Rhipidia* MEIGEN]				
3509	*Rhipidia maculata* MG.	♂ **Seitenstetten Stiftsgarten Laub** 23. 5.	grau	4	
	[*Limnobia* MEIGEN]				
3491	*L. nubeculosa* MG.	♂ ♀ **Michael Bachschlucht**	grau	3	
3492	*L. nigropunctata* SCHUM.	♂!! **Gesäuse liegend**	dunkelgrün	3	
3493	*L. albifrons*	♂ **Schul[1]-Waldrand[2]** 6. 8. Transylv STROBL	–	3	[[1] = **Schulergebirge**. — [2] Fast unleserliches stenographisches Zeichen]
	[*Dicranomyia* HUNTER]				
3510	*L.*[1] *ornata* MG.	♂ **Melk Wach(t)berg Gesträuch**[2] 8. 6.	grau	5	[[1] Von P. STROBL handschriftlich durchgestrichen. — [2] Kann auch „**gestreift**" heißen]
3511	*meridiana* STG.	♂ **Admont Stiftsgartenmauer** 21. 6. 89	dunkelgrün	3	
	[*Trochobola* OSTEN-SACKEN]				
3508	*Trochobola annulata* L.	♂ Johnsbach **Graben** 1. 8.	dunkelgrün	3	
17. Reihe:					
	[*Antocha* OSTEN-SACKEN]				
3513	*Antocha opalizans*	**Gebüsch bei Mühlau** ♂!! **vergleichen Seitenstetten Gebüsch** ♀	dunkelgrün	3	
	[*Orimargula* MIK]				
3512	*Orimargula alpigenan* MIK	♂ **Scheibleggerhochalpe** 27. 7. 91	dunkelgrün	4	
	[*Gnophomyia* OSTEN-SACKEN]				
3515	[1] *Psiloconopa*[1] *pusilla* SCHIN.	[2] Austr. inf Wien 1. 7. 1876 MIK	[1] – [2] –	2	[Siehe auch Ex.-Nr. 3514. — [1] = *Psiloconopa* ZETTERSTEDT]
3516	*Gnophomyia pusilla* **Schiner**	**Bilch**[1] ♀ **Donauaue Bachränder**[1, 2] ♂ 26. 7.	dunkelgrün	3	[[1] Unsichere Dechiffrierungen. — [2] Kann auch „**Reichenland**" heißen]
3517 Typus	*Gnophom. cinerea* m. n. sp.	♂ **Gesäuse** 3. 6. Styria STROBL	–	3	
3518	*Gnophomyia tripudians* BERGR.		–	3	

Ex.-Nr. Typen-designie-rung	Vollständige Etikettenbeschriftung: Familien-, Gattungs-, Artangaben	Vollständige Etikettenbeschriftung: Sonstige Details	Etiketten-farbe	Erhal-tungs-zustand	Revisionsresultate nach 1910. [Bemerkungen von G. MORGE]
	[*Trimicra* OSTEN-SACKEN]				
3548	*Trimicra pilies* FBR.	♂ Lemberg **Göbel**	grün	1	
	[*Psiloconopa* ZETTERSTEDT]				[Siehe auch Ex.-Nr. 3515]
3514	*Psiloconopa Meigenii* Z. var.	♀ **Melk Winden Pappelstamm** 10. 6.	grün	3	
	[*Rhypholophus* KOLENATI]				
3520	*helveticus* LOEW. v.	**A . . .[1] Alpe lang[2] ♀ die vordere Querader steht genau an der Basis der Gabel, nicht höher** 2. 8.	–	3	[[1] Unleserliches stenographisches Zeichen. – [2] Unsichere Dechiffrierung]
	[*Dasyptera* SCHINER]				
3521	*Das. similis* STG.	♀ **Gumpeneck Kar[1] Hochwald** 16. 8.	dunkel-grün	1	[[1] Unsichere Dechiffrierung]
3522	*D. haemorrhoidalis* ZETT.	♂ Pitz **Hohlwege** 14. 9. 92	rosarot	5	
	[*Trichosticha* SCHINER = *Erioptera* MEIGEN]				
3527	*Trichosticha maculata* MG.	♂ ♀ **Seitenstetten Stiftsgarten Baumstamm**	grau	2	
3528	*Trichost. fuscipennis* MG.	♂ **Hohentauernteiche** 25. 8.	dunkel-grün	3	
3529	*Tr. pallens* LW.	♀ **Melk Herrenmühlhohlweg** 19. 5.	dunkel-grün	3	
3530	*Tr. imbuta* MG.	♂ **Froschau Laub** 8. 6.	grau	4	
3531	*Trichostycha flavescens* L.	**Seitenstetten Froschau Gebüsch ♀ Franzosenwäldchen ♂!! vergleichen**	grau	5	
3532	*Tr. macrophthalma* LW.	♀ **Seitenstetten**	grau	2	
3533	*Tr. lutea* MG.	**Stadl ob Murau Postfenster[1] ♂ Lichtmeßberg Gesträuch[2]** ♀ 7. 8.	grau	3	[[1] Fast unleserliches stenographisches Zeichen. Hiermit könnte das Fenster des Postamtes gemeint sein, kann aber auch als „**Triest**" gelesen werden. – [2] Kann auch „**gestreift**" heißen]
3534	*Tr. squalida*	♂ **Winden Waldhohlwege** 6. 7.	dunkel-grün	2	
	[*Erioptera* SCHINER = *Molophilus* CURTIS]		dunkel-grün	2	
3524	*Er. append[i] culata* STG.	**Schafferweg**		4	
3525	*Er. obsc[ura]*	♂ **Treffling Ufer** 7. 5.	grau	3	
3526	*Er. cinerascens* MG.	**Natterriegel Krummholzwiesen** 22. 8. ♂, . . .[1] 31. 8. ♀	dunkel-grün	4	[[1] Unleserliche stenographische Zeichen]
	[*Gonomyia* MEIGEN]				
3519	*G. abbreviata* LW.	**Seitenstetten Ledererleiten das unbekannte** ♂	grau	4	
3535	*Gonomyia schistacea* SCHUM	♂.!! **Seitenstetten Wiesen**	grün	3	

Ex.-Nr. Typen-designie-rung	Vollständige Etikettenbeschriftung: Familien-, Gattungs-, Artangaben	Vollständige Etikettenbeschriftung: Sonstige Details	Etiketten-farbe	Erhal-tungs-zustand	Revisionsresultate nach 1910. [Bemerkungen von G. MORGE]
3536	*Gon. lurida*	♀ **Melk Zimmerfenster** 12. 7.	dunkel-grün	4	
3537	O			3	
3538	*Gonomyia scutellata* EGG.!	♂ **Seitenstetten Stiftsteich Laub**	grau	3	
3539	*Gon. cincta* EGG.	**Melk Winden Gesträuch**[1] 25. 6. ♂ **Seitenstetten Froschau** ♀ v. **Schildchen etwas gelb**	grau	3	[[1] Kann auch „**gestreift**" heißen]
18. Reihe:					
3540	O			5	
3541	O			5	
3542	*Gon. flava* SCHUM.	♂ **Seitenstetten Froschau Gesträuch**[1]	grau	3	[[1] Kann auch „**gestreift**" heißen]
	[*Symplecta* MEIGEN]				
3544	*Sympl. punctipennis* MG.	♂ **Gemäuer Wolfsbrücke** 24. 8. 92	rosarot	4	
3545	*Symplecta stictica* MG.	♂ **Seitenstetten Meierhof Gebüsch**	grau	3	
3546	[1] *Sympl. similis* SCHUM.	[1] ♀. **für Mik**[1]. [2] H 3E Km 26 Okt 96	[1] – [2] –	3	[[1] Kann auch „**mich**" heißen]
3547	*similis*	♂ Kalocsa	–	3	
	[*Cladura* OSTEN-SACKEN = *Adelphomyia* BERGROTH]				
3543	*Cladura fuscula* LW.	♂ **Seitenstetten Ledererleiten**	graugrün	3	
	[*Trichocera* MEIGEN]				
3549	*Trichoc. annulata* MG.	♂ **Admont**	verblichen-beige	3	
3550 / 3550a	*T. relegationis*[1] L.	**Seitenstetten Sägemühle** ♂ ♀	grau	2	[[1] Artname von P. STROBL verschrieben, von ihm selbst aber in seinem Katalog verbessert. Muß richtig heißen: „*regelationis*"]
3551	*T. hiemalis* L.	♂ ♀ **Seitenstetten Franzosenwäldchen**	grau	2	
3552	*Tr. fuscata* MG.	**Melk Donauleiten grasiger Rain** 6.4. ♂ **Melk Abtrittsfenster** 15. 3. ♀	grau	3	
	[*Epiphragma* OSTEN-SACKEN]				
3556	*Epiphragma picta* FBR.	♂ **Amstetter Auen**	grau	3	
	[*Limnophila* MACQUART (*Idioptera* MACQUART)]				
3553	*Idioptera fasciata* L.	♂ Austria **Erber**	grün	3	
3554	*Idioptera pulchella* MG.	♂ **Lemberg Funk**	–	3	
	[*Limnophila* MACQUART *Ephelia* SCHINER]				
3557	*marmorata* MG. var.	♂ **Seitenstetten Stiftsgarten Gesträuch**[1] 9. 5.	dunkel-grün	4	[[1] Kann auch „**gestreift**" heißen. – Abdomen von mir angeklebt]

Ex.-Nr. Typen-designierung	Vollständige Etikettenbeschriftung: Familien-, Gattungs-, Artangaben	Vollständige Etikettenbeschriftung: Sonstige Details	Etikettenfarbe	Erhaltungszustand	Revisionsresultate nach 1910. [Bemerkungen von G. MORGE]
	[*Limnophila* MACQUART (*Poecilostola* SCHINER)]				
3558	*P. pictipennis* MG.	**Wien Mik ♂ Seitenstetten ♀**	grau	3	
3559	*P. angustipennis* MG.	♂ **Rosenach**[1] MIK	grau	1	[[1] Unsichere Dechiffrierung = ? **Rosenau**]
	[*Limnophila* MACQUART (*Dactylolabis* OSTEN-SACKEN)]				
3560	*Dactylolabis gracilipes* LW.	**Unter der Webalm** 24. 7. ♂. **Schafferweg** ♀	dunkelgrün	2	
3561	[1] *Dact. denticulata* BRGR.	[1] ♂. [2] Hieflau 3. 8. 891 Styria MIK	[1] rosa-beige [2] —	3	
19. Reihe:					
3562	O			3	
3563	*D. sexmaculata* MCQ.	♀ **Kalbling** 25. 7.	grau	3	
	[*Limnophila* MACQUART]				
3523	*discicollis* MG.	♂ **Seitenstetten Stiftsgarten Blätter**	dunkelgrün	4	
3564	*Limnophila*!! *nemoralis* MG.	♂ **Seitenstetten gegen Michael Gebüsch**	grau	3	
3565	*L. hospes* EGG.	**Waaggraben** ♂.!! **Zirbitzkogel** ♀	grün	3	
3566	*hyalipennis* Z.	**Ober Frauenfeld zwischen Fichten**[1]	dunkelgrün	3	[[1] Kann auch „**Flechten**" heißen]
3567	*Limnophila ferruginea* MEIG.	♂ Syrien	—[1]	3	[[1] Zusätzlich ein rundes blaues Etikett ohne Beschriftung]
	[*Anisomera* MEIGEN]				
3568	*Anisomera aequalis* LW.	♂ **Johnsbach Weg Bergroth**	rosarot	3	
3569	*An. aequalis* LW.	♀ **Seitenstetten Stiftsteich** det. **Bergroth**!	rosarot	3	
	[*Penthoptera* SCHINER]				
3571	*Penthoptera cimicoides* SCOP.	**Seitenstetten Froschau** ♂ ♀ **vergleichen**!	grau	4	
3572	*P. chirothecata* SCP.	**Görz Krojnatal auf Dolden** ♂ **Soča Feld** ♀	grau	4	
	[*Chionea* DALMAN]				
3573	*Chionea araneoides* DLM.	♂ Austria **Erber**	grün	1	
⁄ 3573a				2	

An letzter Stelle in Holzkassette I stecken zwei Exemplare, die nicht zu den sonst in dieser Kassette befindlichen Gattungen gehören. (Von Ex.-Nr. 3570 ist zudem auch die Artzugehörigkeit nach dem Etikett nicht eindeutig):

Ex.-Nr. Typen-designierung	Vollständige Etikettenbeschriftung: Familien-, Gattungs-, Artangaben	Vollständige Etikettenbeschriftung: Sonstige Details	Etikettenfarbe	Erhaltungszustand	Revisionsresultate nach 1910. [Bemerkungen von G. MORGE]
20. Reihe:					
3570	*	Krebenze. ♀.		4	[* Nach P. STROBLs Katalog = ? *Tipula lutescens* FABRICIUS]
	[*Campsicnemus*[1] WALKER]				[[1] = Familie Dolichopodidae. Siehe auch unter Holzkassette III.]
3555 Typus	[1] *Camps. Thalhammeri* m. [2] *umbripenis* Lw.	[1] **Scheiblstein 6500′ 27. 8. ♂**	[1] erikafarben [2] –	2	

* * *

	Holzkassette II Dipteren-Typen II[1]				[Die Kassette steht im linken Teil des neuen Zirbenschrankes ganz oben. – [1] Da ein Etikett von P. STROBL nicht mehr vorhanden war, wurde dieses von mir außen an der Kassette angebracht, daneben ein weiteres mit der Aufschrift: „Diptera-Typensammlung Kassette II".]
21. Reihe:					[21.–29. Reihe im Kassettenunterteil]
	[*Amalopis* HALIDAY]				
1	*Amalopis tipulina* EGG.	♀ Krn. **Voralpenwiesen**	graugrün	4	
2	*Amalopis Schineri* KOL.		graugrün	4	
3	*Am. gmundensis*	♂ **Schiner Veitlgraben[1] Seitenstetten[1]**	graugrün	3	[[1] Von P. STROBL handschriftlich durchgestrichen]
4	*Amal. opaca* EGG.	**Veitlgraben Seitenstetten Waldlichtungen ♂ hat[1] aber[1] 2[1] Striemen[1]!! vergleichen**	grün	4	[[1] Von P. STROBL handschriftlich durchgestrichen]
5	*Am. transversa* MG.	I/23 ♀ **Admont Bachrand 24. 5.**	grün	3	
6	*Am. unicolor* SCH.	♂ **Bösenstein Alpenregion**	graugrün	3	
	[*Tricyphona* SCHINER]				
7	*Triciphona imaculata* MG.	♀ ♂ **Lichtmeßberg Seitenstetten Wiesen!! vergleichen**	grün	4	

Ex.-Nr. Typen-designierung	Vollständige Etikettenbeschriftung: Familien-, Gattungs-, Artangaben	Vollständige Etikettenbeschriftung: Sonstige Details	Etikettenfarbe	Erhaltungszustand	Revisionsresultate nach 1910. [Bemerkungen von G. MORGE]
8	*Tr. contraria*	♂ **Hohentauern Wirtsgraben** 1. 8.	dunkelgrün	3	
	[*Ula* HALIDAY]				
9	*Ula pilosa* SCH.	♂ **Röthelstein Fichten** 5. 8.	graugrün	2	
	[*Dicranota* ZETTERSTEDT]				
10	*Dicranota bimaculata* SCHUM.	**Bei Mühlau Blätter** ♂.!! **vergleichen**	grün	3	
11	*Dicr. sub!ilis* LW.	♂ ♀ **Seitenstetten Trefflingufer**	graugrün	3	
12	[1] *D. longitarsis* BRGR.	[1] ♂ [2] Vorarlberg 8. 5.	[1] weiß [2] –	2	
13	*D. Guerini* Z.	♂ ♀ **Pielachufer auf Stein kriechend**[1] 6. 5.	grün	1	[[1] Unsichere Dechiffrierung]
	[*Triogma* SCHINER]				
14	*Triogma trisulcata* SCHUM.	♀ **Seitenstetten Franzosenwäldchen** 23. 4.	graugrün	1	
	[*Phalacrocera* SCHINER]				
15	[1] *Phalacrocera nudicornis* SCH.	[1] ♂ [2] Vorarlberg	[1] weiß [2] –	1	
	[*Cylindrotoma* MACQUART]				
16	*Cyl. glabrata*	Gesäuss **Schiner** 26. 7. ♀	dunkelgrün	2	
17	*C. distinctissima* MG.	**Seitenstetten buschiger Bachrand** ♂ **Gesäuse Hinterwinkel** ♀	graugrün	4	
	[*Dolichopeza* CURTIS]				
18	*Dolichopeza sylvicola* CRT.	♂ **Seitenstetten Waldbachschlucht**	graugrün	2	
	[*Ctenophora* MEIGEN]				
19	*Ctenophora ruficornis* MG.	**Waaggraben Hieflau** ♂ **Admont** ♀	grün	1	
20	*Tip[ula]*[1] *pectinicornis* L.	♂ **Seitenstetten Stiftsgarten**	graugrün	2	[Siehe auch Ex.-Nr. 40–90. – [1] = *Tipula* LINNAEUS]
22. Reihe:					
21	*Xiph[ura]*[1] *atrata*	♂ ♀ **Wolfsgraben auf Blättern** 28. 5.	dunkelgrün	1	[[1] = *Xiphura* BRULLÉ]
22	O			1	
23	*Cten. flaveolata* FBR.	♀ **Seitenstetten**	grün	1	
24	*Cten. guttata* MG.	**Wannersdorfer Kogel**[1] ♀ **Melk Stiftsgarten Gesträuch**[1] 31. 5. ♂	grün	1	[[1] respektive „**Kegel**“. – Kann auch „**gestreift**“ heißen]
25	*Ct. bimaculata* L.	♂ **Selrainthal Wiesen**	grün	1	
26	*festiva* MG.	♀ **Sonntagberg**	dunkelgrün	1	
	[*Nephrotoma* MEIGEN]				
27	*Nephrot. dorsalis*	♂ **Freiwaldau Schlesien**	dunkelgrün[1]	1	[[1] Über dem Etikett noch ein zusätzliches goldenes □-Blättchen]

Ex.-Nr. Typen-desginie-rung	Vollständige Etikettenbeschriftung: Familien-, Gattungs-, Artangaben	Vollständige Etikettenbeschriftung: Sonstige Details	Etiketten-farbe	Erhal-tungs-zustand	Revisionsresultate nach 1910. [Bemerkungen von G. MORGE]
	[*Pachyrhina* MACQUART]				
28	*P. pratensis* L.	**Melk grasiger Abhang** 6. 5. ♂ **Melk im Gras an einem Bächlein** 7. 5. ♀	graugrün	2	
29	*Pach. crocata* L.	**Melk Winden Gesträuch**[1] 21. 6. ♂ **Melk Stiftsgarten Gesträuch**[1] 30. 6. ♀	graugrün	1	[[1] Kann auch „**gestreift**" heißen]
30	*flavipalpis* MG.	♀ Lemberg	grün	1	
31	*P. lunulicornis* SCH.	**Melk Stiftsgarten** 2. 6. ♂ **Melk Donauaue im Gras** 2. 7. ♀	graugrün	1	
32	*P. quadrifaria* MG.	**Seitenstetten** ♀ **Melk Stiftsgarten** 21. 5. ♂	graugrün	2	
33	*P. scurra* MG.	♂ **Admont Schafferweg**	grün	1	
89	*Pach. annulicornis* MG.	**Seitenstetten Froschau** ♂ **Schafferweg** 22. 7. ♀	graugrün	3	
34	*aculeata* LW.	♂ **Admont Krumau Wiesen** 24. 7.	dunkelgrün	1	
35 **Typus**	[1] *Pach. analis* SCH. *guestfalica* W. v.[1]	[1] v. **Brust Seitenflecke schwarz** Escorial **Laufer** ♂ [2] Escorial	[1] – [2] –	2[2]	[[1] = *analis* SCHUMMEL var. *escorialensis* STROBL. – [2] Abdomen von mir angeklebt]
23. Reihe:					
36	*Pach. histrio* FBR.	♂ ♀ **Seitenstetten Stiftsgarten Blätter**	graugrün	1	
37	*P. cornicina* L. = *iridicol*[*or*]		grün	2	
38	*P. 4striata* SCH.	♂ Lemberg **Göbel**	grün	1	
39	*Pachyrhina maculosa* MG.	**Selrainthal Wiesen** ♀ **Seitenstetten** ♂	grün	2	
	[*Tipula* LINNAEUS]				[Siehe auch Ex.-Nrn. 3570 (Holzkassette I, 20. Reihe) und 20 (Holzkassette II, 21. Reihe)]
40	*Tipula gigantea* SCHR.	**Sumpfwiesen bei Ambras** ♀. **Seitenstetten Bachränder** ♂.	grün	1	
41	*Tip. lutescens* FBR.	♀ **Krebenze**	grün	1	
42	*Tip. vittata* MG.	♀ **Seitenstetten Trefflingufer** 11. 5.	grau	1	
43	*tenuicornis*	♂ **Seitenstetten Treffling Gebüsch** 18. 5.	dunkelgrün	1	
44	*Oreomyza*[1] *irregularis* PK.	♀ Stilfserjoch 30. 7. 94	dunkelgrün	2	[[1] = *Oreomyza* POKORNY]
45	*Tip. saginata* BERGR.	♀ Admont **Kematen Bachsteine** 10. 6. 93	rosa	1	
46	*truncorum* MG.	**Seitenstetten Bachufer**	dunkelgrün	2	
47	*Win*[*n*]*ertzii*	♀ **Admont Lärchenstamm** 17. 7. 89	dunkelgrün	1	
48	*Tip. nervosa* MG.	♂ ♀ **Amstetten Forstheide 14. 5.**	graugrün	3	[Beine und Abdomen von mir angeklebt]

Ex.-Nr. Typen-designierung	Vollständige Etikettenbeschriftung: Familien-, Gattungs-, Artangaben	Vollständige Etikettenbeschriftung: Sonstige Details	Etiketten-farbe	Erhal-tungs-zustand	Revisionsresultate nach 1910. [Bemerkungen von G. MORGE]
24. Reihe:					
49	○			2	
50	*Tip. pabulina* MG.	**♂ Seitenstetten Wiesen**	grün	1	
51	○			2	
52	*marmor[ata]*	**♂ ♀ Gstatterboden unter Fichten** 28. 5.	dunkelgrün	2	[Abdomen von mir angeklebt]
53	*Tip. Selene* MG.	**♀ Melk Stiftsmauer** 8. 5.	dunkelgrün	4	
54 **Typus**	[1] *T. 4fasciata* m. [2] *trifasciata* Lw.?	[1] **♂ ♀ Admont Stiftsgarten** 17. 7.	[1] rosabeige [2] –	2	
64	*T. trifasciata*	♀ Admont **Stiftsgarten** 20. 7. 06 STROBL	weißgrün	1	MANNHEIMS 1949 det.: *Tipula trifasciata* LOEW
55	*Tip. varipennis* MG.	**Melk unter Gebüsch Waldrand** 7. 5. **♂ Froschau Seitenstetten ♀**	graugrün	1	
56	○			3	
57	*Tip. rubripes* **Schiner**	**♂ Melk Winden Buchenwald** 26. 5.	dunkelgrün	3	
58	*Tip. excisa* SCH.	**♂ Kalbling Voralpenwiesen** 25. 7.	graugrün	2	
59	*T. excisa* SCHUM.	**♀ Eisenhut! vergleichen**	grün	1	
60 **Typus**	*exc.* v *cinerea*[1]	Kalbling **Voralpenwiesen** 25. 7. **♂ Wald neben dem Scheipisee ♀**	dunkelgrün	1	[[1] = *Tipula excisa* SCHUMMEL var. *cinerea* STROBL] BR. THEOWALD 1959 det.: *Tipula cinerea* STROBL. — „Lectotypus THEOWALD 1959"
61 **Typus**	[1] *Tipula cinerea* STROBL		[1] weiß [2] rot	1	[[1] Kein STROBLsches Etikett vorhanden]. — [1] BR. THEOWALD 1959 det.: *Tipula cinerea* STROBL. — [2] „Paratype"
62	*Tipul scripta* MG.	**♂ Kalbling Voralpenwiesen** 25. 7.	graugrün	2	
25. Reihe:					
63	*Tip. nubeculosa* MG.	**♂ Melk unter Gebüsch Waldrand** 5. 7.	graugrün	2	
65	*T. hortulana* MG.	**♂ Sonntagberg Laub**	graugrün	1	
66	*T. hortensis* MG.	**♀ Seitenstetten Stiftsgarten**	graugrün	1	
67	*Tip. longicornis* SCHUM.	**Stubai ♂ Kaiserauer Voralpenwiesen ♀**	graugrün	2	
68	*pictipeñis*	**♀ Kaiserauer Sumpfwiesen** 7. 8.	dunkelgrün	2	
69	*Tip. signata* STG	**♂ Schwarzenbachgraben** 30. 8. 92	rosa	1	
70	*T. Meyer-Dürii*	**♀ Mils[1]graben** 24. 6. Styria STROBL			[[1] Unsichere Dechiffrierung]
72	*T. nigricornis* ZTT./MCQ.	**♂ Scheiplalm am Leiten . . . rn[1]** 14. 8. 82	dunkelgrün	2	[[1] Unleserliches stenographisches Zeichen]

Ex.-Nr. Typen-designierung	Vollständige Etikettenbeschriftung: Familien-, Gattungs-, Artangaben	Vollständige Etikettenbeschriftung: Sonstige Details	Etiketten-farbe	Erhal-tungs-zustand	Revisionsresultate nach 1910. [Bemerkungen von G. MORGE]
73 Typus	*nigroannulata* m. ♂	**Lichtmeßberg Schafferweg ♂**	dunkelgrün	1	MANNHEIMS 1949 det.: *Tipula* (*Lunatipula*) *dilatata* SCHUMM.
74	*macrocera*	**♀ Scheibleggerhochalpe** 27. 7.	dunkelgrün	1	
75	[1] *Tipula pagana* MEIGEN[1]	[2] Hüls 13. 10. 09 RIEDEL Ürdingen	[1] – [2] –	1	[[1] Kein STROBLsches Etikett vorhanden. – [1] *Tipula pagana* MG. det. M. P. RIEDEL]
76	*T. nodicornis* MG.	**Au bei Bozen** ♀!! **vergleichen**	grün	2	
77	*T. vernalis* MG.	**Seitenstetten Wiesen ♂** ♀!!	grün	1	
78	*T. pruinosa* WD.	**Schafferweg Fichten** 6. 8. **♂** **Melk Winden Waldrand ♀**	graugrün	3	
79	*T. subnodicornis* Z.	**Gebüsch bei Hohentauern ♀ das ♂ behielt Bergroth**	rosa	2	
80 Typus	[1] *Tipula sarajevensis* STROBL[1]		[1] weiß [2] rot	3	[[1] Kein STROBLsches Etikett vorhanden]. – MANNHEIMS 1947 det.: [1] *Tipula sarajevensis* STROBL. – [2] Holotypus design. MANNHEIMS.
81	*T. paludosa* MG.	**Admont Stiftsgarten** 17. 8. **♂ hinter Kaiserauen** 6. 8. **♀**	graugrün	1	
82	*T. oleracea* L.	**♀ Aschbach Rain** 14. 5.	graugrün	1	
83	*T. caesia* SCH.	**♂ Sonntagberg Wiesen**	graugrün	2	
26. Reihe:					
84	*T. marginata* MG.	**♀ Schafferweg Fichten** 22. 7.	graugrün	2	
85	*T. montium* EGG.	**Melk Pielach über Wolfsmilch fliegend** 4. 5. ♂ . . .[1]	graugrün	3	[[1] Unleserliches stenographisches Zeichen]
86	*humilis* STG.	**Schwarzer See Fichten** 6. 8. **♂ Strechen** 4' 18. 8. 90 ♀	dunkelgrün	1	
87	*Tip. lateralis* MG.	**♀ Strechen Voralpenregion** 26. 7.	graugrün	1	
88	*T. lunata* L.	**♂ ♀ Seitenstetten Stiftsteich**	graugrün	1	
71 Typus	*Tip. goriziensis* n. sp. **neben** M. D.	♂ Isonzo b. Soča	graugrün[1]	2	[[1] Das bei der Dechiffrierung noch vollständig erhaltene Etikett wurde bei der Revision beschädigt und existiert so nur noch zum Teil]
90 Typus	*T goriziensis* m.	**♂ Scheibleggerhochalpe** Adm. Alp.	–	1	MANNHEIMS 1949 det.: *Tipula goriziensis* STROBL. – Lectotypus *T. goriziensis* STROBL (design. MHS. 1949)
91	*bullata*	**♀ Wald neben dem Scheipisee** 30. 7.	dunkelgrün	1	

Ex.-Nr. Typen-designierung	Vollständige Etikettenbeschriftung		Etiketten-farbe	Erhal-tungs-zustand	Revisionsresultate nach 1910. [Bemerkungen von G. MORGE]
	Familien-, Gattungs-, Artangaben	Sonstige Details			
92 Typus	*T. pseudopruinosa* m.	**♂ Scheibleggerhochalpe Wiesen** 27. 7.	dunkel-grün	2	MANNHEIMS 1947 det.: *Tipula* (*Dicomyza*) *pseudopruinosa* STROBL. — Holotypus des. MANNHEIMS IX. 49.
93 Typus	*magnicauda*	**♂ Strechen Voralpenregion** 25. 7. 81	dunkel-grün	2	MANNHEIMS 1949 det.: *Tipula* (*Lunatipula*) *magnicauda* STROBL. — Holotypus des. MANNHS. 1949.
94	*T. ochracea* MG	**Melk Stiftsgarten Gesträuch**[1] **Winden**[2] 30. 5. ♂ **Innsbruck**[2] ♀	graugrün	1	[[1] Kann auch „**gestreift**" heißen. — [2] Fast unleserliche stenographische Zeichen]
95	*T. limitata*	**♂ Krebenze**	graugrün	1	
96	*T. fascipennis* MG.	**♂ ♀ Seitenstetten Bachrand**	graugrün	2	
97	*T. alpina* LW.	**♂ Amstetten Ybbsauen**	graugrün	2	
98	*T. nigra* L.	**Au bei Bozen an Graben** ♀ **Seitenstetten** ♂	grün	4	
99	○			4	
27. Reihe:					
	[*Pachygaster* MEIGEN]				
100	*Pachygaster ater* PZ.	♀ **Melk Stiftsgarten**	weißgrün	1	
101	*Pach. Leachii* CRT.	♂ ♀ Villach **Tief**	dunkel-grün	1	
102	*Pach. tarsalis* ZTT. v.	♀ **Seitenstetten. Nicht die Vorderschienen, sondern die Vorderschenkel gelb und Vordertarsen ganz schwarz**	dunkel-grün	1	
	[*Nemotelus* GEOFFROY]				
103	[1] *Nemotelus brevirostris* MG.	[1] ♂. **Oberbaumpaß Gesträuch**[1] [2] Sa 3/87	[1] — [2] —	1	[[1] Kann auch „**gestreift**" heißen]
104	*Nemotelus pantherinus* L.	♂ **Seitenstetten Gebüsch**	grün	1	
105	*Nem. nigrinus* FLL.	♂ Austria **Erber**	grün	1	
106	*Nemotelus notatus* ZTT.	♂ 8. VI. 88	—[1]	1	[[1] Über dem Etikett zusätzlich noch ein kleines grünes □-Blättchen]
107	*Nemotelus globuliceps* LW.	♂ 8. VI. 88	—[1]	1	[[1] Über dem Etikett zusätzlich noch ein kleines grünes □-Blättchen]
108	*Nemotelus globuliceps* LW.	♀ 8. VI. 88	—[1]	1	[[1] Über dem Etikett zusätzlich noch ein kleines grünes □-Blättchen]
109	*Nemotelus signatus* FRIV.	♀ Neusiedl. See 8. VI. 88	—[1]	1	[[1] Über dem Etikett zusätzlich noch ein kleines grünes □-Blättchen]

Ex.-Nr. Typen-designie-rung	Vollständige Etikettenbeschriftung		Etiketten-farbe	Erhal-tungs-zustand	Revisionsresultate nach 1910. [Bemerkungen von G. MORGE]
	Familien-, Gattungs-, Artangaben	Sonstige Details			
110	[1] *N. uliginosus* L.	[1] Böhmen **Göbel** ♀ [2] 18. 6.	[1] grün [2] –	1	
111	*N. aemulus* LW.	♀ Escorial **Laufer**	grell-orange[1]	3	[[1] Über dem Etikett zusätzlich ein grell-oranges □-Blättchen]
112 / 112a	*Nem. latiusculus*	♂ ♀ **Algeciras**	grell-orange	2 / 1	
	[*Lasiopa* BRULLÉ]				
113	*Lasiopa villosa* FBR.	♀ **Frohnleithen Blumen**	weißgrün	1	
114	*Las. calva* M.	♀ Wien **Schmiedegabel** 5. 8.	grün	1	
	[*Ephippium* LATREILLE]				
115	*Ephippium thoracicum* LTR.	♀ **Donauleiten Laub** 6. 6.	weißgrün	1	
	[*Oxycera* MEIGEN]				
116	*Oxycera pulchella* MG.	♂ **An Mauer bei Steyr**	grau	1	
117	*Ox. trilineata* FB.	♀ **Melk Stift Spinnengewebe**[1] 12. 7.	dunkel-grün	2	[[1] Fast unleserliches stenographisches Zeichen]
118	*Oxyc. amoena* LW.	♀ **Feuchte Waldbachschlucht Seitenstetten**	weißgrün	1	
119	*Oxycera pardalina* MG. v.	♂ v. **Schildchen groß schwarz** Bu 2. 8. Transsylv STROBL		1	
120	*Ox. terminata* MG.	♂ **Seitenstetten Gansberggraben**	dunkel-grün	1	
121	*Ox. leonina*	♂ Melk **Winden rn**[1] 30. 6.	grün	1	[[1] = ? „**Rain**". Kann auch „**Lehne**" heißen]
122	*O. dives* LW.	♀ **Scheibleggerhochalpe Bachrand** 27. 7. 891	dunkel-grün	1	
123	*Ox. pygmaea*	♀ **Kematen** 13. 6.	–	1	
	[*Stratiomys* GEOFFROY]				
124	*Strat. longicornis* SCP.	**Melk Stiftsgarten Gesträuch**[1] 3. 6. ♂, 6. 5. ♀	graugrün	2	[[1] Kann auch „**gestreift**" heißen]
125	*Strat. riparia* MG.	♂ Corfu **Erber**	grün[1]	1	[[1] Über dem Etikett zusätzlich ein goldenes □-Blättchen]
126	*St. furcata* F.	♀ ♂ Lemberg **Göbel**	grün[1]	1	[[1] Über dem Etikett zusätzlich ein kleines verblichen-grünes □-Blättchen mit der Aufschrift „.Lbg."]
127	*Strat. chamaeleon* DEG.	♂ **Seitenstetten, Stiftsgarten Dolden**	graugrün	1	
28. Reihe:					
128	*St. chamael[eon]* v.	♀ Austria **Erber Schildchen ganz verdunkelt**	grün	1	
	[*Odontomyia* MEIGEN]				
129	*Odontom. ornata* M.	♀ Seitenstetten **Stiftsziegelei**	grün	1	

Ex.-Nr. Typen-designierung	Vollständige Etikettenbeschriftung		Etikettenfarbe	Erhaltungszustand	Revisionsresultate nach 1910. [Bemerkungen von G. MORGE]
	Familien-, Gattungs-, Artangaben	Sonstige Details			
130	*Odontomyia tigrina* FBR.	♀ **Seitenstetten Stiftsteich Laub**	dunkelgrün	2	
131	*Odont. annulata* MG.	♂ Austria **Erber**	dunkelgrün[1]	1	[[1] Über dem Etikett zusätzlich ein grünes □-Blättchen]
132	*hydroleon*	**Seitenstetten Froschau** 22. 6. ♂ **unter Michael Blume** 9. 6. ♀	dunkelgrün	1	
133	v. *alpina* J.[1]	**Hohentauern Sumpfwiesen** 3. 8. ♀ ♂	dunkelgrün	1	[[1] = *Odontomyia hydroleon* LINNAEUS var. *alpina* JÄN.]
134	*Od. argentata* FBR.	♀ **Seitenstetten**	dunkelgrün	2	
135	*Od. angulata* Pz.	♀ **Villach auf Dolden**	grau	3	
136	*Odont. hydropota* MG.	♂ Dalmatien **Erber**	grün[1]	2	[[1] Über dem Etikett zusätzlich ein kleines braunes □-Blättchen]
137	[1] *Od. microleon* L.	[1] ♀ G. SCHIRMER [2] Mgglsee 2. 5.	[1] blaugrün [2] –	3	
138	*Od. vir[idula]* v. *vir[idula]*[1]	♂ Seitenstetten **Stiftsgarten auf Dolden**	grün	4	[[1] = *Odontomyia* (*Hoplodonta*) *viridula* FABRICIUS var. *viridula*]
139		♀	grün	4	
	[*Sargus* FABRICIUS]				
140	*Sarg. cuprarius* L.	♂ ♀ **Melk Stiftsgarten Gesträuch**[1] 20. 6.	graugrün	1	[[1] Kann auch „**gestreift**" heißen]
141	○			1	
142	*Sarg. infuscatus* MG.	♂ **Melk Stiftsgarten Gesträuch**[1] 5. 7.	graugrün	1	[[1] Kann auch „**gestreift**" heißen]
143	*Sarg. nubeculosus* ZETT.	♂ **Admont Eichelau Eichenblätter** 30. 7.	graugrün	1	
144	*S. bipunct[atus]*	♀ **Pitz Waldblumen** 14. 9.	dunkelgrün	1	
145	*S. bipunctatus* SCP.	♂ Mähren	—[1]	2	[[1] Über dem Etikett zusätzlich ein kleines oranges □-Blättchen]
146	*S. flavipes* MG.	♀ Austria **Erber**	dunkelgrün[1]	3[2]	[[1] Über dem Etikett zusätzlich ein kleines grünes □-Blättchen. [2] Kopf von mir angeklebt]
	[*Chrysomyia* MACQUART]				
147	*Chr. melampogon* ZLL.	♂ ♀ **Melk Stiftsgarten Gesträuch**[1] 5. 7.	graugrün	1	[[1] Kann auch „**gestreift**" heißen]
148	*Chrys. formosa* SCP.	**Gesäuse** ♂ **Frauenfeld Dolde** ♀	graugrün	1	
149	○			3	
150	*flavicornis* MG.	Melk **Donauleiten auf** *Ev. eur.*[1] ♀ **Stiftsgarten** ♂	grün	1	[[1] = *Evonymus europaeus*]
151	*Chrys. polita* L.	Melk **Donauleiten Waldgras** ♀ **Wach(t)berg Lehmabhang** ♂	grün	1	
152	○			1	

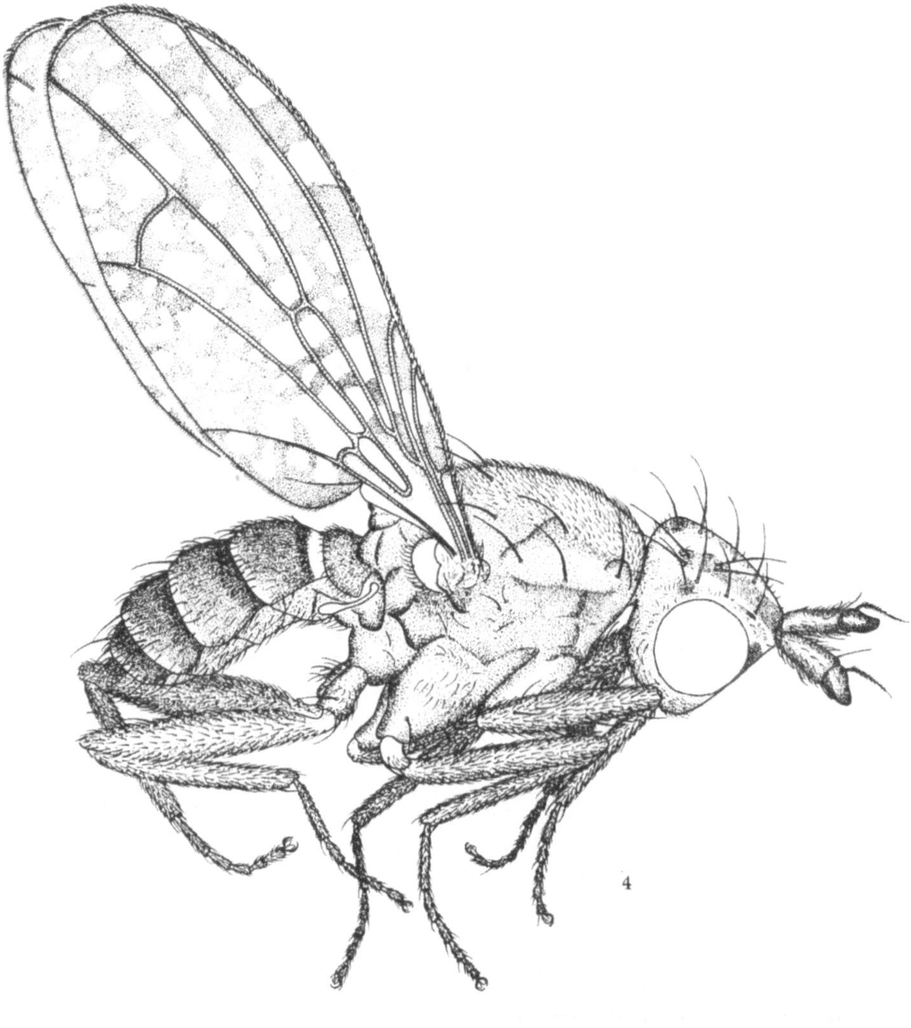

4

Fig. 4. *Limnia testacea* Sack (Sciomyzidae):

Rechtseitige Gesamtansicht. (16 ×). (Gezeichnet nach einem Exemplar in der Kollektion des ehemaligen DEI, Eberswalde, mit folgender Etikettierung: 1. „Typus“. – 2. „Carbin 19. VII. 1937“. – 3. „W. Alin ded. 1937“. – 4. „*Limnia testacea* sp. n. det. Sack“.)

Ex.-Nr. Typen-designie-rung	Vollständige Etikettenbeschriftung: Familien-, Gattungs-, Artangaben	Vollständige Etikettenbeschriftung: Sonstige Details	Etiketten-farbe	Erhal-tungs-zustand	Revisionsresultate nach 1910. [Bemerkungen von G. MORGE]
	[*Beris* LATREILLE]				
153	[1] *Beris clavipes* L.	[2] ♂ [1] **Seitenstetten Stiftsteich Laub** ♂	[1] grün [2] –	2	
154		♀	grün	3	
29. Reihe:					
155	*Beris vallata* FÖRST.	**Seitenstetten Stiftsteich** ♂ **und** ♀	grün	1	
156	*B. fuscipes* M.	♀ Admont **Schafferweg auf Farn** 18. 7. 85	grün	1	
157	○			1	
158	*Beris chalybeata* FRST.	♂ **Seitenstetten buschiger Bachrand** 25. 5.	weißgrün	2	
159	*Beris Morrisii* DAL.	♂ Austria **Erber**	grün[1]	2	[[1] Über dem Etikett ein zusätzliches grünes □-Blättchen]
160		♀ Schafferweg **Erlen** 23. 7.	weißgrün	1	
	[*Actina* MEIGEN]				
161	*Actina nitens* LTR.	♂ Villach **Tief**	dunkelgrün	1	
162	*Actina Tibialis*	Ledro 25. 8.	weiß[1]	1	[[1] Über dem Etikett zusätzlich ein kleines weißes □-Blättchen]
	[*Xylophagus* MEIGEN]				
163	*Xylophagus ater* FBR.	♀ **Seitenstetten Blümelsberg auf Laub** 22. 5. 90	dunkelgrün	1	
	[*Tabanus* LINNAEUS]				
164	*Tab. micans* MG.	♀ **Seitenstetten an Waldrand** ...[1] 22. 5.	weißgrün	1	[[1] Unleserliches stenographisches Zeichen. Könnte vielleicht „**mehrere**" heißen]
165	*T. auripilus* v. *lugubris* MG.	♀ **Kalbling [hochfläche**[1]**]** 25. 7. 3 **Binden**	weißgrün	1	[[1] Fast unleserliches stenographisches Zeichen]
166	*T. lateralis* MG.	♀ **Seitenstetten Blümelsberg** 17. 5. 90	dunkelgrün	1	
167	*Tab. lateralis* MEG. **Bauer** = *pilos.* LW. **Schiner**	♂ Dalmatien **Erber**	grün	1	
168	*T. rupium* BR.	♀ Kalbling **Krummholzwiesen um mich** 19. 7. 91	dunkelgrün	1	
169		Innsbruck THALHAMMER	–	2	
170	*Tab. montanus* MG.	♀ **Ober Frauenberg auf meinem Kleid** 18. 7.	weißgrün	2	
171		♂ Innsbruck		1	
172	*T. solstitialis*[1] *montanus* **Schiner** f. *melanochr*[*oitica*]	♀ Kalbling 24. 7. 85	grün	1	[[1] Von P. STROBL handschriftlich durchgestrichen]
173	*T. tropicus* MG.	♀ Melk **Wach(t)berg** 3. 6.	grün	1	
174		♂ Wilhelmshagen bei Berlin VII. leg. A. HEYNE		1	

Ex.-Nr. Typendesignierung	Vollständige Etikettenbeschriftung		Etikettenfarbe	Erhaltungszustand	Revisionsresultate nach 1910. [Bemerkungen von G. MORGE]
	Familien-, Gattungs-, Artangaben	Sonstige Details			
175	*T. infusc.* = *apricus* MG.	♂ ♀ **Gesäuse am Weg häufig** 1. 8.	weißgrün	1	
30. Reihe:					[30.—40. Reihe im Kassettenoberteil]
176	○			1	
177	*autumnal[is]*	♂ Lemberg **Göbel**	grün	2	
178	*T. spodopterus* MG.	♀ **Frohnleithen**	weißgrün	2	
179	[1] *T. spodopterus* MG.	[1] ♂ Kalocsa 16. 4. 92 [2] V. Kalocsa	[1] rosa-beige [2] —	2	
180	*Tab. sudeticus* ZLL.	♂ **Kalbling(hang[1]) fliegend[1,2]** 25. 7.	weißgrün	2	[[1] Fast unleserliches stenographisches Zeichen. — [2] Kann auch **„Flechten"** oder **„Fichte"** heißen]
181		Schafferweg 23. 7. 885 **ohne Binde!** ♀	grün	1	
182	*T. albipes* F. = *gigas* HB.	♀ **Seitenstetten Stiftsteich**	weißgrün	2	
183	*Tab. bovinus* L.	♀ **Seitenstetten Bachrand mich umschwärmend**	weißgrün	1	
184	*bovinus* LÖW	♂ **Nordtirol[1]**	—	1	[[1] Unsichere Dechiffrierung]
185	*T. tergestinus* EGG.	♀ **Melk Wach(t)berg** 3. 7.	weißgrün	1	
186	*tergestin[us]*	♂ **Pielach Sandrain** 3. 7.	dunkel-grün	1	
187	*T. Miki* BRAU.	♀ **Admont** Auge ohne Binde grün	—	1	
188	*T. unifasciatus* LW.	♂ Görz **Krojnatal Stein** 24. 7. 82	grün	1	
189	*T. fulvus* MG.	♀ Fiume **Recina-Tal viel auf Pastinak**	graugrün	2	
190		♂ Oberdrauburg	blaßblau	1	
191	*T. rusticus* F.	♂ Jaring **Dolde** 13. 8.	rosa	1	
192	[1] *T. rusticus* F.	[1] ♀ Prag **Göbel** [2] P.	[1] grün [2] beige	2	
31. Reihe:					
193	*T. bifarius* LW.	♀ Lemberg **Göbel**	grün	1	
194	*T. quatuornotatus* MG.	♀ **Melk Stiftsgarten Gesträuch[1]** 15. 6.	weißgrün	2	[[1] Kann auch **„gestreift"** heißen]
195	*Tab. cordiger* W.	♀ **Donauleiten auf meinem Kleid** 29. 6.	weißgrün	1	
196	*T. glaucopis* MG.	♀ **Kaiserauer Voralpenwiesen** 6. 8.	weißgrün	1	
197	*glaucopis* MEIG. var. *cognatus* LÖW	♂ **Recina-Tal viel in der Luft schwebend**	—	2	
198	*cognatus* LW.	♀ Johnsbach **Weg Blüten** 3. 8. 885	grün	1	
199	*T. regularis* JÄN.	♀ Duino 22. 7. **ohne Binden**	—	1	
200	*T. bromius* L.	♂ Gesäuss 6. 8.	grün	1	

Ex.-Nr. Typen-designie-rung	Vollständige Etikettenbeschriftung: Familien-, Gattungs-, Artangaben	Vollständige Etikettenbeschriftung: Sonstige Details	Etiketten-farbe	Erhal-tungs-zustand	Revisionsresultate nach 1910. [Bemerkungen von G. MORGE]
201	*Tab. bromius* L.	♀ **Melk Wach(t)berg** 26. 6.	weißgrün	1	
202	v. *glaucescens*[1]	♀ Dalmatia **Erber**	grün[2]	1	[[1] = *Tabanus bromius* LINNAEUS var. *glaucescens* SCHINER. — [2] Über dem Etikett zusätzlich ein kleines braunes □-Blättchen]
203	*T. brom.* v. *glaucescens* MG.	. . . [1]**-Tal auf Dolden** 4000′ ♂	weißgrün	1	[[1] Unleserliches stenographisches Zeichen]
204	*T. maculicorn*[*is*]	♀ Seitenstetten **Schlag auf Fichtenstämmen** 4. 6. 90	dunkelgrün	1	
205	*maculicornis* ZTT.	♂ Admont **Schafferweg Zaun** 5. 8. 83 **1 Binde**	grün	2	
206	*haematopotoides*[1] JÄ.	♂ **Scheipisee auf Grün-Erlen** 1. 8. 91	dunkelgrün	1	[[1] = *haematopoides*]
207		♀ Hohentauern **auf Sumpfwiesengesträuch** 3. 8. 91	dunkelgrün	1	
	[*Hexatoma* MEIGEN]				
208	*Hex. pellucens* FBR.	♀ **Schlesien Tief**	dunkelgrün[1]	1	[[1] Über dem Etikett zusätzlich noch ein kleines goldenes □-Blättchen]
	[*Silvius* MEIGEN]				
209	*Silvius vituli* FBR.	♀ **um Tolmein[1] mich umschwärmend**	weißgrün	1	[[1] Unsichere Dechiffrierung]
210	*Silvius vituli* FR.	♂ Ltm.[1]	–	1	[[1] = Leitmeritz]
211	[1] *Sylvius hirtus* LW.	[1] ♂ Transs. l. Kim[1] [2] Fellegvar[2] 8. 6. 91	[1] – [2] –	2[3]	[[1] = KIMAKOWICZ. — [2] = Fellesvar. — [3] Flügel von mir aufgeklebt]
	[*Haematopota* MEIGEN]				
212	*Haem. italica* MG.	♀ **Melk Stiftsgarten Gesträuch**[1] 8. 7.	weißgrün	1	[[1] Kann auch „**gestreift**" heißen]
213	○			1	
214	*H. pluvial*[*is*]	♂ **Melk Straße auf Wiesenstein** 16. 7.	dunkelgrün	1	
215	*H. pluvial*[*is*]	♀ Amstetten **Auen saugend**[1]	grün	1	[[1] Unsichere Dechiffrierung]
216	[1] *H. crassicornis* W.	[1] ♀ Olmütz **Göbel** [2] 0[1]	[1] grün [2] –	1	[[1] Ovales Zeichen, wahrscheinlich Buchstabe „O"]
32. Reihe:					
	[*Chrysops* MEIGEN]				
217	*Chrys. coecutiens*[1] L.	**Melk Stiftsgarten** ♂ **Wach(t)berg** ♀	weißgrün	1	[[1] = *caecutiens* LINNAEUS]
218	○			1	
219	*Chrys. relictus* MG.	♀ **Studentenbad[1] saugend**	weißgrün	1	[[1] Unsichere Dechiffrierung]

Ex.-Nr. Typen-designie-rung	Vollständige Etikettenbeschriftung: Familien-, Gattungs-, Artangaben	Vollständige Etikettenbeschriftung: Sonstige Details	Etiketten-farbe	Erhal-tungs-zustand	Revisionsresultate nach 1910. [Bemerkungen von G. MORGE]
220	[1] *relictus* M.	[1] ♂ **Prag Göbel** [2] P	[1] grün [2] –	1	
221	*Chr. marmoratus* Rss.	♂ ♀ Monfalcone **Lagunen** 23. 7. 93	dunkel-grün	1	
222	○			1	
223	*Chr. perspicillaris* LOEW	♀ **Monfalcone**	–	1	
224	*Chr. quadratus* MG.	♀ **Sebenico an der Kerka**	weißgrün	2	
225	*Ch. quadratus*	♂ Kaplitz **Kirchner**	grün	1	
226	*sepulcralis* F.	♂ Lemberg **Göbel**	grün	1	
227 **[Typus ?]**	*Chr. parallelogram̄us* ZLL.	♀ **Schlesien Tief. Type**[1]	–[2]	1	[[1] Fast undeutbares stenographisches Zeichen. – [2] Über dem Etikett zusätzlich noch ein kleines braunes □-Blättchen]
	[*Leptis* FABRICIUS]				
228	*Leptis cingulata* LW.	♂ ♀ **Schafferweg Fichten und Erlen**[1] 22. 7.	grün	1	[[1] Unsichere Dechiffrierung]
229				1	
230	*L. scolopacea*	**Seitenstetten auf Eichenblättern am Stiftsteich** ♀ **und** ♂	grün	1	
231	○			1	
232	*Lept. strigosa* MG.	♂ ♀ **Melk Winden Gesträuch**[1] 25. 6.	grün	1	[[1] Kann auch **„gestreift"** heißen]
233	○			1	
234	*L. latipen̄is* LW.	♂ **Kaiserberg** Transsylv. STROBL 29. 7. 96	–	1	
235	○[1]		*	2	[[1] *Nur ein winziges orangenes Etikettchen ohne Aufschrift]
236	*Lept. maculata* DEG.	♀ **Schafferweg Fichten** 23. 7. **Fühler schwarz**	grün	1	
237	*L. maculata* DG.	♂ **Scheibleggerhochalpe Bachrand** 27. 7.	dunkel-grün	1	
238	*L. immaculata* MG.	♂ ♀ **Seitenstetten Gebüsch**	grün	1	
239		♀	grün	1	
240	*L. vitripennis*	♂ ♀ **Seitenstetten Eichenblätter Hennerberg gegen Rosenau usw**[1] **häufig**[1]	grün	2	[[1] Fast unleserliche stenographische Zeichen]
241	○			3	
242	*Lept. notata* MG. var.	**Nordtirol**[1] **Lärchenstamm** ♂ **Kalbling Voralpenwiesen** 25. 7. ♀	grün	1	[[1] Unsichere Dechiffrierung]
243	○			1	
33. Reihe:					
244	*monticola* EGG.	♂**Hohentauern Wirtsgraben** 16. 8. 82	grün	1	
245	*monticola* EGG.	♀ Reiteralm **am Fenster** 30. 8.	grün	2	
246	*Lept. tringaria* L.	♂ ♀ **Seitenstetten Waldbäche**	grün	1	
247	○			1	

Ex.-Nr. Typen-designierung	Vollständige Etikettenbeschriftung		Etiketten-farbe	Erhal-tungs-zustand	Revisionsresultate nach 1910. [Bemerkungen von G. Morge]
	Familien-, Gattungs-, Artangaben	Sonstige Details			
248	*t.* v. *vanellus*[1]	**Stiftsteich, Stiftswald Laub ♂ und [2] ♀**	grün	2	[[1] = *Leptis tringaria* Linnaeus var. *vanellus* Fabricius. — [2] Von P. Strobl selbst handschriftlich durchgestrichen]
249 Typus	[1] *L. Goebelii* m.	[1] Olmütz Göbel ♀ [2] O[1]	[1] grün [2] –	1	[[1] Wahrscheinlich Buchstabe „O"]
250	*nigriventris* Lw.	♀ **Damischbachturm Voralpenwiesen** 27. 8. 91	dunkel-grün	2	
251	*annulat*[*a*]	♂ **Melk Donauaue auf Gesträuch** 22. 5. 885	grün	1	
252	*L. lineola* Fb.	♂ Gesäuss **Gesträuch**[1] 1. 8.	grün	1	[[1] Kann auch „**gestreift**" heißen]
253	*L. lineola*	♀ Lemberg	grün	1	
254	*L. conspicua* Mg.	♂ **Innsbruck unterhalb Wasser Fichten**	grün	2	
255	[1] *Lept. conspic.* v. *Janotae* Nov.![1]	[1] ♂ Str. [2] Serb. Hlf. AK-Palanka	[1] – [2] grau	1	[[1] = *Leptis conspicua* Meigen var. *janotae* Nov.]
	[*Vermileo* Macquart]				
256	[1] *Psammorycter*[1] *Vermileo* Gehrk.[2] MBezzi[3]	[1] ♂ [2] Milano	[1] – [2] –	1	[[1] = *Psammorycter* Blanchard. — [2] Fast unleserlich. — [3] Handschrift Bezzis. — Nach P. Strobls Handkatalog = „*Vermileo Degeeri* Macquart = *Psam̄orycter* V."]
	[*Chrysopila* Macquart]				
257	*Chrysopila nubecula*	**Scheibleggerhochalpe Gesträuch**[1]	graublau	2	[[1] Kann auch „**gestreift**" heißen]
258	○			2	
259	[1] *luteola* Fll. *bicolor* **Schiner** [2] *auricollis*	[1] ♀ Lemberg [2] Lbg.	[1] grün [2] –	1	
260	*Ch. luteola* Fll.	♂ **von Tief**	–[1]	2	[[1] Über dem Etikett zusätzlich ein winziges verblichen-weißes □-Blättchen mit einem vertikalen Strich]
261 / 261a	*Chrysop. aurea*	♂ ♀ **Seitenstetten Froschau auf Laub**	grün	1 / 1	
262	[1] *Chrysopila moerens* Lw.	[1] ♂ [2] Szálka 8. 6. 92	[1] – [2] verblichen-grün	1	
263	*Ch. erythrophthalma* Lw = *grandi*[*s*] **Schiner**	♂ **Österreich Erber**	dunkel-grün[1]	1	[[1] Über dem Etikett noch zusätzlich ein kleines grünes □-Blättchen]

Ex.-Nr. Typen-designierung	Vollständige Etikettenbeschriftung: Familien-, Gattungs-, Artangaben	Vollständige Etikettenbeschriftung: Sonstige Details	Etiketten-farbe	Erhal-tungs-zustand	Revisionsresultate nach 1910. [Bemerkungen von G. MORGE]
264	*Chrys. grandis*	♀ **Tolmein**[1] **Gesträuch**[2] **Beine ganz gelb, Rückenzeichnung anders Schiner Sammlung als** v. *atr.*	grün	3	[[1] Unsichere Dechiffrierung. — [2] Kann auch „**gestreift**" heißen]
265	[1] *Leptis* (*Chrysopil. helvolus* MEIG.)	[1] Lbg. 812. [2] 7. 6.	[1] — [2] —	1	
266		L	—	2	
267	*Chrys. atrata* FBR.	♂♀ **Seitenstetten Gebüsch**	grün	2	
268	O			1	
269	*Chrys. nigrita* FBR.	**Gesäuse Gesträuch**[1] ♀ **Tolmein**[2] ♂	grün	3	[[1] Kann auch „**gestreift**" heißen. — [2] Fast unleserliches stenographisches Zeichen]
270		♂	grün	1	
34. Reihe:					
	[*Atherix* MEIGEN]				
271	*Atherix Ibis* FBR.	♂ **Seitenstetten**	grün	1	
272	O			1	
273	*Atherix marginata* FBR.	♂ **Seitenstetten Bachufer Gebüsch**	grün	1	
274	O			1	
	[*Symphoromyia* FRAUENFELD]				
275	*Symphoromyia crassicornis* PZ.	**Kalbling**[1] **Schafferweg Voralpenwiesen** 6. 8. ♀ **Alpenwiesen** ♂	grün	2	[[1] Von P. STROBL selbst handschriftlich durchgestrichen]
276	O			1	
277	*Symph. melaena* MG.	♂ ♀ Villach **Tief**	dunkelgrün	1	
278	O			1	
	[*Ptiolina* MEIGEN/ *Spania* ZETTERSTEDT]				
279	*Ptiolina immaculata*	♂ Mödling 26. 5. 90	grau	1	
280	*Ptiolina fulva obscura*[1] Z.	♀ **Schlesien**	—[2]	1	[[1] Von P. STROBL nachträglich auf Etikett geschrieben. — [2] Über dem Etikett zusätzlich noch ein kleines orangenes □-Blättchen]
281	*Ptiolina nigra* ZETT. *obscura*[1]	♀ **Kalbling Alpenwiesen** 7.[2]	dunkelgrün	1	[[1] Von P. STROBL nachträglich auf Etikett geschrieben. — [2] = Juli. Tagesangabe nicht lesbar]
282	*Span*[*ia*] *obscura*[1] ♂	♂ **Kalbling Alpenwiesen** 24. 7.	grün	1	[[1] Von P. STROBL nachträglich auf Etikett geschrie-

Ex.-Nr. Typen-designie-rung	Vollständige Etikettenbeschriftung		Etiketten-farbe	Erhal-tungs-zustand	Revisionsresultate nach 1910 [Bemerkungen von G. MORGE]
	Familien-, Gattungs-, Artangaben	Sonstige Details			
					ben. – Ursprünglich angegebener Artname nicht mehr lesbar]
	[*Ogcodes* LATREILLE]				
283	*Ogc. Zonatus*	♂ Wien **Göbel** 10. 8.	grün	1	
	[*Leptogaster* MEIGEN]				
284	*Leptogaster cylindric[us]*	♂ Seitenstetten **Waldrand Wiesen**	grün	1	
285	*Lept. guttiventris* ZTT.	♀ **Gesäuse Ennsufer fliegend** 1. 8.	grün	2	
286	*Leptogaster pubicornis* LW.	Mödling 3. 7. 88	–	4	
	[*Dioctria* MEIGEN]				
287	[1] *Dioctria calceata* MG.	[1] ♀ [2] Mödling 9. 6. 89	[1] – [2] grau	1	
288	*longicornis*	♂ **Melk Wach(t)berg Waldgras**	grün	1	
289	*humeralis* Z.	**Melk Donauleiten Gesträuch**[1] 27. 6. ♂ **Donauaue im Gras** 11. 7. 85 ♀	grün	2	[[1] Kann auch „**ge-streift**" heißen]
290	*Dioctr. Reinhardi* WD.	**Oberösterreich Mik** ♀ **Kaiserau** ♂	grün	2	
291	*D. atricapilla* MG.	♂ Villach **Tief**	dunkel-grün	1	
292	[1] *Dioctr. hercyniae* LW.	[1] ♂ [2] Vlašić THALHAMMER	[1] – [2] –	1	
293	[1] *Dioctr. liturata* LW.	[2] Stolac Wgth. [1] III 121 ♀.	[1] – [2] grau	1	
294	*Dioct. oelandica* L.	♂ **Seitenstetten**	grün	1	
295	*Dioctr. rufipes* DEG.	♀ ♂ **Melk Stiftsgarten Gesträuch**[1] 27. 5.	grün	1	[[1] Kann auch „**ge-streift**" heißen]
35. Reihe:					
296	*D. linearis* FBR.	♀ **Seitenstetten Gebüsch und Baumblätter**	grün	1	
297	*Dioct. flavipes* MG.	♂ ♀ **Melk Wach(t)berg Ge-sträuch**[1] 2. 7.	grün	3	[[1] Kann auch „**ge-streift**" heißen]
298	*lateralis* M.	♀ **Melk Stiftsgarten Gesträuch**[1] 25. 6.	grün	1	[[1] Kann auch „**ge-streift**" heißen]
299	*fl.* **Übergang zu** *Baumh.*[1]	♂ **Melk Donauleiten Waldgras** 12. 6.	grün	3	[[1] = *Dioctria baumhaueri* MEIGEN]
300	[1] *Dioctria* ♀[1] *aurifrons* ♂	[2] Mödling 9. 6. 89	[1] – [2] grau	3	[[1] Durchgestrichen]
	[*Dasypogon* MEIGEN]				
301	*Dasyp. teut[onus]*	♂ **Seitenstetten auf Eichen-blättern**	grün	1	
302	*Dasypogon diadema* FBR.	♂ **Im Karst ober Triest auf** *Euph. nicaeensis*	grau	2	
	[*Isopogon* LOEW]				
303	*Isopogon brevirostris* MG.	♀ **Schafferweg**	grün	1	
304	*brevirostris* MG.	♂ Kalbling **Krummholzwiesen Baumstrunk**[1] 19. 7.	dunkel-grün	1	[[1] Fast unleserliches stenographisches Zeichen]

Ex.-Nr. Typen-designie-rung	Vollständige Etikettenbeschriftung: Familien-, Gattungs-, Artangaben	Vollständige Etikettenbeschriftung: Sonstige Details	Etiketten-farbe	Erhal-tungs-zustand	Revisionsresultate nach 1910. [Bemerkungen von G. MORGE]
305	[1] *Is. hottentottus* FB.	[1] ♀ Lemberg [2] Mag. 16. 6. 55	[1] grün [2] –	2	
	[*Cyrtopogon* LOEW]				
306	*Cyrt. lateralis* FLL.	♀ **Seitenstetten buschiger Bachrand Laub**	grün	1	
307	*Cyrtop. fulvicornis* MG.	♂ **Gesäuse**	grün	1	
308	*flavimanus* L.	♂ **Natterriegel** 11. 8. 90	dunkelgrün	1	
309	*Cyrt. maculipen̄is* MG.	**Bösenstein Alpenwiesen** ♂ **Schafferweg Farn** 8. 8. ♀	grün	2	
310	*C. ruficornis*	♂ ♀ Sontagberg **Wegner**[1]	dunkelgrün	1	[[1] Unsichere Dechiffrierung. Kann auch „**Wagner**" heißen]
311	*Mayer-Düri*		–[1]	1	[[1] Über dem Etikett zusätzlich noch ein kleines rosabraunes □-Blättchen]
312	*Mayer-Düri*		–[1]	1	[[1] Über dem Etikett zusätzlich noch ein kleines rosabraunes □-Blättchen]
	[*Stichopogon* LOEW]				
313	*Stichopogon albofasciata*	♂ Condino 10. 8.	–[1]	1	[[1] Über dem Etikett zusätzlich noch ein verblichen-weißes □-Blättchen]
314	*Stichopogon Schinera* = *spinimanus* POK.	♂ **Schlins**	–	1	
315	[1] *Stichopog. elegantulus* MG.	[1] ♂ ♀! **Wien Mik** [2] Wien 5. 7. 76 MIK	[1] grün [2] –	1	
317	*Stich. inaequalis* LW.	♂ Schöckl 30. 7. 08 **Strobl**	–	1	
	[*Holopogon* LOEW]				
316	*H. nigripen̄is*	♂ **Melk Pielach sonniger Rain** 27. 6.	grün	1	
318	*Holop. fumipen̄is* MG.	♀ **Winden Grashalm** 21. 6.	grün	2	
319	*Holopogon venustus*	♂ Sarka 25. 7.	–[1]	3	[[1] Über dem Etikett zusätzlich ein verblichen-weißes □-Blättchen]
320	*H. dimidiatus* M.	♂ **Melk Donauleiten Gesträuch**[1] 11. 7.	grün	1	[[1] Kann auch „**gestreift**" heißen]
36. Reihe:					
	[*Lasiopogon* LOEW]				
321	*Lasiop. macquarti* PERR. *montanus*[1]	♀ **Sirbitzkogel Voralpenregion**	grün	1	[[1] Von P. STROBL selbst handschriftlich später auf Etikett nachgetragen]
322	*Lasiopogon cinctus* FBR.	♂ Austria **Erber** Bergform	grün[1]	1	[[1] Über dem Etikett zusätzlich noch ein kleines grünes □-Blättchen]

Ex.-Nr. Typen-designie-rung	Vollständige Etikettenbeschriftung		Etiketten-farbe	Erhal-tungs-zustand	Revisionsresultate nach 1910. [Bemerkungen von G. MORGE]
	Familien-, Gattungs-, Artangaben	Sonstige Details			
	[*Laphystia* LOEW]				
324	[1] *Laphystia subulicola* LW.	[1] ♂ [2] Požarevac Serb. HLF.	[1] – [2] grau	1	
323		Melk **Pielach Rain** 28. 5. ♂ **und** ♀	weißgrün	1	
	[*Laphria* MEIGEN]				
325	*Laphria gibbosa* L.	♀ **Gesäuse gegen Johnsbach Brücken¹holz**	grün	1	[¹ Unsichere Dechiffrierung]
326	*Laph. ephippium* FBR.	**Gesäuse auf Brücken¹holz**	graublau	1	[¹ Unsichere Dechiffrierung]
327	[1] *L. vulpina* MG.	[1] ♂ **für mich** [2] Zagb.¹ 20. 5. 93	[1] – [2] –	1	[¹ = Zagreb = Agram]
328	*Laphr. flava*	**Gesäuse auf einem Fallbaum**	graublau	1	
329	○			1	
330	*L. fulva* MG.	♀ Lemberg **Göbel**	grün	1	
331	*L. ignea* M.	♂ **Melk Wach(t)berg Kiefern-stamm** 14. 6. 85	grün	1	
332	*L. gilva*	♂ ♀ **Wach(t)berg Holzstoß** 26. 6.	dunkel-grün	1	
333	[1] *L. fimbriata* MG.	[1] ♀ **für mich** [2] Zagb.¹ 14. 8. 93	[1] – [2] –	1	[¹ = Zagreb = Agram]
334	*Laphria marginata* L.	♂ Austria **Erber**	grün	1	
335	*marginata*	♀ **Admont Frauenfeld Zaun** 26. 8. 89	dunkel-grün	1	
336	*Laphria rufipes* FLL.	♂ Austria **Erber**	grün¹	1	[¹ Über dem Etikett zusätzlich noch ein kleines grünes □-Blättchen]
337	*Laph. fuliginosa* PZ.	♂ **Melk Pielach blumiger Rain** 1. 7.	grün	1	
	[*Andrenosoma* RONDANI]				
338	*Andrenos. albibarbis* MG.	♀ Villach **Tief**	dunkel-grün	1	
339	*Andrenosoma atra*	♂ **Von Soča nach Flitsch**	grau	2¹	[¹ Bein von mir an-geklebt]
37. Reihe:					
	[*Asilus* LINNAEUS]				
340	[1] *As. crabriformis* L.	[1] ♂ ♀ **Oberösterreich Mik** [2] Hammern 19. 8. 76 MIK	[1] grün [2] –	1	
341	*As. aemulus* MG.	. . .¹ 1. 8. 85 STR.	rosabraun	1	[¹ Unleserliche stenographische Zeichen]
342	*setiventr[is]*	♂ Gesäuss **auf Geländer**¹ 16. 7. 91	dunkel-grün	2¹	[¹ Unsichere Dechiffrierung. — ² Flügel von mir angeklebt]
343	*aemulus* ♀ ? *setiventris*	♀ Admont **Kalkofen Wald-blätter** 20. 7. 85	grün	1	
349	[1] *As. trifarius* LW.	[2] Collioure	[1] rosa [2] –	1	
351	*As. albiceps* MG.	♀ **Steinbrück Kalkberg**	grau	1	
357	*As. stylifes* LW.	♂ **Amstetten**	–	1	

Ex.-Nr. Typen-designie-rung	Vollständige Etikettenbeschriftung: Familien-, Gattungs-, Artangaben	Vollständige Etikettenbeschriftung: Sonstige Details	Etiketten-farbe	Erhal-tungs-zustand	Revisionsresultate nach 1910. [Bemerkungen von G. MORGE]
360	[1] *As. basalis* LW.	[1] ♀ Ung. [2] Kalocsa VIII	[1] rosa [2] –	1	
367	[1] *As. lacinulatus* LW.	[1] ♂ ♀ **Südfrankreich . . .**[1] [2] Collioure	[1] rosa-braun [2] –	1	[[1] Unleserliches stenographisches Zeichen]
368	*As. rusticus* MG.	**Von Soča nach Flitsch und beim**[1] **Klarsee**[1] ♂ **und** ♀	grau	1	[[1] Unsichere Dechiffrierung]
375	*Asil. cyanurus*	♂ Amstetten **Ybbsufer auf Gebüsch Seitenstetten buschiger Bachrand** ♀	dunkel-grün	1	
376	*cothurnatus*	♂ **Seitenstetten Franzosen-wäldchen** 3. 6. 90	dunkel-grün	2	
385	*Asilus variabilis* ZTT.	♀ Bamberg FUNK	–	1	
386 Typus	[1] *As. trilobus* m.	[1] ♂ [2] Čemerno THAL-HAMMER	[1] – [2] –	1	
	[*Echthistus* LOEW]				
344	*Echthistus rufinervis* WD.	♂ **Wien Mik**	grün	1	
	[*Pamponerus* LOEW]				
345	*Pamponerus germanicus* FBR.	♂ ♀ **Melk**	grün	1	
346	*Pamponerus helveticus* MIK	♂ †	grau[1]	1	[[1] Über dem Etikett zusätzlich noch ein kleines goldenes □-Blättchen]
	[*Antipalus* LOEW]				
347	(*Antipalus*) *varipes* MG.	♀ Lemberg **Göbel**	grün	1	
	[*Antiphrisson* LOEW]				
348	*Antiphriss. adpressus* LW.	♂ Pest THALHAMMER	–	1	
	[*Lophonotus* MACQUART]				
350	*Lophonotus punctipennis* MG.		blaugrau	1	
	[*Dysmachus* LOEW]				
352	*Dysm. spiniger* ZLL.	**Melk Winden Grashalm** 21. 6. ♂ **Donauleiten Gras und Gebüsch** 29. 6. ♀	grün	2	
353	*Dysm. trigonus* MG.	♂ ♀ **Melk Wach(t)berg Fichten** 22. 6.	grün	1	
38. Reihe:					
354	*Dysm. forcipula* ZLL.	♂ ♀ **Melk Stiftsgarten Gesträuch**[1] 28. 6.	grün	1	[[1] Kann auch „**gestreift**" heißen]
355	[1] *Dysmachus praemorsus* LW.	[1] ♂ d. Str. [2] Požarevac Serb. HLF.	[1] – [2] grau	1	
356	[1] *D. bimucronatus* LW.	[1] ♂ [2] Leitha G. 25. 5.	[1] – [2] –	1	
358	*Dysmach. bifurcus* LW.	**Melk Winden Grash.** 21. 6. ♀ **Melk Pielach Blätter** 19. 6. ♂	grün	3[1]	[[1] Exemplar von mir geklebt]
359	*Dysm. cochlearius*[1]	♂ Mödling 3. 7. 88	–	1	[[1] = *cochleatus* LOEW]
361	[1] *Dysmachus bilobus* LW.	[1] ♂ d. Strobl [2] Požarevac Serb. HLF.	[1] – [2] grau	1	

Ex.-Nr. Typen-designie-rung	Vollständige Etikettenbeschriftung: Familien-, Gattungs-, Artangaben	Vollständige Etikettenbeschriftung: Sonstige Details	Etiketten-farbe	Erhal-tungs-zustand	Revisionsresultate nach 1910. [Bemerkungen von G. MORGE]
	[*Eutolmus* LOEW]				
362	[1] *Eutolmus rufibarbis*	[1] Berlin **Schirmer** [2] Finkkg. 12. 8.	[1] rosa-braun [2] –	1	
	[*Machimus* LOEW]				
363	*Mach. setibarbus*[1] LW.	♂ Rendena (S. Tyrol) STROBL	dunkel-grün	1	[[1] = *setibarbis*]
364	*Machimus cyanopus* LW.	♂ †	–[1]	1	[[1] Über dem Etikett zusätzlich noch ein kleines braunes □-Blättchen]
365	[1] *Machimus lugens* LW. MBEZZI [2] *Machimus lugens* LW.	[3] Roveredo 3. VIII. 90	[1] – [2] – [3] –	1	[Etiketten 1 und 2 mit MARIO BEZZIS Handschrift. – 3. Etikett möglicherweise BEZZIS Schrift]
366	*Machim. atricapillus* F.	♂ ♀ **Schafferweg** 6. 8.	grün	1	
	[*Mochtherus* LOEW]				
369	[1] *Mochter.*[1] *pallipes* MG.	[2] Gallneukirch. 23. 6. 67 MIK [1] **Oberösterreich Mik** ♂ ♀	[1] grün [2] –	1	[[1] = *Mochtherus*]
	[*Cerdistus* LOEW]				
370	[1] *Cerdistus erythrurus* MG. MBEZZI	[1] ♀ [2] Casinalbo 12. 8. 90	[1] – [2] verblichen-beige	1	[Etikett 1 sicher, Etikett 2 möglicherweise MARIO BEZZIS Handschrift]
371	*Cerdistus zelleri* SCHIN.	♀ **Steinbrück Kalkberg**	grün	1	
372	*Cerdistus melanopus* MG.	Gomagoi 10. VIII. 88	–[1]	1	[[1] Über dem Etikett zusätzlich noch ein kleines rosabraunes □-Blättchen]
373	*Cerdistus melanopus* MG.	Gomagoi 14. VIII. 88	–[1]	1	[[1] Über dem Etikett zusätzlich noch ein kleines rosabraunes □-Blättchen]
	[*Itamus* LOEW]				
374	[1] *Itamus socius* LW.	[2] Freistadt 20. 6. 68 MIK [1] **Oberösterreich** ♂ ♀ **Mik!**	[1] grün [2] –	1	
377	*It. geniculatus* MG.	♂ ♀ Schlesien	–[1]	2	[[1] Über dem Etikett zusätzlich noch ein kleines oranges □-Blättchen]
	[*Tolmerus* LOEW]				
378	[1] *T. poecilogaster* LW.	[2] Ham̄ern 24. 8. 75 MIK [1] ♂ ♀ **Oberösterreich Mik**	[1] grün [2] –	4	
380	[1] *Tolmerus pyragra* ZLL.	[2] Seebenstein[1] 28. 7. 66 MIK [1] **Niederösterreich Mik** ♂ ♀ **Böhmen** ♀ **Mik**	grün	1	[[1] = Sebenstein]
381	*Tolm. atripes* LW.	♂ Graz . . .[1]	dunkel-grün	2	[[1] Unleserliches stenographisches Zeichen]

Ex.-Nr. Typen-designie-rung	Vollständige Etikettenbeschriftung: Familien-, Gattungs-, Artangaben	Vollständige Etikettenbeschriftung: Sonstige Details	Etiketten-farbe	Erhal-tungs-zustand	Revisionsresultate nach 1910. [Bemerkungen von G. MORGE]
39. Reihe:					
	[*Epitriptus* LOEW]				
379	*Epithr. pictipes* LW.	♂ ♀ Radkersburg STROBL	–	1	
382	[1] *Epitriptus cingulatus* FB.	[2] Wien (SCHINER) MIK [1] ♂ ♀ **Wien Mik**	[1] grün [2] –	1	
383	[1] *Epithr. arthriticus* ZLL.	[2] S. Fernando Arias Encobet 29. V. 902 [1] ♂ Span.	[1] – [2] –	1	
384	[1] *Epitriptus setulosus* ZELL.	[1] ♂ Austria [2] 19. 8. 9 [1] ERBER	[1] grün [2] grün	1	
	[*Scenopinus* LATREILLE]				
387	*Scenop. fenestralis* L. MQ.	♀ **Melk Zimmerfenster** 26. 6.	grün	1	
388	*Sc. fen*[*estralis*] v. *sulcicollis* MG.	♀ **Melk Zimmerfenster** 26. 6.	grün	4	
389	*Sc. fen*[*estralis*] v. *senilis* FBR.	♂ ♀ **Melk Zimmerfenster** 26. 6.	grün	1	
390	*Sc. glabrifrons* MG.	♀ **Zara Novak**	rosabraun	3	
391	*Sc. niger* DG	♀ **Kaiserau am Fenster** 10. 7. 91	dunkel-grün	1	

In der Reihenfolge am Ende der Kassette II steckten bei ihrem Auffinden vier Hymenopteren-Exemplare, die P. STROBL nicht selbst gesammelt hat. Sie stellen die einzige Ergänzung beziehungsweise Veränderung in der gesamten „Typensammlung" dar, die nach 1910 bis zu ihrem Auffinden durch mich erfolgt ist. Die betreffenden Exemplare wurden an dieser Stelle belassen:

40. Reihe:					
392	○	Admont P. LUD. PERNER	weiß, schwarz umrahmt	3	
393	[1] *Tenthredo solitaria*	[2] Admont P. LUD. PERNER	[1] weiß [2] weiß, schwarz umrahmt	2	
394	○	Ob. Steiermark P. LUD. PERNER	weiß, schwarz umrahmt	1	
395	*Scolia quadripunctata*	Marburg 20. 7.	–	1	

* * *

	Holzkassette III III. Dipteren-Typen, geordnet nach dem neuesten Catalog: 22. Fam: Bombyliid. 23. Therevidae. 24. Empidae. 25. Dolichopidae. 26. Lonchoptera.				[Die Kassette steht im linken Teil des neuen Zirbenschrankes ganz oben. – Zusätzlich zu dem nebenstehend zitierten Originaletikett P. STROBLs wurde die Kassette von mir mit folgendem Etikett versehen: „Diptera-Typensammlung Kassette III".]

Ex.-Nr. Typen-designie-rung	Vollständige Etikettenbeschriftung		Etiketten-farbe	Erhal-tungs-zustand	Revisionsresultate nach 1910. [Bemerkungen von G. Morge]
	Familien-, Gattungs-, Artangaben	Sonstige Details			
41. Reihe:					[41. – 53. Reihe im Kassettenoberteil]
	[*Sciodromia* HALIDAY]				
396	*Sciodromia immaculata* H.	**Kalkofen Waldbäche** 15. 8. 1 ♂, **Bachrand am Sunk** ♀	graugrün	4	
/ 396a				2	
	[*Ardoptera* MACQUART]				
397 Typus	*Ard. novemguttata* m.	♀ **Admont Kalkofen Waldbach** 15. 8. 91	graugrün	5	
398		♂ Gesäuss **Eingang Wasser**[1]**-felsen** 16. 7. 891	graugrün	4	[[1] Kann auch „**Wiesen**" heißen]
399	*Ard. guttata* HAL.	♀ **Admont Bachrand**	graugrün	3	
	[*Hemerodromia* MEIGEN]				
400	*Hemerodrom praecatoria* FLL.	♀ **Seitenstetten Stiftsgarten Gesträuch**[1]	grün	2	[[1] Kann auch „**ge-streift**" heißen]
401	*H. trapezina* Z.	♂ ♀ **Hochschwung Bachrand** 30. 8.	grün	3	
/ 401a				2	
402	*Hem. nigriventris* LW.	♀ **Ennsufer Gesträuch**[1]	–	1	[[1] Kann auch „**ge-streift**" heißen]
403	*melanocephala* H.	♂ **Von Grünwegen um dem Kalkofenwald** 19. 7. 91	graugrün	1	
404	*flavella* Z.	♀ Damischbachturm **Voralpen-bäche** 27. 8. 91	graugrün	1	
405	*Hem. oratoria* FLL.	**Amstetten Auen Gesträuch**[1] ♂ **Stiftsgarten Gesträuch**[1] ♀	grün	2	[[1] Kann auch „**ge-streift**" heißen]
/ 405a				3	
406	*H. unilineata* ZTT.	♂ **Seitenstetten Stiftswald Gesträuch**[1]	grün	1	[[1] Kann auch „**ge-streift**" heißen]
/ 406a				3	
407	*Hemerodromia albicornis* MG.	♂ **Seitenstetten Gesträuch und Stiftsteich**	grün	3	
408		[1] $\frac{33}{80}$ [2] ♀ **Schafferweg** Admont Steiermark Prof. G. STROBL	[1] – [2] –	4	
	[*Phyllodromia* ZETTERSTEDT]				
409	*Phyllodromia melano* ZETT.	♂ **Seitenstetten Waldrand Gesträuch**[1]	grün	4	[[1] Kann auch „**ge-streift**" heißen]
/ 409a				5	
	[*Thamnodromia* MIK]				
410	*Thamnodr. albiseta* Z.	♂ ♀ **Mühlau Wald** 1. 9. 92	graugrün	5	
/ 410a				2	
	[*Chersodromia* WALKER]				
411	*Chersodromia cursitans* Z v b. Z	♂ Trebinje **Flußufer** 18. 4. STROBL	–	4	
	[*Elaphropeza* MACQUART]				
412	*Elaphropeza ephippiata* FLL.	♂ **Seitenstetten Waldrand**	grün	2	

Ex.-Nr. Typen-designie-rung	Vollständige Etikettenbeschriftung		Etiketten-farbe	Erhal-tungs-zustand	Revisionsresultate nach 1910. [Bemerkungen von G. MORGE]
	Familien-, Gattungs-, Artangaben	Sonstige Details			
	[*Gloma* MEIGEN]				
413 / 413a	*Gloma fuscipennis* MG.	♂ ♀ **Admont Bachschlucht** 16. 7.	graugrün	1 / 1	
	[*Drapetis* MEIGEN]				
414	*Drapetis assimilis*	♀ **Admont Zimmerfenster** 14. 8.	—	3	
415	*Drap. aenescens* WD.	♂ **Veitlgraben**	grün	1	
416	*Dr. flavipes* MCQ.	♂ **Seitenstetten Zimmerfenster** 4. 7. 90	grün	2	
417	*Dr. setigera* LW.	♂ **Veitlgraben**	grün	1	
418	*Drap. exilis* v. *nigripes* Z.	♀ **Seitenstetten Waldrand**	graugrün	1	
42. Reihe:					
419	*Dr. pusilla* LW.	♂ **Seitenstetten Waldrand Gesträuch**[1]	—	4	[[1] Kann auch „**gestreift**" heißen]
420	*Dr. nervosa* LW.	♀ **Melk Stift Gemäuer** 6. 86	grün	1	
421	*Dr. flexuosa* LW.	♀ **Veitlgraben**	grün	1	
422	*Dr. arcuata* LW.	♀ **Schlesien Tief**	—	4	
423	*Drap.* (*Stilpon* LW.) *lunata* WLK.	♂ Kectel **Veitlgraben Mauer**[1] **Thalhammer**	rosa	4	[[1] Unsichere Dechiffrierung]
	[*Tachydromia* MEIGEN]				
424	*Tach. interrupta* LW.	♂ Natterriegel 2050 m **Stein**[1] 9. 8. STROBL	—	4	[[1] Unsichere Dechiffrierung]
425	*T. arrogans* = *cimicoid.* F.	♂ ♀ **Seitenstetten**	—	5[1]	[[1] Nur noch Nadel vorhanden]
426	*Tach. annulimana* MG.	♂ **Seitenstetten, Stiftsgarten, Blätter** 30. 5.	grün	2	
427 Typus	*Tachysta interrupta* LW. v. *obsoleta* m.	♂ ♀ Adm. Alp. **Natterriegel** STROBL	—	3	M. CHVÁLA 1967 det.: „*Tachydromia obsoleta* STROBL" Typenexemplar
428 Typus	*Tach. morio*[1] ZTT.[1] *styriaca*[2]	♂ **Krebenze**	grün	2	[[1] Von P. STROBL selbst handschriftlich durchgestrichen. — [2] = *styriaca* STROBL]
429	*Tachysta aemula* LW.	♀ **Kaiserberg** 29. 7. Transsylv. STROBL	—	2	
430	*Tachysta tuberculata* LW.	♂ **Kalbling** 20. 8. Styriae alp. STROBL	—	1	
431	*Tachydromia connexa* MG.	♂ **Seitenstetten Waldrand Gesträuch**[1]	grün	4	[[1] Kann auch „**gestreift**" heißen]
432	*Tach. sabulosa* MG.	♂ ♀ **Veitlgraben**	graugrün	4	
433	*Tach. calcanea* MG.	♀ **Am Veitlgraben Gesträuch**[1]	grün	3	[[1] Kann auch „**gestreift**" heißen]
434	*Tachypeza nubila* = *nervosa*	♂ ♀ **Berlin**	blaßgrün	1	
435	MG. *truncorum*	♂ Veitlgraben **auf**[1] **Holz**[1] 17. 8. 91	graugrün	3	[[1] Fast unleserliche stenographische Zeichen]
436		♀ Hohentauern **Winzgraben auf Stein** 2. 8. 91	graugrün	3	
447	*Tachydromia compta* WLK.	♀ **Griesstein** Steir. Alpen 9. 8. STROBL	—	3	

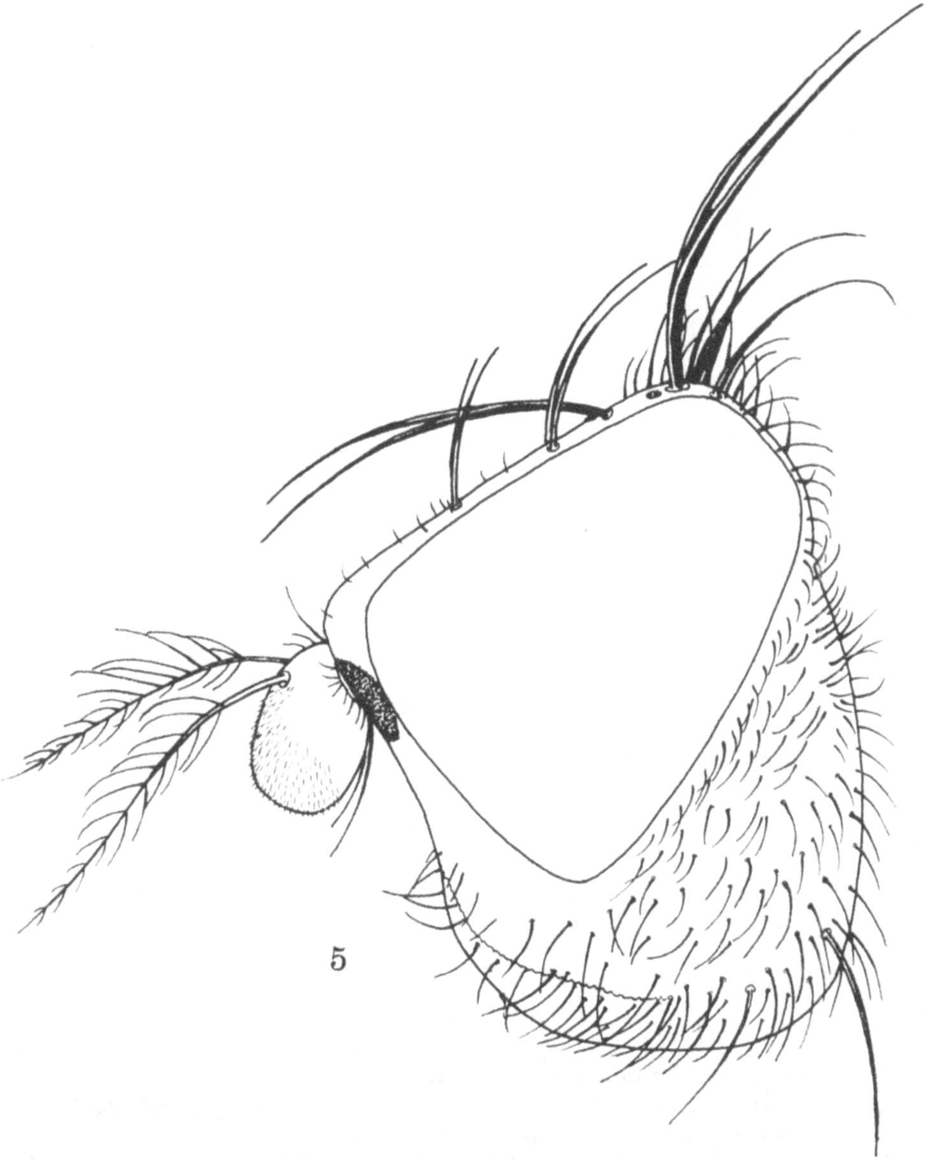

5

Fig. 5. *Minettia codinai* HENNIG (Sapromyzidae):

Linke Seitenansicht des Kopfes. (44 ×). (Gezeichnet nach einem Exemplar in der Kollektion des ehemaligen DEI, Eberswalde, mit folgender Etikettierung: 1. „Holotypus". — 2. „Montalegre 18. VII. 10". — 3. „coll. Oldenberg". — 4. „*Peplomyza codinai* det. Lichtwardt".)

Ex.-Nr. Typen-designie-rung	Vollständige Etikettenbeschriftung		Etiketten-farbe	Erhal-tungs-zustand	Revisionsresultate nach 1910. [Bemerkungen von G. MORGE]
	Familien-, Gattungs-, Artangaben	Sonstige Details			
460	*Tachydromia major* ZTT.	♂ ♀ Admont **Ennswiesen** 25. 5.	–	2	
488 **Typus**	*T. diversipes* m. i. l.	♀ **Schafferweg** 20. 7. 1. STROBL	blaßgrün	2	„Lectotypus *Tachydromia diversipes* STROBL, 1910 ♀ design. CHVÁLA, 1970". – M. CHVÁLA 1970 det.: „*Platypalpus rapidus* (MEIG.) ♀"
	[*Platypalpus* MACQUART]				
437 **Typus**	*P. cyanophthalmus* **Strobl**	♂ ♀ **Seitenstetten**	grün	1	
438	*testacea* **Becker** v.	♀ **Damischbachthurm Voralpen-Bachränder** 27. 8. 91	graugrün	1	
439	*Pl. lutens* FL.	♀ **Admont Bachschlucht** 18. 7.	graugrün	4	
440	*Pl. pectoralis* FLL.	♂ **Admont Bachschlucht** 7. 9.	graugrün	2	
441 **Typus**	*dilatatovittat*[1] m.	♀ **Scheibl(burg)**[2] Styriae Alpes Prof. G. STROBL	–	1	[[1] = *dilatovittata*. – [2] Unsichere Dechiffrierung]. – M. CHVÁLA 1970 det.: „Lectotypus ♀ *Tachydromia dilatovittata* STROBL, 1910 design. CHVÁLA, 1970"
442	*straminipes* ZETT.	♀ **Hohentauern Winzgraben** 2. 8.	graugrün	2	
443 **Typus**	*Platyp. exilis* MG. v.	**Sch** . . .[1,2] **Waldweg**[3]. . .[1,4] ♀ **Admont** ♂ Transsylv. STROBL 7. 8.	–	5[5]	[[1] Unleserliche stenographische Zeichen. – [2] Bedeutet mit Sicherheit „**Schulergebirge**". – [3] Kann auch „**Waldbach**" heißen. – [4] Könnte „**Aufstieg**" heißen. – [5] Nur noch Nadel vorhanden]
43. Reihe:					
444 **Typus**	*Pl. tauricus* m. n. *Miki* **Becker**	♀ Hengst 25. 8. 95	graugrün	2	
445	*Pl. albiseta* PZ.	♂ ♀ **Seitenstetten Waldrand Gesträuch**[1]	grün	3	[[1] Kann auch „**gestreift**" heißen]
446	*Plat. albocapillatus* FLL.	♂ **Seitenstetten Waldrand Gesträuch**[1]	grün	4	[[1] Kann auch „**gestreift**" heißen]
448	*Pl. pubicornis* ZETT.	♂ Kalbling 17. 6. 95 **Strobl**	graugrün	2	
449 **Typus**	*Pl. longimanus* m. i. l.	♂ Santsch 2. 8. 05 STROBL	rosa	4[1]	M. CHVÁLA 1970 det.: „Holotypus ♂ *Tachydromia longimana* STROBL, 1910 syn. of *Platypalpus longimana* (CORTI, 1907). – [[1] Tier schlecht erhalten, aber Genitalpräparat an Nadel]

Ex.-Nr. Typen-designierung	Vollständige Etikettenbeschriftung		Etiketten-farbe	Erhal-tungs-zustand	Revisionsresultate nach 1910. [Bemerkungen von G. MORGE]
	Familien-, Gattungs-, Artangaben	Sonstige Details			
450	*stigmatellus* ZTT.	♀ **Scheibleggerhochalpe auf Felsengesträuch** 29. 7. 90	graugrün	3	
451	*P. nigritarsis* FLL.	♂ **Amstetten Ybbsauen** 14. 5.	grün	3	
452	*Pl. macula* Z 289	♂ **Kalkofen** 13. 7. Styria STROBL	—	4	
453	*ungicul.*	♀ **Scheibleggerhochalpe** 27. 7.	graugrün	3	
454 Typus	*comutatus* **Strobl**	♂ ♀ **um den Scheibisee zwischen Grün Melk** 31. 7.	graugrün	4	Design. M. CHVÁLA 1970: Lectotypus *Tachydromia commutata* STROBL, 1893 ♂
455	*comut.* v.	♀ **Kematen Bachschlucht** 18. 8.	grün	3	
456	*Pl. ciliaris* FLL.	♂! **Veitlgraben Gesträuch**[1] 4. 8.	grün	3	[[1] Kann auch „**gestreift**" heißen]
457	*Pl. flavipalpis*	♀ Seitenstetten **auf Laub**	grün	3	
458	*Pl. fuscicornis* ZETT.	♀ **Amstetten Auen Gesträuch**[1]	grün	5	[[1] Kann auch „**gestreift**" heißen]
459	*albicornis* ZTT.	♂ ♀ **Eichelau Sumpfwiesen** 21. 7.	graugrün	1	
461	*Plat. pallidiventris* MG.	♀ **Seitenstetten Stiftsgarten Gesträuch**[1]	grün	1	[[1] Kann auch „**gestreift**" heißen]
462	*P. flavicornis* M.	♂ **Melk Rain Gesträuch**[1] 6. 6.	grün	1	[[1] Kann auch „**gestreift**" heißen]
463	*Pl. luteicornis* MG.	♀ **Amstetten Auen Gesträuch**[1]	grün	5	[[1] Kann auch „**gestreift**" heißen]
464	*Plat. varius*	♀ **Seitenstetten Leder**[1]**leithen Gesträuch**[2]	grün	1	[[1] Unsichere Dechiffrierung. — [2] Kann auch „**gestreift**" heißen]
465	*articulatus* MCQ.	♂ ♀ **Admont Mühlauer Wald und Griegau**	grün	1	
466 Typus	*lesinensis* m.	♂ Lesina	rosa	5	Design. M. CHVÁLA 1970: Lectotypus *Tachydromia lesinensis* STROBL, 1893 ♂
467 Typus	*Novakii* m.	♂ ♀ Lesina	rosa	1	Design. M. CHVÁLA 1970: Lectotypus *Tachydromia novakii* STROBL, 1893 ♀
468	*bicolor*	♀ **Seitenstetten Gesträuch**[1]	grün	5[2]	[[1] Kann auch „**gestreift**" heißen. — [2] Nur noch Nadel vorhanden]
469	*Pl. calceatus* MG.	♂ ♀ **Trefflingufer Ufergebüsche** 11. 5. **von Liste aus**[1] **gen.**	grün	2	[[1] Fast unleserliches stenographisches Zeichen]
470	*Pl. candicens* FLL.	♂ ♀ **Seitenstetten Stiftsteich**	grün	2	
471	*Pl. fasciatus* MG.	♂ ♀ **Seitenstetten Bachufer**	grün	2	
472 Typus	*Pl. fasciat.* v.? **oder Abart** *oedicnemus* m.	♂ **Hoffeld**[1] 5. 6. Styria STROBL	—	3	[[1] Fast unleserliches stenographisches Zeichen]. — Design. M. CHVÁLA 1970: Lectotypus *Tachydromia oedicnema* STROBL, 1898

Ex.-Nr. Typen-designie-rung	Vollständige Etikettenbeschriftung		Etiketten-farbe	Erhal-tungs-zustand	Revisionsresultate nach 1910. [Bemerkungen von G. Morge]
	Familien-, Gattungs-, Artangaben	Sonstige Details			
473	*Pl. infuscatus* Mg.	♀ **Seitenstetten Stiftsgarten Gesträuch**[1] 16. 6.	grün	1	[[1] Kann auch „**ge-streift**" heißen]
474	*Platyp. cursis*	♀ **Seitenstetten Gesträuch**[1] **überall**[2] **gewesen**[2]	dunkel-grün	1	[[1] Kann auch „**ge-streift**" heißen. – [2] Unsichere Dechif-frierung]
475	*nigrimanus*	♂ **Melk Weißdorn**[1] 25. 5. 83	grün	2	[[1] Unsichere Dechiffrierung]
476 Typus	*alpigena*	♂ ♀ **Scheibleggerhochalpe Bach-wiesen** 27. 7.	grün	3	Design. M. Chvála 1970: *Tachydromia alpigena* Strobl, 1893 ♂
44. Reihe:					
477 Typus	*Pl. nigrosetosa* m.	♀ **Gesäuse Ennsufer fliegend**[1] 10. 8.	graugrün	1	[[1] Unsichere De-chiffrierung. Kann auch „**Fels**" heißen]. – Lectotypus *Ta-chydromia nigrose-tosa* Strobl, 1893 design. M. Chvála, 1970
478	*Plat. flavipes* Fbr.	♂ ♀ **Seitenstetten Gesträuch**[1]	grün	1	[[1] Kann auch „**ge-streift**" heißen]
479	*Pl. maculipes*	♂ ♀ **Admont Ennsufer Gesträuch**[1] 13. 8. 92	graugrün	1	[[1] Kann auch „**ge-streift**" heißen]
480	*Plat. cothurnatus* Mg.	♂ **Seitenstetten Gesträuch**[1]	grün	5[2]	[[1] Kann auch „**ge-streift**" heißen. – [2] Nur noch Nadel vorhanden]
481	*Pl. nigricoxa* Mik	♀ Gesäuss **Waldfelsen** 19. 6. 93	rosa	1	
482	*Pl. annulipes* Mg.	♂ **Seitenstetten Stiftsgarten Gesträuch**[1]	graugrün	3	[[1] Kann auch „**ge-streift**" heißen]
483	*Pl. minutus* Mg.	♂ ♀ **Amstetten Gesträuch**[1] 4. 5.	grün	1	[[1] Kann auch „**ge-streift**" heißen]
484	*Pl. exiguus* Mg.	♀ **Amstetten Ybbsauen Gesträuch**[1]	grün	3	[[1] Kann auch „**ge-streift**" heißen]
485	*montanus* **Becker**	♂ ♀ **Kalbling auf Krummholz-wiesen** 19. 7.	graugrün	1	
486	*nigrina* Mg. sordidus Z.	♂ **Admont Kematen Bach-schlucht** 18. 8. 1892	graugrün	3	
487	*eumelaena* Mik	♀ **Gstadtmayrhochalpe Gesträuch**[1] 26. 8. 83	graugrün	1	[[1] Kann auch „**ge-streift**" heißen]
489 /	*Pl. fulvipes* Mg.	♀ ♂ **Seitenstetten Stiftsgarten**	grün	5	
489a				1	
490	*aegilis* Mg.	**Seitenstetten Froschau Sumpf-wiesen** 1 ♂ (v[1] c) ♀ (v b[2])	graugrün	1	[[1] = Variation. – [2] Kaum lesbar, könnte auch „c" heißen]
491	*Plat. notatus* Fbr.	♂ ♀ **Seitenstetten Gesträuch**[1]	grün	3	[[1] Kann auch „**ge-streift**" heißen]
492	*Pl. aeneicollis* Ztt.	♂ **Seitenstetten Stiftswald**	grün	1	

Ex.-Nr. Typen-designie-rung	Vollständige Etikettenbeschriftung		Etiketten-farbe	Erhal-tungs-zustand	Revisionsresultate nach 1910. [Bemerkungen von G. MORGE]
	Familien-, Gattungs-, Artangaben	Sonstige Details			
506	*Pl. longiseta* Z.	♀ **Kaiserberg** 29. 7. Transsylv. STROBL	–	1	
	[*Psilopus* MEIGEN]				
493 /	*Psilop. platyp.*	♂ Seitenstetten **Stiftsgarten Laub**	grün	3	
493a				1	
494 /	*Ps. lobipes* MG.	Akaszto (Ung.) **Veitlgraben**	graugrün	1	
494a				3	
495	[2] *Psilop. nervosus* LHM.	[1] Treffen 29. 6. [2] ♀ Amstetten **Ybbsauen Gesträuch**[1]	[1] – [2] grün	1	[[1] Kann auch „**gestreift**" heißen]
496 /	*Psil. longulus*	Melk: **Winden Waldgras** 4. 7. ♂, **Wach(t)berg Feldrand** 24. 6. ♀	grün	2	
496a				1	
497 /	*Ps. contrist.* **Schiner** *flexus* LW. **nach** KOW.	♂ **Melk Winden Pappelstamm** 30. 6.	grün	4	
497a				1	
498	*Psilopus albonotatus* LW.	♂ Lesina **Novak**	graugrün	1	
499	[2] *Ps. albifrons* MG.	[1] Wien 21. 6. 73 [2] **Wien Mik!** ♂	[1] – [2] grün	1	
500	*Ps. nigricornis* LW.	♀ Steinbrück 21. 7.	graugrün	1	
	[*Neurigona* RONDANI]				
501	[1] *Neurig. Erichsonii* ZTT.	[1] ♀ [2] M. Elend 16. 7.	[1] – [2] –	2	
502	*Neur. suturalis* FLL.	♂ ♀ **Seitenstetten Stiftsgarten Blätter** 30. 5.	grün	3[1]	[[1] Abdomen von mir auf Etikett geklebt]
503	○			1	
504	*Neur. pallida* F.	♀ **Donauaue Gesträuch**[1]	dunkel-grün	2	[[1] Kann auch „**gestreift**" heißen]
505	*Neur. 4fasciat.*	♂ **Seitenstetten Franzwald Waldsumpf** 7. 6. 90	graugrün	4	
45. Reihe:					
	[*Dolichopus* LATREILLE]				
507	*D. melanopus* MG.	♂ Vorarlberg	–	1	
508	*D. tanythrix* LW.	♂ **Admont Hofmoos Sumpfpfad**[1] 23. 7. 91	graugrün	1	[[1] Kann auch „**Sumpfwiese**" heißen]
509	*D. fastuosus* HAL.	♂ **Seitenstetten Stiftsteich Laub**	grün	2	
510	*Dolich. planitarsis* FLL.	♂ **Seitenstetten Stiftsteich**	grün	1	
511	*D. vitripen̄is* MD.	♂ **Admont Hofmoos auf Riedgräsern** 28. 7. 90	graugrün	1	
512	*Dol. campestris* MG.	♂ ♀ **Admont Ziegel[stadel]**[1] **Sumpf** 30. 7.	grün	1	[[1] Fast unleserliches stenographisches Zeichen]
513	*lepidus* STG.	♂ **Hohentauern Sumpfwiesen** 3. 8. 91	graugrün	2	
514	*D. punctum* MG.	♂ ♀ **Admont Hofmoos**	graugrün	1	
515	*S. aeneus*	**Seitenstetten Waldlichtungen** ♂ **und** ♀	graugrün	3	
516	[2] *Dol. atripes* MG.	[1] Ham̄ern 30. 7. 72 [2] ♂ ♀ **Hammern Oberösterreich Mik!**	[1] – [2] grün	1	

Ex.-Nr. Typen-designie-rung	Vollständige Etikettenbeschriftung: Familien-, Gattungs-, Artangaben	Vollständige Etikettenbeschriftung: Sonstige Details	Etiketten-farbe	Erhal-tungs-zustand	Revisionsresultate nach 1910. [Bemerkungen von G. Morge]
517	*Dol. equestris* HAL.	**Seitenstetten Stiftsteich Gesträuch**[1] ♂ **Admont Sumpf** ♀	graugrün	5	[1 Kann auch „**ge-streift**" heißen]
518	*Dol. claviger* STAÑ.	♂ Innsbruck	grün	1	
519	*D. discifer* ST.	**Hohentauern am Bach** 14. 8. ♂ **Winzgraben** ♀	graugrün	1	
520	*D. confusus* Z.	♂ **Innsbruck Mühlauerbach**	graugrün	1	
521	*D. plumitarsus* FLL.	♂ ♀ **Hammern Mik!**	grün	1	
522	*D. trivialis* HAL.	♂ **Seitenstetten Waldrand Gesträuch**[1]	graugrün	1	[1 Kann auch „**ge-streift**" heißen]
523	*Dol. festivus*	♂ ♀ **Seitenstetten Waldrand Gesträuch**[1]	graugrün	1	[1Kann auch „**ge-streift**" heißen]
524	*D. pennatus* MG.	♂ ♀ **Seitenstetten Stiftsteichrand**	grün	1	
525	*D. argyrotarsis* W.	♂ **Kaiserau** 17. 6. Styr. STROBL	graugrün	1	
526	*Dolichop. plumipes* SCOP.	♂ **Seitenstetten Sonntagberg und Stiftsteich Laub**	graugrün	1	
527	*D. argentifer* ? LW.	♂ **Lichtmeßberg Sumpfwiesen** 5. 8.	grün	1	
528	*D. urbanus* MG.	♂ ♀ **Kaiserau Sumpfwiesen** 7. 8.	graugrün	1	
529	[2] *D. nitidus* FLL.	[2] ♂ Böhmen **Mik!** [1] P[1]	[1] – [2] grün	1	[1 Könnte „Prag" bedeuten]
530	*Dolich. griseipen*	♂ **Froschau auf Laub**	graugrün	2	
531	*D. caligatus* W.	♂ ♀ **Kaiserauer Sumpfwiesen** 7. 8.	blaugrün	1	
532	*Dol. virgultorum* WLK.	♂ Gesäuss 25. 8. STROBL	–	1	
533	[2] *Dol. excisus* LW.	[1] Lasoncz 1867 [2] Ungarn **Mik!** ♂	[1] – [2] grün	2	
534	*latelimbatus*[1] MQ.	♂ ♀ Ungarn **Veitlgraben**	graugrün	1	[1 = *latilimbatus*]
535	[2] *D. agilis* MG.	[2] ♀ Ungarn **Veitlgraben** [2] 28 06	[1] – [2] blau-grün	1	
536	*D. simplex* WD	♂ **Hammern Mik!**	grün	1	
537	*D. longicornis* STANN.	♂ **Sammlung Egger**	grün	1	
46. Reihe:					
538	*D. acuticornis* WD.	♀ ♂ **Wach(t)berg Gesträuch**[1] 2. 7.	grün	2	[1 Kann auch „**ge-streift**" heißen]
539	*nubilus* MG.	♂ Kalocsa	graugrün	1	
540	*sabinus* HL.	♂ ♀ Keczel **Veitlgraben Wein-garten** 8. 5.	graugrün	4	
541	[2] *signifer* HL	[2] ♂ Hajos **Fasanerie** 5. 5. 90 [1]$\frac{48}{26}$	[1] – [2] grau-grün	2	
542	[2] *D. litorellus* ZTT.	[2] ♂ ♀ Akasztó 20. 5. 93[1] **Veitlgraben** [1] Akasztó 20. 5. 92	[1] – [2] rosa	2	[1 Die richtige Jahreszahl dürfte „92" sein, da diese auch in P. STROBLs Handkatalog vermerkt ist]
543	[2] *Dol. arbustorum* STAÑ.	[1] Čemerno THALHAMM. [2] ♂ **Seitenstetten Stiftswald-rand**	[1] – [2] grün	2	
	[*Tachytrechus* STANNIUS]				
544	*Tachyt. notatus* STAN.	♂ **Villach Tief**	dunkelgrün	1	

Ex.-Nr. Typen-designie-rung	Vollständige Etikettenbeschriftung		Etiketten-farbe	Erhal-tungs-zustand	Revisionsresultate nach 1910. [Bemerkungen von G. MORGE]
	Familien-, Gattungs-, Artangaben	Sonstige Details			
545	*Tachytrechus Eucerus* LW.	♂	—[1]	1	[1 Über dem Etikett zusätzlich noch ein kleines blaues □-Blättchen]
546	*Tachytrechus Eucerus* LW.	♀	—[1]	1	[1 Über dem Etikett zusätzlich noch ein kleines blaues □-Blättchen]
547	*Tachytrech. Insignis*	♂ Ledro 31. VIII	—[1]	1	[1 Über dem Etikett zusätzlich noch ein kleines verblichen-weißes □-Blättchen]
548	[2] *T. consobrinus* WLK.	[1] Asch 6[1] 1868[2] [2] **Böhmen** ♂ **Ob. Oesterreich** ♀ **Mik!**	[1] — [2] grün	3	[1 Kaum lesbar. — 2 Kann auch „1863" heißen]
549	○			2	
550	[2] *Tachyt. genualis* LW.	[1] Gallneukirch 20. 6. 67 [2] **Gallneukirchen bei Linz Mik** ♂ ♀	[1] — [2] grün	2	
551		Gallneukirch 20. 6. 67	—	1	
552	[2] *Tach. ammobates* WLK.	[2] ♀ [1] Kalocsa THALHAMMER	[1] — [2] rosé	2	
	[*Sybistroma* MEIGEN]				
553	*Sybistr. setosa* SCHIN.	♂ Hajos 17. 5. 93	rosé	4	
554	*Sybistroma nodicornis* MG.	♂ **Seitenstetten gegen Sonntagberg und Stiftsteich Laub**	grün	4	
555	○			1	
	[*Hercostomus* LOEW]				
559	*Herc. bicingulatus* ZTT.	♀ Kalocsa **Veitlgraben**	graugrün	1	
560	*H. longiventris* LW.	♂ **Admont**	—	1	
563	*Herc. Sahlbergi*	♀ **Alpenwiesen um den Scheiplsee** 1. 8.	graugrün	1	
570	*Herc. papillifer*	♂ ♀ **Hüttelsdorf bei** Wien 30. 6. 80	grün	1	
572	*G.*[1] (*Hercostom.*) *nanus* MCQ.	♂ **Melk Herrenmühle Bachschlucht** 31. 7.	dunkelgrün	2	[1 = *Gymnopternus* LOEW]
573	[2] *Hercostomus nigricornis* W.	[1] Pavia 29. VI. 90 [2] MBEZZI	[1] — [2] —	1	[1 Handschrift BEZZIS]
	[*Gymnopternus* LOEW]				
556	[2] *Gy. principalis* LW.	[2] Nagy Kapornak **Juli** 87. **Veitlgraben** ♂ [1]$^{33}_{13}$	[1] — [2] graugrün	1	
557	*Gymn. germanus* WD.	**Innsbruck** ♂ **Seitenstetten** ♀	grün	1	
558	*G. chaerophylli* MG.	♂ **Seitenstetten Waldrand**	grün	3	
47. Reihe:					
561	*Gymn. fumipennis* STN̅.	**Amstetten Auen Gesträuch und Gebüsche** ♂ **und** ♀	grün	1	
562	*G. pulchriceps* **Loew**	♂ ♀ Akasztó **Ungarn Thalhammer Mik**[1] 89	graugrün	3	[1 Fast unleserliches stenographisches Zeichen]
564	*chrysozygos*	♀ **Melk Stiftsgarten Gesträuch**[1] 11. 7.	blaugrün	1	[1 Kann auch „**gestreift**" heißen]

Ex.-Nr. Typen-designie-rung	Vollständige Etikettenbeschriftung		Etiketten-farbe	Erhal-tungs-zustand	Revisionsresultate nach 1910. [Bemerkungen von G. MORGE]
	Familien-, Gattungs-, Artangaben	Sonstige Details			
565	*G. cretifer* WLK.	♂ **Freiwaldau Schlesien Tief**	blaugrün	1	
566	*Gymn. nigriplantis*	♀ **Amstetten Auen Gesträuch**[1]	grün	1	[[1] Kann auch „**gestre'ft**" heißen]
567	[2] *Gymn. rusticus* MG.	[1] Melk ♀ **Wach(t)berg Gesträuch**[1] 3. 7. [2] **Amstetten Auen Gesträuch**[1]	[1] grün [2] grau-grün	3	[[1] Kann auch „**gestreift**" heißen]
568	*G. atrovirens* LW.	**Seitenstetten Stiftsgarten** ♂ **Schafferweg** ♀	grün	2	
569	*Gymnopt. convergens* LOE[W]	**Amstetten Gebüsche Gesträuch**[1] ♂ **untere Augenwimpern gelb!**	graugrün	1	[[1] Kann auch „**gestreift**" heißen]
571	O			2	
574	*G. fugax* LW.	**Bösenstein Alpenwiesen** ♂ **Mariahof** ♀	grün	2	
575	*G. vivax* LW.	♂ ♀ **Schafferweg Laub 29**[1]. 7.	grün	3[2]	[[1] Kann auch „23" heißen. – [2] Kopf von mir angeklebt]
576	*Gymnopt. celer* MG.	**Seitenstetten gegen Rosenau Laub** ♂ **und Stiftsteich Admont** ♀!	grün	1	
577	*G. brevicornis*	♂ ♀ **Um den Scheipisee Grünerlen** 31. 7.	graugrün	1	
578	*G. aerosus* FLL.	♀ **gegen Rosenau und Stiftsteich Laub**	graugrün	1	
579	*Gy. metallicus* ST.	♂ ♀ Akasztó 24. 5. 92	rosé	1	
580	*G. cupreus* FLL.	♂ **Seitenstetten gegen Rosenau Laub**	graugrün	1	
	[*Dasyarthrus* MIK]				
581	*Das. inornatus*	♀ Gesäuss **auf Felsen** 6. 8.	grün	3	
582	[2] *Dasyarthrus* (*Gymnopt.*) *inornatus* LW.	[2] ♂ [1] Rubbia 2. 5. 64 [2] **Küstenland Mik**	[1] – mit rotem Eckwinkel [2] grau-grün	2	
583	*Gymn. labiatus* LW.	♂ ♀ **Kalbling Alpenwiesen** 25. 7.	grün	3	
	[*Hypophyllus* LOEW]				
584	[2] *Hypophyllus obscurellus* FLL.	[1] Gastein 7. 8. 67 [2] Gastein **Mik** ♂ **und** ♀	[1] – [2] grau-grün	3	
585	*Hyp. crinipes* STG.	♂ Innsbruck	grün	3	
586	*Hyp. discipes* A.	♂ **Melk Herren**[1]**mühle Schlucht-gesträuch**[2] 9. 7.	blaugrün	1	[[1] Unsichere Dechiffrierung. – [2] Kann auch „**gestreift**" heißen]
	[*Oncopygius* MIK]				
587	*Oncop. ornat.*	♂ ♀ **Wasserfall bei dem Kalk-ofen** 17. 7.	graugrün	2	
	[*Chrysotus* MEIGEN]				
588	*Chrysot. cilipes* MG.	♂ ♀ **Seitenstetten Stiftsteich Gesträuch**[1]	graugrün	2	[[1] Kann auch „**gestreift**" heißen]
589	*Chrys. neglect.*	**Seitenstetten Gesträuch**[1] ♀ **und** ♂	graugrün	1	[[1] Kann auch „**gestreift**" heißen]

Ex.-Nr. Typen-designie-rung	Vollständige Etikettenbeschriftung		Etiketten-farbe	Erhal-tungs-zustand	Revisionsresultate nach 1910. [Bemerkungen von G. MORGE]
	Familien-, Gattungs-, Artangaben	Sonstige Details			
590	*pulchellus* K	**Monfalcone Lagune** 27. 7. 83 ♀ **Sammlung Schiner/**♂	grün	1	
591	*Ch. femoratus* ZTT.	♂ **Seitenstetten Froschau**	grün	1	
48. Reihe:					
592	*amplicornis* Z.	♂ ♀ **Admont Hofmoos Sumpf-[pfad]**[1] 23. 7.	graugrün	3	[[1] Kann auch „**Sumpfwiese**" heißen]
593	*Ch. cupreus* MCQ.	♂ ♀ **Seitenstetten Waldrand**	grün	4	
594	*Chr. graminis* FLL.	♂ ♀ **Seitenstetten Bachrand**	grün	1	
595	*C. varians* KW.	♂ ♀ **Seitenstetten Stiftsgarten**	grün	3	
596	*C. monochaetus* KW.	♂ **Sonntagberg Gesträuch**[1]	grün	3	[[1] Kann auch „**gestreift**" heißen]
597	*microcerus* KW.	♀ **Ungarn**	graugrün	2	
598	*Ch. laesus* WD.	**Admont Frauenfeld** ♂ **Schaffer-weg Melk** 22. 7. ♀	grün	1	
599	*Chr. blepharosceles* KOW.	♂ Kalocsa	graugrün	2	
600 Typus	*Ch. alpicola* **Strobl**	**Kalbling Krummholzwiesen** 19. 7. ♀ **Natterriegel Krumm-holzwiesen** 22. 8. 91 ♂	graugrün	1	
601	*Chr. suaris* LW.	♂ ♀ **Seitenstetten gegen Rosenau**	grün	1	
602	*Chrys. peñatus* LICHTW.	♂ **Monfalcone**	—	3	
	[*Acropsilus* MIK]				
603	*Acropsilus* (*Chrysot.*) *niger* LW.	♂ **Hammern in Oberösterreich Mik!**	grün	4	
	[*Diaphorus* MEIGEN]				
604	*Diaphorus oculatus* FLL.	♂ **Seitenstetten Stiftswald Gesträuch**[1]	grün	1	[[1] Kann auch „**gestreift**" heißen]
605	*D. vitripennis* LW.	**Veitlgraben** ♂ **Melk** ♀	graugrün	1	
606	*D. halteralis*	♂ ♀ Admont **Ennsufer neben dem Hofmoor** 13. 8.	graugrün	1	
607	*D. disjunctus* LW.	♂ ♀ **lehmig Ennsufer** 24. 8.	grün	2	
608	*D. Winthemi*	♂ ♀ Admont **Ennsufer neben dem Hofmoor** 13. 8.	graugrün	1	
609	*D. Gredleri* MIK	♂ **Steinbrück** 20. 7. 92	graugrün	1	
610	*D. Hoffmanseggii*	♀ **Herrenmühle Trockenbach-revier**[1] 31. [!] 6.	blaugrün	1	[[1] Kann auch „**trockener Bach, Regen**" heißen]
611	[1] *Diaphorus Tripilus* LW.	[1] ♂ [2] Brumow 17. 6. 91	[1] — [2] —	1	
612	[1] *Diaphorus lugubris* LW.	[1] ♂ ♀ [2] Brumow 6. 7. 91	[1] — [2] —	2	
613	*Diaph.* (*Asyndet.*[1]) *latifrons* LW.	♂ ♀ **Wach(t(berg Feldrain Gesträuch**[2] 25. 6.	dunkel-grün	1	[[1] = *Asyndetus* LOEW. — Siehe auch Ex.-Nrn. 616 bis 617. — [2] Kann auch „**gestreift**" heißen]
614	[2] *D. distendens*	[2] ♂ [1] Görz 14. 5. 65 [2] Görz **Mik**	[1] — [2] grün	3	
615	*Diaph. oculat.* LW.	**Radkersburg**[1] **die unbekannte...**[2] ♀ ?	—	1	[[1] Unsichere Dechiffrierung. — [2] Unleserliche stenographische Zeichen]

Ex.-Nr. Typen-designie-rung	Vollständige Etikettenbeschriftung: Familien-, Gattungs-, Artangaben	Vollständige Etikettenbeschriftung: Sonstige Details	Etiketten-farbe	Erhal-tungs-zustand	Revisionsresultate nach 1910. [Bemerkungen von G. MORGE]
620	*D. nigricans* MG.	♂ Admont **Stiftsgarten** STR. 20. 7.	graugrün	1	
	[*Asyndetus* LOEW]				
616 Typus	*As. late-interruptus* m.	♀ Monfalcone		–	
617	*As. varus* LW.	♀ ♂ Kalocsa	graugrün	4	
49. Reihe:					
	[*Melanostolus* KOWARZ]				
618	[1] *Melanostolus nigricilius* LW.	[1] ♂ Ungarn [2] 28. 08.[1]	[1] grau-grün [2] –	2	[1 „8" fast unleserlich]
	[*Nematoproctus* LOEW]				
619	*Nem. praesectus* LW.	♂ **Luttenberg Sumpfwiesen** 30. 7.	grün	1	
	[*Argyra* MACQUART]				
621	*Argyr. diaphana*	♂ ♀ **Seitenstetten Froschau auf Laub**	grün	2	
622	*A. setimana* LW.	♂ **Herrenmühle Trockenbach-revier**[1] 31. [!] 6.	dunkel-grün	1	[1 Kann auch „**trokkener Bach, Regen**" heißen]
623	*Arg. leucoceph.*	♂ **Seitenstetten Froschau auf Laub**	grün	3	
624	*Arg. argyria* M.	♂ **Melk Herrenmühle Bach-schlucht** 22. 7.	blaugrün	1	
625	*Arg. argentina* MG.	**Seitenstetten Stiftsgarten** ♂ **Oberösterreich Mik** ♀	grün	1	
626	*Arg. confinis* ZTT.	♀ **Seitenstetten Froschau Gesträuch**[1]	grün	3	[1 Kann auch „**gestreift**" heißen]
627	*Arg. confinis* Z.	♂ ♀ **Melk Herrenmühle Bach-schlucht** 22. 7.	blaugrün	2	
628	*A. grata* LW.	♀ **Donauaue schattige Stelle** 4. 6.	blaugrün	1	
629	*Argyra grata* LOEW	♂ **Amstetten Auen Gesträuch**[1]	grün	4	[1 Kann auch „**gestreift**" heißen]
630	*Arg. atriceps* LW.	♂ **Herrenmühle Trockenbach-revier**[1] 31. [!] 6.	blaugrün	3	[1 Kann auch „**trokkener Bach, Regen**" heißen]
631	*A. spoliata* K.	♂ Admont **Kalkofen Wald-blätter** 16. 7. 85	grün	1	
632	*auricollis*	♂ **Seitenstetten Blümelsbach Stein** 1. 6.	grün	1	
633	*Arg. flabellifera*	♂ **Admont Busch** 30. 8. 92	blaugrün	3	
	[*Leucostola* KOWARZ]				
634	*Leuc. vestita*	♂ **Admont Hofmoos Wiese** 24. 7.	blaugrün	1	
	[*Thrypticus* GERSTAECKER]				
635+ Typus	*Thrypticus divisus*	♀ **Strobl Seitenstetten Fischteich**	grün	3	
636+ Typus	*Trypt. divisus*	♂ **Seitenstetten Stiftsgarten Gesträuch**[1] 19. 5. 91	grün	4	[1 Kann auch „**gestreift**" heißen]

+ [Etikettenangaben unvollständig, da Tiere entliehen].

Ex.-Nr. Typen-designie-rung	Vollständige Etikettenbeschriftung: Familien-, Gattungs-, Artangaben	Vollständige Etikettenbeschriftung: Sonstige Details	Etiketten-farbe	Erhal-tungs-zustand	Revisionsresultate nach 1910. [Bemerkungen von G. MORGE]
·	[*Porphyrops* MEIGEN]				[Siehe auch Ex.-Nr. 738]
638	*Porphyrops spinic.*	♂ **Auf Laub? Stiftsgarten, Stiftsteich usw. äußerstenfalls**[1] ♂[2]	grün	1	[[1] Fast unleserliches stenographisches Zeichen. — [2] Zeichen mit Etikettenrand fast abgeschnitten]
639	*P. pectinatus* LW.	♀ **Melk Pielach Uferstein** 19. 5.	blaugrün	1	
640	*Porphyrops praerosus* LOEW.	♀ **Seitenstetten Waldrand Gesträuch**[1]	grün	2	[[1] Kann auch „**gestreift**" heißen]
641	*crassipes*	♀ **Strobl Wasserfall beim Kalkofen** 17. 7. 891	graugrün	2	
642	[2] *Porph. nemorum* MG.	[2] ♂ [1] Wien 9. 64. [2] **Wien Mik!**	[1] – [2] grün	2	
643	[2] *Porph. elegantula* M.	[2] ♂ [1] Berlin P. 14. 9.[1]	[1] – [2] –	2	[[1] Jahreszahl unleserlich]
644	*Porph. fascipes* MG.	♂ **Melk Stiftsgarten Gesträuch**[1] 21. 6.	grün	2	[[1] Kann auch „**gestreift**" heißen]
645	[2] *Porph. nasutus* FLL.	[2] ♂ [1] Wien 9. 64. [2] **Wien Mik!**	[1] – [2] grün	1	
50. Reihe:					
646	[2] *Porph. micans* MG.	[2] ♂ Wien **Mik** [1] Wien 10. 63	[1] – [2] grün	1	
647	[2] *Porph. suavis* LW.	[2] ♂ **Laub Mik** [1] Serb. HLF. Niš	[1] grau [2] –	1	
648 Typus	*Porph. longestylatus* n. sp.	♂ ♀ **Kaiserau Kalbling** 17. 6.	grün	2	
649	*Porph. fulvipes* MG.	♀ **Donauaue Gesträuch**[1] 6. 7.	grün	1	[[1] Kann auch „**gestreift**" heißen]
650 Typus	*P. fasciculatus* m.	♂ ♀ **Hofmoos** 13. 8. 92	blaugrün	4	
651	[2] *Porph. antennatus* CARL.! **Schiner**	[1] Kalocsa V. 15. 93 [2] **Kaloska**[1] **Thalhammer** ♂.	[1] – [2] rosa	1	[[1] = Kalocsa]
	[*Syntormon* LOEW]				
652	*Synt. pallipes* FBR.	♂ ♀ **Hammern Oberösterreich Mik**	grün	2	
653		22/8	–	2	
654	*Syntormon monile* WLK.	♂ **Seitenstetten Stiftsteich geschöpft**	grün	1	
655	*Synt. spicatum* LW. **teste Mik!**	♂ Melk **Herrenmühle Bachschlucht Gesträuch**[1] 9. 7.	grün	2	[[1] Kann auch „**gestreift**" heißen]
656	*Synt. tarsatum* FLL.	♂ ♀ **Rosenhof in Oberösterreich Mik Juli 1877**	grün	1	
657	*Synt. Zelleri* LW.	♀ **Hochschwung Bachrand** 30. 8. 83	grün	1	
658	*S. sulcipes*	**Kaiserau Sumpfwiesen** ♂ **Hohentauern** ♀	graugrün	1	
659	*Synt. pumilum* MG.	♂ **Admont lehmig Ennsufer** 24. 8. 92	graugrün	1	
660	*Syntorm. denticulatus* ZTT.!	♂ **Enns Lehm**[1] 7. 10.	rosa	2	[[1] Unsichere Dechiffrierung. Kann auch „**Arm**" (= „**Enns-Arm**") heißen]

Ex.-Nr. Typen-designie-rung	Vollständige Etikettenbeschriftung: Familien-, Gattungs-, Artangaben	Vollständige Etikettenbeschriftung: Sonstige Details	Etiketten-farbe	Erhal-tungs-zustand	Revisionsresultate nach 1910. [Bemerkungen von G. MORGE]
661	*Synt. metathesis* LW.	♂ ♀ Ungarn	rosé	1	
	[*Rhaphium* MEIGEN]				
637	*Raph. longicorne* FLL.	♂ ♀ **Admont Hofmoos** 23. 7.	graugrün	2	
662	*Rhaphium caliginosum* MG.	♀ **Seitenstetten Waldsumpf**	grün	2	
663	*Rhaphium appendiculat.* ZETT.	**Seitenstetten Waldsumpf** ♂ **Melk Winden** 6. 7. ♀	grün	2	
664	*monotrich.*	♂ ♀ **Admont Wasserfall bei Kalkofen** 17. 7. 91	graugrün	1	
665	*fasciatum*	♀ **Admont Hofmooswiese Gesträuch**[1] 24. 7. 91	graugrün	2	[[1] Kann auch „**gestreift**" heißen]
667	*Raph. fissum* LW.	**Mühlauer Bachrand auf Stein** 7. 8. 91 ♂ **Veitlgraben** ♀	graugrün	3	
	[*Xiphandrium* LOEW]				
666	*Xiph. 4filatum* LW.	♂ Gesäuss 18. 6. 95	graugrün	2	
668 Typus	*Xiph. 4spinosum* m.	♂ **Hoffeld** Styria STROBL. 15. 6.	–	2	
669	*X. callinotum* MIK	♂ ♀ **Hammern Oberösterreich Mik!**	grün	4	
670	*X. albifrons* ZTT.	♂ ♀ **Tauernstraße Graben** 28. 5. 90	graugrün	4	
671	*X. lanceolat.*	♀ **Admont Hofmoor Sumpf** 13. 8.	graugrün	4	
51. Reihe:					
	[*Systenus* LOEW]				
672	*Systenus bipartitus* LW.	♂ **Wien aus Holz gezogen Mik** 5. 6. 88	grün	4	
673	*Syst. adpropinquans* LW.	♀ **Schlesien Tief**	–	2	
	[*Achalcus* LOEW]				
674	*Achalcus flavicollis* MG.	♀ **Hammern Mik**	grün	4	
675	*Achalcus cinereus* WLK.	♀ **Berlin**	graugrün	4	
676	*Achalc. melanotrichus* **Mik**	♂ **Seitenstetten**[1,2] **Stiftsgarten**[1] **Gesträuch**[1,2] 20. 5. 91	blaugrün	5	[[1] Von P. STROBL selbst handschriftlich durchgestrichen. – [2] Kann auch „**gestreift**" heißen]
	[*Medeterus* FISCHER DE WALDHEIM]				
677	*Medet. diadema* L.	♂ **Zara an Baumstamm**	grün	1	
678	*Medet. flavipes* MG.	♂ ♀ Zara **an Baumstamm**	grün	4	
679	[2] *Medet. jaculus* MG.	[2] ♂ ♀ **Wien Mik!** [1] Wien 9. 68	[1] – [2] grün	2	
680	[2] *obscurus*	[2] ♀ **Kärnten Tief** [1] Bleiröh 31. 5.	[1] – [2] –	1	
681	*M. tenuicauda* LW.	♂ Ungarn **Kalocsa**	blaugrün	3	
682	*M. pinicola* KW.	♀ **Schlesien Tief**	–	2	
683	*M. tristis* Z.	♀ **Seitenstetten Schlag auf Blätter** 21. 5.	blaugrün	2	
684	*Medet. petrophilus* KOW.	♂ Gastein **Mik**	grün	2	
685	*M. truncorum*	♀ **Wach(t)berg Sandrinne** 17. 9.	blaugrün	1	

Ex.-Nr. Typen-designie-rung	Vollständige Etikettenbeschriftung: Familien-, Gattungs-, Artangaben	Vollständige Etikettenbeschriftung: Sonstige Details	Etiketten-farbe	Erhal-tungs-zustand	Revisionsresultate nach 1910. [Bemerkungen von G. MORGE]
686	*Med. infumatus* LW.	♂ ♀ **Melk Winden Holz/strunk**[1] 6. 5.	blaugrün	4	[[1] Fast unleserliches stenographisches Zeichen]
687	*M. pallipes* Z.	♂ **Admont Gschießlbachgraben** 30. 8.	blaugrün	3	
688	*Med. glaucus*	♂ **Melk Donauaue Gesträuch**[1] 29. 4.	blaugrün	3	[[1] Kann auch „**gestreift**" heißen]
689	*chrysotimi.*	♂ Melk **Auen** 6. 6.	grün	4	
690	*dendrobaenus* KW.	♂ **Seitenstetten Froschau auf Sandhaufen** 11. 5.	blaugrün	4	
691	. . .[1] *M. obesus* KOW.	♂ **Seitenstetten Lärchenwäldchen Donau** 17. 5. 91	grün	4	[[1] Unleserliches stenographisches Zeichen]
692	*M. plumbellus* MG.	♂ **Melk Wach(t)berg** 12. 9.	blaugrün	2	
693	*micaceus*	♂ **Steinbrück Bergwiese** 21. 7.	blaugrün	1	
694	*Med. muralis* MG.	♂ **Abbazia**	–	2	
695	*Medet. glaucellus*	♂ Ragusa **hinter Fels** l. STROBL 14. 4.	–	3	
696	*M. dichaetus* KW.	♀ Ungarn **Thalhammer**	blaugrün	3	
697 Typus	[2] *Medeterus ruficornis* m.	[2] ♀ [1] Grab. a.d.s. THALHAMMER	[1] – [2] –	2	
	[*Eucoryphus* MIK]				
698	*Eucoryphus Brunneri* MIK	[2] ♂ **Gastein Mik** [1] Gastein 6. 8. 67	[1] – [2] grün	1	
	[*Coracocephalus* MIK]				
699 / 699a	*Coracoc. Stroblii*	♀ **Almsee bei Turrach Juli** 73 v. H. POKORNY	grün	3 / 2	
52. Reihe:					
	[*Hydrophorus* WAHLBERG]				
700	*Hydrop. balticus* MG.	♂ Schweden **Erber**	blaugrün	2	
701	[2] *Hydr. inaequalis* MCQ.[1] *Sch. praecox* L.	[2] ♀ Wien **Mik!** [1] Wien 9. 63	[1] – [2] grün	2	[[1] Von P. STROBL selbst handschriftlich durchgestrichen]
702	*borealis* LW.	♀ **Bösenstein Alpenwiesen Gesträuch**[1]	blaugrün	3	[[1] Kann auch „**gestreift**" heißen]
703	*H. Rogenhoferi* MIK	♂ ♀ **Gastein Aug.** 67 **Mik**	grün	1	
	[*Liancalus* LOEW]				
704	*Liancalus virens* SCP.	♂ Austr. **Erber**	blaugrün[1]	2	[[1] Über dem Etikett zusätzlich ein stechend grünes □-Blättchen]
	[*Sphyrotarsus* MIK][1]				[[1] Nach P. STROBLS Handkatalog = „*Argyropselaphus* STROBL"]
705 Typus	*Sphyrotarsus hygrophelus* BCK.[1]	♂ ♀ **Natterriegel Krummholz**[2] 17. 8. STROBL	–	2	[[1] Nach P. STROBLS Handkatalog = „*Argyropselaphus* n. g. *maximu* sn. sp."

Ex.-Nr. Typen-designie-rung	Vollständige Etikettenbeschriftung		Etiketten-farbe	Erhal-tungs-zustand	Revisionsresultate nach 1910. [Bemerkungen von G. MORGE]
	Familien-, Gattungs-, Artangaben	Sonstige Details			
					sp." – ² Unsichere Dechiffrierung]
	[*Campsicnemus* WALKER]				
706	*Camps. curvipes* FLL.	♂ ♀ **Seitenstetten Waldbach**	grün	3	[Siehe auch Ex.-Nr. 3555 in Holz-kassette I]
707	*C. mamillat*	♂ **Hochschwung Alpenbäche Gesträuch**¹ 30. 8.	grün	3	[¹ Kann auch „**ge-streift**" heißen]
708	*Ca. umbripennis* LW.	♂ **Oberösterreich Mik!**	grün	1	
709	[2] *Camps. magius* LW.	[2] ♂ **Wien Mik!** [1] Wien 9. 68	[1] –¹ [2] grün	3	[¹ Linke untere Ecke rot gekenn-zeichnet]
710	*Camps. loripes* HAL.	♂ ♀ **Hammern Oberösterreich**	grün	2	
711	*C. pectinulatus* LW.	♂ ♀ **Oberösterreich Mik!**	grün	1	
712	*C. compeditus* LW.	♂ ♀ **Mik!**	grün	3	
713	*Camps. scambus* FLL.	♂ **Donauaue Gesträuch**¹ 5. 7.	grün	2	[¹ Kann auch „**ge-streift**" heißen]
714	*Camps. pusillus* MG.	♂ ♀ **Oberösterreich Mik!**	grün	2	
715	*Camps. marginatus* **Lw.**	♀ **Schlesien Tief**	–	1	
716	*Camps. lumbatus* LW.	♀ **Schlesien Tief**	–	5¹	[¹ Nur noch Nadel vorhanden]
	[*Teuchophorus* LOEW]				
717	*Teuch. simplex* MIK	♂ Cilli 24. 7. STR.	–	1	
718	*Teuchoph. calcaratus* M.	♂ **Hofmoos Sumpfwiesen** 28. 7.	blaugrün	5	
719	*	♀ Melk 19. 7. **Pöverding Gesträuch**¹	weißgrün	2	[* = ? *Teuchopho-rus spinigrellus* ZETTERSTEDT. – ¹ Kann auch „**ge-streift**" heißen]
720 / 720a	*T. spinigerellus*	♂ ♀ **Hofmoos Sumpfwiesen** 28. 7.	blaugrün	3 / 1	
721 / 721a	*pectinifer* K.	♂ **Admont Veitlgraben Ge-sträuch**¹ 8. 8.	blaugrün	1 / 1	[¹ Kann auch „**ge-streift**" heißen]
722	*Teuchophor. monacanthus* LW.	♀ **Mostar Quelle**¹ 24. 6. STROBL	–	2	[¹ Fast unleserliches stenographisches Zeichen]
723	*monacanthus* LW.	♂ **Seitenstetten Ziegelbrenner-bach** 20. 6. 91	blaugrün	1	
	[*Telmaturgus* MIK]				
724	*Telmaturgus tumidulus* MIK	♂ ♀ **Hammern Oberösterreich Mik!**	grün	2	
725	○			4	
53. Reihe:					
	[*Sympycnus* LOEW]				
726 / 726a	*S. annulipes* MG.	♂ ♀ **Seitenstetten Stiftsteich**	grün	1 / 2	

Ex.-Nr. Typen-designierung	Vollständige Etikettenbeschriftung		Etiketten-farbe	Erhal-tungs-zustand	Revisionsresultate nach 1910. [Bemerkungen von G. MORGE]
	Familien-, Gattungs-, Artangaben	Sonstige Details			
727	*S. spiculatus* GRST.	**Gesäuse ♀ Sunk Bachrand** 3. 8. ♂	graugrün	1	
/ 727a				1	
728	*Symp. aeneicoxa* MG.	**Hammern Mik! ♂ Lichtmeßberg Sumpfgraben** 6. 8. ♀	grün	2	
/ 728a				1	
729	*S. brevimanus* LW.	♀ **Kalbling** 24. 7. 85	graugrün	1	
/ 729a				2	
730	*Symp. pullatus* KOW.	♂ ♀ **Scheibleggerhochalpe Gesträuch**[1] 27. 7. 1891	graugrün	1	[[1] Kann auch „**gestreift**" heißen]
/ 730a				1	
731 Typus	*Symp. simplicitarsis* m.	♂ **Kreuzkogel**	rosé	2	
	[*Lamprochromus* MIK]				
732	*Lamprochromus elegans* MG.	♂ ♀ Seitenstett. **Stiftsgarten**	grün	3	
733	○			2	
	[*Chrysotimus* LOEW]				
734	*Chrys. mollic.*	♂ Admont **Ennsufer und Hofmoos Gesträuch**[1] 13. 8. 92	graugrün	1	[[1] Kann auch „**gestreift**" heißen]
/ 734a				1	
	[*Xanthochlorus* LOEW]				
735	*Xanthochlorus tenellus* WD.	♂ **Veitlgraben Gesträuch**[1]	grün	2	[[1] Kann auch „**gestreift**" heißen]
/ 735a				2	
736	*Xanth. ornatus* H.	♂ **Wach(t)berg Feldrain Gesträuch**[1] 25.[2]	blaugrün	1	[[1] Kann auch „**gestreift**" heißen. — [2] = „25. 6." nach P. STROBLs Handkatalog]
/ 736a				1	
	[*Bathycranium* STROBL]				
737	*Bathycranium bicolorellus* Z.	♀ **Luttenberg Sumpfwiesen** 30. 7.	blaugrün	3	
738	*Porph. bicolorellus* ZETT.	♂ **Seitenstetten Froschau**	blaugrün	4	[Siehe auch Ex.-Nrn. 638 – 651]
	[*Micromorphus* MIK]				
739	*Microm. albipes* Z.	♀ **Seitenstetten Stiftsgarten teste Mik!**	oliv	2	
740 Typus	*Microm. claripennis* m.	♂ **Almsee** 24. 7.	oliv	1	[Etikettendetails unvollständig, da Tier entliehen]
	[*Peodes* LOEW]				
741	*Peodes forficatus* LW.	♂ ♀ **Klosterneuburg Donauauen Mik** 21. 6. 77	grün	1	
/ 741a				3	
	[*Thinophilus* WAHLBERG]				
742	[2] *Thinophilus flavipalpis* ZETT.	[2] ♂ Wien **Mik** [1] Wien 9. 868	[1] —[1] [2] grün	4	[[1] Etikett in der einen unteren Ecke rot gekennzeichnet]

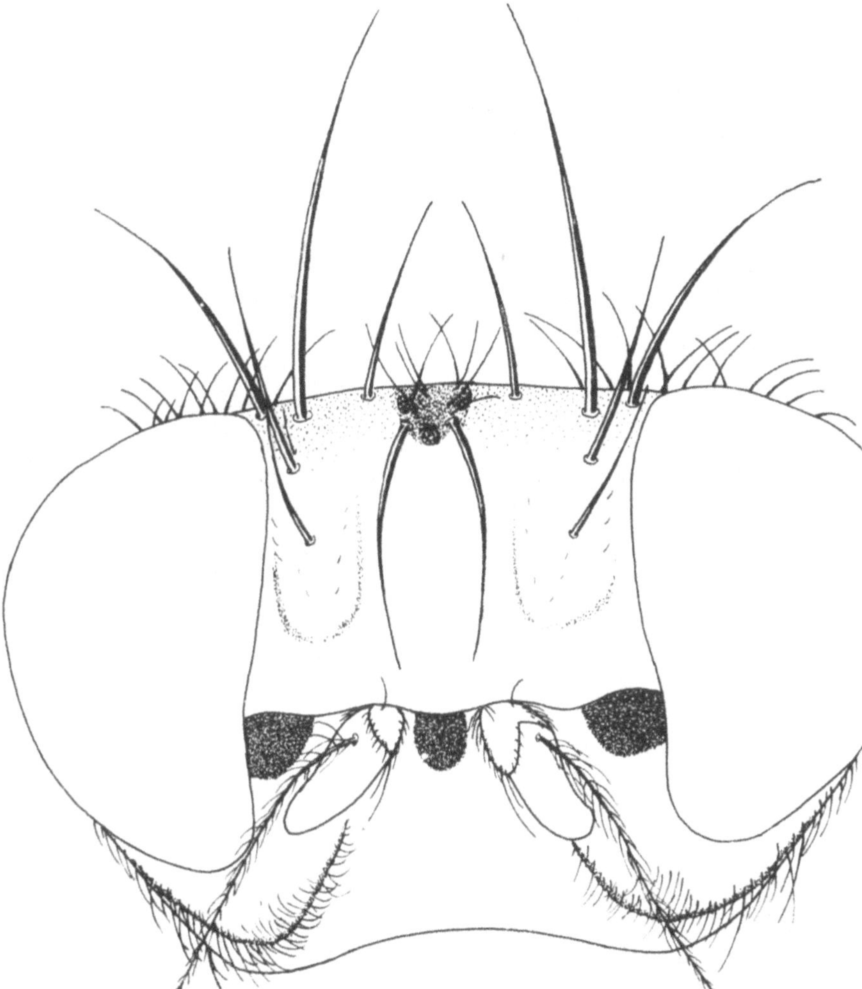

6

Fig. 6. *Minettia codinai* HENNIG (Sapromyzidae):

Vorderansicht des Kopfes. (52×). (Gezeichnet nach einem Exemplar in der Kollektion des ehemaligen DEI, Eberswalde, mit folgender Etikettierung: 1. „Holotypus". — 2. „Montalegre 18. VII. 10". — 3. „coll. Oldenberg". — 4. „*Peplomyza codinai* det. Lichtwardt".)

GÜNTER MORGE: Beiträge zur Entomologie, Band 24, Sonderheft; 1974

Ex.-Nr. Typen-degsinie-rung	Vollständige Etikettenbeschriftung: Familien-, Gattungs-, Artangaben	Vollständige Etikettenbeschriftung: Sonstige Details	Etiketten-farbe	Erhal-tungs-zustand	Revisionsresultate nach 1910. [Bemerkungen von G. MORGE]
	[*Lonchoptera* MEIGEN]				
743	*Lonch. tristis*	♂ **Winden Bachufer Gesträuch**[1] 17. 6.	blaugrün	2	[[1] Kann auch „**gestreift**" heißen]
744	*L. furcata* **vielleicht** v. *cinerella* ZTT = *tristis* **Strobl.** MG.	♀ **Seitenstetten Stiftsteich**	–	3	
745 / 745a[1]	*lut.* v. *cinerea* MG = *lacustris* **Strobl**	♂ ♀ **Seitenstetten**	–	1 / 5[1]	[[1] Nur noch die Spur einer zweiten Nadel vorhanden]
746 / 746a	*L. tristis* MG = *fuscipen̄is* BH.	♂ ♀ **Steinbrück**	–	2 / 2	
747 Typus	*Lonchopt. nitidifrons* m.	♂ Styriae alp STROBL. **Kalbling** 20. 8.	–	1	[„*L. flavicauda* MG.? DE MEIJERE det. 05"]
748	*L. furcata* . . .[1] *typica* = *lutea* STR.	♀ **Seitenstetten Farn**	–	1	[[1] Unleserliches stenographisches Zeichen]
749 / 749a	*furc.* v. *rivalis* MG. = *punctum* m.[1]	♂ ♀ **Admont**	–	1 / 1	[[1] Da „*punctum*" eine MEIGENsche Art **ist, dürfte** das „m." = „mihi" bedeuten und sich damit auf die STROBLsche Deutung der Spezies beziehen]
750 / 750a	*L. flavicaud fallax* **Meijere**	♂ ♀ **Seitenstetten Blümelsbach** 13. 6.	blaugrün	1 / 1	
751 / 751a	*L. Stroblii* MJR. = *riparia*	♂ ♀ **Seitenstetten Strobl**	–	3 / 1	
752 / 752a	*L. lutea* PZ. v. *trilineata* ZTT **Mik!**	♂ ♀ **Gesäuse Cilli Strobl**	–	1 / 1	
54. Reihe:					[54. bis 66. Reihe im Kassettenunterteil]
	[*Anthrax* SCOPOLI]				
753	*Anthr. maura* L.	♂ ♀ **Melk Stiftsgarten** 28. 6.	weißgrün	1	
754	*Anthr. moris* L.	♂ ♀ **Melk Wach(t)berg Waldwege** 26. 6.	weißgrün	1	
755	*A. velutina* MG.	♂ Fiume **Volksgarten**	weißgrün	1	
756	*A. fenestrata* FLL.	♀ **Melk Wach(t)berg Südseite** 22. 6	weißgrün	1	
757	*A. perspicillaris* LW.	**Sebenico Kerka Minzen**	weißgrün	1	
758	*Anthrax afra*	♀ Marchfeld 2. 7. 87	–	1	
759	[2] *Anthrax Ixion* F.	[1] Višgrd[1] [2] ♀ det. STROBL **Kalbling stimmt genau mit einem** ♀ BEZZIS **aus Kalabrien**	[1] beige [2] –	1	[[1] Fast unleserlich]

Ex.-Nr. Typen-designierung	Vollständige Etikettenbeschriftung: Familien-, Gattungs-, Artangaben	Vollständige Etikettenbeschriftung: Sonstige Details	Etiketten-farbe	Erhal-tungs-zustand	Revisionsresultate nach 1910. [Bemerkungen von G. MORGE]
760	*A. flava* MG.	♀ **Wach(t)berg Waldgesträuch** 23. 6.	blaugrün	1	
761	*A. modesta* MG. = *Pan.*[1] *flava*	♂ **Mittelländische**[2] **Etikette**[2]	blaugrün[3]	2	[[1] Nach P. STROBLS Handkatalog = „*Paniscus* RSS." – [2] Bedeutung unerklärlich. – [3] Über dem Etikett zusätzlich noch ein braunes □ – Blättchen]
762	*halteralis* K.	♀ Fiume-**Volosca auf** *Fer.*[1] 20. 7. 82	grün	1	[[1] = „*Ferula*" oder wahrscheinlicher „*Ferulago*"]
763	*halteralis* K.	♂ Austria **Erber**	grün	1	
764	*circumdata* MG. = *hottent.* **Schiner**	♀ Johnsbach **Weg** 3. 8.	grün	1	
765	*circumdata*	♂ Fiume **Volosca**	grün	2	
766	*Paniscus*	♂ **Gesäuss auf Blumen** 6. Aug. 1883	grün	2	
767	*Anthr. Paniscus* RSS. ,	♀ Austria **Erber**	grün	3	
768	*cingulata*	♂ Innsbruck	grün	2	
55. Reihe:					
813	*Anthrax cingulata* MG. var.	♀	–[1]	2	[[1] Über dem Etikett zusätzlich noch ein kleines braunes □-Blättchen]
	[*Argyromoeba* SCHINER]				
769	*Argyromoeba sinuata* FLL.	**Schäferweg Voralpenregion** 22. 7. ♀ **Melk Winden Quendelhügel** 21. 6. ♂	weißgrün	1	
770	*Argyrom. aethiops* F. ♂		–[1]	1	[[1] Über dem Etikett zusätzlich noch ein kleines verblichen-weißes □-Blättchen]
771	*Arg. varia* FB.	♀ **Melk Wach(t)berg sonniger Rain** 2. 6. 82	blaugrün	2	
772	*Arg. leucogaster* MG.	♂ **Steinbrück Kalkgebirge**	weißgrün	2	
773	*A. subnotata* MG.	♂ Melk **Pielach an sonniger Felswand 20. 6.**	grün	1	
774	*Argyromoeba binotata* MG.	♀ Fiume **Volksgarten**	grauoliv	2	
	[*Exoprosopa* MACQUART]				
775	*Exoprosopa Cleomene* EGG.	**Frohnleithen**	grauoliv	2	[Kopf von mir angeklebt]
776	*Exop. capucina* FBR.	Austria **Erber**	grün	2	
	[*Bombylius* LINNAEUS]				
777	*Bombylius ater* SCP.	♂ **Melk Pielach auf Quendel** 19. 6.	weißgrün	1	
778	*Bombylius pictus* PZ.	♂ Austria **Erber**	grün[1]	1	[[1] Über dem Etikett zusätzlich noch ein kleines stechend-

Ex.-Nr. Typen-designierung	Vollständige Etikettenbeschriftung: Familien-, Gattungs-, Artangaben	Vollständige Etikettenbeschriftung: Sonstige Details	Etikettenfarbe	Erhaltungszustand	Revisionsresultate nach 1910. [Bemerkungen von G. Morge]
					grünes □-Blättchen]
779	*Bombyl. discolor* Mg.	♂ ♀ **Melk Waldrand auf Lungenkraut**[1] 7. 5.	weißgrün	1	[[1] = *Pulmonaria officinalis* Linnaeus]
780	○			1	
781	*Bomb. medius* L.	♂ **Seitenstetten Franzwäldchen** 19. 4.	weißgrün	1	
782	*B. fimbr.*	♂ **Seitenstetten Waldrand**	grün	1	
56. Reihe:					
783	*Bomb. major*	♀ Seitenstetten **Waldlichtungen**[1]	grün	1	[[1] Unsichere Dechiffrierung]
784	*Bomb. venosus* Mik	♂ **Seitenstetten blumiger Bachrand** 26. 4.	weißgrün	1	
785	[1] *variabilis*	[1] ♀ Lemberg **Schmidtgöbel** [2] ♀	[1] grün [2] –	2	
786	*canescens* M.	♂ Melk **Wach(t)berg Rain** 3. Jun. 885	grün	2	
787		♀ Sonntagberg **blumige Wiese**	weißgrün	1	
788	*Bomb. fugax* Wd. **als** *fuscipennis*[1] Mg.	♂ Dalmazien **Erber**	grün[2]	2[3]	[[1] Artname durch handschriftliche Korrektur P. Strobls kaum noch lesbar. – [2] Über dem Etikett zusätzlich noch ein kleines braunes □-Blättchen. – [3] Kopf von mir angeklebt]
789		♀ Donauleithen **Rain**[1] 29. 6.	weißgrün	1	[[1] Unsichere Dechiffrierung]
790	*Bomb. cinerascens* Mik	♂ ♀ **Melk Stiftsgarten Gesträuch**[1] 6. 5.	weißgrün	1	[[1] Kann auch „**gestreift**" heißen]
791	○			1	
792 Typus	*Bomb. nigripes* m.	♂ **Scheibleggerhochalpe** 13. 7. 97 Styriae alp Strobl.	–	2	
793	*Bomb. minor* L.	♀ Corfu **Erber**	grün[1]	1	[[1] Über dem Etikett zusätzlich noch ein kleines goldenes □-Blättchen]
	[*Systoechus* Loew]				
794	*Systoech. nitidulus* Fbr.	♂ Austr. **Erber**	grün	1	
795	[1] *Syst. hircanus* Wd.	[1] ♀ **Spalato**[1] 25. 7. [2] $\overset{+}{1}_{03}$	[1] rosé [2] –	2	[[1] Unsichere Dechiffrierung]
796	*Syst. ctenopterus* Mk.	♀ **Villach**	grauoliv	1	
797	*Systoechus leucophaeus* Mg.	**Sebenico Kerka Minzen**	grauoliv	2	
798	[1] *Syst. sulfureus* Fb.	[1] ♂ Austr. **Erber** [2] 11 2. 7.	[1] blaugrün [2] grau	2	
	[*Glabellula* Bezzi]				
799 Typus	*Glabellula arctica* Ztt v. *unicolor* m.	Admont **Ennsauen** Strobl	grauoliv	1	

Ex.-Nr. Typen-designie-rung	Vollständige Etikettenbeschriftung: Familien-, Gattungs-, Artangaben	Vollständige Etikettenbeschriftung: Sonstige Details	Etiketten-farbe	Erhal-tungs-zustand	Revisionsresultate nach 1910. [Bemerkungen von G. MORGE]
57. Reihe:					
	[*Phthyria* MEIGEN]				
800	[2] *Phthyria canescens* LW.	[2] ♀ [1] Kalocsa THALHAMMER 8. VI.	[1] – [2] –	3	
801	*Phthiria fulva* LTR.	♀ **Seitenstetten Blümelsbachrand** 19. 6.	blaugrün	1	
820	*Pht. pulicaria* MIK	♂ Melk **Rain Gesträuch**[1] 6. 6. 85	grün	2	[[1] Kann auch „**ge-streift**" heißen]
	[*Ploas* LATREILLE]				
802	*Ploas virescens* FBR.	♂ **Seitenstetten**	grün	2	
	[*Phycus* WALKER]				
803	[1] *Phycus dispar* MG. II 124	[1] ♀ Zara **Novak** [2] $\overset{+}{244}$	[1] rosé [2] –	2	
	[*Thereva* LATREILLE]				
804	*Th. anilis* L.	♂ **Melk Wach(t)berg Sandrain** 7. 5.	blaugrün	2	
805	[2] *subfasciata*	[1] Ruda[1] Lip[1]	[1] – [2] –	2	[[1] Trotz Normal-schrift fast unleser-lich und auch nach P. STROBLs Hand-katalog nicht zu deuten]
806	*Th. microcephala* LW.	♂ Sachsen **Staudinger**	verblichen-rosé	1	
807	*Ther. alpina*	♂ **Vom Scheiplsee zum Bösen-stein**	blaugrün	2	
808	*Th. aurata* LW.	♀ Zara l. NOVAK	beige-rosé	1	
809	*nigripes*	♀ **Melk Stiftsgarten Gesträuch**[1] 3. 6.	blaugrün	1	[[1] Kann auch „**ge-streift**" heißen]
810	*Ther. nobilitata*	♂ ♀ Austria **Erber**	grün[1]	2	[[1] Über dem Etikett zusätzlich noch ein kleines violettes □-Blättchen]
811	*Th. oculata* EG.	♀ Bucsecs **Alpenregion** 2. 8. Transsylv STROBL	–	1	
812	[2] *Thereva circumscripta* LW.	[2] ♀ [1] Hrotowiz 27. VII. 92	[1] – [2] –	1	
814	*Thereva marginula*	♂ Prater 9. VI. 87	–	2	
815	*fulva* MG.	♂ Lemberg **Göbel**	grün	2	
816	*fulva* var ?	♀ **mit je getrennten sieben Flecken** Melk **Donauleithen Gesträuch**[1] 5. 7. 85	grün	2	[[1] Kann auch „**ge-streift**" heißen]
817	*añulata* FB.	♂ ♀ Lemberg	grün	4	
818	*Therev. plebeja* L.	♂ **Wien Erber**	grün	1	
819	*Ther. bipunctata* MG.	♀ Lbg.[1]	–	2	[[1] = „Lemberg" nach P. STROBLs Handkatalog, ob-wohl auf Etikett von ihm selbst hand-schriftlich durch-gestrichen]

Ex.-Nr. Typen-designie-rung	Vollständige Etikettenbeschriftung: Familien-, Gattungs-, Artangaben	Sonstige Details	Etiketten-farbe	Erhal-tungs-zustand	Revisionsresultate nach 1910. [Bemerkungen von G. MORGE]
821	[2] *Th. apicalis* WD.	[2] ♀ [1] Dunaföldvár THAL-HAMMER	[1] – [2] blau-grün	2	
822	[2] *tuberculata* LW.	[2] ♀ **Lesina Novak** [1] $\frac{+}{194}$	[1] – [2] beige-rosé	4	
823	*Ther. arcuata* LW.	♀ **von Trieben auf den Bösenstein**	grün	2	
824	*Thereva eximia* MG.	♀ **Winden Waldrand** 25. 6.	grün	2	
825	*Therev. ardea* FBR.	**Admont ♂ Bozen ♀**	grün	2	
826	*Th. ard.* v. *4* – . . . .[1] = *melaleuca* LW.	♀ **Donauleithen Gesträuch**[2] 29. 6.	grün	1	[[1] Unleserliches stenographisches Zeichen. – [2] Kann auch „**gestreift**" heißen]
827	*melaleuca*	♂ **Seitenstetten Franzwäldchen, Hainbuchenlaub** 16. 5. 90	graugrün	3	
58. Reihe:					
828	*Thereva laticornis* LW.	♂	–	2	
	[*Brachystoma* MEIGEN]				
829	*Brachystom ves.* v. *flavicolle* **Mik**	♀ **Steinbrück Bergwiesen** 21. 7.	blaugrün	3	
	[*Meghyperus* LOEW]				
830	*Meghyperus sudeticus* **Loew**	♀ **Admont Hofmoos** 12. 8.	graugrün	2	
	[*Hybos* MEIGEN]				
831	*Hyb. pilipes* M.	♂ Johnsbach **Farn** 3. 8.	grün	3	
832 Typus	*claripen̄is* **Strobl**	♂ Gesäuss **auf Waldpfad** 19. 8. 91	grün	3	
833	*H. grossipes* Z.	♂ **Natterriegel**	–	3	
834	*culiciformis* FBR.	♂ **Mühlauerfall Bach** 10. 8.	graugrün	2	
835	*Hyb. fumipen̄is* MG.	♂ ♀ **Veitlgraben Gesträuch**[1] 8. 8.	grün	1	[[1] Kann auch „**gestreift**" heißen]
836	*H. femoratus* MLL.	**Gesäuse Unter Stein am Ennsufer** 1. 8. ♂ **Schafferweg Fichten und Melk** 23. 7. ♀	grün	3	
837	*H. nigripes* Z.	♂ ♀ **Admont Sumpfwiesen**	graugrün	3	
	[*Pterospilus* RONDANI]				
838	*Pterospilus muscarius* FBR.	♂ **Neusiedlersee**	graugrün	1	
	[*Cyrtoma* MEIGEN]				
839	*Cyrt. spuria* FLL.	♂ **Seitenstetten Gebüsche** 29. 4.	grün	2	
840	*Cyrt. nigra*	♂ ♀ **Seitenstetten Waldrand Gesträuch**[1]	dunkel-grün	3	[[1] Kann auch „**gestreift**" heißen]
841	*C. simplicipes* ZTT.	♂ **Seitenstetten Gesträuch**[1]	grün	4	[[1] Kann auch „**gestreift**" heißen]
	[*Anthepiscopus* BECKER]				
842	*Anthep. ribesii*	♂ ♀ **Scheibleggerhochalpe** 13. 7. 97 Styriae alp STROBL	–	1	
/ 842a				1	

Ex.-Nr. Typen-designierung	Vollständige Etikettenbeschriftung: Familien-, Gattungs-, Artangaben	Vollständige Etikettenbeschriftung: Sonstige Details	Etikettenfarbe	Erhaltungszustand	Revisionsresultate nach 1910. [Bemerkungen von G. MORGE]
	[*Rhamphomyia* MEIGEN]				
843	*Rhamphomyia vespertilio* Z. 135	♀ Admont **Lichtmeßberg** STROBL	beige-rosé	2	
844	*Rhamph.*	**Eichelau 7. 4.**	–	1	
845	*Rhamph. flava* FLL.	♀ **Veitlgraben Gesträuch**[1] 8. 8.	weißgrün	3	[[1] Kann auch „**gestreift**" heißen]
846	*Rhamph. flaviventris* MACQ.	♀ ♂ **Hengst**[1]	–	1	[[1] Unsichere Dechiffrierung]
847	*Rh. culicina* FLL.	♂ ♀ **Schwarzenbachgraben** 30. 8.	blaugrün	1	
848	*Rh. tenuirostris* FLL.	♂ ♀ **Mariahof**	weißgrün	1	
849	*Rh. hybotina*	♀ **am Veitlgraben Gesträuch**[1]	weißgrün	1	[[1]Kann auch „**gestreift**" heißen]
850	*Rh. tipularia* **Fall**	♂ **Admont Stiftsgarten**	–	1	
851	*R. spinipes* FLL.	♂ Admont **Veitlgraben** 20. 9. 92	graugrün	2	
852	*Rh. dentipes* W.[1] ZTT.	♂ ♀ Admont **Kalkofen Farn** 16. 7. 85	graugrün	2	[[1] = WAHLBERG]
853	*Rh. spinipes*[1] F.[1] *nitidula* Z.	♀ **Kematen Waldblätter** 10. 6.	beige-rosé	2	[[1] Von P. STROBL handschriftlich durchgestrichen]
854	*Rh. sulcata* FLL.	♂ **Seitenstetten Bachrand**	graugrün	1	
855	*Rh. sulc.* v. *pseudo*[1]*trilineata*	♂ **Seitenstetten an Asterapfel**[2]	graugrün	1	[[1] Von P. STROBL handschriftlich auf Etikett und im Handkatalog durchgestrichen. — [2] Fast unleserliches stenographisches Zeichen]
856	*tril.* v. **Flügel groß braun**	♀ **Seitenstetten Schlag Kirschblüte** 19. 4.	graugrün	2	
857 Typus	*pseudotrilin.* m. Rh.[1] *pseudotrilineata*[1] **Schum** [1,2,3]	♂ ♀ Kalocsa	blaugrün	2	[[1] Beschriftung der Etikettenrückseite. — [2] Von P. STROBL handschriftlich durchgestrichen. — [3] Fast unleserliches stenographisches Zeichen. Könnte auch „**Scheml!**" oder „**Schems!**" oder „**Schemlat**" heißen]
59. Reihe:					
858	*Rh. tibialis* MG.	♀ **Michael Bachschlucht neben einem Wasserfall** 19. 4.	weißgrün	1	
859	*Rh. cinerascens* MG.	♀ **Seitenstetten Zelterholz auf Laub** 21. 5. 91	graugrün	1	
860	*Rhamphom. nigripes* F.	♂ Lbg.[1]	–	2	[[1] = Lemberg]
861	*Rh. tephraea* MG.	♂ **Seitenstetten Froschau Laub** 18. 5.	weißgrün	2	
862	*albosegmentata* Z.	♂ **Bachufer unter Michael** 3. 5.	graugrün	3	
863	*stigmosa* MCQ.	♂ **um den Scheiplsee zwischen Grün Melk** 31. 7.	graugrün	2	

Ex.-Nr. Typen-designierung	Vollständige Etikettenbeschriftung: Familien-, Gattungs-, Artangaben	Vollständige Etikettenbeschriftung: Sonstige Details	Etikettenfarbe	Erhaltungszustand	Revisionsresultate nach 1910. [Bemerkungen von G. MORGE]
864	*Rh. nigrita* ZTT. 8.3037	♀ **Melk Donauaue auf Laub** 16. 4. 82			
865	[3] *Rh. spissirostris* FLL.	[3] ♂ ♀ **Veitlgraben** [1] $\frac{44}{97}$[2]$\frac{44}{98}$	blaugrün [1] – [2] – [3] graugrün	2 2	
866	*Rh. costata* ZETT. III 431	♀ **Seitenstetten Froschau Laub**	weißgrün	2	
867	*Rh. coracina* ZTT.	♂ **Kalbling Alpenwiesen** 25. 7.	weißgrün	2	
868	*R. squamigera* LW.	♀ **Seitenstetten Stiftsgarten**	–	3	
869	[2] *Rh. filiata* Z. ? ? det. OLDENBERG	[1] Berlin Jungfernheide 20. 5. 06	[1] – [2] –	1	
870	*filata* ZTT.	♀ **Seitenstetten Waldrand**	graugrün	3	
871	*Ramph. filata* ZTT.	♂ **Blümelsbachrand Gesträuch**[1] 15. 6. 91	–	4	[[1] Kann auch „**gestreift**" heißen]
872	*R. fuscipeñis* ZTT.	♀ **Gstatterboden unter flachem Gesträuch** 28. 5. 90	graugrün	2	
873	*Rh. anthracina* MG.	♂ ♀ **Kalbling Hochalpenwiese**	weißgrün	2	
874	*Rhamphomyia platyptera* PZ.	♀ **Seitenstetten Waldrand Eichenlaub**	grün	2	
875	*Rh. discoidal*	♀ Stilfserjoch 29. 7. 94 STROBL	graugrün	1	
876	*Rh. niveipennis*	♂ Admont **Quendel** STROBL	–	3	
877	*Rhamphom. villosa* ZTT.	♂ ♀ Steir. Alpen **Scheiplufer** 5. 7. l. STROBL	–	1	
878 Typus	*Rh. tarsata*[1] *crassimana* n. sp.	Scheiblstein 11. 7. 95 STROBL **durch verdickte Vordertaster auffallend**	grün	1	[[1] Von P. STROBL handschriftlich durchgestrichen]
879	*Rh. tristriolata* NOV.	♀ **Sirbitzkogel Voralpenregion**	weißgrün	1	
880	*Rh. morio*[1] *luridipenn.* ZETT.	♂ **Strechen Voralpenregion** 28. 7.	weißgrün	1	[[1] Von P. STROBL handschriftlich durchgestrichen]
881	*Rh. serpentata* LW.	♀ ♂ **Sirbitzkogel**	weißgrün	2	
882	*crinita* m.[1]	♂ ♀ **Admont Kematen auf Waldweg** 18. 8.	graugrün	1	[[1] Dieses ,,m" deutet auf einen Typus hin, was jedoch nicht der Fall ist. P. STROBL hat eine Art ,,*pseudocrinita*" beschrieben, deren Typuslokalität aber ,,Nevada" ist]
883	○			1	
884	*Rh. atra* MG.	♂ ♀ **Melk Stiftsgarten Gesträuch**[1] 21. 5.	weißgrün	3	[[1] Kann auch „**gestreift**" heißen]
885	[2] *Rhamphomyia* sp. ? *lugubrina* ZTT. *anfractuosa* BEZZI	[1] 12. 9. 94[1] CZ[2]	[1] – [2] –	1	[[1] Nach P. STROBLs Handkatalog stammt dieses Exemplar aus ,,Genthin". – [2] Fast unleserlich]
886 Typus	* *albovillosa* Strobl ** *umbripes*	* **Hohentauern Wirtsgraben auf Flechten** 17. 5. 890 ♂ ** **Hohentauern Wirtsgraben** ♂ **Admont Veitlgraben** ♀	blaugrün	1	[* Vorderseite des Etiketts. – ** Rückseitige Beschriftung]

Ex.-Nr. Typen-designierung	Vollständige Etikettenbeschriftung: Familien-, Gattungs-, Artangaben	Vollständige Etikettenbeschriftung: Sonstige Details	Etikettenfarbe	Erhaltungszustand	Revisionsresultate nach 1910. [Bemerkungen von G. MORGE]
887	*Rh. dispar* Z.	♂ Gesäus **Ennsfelsen** 19. 6. 1893	beige-rosé	1	
888 Typus	*R. galactoptera* **Strobl**	**Hugler**[1] **♀ Seitenstetten Stiftsgarten ♂**	blaugrün	1	[[1] Fast unleserliches stenographisches Zeichen]
889	*Rh. pusilla* ZTT.	**♀ Froschau Laub** 18. 5.	weißgrün	2	
890	*Rh. longipes* MG.	**♂ ♀ Bucs**[1] **Alpenregion** Transsylv. STROBL 2. 8.	–	1	[[1] = **„Bucsecs“**]
60. Reihe:					
891	*R. plumifera* Z.	**♀ Kalbling Scheiblstein** Styriae alp STROBL 2. 7.	–	1	
892 Typus	*crassicauda* **Strobl**	**Lichtmeßberg Grünweg Gesträuch**[1] 7. 8. **♂ Hohentauern Wiesen** 2. 8. 91 ♀	grün	2	[[1] Kann auch **„gestreift“** heißen]
893	*Rh. lucidula* Z.	**♀ Leichenberg**	–	4	
894	*R. aethiops* Z.	**♂ Mühlauer Bachrand** 1. 9.	graugrün	1	
895	*Rh. gibba* FLL.	♀ Gesäuss **Waldrand** 17. 8. 892	graugrün	2	
896	*umbripen̄is* MG.	**♂ Tauernteiche Sumpfwiesen** 27. 5.[1]	graugrün	2	[[1] Monatszahl fast unleserlich. Auch nach P. STROBLS Handkatalog nicht zu ermitteln]
897	*obscuripen̄is* MG.	**Seitenstetten Froschau Laub** 18. 5.	graugrün	2	
	[*Steleocheta* BECKER]				
898	*Steleocheta styriensis* BCK **Wiener Entomologische** 91. 284	**unbekanntes ♂ Veitlgraben** 18. 5. Styria STROBL.	–	3	
	[*Empis* LINNAEUS]				
899	*Emp. stercorea*	**♂ Seitenstetten überall äußerstenfalls**[1] **Gras und Laub**	grün	1	[[1] Fast unleserliches stenographisches Zeichen]
900	*E. punctata* MG.	♂ Haselhorst V bei Berlin leg. A. HEYNE.	–	1	
901	*univittata* **Loew**	**♂ Admont Stiftsgarten Gesträuch**[1] 17. 7.	blaugrün	1	[[1] Kann auch **„gestreift“** heißen]
902	*E. laeta* LW.	**♂ Admont Bachschlucht** 16. 7. 92	blaugrün	1	
903	*aequalis* LW.	**♂ Melk Winden feuchte Waldwiesen** 20. 5.	graugrün	2	
904	*Emp. punctata* FBR. *bilin.* **Loew**	**♂ ♀ Seitenstetten Stiftsgarten Gesträuch und Kräuter** 3. 5.	weißgrün	1	
905	○			1	
906	*Emp. trigram̄a*	**Seitenstetten Gras und Laubhaufen** ♂ 4 ♀	grün	1	
907	*Emp. lutea* MG.	**Seitenstetten Waldrand Gesträuch**[1] **♂ und ♀**	grün	1	[[1] Kann auch **„gestreift“** heißen]
908	*E. nana* LW.	**♂ Admont Schafferweg** 4. 8.	blaugrün	1	
909	*semicinerea* LW.	♂ Melk **Winden feuchte Waldwiesen** 26. 5.	graugrün	4	
910 Typus	*styriaca* **Strobl**	**Admont Weberalm Wiesenrand** ♀ 24. 7. 890 **Scheiblau ♂**	blaugrün	1	

Ex.-Nr. Typen-designie-rung	Vollständige Etikettenbeschriftung		Etiketten-farbe	Erhal-tungs-zustand	Revisionsresultate nach 1910. [Bemerkungen von G. Morge]
	Familien-, Gattungs-, Artangaben	Sonstige Details			
911	*Emp. monogramma* Mg.	♀ **Seitenstetten Waldrand Gesträuch**[1]	grün	2	[[1] Kann auch „**gestreift**" heißen]
912	*E. discolor* Lw.	♂ **Hohentauern Scheiplsee 17. 8. Strobl**	grün	2	
913	[2] *Empis brevicornis* Lw.	[1] Berlin Oldenberg	[1] – [2] –	1	
914	[2] *Empis testacea*	[2] ♂ [1] Paris	–	1	
915	*Empis serena* Pok.	Condino 13. VIII.	–[1]	1	[[1] Über dem Etikett zusätzlich noch ein kleines verblichen-weißes □-Blättchen]
916 Typus	[2] *E. carinthiaca* m.	[2] ♂ [1] Bleiröh 30. 5.	[1] – [2] –	1	
917	*Empis rustica* Fll.	♀ **Mariahof**	weißgrün	2	
918	*Emp. meridionalis* Mg.	**Seitenstetten Waldrand ♂ Melk ♀**	grün	2	
919	*E. confusa* Lw = *maculata* Egg. **Schiner**	**Innsbruck ♂ Amstetten Auen ♀**	weißgrün	1	
61. Reihe:					
920	*E. maculata* Fb. = *argyreata* Egg.	♂ ♀ **Melk Wach(t)berg Gesträuch**[1] 18. 6.	weißgrün	1	[[1] Kann auch „**gestreift**" heißen]
921	*Emp. variegata* Mg.	♂ ♀ **Amstetten Ybbsauen Gesträuch**[1]	weißgrün	2	[[1] Kann auch „**gestreift**" heißen. – Kopf von mir angeklebt]
922	*E. tesselata* Fbr.	**Melk Winden Gesträuch**[1] 25. 6. ♂ **Seitenstetten Stiftsgarten** ♀	weißgrün	1	[[1] Kann auch „**gestreift**" heißen]
923	○			1	
924	[1] *E. tessel.* var. *livida* F.	[1] ♂ [2] 0[1]	[1] – [2] –	1	[[1] Bedeutung unbekannt]
925	*Empis livida* L.	**Seitenstetten ♂ Frauenfeld Doldenkräuter** 18. 7. ♀	weißgrün	1	
926 Typus	*E. platyptera* m.	♀ Lantsch 2. 8. Str.	rosa	3	
927	*Emp. borealis* L.	♂ Austria **Erber**	weißgrün	1	
928	*Emp. opaca* Fbr.	♀ ♂ **Melk Stiftsgarten Gesträuch**[1] 18. 5.	weißgrün	1	[[1] Kann auch „**gestreift**" heißen]
929	○			1	
930	*Emp. fallax* Egg.	♀ **Melk Waldrand auf Eichenblätter** 7. 5.	weißgrün	2	
931	*Empis ciliata* Fbr.	♂ **Seitenstetten Waldrand Laub**	grün	1	
932	*E. gravipes*	♀ Steir. Alpen **Griesstein** 9. 8. Strobl	weißgrün	2	
933	*Emp. crassa* Now.	♀ ♂ **Tirol Zirlermähder**	weißgrün	1	
934	[2] *Empis pilosa* Lw.	[2] ♂ ♀ [1] Berlin Pich.[1] 5. 98 Oldenberg	[1] – [2] –	1	[[1] = Pichelsberg]
935	*nigricoma* Lw.	**Natterriegel ♂ Hohentauern Winzgraben auf Fichten** 27. 5. 90 ♀	blaugrün	2	
936	*Emp. setigera* Lw.	♂ ♀ **Veitlgraben**	blaugrün	1	
937	*E. melanotricha* Lw.	♂ ♀ Kalocsa	beige-rosé	1	
938	*E. moerens* Lw.	♂ **Scheibleggerhochalpe Bachwiesen Gesträuch**[1] 27. 7. 91	blaugrün	1	[[1] Kann auch „**gestreift**" heißen]

Ex.-Nr. Typen-designierung	Vollständige Etikettenbeschriftung: Familien-, Gattungs-, Artangaben	Vollständige Etikettenbeschriftung: Sonstige Details	Etiketten-farbe	Erhal-tungs-zustand	Revisionsresultate nach 1910. [Bemerkungen von G. MORGE]
939	*E. florisomma* Lw.	♂ ♀ Almsee **bei Turrach**	weißgrün	3	
940	*E. scaura* Lw.	♂ ♀ **Gesäuse Schafferweg Gesträuch**[1] 16. 7. 890	blaugrün	4	[[1] Kann auch **„gestreift"** heißen]
941	*cincinatula* Lw.	♂ **Kaiserau Teich** 8. 8.	blaugrün	4	
942	*caudatula* **Loew** = *moros* pp!	♂ ♀ **Seitenstetten Ybbsauen Gesträuch**[1]	blaugrün	3	[[1] Kann auch **„gestreift"** heißen]
943 **Typus**	*serotina* **Loew** *obscuripennis* STROBL	♂ ♀ **Hohentauern Wiesen** 3. 8.	blaugrün	2	
944	*E. pusio* EG.	♂ **Melk Wach(t)berg Waldgras**	grün	2	
945	*E. aestiva* **Loew stimmt genau, könnten aber auch die unbekannten** ♀ . . .[1]	**Admont** ♂ **Alpenbach** 20. 7. ♀ Transsylv. STROBL	–	3	[[1] Unleserliche Zeichen, könnten „*pul.*" **Loew** gedeutet werden]
946	*E. pulicaria* **Loew**	♂ **Götzenberg** 29. 7. Transsylv. STROBL	–	2	
947	*abbreviata* W.	♀ **Seitenstetten unter Michaelschlucht** 9. 6. 91	blaugrün	2	
948	*E. pilimana* Lw.	♂ ♀ **Scheibleggerhochalpe**	–	1	
62. Reihe:					
949	*chioptera*!	♂ ♀ **Kaiserau Seitenstetten**[1] **Taßbach**[1] 10. 5. 91	blaugrün	1	[[1] Von P. STROBL handschriftlich durchgestrichen]
950	*E. prodromus*	**Seitenstetten Stiftsgarten Schafferweg** 6. 7. ♂ **Sunk** ♀	blaugrün	3	
951	*E. dasyprocta* **Loew** = *rapida* = *anfractuosa* **Mik**	♂ ♀ **Admont Hofmoos Wiesen** 25. 5.	rosé	2	
952 **Typus**	*alpicola* **Strobl**	♂ ♀ **Hohentauern Sumpfwiesen** 27. 5.	blaugrün	2	
953	*E. filiata* Lw.	♀ **Orlater Bergwiesen** 24. 7. Transsylv. STROBL	weiß	2	
954	[2] *E. pteropoda* EGG.	♀ [1] WINNEGTH. Sarajevo	[1] – [2] –	1	
955	*hyalipennis* FALL.	♀ **Veitlgraben Waldpfad** 17. 8.	blaugrün	2	
956	*E. nitidula* ZTT.	♂ ♀ Admont **Gesäuse** 5. 6. STROBL	beige-rosé	2	
957	*E. dasychira* MK	♀ **Schafferweg Gesträuch**[1] 4. 8.	blaugrün	1	[[1] Kann auch **„gestreift"** heißen]
958 / **958a** **Typen**	*E. albinervis* MG. ♂ . . .[1] v. *impennis* m. ♀	**(Drachenfels) Admont Ennswiesen**	–	1 / 2	[[1] Unleserliches Zeichen, von Nadel zerstochen. Könnte **„und"** oder **„nur"** heißen]
959	*penipes*	♂ ♀ **Seitenstetten**	–	1	
960 **Typus**	*pseudomalleola* **Becker**[1] **Strobl**	**Natterriegel Krummholzwiesen** 22. 8. 91 ♂, **Kaiserauer Voralpen** 6. 7. ♀	blaugrün	1	[[1] Von P. STROBL handschriftlich durchgestrichen]
961	*E. decora* MG.	[1] Zagreb 19. 6. 96 [2] **Veitlgraben** ♂	[1] ocker [2] blaugrün	2	
962 **Typus**	*E. genualis* m.	♂ Lesina l. NOVAK	blaugrün	3	
963	*rufiventris*	♂ Gesäuss 16. 6.	beige-rosé	2	

Ex.-Nr. Typen-designie-rung	Vollständige Etikettenbeschriftung		Etiketten-farbe	Erhal-tungs-zustand	Revisionsresultate nach 1910. [Bemerkungen von G. MORGE]
	Familien-, Gattungs-, Artangaben	Sonstige Details			
964	*Emp. plumipes*	♂ ♀ **Melk Stiftsgarten Gesträuch**[1] 7. 5.	weißgrün	1	[[1] Kann auch „**ge-streift**" heißen]
965 Typus	*assimilis* **Strobl**	Sunk **an Felswand** 30. 7. 91 ♂ **Natterriegel Krummholz** ♀	blaugrün	1	
966	*lamellicornis* B.	♂ ♀ **um den Scheipisee Grünerlen Melk**	blaugrün	2	
967	*Emp. pennaria* MG.	♂ ♀ **Seitenstetten Meierhof Gebüsche** 29. 4.	weißgrün	2	
968 Typus	*ciliatopennata* **Strobl**	♂ ♀ **Schafferweg Hohlweg** 18. 7.	blaugrün	3	
969	*E. vernalis*	Seitenstetten **Waldrand Gesträuch**[1] ♂[2] **nur** ♀	grün	2	[[1] Kann auch „**ge-streift**" heißen. – [2] Von P. STROBL handschriftlich durchgestrichen]
970	*E. brunnipennis* MG.	♀ **Donauinsel blüh**[1] **Mandel-weiden** 30. 4.	weißgrün	2	[[1] = **blühende**]
971 Typus	*nitidissima* **Strobl**	♀ ♂ **Blümels**[1]**berghöhe Wald-wiesen** 3. 5., 29. 6.	blaugrün	3	[[1] Fast unleserliches stenographisches Zeichen]
972	[2] *E. leucoptera* MG. ?	[2] ♂ ♀ [1] Kalocsa V. 11. 93	[1] oliv-grau [2 rosé	1	
973	[2] *nigritarsis* MG.	[2] ♀ **Kalocsa** [1] Kalocsa V. 20. 93	[1] oliv-grau [2] rosé	4	
974	*Empis Bistortae* MG.	**Scheibleggerhochalpe** ♂ **Almsee** ♀	weißgrün	3	
975	*Empis pilipes* MG. **vil.**[1] . . .[2] **aber auch Mittel- und Vorder-schenkel mit zwei braunen Striemen**	♀ **Seitenstetten Bachrand Rain**	weißgrün	1	[[1] ? = **voll.** – [2] Über diesem Art-namen steht ein weiterer, dessen Buchstaben aber mit dem Etiketten-rand abgeschnitten sind. Er könnte „*grisea*" oder „*gri-ven*. . ." (? = *nigri-ventris* STROBL nach dessen Hauptkata-log) heißen]
	[*Pachymeria* STEPHENS]				
976	P. *palparis* EGG.	♂ **Damischbachthurm Krumm-holzwiesen** 27. 8. 91	blaugrün	3	
977	*Pachym. nitida* MG.	♀ **Laub in der Froschau bei Seitenstetten**	weißgrün	2	
63. Reihe:					
978	*Pachym. femorata* FBR.	♂ ♀ **Melk Stiftsgarten Gesträuch**[1] 15. 5.	weißgrün	1	[[1] Kann auch „**ge-streift**" heißen]
979	[2] *E.*[1] *phaenomeris* LW.	[2] ♂ ♀ **Veitlgraben** [1] $\frac{44}{70}$	[1] – [2] blau-grün	1	[[1] = *Erberi* NOVAK]
980		$\frac{44}{57}$	–	2	

Ex.-Nr. Typen-designie-rung	Vollständige Etikettenbeschriftung		Etiketten-farbe	Erhal-tungs-zustand	Revisionsresultate nach 1910. [Bemerkungen von G. MORGE]
	Familien-, Gattungs-, Artangaben	Sonstige Details			
	[*Hilara* MEIGEN]				
981	*Hil. clypeata* MG. *α*	♂ ♀ **Gesäuse unter einem Fels am Ennsufer** 1. 8.	grün	2	
982	*clyp. β longifurca*	♂ ♀ **Gesäuse Ennsufer** 19. 8.	graugrün	2	
982a				1	
983	*cornicula* LW.	♂ **Seitenstetten**	graugrün	2	
984	*chorica* F.		graugrün	5	
985	*pseudochorica*	♂ ♀ **Melk Teichufer Gesträuch**[1] 7. 6. 85	graugrün	2	[[1] Kann auch „**gestreift**" heißen]
986	[3] *lasiochira* KOW.	[3] ♂ [1] Bozen 14. 6. 73 [2] 55	[1] – [2] – [3] graugrün	1	
987	[2] *nigrina* FALL.	[1] Moisdorf 13. 7. 23971	[1] – [2]	2	
988	*Hil. matrona* HAL.	♂ **am Veitlgraben Gesträuch**[1]	grün	1	[[1] Kann auch „**gestreift**" heißen]
989	*flavipes*	♀ **Schlesien Tief**	graugrün	4	
990	*longevittata*		graugrün	1	
991 Typus	*quadrifaria*	♂ ♀ **Turrach Almsee**	graugrün	1	Design. CHVÁLA 1972: Lectotypus *Hilara quadrifaria* STROBL, 1892
992 Typus	*pectinipes* **Strobl**	♂ **Seitenstetten Gansberggraben Bachrand** 12. 6.	graugrün	2	
993 Typus	*H. dimidiata* **Strobl**	**Veitlgraben Waldpfad Gesträuch**[1]	graugrün	2	[[1] Kann auch „**gestreift**" heißen]
994 Typus	[2] *longev.* subsp. *andermattensis* m.	[1] Andermatt 8. 8. 20285	[1] – [2] graugrün	1	
995	*simplicipes*		graugrün	4	
996	*minuta* Z.	♀ **Seitenstetten unter Obstbaum** 18. 6.	graugrün	2	
997 Typus	[2] *tyrolensis* m. n. sp.	[2] ♂ Lufür Paß 19. 6. 90 25507	[1] – [2] graugrün	3	
998 Typus	*H. longesetosa* m.	♂ Admont **Fels** 5. 7. STROBL	–	4	
999	*Hil. femorella* ZTT		grün	3	
1000	*nitidula*	♂ ♀ **Gesäuse Ennssand** 28. 5.	graugrün	1	
1001		Grasgrab 14. 5.	–	1	
1002 Typus	*diversipes* **Strobl**		graugrün	2	Design. CHVÁLA 1970: Lectotypus *Hilara diversipes* STROBL, 1892
1003	*Hil. maura* FBR.	**Seitenstetten Gesträuch**[1] **Gras** ♀ **und** ♂	grün	2	[[1] Kann auch „**gestreift**" heißen]
1004	*H. lugubris* ZTT.	♂ Kalbling **Krummholzwiesen** 18. 7. 90	graugrün	2	
1005	*suleitars*	♂ **Scheibleggerhochalpe** 27. 7.	graugrün	1	
1006	*Hil. pilosa* ZTT.	♂ ♀ **Seitenstetten Gebüsch Bachrand** 6. 4.	grün	3	
1007	*scrobiculata* LW.	♂ **Hochschwung** 55′ 20. 8. 90	graugrün	1	

Ex.-Nr. Typen-designie-rung	Vollständige Etikettenbeschriftung: Familien-, Gattungs-, Artangaben	Vollständige Etikettenbeschriftung: Sonstige Details	Etiketten-farbe	Erhal-tungs-zustand	Revisionsresultate nach 1910. [Bemerkungen von G. Morge]
1008	*H. interstincta* Fl.	♂ **Seitenstetten Lederleithen Gebüsche**	grün	1	
1009 Typus	*H. angustifrons* **Strobl**		blaugrün	4	
1010	*pruinosa* Mg.	♂ ♀ **Kärnten Tief**	graugrün	1	
1011	*H. Braueri*	♂ **Seitenstetten Franzwäldchen** 15. 5. 91	graugrün	2	
1012 Typus	*lacteipeñis* **Strobl**	♀ **Melk Zimmerfenster** 30. 5. ♀	graugrün	1	
64. Reihe:					
1013	*tetragrama̅*	♂ ♀ Melk **Donauaue Gesträuch**[1] **fliegend** 22. 5. 85	grün	1	[[1] Kann auch „**gestreift**" heißen]
1014 Typus	*pubipes* Lw. *albopilosa* m.	♂ **Sunk Voralpe** 3. 8.	graugrün	1	
1015 ? Typus[1]	[2] *hirta* Kw. n. sp.	[2] ♀ [1] 52	[1] – [2] graugrün	2	[[1] Nach Etikettenbeschriftung und Notizen in P. Strobls Handkatalog Typencharakter unsicher]
1016 Typus	*H. hystrix* **Strobl**	**Gesäuse Eingang an**[1]	blaugrün	4	[[1] Hinter „**an**" ist das Etikett abgeschnitten]
1017	*Hil. 4vittata* Mg.	♂ ♀ **Seitenstetten Froschau Laub** 18. 5.	grün	1	
1018 Typus	*Beckeri*	**Gesäuse an Ennsufer Fels** 14. 8.	graugrün	2	Design. Chvála 1970: Lectotypus *Hilara beckeri* Strobl, 1892
1019	*gallica* Fll.	**Kärnten**	blaugrün	1	
1020		♀ Steinbrück **Oberbrieglochrand**[1] 21. 7.	blaugrün	2	[[1] Fast unleserliche stenographische Zeichen]
1021	*bistriata* Ztt.	♂ ♀ **Villach Tief**	blaugrün	2	
1022		Paternia 12. 5.	–	1	
1023	*brevivittata* Z.	♂ ♀ **Villach**	blaugrün	1	
/ 1023a				1	
1024	*Hil. pilipes*	**auf Farn**[1] **Inselsand Melk häufig**	grün	1	[[1] Unsichere Dechiffrierung. Kann auch „**Fang**" heißen]
1025	*H.* **fast** = *pilipes* Z.	♀ Rhodus **Erber**	blaugrün[1]	1	[[1] Über dem Etikett zusätzlich noch ein kleines violettes □-Blättchen]
1026 Typus	[3] *carinthiaca* **Strobl**	[3] ♂ [1] St. Anna 27. 6. [2] 20	[1] – [2] – [3] blaugrün	2	
1027 Typus	*Tiefii* n. sp.	♂ **Gesäuse Ennssand** 28. 5. 90	blaugrün	2	
1028	*sartrix* B.	♀ **Bösenstein Alpenwiesen**	blaugrün	3	

Ex.-Nr. Typen-designierung	Vollständige Etikettenbeschriftung		Etiketten-farbe	Erhal-tungs-zustand	Revisionsresultate nach 1910. [Bemerkungen von G. MORGE]
	Familien-, Gattungs-, Artangaben	Sonstige Details			
1029 Typus	*pseudosartrix* n. sp.	♂ **Tauernstraße Graben Gesträuch**[1]	blaugrün	3	[1 Kann auch „**gestreift**" heißen]
1030	[2] *H. anomala* LOEW	[2] ♂ [1] Hummel 27. 5. 17951	[1] – [2] blaugrün	2	
1031	*fuscipes* F.	♂ **Gesäuse unter Felsen auf Stein** 1. 8.	graugrün	2	
1032	[2] *H. griseola* ZETT.	[2] ♂ ♀ [1] Reinerz 2. 6. 18341	[1] – [2] blaugrün	1	
1033 Typus	[2] *cinereomicans* n.	[1] St. Anna 18. 7.	[1] – [2] blaugrün	3	M. CHVÁLA det.: Holotypus *Hilara cinereomicans* STROBL, 1892 ♂
1034	*penatorum*	♂ ♀ **Melk Stiftsgarten Gesträuch**[1]	grün	3	[1 Kann auch „**gestreift**" heißen]
1034a				2	
1035	[2] *Hilara Novakii* MIK	[1] Dalmatia Lesina 1895 MIK NOVAK	[1] – [2] –	2	
1036	*cingulata* DLB.	♂ **Amstetten Ybbsauen**	blaugrün	2	
1037 Typus	*bivittata* **Strobl**	**Seitenstetten unter Obstbaum**	blaugrün	2	
1038	*Hilara* sp. ? *gracilipes* BH	♂ 5. 6. 93	–	1	[Nach P. STROBLS Handkatalog stammt dieses Exemplar aus Genthin]
1039	*Hilara tenella* FLL.	♀ Berlin		1	
1040	*H. litorea*		–	4	
1041	*manicata* MG.	♂ **Schlesien Tief**	blaugrün	3	
1042	*Hil. canescens*! ZTT.	♀ **Schafferweg Kaiserau Gesträuch**[1] 5. 8. [2]	grün	2	[1 Kann auch „**gestreift**" heißen. – 2 Nach P. STROBLS Handkatalog „6.8."]
1043	*discolor* n.[1]	Freiwaldau	blaugrün[2]	2	[1 „n." = undeutbar, da „*discolor* KOWARZ". – 2 Über dem Etikett zusätzlich noch ein kleines goldenes □-Blättchen]
1044	*Hil. niveipennis* ZTT.	♂ ♀ **Seitenstetten Birnbaum** 29. 4.	**grün**	2	
1045	○			2	
1046 Typus	*matronif.*[1] v. ? **Beine ganz schwarz**	♂ **Sirbitzkogel**	grau	2	[1 = *matroniformis* STROBL]
65. Reihe:					
1047 Typus	*H. spinigera* **Strobl**	**um den Scheipisee auf Gesträuch**[1]	graugrün	1	[1 Kann auch „**gestreift**" heißen]
1048	*cilipes* MG.	**Seitenstetten Stiftsteich Gesträuch**[1]	graugrün	4	[1 Kann auch „**gestreift**" heißen]
1049	*lurida*	♀ **Melk Donauaue Gesträuch**[1] 1. 7.	graugrün	1	[1 Kann auch „**gestreift**" heißen]
1049a				1	

7

Fig. 7. *Minettia codinai* HENNIG (Sapromyzidae):

Gesamtansicht von links oben seitlich. (10×). (Gezeichnet nach einem Exemplar in der Kollektion des ehemaligen DEI, Eberswalde, mit folgender Etikettierung: 1. „Holotypus" – 2. „Montalegre 18. VII. 10". – 3. „coll. Oldenberg". – 4. „*Peplomyza codinai* det. Lichtwardt".)

Ex.-Nr. Typen-designie-rung	Vollständige Etikettenbeschriftung		Etiketten-farbe	Erhal-tungs-zustand	Revisionsresultate nach 1910. [Bemerkungen von G. MORGE]
	Familien-, Gattungs-, Artangaben	Sonstige Details			
1050	*heterogastra* Now.	**in der Weberalm im Wald vorhanden**	graugrün	1	
1051	*thoracica* Mc = *magica* MIK	♂ **Cilli Schloßberg** 25. 7. 92	graugrün	1	
1052	*Hil. flava* SCHIN.		grün	2	
1053 Typus	*Hil. longicornis* n. sp.		rosé	2	
1054	*Hil cuneata* Lw.	♀ **Natterriegel Bach**	–	1	
	[*Hilarimorpha* SCHINER]				
1055	*Hilarimorph. tristis* EGG.	♀ **Admont lehmig Ennsufer** 24. 8.	blaugrün	2	
	[*Oreogeton* SCHINER]				
1056	*Oreogeton basilis* Lw.	♂ ♀ **Hohentauern Winzgraben Farnkräuter** 16. 8. 81[1]	blaugrün	1	[[1] Kann auch „87" heißen]
	[*Trichina* MEIGEN]				
1057 Typus	[2] *Trich. nigripes* m.	[1] Föderlach 19. 5. [2] Scheibleggerhochalpe ♀	[1] – [2] –	4	
	[*Microphorus* MACQUART]				
1058	*M. clavipes*	♂ **Melk Stiftsgarten** 8.[1]	blaugrün	4	[[1] Monat nicht auf Etikett angegeben, da an dieser Stelle abgeschnitten. Nach P. STROBLs Handkatalog „8. 7. 82"]
1059	*Microphorus velutinus* MCQ.	♂ **Seitenstetten Gesträuch**[1]	graugrün	2	[[1] Kann auch „**gestreift**" heißen]
1060	*Micr. crassipes* MCQ.	♂ **Seitenstetten Waldrand Gesträuch**[1]	graugrün	2	[[1] Kann auch „**gestreift**" heißen]
1061	*Micr. praecox* Loew	♀ **Admont lehmig Ennsufer** 24. 8.	blaugrün	2	
1062	*Micr. flavipes* MG.		–	2	
1063	*Micr. truncatus* **Loew**	♂ **Villach Tief**	–	2	
	[*Oedalea* MEIGEN]				
1064	*Oed. tristis*	♀ **am Kematenbach oberhalb des Kalkofens** 17. 7. 91	blaugrün	1	
1065	*Oed. Holmgreni* ZETT.	♀ Admont **Lichtmeßberg Gesträuch**[1] 5. 8. 83	grün	1	[[1] Kann auch „**gestreift**" heißen]
1066	*Oed. stigmatella* ZTT.	♂ **Seitenstetten Froschau Laub** 18. 5.	grün	3	
1067	*Oed. hybotina* FLL.	♀ **Seitenstetten Zimmerfenster** 28. 5.	grün	1	
1068	*Oed. flavipes* Z. **v. die 4 ersten Ringe**[1] **gelbbraun**	♂ **Seitenstetten Blümelsberg Holz Strobl**[2]	blaugrün	3	[[1] Kann auch heißen: „**der 4. Seitenring**" oder „**die 4 Seitenringe**". – [2] Könnte auch „**stoß**" (= „**Holzstoß**") heißen]
	[*Ocydromia* MEIGEN]				
1069	*Ocydromia glabricula* v. *glabr.*	♀ **Veitlgraben** 8. 8.	grün	1	

Ex.-Nr. Typen-designierung	Vollständige Etikettenbeschriftung: Familien-, Gattungs-, Artangaben	Vollständige Etikettenbeschriftung: Sonstige Details	Etiketten-farbe	Erhal-tungs-zustand	Revisionsresultate nach 1910. [Bemerkungen von G. MORGE]
1070	*Oc. gl.* v. *scutellat*	♂ **Seitenstetten Waldrand Gesträuch**[1]	grün	1	[[1] Kann auch „**gestreift**" heißen]
1071	*Ocydr. glabr.* v. *melanopleura* MG.	♂ **Seitenstetten auf Laub**	grün	1	
	[*Leptopeza* MACQUART]				
1072	*Lept. sphenoptera* LW.	♀ **Admont Stiftsgarten** 16. 7. 92	blaugrün	4	
1073	*Leptop. borealis* ZTT.	♂ **Scheiplstein** Styr. alp. STROBL 11. 7.	blaugrün	2	
1074	*Lept. nigripes* Z.	♂ Admont **Dörflstein** 22. 5. 95 STROBL	–	2	
1075	*Lept. flavipes* MG.	♂ Melk **Donauaue Gesträuch**[1] 27. 5. 86	grün	1	[[1] Kann auch „**gestreift**" heißen]
66. Reihe:					
1076	*Leptopeza ruficollis* MG.	♀ **Amstetten Auen**	grün	2	
	[*Anthalia* ZETTERSTEDT]				
1078	*Euth.*[1] *Myrtilli* MCQ.	♀ **Hohentauern Winzgraben** 2. 8.	blaugrün	2	[[1] = *Euthyneura* MACQUART]
1079 Typus	*E. simillima* **Strobl**	♀ **Seitenstetten unter Michael Bachschlucht** 9. 6. 91	blaugrün	1	
1077	*Anthalia Gyllenhali* Z.	♀ **Schuler-Spitze** Transsylv. STROBL 6. 8. 96	–	4	
1080	*Anthalia pallida* ZETT.	♀ **Treffling**	grün	1	
1081	*Anthal. Schönherri* Z.	♀ Admont **Leichenberg**	–	4	
	[*Clinocera* MEIGEN]				
1082	*Kowarzia*[1] *barbatula* **Mik**	♂ **Sch. . .**[2] **Aufstieg** Styria STROBL 18. 6.	–	1	[[1] = *Kowarzia* MIK. – [2] Unleserliches stenographisches Zeichen]
1083	*Clin.* (*Kowarzia*) *tibilla* **Mik**	♂ **Herrenmühle Bachschlucht** 3. 7.	blaugrün	1	
1084	*Kow. plectr.* MK	**Mühlauer Fall** 1. 9.	blaugrün	2	
1085	*Clin. appendiculata* Z.		blaugrün	1	
1086	*Clin. Storchii* **Mik**	**im Sunk an nasser**[1]	blaugrün	1	[[1] Unsichere Dechiffrierung. Wahrscheinlich „**Felswand**" zu ergänzen. Siehe auch Ex.-Nr. 1090]
1087	*Heleodromia*[1] *Wesmaeli* MC.	♂ **Hohentauern Winzgraben Bachrand** 2. 8.	blaugrün	1	[[1] = *Heleodromia* HALIDAY]
1088 Typus	*Bergenstamia*[1] *nudipes* LW. *styriaca* **Strobl**	♀ **Scheibleggerhochalpe Bach** 29. 7. 90	blaugrün	1	[[1] = *Bergenstammia* MIK]
1089	*B. multiseta*	♀ **Bösenstein Alpenbach** 1. 8.	blaugrün	4	
1090	*Ph.*[1] *trinotata* **Mik**	♂ **im Sunk an nasser**[2] **Felswand** 2. 8.	blaugrün	2	[[1] *Phaeobalia* MIK. – [2] Unsichere Dechiffrierung.]

Ex.-Nr. Typen-designierung	Vollständige Etikettenbeschriftung: Familien-, Gattungs-, Artangaben	Vollständige Etikettenbeschriftung: Sonstige Details	Etikettenfarbe	Erhaltungszustand	Revisionsresultate nach 1910. [Bemerkungen von G. MORGE]
1091	*Phaeobalia picta* MIK i. l.	♂ Hochschwung 30. 8. 83 **an Bachufer[1] auf Eisenkraut[2] Gesträuch[3]**	grün	1	[Unsichere Dechiffrierung. Kann auch „**Bächen**" heißen. – [2] Unsichere Dechiffrierung. Kann auch „**Eisenhut**" heißen. – [3] Kann auch „**gestreift**" heißen.]
1092	*Ph. varipennis* Now.	♂ **Bösenstein** 6'[1] **Alpenbach** 1. 8.	blaugrün	3	[[1] = 6000']
1093	*Phaeobalia inermis*	**Scheibleggerhochalpe Bach** 27. 7.	blaugrün	3	
1094	*Eucelidia*[1] *pyrata* MIK	♂ Böhmen **Siebeck**[2]	rosé	1	[[1] = *Eucelidia* MIK. – [2] Fast unleserliches stenographisches Zeichen]
1095	[2] *Zetterstedtii*	[2] ♂ [1] Erzgeb. 97[1]	[1] – [2] –	2	[[1] Monatszahl verdruckt]
1096	*Phil.*[1] *phantasma* MIK	♀ **Gstatterboden an Ennsfelsen** 28. 5. 90	blaugrün	3	[[1] = *Philolutra* MIK]
1097	*Phil. aquilex* LW.	**Kaiserau Bachwiesen** 7. 8. 91 ♀ **Schwarzenbachgraben** ♂	blaugrün	3	
1098	*Philolutr. hygrobia*	**Admont Veitlgraben Bachstein**	blaugrün	5	

* * *

	Holzkassette IV Dipteren Typen IV. [**Nach dem neuesten Katalog geordnet.**] 27. Fam.: Platypezid. 28. Pipunculid. 29. Syrphid. 30. Conopid. 31. Oestridae. 32. Muscidae pr. p. (a. Phasin., b. *Gymnosom.*,c. Ocypterin., d. Phaninae. . .[1] *Clytia*. e. Tachininae (nur *Echinomyia*, *Cuphocera*, *Micropalp.*, *Gymnochaeta* u. *Chrysosoma*. . .[2]				[Die Kassette IV steht im linken Teil des neuen Zirbenschrankes ganz oben*. – [1] Unleserliches stenographisches Zeichen. – [2] Ein stenographisches Zeichen, das als „**heute**" oder „**später**" gedeutet werden kann. Mit „**heute**" könnte gemeint sein: *Chrysosoma* im „heutigen" Sinne, das heißt, zur Zeit P. STROBLS; „**später**" könnte ein Hinweis für eine spätere Einordnung von *Chrysosoma*-Exemplaren sein.]

* Zusätzlich zu dem zitierten Originaletikett P. STROBLS wurde die Kassette von mir mit folgendem Etikett versehen: „Diptera-Typensammlung Kassette IV".

Ex.-Nr. Typen-designie-rung	Vollständige Etikettenbeschriftung: Familien-, Gattungs-, Artangaben	Vollständige Etikettenbeschriftung: Sonstige Details	Etiketten-farbe	Erhal-tungs-zustand	Revisionsresultate nach 1910. [Bemerkungen von G. MORGE]
67. Reihe:					[67. bis 78. Reihe im Kassettenoberteil, 79. bis 89. Reihe im Kassettenunterteil]
	[*Callomyia* MEIGEN]				
1099	*Callomyia viduella* Z.	♀ **Gesäuse** 3. 6. Styria STROBL	–	2	
1100	*Call. Falleni* ZTT.	♀ **Admont Bergwald**	rosé	1	
1101	*Call. elegans*	♀ **Admont Kalkofen** 15. 8.	blaugrün	3	
1102	*Call. amoena* MG.	♀ **Admont Stiftsgarten** 17. 7.1892	blaugrün	1	
1103	*Call. speciosa* MG. Z! = *eleg.* **Schiner**	♂ **Innsbruck**	–	3	
	[*Platypeza* MEIGEN]				
1104	*Platypeza atra* FLL.	♂ **Trins Dolden**	olivgrau	4	
1105	*Plat. fasciata* FB.	♀ Melk **Donauleiten auf Holunder** 3. 10.	grün	2	
1106	*Pl. boletina* F.	♂ **Admont Stiftsgarten** 21. 8. 92	blaugrün	2	
1107	*Platypeza vittata* Z.	♀ **Kalkofen Wald** 1. 10.	–	1	
1108	*Platypeza holosericea* MG.	♂ Gö[1] 29. 7. Transsylv. STROBL	–	2	[[1] In normaler Handschrift. Bedeutung unklar]
	[*Platycnema* ZETTERSTEDT]				
1109	*Platycnema tibiella* ZTT.	♀ **Seitenstetten Taxbachrand** 14. 5.	blaugrün	2	
1110	[2] *Platycn. pulicaria* FLL.	[2] ♂ [1] Grab. a. d. s. THALHAMMER	[1] – [2] –	3	
	[*Opetia* MEIGEN]				
1111	*Opetia nigra* MG.	♂ La[1] **Bergwiesen** 25. 7. 96 Transsylv STROBL	–	3	[[1] = Laduscher Bergbäche gegen den Cindrel]
	[*Chalarus* WALKER]				
1112	*Ch. holosericeus* MG.		blaugrün	3	
1113	*Chalarus spurius* FALL.		grün	2	
1114	*Ch. basalis* LW.	♂ **Admont Stiftsgarten Becker!**	blaugrün	4	
	[*Nephrocerus* ZETTERSTEDT]				
1115	*Nephrocerus scutellatus* MCQ.	♂ **Seitenstetten auf Eichenblättern Becker!**	grün	1	
1116	*flavicornis*	♀ Melk **Winden Ufergesträuch**[1] 15. 5. 86 **Becker!**	hellblau	4	[[1] Kann auch „**gestreift**" heißen]
	[*Pipunculus* LATREILLE]				
1117	*P. pilosus* ZTT.	**Melk Pöverding Bachgesträuch**[1] 5. 7. ♂ **Seitenstetten Gansbergergraben** 21. 6. 91 ♀	blaugrün	4	[[1] Kann auch „**gestreift**" heißen]
1118	*auctus*	♀ **Becker!** Admont **Stiftsgarten** 15. 7. 92	blaugrün	1	
1119	*Pip. furcatus* **Schiner**	♀ **Melk Winden Waldrand Gesträuch**[1] 6. 7.	grün	1	[[1] Kann auch „**gestreift**" heißen]
1120	*Pip. xanthocerus* KOW.	♂ ♀ **Gesäuse**	–	4	

Ex.-Nr. Typen-designie-rung	Vollständige Etikettenbeschriftung: Familien-, Gattungs-, Artangaben	Vollständige Etikettenbeschriftung: Sonstige Details	Etiketten-farbe	Erhal-tungs-zustand	Revisionsresultate nach 1910. [Bemerkungen von G. MORGE]
1121	[1] *P. fascipes* ZTT. 964. [2][1] *coloratus* BECK.	[1] ♀ **Melk Winden Waldrand** 6. 7.	[1] grün [2] –	2	[[1] Von BECKER handgeschriebenes Etikett]
1122	*fuscipes* ZETT.	♂	–[1]	3[2]	[[1] Von BECKER handgeschriebenes Etikett. – [2]Kopf von mir angeklebt]
1123	[1] *Pipunc ruralis* MG. [2] *rur.* v. *fuscipes*	[1] ♀ **Seitenstetten Stiftsgarten** [2] **Steinbrück Sandolner[1] Minen[1] Becker**	[1] grau-grün [2] –	2	[[1] Fast unleserliche stenographische Zeichen]
1124	*Pip. zonatus* Z.	**Seitenstetten Taxbachrand** 4.5.♀ **Grubholz Gesträuch[1]** 10.6.91 ♂	graugrün	2	[[1] Kann auch „**gestreift**" heißen]
1125	*P. holosericeus* BCK.	♂ Duino 23. 7.	rosé	2	
1126	*Pip. campestris*	**Seitenstetten Stiftswald auf Eichen** ♀ **Melk Wach(t)berg** 15. 6. ♂ **von** BCK.	graugrün	3	
68. Reihe:					
1127	*semifum*[1]	♀ Oderwald 2. 7. 32016	–[2]	3	[[1] = *semifumosus* KOWARZ. – [2] BEKKERsches Original-etikett]
1128	*semifumosus* KW.	♂ **Sunk auf Blätter** 30. 7.	blaugrün	2	
1129	*P. silvaticus*	**Seitenstetten Grubholz Gesträuch[1]** 20. 6. ♂, **Blümelsberg Rain** 1. 6. ♀	blaugrün	1	[[1] Kann auch „**gestreift**" heißen]
1130	*P. halteralis* M.	♂ **Melk Stiftsgarten Gesträuch[1]** 21. 7.	dunkel-grün	1	[[1] Kann auch „**gestreift**" heißen]
1131	*P. flavipes* MG. **Becker**	♀ **Steinbrück Hofwiese**		1	
1132	*pulchripes* THMS.	♂ **Tauernstraße bei Trieben** 28. 5.	blaugrün	2	
1133 / 1133a	*P. ater* v. *Thomsoni* **Becker**	♂♀ **Steinbrück Hofwiese** 11. 7.	–	1 / 2	
1134	*P. ater* MG.	**Melk Winden Waldrand Gesträuch[1]** 6. 7. ♂ ♀ BCKR **gesehen**	grün	3	[[1] Kann auch „**gestreift**" heißen]
1135	*rufipes*	**Seitenstetten Bachrand Gebüsche** 24. 9. ♂ **mit ganz gelben Sch. . .[1] und Melk Wach(t)berg** ♀ **mit gebänderten[2] Schinen**	blaugrün	3	[[1] Fast unleserlich, heißt wahrscheinlich „**Schienen**". – [2] Unsichere Dechiffrierung]
1136	*haemor*[1]!	♂ ♀ Hohentauern **Sumpfwiesen** 27. 5.	graugrün	3	[[1] = *haemorrhoidalis* ZETTERSTEDT]
1137	*vulgatissimus* BCKR. = *terminal*		–	1	
1138	*P. geniculatus* MG.	♂ **Bösenstein Alpenwiesen**	grün	3	
1139	*Pipunculus mutatus* BCK.	♀ Escorial **Laub**	–[1]	2	[[1] Über dem Etikett zusätzlich noch je ein grünes und orangefarbenes □-Etikett ohne Beschriftung]

Ex.-Nr. Typen-designierung	Vollständige Etikettenbeschriftung		Etiketten-farbe	Erhal-tungs-zustand	Revisionsresultate nach 1910. [Bemerkungen von G. MORGE]
	Familien-, Gattungs-, Artangaben	Sonstige Details			
1140	[2] *Pipunculus nigritulus*	[1] Bozen VI. 96	[1] – [2] –	3	
1141	*P. fascipes* Z.	♂ Admont **Gesäuse** 23. 8. **Strobl**	–	2	
	[*Bacha* FABRICIUS]				
1142	*Bacha elongata* v. *elongata* FBR.	♀ **Amstetten Ybbsauen Gebüsche**	grün	2	[Abdomen von mir angeklebt]
1143	v. *sphegina* MG.	♂ **Trefflingufer Gebüsche** 11. 5.	weißgrün	1	
1144	*obscuripen̄.*	♀ **Scheibleggerhochalpe Blume** 27. 7.	blaugrün	3	
	[*Sphegina* MEIGEN]				
1145	*Sphegina clunipes* FLL.	♂ **Schafferweg Fichten** 22. 7.	grün	1	
1146	var. **mit ganz schwarzem Untergesicht**	♂ **Seitenstetten Bachrand Dolden**	grün	3	[Abdomen von mir angeklebt]
1147	*S. clun.* v. *nigra* MG.	♀ **Veitlgraben Quendel** 8. 8.	grün	3	
1148 Typus	*Sph. Kimacowicsi* STR.	♂ ♀ Admont **Schafferweg** STROBL	weißgrün	1	
1149	v. **4 Schulter rot Stirn**[1] **glänzend**[1]	♀ **Lichtmeßberg Blätter** 7. 8.	blaugrün	3	[[1] Unsichere Dechiffrierung]
1150	*latifrons*	♂ **Seitenstetten Froschau Sumpfwiesen**	blaugrün	1	
1166	*Sph. latifrons* EGG.	♀ **Schafferweg Fichten** 23. 7.	weißgrün	1	
1151 Typus	*S. luteiventris* m.	♀ **Melk Stiftsgarten Gesträuch**[1] 13. 5.	weißgrün	1	[[1] Kann auch „**gestreift**" heißen]
1152 Typus	*Spheg. nigripes* m. *Zetterstedti* **Schiner**	♀ Gesäuss 27. 5.	–	1	
	[*Ascia* MEIGEN]				
1153	*Ascia podagrica* FBR.	♀ **Seitenstetten Gesträuch**[1]	grün	1	[[1] Kann auch „**gestreift**" heißen]
1154	*Asc. lanceolat* MG.	♀ **Seitenstetten Stiftsteich Laub**	grün	2	
1155	*Asc. dispar* MG.	**Seitenstetten Waldwiesen Gesträuch**[1] ♀ **Stiftsteich** ♂	grün	2	[[1] Kann auch „**gestreift**" heißen]
1156	○			2	
69. Reihe:					
1157	*Asc. feralis* MG.	♂ ♀ **Seitenstetten Stiftsteich**	weißgrün	1	
	[*Xanthogramma* SCHINER]				
1158	*X. citrofasciata* DEG.	♀ ♂ **Melk Stiftsgarten Gesträuch**[1] 7. 5., 21. 5.	grün	1	[[1] Kann auch „**gestreift**" heißen]
1159	○			1	
1160	*X. ornata* MG.	**Seitenstetten Laub** ♂. **Melk Donauau Blüten** 2. 7. ♀	grün	1	
1161	○			1	
1162	*Xanthogram̄a ornata* MG. v. *dives*	**Melk Donauleiten Gesträuch**[1] 29. 6. ♂ **Stiftsgarten** ♀	grün	1	[[1] Kann auch „**gestreift**" heißen]
	[*Melithreptus* LOEW]				
1163	*Mel. nitidicollis* ZTT.	**Cilli Schloßberg** ♂ **Gesäuse auf Berberis** ♀	grün	3[1]	[[1] Kopf von mir angeklebtt]
1164	*Melith. scriptus* L.	♂ ♀ **Görz auf Möhrendolden**	grün	1	

Ex.-Nr. Typen-designie-rung	Vollständige Etikettenbeschriftung: Familien-, Gattungs-, Artangaben	Vollständige Etikettenbeschriftung: Sonstige Details	Etiketten-farbe	Erhal-tungs-zustand	Revisionsresultate nach 1910. [Bemerkungen von G. MORGE]
1165 /	*M. dispar* LOEW	♂ und ♀ **Cilli auf Möhrendolden**	graugrün	4	
1165a				3	
1167	*Mel. strigatus* STG.	♂ **Melk Pielach Blüten** 19. 6.	grün	2	
1168	*M. multipunctatus* Z.	♂ ♀ **Studentenbad** 19. 8.	blaugrün	3[1]	[[1] Abdomen von mir angeklebt]
1169	*M. menthastri* L.	**Cilli Schloßberg** ♂ **Frauenfeld Dolde** 18. 7. ♀	grün	2	
1170	*M. dubius* Z. v. b. **Beine ganz gelb** = *hiergl.* M.[1]	♂ Gesäuss **Blumen** 1. 8. 85	grün	1	[= MEIGEN]
1171	*Mel. taeniatus* MG.	♂ **Melk Wach(t)berg Gesträuch**[1] 26. 6.	grün	3[2]	[[1] Kann auch „**ge-streift**" heißen. — [2] Abdomen von mir angeklebt]
1172	*Mel. pictus* MG.	♂ am Krn **Dolden**	olivgrau	1	
	[*Pelecocera* MEIGEN]				
1173	*P. scaevoid*	♂ **Kaiserau Sumpfwiesen Gesträuch**[1] 7. 8.	blaugrün	1	[[1] Kann auch „**ge-streift**" heißen]
1174	*P. tricincta* MG.	♀ **Seitenstetten Blümelsberg Rain Gesträuch**[1] 29. 6. 91	blaugrün	4	[[1] Kann auch „**ge-streift**" heißen]
	[*Didea* MACQUART]				
1175	*Didea alneti* FLL.	♂ **Rottenmann**	grün	1	
1176	*Did. fasciata* MCQ.	♀ **Melk Winden Waldrand** 6. 7.	grün	1	
1190	*D. intermedia* LW.	♀ **Melk Winden auf Wald-gesträuch** 26. 5.	blaugrün	1	
	[*Syrphus* FABRICIUS]				
1177	*S. pyrastri* L.	**Kalbling Alpenwiesen flieg.** 25. 7. ♂ **Melk Pielach auf Lun-genkraut** 3. 5. ♀	grün	2	
1178	○			1	
1179	*S. seleniticus* MG.	**Innsbruck** ♂ **Röthelstein Fich-ten** 5. 8. ♀	grün	2	
70. Reihe:					
1180	○			1	
1181	*Syrph. glaucius* L.	**Kalblinghöhe** ♂ **Gesäuse** 1. 8. ♀	grün	1	
1182	○			1	
1183		♂ **Seitenstetten Stiftsgarten Dolden**	grün	1	
1184	*S. laternarius* MILL.	♂ ♀ **Admont Studentenbad auf** *Ang. s.* 19. 8.	blaugrün	1	
1185	*S. tricinctus* FLL.	♂ **Freiwaldau Tief**	blaugrün[1]	3	[[1] Über dem Etikett zusätzlich ein golde-nes □ -Blättchen]
1186	*S. novus* ROND. II 140! **nach Schiner identisch mit** *laetus* FBR. **aber die Fühler meines Exem-plares sind nicht rot/gelb, son-dern rotbraun**[1] **braunrot**[1] **und die Kiefer**[2] **schwarz, nicht gelb, auch sind Flügel** „sublimbidae" **und nicht „latet**[2] **umbellifer**[2] **impart**[2]**", die Adern schwarz, nicht gelb.**	♂ **Kepernten**[2] **bei Pyhrgas**[2] **Gesäuse fliegend**	olivgrau	3	[[1] Von P. STROBL handschriftlich durchgestrichen. — [2] Fast unleserliche respektive undeut-bare stenographi-sche Zeichen; könn-te „**licht gelb-braun . . .**" heißen.]

Ex.-Nr. Typen-designierung	Vollständige Etikettenbeschriftung: Familien-, Gattungs-, Artangaben	Vollständige Etikettenbeschriftung: Sonstige Details	Etikettenfarbe	Erhaltungszustand	Revisionsresultate nach 1910. [Bemerkungen von G. MORGE]
1187	*S. annulipes* MG.	♀ **Kaiserauer Voralpenwiesen** 6. 8.	grün	2[1]	[[1] Kopf von mir angeklebt]
1188	*S. topiarius* MG.	**Gesäuse auf Blumen** 1. 8. ♂ **Innsbruck** ♀	grün	1	
1189	*S. venustus* MG.	♀ **Melk Stiftsgarten Gesträuch**[1] 21. 5.	grün	1	[[1] Kann auch „**gestreift**" heißen]
1191	*S. macularis*	Seitenstetten **Waldlichtungen** ♀ **Melk Pielach** 3. 5. ♂	grün	1	
1192	*Syrph. lunulatus* MG.	♂ La+ **Ins. . .**[1] 24.[2] 7. Transsylv. STROBL	—	1	[[1] Unleserliches stenographisches Zeichen. Kann auch „**Josu. . .**" heißen. — [2] Deutlich zu lesen ist nur „. .4.7."]
1193	*S. obscurus* ZTT. v. b.	**Kaiserauer Voralpenwiesen schwebend** 6. 8. ♀ **Melk Stiftsgarten Gesträuch**[1] 10. 5. ♂	grün	2[2]	[[1] Kann auch „**gestreift**" heißen. — [2] Kopf von mir angeklebt]
1194	*S. bifasciatus* MG.	**Melk Stiftsgarten** ♀ **Waldrand** ♂	grün	1	
1195	*S. bif.* v. *trifasciat.*	♂ ♀ **Melk Stiftsgarten Gesträuch**[1] 13. 5.	grün	1	[[1] Kann auch „**gestreift**" heißen]
1196	O			1	
1197	*S. balteatus* DEG.	♂ ♀ **unter Röthelstein auf Efeu und Laub**	grün	1	
1198	O			1	
1199	*Syrphus lineola* ZTT.	♂ Steir. Alpen 23. 6. **Scheibling** STROBL	—	1	
1200	*Syrph. lineola* ZTT.	♀**SchafferwegVoralpenblumen**6.8.	grün	1	
1201	*S. vittig.* v. **Hinterbeinfüße ganz schwarz, Vorderschenkel zur Hälfte schwarz**	♂ **Seitenstetten Stiftsgarten Dolden**	grün	2	
1202	*S. grossulariae* MG.	♂ **Bruck**	olivgrau	1	
1203	*S. diaphanus* ZETT.	♀ **Linz Schloßberg Dolde**	olivgrau	1	
1204 Typus	*S. melanostomoides* m.	♂ ♀ **Seitenstetten Trefflingufer** 1. 5.	grün	1	
71. Reihe:					
1205	*S. nitidicollis* MG. *α*	**Melk Stiftsgarten Blätter** 2. 5. ♂. **Winden Gesträuch**[1] 25. 6. ♀	grün	3[2]	[[1] Kann auch „**gestreift**" heißen. — [2] Abdomen von mir angeklebt]
1206	O			1	
1207	*S. nitid.* v. *nitens* ZTT. *α* **Beine ganz gelb**	♀ **Lambrecht**[1]	grün	1	[[1] = St. Lambrecht in Steiermark]
1208	*S. ochrostoma* ZTT.	♀ **Seitenstetten Waldbachrand Laub**	grün	1	
1209	*Syrph. ribesii* L.	**Trins Dolden** ♂ **Donauleiten** ♀	grün	1	
1210	O			1	
1211	*S. ribesii* v. **Schenkel größtenteils schwarz**	♂ **Donauaue Gesträuch**[1] 2. 7.	grün	1	[[1] Kann auch „**gestreift**" heißen]
1212	*S. vitripennis* MG.	**Eichelau Waldginster** 30. 7. ♀. **Melk Pielach, Weißdorn** 3. 5. ♂	grün	1	
1213	[1] *S. corollicola* LW. [2] *S. corollicola* LW. v. *excisus*	[2] ♂ **Erber**	[1] — [2] graugrün	2[1]	[[1] Kopf von mir angeklebt]

+ = Laduscher Bergbäche gegen den Cindrel.

Ex.-Nr. Typen-designie-rung	Vollständige Etikettenbeschriftung		Etiketten-farbe	Erhal-tungs-zustand	Revisionsresultate nach 1910. [Bemerkungen von G. MORGE]
	Familien-, Gattungs-, Artangaben	Sonstige Details			
1214	*S. nigritarsis* Z. 710.	♂ **Wörschach Eisenhut**	–	1	
1215	*S. cinctus* FLL	♀ **Melk Winden Waldrand** 6. 7.	grün	1	
1216	*auricoll[is]*	♂ **Melk Pöverding Dolden** 5. 7.	blaugrün	1	
1217	*S. auricollis* MG	♀ **Melk Pielach Wolfsmilch und Weißdorn** 3. 5.	grün	1	
1218	*S. cinctellus* ZTT	**Kalbling Alpenwiesen** 6500′ 25. 7. ♂ **Schafferweg Fichten** 28. 7. ♀ **Veitlgraben** 8. 8. **da klein** ♀.	grün	2	
1219	*S. leiophthalmus* **Schiner** v. *bifasc.*?	♀ Bozen **Wegner**[1]	blaugrün	1	[[1] Unsichere Dechiffrierung. Kann auch „**Wagner**" heißen]
1220	*S. arcuatus* FLL.	**Schafferweg Voralpenblume** 29. 7. ♀ 6. 8. ♂.	grün	1	
1221	*S. arc.* v. *lapponicus* ZTT	♂ **Kalbling Alpenwiesen** 6′[1] 25. 7.	grün	2	[[1] = 6000′]
1222	*S. luniger* MG.	♀ **Seitenstetten Fenster**	grün	1	
1223	*S. Braueri* EGG	♂ **Kalbling Alpenwiesen** 6000′ 25. 7.	blaugrün	1	
1224	*S. lasiophthalmus* Z.	**Gesäuse Berberis** ♀ **Melk Kahn**	grün	2	
1225	*Sy. corollae* F	♂ **Spalato Salona normal**	–	2	
1226	*cor.* v. *fulvifrons*	♀ **Wach(t)berg Pastinak** 4. 7.	blaugrün	1	
1227	*Syrph. Eggeri* SCHIN.	♂ **Schneeberg Erber**	grün[1]	1	[[1] Über dem Etikett zusätzlich noch ein winziges giftgrünes □-Blättchen]
1228	*S. albostriatus* FLL.	♂ Insbruck	rosé	1	
72. Reihe:					
1229	*S. guttatus*	♀ **Admont Ennsufer Dolden** 18. 7.	blaugrün	1	
1230	*S. maculicornis*	♂ Seitenstetten **Froschau Gebüsch**	grün	1	
1231	*S. excisus* Z. α *excis*	♀ **Innsbruck**	grün	1	
1232	*S. umbellatarum* FBR.	♀ **Trieben im Wolfsgraben**	grün	2	
1233	*amoenus* LW	♀ Gesäuss **auf Dolden** 19. 8. 1891.	blaugrün	2[1]	[[1] Flügel von mir angeklebt]
1234	*S. triangulifer* ZTT	**Scheibleggerhochalpe** ♂. **Melk Stiftsgarten** 21. 5. ♀.	grün	1	
1235	*S. curvipes* BH	♀ **Melk Stiftsgarten** 21. 5.	blaugrün	1	
1236	*S. decorus* MG.	**Melk Stiftsgarten Gesträuch**[1] 2. 5. ♂ 8. 5. ♀	grün	1	[[1] Kann auch „**gestreift**" heißen]
1237	*bucculatus* RD.	♀ **Kerka-Fälle**	blaugrün	1	
	[*Cheilosia* MEIGEN]				
1238	*Cheil. oestracea* L.	**Trins Dolden** ♀ **Hauswald auf Bärenklau** 26. 7. ♂.!	grün	1	
1239	○			1	
1240	*Cheil. intonsa* LW. **Becker!**[1]	♂ **Schafferweg Voralpenblume** 6. 8.	grün	1	[[1] Der Hinweis auf BECKER soll hier, wie bei allen anderen Exemplaren, wo er vermerkt ist, bekunden, daß P.

Ex.-Nr. Typen-designie-rung	Vollständige Etikettenbeschriftung: Familien-, Gattungs-, Artangaben	Vollständige Etikettenbeschriftung: Sonstige Details	Etiketten-farbe	Erhal-tungs-zustand	Revisionsresultate nach 1910. [Bemerkungen von G. MORGE]
					STROBL seine Determination von BEKKER überprüfen ließ. Diese Notizen sind von ihm stets erst nachträglich auf die Etiketten geschrieben worden, wie deutlich erkennbar ist.]
1241	*lasiopa* Kw. **teste Becker!**	**Melk Stiftsgarten Gesträuch**[1] 20. 5. ♂	blaugrün	1	[[1] Kann auch „**gestreift**" heißen]
1242	*Ch. frontalis* Lw. **Becker!**	♂ **Seitenstetten Fichtenwald** 1. 5.	blaugrün	2	
1243	*Cheil. barbata* Lw. **Becker richtig!**	♂ ♀ **Seitenstetten Waldrand**	grün	1	
1244	*Cheil. decidua* EGG. **Becker richtig**	♀ **St. Lambrecht.**	grün	1	
1245	*Ch. variabilis* Pz. **Becker!**	**Gesäuse auf Blumen** 1. 8. ♂ **Seitenstetten Froschau Laub** 4. 6. ♀.	grün	1	
1246	*Cheis. canicularis* Pz.	♂ ♀ **Gesäuse Blumen** 1. 8.	grün	1	
1247	*Ch. rufitarsis* ZTT.	♂ ♀ **Gesäuse auf** *Buph*[1] 1. 8.	grün	1	[[1] = *Buphth.*]
1248	*Ch. gilvipes* Z. **Becker!**	♂ **Melk Wach(t)berg Wolfsmilch** 7. 5.	blaugrün	1	
1249	*Ch. montana* EGG. **richtig nach Becker!**	♂ **Trins Gschnitztal** 7000′ **Erber**	grau	1	
1250	*Cheilosia pictipen̄is* EGG. **richtig nach Becker**	♀ Nordtyrol.	hellblau rot umrandet	1	

73. Reihe:

Ex.-Nr.	Familien-, Gattungs-, Artangaben	Sonstige Details	Etikettenfarbe	Erhaltungszustand	Revisionsresultate
1251	*Langhofferi* **Becker!**	♀ Melk **Wach(t)berg auf Weidenblüten** 10. 5. 85	blaugrün	1	
1252	*flavicornis* **Schiner/F.** = *albipila* MG **Becker!**	♀ **Melk Pielach** 7. 5.	blaugrün	1	
1253	*Ch. impudens* BCK	**Natterriegel** 1750 m ♂ ♀ **auf Caltha.**	weißgrün	1	
1254	*Ch. grossa* FLL. **Becker richtig! aber Fühler rotgelbe . . .**[1]	**Melk Donauleithen in der Luft schwebend** 6. 4./♂, **Wachberg**[2] **Silberweide** 1. 4. ♀	blaugrün	2	[[1] Unleserliche stenographische Zeichen. — [2] Hier eindeutig „**Wachberg**"]
1255	*Cheil. pigra* Lw.	♂ **Melk Wach(t)berg Wolfsmilch** 7. 5.	weißgrau	1	
1256	*Ch. olivacea* ZTT **richtig nach Becker**	♂ Sunk **auf Caltha** 25. 5. 90.	blaugrün	1	
1257	*gig[antea]* = *olivac[ea]* Z. **Becker!**	♀ **Gesäuse auf Wolfsmilch**	blaugrün	1	
1258	*Cheil. chloris* MG. **Becker!**	♂ ♀ **Seitenstetten Bachrand auf** *Caltha* 22. 4.	grün	2	
1259	*Ch. melanura* BECKER	♂ **Sunk auf Caltha** 25. 5.	blaugrün	1	
1260		♀ Kaiserau **Voralpenblumen** 6. 8. 81.	blaugrün	1	
1261	*aestivalis* BCK.	♀ **Sunk Caltha** 25. 5.	blaugrün	1	
1262	*Chil. pascuorum* BCK	♂ **Gesäuse Blüten** 11. 6. Styria STROBL.	—	1	

Ex.-Nr. Typen-designie-rung	Vollständige Etikettenbeschriftung: Familien-, Gattungs-, Artangaben	Vollständige Etikettenbeschriftung: Sonstige Details	Etiketten-farbe	Erhal-tungs-zustand	Revisionsresultate nach 1910. [Bemerkungen von G. MORGE]
1263	*rufitibia* EGG. **nach Becker richtig!**	♂ **Seitenstetten Gesträuch**[1]	blaugrün	1	[[1] Kann auch „**gestreift**" heißen]
1264	*mixta* **Becker**	♀ **Schafferweg Voralpenblumen** 6. 8. 81	blaugrün	2	
1265 Typus	[1] *Ch. brachysoma* EGG [2][1] *Ch. strobeli* BCKE.	[1] ♂ **Melk Wolfsmilch** 10. 5.	[1] grün [2] –	2	[[1] Original-Etikett von BECKER]
1266	*Ch. modesta* EGG. **Becker richtig!**	♂ **Melk Stiftsgarten Gesträuch**[1] 3. 5.	grün	1	[[1] Kann auch „**gestreift**" heißen]
1267		Innsbruck THALHAMMER	–	1	
1268	*Ch. vernalis* FLL. **Becker richtig!**	♂ ♀ **Melk Pielach Wolfsmilch** 4. 5.	grün	1	
1269		♂ Rottenmann	blaugrau	1	
74. Reihe:					
1270	*Ch. mutabilis* FLL. **Becker richtig**	♂ ♀ **Melk Donauleithen Gesträuch**[1] 29. 6.	grün	1	[[1] Kann auch „**gestreift**" heißen]
1271	*Ch. praecox* ZTT **Becker richtig!**	**Seitenstetten auf Caltha** ♂ **Melk Stiftsgarten** ♀. 8. 5.	grün	1	
1272	*Ch. moris*	♀ **Kalbling Alpenwiesen** 17.6.93	rosé	3	
1273 Typus	[1] *Ch. proxima* [2][1] *sphaerocera* BECK.	[1] ♀ **Melk Winden auf** *Calth*[*a*] 22. 4.	[1] blau-grün [2] –	2	[[1] Original-Etikett von BECKER]
1274	*Ch. albitarsis* MG. **Becker richtig!**	♂ ♀ **Seitenstetten Stiftsteich Gebüsche**	grün	1	
1275	*Ch. impressa* LW **Becker!**	♂ ♀ **Gesäuse auf Blumen** 1. 8.	grün	1	
1276	*Ch. cynocephala* LW.	♀ Admont **Tief**	grün	1	
1277	*rhynchops* EGG **Becker!**	♀ **Sunk auf** *Calth*[*a*]. 25. 5. 90.	blaugrün	1	
1278	*Ch. carbonaria* EG	♂ **Kematen Wald** 10. 6. 93.	rosé	1	
1279	*Ch. personata* LW **Becker richtig!**	♀ **Schafferweg Melk** 23. 7.	grün	1	
1280		♂ Nordtyrol.	grün	1	
1281	*derasa* LW **Becker!**	♂ ♀ **Scheibleggerhochalpe Blume** 27. 7. 91	blaugrün	1	
1282	*Pedemontana* RND. **Becker.**	♀ **Kalbling Krummholzwiesen** 24. 7. 85.	blaugrün	1	
1283	*Ch. gagatea* LW. **Becker richtig!**	♂ ♀ **Gesäuse auf Wolfsmilch und Berberis** 1. 8.	grün	2	
1284	*Cheil. sparsa* LW.	♂ ♀ **Österreich Schiner!**	grün	1	
/ 1284a	**Becker richtig**			2	
1285	*pubera* ZTT **Becker!**	♂ **Seitenstetten auf** *Calth*[*a*]	blaugrün	1	
1286	*Loewii* **Becker als**[1] *pub*[*era*]	♀ **Seitenstetten auf Wolfsmilch**	blaugrün	1	[[1] Dürfte bedeuten: „determiniert als *pubera*". Siehe beispielsweise Ex.-Nr. 1300]
1287	*Cheil. antiqua* MG. **Becker richtig**	♂ ♀ **Seitenstetten**	grün	1	
1288	*Ch. nasutula* BCK	♀ **Kalbling** 20. 8. 96 Styriae alp STROBL.	–	1	
1289	*Chil. nivalis* BCK. 341	♂ Alpes **Scheibleggerhochalpe** 26. 6.	blaugrün	1	
1290	*Ch. faucis* BCK	♀ **Kaiserau Kalbling** 17. 6. Styriae alp STROBL.	–	1	

Ex.-Nr. Typen-designierung	Vollständige Etikettenbeschriftung: Familien-, Gattungs-, Artangaben	Vollständige Etikettenbeschriftung: Sonstige Details	Etiketten-farbe	Erhal-tungs-zustand	Revisionsresultate nach 1910. [Bemerkungen von G. MORGE]
1291	*Ch. crassiseta* LW	♀ **Scheibstein[1] Hochalpe** 6. 6. Styriae alp STROBL.	–	1	[1 Unsichere Dechiffrierung]
1292	*Ch. maculata* FLL. **Becker richtig!**	♂ **Seitenstetten Stiftsgarten auf Laub** 22. 5. 91.	blaugrün	1	
1293	*Ch. grisella* **Becker**	**Natterriegel** 1700 m 7. 7. Styriae alp STROBL.	–	1	
1294	*Cheil soror* ZTT **Becker richtig.**	♂ **Seitenstetten Stiftsgarten**	grün	1	
1295	*Ch. scutellata* FLL **Becker richtig**	♀ **Admont Frauenfeld Dolden**	grün	1	
75. Reihe:					
1296	*Ch. plumulifera* LW. **Becker richtig!**	**Veitlgraben** *Salv. gl.* 23. 8. ♂, **Studentenbad** *Ang* 19. 8. ♀	blaugrün	2	
1297	*Chil. recens*	♂ Admont **Kalkofen** 11. 6. 95	blaugrün	1	
1298	*Ch. pulchripes* LW. **Becker**	♂ ♀ **Seitenstetten Froschau Caltha** 17. 4.	grün	1	
1299	*Ch. p.*[1] v. **Weibchen[2] schwarz behaart**	**Seitenstetten Stiftsgarten** ♂ **siehe** LW.	grün	1	[1 = *pulchripes* LOEW. — 2 Unsichere Dechiffrierung]
1300	*gemina* **Becker als** *prox[ima]* **bestimmt gewesen von mir**	♂ **Melk Wolfsmilch**	blaugrün	1	
1301	[2] *Chil. correcta* BCKR 488.	[1] THALHAMMER Lašva [2] Jablanica ♀ l. STROBL.	[1] – [2] –	1	
1302	[1] *Ch. means* FBR [2] *latifacies* **Loew Schiner**	[1] **Melk Wach(t)berg Gesträuch[1]** 26. 6. ♂ **Stiftsgarten** ♀ [2] **Melk Wach(t)berg Gesträuch[1]** 26. 6. ♂ **Stiftsgarten** ♀	[1] grün [2] blaugrün	1	[1 Kann auch „**gestreift**" heißen]
1303	○			2[1]	[1 Flügel von mir angeklebt]
	[*Melanostoma* SCHINER]				
1304	*M. mellin[um]* L	♂ ♀ **vorwärts[1] Melk Stiftsgarten Gesträuch[2]** 8. 5. 85	blaugrün	1	[1 Undeutbar. — 2 Kann auch „**gestreift**" heißen]
1305 Typus	*gr.*[1] *β mellar.* MG = v *nigrifem[ur]*		blaugrün	1	[1 = *gracile* MEIGEN]
1306	*M. gracile α scalaris* FBR	♂ ♀ **Frauenfeld Dolden** 18. 7.	blaugrün	1	
1307	*M. dubium*	♂ **Kalbling Krummholz** 19. 7. 91	blaugrün	3	
1308	*Mel. ambigua* FLL.	**Michael Bachschlucht Primeln** 29. 4. ♂ **Melk Stiftsgarten** ♀	grün	1	
1310 ?Typus	*Mel.* [n. spec][1] *cingulatum*	Melk **Winden Melk Ufer Gesträuch[2]** 24. 5. 86 ♂.	rosé	2	[1 „n. spec" von P. STROBL handschriftlich durchgestrichen. — 2 Kann auch „**gestreift**" heißen]
1311	*Mel. barbifrons* F	♂ **Kalbling Krummholzwiesen** 24. 7. 85.	grün	1	
1312	*4maculatum*		grün	1	
1313	[1] *Melanostoma hyalinata* FLL. [2] *Melanostoma hyalinata* FLL.	[2] Austria **Erber** ♀. **Innsbruck**	[1] – [2] grün	1	
	[*Spazigaster* RONDANI]				
1309	*Spathigaster ambulans* FB	♂ Admont **Kalkofen auf** *Salv g* 20. 7.	grün	3	

Ex.-Nr. Typen-designierung	Vollständige Etikettenbeschriftung: Familien-, Gattungs-, Artangaben	Vollständige Etikettenbeschriftung: Sonstige Details	Etikettenfarbe	Erhaltungszustand	Revisionsresultate nach 1910. [Bemerkungen von G. MORGE]
	[*Platycheirus* ST. FARGEAU et SERVILLE]				
1314	*Plat. manicatus* MG	**Kalbling Alpenwiesen** 25. 7.	grün	1	
1315	*tarsalis* SCH = *ciliger* LW.	♀ **Melk Pöverding Blume** 12. 5. 86	rosé	2	
1316	*Plat. dilatatus* MCQ = *melanopsis* **Loew**	♂ **Alpenblume** 19. 7. Transsylv STROBL	–	1	
1317	*melanopsis*	♀ **Natterriegel Alpenwiesen** 11. 8. 90	blaugrün	1	
1318	*Pl. albimanus* FBR	**Kaiserauer Voralpenwiesen** 6. 8. ♂ **Seitenstetten Rain Gesträuch**[1]. ♀.	grün	1	[[1] Kann auch „**gestreift**" heißen]
1319	*Pl. disciman[us]*	Gesäuss 10. 5. 95 **normal** ♂. STROBL.	blaugrün	1	
1320	*Plat. scutatus* MG.	♂ **Melk Stiftsgarten Gesträuch**[1] 3. 5.	grün	1	[[1] Kann auch „**gestreift**" heißen]
1321	*Plat. peltatus* M	♂ Carpathen **Göbel**	grün	1	
76. Reihe:					
1322	*Pl. fulviventris* MCQ.	♀ **Seitenstetten Stiftsteich Gesträuch**[1]	grün	1	[[1] Kann auch „**gestreift**" heißen]
1323	*clypeatus*	♂ **Melk Donauau** 14. 7. 85	grün	1	
1324	*angustatus*	♀ **Tauernteiche Sumpfwiesen** 27. 5. 90	blaugrün	1	
1325	*podagratus* Z.	♀ **Krumau Sumpfwiesen** 25. 8.	blaugrün	4	
	[*Pyrophaena* SCHINER]				
1326	*Pyrophaena rosarum* FBR. var.	♀ **Schafferweg Fichten** 20. 7.	grün	2	
1327	*Pyrophaena ocymi* F	♀ **Großwiese** 15. 6. Styria STROBL.	–	1	
	[*Leucozona* SCHINER]				
1329	*Leucozona lucorum* L.	♀ **Kaiserauer Voralpe** 6. 8.	grün	1	
	[*Eriozona* SCHINER]				
1330	*Eriozona syrphoides* FLL.	♂ **Frohnleithen.**	grün	1	
1331		♀ Lambrecht	hellblau	1	
	[*Brachyopa* MEIGEN]				
1332	[1] *Brachyopa dorsata* ZETT. [2] *Brachyop. dorsata* ZETT.	[2] ♂ Austria **Erber**	[1] – [2] grün	1	
1333	[1] *Brachyopa bicolor* FLL. [2] *Brachyopa bicolor* FLL.	[2] ♂ Austria **Erber**	[1] – [2] grün	1	
1334	*Br. ferruginea* FLL.	♂ ♀ Galizien **Göbel**	grün	1	
1335	*Br. scutellaris*	♀ **Seitenstetten Schlag Birkenblätter** 21. 5.	blaugrün	1	
1336	*Br. testacea* FLL	♀ ♂ **Seitenstetten Holunderstrauch Franzwäldchen**	grün	1	
1337	*Brach. conica* PZ.	♀ **Admont Schafferweg Fichten** 22. 7.	grün	1	
	[*Rhingia* SCOPOLI]				
1338	*Rhingia rostrata* L	**Schafferweg auf Voralpenblume** 29. 7. ♂ **auf** *Cirs. p.* **unter Röthelstein** 20. 7. ♀	grün	1	
1339	O			1	
1340	*Rh. austriaca* MG	♂ **Schafferweg auf Fichten** 22. 7.	grün	1	

Ex.-Nr. Typen-designie-rung	Vollständige Etikettenbeschriftung: Familien-, Gattungs-, Artangaben	Vollständige Etikettenbeschriftung: Sonstige Details	Etiketten-farbe	Erhal-tungs-zustand	Revisionsresultate nach 1910. [Bemerkungen von G. MORGE]
1341	*Rh. campestris* MG.	**Schafferweg auf** *Cirs. p.* **und Voralpenblume** 29. 7. ♂ **Veitlgraben** 8. 8. ♀	grün	2	
1342	○			1	
	[*Myolepta* NEWMAN]				
1343	*Myolepta luteola* GM	**Melk Stiftsgarten** 6. 5. ♂ 24. 6. ♀	grün	1	
1344	*Myol. vara* Pz.	♂ ♀ **Melk Stiftsgarten Gesträuch**[1] 1. 6.	grün	1	[[1] Kann auch „**ge-streift**" heißen]
77. Reihe:					
1345	*My. ruficornis* WHLBG.	♂ **Seitenstetten Blümelsberg** 13. 5.	blaugrün	1	
	[*Volucella* GEOFFROY]				
1328	*Vol. bombylans* v. *plumata* MG	♂ ♀ **Melk Pielach und Wach(t)-berg** 22. 6.	grün	1	
1347	*vol. bombylans* v. *bombylans* M	♂ ♀ **Melk Stiftsgarten Gesträuch**[1] 20. 6.	grün	1	[[1] Kann auch „**ge-streift**" heißen]
1348	○			1	
1349	*haemorhoidalis* Z	♀ Gesäuss **Blumen** 1. 8.	grün	1	
1350	*Vol. inanis* L.	♂ **Bruck**	olivgrau	1	
1351	*Volucella zonaria*	♀ **Ragusa auf** *Dips leuc.* **Blüten**	olivgrau	1	
1352	*V. pellucens* L.	**Schafferweg auf** *Buph*-**Blätter häufig** 29. 7. ♀ **Melk Winden Gesträuch**[1] 26. 6. ♂.	grün	1	[[1] Kann auch „**ge-streift**" heißen]
1353	○			1	
1354	*Vol. inflata* FBR.	♀ **Österreich**	grün	1	
	[*Sericomyia* MEIGEN]				
1355	*Sericomyia lappona* L.	♀ **Kaiserau neben einem Teich im Gras in Kuppl.**[1] 6. 8.	grün	2[2]	[[1] = Kopulation. — [2] Kopf von mir an-geklebt]
1356	*S. lappon.* var.	♀ **Schafferweg auf einer Fichte** 29. 7.	grün	1	
1357	*Ser. borealis* FLL	♂ **Schafferweg Fichten** 22. 7.	grün	1	
78. Reihe:					
	[*Arctophila* SCHINER]				
1346	*Arct. mussitans* FBR.	♂ **Freiwaldau Schlesien Tief**	blaugrün[1]	2	[[1] **Über dem Etikett zusätzlich noch ein kleines, goldenes □-Blättchen**]
1358	*Arctophila bombiformis* F.	**Dürnschöberl Voralpenwiesen auf** *Cirs* 20. 8. ♂. **Kaiserauer Voralpenwiesen** 6. 8. **häufig** ♀.	grün	1	
1359	○			1	
	[*Helophilus* MEIGEN]				
1360	*Hel. floreus* L.	♂ ♀ **Melk Stiftsgarten Gesträuch**[1] 1. 6.	grün	1	[[1] Kann auch „**ge-streift**" heißen]
1361	○			1	
1362 Typus	*Hel.* n. sp.	♀ **Melk Stiftsgarten Gesträuch**[1] 6. 5.	grün	2[2]	[[1] Kann auch „**ge-streift**" heißen. —

8

Fig. 8. *Minettia codinai* HENNIG (Sapromyzidae):

Linksseitige Gesamtansicht. (16×). (Gezeichnet nach einem Exemplar in der Kollektion des ehemaligen DEI, Eberswalde, mit folgender Etikettierung: 1. „Holotypus". – 2. „Montalegre 18. VII. 10". – 3. „coll. Oldenberg". – 4. „*Peplomyza codinai* det. Lichtwardt".)

Ex.-Nr. Typen-designierung	Vollständige Etikettenbeschriftung: Familien-, Gattungs-, Artangaben	Vollständige Etikettenbeschriftung: Sonstige Details	Etikettenfarbe	Erhaltungszustand	Revisionsresultate nach 1910. [Bemerkungen von G. MORGE]
					[² Abdomen von mir angeklebt. Rechter Flügel fehlt]
1363	*H. trivittatus* FBR.	**Trins Dolden ♂ unter Röthelstein ♀.**	grün	1	
1364	○			1	
1365	*Heloph. pendulus* L.	♀ Kapl.[1]	–	1	[[1] = Kaplitz]
1366		♂	grün	1	
1367	*Heloph frutetorum* FBR	♂ **Seitenstetten Stiftsteich Laub**	grün	4	
1368	*H. versicolor* FBR	♂ **Seitenstetten Stiftsteich Laub**	grün	1	
1369	*Heloph. vittatus* MG.	♂ **Lesina**	–	1	
1370	*Hel. lineatus* FB	♂ ♀ **Seitenstetten Stiftsteich Gebüsche**	grün	1	
1371	[1] *Helophilus transfugus*	[1] ♀ [2] SIEBECK	[1] – [2] –	1	
1372	*peregrinus*	♂ Kalocsa V. 24. 93	olivgrau	1	
79. Reihe:					[79. bis 89. Reihe im Kassettenunterteil]
	[*Eristalis* LATREILLE]				
1373	*Er. sepulchralis* L.	♂ **Fiume Recinatal auf Pastinak** 18.[1]	grün	1	[[1] Nach P. STROBLs Handkatalog „19. 7."]
1374		♀ Bozen	hellblau	1	
1375	*E. aeneus* SCOP.	**Seitenstetten Stiftsgarten überall Blumen ♀ Innsbruck ♂**	grün	1	
1376	○			1	
1377	*Er. cryptarum* F	♀ **Um die Gstadtmayr[hoch]**[1]**-alpe Blumen** 27. 8. 83	grün	1	[[1] Nach P. STROBL's Handkatalog „**vor**"**alpe**]
1378	*Er. intricarius* L	♂ **Melk Winden Waldrand** 6. 7.	grün	1	
1379	*Eristalis tenax* L.	♂ ♀ **Seitenstetten Gesträuch**[1]	grün	1	[[1] Kann auch „**gestreift**" heißen]
1380	○			1	
1381	*Er. ten. v. hortorum* MG	♀ **Melk Winden Gesträuch**[1] 25. 6.	grün	1	[[1] Kann auch „**gestreift**" heißen]
1382	*Er. arbustorum* L.	♂ ♀ **Melk Stiftsgarten Gesträuch**[1] 18. 5.	grün	1	[[1] Kann auch „**gestreift**" heißen]
1383	○			1	
1384	*nemor[um]*	♂ **Seitenstetten Waldlichtungen auf Blüten**	grün	1	
1385		♀	grün	1	
1386	*Er. pertinax* SCP.	**Gesäuse auf Blumen** 1. 8. ♂ **Innsbruck** ♀	grün	1	
1387	○			1	
1388	*Er. pratorum* MG.	**Sirbitzkogel ♂. Melk an Wiesengraben schwebend** 7. 4. ♀.	grün	1	
1389	*Er jugorum* EGG	**Kaiserauer Voralpenwiese Blume** 6. 8. ♂. **Admont Frauenfeld Dolden** ♀.	grün	1	
80. Reihe:					
1390	*Er. anthophorinus* FLL	♂ Schweden c. SIBÄCK	rosé	1	
1391	*Erist. rupium* FB	♂ ♀ **Kaiserauer Voralpenwiesen** 6. 8.	grün	1	

Ex.-Nr. Typen-designierung	Vollständige Etikettenbeschriftung: Familien-, Gattungs-, Artangaben	Vollständige Etikettenbeschriftung: Sonstige Details	Etikettenfarbe	Erhaltungszustand	Revisionsresultate nach 1910. [Bemerkungen von G. Morge]
1392	○			1	
1393	*alpinus* Pz	**Rosenau Bergschlucht Laub** 9. 5. ♂, **Melk Stiftsgarten Gesträuch**[1] 6. 5. ♀.	blaugrün	1	[[1] Kann auch „**gestreift**" heißen]
1394	*Er. lucorum*	♀ **Wach(t)berg** *Rapist* 15. 6.	blaugrün	1	
1395	*lucorum* M.	♂ **Pöverding Dolden** 24. 6.	blaugrün	1	
1396 Typus	*vitripennis* n. sp.	♀ Sunk **auf Caltha** 25. 5. 90	blaugrün	1	
1397	*E. horticola* Geer	**Melk Winden Gesträuch**[1] 25. 6. ♀ **Schafferweg auf** *Buph* 29. 7. ♂.	grün	1	[[1] Kann auch „**gestreift**" heißen]
	[*Merodon* Meigen]				
1398	*Merodon clavipes* Fbr.	♂ **Pöverding Dolden** 24. 6.	blaugrün	1	
1399	*Mer. nigritarsis* Schin.	♀ Dalmaz. **Erber**	grün	1	
1400	*Mer. analis*	♂ **Fiume Recinatal auf Pastinak**	olivgrau	1	
1401	○			1	
1402	*Mer. armipes* R.	♀ **Melk Wach(t)berg von einer Raubfliege gefangen** 12. Jun. 885.	grün	1	
1403	*Mer. moenium* Hff = *spinipes* F	♂ **Melk Wach(t)berg Föhrenwald** 3. 6. 1885.	grün	1	
1404	*rufus* Mg.	♀ **Fiume gegen Volosca Ferula** 20. 7. 83	grün	1	
1405	*ruf.* v. *submetallicus* Rd.	**Frohnleithen** ♂, **Melk Winden Waldrand** 6. 8. ♀	blaugrün	1	
1406	*rufus* v. *aerarius*	♂ Gesäuse **Eisenbahndolden** 27. 8.	blaugrün	1	
1407	[1] *aeneus*	[1] ♀ Bosn. [2] Bilek	[1] – [2] –	2	
1408	[1] *Merodon aeneus* Mg. MBezzi[1]	[2] Susa	[1] – [2] –	1	[[1] Handschrift Bezzis]
81. Reihe:					
1409	*M. cinereus* Fb.	♀ **Hohentauern-Straße auf** *Leont.* 19. 8.	grün	1	
	[*Milesia* Latreille]				
1410	*Milesia splendida*	**Ragusa zur Ombla auf dorniger Pflanze** ♀ **Sebenico Kerkafälle** ♂	olivgrau	1	
	[*Spilomyia* Meigen]				
1411	60. *Spilom diophthalm*[*a*]	♀ **Berlin**	–	1	
1412	*Spilomyia speciosa* Ross.	♂ **Seitenstetten**	grün	1	
1413	*Sp. bombylans* Fbr.	♂ **Seitenstetten**	grün	1	
1414	*Spil. vespiform*[*is*]	Seitenstetten **Stiftsteich auf Laub** ♀ **Melk Stiftsgarten Blumen** 6. 5. ♂.	grün	1	
1415	*Spilomyia saltuum* Fbr.	♂ **Fiume Recinatal Minzen**	olivgrau	1	
	[*Tropidia* Meigen]				
1416	*Tropidia fasciata* Mg	♀ **Seitenstetten**	grün	1	
	[*Criorhina* Meigen]				
1417	*Cr. pachymera* Egg.	♂ **Seitenstetten Arzeneigarten.**	blaugrün	1	

Ex.-Nr. Typen-designie-rung	Vollständige Etikettenbeschriftung: Familien-, Gattungs-, Artangaben	Vollständige Etikettenbeschriftung: Sonstige Details	Etiketten-farbe	Erhal-tungs-zustand	Revisionsresultate nach 1910. [Bemerkungen von G. MORGE]
1418	*Criorhina fla[ru]¹ficauda* MCQ.	♂ Bamberg **Funk**	–	1	[¹ Von P. STROBL handschriftlich durchgestrichen]
1419	*Cr. asilica* FLL.	♂ **Gesäuse auf Berberis**	grün	1	
1420	*Cr. oxyacanthae* MG	**Gesäuse auf Berberis** ♂ **Schafferweg** ♀	grün	1	
1421	*Criorhin. ruficauda* DG.	♂ **Staudinger** STROBL.	–	1	
1422	*Cr. berberina* FB.	♀ **Admont Hoffeld Lindenblüten**	blaugrün	1	
1423	*Criorhina fallax* L.	♂ **Kaiserauer Voralpenblume** 6. 8.	grün	2	
	[*Brachypalpus* MACQUART]				
1424	[2] *Brachypus valgus* PZ	[2] ♂. [1] Triest 3. IV.	[1] – [2] –	1	
1425	*Brachyp Meigenii*	♀ Mähren	–	1	
1426	*Brachypalpus angustus* EGG.	♂ Austria **Erber.**	grün	1	
82. Reihe:					
	[*Xylota* MEIGEN]				
1427	*Xylota segnis* L.	**Schafferweg Fichten** 22. 7. ♂. **Melk Stiftsgarten** ♀.	grün	1	
1428	○			1	
1429	*X. lenta* MG.	♂ **Seitenstetten Holzschlag auf Holz**	grün	1	
1430	*Xyl. ignava* PZ.	♂ **Melk Winden Gesträuch¹** 25. 6.	grün	1	[¹ Kann auch „**gestreift**" heißen]
1431	[1] *Xylota confinis* ZTT. [2] *Xylot. confinis* ZETT.	♀ Austria **Erber**	[1]¹ – [2] grün	1	[¹ Über den beiden Etiketten zusätzlich noch ein kleines grünes □-Blättchen]
1432	*Xyl. pigra* F	♂ **Wach(t)berg Holzstoß** 25. 6.	blaugrün	1	
1433	*Xyl. femorata* L.	♀ **Seitenstetten Waldlichtung auf einem Baumstrunk**	grün	2¹	[¹ Bein von mir angeklebt]
1434	*Xyl. curvipes* LOEW.	♂ **Seitenstetten ?**	grün	1	
1435	*X. triangularis* ZTT.	**Zirlermahd** ♂. **Kaiserauer Voralpe** ♀	grün	1	
1436	*Xyl. sylvarum* L	**Innsbruck** ♂ **Melk Winden** 3. 7.♀	grün	1	
1437	○			1	
1438	*Xylot. florum* F.	**Kaiserauer Voralpe Blume auf Blume** 6. 8. ♂ **Schafferweg Voralpenblume** 6.8.♀ **Gesäuse** ♀	grün	1	
1439	*fl.* v. *abiens*	♂ **Seitenstetten Gansberggraben Gesträuch¹** 7. 6. 891.	blaugrün	1	[¹ Kann auch „**gestreift**" heißen]
1440	*Xyl. nemorum* FBR.	♂ ♀ **Seitenstetten**	grün	1	
	[*Syritta* ST. FARGEAU et SERVILLE]				
1441	*Syritta pipiens* L.	♂ ♀ **Melk Stiftsgarten Gesträuch¹** 30. 5.	grün	1	[¹ Kann auch „**gestreift**" heißen]
1442	○			1	
	[*Eumerus* MEIGEN]				
1443	*Eum. tarsalis* LW.	♀ **Staudinger** STROBL.	–	2¹	[¹ Tier von mir aufgeklebt]

Ex.-Nr. Typen-designierung	Vollständige Etikettenbeschriftung: Familien-, Gattungs-, Artangaben	Vollständige Etikettenbeschriftung: Sonstige Details	Etikettenfarbe	Erhaltungszustand	Revisionsresultate nach 1910. [Bemerkungen von G. MORGE]
1444	*Eumerus tricolor* FBR.	♀ Austria **Erber.**	grün	1	
1445		♂ **Melk Waldrand Gesträuch**[1] 20. 6.	olivgrau	1	[[1] Kann auch „**gestreift**" heißen]
1446	*Eum. ovatus* LW	♂ **von der Überfuhr gegen Veitlrand trockner Rain**	blaugrün	1	
1447	[2] *E. an̄ulatus* Pz ♀ v. *3* **und** *4*. **Ring fast ganz schwarz, Mitte**[1] **vorerst**[1] **rot**[1]	[1] THALHAMMER Innsbruck	[1] – [2] rosé	1	[[1] Unsichere Dechiffrierungen]
1448	*E. flavitarsis* ZTT	♀ **Lichtmeßberg Holzschlag** 5. 8. 83	grün	1	
1449	*Eumerus lunulatus* MG.	♂ ♀ **Seitenstetten Waldwiesen Gesträuch**[1]	grün	1	[[1] Kann auch „**gestreift**" heißen]
1450	○			1	
83. Reihe:					
	[*Chrysochlamis* RONDANI]				
1451	*Chrysochlamis cuprea* SCOP.	♀ Austria **Erber**	grün	1	
1452	*Chr. nigrifrons* EGG.	♂ **Sonntagberg Buchenstamm**	grün	1	
1453	*Chrys. ruficornis* FBR.	♀ Son̄tagberg.	blaugrün	1	
	[*Orthoneura* MACQUART]				
1454	*Orthon. elegans* MG	♀ **Seitenstetten Stiftsgarten Dolden**	grün	1	
1455	*Orth. frontalis* LW.	♀ Hajos 23. 4.	blaugrün	1	
1456	*Orth. nobilis* FLL.	♀ **Seitenstetten Stiftsgarten Blumen**	grün	1	
1457	*Orth. brev[i]cornis* LW.	[1] Csaszart 24. 4. 92	[1] – [2] rosé	1	
	[*Chrysogaster* MEIGEN]				
1458	*Chrys. chalybeata* MG.	**Seitenstetten** ♂ **Frauenfeld** ♀	grün	1	
1459	*Chr. tristis* LW.	♂ **Kalbling Krummholzwiesen** 24. 7. 85	grün	1	
1460	*Chrys. coemeteriorum* L.	**Admont Frauenfeld** 18. 7.	grün	1	
1461	*Chrys. coenotaphii* MG	♀ Görz **Krojnatal Umbelliferen**	grün	1	
1462	*Chrys. vidua[ta]*	♀ **Seitenstetten Stiftsteichrand Gebüsche**	grün	1	
1463	*Chr. splendida* MG	♂ Villach **Tief.**	blaugrün	1	
1464	*metallica* F	♂ **Seitenstetten Stiftsteich Sumpf Gesträuch**[1] 25. 5.	blaugrün	1	[[1] Kann auch „**gestreift**" heißen]
1465	*Chr. basalis* LW	♀ Lemberg **Göbel**	grün	1	
1466	*Chr. hirtella* LW.	♂ ♀ **Seitenstetten Stiftsteichrand Gebüsche.**	blaugrün	1	
1467	*Chr. aenea* M = *viresc[ens]* LOEW	♀ **Seitenstetten Dolde** 18. 6. 91.	blaugrün	1	
1468	*Chrysogaster Macquarti* LOEW	♂ **Seitenstetten Stiftsteich**	grün	1	
1469	*Chr. aerosa* LW.	♀ **Seitenstetten Stiftsteich.**	grün	1	
	[*Pipizella* RONDANI]				
1470	*Pip. Heringii* ZTT.	♀ **Melk Donauleithen Gesträuch**[1] 29. 6.	grün	2	[[1] Kann auch „**gestreift**" heißen]
1473	*Pipizell. virens* ♂	Seitenstetten **Blumen** ♂. **Melk** 6. 6. ♀.	grün	1	
1474	○			1	

Ex.-Nr. Typen-designie-rung	Vollständige Etikettenbeschriftung: Familien-, Gattungs-, Artangaben	Vollständige Etikettenbeschriftung: Sonstige Details	Etiketten-farbe	Erhal-tungs-zustand	Revisionsresultate nach 1910. [Bemerkungen von G. MORGE]
1475	*P. vir.* v. *varipes* MG.	♂ ♀ **Seitenstetten.**	grün	1	
84. Reihe:					
1476	*P. vir.* v. *maculipennis* MG	♂ ♀ **Melk Pielach Wolfsmilch** 24. 5.	grün	1	
1477	*Pip. annulata*	♀ **Seitenstetten Froschau Laub**	grün	1	
	[*Heringia* RONDANI]				
1472 Typus	*Her. curvinervis* m	♂ **Gesäuse am Wege fliegend** 10. 5. 95. Styria STROBL.	–	1	„*Psilota* sp. P. Goeldlin dét. 1971" – „Typus"
	[*Pipiza* FALLÉN]				
1471	*Pip. fulvitar[s]is* MCQ	♂ ♀ **Kalblinghöhe** 25. 7.	grün	2	
1478	*P. quadrimaculata* PZ.	**Gesäuse auf Wolfsmilch und Berberis ⚥ Kalbling** 6" 25. 7. ♀.	grün	1	
1479	*P. noctiluca* L.	**Melk Waldrand Ahornblüten** 13. 5. ⚥ **Stiftsgarten** 7. 5. ♀.	grün	1	
1480	*Pip. festiva* MG.	♀ **Seitenstetten buschiger Bachrand** 25. 5.	grün	2	
1481	*P. signata* MG	♂ Melk **Stiftsgarten Gesträuch**[1] 7. 5.	grün	1	[[1] Kann auch „**gestreift**" heißen]
1482	*P. notata* MG	♂ Gesäus 11. 7. 99 STROBL	–	1	
1483	*austriaca* M	♀ **nach . . .**[1] **Seitenstetten Bachufer** 25. 5.	blaugrün	1	[[1] Unleserliches stenographisches Zeichen]
1484	*Pip. guttata* MG *not.* v.	♀ **Melk Pielach Weißdornblüte** 30. 5.	grün	1	
1486	*Pip. fasciata* MG v. **nur die 2 ersten Tarsenglieder rot.**	♀ **Melk Stiftsgarten Gesträuch**[1] 21. 5.	grün	1	[[1] Kann auch „**gestreift**" heißen]
1487	*Pipiza flavitarsis*	**Seitenstetten Bachrand Gebüsch**	grün	1	
1488	*Pip. stigmatica* Z	♂ **Leichenberg**	–	1	
	[*Penium* PHILIPPI]				
1489	*Penium carbonarium* MG!	♀ **Seitenstetten Franzwäldchen auf Laub** 16. 6. 90.	blaugrün	1	
	[*Cnemodon* EGGER]				
1490	*Cnemodon vitripennis* MG = *latitarsis* EG	♂ ♀ **Melk Stiftsgarten Gesträuch** 10. 5.	blaugrün	1	[[1] Kann auch „**gestreift**" heißen]
1491	*Cnem. fulvimanus* ZTT	♂ ♀ **Seitenstetten Franzwäldchen** 22. 4.	blaugrün	1	
1492	*Cnem. morionellus* ZETT	♂ Sunk **auf Caltha** 25. 5.	blaugrün	1	
	[*Psilota* MEIGEN]				
1493	*Psilota anthracina* MG.	♀ **Gesäuse Blüten** 3. 6. Styria STROBL.	–	2	
	[*Paragus* LATREILLE]				
1485	*Par albifrons* FLL.	♂ ♀ **Melk Stiftsgarten Gesträuch**[1] 27. 5.	grün	1	[[1] Kann auch „**gestreift**" heißen]
1494	*Par. tibialis* v. *trianguliferus*	♀ **Gesträuch**[1] **um Blumen.**	olivgrau	1	[[1] Kann auch „**gestreift**" heißen]
1495	*Par. tibialis* FLL. v. *b* ZTT = *femorat.* MG.	♀ **Cilli Moordolden.**	grün	1	
1496	*tib.* v. *haemorrhous* MG	♂ Abbazia 22. 7. 83	grün	1	

Ex.-Nr. Typen-designierung	Vollständige Etikettenbeschriftung: Familien-, Gattungs-, Artangaben	Vollständige Etikettenbeschriftung: Sonstige Details	Etiketten-farbe	Erhal-tungs-zustand	Revisionsresultate nach 1910. [Bemerkungen von G. MORGE]
1497	[2] *tib.* v. *aeneus* MG **durch den metallgrünen Rücken** *haem*	[1] Ltm [2] Leitmeritz **Göbel** ♂.	[1] – [2] grün	1	
1498	*Pararg bicolor* v. *arcuatus*	♂ **Dalmatien Erber**	grün[1]	1	[1 Über dem Etikett zusätzlich noch ein kleines braunes □-Blättchen]
1499	*bic.* v. *testaceus* MG	♂ **Melk Winden** 9. 7. 85	grün	1	
1500	*Par. bicolor* var. *taeniat.*	♀ **Fiume Volosca auf** *Fer Fer*	olivgrau	1	
1501	*P. productus* **Schiner.**	♀ **Sirbitzkogel** 30. 7.	beigegrau	2	
85. Reihe:					
	[*Chrysotoxum* MEIGEN]				
1502	*Ch. octomaculatum**C.	♀ **Gesäuse Dolden** 1. 8.	grün	1	
1503	*Chrys. fasciolatum* DG	♂ **Schafferweg Fichten** 23. 7.	grün	1	
1504	*Chr. fasciol.*	♀ **Seitenstetten Blümelsberg-schlucht** 7. 6.	blaugrün	1	
1505	*Chr. fasciol.* v. **Hinterleib weiß behaart Stirnmakel**[1] **verschieden**	♀ **Unter der** Weberalm 24. Jul. 890.	blaugrün	1	[1 Kann auch „**Sternum . . .**“ heißen]
1506	*Chrys. intermedium* MG.	♀ Austria **Erber**	blaugrün	1	
1507		♂ Rosenau **Bergschlucht** 9. 8. 890.	blaugrün	2[1]	[1 Kopf von mir angeklebt]
1508	*Chr. elegans* LW	♂ ♀ **Melk Stiftsgarten Gesträuch**[1]	grün	1	[1 Kann auch „**gestreift**“ heißen]
1509	○			1	
1510	*Ch. festiv.*	♀ **Melk Winden Wald Gesträuch**[1] 6. 7.	blaugrün	1	[1 Kann auch „**gestreift**“ heißen]
1511	*Chrys. festivum*	♂ Austria. **Erber**	grün[1]	1	[1 Über dem Etikett zusätzlich noch ein kleines giftgrünes □-Blättchen]
1512	*Chrys. vernale* LW.	♂ ♀ **Melk Pielach auf Wolfsmilch** 3. 5.	grün	1	
1513	○			1	
1514	*Chrys. arcuatum* L.	♀ **Nordtirol Zirlermahd**	grün	1	
1515		Mariahof	hellblau	1	
1516	*bicinctum*	♂ Amstetten **Ybbsauen Gebüsche**	grün	1	
1517		♀ Gesäuss **auf Erlen** 1. 8.	grün	1	
	[*Microdon* MEIGEN]				
1518	*Microd. mutabilis* L	♀ **Seitenstetten**	grün	2	
1519	*M. Eggeri* MIK = *brevicornis* EGG./**Loew**	♂ ♀ **Seitenstetten Franzwald**	–	2[1]	[1 Kopf und Flügel von mir angeklebt]
1520	*Microd. devius*	♂ Amstetten **Ybbsauen Gebüsche.**	grün	2	
86. Reihe:					
1521	*M. latifrons* **Mik**	♀ **Möhren**	–[1]	1	[1 Über dem Etikett zusätzlich noch ein winziges, orangefärbiges □-Blättchen]
	[*Ceria* FABRICIUS]				
1522	*Ceria subsessilis* LAT.	♂ **Seitenstetten**	grün	1	
1523	*Ceria conopsidea* L.	♂ ♀ **Melk Stiftsgarten Blumen** 6. 5.	grün	1	

Ex.-Nr. Typen-designierung	Vollständige Etikettenbeschriftung: Familien-, Gattungs-, Artangaben	Vollständige Etikettenbeschriftung: Sonstige Details	Etiketten-farbe	Erhal-tungs-zustand	Revisionsresultate nach 1910. [Bemerkungen von G. MORGE]
1524	*Cer. vespiformis* LTR ?[1]! **aber Beine nicht ganz gelb.**	♂ Fiume **Volosca** 20. 7.	grün	1	[[1] Von P. STROBL handschriftlich durchgestrichen]
	[*Myopa* FABRICIUS]				
1525	*Myop. testacea* L.	♂ **Wach(t)berg Gesträuch**[1] 26. 6.	grün	1	[[1] Kann auch „**gestreift**" heißen]
1526	*Myopa fasciata* MG.	♂ **um Blumen Gesträuch**[1]	olivgrau	1	[[1] Kann auch „**gestreift**" heißen]
1527	*Myopa buccata* L	♂ **Seitenstetten**	grün	1	
1528	*Myopa dorsalis* FBR.	♂ **Südtirol ?**[1]	grün	1	[[1] Fragezeichen hat P. STROBL selbst geschrieben. In seinem Handkatalog steht „Südeuropa"]
1529	*Myopa polystigma* RND.	♂ Ungarn. **Erber**	grün	1	
1530	*Myopa picta* PNZ.	♀ Komot.[1] . . . [2] Nawrat	—	1	[[1] = Komotau. – [2] Unleserliche nicht stenographische Zeichen]
	[*Dalmannia* ROBINEAU-DESVOIDY]				
1531	*Dalmannia punctata* FBR.	♂ Austria **Erber.**	grün	1	
1532	*Dalm. flavescens* MG	♂ **Melk**	—[1]	1	[[1] Über dem Etikett zusätzlich noch ein winziges, orangefärbiges □-Blättchen]
1533	*Dalmañia marginata* MG.	♀.	—[1]	1	[[1] Über dem Etikett zusätzlich noch ein winziges, orangefärbiges □-Blättchen]
	[*Glossigona* RONDANI]				
1534	*Gl. bicolor*	♀ Steinbrück **Ölfabrik blumiger Rain** 20. 7.	blaugrün	1	
	[*Sicus* SCOPOLI]				
1535	*Sicus ferrug.*	♂ Seitenstetten **Waldrand.**	grün	1	
	[*Occemyia* ROBINEAU-DESVOIDY]				
1536	*Occemyia pusilla* MG	**Sebenico Kerka Minze** ♀ **Melk Waldrand** 20. 6. ♂	olivgrau	1	
1537	*Occem. atra*	♂ **Melk Stiftsgarten Quendelrain** 3. 6.	blaugrün	1	
1538	*Occ. distincta* MG.	♂ **Melk Wach(t)berg** 12. 6.	grün	2	
	[*Zodion* LATREILLE]				
1539	*Zodion cinereum* FBR	**Melk Pielach auf** *Ech.* 6. 7. ♀ **Melk Stiftsgarten Blumen.** 6. 5. ♂.	grün	1	
	[*Conops* LINNAEUS]				
1540	*Conops ceriaeform[is]*	♂ Bamberg **Funk**	—	1	
1541	*Con. signatus* MG	♂ **Ehrenbreitstein Staudinger**	rosé[1]	1	[[1] Über dem Etikett

Ex.-Nr. Typen-designie-rung	Vollständige Etikettenbeschriftung		Etiketten-farbe	Erhal-tungs-zustand	Revisionsresultate nach 1910. [Bemerkungen von G. MORGE]
	Familien-, Gattungs-, Artangaben	Sonstige Details			
					zusätzlich noch ein kleines, grünes □-Blättchen]
1542	*Con. capitatus* LW.	♀ Villach **Dolden**	grün	1	
1543	*C. coronatus* R	♂ **Herrenmühle Trockenbach-revier** 31[1]. 6.	blaugrün	1	[[1] „31." steht sogar in P. STROBLs Hand-katalog ebenso]
1544	*C. calceatus* RND.	♀ **Südtirol**	blaugrün	1	
1545	*Con. vesicularis* L.	♂ **Seitenstetten Sonntagberg Fich-tenzweig**	grün	3	
1546	*C. scutellatus* M.	**Melk Pöverding** *Cent. Scab.* 19. 7.	blaugrün	1	
1547	*Con. strigatus* MG.	♂ *Knaut. arv.* **vor dem Veitlgra-ben**	grün	1	
1548	*Con. 4fasciatus*	♀ Calabria **Erber**	grün	1	
1549		♂ Schafferweg **Blumen** 6. 8.	weißgrün	1	
87. Reihe:					
1550	*C. flavipes*	♀ **Mühlauer Fall Absam** 16. 8. 92	blaugrün	1	
	[*Physocephala* SCHINER]				
1551	*Physocephala rufipes* FBR	♀ **Seitenstetten**	grün	1	
1552	[2] *Ph. chrysorrhoea*	[2] 10. 7. 61 [1] ♀ Lemberg **Göbel**	[1] – [2] grün	1	
1553	*Phys. fraterna* LW.	♂ Corfu **Erber**	grün	1	
1554	*Physocephala vittatus* FBR	♂ Spalato gegen Salona	olivgrau	1	
	[*Gastrophilus* LEACH]				
1555	*Gastrophil. nasalis* L.	♂ Altai **Staudinger**	beige[1]	1	[[1] Über dem Etikett zusätzlich noch ein kleines, blaßbrau-nes □-Blättchen]
1556	*Gastrophilus pecorum* FBR	♂ Austr. 14. 8. 1880. **Erber**	grün	1	
	[*Gymnochaeta* ROBINEAU-DESVOIDY]				
1557	*Gymnochaeta viridis* FLL.	♂ **Melk Waldrand Ahornblüten** 13. 5.	grün	1	
	[*Chrysosoma* BRAUER et BERGENSTAMM]				
1558	*Chrysosoma auratum* FLL.	♀ **Gesäuse Dolde** 16. 7.	blaugrün	2	
	[*Phasia* LATREILLE]				
1559	[2] *Ph. taeniata* Pz v. *mican[s]* V. 35.	[1] ♂ Melk **Wachberg**[1] **Blumen** 8. 6. [2] **nach Ledererl**[2]	[1] weiß-grün [2] blau-grün	1	[[1] Hier eindeutig **„Wachberg"**. – [2] Unsichere Dechif-frierung, da Etikett abgeschnitten]
1560	*dissimilis* RND. = *analis* **Schiner. erw. als** *turcic[a]* ♂ = *crassipen̄[is]*		blaugrün	1	
1561	*adulterina* RND V. 39. ♀	**Triest Karst Wolfsmilch** ♀	blaugrün	2[1]	[[1] Bein von mir an-geklebt]
1562	*dispar* RND ♂ = *rostr.* EGG.	Trient.	blaugrün	1	

Ex.-Nr. Typen-designie-rung	Vollständige Etikettenbeschriftung: Familien-, Gattungs-, Artangaben	Vollständige Etikettenbeschriftung: Sonstige Details	Etiketten-farbe	Erhal-tungs-zustand	Revisionsresultate nach 1910. [Bemerkungen von G. MORGE]
1563	*nigra* DSV **Rondani!** v. *rostr[ata]* **Schiner.**	♂ Bozen	blaugrün	2	
	[*Alophora* ROBINEAU-DESVOIDY]				
1564	*Al. Bonapartea* RD.	♀ **Thüringen Staudinger**	–	1	
1565	*Alophora hemiptera* FBR	♂ Austria **Erber**	grün	1	
1566	*Aloph. subcoleoptrata* L.	♂ **Österreich Erber**	grün	1	
1567	*obesa* v. *nebulosa* G = *aurulans* **Schiner**	♂ **Melk Dolden** 24. 6.	rosé	1	
1568	*obesa* FB. v. *latipennis* GRSCH.	♂ **Eichelau zwischen Schilfrohr Gesträuch**[1] 21. 7.	blaugrün	1	[[1] Kann auch „**ge-streift**" heißen]
1569	*cinerea* FBR	♂ **Melk Wach(t)berg Blüten** 23. 9.	grün	1	
1570	*Alophora atropurpurea* MG.	♂ **Seitenstetten Stiftsgarten Dol-denblumen**	grün	2	
1571	*muscaria* **Fall** = *obes[a]* v. *umbripennis* GRS	♂ **Melk Dolden** 24. 6.	rosé	1	
1572	*Al. pusilla* MG.	♀ **Melk überflog Wegrand** 31[1]. 6. 1885.	blaugrün	1	[[1] „**31.**"!]
	[*Syntomogaster* SCHINER]				
1573	*Synt. singularis* EGG = ♂ **von** *vid.*	♂ **Amstetten Ybbsauen**	grün	1	
1574	*Syntomogaster viduus* EGG.	♀ **Seitenstetten Stiftsteichwiesen Gesträuch**[1]	grün	1	[[1] Kann auch „**ge-streift**" heißen]
	[*Ananta* MEIGEN]				
1575	*Ananta lateralis* MG	♀ Volosca **Ferula** 28. 7. 93.	blaugrün	1	
88. Reihe:					
	[*Xysta* MEIGEN]				
1576	*Xysta cana* MG. **Schiner teste Villeneuve!**	♂ Austria **Erber**	–	1	
1577	*Xyst. semicana* EGG	♂	–[1]	1	[[1] Etikett ist un-vollständig er-halten]
1578 Typus	*Xyst. petiolata* m.	♂ **Seitenstetten in Froschau**	grün	1	B. HERTING 1971 det.: „*Strongygaster globula* MEIGEN"
1579	*X. convexa* W	**Seitenstetten Franzwald Dolden** 5. 7. ♀, **Stiftsteich Sumpfwiesen** 25. 5. ♂	blaugrün	1	
1580	*Xyst.* (*Tamiclea*[1]) *globula* MG	♂ **Seitenstetten Grubholz Laub** 14. 7. 90	–	1	[[1] = *Tamiclea* MACQUART
1581 Typus	*Xysta lesinensis* m.	♀ Lesina	rosé	1	B. HERTING 1971 det.: „*Rondania dispar* DUFOUR" ♂. [B. HERTING schreibt ergänzend zu dieser Determi-nation in litt.: „Die Art gehört nicht zu den Phasiinen. STROBL hat das

Ex.-Nr. Typen-designierung	Vollständige Etikettenbeschriftung: Familien-, Gattungs-, Artangaben	Vollständige Etikettenbeschriftung: Sonstige Details	Etikettenfarbe	Erhaltungszustand	Revisionsresultate nach 1910. [Bemerkungen von G. MORGE]
					Männchen für ein Weibchen gehalten."]
	[*Morphomyia* RONDANI]				
1582	*Morphomyia caliendrata* ROND	♂ Monfalcone 22.[1] 7. 03	—	1	[[1] Nach P. STROBLs Handkatalog „24".]
	[*Gymnosoma* MEIGEN]				
1583	*Gymnosoma rotundata* L	♂ **Seitenstetten Stiftsgarten**	grün	1	
1584		♀	grün	1	
1585	*Gymn. rotund*[*ata*] v. *costata*	♂ **Triest Karst Wolfsmilch**	olivgrau	1	
1586	○			1	
1587	*Gymnosoma nitens* MG.	♂ **Fiume Volosca auf Ferula**	olivgrau	1	
	[*Ocyptera* LATREILLE]				
1588	*Ocyptera rufifrons* LW.	♀ **Fiume Recinatal Blumen besonders Minze**	olivgrau	1	
1589	*Oc. bicolor*	♀ Görz **Krojnatal** *Laserpit*[*ium*]	olivgrau	1	
1590	*Oc. brassicaria* FBR	♂ Austria **Erber**	grün	1	
1591		♀ Melk **Wach(t)berg Gesträuch**[1] 3. 7.	weißgrün	1	[[1] Kann auch „**gestreift**" heißen]
1592	*xylotina* EGG	♂ ♀ **Melk Wach(t)berg auf** *Sen. Jac.* 30. 6. 85	grün	1	
1593	[1] *Ocyptera pilipes* LW [2] *Ocypt. pilipes* LW.	♂ Calabria **Erber**	[1] — [2] grün	1	
1594	*pilipes* LW	♀ Fiume **Ferula** 20. 7.	grün	1	
1595	*intermedia*	♂ **Melk Wach(t)berg Rain** 14. 6.	grün	1	
1596	*O. scalaris* LW	♀ **Fiume**	grün	1	
1597	*Ocypt. interrupta* MG.	♀ Calabria **Erber**	grün[1]	1	[[1] Über dem Etikett zusätzlich noch ein winziges violett-purpurfärbiges □-Blättchen]
1598	*Oc. cylindrica* FBR	♂ **Dolden bei Stadl**	grün	1	
1599	*Oc. excisa*	♂ **Spalato Blume**	olivgrau	1	
1600	*Ocypt. pusilla* MG	♂ **Melk Pielach blumiger Rain** 6. 7.	grün	1	
	[*Clairvillia* ROBINEAU-DESVOIDY]				
1601	*Clairvillia ocypterina* RB.	**Fiume gegen Volosca auf Ferula** ♀ ♂[1].	olivgrau	1	[[1] „♂" von P. STROBL handschriftlich gestrichen]
1602		♂! Sarajevo . . .[1]	—	1	[[1] Unleserliches stenographisches Zeichen]
	[*Besseria* ROBINEAU-DESVOIDY]				
1603	*Besseria melanura* MG	♀ **Fiume Volosca auf Ferula**	olivgrau	1	
	[*Uromyia* ROBINEAU-DESVOIDY]				
1604	[2] *Uromyia curvicauda* FLL.	[2] Austria. **Erber.** [1] 20. 7. 62	[1] grün [2] grün	1	

Ex.-Nr. Typen-designie-rung	Vollständige Etikettenbeschriftung		Etiketten-farbe	Erhal-tungs-zustand	Revisionsresultate nach 1910. [Bemerkungen von G. MORGE]
	Familien-, Gattungs-, Artangaben	Sonstige Details			
	[*Phania* MEIGEN]				
1605	*Phania obscuripennis* MG	**vor Johnsbach auf Laub**	grün	1	
	[*Clytia* MACQUART]				
1606	*Clytia continua* PZ	**Triest Karst Wolfsmilch** ♀[1] ♂.	olivgrau	1	[1 „♀" von P. STROBL handschriftlich gestrichen]
1607	*Clyt. pellucens*	♂ Villach **Tief.**	blaugrün	3[1]	[1 Abdomen und Bein von mir angeklebt]
1608	*Clytia helvola* MG.	♂ **Frohnleithen**	olivgrau	1	
1609	*Clyt.* (*Eliozeta*)[1] *tephra* MG.	♀ **Steinbrück**	–	1	[1 = *Eliozeta* RONDANI]
89. Reihe:					
	[*Cistogaster* LATREILLE]				
1610	*Cistogaster globosa* FBR	♂ **Triest Karst Wolfsmilch**	olivgrau	2	
	[*Echinomyia* DUMÉRIL]				
1611	*Echin. grossa*	♂ **von Soča nach Flitsch und Klause**[1]	olivgrau	1	[1 Gemeint ist offenbar die „**Flitscher Klause**"
1612	*Ech. tesselata* FBR	♀ **Görz Krojnatal Umbelliferen**	olivgrau	1	
1613	*Echin. abstarsa* LW. **vielleicht** *ferina* ZTT	♂ Calabria **Erber.**	grün[1]	2	[1 Über dem Etikett zusätzlich noch ein kleines violett-purpurfärbiges □-Blättchen. – 2 Bein von mir angeklebt]
1614 Typus	*Ech. jugorum* **Strobl**	♂ **Kalblinghöhe**	rosé	1	B. HERTING 1971 det.: „*Peleteria prompta* MEIGEN" – „Typus *jugorum*"]
1615	[2] *Peleteria*[1] *ruficeps* MCQ. [3] *Pelet*[*eria*][1] *ruficeps* MACQ.	[1] Valle di Susa [3] M. Cenis ♀. c. BEZZI.	[1] – [2] – [3] rosé	1	[1 *Peleteria* ROBINEAU-DESVOIDY]
1616	*Ech. Marklini* ZETT.	♀ **Admont**	olivgrau	1	
1617	*Echinomyia magnicorn*[*is*]	♂ **Gesäuse auf Buchenblättern.**	grün	1	
1618	○			1	
1619	*Ech. fera* L.	**Schafferweg Voralpenwiesen** 29. 7. ♀ **Kaiserau** ♂.	grün	1	
1620	○			2	
1621	*E. fera* v. *virgo* MG.	♀ **Melk Pielach Wolfsmilch** 28. 5.	grün	1	
1622	*Ech. lurida* FBR.	♂ **Seitenstetten in der Froschau über**[1] **Linde**[1]	grün	1	[1 Unsichere Dechiffrierung. Kann auch „**über**" „**Land**" heißen oder „**Rüland**" oder „**Rülander**"
1623	*Ech. ursina* MG	♂ Austria **Erber**	grün	1	
	[*Cuphocera* MACQUART]				
1624	*Cuphocera ruficornis* MCQ	♀ **Fiume Recinatal auf Pastinak.**	olivgrau	3	

Ex.-Nr. Typen-designie-rung	Vollständige Etikettenbeschriftung		Etiketten-farbe	Erhal-tungs-zustand	Revisionsresultate nach 1910. [Bemerkungen von G. MORGE]
	Familien-, Gattungs-, Artangaben	Sonstige Details			
	[*Micropalpus* MACQUART]				
1625	[1] *Micropalpus fulgens* MG. [2] *Microp. comptus* FLL = *fulgens* **Schiner.**	♀ Austria. **Erber**	[1] – [2] blau-grün	1	
1626	*Micropalpus vulpinus* FLL	**Gesäuse Dolden** ♂ **Kaiserauer Voralpenwiesen** 6. 8. ♀	grün	1	
1627	*impudicus* RND.	♂ ♀ **Cilli Dolden** 25. 7.	blaugrün	1	
1628	*Micropalp. haemorrh.*	♂ **Innsbruck**	olivgrau	2	
1629	*pudicus*	♀ **Seitenstetten Blümelsbach Gesträuch**[1] 31. 5. 90	blaugrün	1	[[1] Kann auch „**gestreift**" heißen]
1630	*M. frater* R.	♂ Luttenberg **Dolden** 30. 7. 92	blaugrün	1	

* * *

	Holzkassette V Dipteren-Typen. V. **Nach einem Handkatalog geordnet.** 32. Fam. Muscidae, 2. Theil: 5. Tachininae (von *Aphria* an). 6. Dexin. 7. Sarcophagin. 8. Muscin., 9. Anthomyinae pr. p: *Aricia*, *Spilogaster*, *Limnophora* (incl *Pogonomyia*), *Trichoptic*, *Lasiops*, *Drymeia*, *Eriphia*, *Azelia*, *Hydrotaea*.				[Die Kassette V steht im mittleren Teil des neuen Zirbenschrankes ganz oben. – Zusätzlich zu dem nebenstehend zitierten Originaletikett P. STROBLS wurde die Kassette von mir mit folgendem Etikett versehen: „Diptera-Typensammlung Kassette V".]
90. Reihe:					[90. bis 101. Reihe im Kassettenoberteil, 102. bis 113. Reihe im Kassettenunterteil]
1631[1]	**Nach meinem Katalog geordnet** V. Tachininae. Fortsetzung.		rosa mit schwarzem Rahmen		[[1] Kein Tier, nur ein handschriftliches Familiennamen-Etikett P. STROBLS]
	[*Aphria* ROBINEAU-DESVOIDY]				
1632	*Aphr. longirostris* MG.	♂ **Melk Mühlau Sandrain** 7. 6.	blaugrün	1	
	[*Fischeria* ROBINEAU-DESVOIDY]				
1633	*Fischeria bicolor* DS.	♂ Lesina	rosé	1	
	[*Demoticus* MACQUART]				
1634	*Demoticus plebejus* MG	♂ **Trins auf Dolden**	olivgrau	1	
1635	*Demoticus frontatus*	♂ **Innsbruck**	olivgrau	1	

Ex.-Nr. Typen-designie-rung	Vollständige Etikettenbeschriftung: Familien-, Gattungs-, Artangaben	Vollständige Etikettenbeschriftung: Sonstige Details	Etiketten-farbe	Erhal-tungs-zustand	Revisionsresultate nach 1910. [Bemerkungen von G. MORGE]
	[*Sesiophaga* BRAUER et BERGENSTAMM]				
1636	* *Sesiophaga glirina* RD.** *Plagiopsis*[1] *soror* EGG	* ♀ **Fiume Eichenhain** 21. 7. ** ♀ **Fiume Volosca** 20. 7.	rosa	2	[* Vorderseite des Etiketts. – ** Rücksitz des Etiketts. – [1] = *Plagiopsis* BRAUER et BERGENSTAMM]
	[*Olivieria* ROBINEAU-DESVOIDY]				
1637	*Olivier sanguinea* SCH. *later.* FBR.	♀ **Hofmooswiese** 21. 7.	–	1	[Siehe auch Ex.-Nr. 1641]
1638	*Ol. apennina* RD.	♂ ♀ **Mik**	–[1]	1	[[1] Über dem Etikett zusätzlich noch ein winziges, orangefärbiges □-Blättchen]
1639	○			1	
1640	*Oliv. latifrons* BR	♂ **St. Martin** 9. 9.	–	1	
	[*Cylindrogaster* RONDANI]				
1641	*Cylindrogaster sanguinea* BCK/MG	♂ ♀ Fiume **Ferula** 20. 7.	grün	1	[Siehe auch Ex.-Nr. 1637]
	[*Zophomyia* MACQUART]				
1642	*Zophomyia tem*[*ula*]	♂ Seitenstetten **Laub** ♂. **Melk** ♀	grün	1	
	[*Plagia* MEIGEN]				
1643	*Plagia ruricola* MG.	♀ Austria **Erber**	grün	1	
1644	*Pl. nigripalpis* R.	♂ **Seitenstetten Blümelsberg Laub** 19. 5. 90	blaugrün	1	
1645	[2] *Plagia trepida* MG.	[1] ♂ Admont **Gesträuch**[1] 16. 7. [2] Austria **Erber** ♀	[1] grün [2] grün	1	[[1] Kann auch „**gestreift**" heißen]
1646	*Plag. curvinervis* ZTT.	♂ Admont **Sautratte**	grün	1	
1647	*Plag. ruralis* FLL	♀ **Admont Frauenfeld Dolden**	grün	1	
	[*Peteina* MEIGEN]				
1648	*Peteina erinacea* FBR.	♂ **Freiwaldau in Schlesien. Tief.**	blaugrün	1	[[1] Über dem Etikett zusätzlich noch ein kleines, dreieckiges goldenes Blättchen]
	[*Pachystylum* MACQUART]				
1649	*Pach. arcuat*[*um*]	♂ **Tauernteiche Sumpfwiesen** 27. 5. 90	blaugrün	1	
1650	*Pseudopach Wachtlii* **Mik**	♂ **Melk Wach(t)berg Gesträuch**[1] 22. 6. 1881	blaugrün	3	[[1] Kann auch „**gestreift**" heißen]
1651	○			1	
	[*Germaria* ROBINEAU-DESVOIDY]				
1652	*Germaria ruficeps* FLL.	♂ **Triest Karst Wolfsmilch**	olivgrau	1	
	[*Gonia* MEIGEN]				
1653	*Gonia fasciata* MG.	♀ Austria **Erber**	grün	1	
1654	*G. Foersteri* MG.	♀ Gesäuss **Eisenbahn Dolden** 17. 8. 92	blaugrün	1	

Ex.-Nr. Typen-designierung	Vollständige Etikettenbeschriftung: Familien-, Gattungs-, Artangaben	Vollständige Etikettenbeschriftung: Sonstige Details	Etikettenfarbe	Erhaltungszustand	Revisionsresultate nach 1910. [Bemerkungen von G. MORGE]
1655	*Gonia capitata* DEG.	♀ **Unterösterreich**	grün	1	
1656	[2] *Gonia divisa* MG.	[2] ♀ [1]* Kalocsa **Vlasić	[1] – [2] –	1	[* Etikett-Vorderseite. — ** Etikett-Rückseite]
91. Reihe:					
1657	*Gonia hebes*	♂ **Triest Karst Wolfsmilch**	olivgrau	2	
	[*Cnephalia* RONDANI]				
1658	[1] *Cnephalia bucephala* MG. [2] *Cnephalia bisetosa* **Brauer**= *buceph*[*ala*] **Schiner** pp.	[2] ♂ Austria **Erber**	[1] – [2] blaugrün	1	
1659	[1] *Spallanzania*[1] *hebes* (nec FALL.) ROND. [2] *Mas.*[2] *Cnephalia albisquama* RD III. 47 **unbestimmbar**[2]	[2] ♂ Nabresina **Dolden** 26. 7. 95	[1] – [2] blaugrün	1	[[1] = *Spallanzania* ROBINEAU-DESVOIDY. — [2] Von P. STROBL handschriftlich durchgestrichen]
	[*Trixa* MEIGEN]				
1660	*Trix. alpina* MG.	♂ Österreich **Erber.**	blaugrün	1	
1661	*Trixa oestroidea* ROB.	♂ ♀ **Seitenstetten Stiftsgarten Lindenblätter**	grün	1	
1662	O			1	
	[*Paramacronychia* STROBL]				
1663	*Paramacronychia flavipalpis* **Girsch.**	**Melk Wach(t)berg** 21. 6. ♂, **Stiftsgarten Gesträuch**[1] 1. 6. ♀	blaugrün	1	[[1] Kann auch „**gestreift**" heißen]
1664		♀	–	1	
	[*Nemoraea* ROBINEAU-DESVOIDY]				
1671	[2] *Erigone*[1] ♂ ♀ *nemorum* sec. typ. MEIG.	[1] Rambouillet 18. 8. 03	[1] – [2] –	1	[[1] = *Erigone* ROBINEAU-DESVOIDY]
1672	[2] *Erigone conjugata* ZET . . .[1]	[1] 6. 5. 94 . . .[1]	[1] – [2] –	1	[[1] Unleserliche, aber nicht von P. STROBL stammende Zeichen in Normalschrift, nicht in Stenographie]
1676	*Er.* (*caesia*)[1] F *connivens* Z	♂ ♀ **Mühlauer Wald auf** *Las. lat.* 10. 8.	blaugrün	1	[[1] Von P. STROBL handschriftlich durchgestrichen]
1677 Typus	*Erigone longicornis* n. sp. ?*caesia* FLL.	♀ Cilli	rosé	2[1]	B. HERTING 1971 det.: „*Eurythia caesia* FALLÉN". [[1] Bein von mir angeklebt]
1665	*Nemoraea pellucida*	♀ **und** ♂. **Admont**	olivgrau	1	
1666	[2] *Nem. rubrica* MG	[1] Sassnitz [2] ♂ Gesäuss **auf** *Eup.* 6. 8. 83	[1] – [2] grün	1	
1667	*puparum*	♀ **Seitenstetten Fichtenwald** 1. 5. 90	blaugrün	2	
1668	*N. argentifera*	♀ **Melk Stiftsgarten Gesträuch**[1] 3. 6.	blaugrün	2	[[1] Kann auch „**gestreift**" heißen]
1669	*Nem. strenua* MG.	♀ **Admont Frauenfeld** 23. 7.	grün	1	

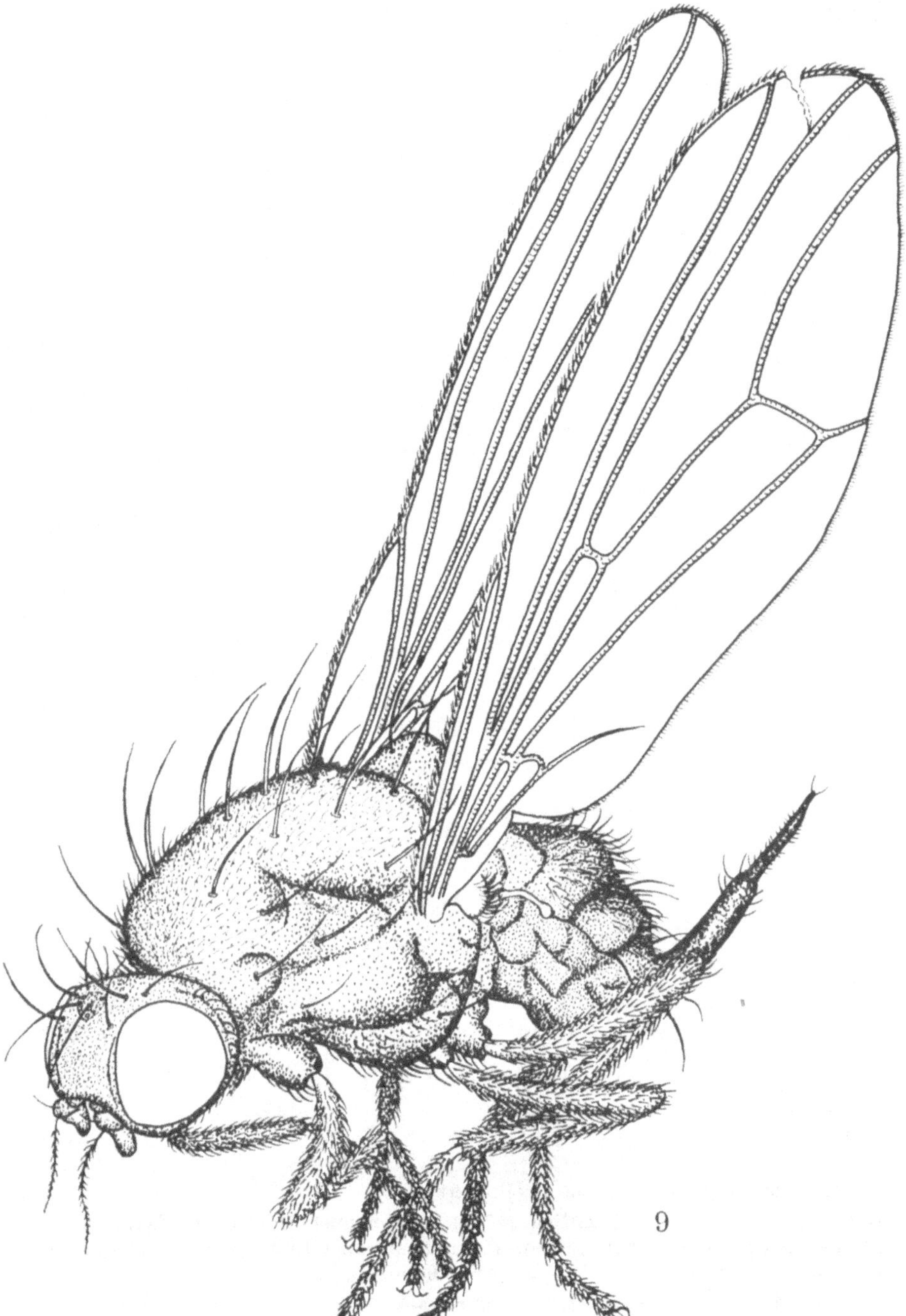

9

Fig. 9. *Palloptera flava* OLDENBERG (Pallopteridae):
Gesamtansicht von links oben seitlich. (16×). (Gezeichnet nach einem Exemplar in der Kollektion des ehemaligen DEI, Eberswalde, mit folgender Etikettierung: 1. „Typus". – 2. „Berlin-Jungfernheide 1. 9. 01". – 3. „coll. Oldenberg".)

Ex.-Nr. Typen-designierung	Vollständige Etikettenbeschriftung		Etiketten-farbe	Erhal-tungs-zustand	Revisionsresultate nach 1910. [Bemerkungen von G. MORGE]
	Familien-, Gattungs-, Artangaben	Sonstige Details			
1670	*N. vagans* MG	♂ **Melk Stiftsgarten Gesträuch**[1] 1. 5.	grün	2	[[1] Kann auch „**gestreift**" heißen]
1673	*Nem. vivida* ZETT.	♂ **Mariahof**	olivgrau	2	
1674	*N. consobrina* MG **Brauer** = *rudis* **Schiner, nicht Fall.**	[1] Berlin W [2] **Innsbruck** ♂ **Admont** ♀	[1] – [2] –	1	
1675	*N. radicum* FBR.	♀ **Schafferweg Gesträuch**[1] . . .[2]/8.	blaugrün	1	[[1] Kann auch „**gestreift**" heißen. – [2] Zahl durch Nadel zerstochen und unlesbar geworden]
1679	*N. speciosa* EGG.	♂ Riegersbğ **Siebeck**	blaugrün	1	
1680	*xanthogast*[*ra*]	♀ **Seitenstetten Blümelsberg** Eichen 22. 5.	blaugrün	1	
92. Reihe:					
1681	*Nemor. analis* MG	♀ Austr. **Erber**	grün	1	
1682	*Nem. nigrithorax.* EGG.	♂ **Seitenstetten Waldrand Laub**	grün	1	
1684	*N. 4pustulata* FBR	**Melk Winden Gebüsch** 21. 6. ♀ **Kaiserauer Voralpenwiesen** 6. 8. ♂	grün	2	
1685	[2] *Nem.* (*Winth*[*emia*])[1] *separata* RD.	[1] Hungaria HILD Thalhammer [2] ♂ Ungarn.	[1] – [2] –	1	[[1] = *Winthemia* ROBINEAU-DESVOIDY]
1686	*N. erythrura* MG	♀ **Melk Stiftsgarten Gesträuch**[1] 2. 7.	grün	1	[[1] Kann auch „**gestreift**" heißen]
1687	*Nem. maculosa* MG.	♂ **Innsbruck bei Mühlau Blätter.**	grün	1	
1688	*Nem. notabilis* MG	♂ **Melk Wach(t)berg Gesträuch**[1] 8. 6.	grün	2	[[1] Kann auch „**gestreift**" heißen]
	[*Chetolyga* RONDANI]				
1678	*Chetolyga amoena*	♀ **Seitenstetten Gansberggraben Gesträuch**[1] 21. 6. 91	blaugrün	1	[[1] Kann auch „**gestreift**" heißen]
	[*Pachystylum* MACQUART]				
1683	*Pachystylum arcuatum* **Mik**	♀ **Bösenstein** 7000′ 14. 8. 82	blaugrün	1	
	[*Monochaeta* BRAUER et BERGENSTAMM]				
1689	*Monochaeta leucophaea* MG BB[1] 131.	♂ **Riegersburg Siebeck**	blaugrün	3	[[1] Gemeint ist BRAUER et BERGENSTAMM]
	[*Epicampocera* MACQUART]				
1690	*Epicampocera succincta* MG	**Seitenstetten Stiftsgarten Gebüsch** ♂. **Melk Stiftsgarten** ♀.	grün	1	
	[*Exorista* MEIGEN]				
1691	*Ex. vulgar.*	♀ **Natterriegel Alpenwiesen Blumen** 11. 8. 890.	grün	2	
1692	* *Exorista confinis* FLL. ** *parva* ROND.	* ♂ **Triest Karst Wolfsmilch** ** **Triest Karst Wolfsmilch** ♀. **Aber zu klein.**	olivgrau	1	[* Vorderseite des Etiketts. – ** Rückseite des Etiketts. Dieselbe ist undeutlich von P. STROBL handschrift-

Ex.-Nr. Typen-designie-rung	Vollständige Etikettenbeschriftung: Familien-, Gattungs-, Artangaben	Vollständige Etikettenbeschriftung: Sonstige Details	Etiketten-farbe	Erhal-tungs-zustand	Revisionsresultate nach 1910. [Bemerkungen von G. MORGE]
					lich durchgestrichen]
1693	*agnata* RND.	♀ **Seitenstetten Stiftsgarten Gesträuch**[1] 15. 5.	blaugrün	2	[[1] Kann auch **„gestreift"** heißen]
1694	*agn[ata]* v. *1* (*cognat[a]* RND ?)	♀ **Seitenstetten Blümelsbachschlucht auf jungen Fichten** 2. 6. 90.	blaugrün	1	
1695	*Ex. aberrans* RND.	♂ ♀ **Görz Krojnatal Dolden** 5. 8. 79	grün	2	
1696	*Ex. tritaeniata* RD	♀ **Melk Pielach Wacholder** 6. 7.	grün	2	
1697	*Ex. leucophaea* MG.	♀ **Fiume Volosca auf Ferula**	grün	2	
1698	*Ex. fimbricata* MG.	♂ ♀ **Seitenstetten Stiftsteich Laub**	grün	1	
1699	*antenata* BB[1] 325.	♂ **Seitenstetten Stiftsteich Laub**	rosé	1	[[1] Gemeint ist BRAUER et BERGENSTAMM]
1700	*Ex. vetula*	♀ **Melk Stiftsgarten Wegrand** 19. 7.	blaugrün	1	
1701	*Ex. excisa*	♂ **Wach(t)berg Wald Gesträuch**[1] 2. 6.	blaugrün	1	[[1] Kann auch **„gestreift"** heißen]
1702	*Ex. excavata* ZTT	♂[1] ♀ **Innsbruck bei**[2] **Vill**[2] **Dolden**	grün	1	[[1] Von P. STROBL handschriftlich gestrichen. — [2] Unsichere Dechiffrierung, kann auch **„ober vollen"** heißen.]
1703	*lucorum* MG = *gnava*[1] MG[1] pp[1]	**Seitenstetten Lärchenwäldchen auf Holunder** 18. 5. ♂, **Stiftsgarten Gesträuch**[2] 25. 5. ♀.	blaugrün	1	[[1] Von P. STROBL selbst nachträglich auf das Etikett geschrieben. — [2]Kann auch **„gestreift"** heißen]
1704	*mitis* MG **Brauer**	♀ Cilli **Möhrendolden**	blaugrün	2	
1705	*Ex. gnava* MG *angusta*[1] **Brauer**[1]	♂ **Melk Stiftsgarten Gebüsch** 27. 5.	grün	2	[[1] Von P. STROBL selbst nachträglich auf das Etikett geschrieben]
1706	*rutilla* RND	♀ **Gesäuse auf Erlen**[1] 1. 8.	blaugrün	1	[[1] Unsichere Dechiffrierung]
1707	*Ex. cheloniae* R	♂ **Admont Kalkofen Gesträuch**[1] 16. 7. 85	grün	1	[[1] Kann auch **„gestreift"** heißen]
1708	*chel.* v. **Hinterleib oben rötl. Flecke**	♀ Abbazzia 23. 7.	grün	1	
1709	*Ex. libatrix* PZ	♂ ♀ **Villach Tief**	blaugrün	1	
1710	*lib[atrix] grisella* RD.	♀ **Melk Stiftsgartenmauer** 27. 4.	rosé	1	
1712	*polychaeta* MCQ.	♂ **Gesäuse Dolden** 1. 8.	blaugrün	3	
93. Reihe:					
1713	*Ex. affinis* FLL	♂ **Seitenstetten buschiges Bachufer.**	grün	2	
1714	*Ex. crinita* RD.	♂! **Radkersburg Dolden** 26. 7. 92	rosé	1	
1718	[2] *Exorista triseta* PAND.	[2] ♂ [1] Eszék THALHAMMER	[1] — [2] —	2	
1719	*Ex. ruficauda* ZTT.	♀ **Schafferweg Erlen** 18. 7. 85	grün	2	
1722	*Ex.* (*Sisyropa*[1]) *ingens* BB 4. **teste Villeneuve richtig!**	♂ **Thüringen Study**[2]	—	1	[[1] = *Sisyropa* BRAUER et BERGENSTAMM. — Siehe auch Ex.-Nr. 1717. — [2] Nicht deutbar]

Ex.-Nr. Typen-designie-rung	Vollständige Etikettenbeschriftung: Familien-, Gattungs-, Artangaben	Vollständige Etikettenbeschriftung: Sonstige Details	Etiketten-farbe	Erhal-tungs-zustand	Revisionsresultate nach 1910. [Bemerkungen von G MORGE]
1725	*Ex.* (*Aproromyia*)[1] *dubia* FLL.	♀ **Bergschlucht an der Ybbs**[2] 9. 5. 90	blaugrün	1	[[1] = *Aporomyia* RONDANI. — [2] Nach P. STROBLs Handkatalog ist der zugehörige Fundort „Rosenau"]
1726	[1] **Scheint**[1] *cincinna* RD. [2] *Myxex. pexops*? = *acrochaeta* B. B.	♀ **Melk Dolden** 5. 7.	[1] rosé [2] —	2	[[1] Fast unleserliches stenographisches Zeichen. — [2] = *Myxexorista* BRAUER et BERGENSTAMM]
	[*Parexorista* BRAUER et BERGENSTAMM]				
1711	*Par. glirina* R	♂ **Seitenstetten Stiftsgarten**	blaugrün	1	
1715	*P. temera* MG	♀ Cilli **Dolde** 24. 7.	rosé	3	
1717	[1] *Par. bisetosa* B.B. 17. [2] *Parex. bisetosa* BB. = *Sisyropa*[1] *hortulana* EGG	[1] **Jaring Ferntal**[2] **Dolde** 11. 8.	[1] blaugrün [2] —	1	[[1] Siehe auch Ex.-Nr. 1722. — [2] Unsichere Dechiffrierung]
	[*Myxexorista* BRAUER et BERGENSTAMM]				[Siehe auch Ex.-Nr. 1726]
1716	*Myx. pexops* BB	♂ **Melk Wach(t)berg Waldweg** 22. 6.	rosé	2	
1720	[3] *Myxex. macrops* Br. [4] *Myx. macrops* BB = *libatrix* MEIG sec. typ.	[1] Vorarlberg [2] ♀ 18. 9. [3] ♀	[1] — [2] — [3] — [4] —	1	[Auf der Rückseite des Etiketts 4 steht noch: „*Myx. pexo Myx*"]
1721	*rapida* MG	♀ **Seitenstetten Waldrand.**	blaugrün	1	
1723	*Myx. barbatula* RND **Brauer** 27.	♂ **Jaring Ferntal**[1] **Dolde** 11. 8. 93	blaugrün	3	[[1] Unsichere Dechiffrierung]
1724		Ulm . . .[1] 29. 7. 1903	—	2	[* Nach P. STROBLs Handkatalog von ihm ebenfalls als *barbatula* RONDANI" determiniert. — [1] In Normalschrift, nicht derjenigen P. STROBLs, aber unleserlich]
	[*Lophyromyia* BRAUER et BERGENSTAMM]				
1727	*Lophyromyia clausa* B.B.	♂ **Seitenstetten Grubholz Gesträuch**[1] 7. 7. 891.	blaugrün	4	[[1] Kann auch „gestreift" heißen]
	[*Meigenia* ROBINEAU-DESVOIDY]				
1728	*Meigen. bisignata* MG.	♂ **Seitenstetten Waldrand Laub.**	grün	1	
1729		♀	grün	2	
1730	*Meig. floralis* MG.	♂ ♀ **Große Wiese**	—	2	
1731 Typus	**Meine**[1] *Macq[artia]*[2] *jugicola* **ist teste** BR.[3] *Meigenia egens* EGG.	♀ **Bösenstein** 1. 8. 91	rosé	1	[[1] Unsichere Dechiffrierung. Kann auch „Man" heißen. — [2] = *Macquartia* ROBINEAU-DES-

Ex.-Nr. Typen-designierung	Vollständige Etikettenbeschriftung: Familien-, Gattungs-, Artangaben	Vollständige Etikettenbeschriftung: Sonstige Details	Etiketten-farbe	Erhal-tungs-zustand	Revisionsresultate nach 1910. [Bemerkungen von G. MORGE]
					VOIDY. — ³ = BRAUER]
1732	[2] *Meig. majuscula* RD	[2] ♀ [1]* KERTÉSZ K Bpest Sashegy IV.˜26. 1894	[1] – [2] grün	1	[* Vorderseite des Etiketts. – ** Rückseite des Etiketts]
	[*Dexodes* BRAUER et BERGENSTAMM]				
1733	*Ex. jucunda* MG **nach** BR = *Dex. spect.*¹	♂ **Melk Wach(t)berg Blüten** 19. 6.	rosé	1	[¹ = *spectabilis* MEIGEN]
1734	*spectabilis* M	♂ ♀ Melk **Pastinak**	rosé	2¹	[¹ Abdomen von mir angeklebt]
1735	*Dex. spinuligerus* RD.	**Innsbruck¹ Kreiting¹,² ♂. Steinbrück**	rosé	4	[¹ Von P. STROBL selbst handschriftlich durchgestrichen. — ² Fast unlesbar. Kann auch „**Hofturm**“ heißen.]
	[*Tachina* MEIGEN]				
1736	*Tach. agilis* MG	♂ ♀ **Melk Stiftsgarten Gesträuch¹** 2. 6.	grün	2	[¹ Kann auch „**gestreift**“ heißen]
1737	*Tach. bibens* MG =¹ *agil[is]*¹	♂ **Rottenmann.**	grün	4	[¹ Von P. STROBL selbst nachträglich auf das Etikett geschrieben]
1738	*Tachina mimula* MG	**Innsbruck Kreiting¹ ♂. Amras ♀ Admont Dolden**	grün	2	[¹ UnsichereDechiffrierung]
1739	*Tach. larvarum* L.	♂ **Cilli Möhrendolden.**	grün	1	
1740	*Tachin rustica*	**Österreich Erber ♂. Frauenfeld ♀**	grün	1	
94. Reihe:					
1741	*T. lasiommata* LW.	♂ Berlin **Schirmer**	blaugrün	2	
1742	*Tach. erucarum* RD.	**Seitenstetten Stiftsgarten ♂. Admont Frauenfeld Dolden** 13. 7. ♀.	grün	2	
1743	*Exor.*¹ *T. vidua* MG	♂ **St. Michael.**	grün	2	[¹ Von P. STROBL selbst handschriftlich durchgestrichen]
1744	*T. nigricans* EG	♂ **Monfalcone Lagune** 27. 7. 83	grün	2	
1745	*fractiseta* RD.	♂ Bozen **Auen**	rosé		
1747	*Tachina demotica* EG	♀ **Fiume Volosca Ferula**	olivgrau	2	
1750	*Tach. tibialis* FLL	♀ **Seitenstetten buschiges Bachufer** 1. 6.	grün	1 2	
1751	[1] *T. iñoxia* [2] **3st Villeneuve unbekannt und nicht** *innox.*	[1] ♀ **Seitenstetten Blümelsberg auf Eichen** 22. 5. 90	[1] grün [2] –	2	
1752	*T. devia* FLL = *Meig. bombivora* WLP.	♂ Melk **Wach(t)berg Wolfsmilch** 25. 6.	grün	2	
	[*Rhinotachina* BRAUER et BERGENSTAMM]				
1746	[2] *Rhinotachina sylvaticarum* MBEZZI¹	[1] Calabria VI 93	[1] – [2] –	1	[¹ Originalschrift M. BEZZIS]

Ex.-Nr. Typen-designie-rung	Vollständige Etikettenbeschriftung: Familien-, Gattungs-, Artangaben	Vollständige Etikettenbeschriftung: Sonstige Details	Etiketten-farbe	Erhal-tungs-zustand	Revisionsresultate nach 1910. [Bemerkungen von G. MORGE]
	[*Labidigaster* MEIGEN[1]]				[[1] = *Labidogaster* BRAUER et BERGENSTAMM]
1749	*Labidog. aurifrons* MG! = *agilis* B. B.	♂ Melk **Pielach Rain** 6. 7.	–	2	
	[*Crossocosmia* MIK]				
1753	*Crossocosmia flavoscutellata* **Schiner nicht** Z.	♀ **Seitenstetten Waldrand Laub.**	blaugrün	1	
	[*Argyrophylax* STROBL]				
1748	*Argyrophylax pupiphaga* R = *Tach. dcris* **Schiner**	♂ **Donauaue auf Dolden** 26. 7.	blaugrün	2	
1754	*Argyrophylax atropivora* R	♂ **Triest Karst Wolfsmilch**	blaugrün	2	
1759	*Arg pelmatoprocta* BB 344 **ist richtig!**	♀ **Radkersburg Dolden** 27. 7.	rosé	1	
1761	*Arg cursitans* RD = *bimaculata* . . .[1]	♂ ♀ **Fiume Volosca** 20. 7. 83	blaugrün	2	[[1] Fast unleserliches stenographisches Zeichen. Könnte „**haarig**" oder „**Hartig**" heißen]
	[*Masicera* MACQUART]				
1755	*Masic. scutellata* ROB.	♂ Austria **Erber**	grün	1	
1756	*Masicera pratensis* MG.	♂ Berlin **Schirmer**	blaugrün	1	
1757	*Mas. properans* RD	♀ Görz 20. 7.	–	2	
1760	[3] *Mas. ferruginea* MG.	[2] ♂ [1] *RIEDEL Ürdingen ** 26. 6. 08 Dr. FELS [3] ♂ ♀!	[1] – [2] – [3] –	2	[* Vorderseite des Etiketts. – **Rückseite des Etiketts]
	[*Hemimasicera* BRAUER et BERGENSTAMM]				
1758	*Hem. gyrovaga* RD.	♂ Cilli **Sannufer Dolden** 25. 7.	rosé	1	
	[*Ceromasia* RONDANI]				
1762	*Ceromasia florium* RD = *rutila* **Schiner**	**Innsbruck ober Vill**[1] ♂. **Melk Wach(t)berg Gesträuch**[2] 15. 6. ♀.	blaugrün	1	[[1] Fast unleserlich. – [2] Kann auch „**gestreift**" heißen]
1763	*Cer. ambulans* RND.	♀ Wien **Strebersdorf**	blaugrün	2	
1765	[3] *Ceromas. lepida* MG = *Leptotach.*[1] *gratiosa* BB? **teste Villeneuve** [2] *lepida* MEIG	[3] ♀ [1] Hungaria Kalocsa THALHAMMER	[1] – [2] – [3] –	1	[[1] = *Leptotachina* BRAUER et BERGENSTAMM]
	[*Brachychaeta* RONDANI]				
1764	[2] *Brachychaeta spinig.*	[2] ♀ [1] THALHAMMER Kalocsa	[1] – [2] –	4	
	[*Stomatomyia* BRAUER-BERGENSTAMM]				
1766	*Stomatomyia filipalpis* RD.	**Amstetten Ybbsauen** ♀ Abbazia **Ferula** 23. 7. ♂	rosé	1	
	[*Eggeria* SCHINER]				
1767	*Eggeria fasciata* EG	♂ Melk **Wach(t)berg Seedorn**[1] 28. 4.	grün	1	[[1] Fast unleserliches stenographisches Zeichen]
95. Reihe:					
	[*Phorocera* ROBINEAU-DESVOIDY]				
1768	*Phor.* (*Setigen.*[1]) *acuminata* RND.	♂ Trient **Blumen**	blaugrün	2	[[1] = *Setigena* RONDANI]

Ex.-Nr. Typen-designie-rung	Vollständige Etikettenbeschriftung: Familien-, Gattungs-, Artangaben	Vollständige Etikettenbeschriftung: Sonstige Details	Etiketten-farbe	Erhal-tungs-zustand	Revisionsresultate nach 1910. [Bemerkungen von G. MORGE]
1769	*Phoroc. caesifrons* MCQ.	♂♀ **Seitenstetten Stiftsteich usw. Laub**	grün	2	
1770	v. **mit geschlossener erster Hinterrandzelle**	♂ **Seitenstetten Bachufer zwischen Gras spielend** 22. 4.	grün	2	[[1] Unleserliches stenographisches Zeichen]
1771	**sehr große Varietät Übergang zu** *ass[imilis]*[1]	♂ **Seitenstetten buschiges Bachufer** 25. 5.	grün	1	[[1] = *assimilis* FALLÉN]
1772	*Phorocera assimilis* FALL.	**Seitenstetten Waldlichtung** ♂. **Melk** ♀	grün	2	
1773	*Ph. segregata* RND.	**Seitenstetten Stiftsgarten Linden** ♂. **Melk Wach(t)berg Gesträuch**[1] 26. 6. ♀	grün	1	[[1] Kann auch „**gestreift**" heißen]
1774	[2] *Phoroc. concinnata*	[2] ♀ [1] Franknfls[3] 7. 78 BGST	[1] — [2] —	1[1] 3[2]	[[1] Imago. — [2] Puparium. — [3] = Frankenfels]
1776	*pascuor.* v. **m**[1] **alle Queradern dunkelbraun gesäumt.**	♀ **Seitenstetten Blümelsberg Eichenlaub** 13. 5.	blaugrün	2	[[1] Bedeutet wahrscheinlich „**mit**"
1777	*Phorocera pascuorum* ROND	**Veitlgraben Blüten. Aber da klein.**	grün	3	
1778	[2] *Phorocera pumicata* RD	[2] ♂ [1] Serroni 17. VIII. 99	[1] — [2] —	2	
	[*Macheira* RONDANI]				
1775	*Macheira serriventris* RND.	♂ **Graz Schäferau** *V. Prors[a]*	blaugrün	2	
	[*Doria* RONDANI]				
1779	*Doria nigripalpis* RD.	♂ **Admont Krumau Laub** 5. 9.	blaugrün	1	
	[*Ceratochaeta* BRAUER et BERGENSTAMM]				
1780	*Ceratochaeta secunda* BB.	♂ **Rottenmann**	blaugrün	2	
	[*Campylochaeta* RONDANI]				
1781	*Campylochaeta schistacea* MG	♀ **Melk Donauaue feuchter Sand** 26. 5. 885.	blaugrün	2	
	[*Amphichaeta* BRAUER et BERGENSTAMM]				
1782	*Amphichaeta bicincta* MG.	♂ **Seitenstetten buschiger Bachrand.**	blaugrün	2	
	[*Lecanipus* RONDANI]				
1783	*Lecanipus patelliferus* RND.	♂ **Melk Stiftsgarten** 6. 6.	blaugrün	4	
	[*Baumhaueria* MEIGEN]				
1784	*Baumhau. gonia[e]form.*	*	—	2[1]	[* Nach einer Notiz von Herrn REINHARD mußte an der Nadel dieses Exemplares ein zweites von P. STROBL beschriftetes Etikett gesteckt haben, auf dem „**Bosnien** ♀" gestanden sei. Dieses Etikett ist aber

Ex.-Nr. Typen-designierung	Vollständige Etikettenbeschriftung: Familien-, Gattungs-, Artangaben	Vollständige Etikettenbeschriftung: Sonstige Details	Etikettenfarbe	Erhaltungszustand	Revisionsresultate nach 1910. [Bemerkungen von G. MORGE]
					nicht mehr vorhanden. – [1] Kopf angeklebt]
1785	*Baumhauer. vertiginosa*	♂ **Melk Pielach** *Past.* 22. 7.	blaugrün	1	
1786	*Baumh. gracilis* EGG	♂ **Melk Donauleiten Laub** 10. 6.	grün	4	
	[*Tritochaeta* BRAUER et BERGENSTAMM]				
1787	*Tritochaeta prosopoides* BR.	♂ Fiume **Volosca** 20. 7. 83.	blaugrün	2	
	[*Frontina* MEIGEN]				
1788	*sordidisq.* ZTT = *wulpii* BR.	♂ Marburg STR. 18. 5.	weiß-rosé	2	
1789	*Front. tibialis* MCQ	♂ **Melk Waldrand Laub** 15. 5.	grün	1	
1790	*Frontina laeta* MG	♂ **Rottenmann Dolden**	grün	1	
	[*Metopia* MEIGEN]				
1791	*Metop. campestris* FLL.	♂ **Seitenstetten Waldrand Laub**	grün	1	
1792	*M. argyrocephala* MG.	♂ **Villach Tief.**	blaugrün	2	
1793	*M. leucocephala* RD.	**Melk Quendelrain hinter dem Stift** 2. 7. ♂ **Winden Gesträuch**[1] 25. 6. ♀.	grün	2 2	[[1] Kann auch „**gestreift**" heißen]
1794	*Met. tincta* MG *Pthych.*[1,2] *selecta*[1,2]	**Seitenstetten Bachrand** ♂. **Melk Stiftsgarten Gesträuch**[3] 3. 6. ♀	blaugrün	1	[[1] = *Pthychomyia* BRAUER et BERGENSTAMM. – [2] Von P. STROBL handschriftlich auf Etikett nachgetragen. – [3] Kann auch „**gestreift**" heißen]
96. Reihe:					
	[*Leskia* ROBINEAU-DESVOIDY]				
1795	*Leskea*[1] *aurea* FALL.	♂ **Au bei Bozen Blumen**	grün	1	[[1] = *Leskia*]
	[*Paragusia* SCHINER]				
1796	*Paragusia Frivaldskii* **Schiner**	Kalocsa	blaugrün	1	
	[*Macronychia* RONDANI]				
1797	*Macronychia signata* MG	♂ **Innsbruck botanischer Garten Dolden**	grün	1	
1798	*Macr. agrestis* FLL. **stimmt genau, aber nur** 2^{III} **gr.**	♀ **Seitenstetten Stiftsgarten Blätter**	grün	1	
1799	[1] *Macronychia griseola* F	[1] ♂ Genthin **Stein** [2] 21. 6. 03 . . .[1]	[1] – [2] –	1	[[1] Unleserlich]
	[*Urophylloides* BRAUER et BERGENSTAMM]				
1800	[3] *Urophylloides hemichaeta* BR	[2] ♀ 2. 7.[1] [1] Vorarlberg [3] ♂ ♀	[1] – [2] – [3] –	1	[[1] „7" fast unleserlich]
	[*Miltogramma* MEIGEN]				
1801	*Miltogram̄a intricata* MG.	♀ **Fiume gegen Volosca auf Ferula**	olivgrau	2	
1802	*Milt. conica* FLL.	♂ **Melk Wach(t)berg Gesträuch**[1] 15. 6.	grün	1	[[1] Kann auch „**gestreift**" heißen]
1803	*Milt. albifrons* ROND.	♂ **Spalato nach Salona auf** *Fer.*	olivgrau	2	
1804	*Miltogram̄a ruficornis* MG.	♂ ♀ **Fiume gegen Volosca auf Ferula.**	olivgrau	1	

Ex.-Nr. Typen-designie-rung	Vollständige Etikettenbeschriftung		Etiketten-farbe	Erhal-tungs-zustand	Revisionsresultate nach 1910. [Bemerkungen von G. MORGE]
	Familien-, Gattungs-, Artangaben	Sonstige Details			
1806	*murina* M.	♂ **Melk Pielach Rain** 8. 7. 85	grün	1	
1807	*Miltogr. pilitarsis* ROND.	♂ **Steinbrück auf Blume**	olivgrau	2	
1808	*M. oestracea*	♂ **Pöverding Dolden** 24. 6.	blaugrün	1	
1809	*M. punctat[a]*	♂ **Melk Überfuhr Wegrand** 31.[1] 6.	blaugrün	1	[[1] Auch in P. STROBLs Handkatalog steht „31. 6."]
1810	*Germari* M.	♀ **Melk Wach(t)berg** 26. 6. 85	grün	1	
1811	*Milt. pilimana* ROND.	♂ **Fiume Volosca auf Ferula**	olivgrau	1	
1812	*Contarinii* R	♂ **Fiume Volosca** 20. 7. 83	grün	2	
	[*Sphixapata* RONDANI]				
1805	[2] *Sphixap. maculosa* RD.	[1] Kalocsa	[1] – [2] –	1	
	[*Phylloteles* LOEW]				
1813	*Phylloteles pictipennis* LW.	♂[1] Austria **Erber.**	grün	1	[[1] „♀"-Zeichen von P. STROBL in „♂" handschriftlich korrigiert]
	[*Clausicella* RONDANI]				
1814	*Clausicella suturata* RND.	♀ **Spalato Dolde**	rosé	4	
	[*Myobia* ROBINEAU-DESVOIDY]				
1815	*My. inanis* F.	♂ **Innsbruck botanischer Garten Dolden**	blaugrün	4	
1816	*Myob. longipes* MG	♂ Sautratte Bärenklau 30. 7.	grün	2	
1817	*M. fenestrata*	♂ **Seitenstetten Gamsberggraben Dolde** 21. 6.	blaugrün	1	
1819	*M. pacifica*	♀ **Admont Frauenfeld Dolde**	blaugrün	1	
	[*Ptychoneura* BRAUER et BERGENSTAMM]				
1818	*Ptychoneura* BB 104. *rufitarsis* MG ||||[1] 410	♂ **Schwarzenbachgraben** 30. 8.92.	rosé	2	[[1] = IV]
	[*Roeselia* ROBINEAU-DESVOIDY]				
1820	*Roeselia antiqua* MG	♂ **Seitenstetten Stiftsteich Laub** 8. 6.	grün	1	
	[*Paraneaera* BRAUER et BERGENSTAMM]				
1821	[2] *Paraneaera pauciseta* BB [1] *Urophylla*[1] *leptotrichopa* **Brauer! Wahrscheinlich Varietät von pallipes Fall[ÉN]**	[1] ♂[2] Lemberg	[1] blau-grün [2] –	1	[[1] = *Urophylla* BRAUER et BERGENSTAMM. – [2] Von P. STROBL selbst ♀-Zeichen handschriftlich durchgestrichen]
1822	*Paraneaera longicornis* BR **als** *Hyp.*[1] *metop[ina]*	♀ **Villach Tief**	–	1	[[1] = *Hyperecteina* SCHINER]
97. Reihe:					
	[*Stylomyia* VAN DER WULP]				
1823	*Stylomyia punctulata* VD[1] **aber**	♂[2] **Amras Dolden**	grün	1	[[1] = VAN DER WULP.

Ex.-Nr. Typen-designierung	Vollständige Etikettenbeschriftung: Familien-, Gattungs-, Artangaben	Vollständige Etikettenbeschriftung: Sonstige Details	Etikettenfarbe	Erhaltungszustand	Revisionsresultate nach 1910. [Bemerkungen von G. MORGE]
	etwas verschieden, daher Villeneuve Abart.				– [2] Ein auf dem Etikett und im Handkatalog vermerktes ♀-Zeichen von P. STROBL selbst handschriftlich gestrichen]
	[*Microtricha* MIK]				
1824	*Microtricha punct*[*ulata*]	♀ **Seitenstetten Blümelsberghöhe** 13. 5. 91	blaugrün	1	
	[*Tryptocera* MACQUART]				
1825	*Tryptoc. setipennis* FLL.	♀ **Melk Stiftsgarten Gesträuch**[1] 26. 5.	grün	1	[[1] Kann auch „**gestreift**" heißen]
1826	*Tr. securicornis* EGG.	♂ Melk **Stiftsgarten in Luft** 25. 6.	grün	2	[Dieses Exemplar war zusammen mit zwei anderen Tieren dieser Art aus Lade 28 der Hauptsammlung P. STROBLs 1971 zur Revision bei B. HERTING. Vor allen drei Exemplaren ist von ihm ein Determinationsetikett eingefügt mit folgender Anschrift: „*Triactia pictiventris* Zett. B. Herting det."]
1828	*T. crassicornis*	♂[1] **Seitenstetten Grubholz** 10. 6. 891.	blaugrün	3[2]	[[1] Von P. STROBL selbst ein ursprünglich vermerktes ♀-Zeichen in „♂" korrigiert. – [2] Kopf von mir angeklebt]
1830	*Tr. latifrons* MG	♀ Lemberg. 13. 5. 1860 **Göbel**	grün	1	
1834	*Tr. tibialis* RD	♂ ♀ **Volosca**	–	1	
1836	[2] *Tryptoc. muscaria* FLL. *cognata* SCHIN[ER] 519.	[2] ♀ [1] THALHAMMER Travnik	[1] – [2] –	2	
1837	*T. zonella* ZTT	♀ Prag **aus dem Schlamm gezogen Göbel** 16. 4. 43	grün	4	
1840	*Trypt.* (*Gymn.*[1]) *silacea* MG	♀ Admont **Gesäuse** 24. 8.	rosarot	1	[[1] = *Gymnopareia* BRAUER et BERGENSTAMM. – Siehe auch Ex.-Nr. 1835]
	[*Actia* RONDANI]				
1827	*Act. frontalis* MCQ **richtig Villeneuve**	♂ **Kaiserau Sumpfwiesen** 7. 8.	blaugrün	1	

Ex.-Nr. Typen-designie-rung	Vollständige Etikettenbeschriftung: Familien-, Gattungs-, Artangaben	Vollständige Etikettenbeschriftung: Sonstige Details	Etiketten-farbe	Erhal-tungs-zustand	Revisionsresultate nach 1910. [Bemerkungen von G. MORGE]
	[*Petagnia* RONDANI]				
1831	[1] *Petagnia subpetiolata* RD.	[1] ♀ **Seitenstetten Stiftsteich Laub** [2] Admont **Veitlgraben** 28.[1]9. 83 ♀	[1] blau-grün [2] blaß-rosa	1	[[1] In P. STROBLs Handkatalog und Veröffentlichungen steht im Gegensatz zum Etikett „20."]
	[*Helocera* MIK]				
1829	*Hel. bicolor* MG	♂ **Mühlauer Wald auf Dolde** 10. 8.	blaugrün	4	
1832	*Helocera versicolor* F.	**Graz aus** *Platypt[eryx] lacertin[aria]* **gezogen**	rosé	1	
1833	*Helocera delecta* MG **Mik!**	♂ ♀ **Dolden unter Röthelstein**	grün	1	
	[*Gymnopareia* BRAUER et BERGENSTAMM]				
1835 Typus	*Gymnopar. siphonoides* n. sp. ♂ **gute Art teste Villeneuve!**	♂ **Gesäuse** 24. 6. 91 Styria STROBL.	–	1	[Siehe auch Ex.-Nr. 1840]
	[*Goniocera* BRAUER et BERGENSTAMM]				
1838	*Goniocera schistacea* BR.	[2] ♀ [1]* Bpest Sashegy ** IV. 26. 1894	[1] – [2] grün	1	[* Vorderseite des Etiketts. – ** Rückseite des Etiketts]
	[*Neaeropsis* BRAUER et BERGENSTAMM]				
1839	*Neaerops. laticornis* **Schiner** *incurva*[1] ZTT[1] MG.[1]	♀ **Hoffeld auf blühendem Gesträuch** 24. 5. 95. Styria STROBL.	–	1	[[1] Von P. STROBL selbst handschriftlich nachträglich auf dem Etikett ergänzt]
	[*Siphona* MEIGEN]				
1841	*Siphona geniculata* DEG	♂ **Hinter Kreiting**[1] **Blumen**	grün	1	[[1] Unsichere Dechiffrierung]
1842	*Siph. flavifrons* Z.	♂ ♀ **Wolfsgraben Sunk** 12. 8.	blaugrün	2	
1843	*Siph. cristata* FB	**Seitenstetten Waldrand Laub** ♂. **Admont** ♀	grün	2	
	[*Melia* ROBINEAU-DESVOIDY]				
1844	*Melia albipen̄is* MG	♀ **Seitenstetten Froschau Gesträuch**[1]	grün	1	[[1] Kann auch „**gestreift**" heißen]
	[*Somoleja* RONDANI]				
1845	[1] *Somoleja rebaptinata* R	[1] **Amstetten Ybbsauen** ♂. **Brauer!** [2] 15. 7. 01	[1] blau-grün [2] –	1	
	[*Craspedothrix* BRAUER et BERGENSTAMM]				
1846	*Craspedothrix vivipara* BB III 209 *Pol.*[1] *aen.*[2] mihi	♀ **Kematen Bachschlucht** 18. 8.	rosé	1	[[1] = *Polidea* MACQUART. – [2] = *aenea* MEIGEN]

Ex.-Nr. Typen-designie-rung	Vollständige Etikettenbeschriftung: Familien-, Gattungs-, Artangaben	Vollständige Etikettenbeschriftung: Sonstige Details	Etiketten-farbe	Erhal-tungs-zustand	Revisionsresultate nach 1910. [Bemerkungen von G. MORGE]
	[*Blepharomyia* BRAUER et BERGENSTAMM]				
1847	*Blepharomyia amplicornis* ZTT!	♀ **Strechen Voralpenregion** 28. 7. 90	blaugrün	1	
	[*Loewia* EGGER]				[Siehe auch Ex.-Nr. 1880]
1848	[2] *Loewia setibarba* EGG	[2] ♂. [1] THALHAMMER Travnik	[1] – [2] –	4	
1849	[2] *Loewia brevifrons* RND. SCHIN. det STROBL	[2] ♂. [1] Thalhammer Grab a. d s.	[1] – [2] –	1	
98. Reihe:					
	[*Macquartia* ROBINEAU-DESVOIDY]				
1850	[1] *lucid[a]* [2] *Macquartia lucida* MG.	[1] ♂ Gesäus **Dolden** 16. 8. 94 [2] **Wolfsgraben Sunk.** ♀	[1] grün [2] grün	1	
1851	*Macq. chalconata* MG.	♂ **Seitenstetten Stiftsgarten Blätter**	grün	1	
1852	*Macq. tenebricosa* ZTT.	♀ **Melk Stiftsgarten Gesträuch**[1] 8. 5.	grün	1	[[1] Kann auch „**gestreift**" heißen]
1853	*Macq. affinis* SCHIN.	♀ **Seitenstetten Waldlichtungen Laub**	grün	1	
1854	*M. dispar.*	♂ Hungaria Hild THALHAMMER	–	1	
1855	*Macquartia grisea* FLL.	♂ **Seitenstetten Stiftsgarten Laub**	grün	1	
1857	*Macq. nitida*	♂ **Johnsbach Weg** *Salv g.* 3. 8.	grün	2	
1858	*atrata* F	♀ **Seitenstetten Franzwäldchen auf Dolden** 10. 6. 90.	blaugrün	4	
1859	*M. chalybeata* MG	**Seitenstetten Stiftsteich Laub** ♂. **Melk Wach(t)berg Gesträuch**[1] 27. 6. ♀	grün	1	[[1] Kann auch „**gestreift**" heißen]
1860	*M. nigrita* FLL.	♂ Austria **Jäger**[1]	grün	1	[[1] Unsichere Dechiffrierung]
1861	*Macq. prolixa* M **richtig Villeneuve**	♀ **Melk Wach(t)berg Wolfsmilch** 7. 5. 82 Austria	blaugrün	1	
	[*Morinia* ROBINEAU-DESVOIDY]				
1856	[2] *Morinia tergestina* SCHIN. = *Phyto*[1] *pygm.*[2] **richtig teste Villeneuve**	[2] ♂ [1] Triest. 26. VI.	[1] – [2] –	2	[[1] = *Phyto* ROBINEAU-DESVOIDY. – Siehe auch Ex.-Nrn. 1893 bis 1895. – [2] = *pygmaea* ZETTERSTEDT]
	[*Frauenfeldia* EGGER]				
1862	*Frauenfeldia rubricosa* M	**Melk Stiftsgarten Gesträuch**[1] **Test** ♂.	blaugrün	1	[[1] Kann auch „**gestreift**" heißen]
	[*Admontia* BRAUER-BERGENSTAMM]				
1863	*Admontia podomyia* BR = *Deg.*[1] *amica* MG	**Seitenstetten** ♂ **Kaiserau Voralpe** 6. 8. ♀	blaugrün	3[2]	[[1] = *Degeeria* MEIGEN. Siehe auch Ex.-Nrn. 1866 bis 1868. – [2] Abdomen von mir angeklebt]

Ex.-Nr. Typen-designie-rung	Vollständige Etikettenbeschriftung		Etiketten-farbe	Erhal-tungs-zustand	Revisionsresultate nach 1910. [Bemerkungen von G. MORGE]
	Familien-, Gattungs-, Artangaben	Sonstige Details			
	[*Arrhinomyia* BRAUER et BERGENSTAMM]				
1864	*Arrhinom. separata* MG	♂ **Melk Donauleiten Laub** 6. 5.	blaugrün	1	
	[*Discochaeta* BRAUER-BERGENSTAMM]				
1865	*Discochaeta muscaria* **Fall**	♀ **Radkersburg Laub** 27. 7.	blaugrün	1	
	[*Degeeria* MEIGEN]				[Siehe auch Ex.-Nr. 1863]
1866	*Deg. blanda* FLL	**Seitenstetten Ledererleiten Gebüsch** 3. 6. ♂ **Amstetten** ♀	grün	1	
1867	*D. maculisquama* ZTT *seria*[1] MG[1]![1]	♀ **Kaiserauer Voralpenwiese** 6. 8.	grün	1	[[1] Von P. STROBL nachträglich handschriftlich auf Etikett ergänzt]
1868	*Deg. collaris* **Fall** = *ornata* MG **teste Villeneuve richtig**	♂ **Krumau Admont**	—	1	
	[*Hypostena* MEIGEN]				
1869	*Hypostena innoxia* MG = *proc.*[1] **Schiner/**MG **teste Villeneuve**	♀ **Melk** 12. 7.	—	1	[[1] = *procera*]
1870	*Hypostena medorina* SCHIN	♂ **Amstetten Ybbsauen Gesträuch**[1]	grün	2	[[1] Kann auch „**gestreift**" heißen]
1871		♀ Melk **Donauleiten Laub.** 6. 6.	hellblau	4	
	[*Agculocera* MACQUART]				
1872	*Agculocera cinerea* **Mik!**	♀ **Melk Stiftsgarten Gesträuch**[1] 26. 6.	grün	1	[[1] Kann auch „**gestreift**" heißen]
	[*Acemyia* ROBINEAU-DESVOIDY]				
1873	*Acem. grisea* Z.	♀ Cilli **Dolde** 25. 7.	rosé	1	
	[*Scopolia* ROBINEAU-DESVOIDY]				
1874	*Scopolia carbonaria* Pz.	♀ **Auen bei Bozen.**	grün	2	
1875	*Scop. cunctans* MG	♀ **Melk Wach(t)berg Blume** 8. 6.	grün	2	
1876	*Sc. fuliginaria* RND	♂. **Melk Wach(t)berg Gesträuch**[1] 25. 6.	blaugrün	2	[[1] Kann auch „**gestreift**" heißen]
1878	*Scop. succincta* MG.	♀ **Seitenstetten Stiftsgarten Laub**	grün	4	
	[*Phorichaeta* RONDANI]				
1877	[2] *Phorichaeta tricincta* RD [3] *Clista*[1]	[2] ? ♀. [1]* Pössneck RIEDEL** 30. 9. 06	[1] — [2] — [3] —	2[2]	[[1] = *Clista* MEIGEN. Siehe auch Ex.-Nrn. 1880 und 1882. — * Vorderseite des Etiketts. — ** Rückseite des Etiketts. — [2] Kopf von mir angeklebt]
99. Reihe:					
	[*Anachaetopsis* BRAUER et BERGENSTAMM]				
1879	*Anachaetopsis ocypterina* Z	♂ Luttenbg 30. 7.	blaugrün	4[1]	[[1] Abdomen von mir angeklebt]

Ex.-Nr. Typen-designierung	Vollständige Etikettenbeschriftung: Familien-, Gattungs-, Artangaben	Vollständige Etikettenbeschriftung: Sonstige Details	Etiketten-farbe	Erhal-tungs-zustand	Revisionsresultate nach 1910. [Bemerkungen von G. MORGE]
	[*Clista* MEIGEN]				[Siehe auch Ex.-Nr. 1877]
1880	[1] *Clista foeda* MG [2] *Loewia*[1] *foeda*[2] MEIG. sec. typ. in Paris	[1] ♂ **Cilli Schloßberg**	[1] rosé [2] –	1	[[1] Siehe auch Ex.-Nrn. 1848 bis 1849. – [2] Siehe auch Ex.-Nr. 1881]
1882 Typus	[1] *Cl. styriaca* **Strobl** [2] *Emporomyia*[1] *Kaufmanni* BR	[1] ♀ **Natterriegel Alpenwiesen Blume** 11. 8. 90. [2] ♀ **Natterriegel Alpenwiesen Blume** 11. 8. 90.	[1] blau-grün [2] rosé	1	[[1] = *Emporomyia* BRAUER et BERGENSTAMM]
	[*Fortisia* RONDANI]				
1881	*Fortisia phaeoptera* MG **Type** = *foeda* BB **teste Villeneuve**	♀ **Radkersburg**	–	2	[[1] Siehe auch Ex.-Nr. 1880]
	[*Leucostoma* MEIGEN]				
1883	*Leucost. analis* MG.	♂ **Volosca**	–	1	
	[*Erynnia* ROBINEAU-DESVOIDY]				
1884	*Erynnia nitida* R.D.	♂ **Zara auf Stachelpflanzen**	blaugrün	1	
	[*Rhinophora* ROBINEAU-DESVOIDY]				
1885	*Rhinophora femoralis* **Schiner aber nicht** MG.	♂ **um die Stadt Zara auf Stachelpflanzen**	olivgrau	1	
1886	*Rhin. signata* **Mik**	♂ **Fiume gegen Volosca Ferula**	grün	1	
1887	*Rh. inornata* LW.	♂ Jaring **Pastinak** 7. 8. 93.	blaugrün	1	
1888	*simplicissima* LW	♀ Görz **Krojnatal Dolden** 24. Juli 883.	grün	1	
1889	*Rhinophora atramentaria* MG.	♂ **Seitenstetten Stiftsteich Laub**	grün	1	
1890	*Rhin. melania* MG	**Amstetten Forstheide** ♂. **Sonntagberg**[1] **Laub** ♀.	grün	1	[[1] Kann auch „**Sonneckberg**" heißen]
1891	*Rhin. Bertolinii* RD **teste Villeneuve**	♂ Steinbrück **Dolden** 30. 7. STR.	–	1	
1892	*Rhin. lepida* MG = *aenescens* Z	♂ **Admont Schafferweg Blüten** 20. 8. 82	blaugrün	1	
	[*Phyto* ROBINEAU-DESVOIDY]				[Siehe auch Ex.-Nr. 1856]
1893	*Phyto pygmaea* ZTT.	**Natterriegel** 22. 8. ♂, **Kalkofen Blüten** 17. 7. ♀.	blaugrün	1	B. HERTING 1971 det.: „*Angioneura acerba* Meigen ♀"
1894	*Phyto melanocephala* MG.	♂ **Fiume Volosca auf Ferula.**	grün	1	
1895 Typus	*Phyto aperta* n. sp.	♂ **Scheibleggerhochalpe Bachrand Blume** 27. 7. 91.	blaugrün	2	B. HERTING 1971 det.: „*Billaea villicornis* Zett." [B. HERTING in litt. erläutert seine Determination folgendermaßen: „*Phyto aperta* (1894), mas =

Ex.-Nr. Typendesignierung	Vollständige Etikettenbeschriftung: Familien-, Gattungs-, Artangaben	Vollständige Etikettenbeschriftung: Sonstige Details	Etikettenfarbe	Erhaltungszustand	Revisionsresultate nach 1910. [Bemerkungen von G. MORGE]
					Villanovia villicornis ZETTERSTEDT. Die Art ist von STROBL irrtümlichin der Rhinophorinen-Gattung *Phyto* beschrieben worden. Sie ist eine Dexiine und steht der Gattung *Billaea* nahe. Der Gattungsname *Villanovia* STROBL (1909, p. 143) ist gültig.“]
1896[1]	**VI. Dexinae.**		rosa mit schwarzem Rahmen		[[1] Kein Tier, nur ein handschriftliches Familiennamen-Etikett P. STROBLS]
	[*Medoria* MEIGEN]				
1897	[2] *Medor. acerba* MG VII 204? **Mik.** [3] *Angioneura*[1] *acerba* MEIG. sec. typ. **teste Villeneuve**	[1] Asch 11. 8. 876	[1] – [2] grün [3] –	1	[[1] = *Angioneura* BRAUER et BERGENSTAMM]
1898	[2] **Rechte**[1] *Medor. corvina* MG. RÖDR! **Mehrere Exemplare falsch bestimmt.** *nitida* BR. i l[2]	[2] ♂ [1] THALHAMMER Travnik	[1] – [2] –	2	[[1] = **richtige.** – [2] = in litteris]
1899		* Pößneck RIEDEL **17. 6. 06	–	1	[* Vorderseite des Etiketts. – ** Rückseite des Etiketts]
	[*Morinia* MEIGEN]				
1901	*M. fimbriata* MG = *funesta* **Strobl**[1]!	♂ ♀ **Krumau Dolden**	–	2	[[1] Gemeint ist *funesta* MEIGEN IV. 346]
1900	*Morinia nana* MG.	♂ **und** ♀ **Frauenfeld**	grün	2	
/ 1900a				4	
1902	*Morin. melanoptera* FLL	♂[1] **Amstetten Ybbsauen Gesträuch**[2]	grün	1	[[1] Von P. STROBL selbst ein ursprüngliches ♀-Zeichen handschriftlich in „♂“ korrigiert. – [2] Kann auch „**gestreift**“ heißen]
	[*Rhinomorinia* BRAUER et BERGENSTAMM]				
1903	*Rhinomorinia sarcophagina* **Schiner**	**Melk** ♂. **Seitenstetten Laub** ♀	blaugrün	1	
	[*Catharosia* RONDANI]				
1904 Typus	[1] *Cath. Braueri* m. [2] *Chaetostevenia*[1] *parthenopea* ROND.	[1] ♂ Lesina **Novak**	[1] – [2] –	1	[[1] = *Chaetostevenia* BRAUER et BERGENSTAMM. – B. HER-

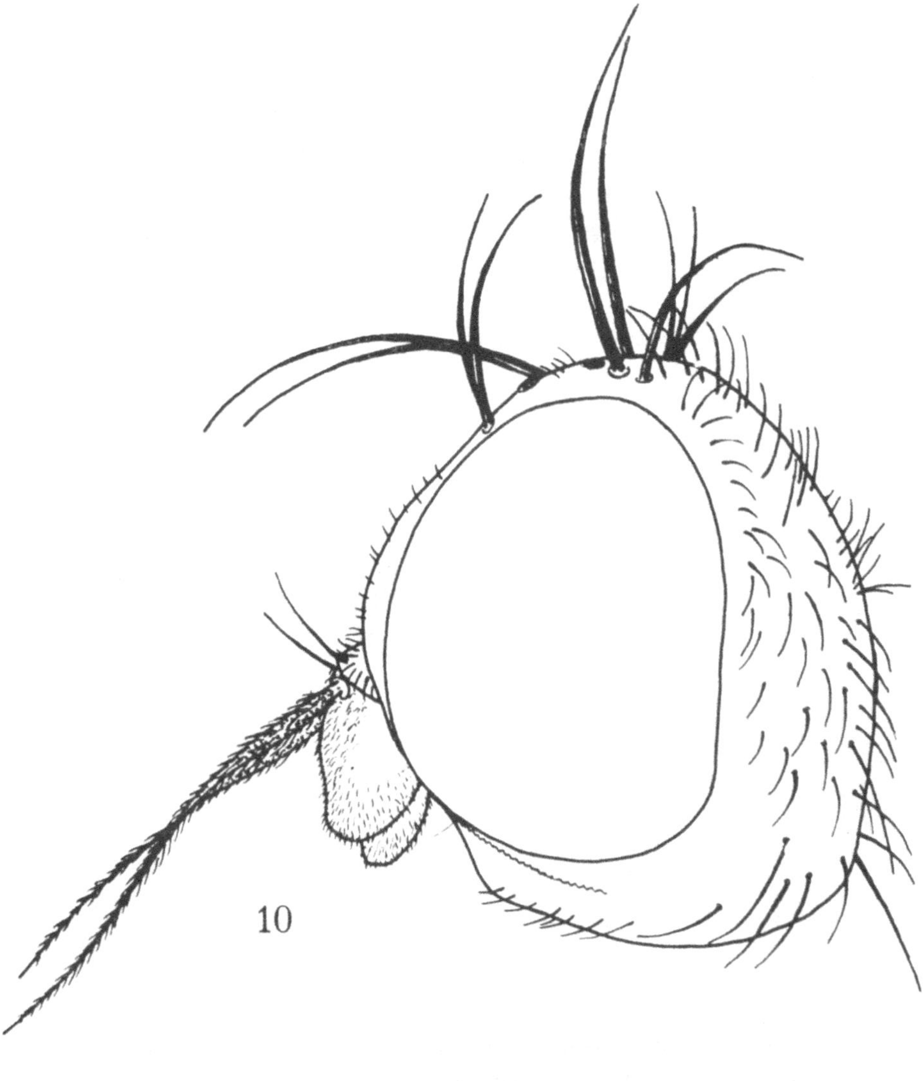

10

Fig. 10. *Palloptera flava* OLDENBERG (Pallopteridae):

Linke Seitenansicht des Kopfes. (48×). (Gezeichnet nach einem Exemplar in der Kollektion des ehemaligen DEI, Eberswalde, mit folgender Etikettierung: 1. „Typus". – 2. „Berlin-Jungfernheide 1. 9. 01". – 3. „coll. Oldenberg".)

Ex.-Nr. Typen-designierung	Vollständige Etikettenbeschriftung: Familien-, Gattungs-, Artangaben	Vollständige Etikettenbeschriftung: Sonstige Details	Etiketten-farbe	Erhal-tungs-zustand	Revisionsresultate nach 1910. [Bemerkungen von G. MORGE]
					TING, der 1971 dieses Exemplar revidierte, schreibt dazu in litt.: „*Stevenia braueri* (1895), mas. Das mir übersandte Exemplar stammt aus Lesina und ist von STROBL in der Wien. ent. Z. 1893, p. 99, als *S. maculata* FALL. zitiert. STROBLs Namensänderung (1895, p. 246) nimmt nur auf 1894, p. 52, Bezug, deshalb wäre das Männchen aus Steinbrück, 21. Juli, typischer. Die Art gehört zu den Rhinophorinen (*Chaetostevenia br.*).“]
100. Reihe:					
	[*Engyops* RONDANI]				
1905 Typus	*Engyops Pecchioli* RD. v. *alpicola* m.	**Kalbling ♀, Scheibleggerhochalpe** ♂	blaugrün	1	B. HERTING 1971 det.: „*Eggisops pecchiolii* ROND.“ [B. HERTING schreibt zu dieser Determination in litt.: „(*Engyops pecchiolii*“ RONDANI) var. *alpicola* (1894), von der typischen Art nicht verschieden. Keine Tachine, sondern eine Calliphorine.“]
	[*Melanophora* MEIGEN]				
1906	*Melanophora roralis* L	♂ **Innsbruck**	olivgrau	1	
1907	*Mel. atra* MCQ	♀ Lemberg **Göbel**	grün	3	
	[*Nyctia* ROBINEAU-DESVOIDY]				
1908	*N. h.*[1] v. *Servillei* R. D.	♀ **Melk Donauaue Gesträuch**[2] 29. 6.	grün	2	[[1] = *halterata* PANZER. – [2] Kann auch **„gestreift“** heißen]
1909	*Nyctia halt. cam̄inaria* Pz	♂ **Zara auf Eichelrand**	olivgrau	1	
1910	[2] *Nyctia claripen̄is* R.D. [3] *Sarcophaga*[1] sp.?	[2] ♂ [1] Triest. 28. V [2] l. Sunk [3] ♂	[1] – [2] – [3] –	1	[[1] = *Sarcophaga* MEIGEN. – Siehe auch Ex.-Nrn. 1958 bis 2003]

Ex.-Nr. Typen-designie-rung	Vollständige Etikettenbeschriftung: Familien-, Gattungs-, Artangaben	Vollständige Etikettenbeschriftung: Sonstige Details	Etiketten-farbe	Erhal-tungs-zustand	Revisionsresultate nach 1910. [Bemerkungen von G. MORGE]
	[*Thelaira* ROBINEAU-DESVOIDY]				
1911	*Th. nigripes* F. v. *intuenda* R[1]	♂ ♀ **Seitenstetten Waldrand Laub**	blaugrün	2	[[1] Fast unleserlich]
1912	○			2	
1913	v. *leucozona* PZ RD.	♂ **Schafferweg Blume** 21. 7.	blaugrün	2	
1914	○			1	
	[*Melania* MEIGEN]				
1915	*Melania volvulus* FBR	**Innsbruck** ♂. **Kalbling Voralpenwiesen** 15. 7. ♀	grün	1	
	[*Mintho* ROBINEAU-DESVOIDY]				
1916	*Mintho lacera* RND	♀ Austria **Erber**	blaugrün	1	
	[*Dinera* MACQUART]				
1917	*Din. grisescens*	♀ **Pöverding Dolden Test** 28. 6.	blaugrün	1	
	[*Estheria* ROBINEAU-DESVOIDY]				
1918	[1] *Estheria cristat[a]* [2] *Estheria Bohemanni* RD = *crist* Z/MG	[1] ♂. **Um den Scheipisee Gesträuch**[1] 1. 8. 91. [2] ♂ **Scheipisee** 1. 8.	[1] blaugrün [2] –	1	[[1] Kann auch „**gestreift**" heißen]
	[*Prosena* ST. FARGEAU et SERVILLE]				
1919	*Prosena siberita*	♂. **Von Soča nach Flitsch**	olivgrau	1	
	[*Dexia* MEIGEN]				
1920	*Dexia ferina*	♂. **Johnsbach Weg.**	olivgrau	1	
1921	*Dex. canina* FBR	**Vor Johnsbach Laub** ♂ **Kuß**[1]**wald Erlen** 26. 7. ♀	grün	1	[[1] Unsichere Dechiffrierung]
1922	*Dex. carinifrons* FLL.	**Melk Stiftsgarten Gesträuch**[1] 21. 5. ♂ **Melk Waldrand Gesträuch**[1] 20. 6. ♀	grün	1	[[1] Kann auch „**gestreift**" heißen]
1923	○			1	
1924	*Dexia vacua* FLL.	♂ ♀. **Seitenstetten Froschau**	grün	1	
1925	*Dex. rustica* FBR	♂ ♀ **Seitenstetten Waldrand Laub**	grün	1	
1926	○			1	
1928	*Dexia proletaria* EGG	♂ **Fiume Rěcinatal auf Pastinak**	olivgrau	1	
	[*Atropidomyia* BRAUER et BERGENSTAMM]				
1927	*Atropidomyia parvula* PRT	♀ **Radkersburg Dolden**	rosé	1	
	[*Sirostoma* RONDANI]				
1929	*Sirostoma latum* EGG **Brauer**	♂ **Von Soča nach Flitsch.**	blaugrün	1	
	[*Phorostoma* ROBINEAU-DESVOIDY]				
1930	*Phorostom[a] triangulifera* ZTT.	♀ **Admont**	olivgrau	1	
1931	*Phor. subratunda* R.D.	♂ Bozen **Auen**	blaugrün	1	
	[*Ptilozeuxia* BRAUER et BERGENSTAMM]				
1932	*Ptilozeuxia brachycera* BR = *brevicornis* EG.	♂ **Soča**	–	2	

Ex.-Nr. Typendesignierung	Vollständige Etikettenbeschriftung: Familien-, Gattungs-, Artangaben	Vollständige Etikettenbeschriftung: Sonstige Details	Etikettenfarbe	Erhaltungszustand	Revisionsresultate nach 1910. [Bemerkungen von G. MORGE]
101. Reihe:					
	[*Homalostoma* RONDANI]				
1933	*Homalostoma forte* RD.	♂ **Steinbrück**	blaugrün	2	
	[*Tapinomyia* BRAUER et BERGENSTAMM]				
1934	*Tapinomyia piliseta* BB	**Melk** ♂, Cilli **Möhrendolden** ♀	–	2	
	[*Syntomocera* SCHINER]				
1935	*Syntomocera nigricornis* EGG	♀ Triest **Strobl.**	–	1	
1936	*Synt. erythrura* EG	♂ **Monfalcone Strobl**	–	1	
1937	[1] *Syntom. cristata* RD [2] *Zeuxia*[1] *Palumbii* ROND.	[1] ♂ **Kanderas** Spanien STROBL	[1] – [2] –	2	[[1] = *Zeuxia* MEIGEN. – Siehe auch Ex.-Nr. 1938]
	[*Zeuxia* MEIGEN]				[Siehe auch Ex.-Nr. 1937]
1938	[2] *Zeuxia cinerea* MEIG.	[2] ♀ [1] * Pößneck RIEDEL ** 2 6. 07 Be	[1] – [2] –	1	[* Vorderseite des Etiketts. – ** Rückseite des Etiketts]
1939	**VII. Sarcophaginae**		rosa schwarz umrahmt		
	[*Theria* ROBINEAU-DESVOIDY]				
1940	*Theria muscaria* MEIG	**Vor Johnsbach auf Laub** ♂ **Melk** ♀	grün	1	
	[*Sarcophila* RONDANI]				
1941	*Sarcophila latifrons* FB	♀ **Triest Karst Wolfsmilch**	olivgrau	1	
1942	*Sarcophila Meigenii* **Schiner**	♀ **Melk Stiftsgarten Blumen** 6. 5.	grün	2	
1943	*S.* (*Wohlfartia*)[1] *magnifica* **Schiner**	♂[2]. ♀	–[3]	2	[[1] = *Wohlfartia* BRAUER et BERGENSTAMM. – Siehe auch Ex.-Nr. 1949. – [2] Von P. STROBL handschriftlich durchgestrichen. – [3] Über dem Etikett zusätzlich noch ein kleines □ violettes Blättchen]
1944	*Sarcoph. magnifica* **Schiner**	♂ Granada 3. 5. Südspanien Prof. G. STROBL	–	3	
1945	*Sarcophila* (*Angiometopa*)[1] *ruralis* **Fall**[2] BB. **obige** *Meigenii*	**Melk** ♂ **Wach(t)berg**	orange	1	[[1] = *Angiometopa* BRAUER et BERGENSTAMM. – [2] = FALLÉN]
1946	*S. hungarica* BR. (**ist** *magnif*[*ica*])	♂! Sz. – Fejervar Hungaria THALHAMMER	–	1	
	[*Wohlfartia* BRAUER et BERGENSTAMM]				[Siehe auch Ex.-Nr. 1943]
1949	*Wohlfartia Meigenii* SCH	♂ Thüringen	–	2	

Ex.-Nr. Typen-designie-rung	Vollständige Etikettenbeschriftung: Familien-, Gattungs-, Artangaben	Vollständige Etikettenbeschriftung: Sonstige Details	Etiketten-farbe	Erhal-tungs-zustand	Revisionsresultate nach 1910. [Bemerkungen von G. MORGE]
	[*Onesia* ROBINEAU-DESVOIDY]				
1947	*Onesia sepulcralis* var ? **ist** v. *clausa* MACQ.	♀ Alicante 8. 5.	–	2	
1948	*Onesia floralis*	**Dolden bei Turrach**	grün	1	
1950	*Ones. sepulcralis* MG.	♂ **Gesäuse**	–	1	
1951	*On. sep.*[1] v. *agilis* MG.	♀ **Melk** *Tar[ax.]* 14. 4.	blaugrün	1	[[1] = *sepulcralis* MEIGEN]
1952	*On. flor.*[1] **kleine Varietät mit geschlossener Mittelzelle**	♀ **Melk Waldrand Ackerblüten** 13. 5.	grün	1	[[1] = *floralis* ROBINEAU-DESVOIDY]
1953	*On. pusilla* MG	♂ Halbinsel Jankowsky Süd-Ussuri VII	–	1	
1954	*On. cognata* MG	**Melk Stiftsgarten Gesträuch**[1] 5. 8. ♂. **Gesäuse** ♀.	grün	2	[[1] Kann auch „**gestreift**“ heißen]
1955	*On. gentilis* MG	**Schafferweg Rain** 5. 8. ♂. 23. 7. ♀.	grün	2	
1956	*On. alpina* ZTT.	♂ **Scheibleggerhochalpe** 27. 7. 91.	blaugrün	2	
1957	*Ones. genarum* ZTT	♀ Mongolei **Staudinger**	rosarot[1]	1	[[1] Über dem Etikett zusätzlich noch ein kleines weinrotes □-Blättchen]
102. Reihe:					[102. bis 113. Reihe im Kassettenunterteil]
	[*Sarcophaga* MEIGEN]				[Siehe auch Ex.-Nr. 1910]
1958	*Sarc. carnaria* L. α[1] **Schiner**	♂ ♀ **Melk Stiftsgarten Blume** 26. 5.	grün	1	[[1] Kann auch „**von**“ heißen]
1959	○			1	
1960	○			1	
1961	*c.* v. *matertera* RND	♂ **Admont auf Dolden**	blaugrün	1	
1962	*carn.* v. *δ.* **Mittelschienen nur kurz behaart.**	♂ **Krumau auf Dolden** 25. 8	blaugrün	1	
1963	*atrop.*[1] **Normalform**	**Admont** ♂, **Gesäuse Dolden** ♀	blaugrün	1	[[1] = *atropos* MEIGEN]
1964	*atr. β filia* R	♂ **Melk Stiftsgarten Gesträuch**[1] 1. 6.	blaugrün	1	[Kann auch „**gestreift**“ heißen]
1965	*atr. γ noverca* RD.	♂ **Seitenstetten Grubholz Gesträuch**[1] 1. 7. 891.	blaugrün	2	[Kann auch „**gestreift**“ heißen]
1966	*S. agricola* M.	♂ **Seitenstetten Franzwäldchen Dolden**	blaugrün	1	
1967	*S. privigna* R.	♂ **Seitenstetten Bachufer Gesträuch**[1] 21. 5. 91	blaugrün	1	[Kann auch „**gestreift**“ heißen]
1968	*S. soror* RD.	**Natterriegel Voralpenweg** 22. 8. ♂. **Melk Stiftsgarten Gesträuch**[1] ♀.	blaugrün	1	[[1] Kann auch „**gestreift**“ heißen]
1969	*S. albiceps* M	**Krumau auf Dolden** 25. 8. ♂. **Triest auf Wolfsmilch** 2. 8. ♀.	blaugrün	1	
1970	*S. melanura* MG *striata* **Schiner**/ MG. . .[1]	♂ ♀ **Triest Karst Wolfsmilch Fiume**	blaugrün	1	[[1] Unleserliches ? stenographisches Zeichen]

Ex.-Nr. Typen-designierung	Vollständige Etikettenbeschriftung: Familien-, Gattungs-, Artangaben	Vollständige Etikettenbeschriftung: Sonstige Details	Etikettenfarbe	Erhaltungszustand	Revisionsresultate nach 1910. [Bemerkungen von G. MORGE]
1971	*Sarcophaga vagans* MG	Frauenfeld ♀. Schafferweg Kaiserau ♂	grün	1	
1972	*Sarcoph. pumila* MG.	♂ ♀ Seitenstetten Froschau Gebüsch	grün	1	
1973	*S. socrus* RND	♂ Natterriegel Spitze Blume 11. 8. 90	blaugrün	1	
1974	*S. juvenis* RD.	♂ Monfalcone 27. 7.	rosé	1	
1975	*S. sinuata* MG	♂ Admont Ennsauen	graugrün	1	
1976	*nigriventris*	♂ Seitenstetten Stiftsteich Laub.	blaugrün	2	
1977	*depressifrons* = *nigrivent[ris]*	♀ Triest Karst Wolfsmilch	blaugrün	1	
1978	*S. arvorum* M	♂ Görz Krojnatal 7. 8.	rosé	1	
1979	*laticornis* MG	♂ Admont Frauenfeld Dolde	blaugrün	1	
103. Reihe:					
1980	*clathrata* M	♂ Seitenstetten Blümelsbachschlucht auf Laub 17. 5. 90.	blaugrün	1	
1981 Typus	*S. erythrophthalma* m. *setipennis* R	Auf Laub unter Michael Lungenkraut ♂. Melk Stiftsgarten Gesträuch[1] 27. 5. ♀.	grün	1	[[1] Kann auch „gestreift" heißen]
1982	*obfuscata* M	Gesäuse Dolde ♂ Mariahof ♀	blaugrün	1	
1983	*S. infantula* RD.	Seitenstetten Dolden ♂. Mariahof Dolden ♀	rosé	1	
1984	*dissimilis*	Innsbruck ♂. Natterriegel 22. 8. ♀	blaugrün	1	
1985	*setinervis* RD v. Gr. . .[1], Stirn schmal, hintere Querader stark gesch. . .[1]	♂ Melk Wach(t)berg Gesträuch[2]	blaugrün	1	[[1] Unleserliche stenographische Zeichen. — [2] Kann auch „gestreift" heißen]
1986	*consobrina* BLL. RD.	♂ Amstetten Ybbsauen	blaugrün	3[1]	[[1] Abdomen von mir angeklebt]
1987	*nurus* RND, *haemorhoidalis* MG Schiner FLL.	♂ Seitenstetten Froschau auf Laub.	blaugrün	1	
1988	*dalmatina*	♂ Fiume Rečinatal auf *Eup. c.* 17. 7.	grün	1	
1989	*haemorhoidalis* FLL, ZTT, RND. α *erythrura* Schiner/MG.	♂ ♀ Melk Stiftsgarten Gesträuch[1] 15. 6. in Kopulation	blaugrün	1	[[1] Kann auch „gestreift" heißen]
1990	*haemorhoidal* v. *cruentata* Schiner p. p. Schienen dichter behaart.	♂ Admont Frauenfeld Dolden 18. 7.	blaugrün	1	
1991	*S. cruentata* MG	♂ Syrien	—[1]	1	[[1] Über dem Etikett zusätzlich noch ein winziges gelbbraunes □-Blättchen]
1992	v. *cruentat[a]*	♀ Gesäuse auf Dolden 16. 7.	blaugrün	1	
1993 Typus	*proxima* R. v. *inermis* Strobl	♂ Aussee	blaugrün	2	
1994	*haemorhoid[alis]*	Admont Sautratte ♂. Melk Stiftsgarten Gesträuch[1] 27. 7. ♀	blaugrün	3	[[1] Kann auch „gestreift" heißen]
1995	v. *vulnerata* Schiner	♂ Innsbruck Gesträuch[1] Mühlau	blaugrün	1	[[1] Kann auch „gestreift" heißen]
1996	*erythrura* MG. *haematod[es]* Schiner halb[1]	Melk Winden auf Gebüsch 15. 6. ♂. Donauleiten Laub 6. 9.[2] ♀.	blaugrün	1	[[1] Dürfte sinngemäß „p.p." bedeuten. — [2] Datum fast unleserlich]

Ex.-Nr. Typen-designie-rung	Vollständige Etikettenbeschriftung: Familien-, Gattungs-, Artangaben	Vollständige Etikettenbeschriftung: Sonstige Details	Etiketten-farbe	Erhal-tungs-zustand	Revisionsresultate nach 1910. [Bemerkungen von G. MORGE]
1997	*S. haematodes* MG!	♂ ♀ Luttenberg 30. 7.	rosé	1	
1998	*amita* RND.	♀ **Ragusa Breunotal auf** *Vitex*	blaugrün	1	
1999	*S. consanguinea* RD v **das 2. Segment mit 2 Borsten.**	♂ Udine 18. 7. 95 STR.	blaugrün	1	
2000	*Sarc. lineata* FLL	♂ **Wach(t)berg Steindorn** 29. 5.	olivgrau	1	
2001	*Sarc. affinis* FLL.	♂ **Innsbruck gegen Zirl Gebüsch.**	grün	1	
2002	*Sarc. grisea* MG.	♀ **Amras Dolden**	grün	2	
104. Reihe:					
2003	*Sarcophag[a] adolescens* RND.	♂ Alp. mar. **Erber**	–[1]	1	[[1] Über dem Etikett zusätzlich noch ein winziges verblichen-violettes □-Blättchen]
	[*Cynomyia* ROBINEAU-DESVOIDY]				
2004	*Cyn. mortuor.*	♂ Seitenstetten **Stiftsmauer**	grün	1	
2005 Typus	var.[1]	♂ Krn. **Voralpenwiesen.**	grün	2	[[1] = *Cynomyia mortuorum* LINNAEUS var. *viridicuprea* STROBL]
2006	**VIII. Muscinae**		rosa schwarz umrahmt		
	[*Stomoxys* GEOFFROY]				
2007	*Stomoxys calcitrans*	♀ **Cilli Möhrendolden**	olivgrau	1	
2008	*Stom. stimulans* MG	♂ **Kalbling Voralpenwiesen** 25. 7.	grün	2	
2009	*St. melanogaster* MG.	♀ **Villach Tief.**	blau-grün	1	
	[*Graphomyia* ROBINEAU-DESVOIDY]				
2010	*Graphomyia maculata*	**Görz Krojnatal** ♀. **Fiume Rěcinatal** ♂	olivgrau	1	
2011	○			1	
	[*Calliphora* ROBINEAU-DESVOIDY]				
2012	*Call. vomitoria* L.	**Melk Stiftsgarten Gesträuch**[1] 30. 5. ♂. **Wach(t)berg Gesträuch**[1] 15. 6. ♀	grün	1	[[1] Kann auch „**gestreift**" heißen]
2013	*Call. erythrocephala* MG	♂ ♀ **Melk Stiftsgarten Gesträuch**[1] 13. 5.	grün	1	[[1] Kann auch „**gestreift**" heißen]
2014	*C. violacea* MG	♀ **Natterriegel Krummholzdolde** 22. 8.	blaugrün	1	
2015	*C. chrysorhoea* MG.	♂ ♀ Graz	blaugrün	1	
2016	*Call. azurea* F.	♂ **Seitenstetten Stiftsgarten Dolden.**	grün	1	
2017		♀ Innsbruck	hellblau	1	
2018	*C. groenlandica* ZTT	♂ ♀ **Zirlermahd. Innsbruck**	grün	1	

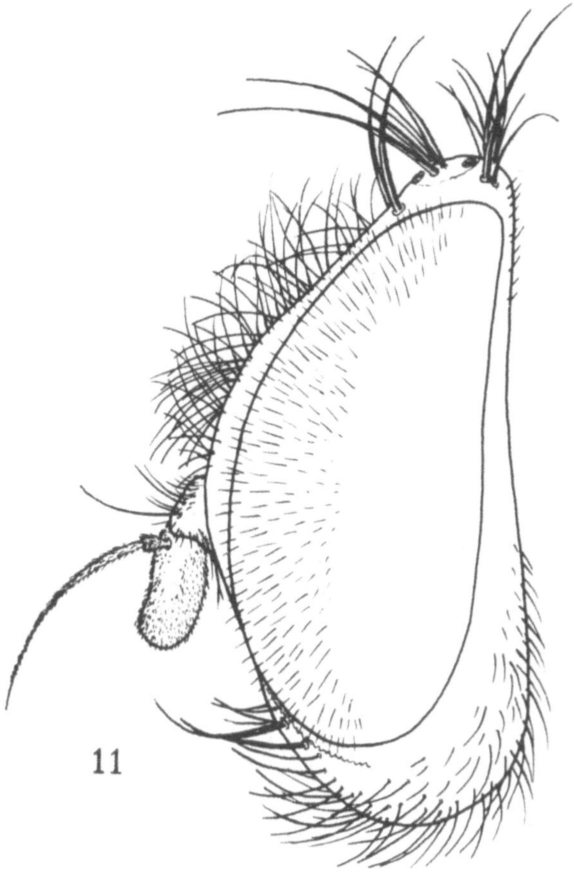

11

Fig. 11. *Dasiops ensifer* (MEIGEN) (Lonchaeidae):

Linke Seitenansicht des Kopfes. (48 ×). (Gezeichnet nach Exemplar-Nr. 1966 in der Kollektion MORGE mit folgender Etikettierung: 1. „Corsica Mann 1855". – 2. „*Dasiops ensifer* (MEIGEN) ♂ det. G. Morge Ex. 1966".)

GÜNTER MORGE Beiträge zur Entomologie, Band 24, Sonderheft, 1974

Ex.-Nr. Typen-designie-rung	Vollständige Etikettenbeschriftung: Familien-, Gattungs-, Artangaben	Vollständige Etikettenbeschriftung: Sonstige Details	Etiketten-farbe	Erhal-tungs-zustand	Revisionsresultate nach 1910. [Bemerkungen von G. MORGE]
	[*Mesembrina* MEIGEN]				
2019	*M. meridiana* L.	**♂ ♀ Höhe des Kalbling auf Stein sich drehend und fliegend 25. 7.**	grün	1	
2020	○			1	
2021	*Mesembrin. myst*[*acea*]	Seitenstetten **Waldlichtungen ♂ Kaiserau** 6. 8. ♀[1]	grün	1	[[1] Kaum lesbar, da Etikett an Ecke abgeschnitten]
2022	○			1	
105. Reihe:					
	[*Pollenia* ROBINEAU-DESVOIDY]				
2023	*Pollenia atramentar*[*ia*]	**Innsbruck ♂ Admont ♀**	olivgrau	1	
2024	*Pollenia vespillo* FBR.	**Melk Stiftsgarten usw. ♂ Schafferweg Erlen** 22. 7. ♀	grün	1	
2025	○			2	
2026	*Poll. coerulescens* MCQ. MG VII 306 ? **Der normalen** *rud*[*is*] **sonst in allem gleich, aber der Hinterleib dunkelblau, fast ganz mit weißem Reif überzogen, darüber aber in[1] gewisser[1] Richtung[1] schwarze Schillerflächen; eine schmale schwarze Rückenlinie fast in jeder Richtung deutlich. Auf Schüppchen braunschwarz, nur über den Rand weiß. Rückenschild vorn nur mit den Anfängen einer dicken Mittelstrieme und zweier Seitenstriemen, während rudis die Anfänge von 4 Striemen besitzt.**		—	2	[[1] Man könnte auch „**in 10 Richtungen**" lesen]
2027	*Pollen. rudis*	**♂ Gesäuse auf Fichten. Seitenstetten ♀**	grün	1	
2028	○			1	
2029	*Poll. varia* MG.	**♂ ♀ Melk Donauleiten Gesträuch[1]** 2. 7.	grün	1	[[1] Kann auch „**gestreift**" heißen]
2030	*P. depressa* MG.	**♂ Amstetten Ybbsauen Gebüsch**	grün	2	
	[*Dasyphora* ROBINEAU-DESVOIDY]				
2031	*Dasyph. pratorum* MG	**♀ Melk Stiftsgarten Gesträuch[1]** 6. 7.	grün	2	[[1] Kann auch „**gestreift**" heißen]
2032		♂ Fiume **Volksgarten.**	grün	1	
2033	*Dasyphora versic.*	**Gesäuse auf Fichten**	grün	1	
2034	○			1	
2035	○			1	
2036	*Das. cyanella* MG.	♀ Reiteralm **auf Weiden** 31. 8. 83.	grün	1	
	[*Lucilia* ROBINEAU-DESVOIDY]				
2037	*Luc. regina*	**♂ Ragusa Omla auf Stein drehend**	olivgrau	1	
2038	*Lucil. caesar* L	**♂ ♀ Seitenstetten Bachrand**	grün	1	

Ex.-Nr. Typen-designie-rung	Vollständige Etikettenbeschriftung		Etiketten-farbe	Erhal-tungs-zustand	Revisionsresultate nach 1910. [Bemerkungen von G. MORGE]
	Familien-, Gattungs-, Artangaben	Sonstige Details			
2039	○			1	
2040	○			1	
2041	○			1	
2042	*Lucil. ruficeps*	♂ **Cilli Möhrendolden**	olivgrau	1	
2043		♀ Melk **Stiftsgarten** 7. 4.	hellblau	1	
2044	*Lucilia latifrons* **Schiner**?	♂ **Zara um[1] die[1] . . .[2]. Die[3] gr.[4]** Triest ♂	olivgrau	1	[[1] Fast unleserliche stenographische Zeichen. – [2] Unleserliches stenographisches Zeichen. – [3] Unsichere Dechiffrierung. – [4] Bedeutet wahrscheinlich „**die große**", womit die Körpergröße gemeint wäre]
2045	○			2	
2046	*Luc. nobilis*	♀ **Fiume Volksgarten.**	olivgrau	1	
2047	*Lucil. cornicina*	**Scheibleggerhochalpe** ♀ **auf Dünger. Schafferweg** ♂	grün	1	
106. Reihe:					
2048	*Luc. sylvarum* MG	**Frauenfeld auf Dolden** 18. 7. ♂ **Seitenstetten Gesträuch[1].** ♀.	grün	2	[[1] Kann auch „**gestreift**" heißen]
2049	*Luc. splendida* MG **ist** *illustr[is]* MG	♂ **Fiume Volosca** 20. 7. 83	grün	1	
	[*Pyrellia* ROBINEAU-DESVOIDY]				
2050	*Pyrellia cadaverina* L.	**Melk Pielach Blätter** 28. 5. ♂ **Seitenstetten Laub** ♀	grün	1	
2051	*P. cyanicolor* Z. = *cognata* WD.	♂ ♀ **Gesäuse auf Erlen und Dolden** 1. 8.	grün	1	
2052	*P. serena* MG.	♀ **Seitenstetten Laub.**	grün	1	
2053	*Pyrell[ia]aenea*	♂ **Admont**	olivgrau	3	
	[*Musca* LINNAEUS]				
2054	*Musca domest[ica]*	♂ **Innsbruck botanischer Garten Dolden**	grün	1	
2055		♀ Flitsch.	grün	1	
2056	*M. corvina* FB	**Melk Stiftsgarten** ♂ **Pielach Holz** ♀	grün	1	
2057	○			1	
2058	*M. tempestiva*	♂ ♀ Fiume **Ferula** 20. 7.	grün	1	
2059	*M. vitripennis*	♀ Abbazia 23. 7. 83	grün	1	
	[*Cyrtoneura* MACQUART]				
2060	*Cyrtoneur[a] podagrica*	♂ **Trins Dolden**	olivgrau	1	
2061		♀ Schafferweg **Erlen** 29. 7.	hellblau	1	
2062	*C. hortorum* FLL.	♂ ♀ **Seitenstetten Waldrand**	grün	1	
2063	*Cyrt. simplex* LW.	♂ ♀ **Seitenstetten Stiftsgarten Gebüsch** 5. 6.	grün	1	
2064	*C. curvipes*	♀ **Um den Scheipisee** 1. 8. 91.	blaugrün	1	
2065	*Cyrt. stabulans* FLL.	**Frauenfeld Dolden** ♂. **Innsbruck** ♀	grün	1	

Ex.-Nr. Typen-designie-rung	Vollständige Etikettenbeschriftung: Familien-, Gattungs-, Artangaben	Vollständige Etikettenbeschriftung: Sonstige Details	Etiketten-farbe	Erhal-tungs-zustand	Revisionsresultate nach 1910. [Bemerkungen von G. MORGE]
2066	*Cyrt. pabulorum* FLL.	**Seitenstetten ♂. Donauleiten** 29. 6. ♀.	grün	1	
2067	*Cyrtoneur[a] pascuor[um]*	**Gesäuse auf Buchenblättern** ♀ **Frauenfeld** ♂.	grün	2	
2068	*Cyrt. assimilis* FLL.	♂ ♀ **Melk Stiftsgarten Gesträuch**[1] 18. 6.	grün	1	[[1] Kann auch „**ge-streift**" heißen]
2069	*Cyrt. caesia* MG.	**Melk Stiftsgarten Gesträuch**[1] 20. 6. ♂. **Seitenstetten** ♀	grün	1	[Kann auch „**ge-streift**" heißen]
2070	○			1	
	[*Myospila* RONDANI]				
2071	*Myospila meditabunda* FBR.	**Kalbling Voralpenwiesen** 25. 7. ♀ ♂. **Seitenstetten Froschau** 15. 5. **da klein** ♂.	grün	1	
2072	○			1	
107. Reihe:					
2073	**(VIII. Muscin. Siehe in letzter Schachtel.) IX. Anthomyinae.**		rosa schwarz umrahmt		
	[*Aricia* ROBINEAU-DESVOIDY]				[Siehe auch Ex.-Nrn. 2108, 2146, 2150]
2074	*Aricia lardaria* FBR.	♂[1] ♀ **Sellraintal.**	grün	3	[[1] Von P. STROBL handschriftlich ge-strichen und „♀" er-gänzt]
2075	*Aric. albolineata* FALL	♀ **Mariahof Dolden**	grün	2	
2076	*Aricia lucorum*	♀ **Waresch Bosnien**	–	1	
2077	*Aric. longip.*	♂ **Mariahof Dolden**	grün	1	
2078 Typus	[1] *Ar. multisetosa* m. Dipt. St. IV p. 238[1] [2] *Aricia marmorata* ZTT.[2]. STEIN. SCHNABL etc. nec ZETT.	[1] ♂ **Kematen** [2] ♂	[1] – [2] –	1	[[1] = P. STROBL: Die Dipteren von Steier-mark. IV. Theil. – [2] Durchgestrichen]
2079	*v. der wulpii* **Schnabl**	**Scheibleggerhochalpe** ♂ **und rechte Varietät des** ♀.	blaugrün	1	
2080	○			1	
2081	*Ar. dispar* FLL. *nivalis* ZTT **Stein.**	♂ **Amras Dolden**	grün	2	
2082	*Ar. wilhelmi* SCHN. ♂ = *disp[ar]* Z./**Fall**	Styr. **Scheibleggerhochalpe Sumpfwiesen** 30. 5. STROBL.	blaugrün	1	
2083	*A. obscurata* MG	♂ **Wach(t)berg Gesträuch**[1] 22. 6.	grün	1	[[1] Kann auch „**ge-streift**" heißen]
2084	[2] *Aricia obscuratoides* SCHNABL	[2] ♀ [1] **29/614 . . .**[1]	[1] – [2] –	4	[[1] Sehr undeutlich geschrieben. Es kann auch 29/694 heißen. Das dahin-ter stehende Zei-chen ist undeutbar. Bei dem Exemplar handelt es sich aber mit Sicherheit um

Ex.-Nr. Typen-designie-rung	Vollständige Etikettenbeschriftung		Etiketten-farbe	Erhal-tungs-zustand	Revisionsresultate nach 1910. [Bemerkungen von G. MORGE]
	Familien-, Gattungs-, Artangaben	Sonstige Details			
					das in P. STROBLs Handkatalog vermerkte Tier von STEIN aus Genthin]
2085 Typus	*A. austriaca* m.i.l.[1]	♂ Pfk. 25. 5.	–	1	[[1] Nach P. STROBLs Handkatalog: „*Aricia austriaca* CZERNY" aus Hall]
2086	[1] *Aricia pullata* Cz sec. typ. [2] als *Goberti* MIK in Anth. Steierm.	[1] ♀	[1] – [2] –	1	
2087	*Ar. alpicola* ZTT	♂ ♀ **Seitenstetten Waldrand Laub**	grün	3	
2088	*Aric. serva*	♀ **Seitenstetten Stiftswaldrand Gebüsch**	grün	1	
2089	*marmor[ata]* **ist** *morio* **nach Stein**	♂ Sunk **Voralpenblumen** 30. 7. 1891.	blaugrün	2	
2090	*Ar. marm[orata]* **Strobl ist die echte** *morio* Z **Mg** m. **aber Stein unbekannt.**	♀ Sirbitzkogl	blaugrün	2[1]	[[1] Bein von mir angeklebt]
2091	*Aricia plumbea* MG. PANDELLÉ *morio* **Strobl**	♀ **Kalkofen** . . .[1] 7.	–	3	[[1] Tagesangabe unleserlich. Nach P. STROBLs Handkatalog „24."]
2092	*Aricia consobrina* ZETT? *morio* **Strobl**	♂ Sunk 28. 5. 90	–	2	
2093	[2] *Aricia Goberti* MIK	[2] ♂ Genthin **Stein** [1] 13. 5. 90 . . .[1]	[1] – [2] –	1	[[1] Unleserliches? stenographisches Zeichen]
2094	*Ar. lugubris* MG.	♂ **Scheipisee auf**[1] **Stein** [1] 26. 5. 90	rosé	1	[[1] Dürfte **„des Bösenstein"** bedeuten]
2095	○			4	
2096	[1] *Aric. Steinii* CZERNY? [2] sehr ähnlich *A. Steinii* Cz. aber doch verschieden.	[1] **Natterriegel** 25. 6. 1900.	[1] grau-weiß [2] –	2	
2097 Typus	*Ar. Czernii* m = *Steinii* Cz, **nicht Schnabl.** = *Gobertii* m **nicht Mik.**	♀ **Seitenstetten Laub**	–	2	
2098	*Aricia variabilis* FALL.	♂ **Stubai Blätter**	grün	1	
2099	*Ar. variab.* v. **mit roten Beinschienen**	♀ . . .[1]**wald** . . .[1] **Sirbitzkogel**	grün	2	[[1] Unleserliche stenographische Zeichen]
108. Reihe:					
2100	*carbo* = *umb[ratica]*	**Innsbruck bei Mühlau** ♂ **Seitenstetten Bachgebüsch Gesträuch**[1] 20. 5. 90. ♀	blaugrün	1	[[1] Kann auch **„gestreift"** heißen]
2103	*Noghera Ar. pura* LW	♀ Triest. 4. VII.[1] 93.	–	1	[[1] Kann auch „VI." heißen]
2104	*Aricia incana*	♂ ♀ **Seitenstetten Waldlichtungen**	grün	1	
2105	*lasiophthalma* R. **siehe Stein**	♂ **Seitenstetten Stiftsgarten Laub**	blaugrün	1	
2106	*Ar. laeta* FLL.	♀ Lemberg **Göbel**	grün	1	
2109	*Aric. signata*	♂ **Seitenstetten Froschau Laub**	grün	1	

Ex.-Nr. Typen-designie-rung	Vollständige Etikettenbeschriftung		Etiketten-farbe	Erhal-tungs-zustand	Revisionsresultate nach 1910. [Bemerkungen von G. Morge]
	Familien-, Gattungs-, Artangaben	Sonstige Details			
2110	*ruficrura* R.	♀ **Kaiserauer Voralpenwiesen** 6. 8.	blaugrün	1	
2111	*Ar. errans* Mg	**Seitenstetten Froschau auf einem Baumstamm abfliegend** 17. 4. ♂. **Melk Stiftsgarten** 7. 5. ♀	grün	1	
2112	*Aric. erratica* Fll.	♂ **Amstetten Ybbs Gebüsch**	grün	1	
2113	*Aricia vagans* Fll **Stein**	[2] ♀ [1] 25. 5. 93 . . .[1]	[1] – [2] –	1	[[1] Unleserliches? stenographisches Zeichen]
2114	*Ar. basalis* Ztt *vagans* Fll.	♂ **Seitenstetten Gebüsch Bachrand**	grün	1	
2115	○			1	
2116	*Ar. vagans* Fll. *basalis* Ztt	**Melk Winden** 25. 6. ♂. **Gesäuse Dolden** 1. 8. ♀	grün	1	
2117	○			1	
2118	*Ar. basalis* Ztt. *alpina* Rd. **teste Stein!**	♂ **Radkersburg.**	–	1	
2120 Typus	*Aricia rufiseta* Ztt sec. typ. *rufisetiform[is]*[1] Str		–	2	[[1] Von P. Strobl als „*Spilogaster rufisetiformis* n.sp." beschrieben]
2121	*Ar. perdita* M	♂ Lemberg **Göbel**	grün	4	
2122	*boleticola* Rd. **Stein!**	♂ 21. 7. 88 . . .[1]	–	4	[[1] Unleserliches? stenographisches Zeichen. Könnte „**Genthin**" bedeuten]
2123	*Zugmayeriae*	**Seitenstetten buschiger Bachrand** 25.[1] 7. ♂ v. *1.* **Scheiplsee auf Erlen** 1. 8. ♀.	blaugrün	1	[[1] Tagesangabe fast unleserlich]
2124	*tinctipeñis* Rd	♂ Gesäuss **Dolden** 16. 7.	blaugrün	1	
2125	*Aricia quadrinotata* Mg.	Genthin Stein	–	1	
2126	*Ar. scutellaris* Fl	♀ **Seitenstetten buschiger Bachrand** 25. 4.	grün	4	
2127	*scut.* v. *stolata* R	♀ **Schafferweg feuchte Waldstelle** 26. 8. 91	blaugrün	4	
2128	*Ar. pallida*	♂ **Winden Waldhohlwege**	blaugrün	4	
	[*Spilogaster* Macquart]				[Siehe auch Ex.-Nrn 2120, 2198, 2219]
2101 /	*Spilog. semicinerea* Wd.	♀ **Gegend Zirlermahd.**	grün	1	
2101a				1	
2102	[2] *semicinerea* v. *subhyalina* Rd	[2] ♂ Prag **Göbel** [1] 1. 6.	[1] – [2] grün	1	
2107	*Spil. fuscata* Fll.	♂ ♀ **Seitenstetten Froschau Baumstamm**	grün	1	
2108	[1] *Sp. trigonalis* Mg. [2] *Aricia fuscata* Fall var. *femor. nigris*[1]	[1] **Seitenstetten Blümelsberg Baumstamm** 2. 5.	[1] blaugrün [2] –	1	[[1] Fast unleserlich]
109. Reihe:					
2119	*Sp. fumosa* Mg	♂ Gesäuss 5. 6. Strobl.	–	1	
2131	*Sp. nigrinervis* Ztt	♂ **Admont Schafferweg** 23. 7.	grün	1	
2132	*Sp. notata*	♀ Monfalcone **Lagune** 23. 7. 93.	rosé	1	

Ex. Nr. Typen-designie-rung	Vollständige Etikettenbeschriftung: Familien-, Gattungs-, Artangaben	Vollständige Etikettenbeschriftung: Sonstige Details	Etiketten-farbe	Erhal-tungs-zustand	Revisionsresultate nach 1910. [Bemerkungen von G. MORGE]
2134	*Sp. dispar* **Fall Stein !! gesehen** = *carbonella* **Schiner**	♂ **Mariahof Dolden.**	blaugrün	1	
2135	[2] **Meine** *pubich*[1] ♀ **ist** *dispar* **Fall teste Stein.**	S. Andrae. **Mittelschienen . . .**[2] [2] $\frac{29}{58}$	[1] – [2] blau-grün	2	[[1] = *pubichaeta* RONDANI. – [2] Unleserliche stenographische Zeichen]
2136	[2] **Meine** *nigrit*[1] ♀ **ist teste Stein** *nigrinervis* ZTT ♀	[2] **Wolfsgraben Sunk Blüten** 12. 8. [1] 4. 6. 93 . . .[2]	[1] – [2] blau-grün	2	[[1] = *nigrita* FALLÉN. – [2]Unleserliches, aber nicht stenographisches Zeichen]
2137	*Sp. carbonella* ZTT **Stein richtig teste Stein**	♂ **Admont Kalkofen** 17. 7.	rosé	3	
2138	**Ist nach Stein das richtige** ♀ **echte** *carbonella* Z . . .[1] **ist als** *disp[ar]* ♀ **bestimmt**	**Schafferweg Holzschlag Blume** 21. 7. 85	blaugrün	1	[[1] Ein verschriebenes Zeichen, das wahrscheinlich „♂" bedeutet]
2139		♂ Johnsbacher Alpen 23. 8. Strobl	olivgrau	1	
2140	*Spil. vespertina* FLL.	**Melk Stiftsgarten Gesträuch**[1] 8. 5. ♂ 13. 5. ♀	grün	1	[[1] Kann auch **„gestreift"** heißen]
2141	**Meine** *nigritella* ♂ ♀ **ist teste Stein** = *vespert.* – **Form mit schwarzem Schimmer.**	♂ **Almsee**	blaugrün	1	
2142		♀ Seitenstetten	olivgrau	2	
2143	**Mein** *nigrita* ♂ **ist eine sehr ausgefärbte Form der** *vespertina* **Fall mit hellem Schimmer usw.**	♂ **Seitenstetten Meierhof Gebüsch** 19. 4.	blaugrün	1	
2144	*Sp. Steinii* **Schnabl**	♂ ♀ Admont **Krumau Schilfwiesen** 26. 6.	rosé	1	
2145	*Sp. Sundevall[i]* v. *1.*	♂ **Scheipisee zwischen Grün Melk** 1. 8. 91	blaugrün	2	
2146	[2] *(Aricia) Spil. platyptera* ZETT	[2] ♂ [1] *Franznsbd F. KOWARZ **Elsass 12. 7. .902	[1] –[1] [2] –	1	[* Vorderseite des Etiketts. – ** Rückseite des Etiketts. – [1] Rechter Etikettenrand rot markiert]
2147	*Spil. Anth.*[1] *pubichaeta* RND **richtig teste Stein**	♂ Luschariberg 30. 7. 95. STROBL.	blaugrün	1	[[1] = *Anthomyia* MEIGEN]
2148	[2] *Spilogaster nebulosa* STEIN	[2] ♂ ♀ [1] 29. 5. 91 . . .[1]	[1] – [2] –	1	[[1] Unleserliches ? stenographisches Zeichen. Könnte **„Genthin"** bedeuten]
2149 Typus	*Sp. trigonospila* m. i. l.[1]	♂ Pfk 21. 4.	–	4	[[1] Nach P. STROBLS Handkatalog: „*Spilogaster trigonospila* CZERNY" aus Hall]
2150	[2] *Spilogaster nigrifemur* SCHNABL **gesehen Stein . . .**[1] *Aric.*	[1] 19. 5. 91 . . .[2]	[1] – [2] –	3[3]	[[1] Unleserliches stenographisches Zeichen. – [2] Unleserliches ? steno-

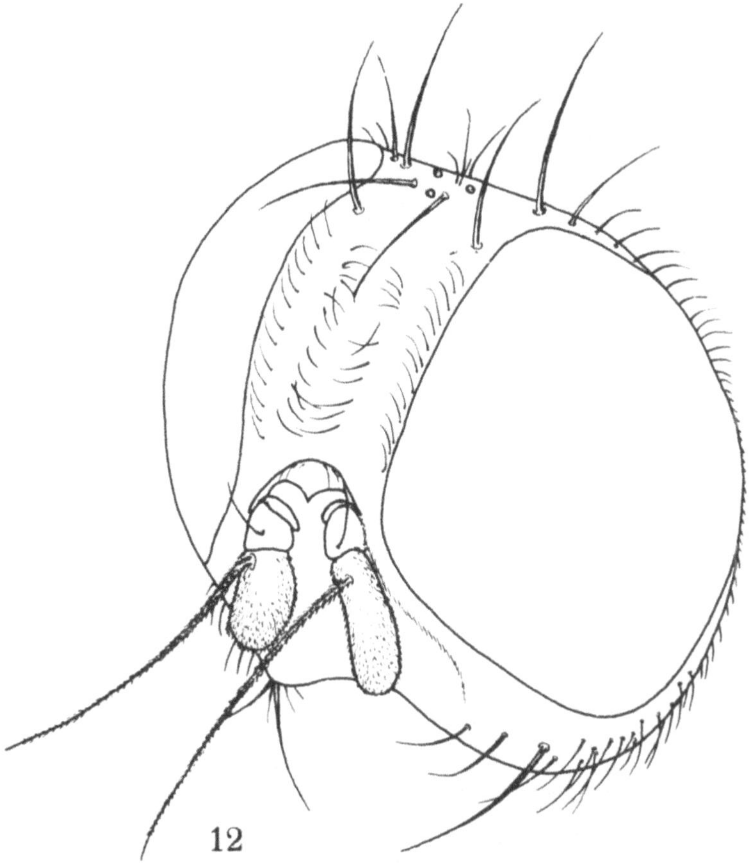

12

Fig. 12. *Dasiops munroi* McAlpine (Lonchaeidae):

Kopf von links oben seitlich. (48×). (Gezeichnet nach einem Exemplar, das mir Prof. Dr. Erwin Lindner dankenswerterweise von seiner Afrika-Expedition zur Revision zur Verfügung stellte, mit folgender Etikettierung: 1. „Usangi Pare Gebirge 5. VI. 1952 D. O. Afrika Exp.“. — 2. „*Dasiops munroi* McAlpine ♀ det. G. Morge Ex. 2874“.)

Ex.-Nr. Typen-designie-rung	Vollständige Etikettenbeschriftung: Familien-, Gattungs-, Artangaben	Vollständige Etikettenbeschriftung: Sonstige Details	Etiketten-farbe	Erhal-tungs-zustand	Revisionsresultate nach 1910. [Bemerkungen von G. MORGE]
					graphischesZeichen. Könnte **„Genthin"** bedeuten. — [2] Kopf von mir angeklebt]
2151	*Spilogaster allotalla* MG.	♂ 19. 8. 89 STEIN	–	1	
2152	*allotall*[*a*]	♀ Germ . . .[1]	–	2	[[1] Unleserliches stenographisches Zeichen]
2153	[2] *Spilogaster ancilla* MG.	[2] ♂ ♀ [1] 8. 5. 89 . . .[1]	[1] – [2] –	1	[[1] Unleserliches ? stenographisches Zeichen]
2154		8. 5. 89 . . .[1]	–	1	[[1] Unleserliches ? stenographisches Zeichen]
2155	*Sp. quadrum*	♂ Trins **Dolden**	blaugrün	2	
2156	*duplicata*	**Eichelau blühender Rain** 21. 7. ♂ und v. *1* 4 **Schienen rot.** ♀.	blaugrün	2	
2157	*Spil. duplaris* ZTT	**Amstetten**[1] **Ybbsauen**[1] 24. 5.[1] ♂.	grün	2	[[1] Von P. STROBL handschriftlich durchgestrichen und **„Kitzkogel"** darüber geschrieben, aber so undeutlich, daß diese Dechiffrierung unsicher ist]
/ 2157a				1	
2158	*Sp. caesia* MCQ **nach Stein.**	♂ Kalocsa	rosé	1	
2159	*Spil. tetrastigma* MG. **ist nach Stein** *caesia* MCQ ♀.	♀ **Melk Blumen.**	grün	1	
2160	[2] *Spilogaster calceata* RD	[2] ♂ ♀ [1] 15. 5. 92 . . .[1]	[1] – [2] –	1	[[1] Unleserliches ? stenographisches Zeichen. Könnte **„Genthin"** bedeuten]
110. Reihe:					
2161	*Spilogaster cothurnata* RD.	♀ 3. 5. 81. STEIN	–	1	
2162	[1] *H*[1]. *mystica*[2] HGG **aber** . . .[3] **ersch.**[4] [2] **von Stein** 1902 **gesehen!**	[1] ♂ **Donauinsel Blüten** 30. 4.	[1] grün [2] –	1	[[1] = *Hylemyia* ROBINEAU-DESVOIDY. — [2] Von P. STROBL zu *Spilogaster* gestellt. — [3] Unleserliches stenographisches Zeichen. — [4] Fast unleserliches stenographisches Zeichen]
2163	[2] *Spilogaster flagripes* RD	[2] ♂ c. STEIN. [1] VII 94 . . .[1]	[1] – [2] –	1	[[1] Unleserliches nicht stenographisches Wort]
2164		* El Pardo ARIAS ENCOBET ** 7-VIII-904	–	1	[* Vorderseite des Etiketts. — ** Rückseite des Etiketts]
2165	*Spil. nigritella* Z.	♂ ♀! **Scheibleggerhochalpe**	–	3	
2166	*Sp. nigricol*[*or*]	♀ **Seitenstetten Stiftsgarten Gesträuch**[1] 6. 6. 891.	blaugrün	2	[[1] Kann auch **„gestreift"** heißen]
2167	*Spil. tincta* ZTT. v. *humeral*[*is*]	**Schafferweg Laub** 22. 7. ♂. **Kaiserauer Voralpe** 6. 8. ♀.	grün	2	
2168	*Spil. tinct.* v. **Schildchen schwarz**	♂ **Schafferweg Gebüsch** 29. 7.	grün	1	

Ex.-Nr. Typen-designie-rung	Vollständige Etikettenbeschriftung		Etiketten-farbe	Erhal-tungs-zustand	Revisionsresultate nach 1910. [Bemerkungen von G. MORGE]
	Familien-, Gattungs-, Artangaben	Sonstige Details			
2169	*Spil. urban[a]*	♀ **Seitenstetten Froschau Laub**	blaugrün	1	
2170	*Spil. sordidiventris* ZTT.	♀ **Unter Röthelstein Waldwiese.** 29. 8.	grün	1	
2171	[2] *Spilogaster pubescens* STEIN	**[2]** ♂ **[1]** 11. 6. 89 . . .[1]	[1] – [2] –	1	[[1] Unleserliches? stenographisches Zeichen. Könnte „**Genthin**" bedeuten]
2172	*Spil. impuncta*	♂ **Seitenstetten Waldrand**	blaugrün	1	
2173	*Sp. separata* MG	♀ **Seitenstetten Waldrand Laub**	–	1	
2174 Typus	*Spilogaster crinita* sp. nov. in litt. STEIN	♂ ♀	–	1	[Nach P. STROBLs Handkatalog Fundort: „Genthin"]
2175	*Spilogaster simplex* WIED.	♂ ♀ Genthin STEIN	–	1	
2176	*Spil. depuncta* FLL.	♂	braungrau[1]	2	[[1] Über dem Etikett zusätzlich noch je ein etwas größeres grünes respektive orangefärbiges □-Blättchen]
2177	*Sp. demigrans* Z.	♀ Mähren.	–[1]	1	[[1] Über dem Etikett zusätzlich noch ein kleines orangefärbiges □-Blättchen]
2178	*Spilogaster pagana* FBR	♂ **Sellraintal**	grün	2	
2179	*uliginosa* F	♂ Trieben **Fenster** 3. 8.	blaugrün	1	
2180	*Sp. dexiaeformis* **Mik!**	♂ **St. Lambrecht Stiftsgarten**	grün	2	
2182	*Spil. halterata* STEIN **teste.**	♂ Admont **Hoffeld** 25. 5. STR.	graugrün	1	
2183	*Sp. fratercula* Z. ♀ **teste Stein = meine** *Limn[ophora]*[1] *sororia* Z.	**Natterriegel Krummholz** 22. 8.	rosé	2	[[1] = *Limnophora* ROBINEAU-DESVOIDY]
	[*Limnophora* ROBINEAU-DESVOIDY]				[Siehe auch Ex.-Nr. 2183]
2129	*Limnophora diaphana* WIED.	♂ **Sirbitzkogel Alpenwiesen**	grün	1	
2130	○			1	
2133	*L. surda* RD **ist/s.** ZTT. **teste Stein wahrscheinlich die echte** *Spil. maculos[a]* MG.	♂ ♀ **Sonntagberg Laub**	blaugrün	1	
2181 Typus	*Limnophora foveolata*[1] Z.[1] ♀ *jugorum* m ♂	**Griesstein** 20. 8. Styriae alp STROBL.	–	1	[[1] Von P. STROBL handschriftlich durchgestrichen]
2184	*Limn. 4maculata* FLL.	**Melk Waldrand auf Buchenblättern** 7. 5. ♂. **Wach(t)berg** 15. 6. ♀	grün	2	
111. Reihe:					
2185	*L. obscuripes* Z.	♀ **Seitenstetten Gebüsch Michael.**	grün	2	
2186 Typus	= *maculipen̄is* ZTT. *ciliaris* STR.	**Seitenstetten** ♂ **Admont** ♀		1	
2187	*L. littorea* FLL. **Stein!**	**Admont** ♂ ♀. ♂ **behielt Stein.**	blaugrün	1	
2188 Typus	[1] *L. atroscutellata* m [3] *Limnophora surda* RD nec ZETT **teste Stein** *atroscut[ellata]* m.	**[1]** ♂ **Steinbrück [2]** Süd-Steierm STROBL	[1] – [2] – [3] –	2	

Ex.-Nr. Typen-designierung	Vollständige Etikettenbeschriftung: Familien-, Gattungs-, Artangaben	Vollständige Etikettenbeschriftung: Sonstige Details	Etikettenfarbe	Erhaltungszustand	Revisionsresultate nach 1910. [Bemerkungen von G. MORGE]
2189	*bruneisqua[ma]* **Stein gesehen.**	♂ **Sunk Voralpenblume** 3. 8.	blaugrün	1	
2190	*Limnophora compuncta* WIED.	♂ ♀ Rügen. **Stein.** Juni[1] 91.	–	2	[[1] Fast unleserlich]
2191	*L. albifrons*[1] R = *exsul* Z **teste Stein**	♂ ♀ **Melk Donauaue Sandhügel** 4. 6.	grün	1	[[1] Von P. STROBL handschriftlich durchgestrichen]
2192	*L.* **echte** *albifrons* RD **von Stein gesehen, aber nicht bestimmt**	♂ Kalocsa **Ung.** 889.	rosé	1	
2193	*L[as].*[1,2]*-imnoph. leucogaster* Z. 1497. **Richtig Stein** (*Trichoptic.*)[3]	♂ **Admont Krumau Ennsufer** 6. 9. STROBL.	blaugrün	2	[[1] Von P. STROBL handschriftlich durchgestrichen. – [2] = *Lasiops* MEIGEN. – [3] = *Trichopticus* RONDANI]
2194	*L. pertusa* MG	♀ Melk . . .[1]**stamm** 10. 6. 85	grün	1	[[1] Unleserliches stenographisches Zeichen]
2195	*Limnophora fumipennis* ZETT ♂ = *didyma* v.	♂ Rügen 1. 9. 91. **Stein**	–	1	
2196	*Limnophora surda* ZETT.	♂ ♀ Rügen 1. 6. 91 **Stein**	–	1	
2197	*L. mennonipes* ZTT	♀ **Seitenstetten Stiftsgarten Laub**	grün	3	
2198	[1] *binotata* Z [2] **ist** = *Spil. separata* Mg ♀	[1] ♀ **Mühlauer Wald Gesträuch**[1] 1. 9. 91.	[1] rosé [2] –	2	[[1] Kann auch „**gestreift**" heißen]
2200	*candicans* VILL. n	Palavas (Herault) 7. 1904	–	2	
2201	[1] *Limn. didyma* ZTT **nach Schiner** [2] nicht *didyma* sp.?	[1] ♂ Ro[1] **Altufer** 27. 7. Transsylva Strobl.	[1] – [2] –	1	[[1] Ist von P. STROBL versehentlich verschrieben, muß „Rp" heißen, was den Fundort „Rotenturmpaß" kennzeichnet]
2202	*L. didyma* Z **nach Stein nicht** = *d.* Z.	♀ **Ober Radkersburg Murauen** 27. 8.	blaugrün	1	
2203	*L. solitaria* Z **Stein gesehen**	♂ ♀ **Hochschwung steiniger Bachrand** 20. 8.	blaugrün	1	
2204	*trianguligera* Z **Stein!**	♂ ♀ **Wolfsgraben Kalkofen** 17. 7. 91	blaugrün	2	
2205	*L. contractifrons* Z. **Stein gesehen**	♂ **Melk Wach(t)berg Gesträuch**[1] 8. 6.	grün	1	[[1] Kann auch „**gestreift**" heißen]
2208	*L. opacula* ZETT **Stein gesehen!**	♂ ♀ **Kalbling Krummholzwiesen** 19. 7.	grün	1	
2209	[1] *L. argyrat[a]* **Jedenfalls von** *a.* ZTT **teste Stein verschieden und wohl neue Art.** [2] sicher ein ganz abgeflogenes u. sehr gli . . . [1] Stück von *Alloeostylus*[3] *Sundevalli* ZETT mit verdunkelten Schienen. Alle plastischen Merkmale stimmen vorzüglich, z. B. die 4 Börstchen an der Basis der 3. Längsader auf der Unterseite der Flügel.	[1] ♂ **Hochschwung** 6' 19. 8. 90.	[1] blaugrün [2] –[2]	1	[[1] Unleserlich. – [2] Etikett von STEIN. – [3] = *Alloeostylus* SCHNABL. – Siehe auch Ex.-Nr. 2199]

Ex.-Nr. Typen-designierung	Vollständige Etikettenbeschriftung: Familien-, Gattungs-, Artangaben	Vollständige Etikettenbeschriftung: Sonstige Details	Etikettenfarbe	Erhaltungszustand	Revisionsresultate nach 1910. [Bemerkungen von G. MORGE]
2210	*Limnophora aërea* FLL	♀ Genthin STEIN	–	1	
2211	[1] *L. didyma* Z [3] *Limnophora* Z *notata* ZETT ♀	[1] ♀ **Scheibling** [2] Styriaealp STROBL. [3] **Scheibling.**	[1] – [2] – [3] –	1	
2212	[2] *Limnophora polystigma* MG **teste Stein!**	[1] R.-Vadului Transsylvan. THALHAMMER [2] ♂ **Steinbrück**	[1] – [2] –	2	
112. Reihe:					
2213	*Limnoph. atramentaria* SCHIN! u. STR. *Anth.*, non MG = *Pogonom[yia]*[1] *Meadei* POK **von Stein gesehen**	♂ ♀ Alpen	–	1	[[1] = *Pogonomyia* RONDANI]
2214	O			1	
2216	*Anth. tetra*[1] MG	♂ ♀ **Kaiserauer Voralpenwiesen** 6. 8.	grün	1	[[1] Von P. STROBL zu *Limnophora* gestellt]
	[*Neolimnophora* SCHNABL]				
2206	*Neolimnophora maritima* v. RÖD **teste Stein**	♀ **Zara am**[1] **Bach**[1]	–	1	[[1] Unsichere Dechiffrierung]
2207 **Typus**	[2] *Neolimnophora aestuum* VILLENEUVE type	[1] Blankenberghe aout 1902	[1] – [2] –	1	
	[*Alloeostylus* SCHNABL]				[Siehe auch Ex.-Nr. 2209]
2199	[2] *Alloeostylus sudeticus* n. G. et Sp.	[2] ♂ ♀ [1] Graefbg. 21 Jul 1887	[1] – [2] –	2	
	[*Pogonomyia* RONDANI]				[Siehe auch Ex.-Nr. 2213]
2215	*Pogonomyia alpicola* RD.	♂ ♀ **Kalbling** 19. 7. 91	blaugrün	1	
	[*Drymeia* MEIGEN]				
2217	*Drymeia hamata* FALL.	**Sirbitzkogel Voralpenwiesen** ♂. **Hohentauern** ♀.	grün	1	
	[*Trichopticus* RONDANI]				[Siehe auch Ex.-Nr. 2193]
2218	*Trich[opticus] subrostratus* Z	♂ ♀ **Scheiblstein**	–	1	
2220	*Trichopticus separ* ZETT sec. typ.	♂ **Sirbitzkogel**	–	1	
2221	*T. rostratus* **Stein gesehen**	**Gesäuse** ♂ **Kalbling** ♀	blaugrün	2	
2223	[2] *Trichophthicus armipes* BELL.! MBEZZI[1] = *aculeipes*[2]	[2] ♂ [1] M. Cenisio	[1] – [2] –	2	[[1] BEZZIS Handschrift. – [2] P. STROBLS Handschrift]
2224	*T. aculeipes* Z.	♀ **Scheibleggerhochalpe** 27. 7.	blaugrün	2	
2225	*Tr. cristatus* ZTT **teste Stein!**	**Kalbling** ♂ **Kitzkogel** ♀	–	2	
	[*Lasiops* MEIGEN]				[Siehe auch Ex.-Nr. 2193]
2219	[1] *L. innocua* Z. [2] = *Spilog. pubichaeta* RD	[1] ♀ **Bösenstein Voralpenwiesen**	[1] grün [2] braungrau	2	
2226	*L. hirsutula*	♂! **Kalkofen Quendel** 24. 7.	blaugrün	1	

Ex.-Nr. Typen-designie-rung	Vollständige Etikettenbeschriftung: Familien-, Gattungs-, Artangaben	Vollständige Etikettenbeschriftung: Sonstige Details	Etiketten-farbe	Erhal-tungs-zustand	Revisionsresultate nach 1910. [Bemerkungen von G. MORGE]
2227	[2] *Lasiops cunctans* MG. **Stein nicht**	[2] ♂♀ Genthin [1] 18. 5. 93 **Rechte**[1]	[1] – [2] –	1	[[1] Unsichere Dechiffrierung, da fraglich, ob überhaupt stenographisches Zeichen]
2228	[1] *Er.*[1] *moer.*[2] [2] *Lasiops glacialis* ZETT **teste Stein**	[1] ♂ Großglockner **Teschenztal**[3] **Kaltschbach**[3] 15. 8. [2] ♀	[1] blaugrün [2] –	2	[[1] = *Eriphia* MEIGEN. – Siehe auch Ex.-Nr. 2233. – [2] = *moerens* ZETTERSTEDT. – [3] Unsichere Dechiffrierungen]
2229 Typus[1]	[1] *Las. Kowarzii* m = *glac.* Kw./ZTT [2] *Las. glacialis* WAHLB sec. typ. [3] = *Alliopsis*[2] *glacialis* ZETT.	[1] ♂ Gumpeneck 16. 8.	[1] blaugrün[3] [2] –[4] [3] weiß[5]	3	[[1] Über den Typenstatus dieses Exemplares folgt eine Mitteilung in Beitr. Ent. in „Diptera Collectionis P. Gabriel STROBL-VI". – [2] = *Alliopsis* SCHNABL et DZIEDZICKI. – [3] Etikett von P. STROBL. – [4] Etikett von STEIN. – [5] Etikett von W. HENNIG und zugleich dessen Revisionsresultat aus dem Jahre 1967]
2230	[1] *Lasiops lasiophthalma* ZETT. **Stein!**	[2] ♀ Genthin [1] 4. 5. 91 **Rechte**[1]	[1] – [2] –	2	[[1] Unsichere Dechiffrierung, da fraglich, ob überhaupt stenographisches Zeichen]
2231	*Las. cinereiventris* Z	♂ **Melk Winden** 22. 4.	grün	4	
2232	*Las. eriophthalma* ZTT **(Stein, übrig . . .**[1] *A. aestiv*[*a*])	**Melk Donauinsel** 20. 4. ♂. ♀ **Priemel. Stief**[2] Genthin **Stein da richtig** ♀.	blaugrün	2	[[1] Unleserliches stenographisches Zeichen. – [2] Unsichere Dechiffrierung]
	[*Eriphia* MEIGEN]				[Siehe auch Ex.-Nr. 2228]
2233	*Eriph. cinerea* MG. **Stein gesehen**	♂ **Kalbling Voralpenwiesen** 25. 7.	grün	2	
113. Reihe:					
	[*Azelia* ROBINEAU-DESVOIDY]				
2234	*Azelia cilipes* H = *Staegeri* Z	♂♀ **Sonntagberg**	braungrau	2	
2235	*A. Macquarti* ZTT	♂ **Franzosenwäldchen auf Fichten** 20. 4.	grün	3	
2236	*Azel. aterrima* MG!	♂ **Schwarzenbachgraben** 30.[1] 8.	blaugrün	3	[[1] Fast unleserlich]
2237	*A. triquetra* W. *nudipes* Z	♂♀ **Seitenstetten Stiftsgarten**	braungrau	3	
2238	*Az. gibbera* MG	♀ **Melk Herrenmühle Schlucht** 9.7.	blaugrün	2	
2239	*A. Zetterstedti* RD = *triq.* MG./WD.	♂♀ **Seitenstetten Stiftsgarten Laub.**	braungrau	4	

Ex.-Nr. Typen-designierung	Vollständige Etikettenbeschriftung		Etiketten-farbe	Erhal-tungs-zustand	Revisionsresultate nach 1910. [Bemerkungen von G. MORGE]
	Familien-, Gattungs-, Artangaben	Sonstige Details			
	[*Ophyra* MACQUART]				
2244	*Ophyr[a] leucost.*	♂. ♀ **Seitenstetten Froschau Laub**	grün	2[1]	[[1] Abdomen von mir angeklebt]
2245	○			1	
2246	*Ophyra anthrax*	♂ **Ragusa auf Erde schwebend**	olivgrau	3	
	[*Hydrotaea* ROBINEAU-DESVOIDY]				
2222	*Hydr[otaea] dentipes* F.	♂ ♀ **Seitenstetten**	–	2	
2240	*Hyd. ciliata*	♂ **Seitenstetten Froschau Laub**	grün	4	
2241	*H. sylvicola* LW **Stein gesehen**	♂ **Melk Donauleiten Gesträuch**[1] 29. 6.	grün	4	[[1] Kann auch **„gestreift"** heißen]
2242	*Hyd. armipes* FALL	♂ **Hinter Kreiting**[1] **Blume**	grün	2	[[1] Fast unleserliches stenographisches Zeichen, betrifft jedoch mit Sicherheit einen Fundort in der Umgebung von Innsbruck]
2243	*Hydr. curvipes* FLL.	♂ Thüringen . . .[1]	–	2	[[1] Immer wiederkehrendes, aber unleserliches stenographisches Zeichen, das auch aus P. STROBLs Handkatalogen nicht zu deuten ist. Es könnte **„Study"** heißen oder ähnlich]
2247	[2] *Hydr. similis* MD.	[2] ♂. [1] Rambouillet 18. VI. 03	[1] – [2] –	2	
2248 / 2248a	*H. meteorica* L	♂ ♀ **Seitenstetten Stiftsgarten Gebüsch**	grün[1]	3[2] 1	[[1] Über dem Etikett zusätzlich noch ein kleines goldenes □-Blättchen. – [2] Auffallend kleines Tier]
2249	*H. brevipeñis* LW. **Stein gesehen**	♂ Lemberg	grün	1	
2250	[2] *Hydrotaea fasciculata* MDE STEIN!	[2] ♂ [1] Lindholm 2. 8. 95.	[1] bräunlich [2] –	1	
2251	*H. impexa* LW. **Stein!**	♂ **Sonntagberg Laub**	grün	1	
2252	*Hydrotaea palaestrica* MG. STEIN	♂ ♀ 11. 5. 89	–	1	
2253	*Hydr. Pandellei* **Stein.**	♂ **Kematen.**	–	2	
2254	*H. „curvip[es] pellucens"* **ist** *angulata* ST.	♂ ♀ **Seitenstetten Wald**	–	1	
2255	*H. irritans* L **Stein!**	♂ **Wach(t)berg Gesträuch**[1] 3. 7.	grün	2	[[1] Kann auch **„gestreift"** heißen]
2256	*Hyd. dentimana* MG.	♂ **Wanderhöhe**[1]	grün	1	[[1] Fast unleserliches stenographisches Zeichen, betrifft jedoch mit Sicher-

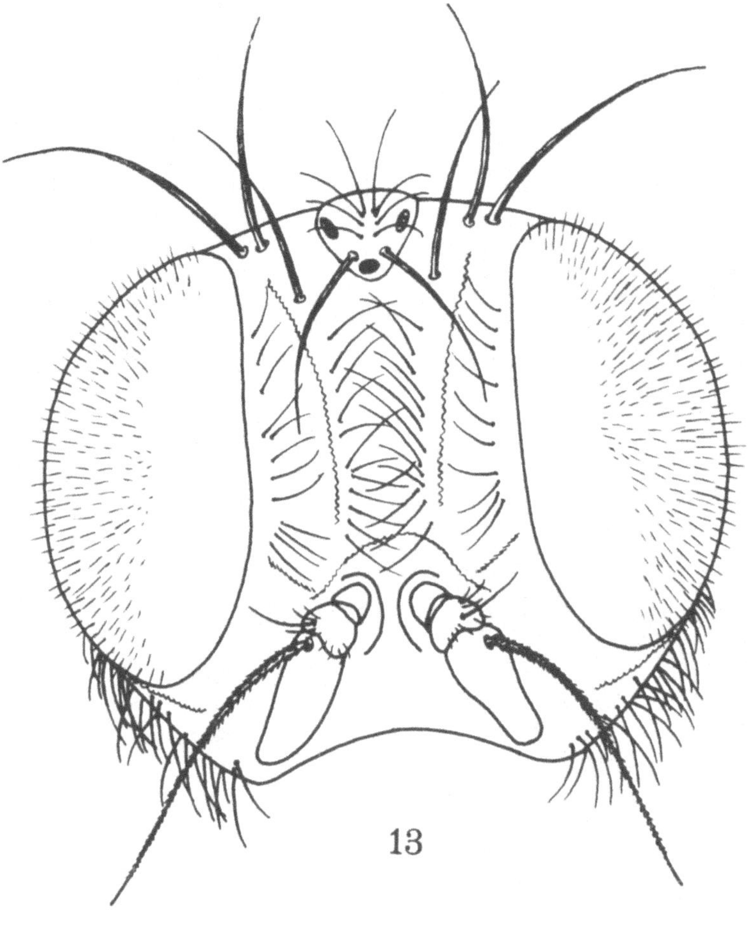

13

Fig. 13. *Chaetolonchaea dasyops* (MEIGEN) (Lonchaeidae):

Vorderansicht des Kopfes. (30 ×). (Gezeichnet nach Exemplar-Nr. 2036 in der Kollektion MORGE mit folgender Etikettierung: 1. „Wimmer 5/5 Vydrhelee*“. – 2. „*Lonchaea dasyops* Mg.“. – 3. „*Chaetolonchaea dasyops* (MEIGEN) ♀ det. G. Morge Ex. 2036“.)

[* Fast unleserlich.]

Ex.-Nr. Typen-designierung	Vollständige Etikettenbeschriftung: Familien-, Gattungs-, Artangaben	Vollständige Etikettenbeschriftung: Sonstige Details	Etikettenfarbe	Erhaltungszustand	Revisionsresultate nach 1910. [Bemerkungen von G. MORGE]
					heit einen Fundort in der Umgebung von Innsbruck]
2257	*Hyd. occulta* MG	**Melk Waldrand** 3. 5. ♂ **Stiftsgarten Gesträuch Laub** 13. 5. ♀	grün	1	
2258	[1] *H. glabricula* [2] Ist keine *Hydrotaea* (Kreuzborste fehlt, Borste deutlich kurz behaart) Ich wart aber aus der Art nicht klug u. k auch die Gattung nicht mit Sicherheit bestim̅en.	[1] **Innsbruck ♂ (nach Stein aber woanders, da ♀ richtig! Stein unbekannte Art, Admont Krumau** 6. 9. ♀.	[1] blaugrün[1] [2] –[2]	1	[[1] Etikett von P. STROBL. – [2] Etikett von STEIN]
2259	*H. parva* MEADE	**Admont ♂. Villach ♀.**	–	3	

* * *

Ex.-Nr. Typen-designierung	Familien-, Gattungs-, Artangaben	Sonstige Details	Etikettenfarbe	Erhaltungszustand	Revisionsresultate nach 1910. [Bemerkungen von G. MORGE]
	Holzkassette VI Dipteren-Typen, VI. **Nach einem Handkatalog geordnet.** Muscidae, II. Theil: 9. Fam: Anthomyidae (Schluss, von *Homalom.* an). 10. Cordylur., 11. Scatophag. 12. Helomyz., 13. Heteroneur., 14. Dryomyz., 15. Sciomyzid 16. Tetanoc., 17. Dorycer., 18. Ortalid. 19. Platystominae, 20. Ulidin., 21. Sapromyz., 22. Trypetin., 23. Sepsin. 24. Tanypezin. 25. Psilin., 26. Chloropin. (incl. *Mosillus*)				[Die Kassette steht im mittleren Teil des neuen Zirbenschrankes ganz oben. – Zusätzlich zu dem nebenstehend zitierten Originaletikett P. STROBLs wurde die Kassette von mir mit folgendem Etikett versehen: „Diptera-Typensammlung VI".]
114. Reihe:					[114. bis 126. Reihe im Kassettenoberteil]
	[*Homalomyia* BOUCHÉ]				
2260 / 2260a	*Hom.* (*Coelomyia*)[1] *spathulata* Z	♂ ♀ **Schafferweg** 22. 5.	–	2 / 2	[[1] = *Coelomyia* HALIDAY]
2261	*Hom. hamata* MCQ.!	♀ **Voitlgraben Gesträuch**[1] 8. 8.	grün	2	[[1] Kann auch „**gestreift**" heißen]
2262	*Hom. ham.* v. *viduat[a]* ZTT = *triplas.* MG.	♂ ♀ **Melk Stiftsgarten Gesträuch**[1] 8. 5.	grün	1	[[1] Kann auch „**gestreift**" heißen]
2263	O			4	
2264	*Hom. pretiosa* **Schiner**	**Unterösterreich Schiner**	graugrün	1	
2265	[2] *Homalomya ornata* MEIG[EN]	[2] ♀ [1] Ramb+ 2 Nov 99	[1] – [2] –	1	
2266	*H. pallitibia* RND.	♀ **Gesäuse Waldrand** 18. 8.	blaugrün	2	
2267	*H. Roserii* RND.	♀ **Rein bei Graz Mühlbachgraben** 5. 9. 90	blaugrün	3	

Ex.-Nr. Typen-designie-rung	Vollständige Etikettenbeschriftung		Etiketten-farbe	Erhal-tungs-zustand	Revisionsresultate nach 1910. [Bemerkungen von G. MORGE]
	Familien-, Gattungs-, Artangaben	Sonstige Details			
2268	*H. canicularis* L	**Trefflingufer ♂ Melk Stiftsgarten ♀**	graugrün	2	
2269	*H. manicata* MG	**Melk Winden Gesträuch**[1] 25. 6. ♂ **Stiftsgarten Gesträuch**[1] 13. 5. ♀	graugrün	1	[[1] Kann auch „**gestreift**" heißen]
2270	*penicillata*[1] RD *monilis* HAL	♂ **Steinbrück** 21. 7. **Laub**	blaugrün	1	[[1] = *peniculata* RONDANI nach P. STROBL: „Die Anthomyinen Steiermarks", 1893]
2271	*Hom. fuscula* FLL.	♂ **Tauernwiesen Wolfsgraben** 10.7.	–	1	
2272	*Homalomyia scalaris* FBR.	♂ **Innsbruck botanischer Garten Dolden**	grün	1	
2273	*coracina* LW = *spissata* MDE **teste Stein.**	♂ **Admont Kalkofen** 16. 7.	–	1	
2274	○			1	
2275	[2] *Homalomyia barbata* STEIN com. **Stein!**	[2] ♂. [1] 12. 4. 93 **Betzge**[1]	[1] – [2] –	2	[[1] Fragliche Dechiffrierung, da eventuell überhaupt kein stenographisches Zeichen]
2276 Typus	*ps.*[1] *arm.*[1] *barbata* **Stein!**	♀ **Seitenstetten Franzwäldchen Laub** 6. 5. 90	blaugrün	1	[[1] = *pseudoarmata* STROBL, 1893. – Von P. STROBL handschriftlich durchgestrichen. Siehe dazu STROBL 1897, p. 243]
2277	*armata* MG et autorum det. STEIN	♂ **Lärchenwäldchen unter Baum** 18. 5. 90	–	2	
2278	*armata* c. STEIN	♀!	–	1	
2279 / 2279a	[1] *Hom. lepida* WD [2] *polychaeta* LOEW in litt. det. STEIN.	[1] ♂ ♀ **Melk Stiftsgarten** 13. 5.	[1] grün [2] –	1 1	
2280	*Hom. carbonella* ST.	♂ Schu 7. 8. 96.	–	2	
2281	*H. incisurata* ZTT	**Melk Stiftsgemäuer** 6. 4. ♂ **Sunk** ♀ ?	grün	1	
2284	*Hom. sociella*	♂ **Melk Herrenmühle Schlucht Laub** 9. 7.	blaugrün	1	
2285	*H. serena* ZTT.		grün	1	
2286	*cothurnata* LW det. STEIN	♂ **Seitenstetten Stiftsgarten** 23. 5. 91.	grün[1]	1	[[1] Auf der Rückseite des Etikettes steht: „[*pseu*]*doarmat*[*a*] [Seitens]tetten . . .[2]". – Das Etikett ist an beiden Seiten abgeschnitten und diese rückseitige Beschriftung hat für das Exemplar an dieser Nadel 2286 gewiß keine Bedeutung, ist nur interessant, weil sie eine STROBLsche Art betrifft. – [2] Unleserliche stenographische Zeichen]

Ex.-Nr. Typen-designierung	Vollständige Etikettenbeschriftung: Familien-, Gattungs-, Artangaben	Vollständige Etikettenbeschriftung: Sonstige Details	Etikettenfarbe	Erhaltungszustand	Revisionsresultate nach 1910. [Bemerkungen von G. MORGE]
2287	*Homal. corvina* VERR	♀ Mähren	–[1]	4	[[1] Über dem Etikett zusätzlich noch ein kleines orangefärbiges □-Blättchen]
2288	[2] *H. umbrosa* STEIN squamis halteribus[que] nigris.[1]	[1] ♂ Schafferweg **Laub.**	[1] olivgrau [2] –	4	[[1] = var. STEINS]
2289	*Homalomyia glaucescens* ZETT = *herniosa* RD	♂ ♀	–	1	
2290	*Homalomyia similis* STEIN	♂ 16. 6. 92. c. STEIN	–	3	
2291	*Homalomyia hirticeps* STEIN	♂ 6. 5. 91 c. STEIN.	–	2	
2292	*Homalomyia grisea* STEIN ♂	♂ 23. 8. 92 l. STEIN.	–	3	
2293	*Homalomyia tuberculata* ZETT	♂ ♀ 13. 5. 92. c. STEIN	–	2	
115. Reihe:					
2294	*Homalomyia genualis* STEIN	♂ ♀ 16. 5. 92. c. STEIN	–	1	
2295	*H. minutipalpis* ST	♀ **Krumau Wiesen**	weiß	1	
2296	*H. latipalpis* ST	♂ **Michael** 1. 6.	weiß	1	
2297	*Hom. mutica* ZTT	♂ **Pitz** 17. 5. Styria STROBL.	–	1	
2298 Typus	* *H. Stroblii* STEIN = *carbon.*[1] **Strobl, nicht Mik[2] teste Stein.** ** sp. nova.	* ♂ **Scheibleggerhochalpe** 24.[3] 7.	–	2[4]	A. C. PONT 1965 det.: „*Azelia aterrima* MG. ♂". [* Vorderseite des Etiketts. – ** Rückseite des Etiketts. – [1] = *carbonaria* MEIGEN. – [2] Obwohl deutlich „**Mik**" zu lesen ist, dürfte sich diese Feststellung auf „**Meade**" beziehen. – [3] Kann auch „27." heißen. – [4] Auf je einer separaten Nadel: 1. „Hinterleib u. Genitalien, ♂ Holotypus von *stroblii* Pont praep. '65. – 2. „*F. stroblii* (holotypus), Hinterbeine"]
2299	*H. parva* ST	♀ **Scheiblegg** 16. 7.	–	1	
2300	*Homalom. brevis* RD.	♀ **Monfalcone** 24. 7.	blaß-rosé	1	
2301	* *H. difficilis* **Stein** ** *coronata*	* ♀ Admont **Sumpfwiesen** 22. 6. STROBL ** . . .[1]	–	1	[* Vorderseite des Etiketts. – ** Rückseite des Etiketts. Diese Beschriftung dürfte nichts mit dem an dieser Nadel fixierten Tier zu tun haben. – [1] Unleserliche stenographische Zeichen]

Ex.-Nr. Typen-designierung	Vollständige Etikettenbeschriftung		Etiketten-farbe	Erhal-tungs-zustand	Revisionsresultate nach 1910. [Bemerkungen von G. MORGE]
	Familien-, Gattungs-, Artangaben	Sonstige Details			
	[*Hylemyia* ROBINEAU-DESVOIDY]				[Siehe auch Ex.-Nr. 2162]
2305	*Hylemyia festiva* ZETT.	**Gesäuse auf** *Ang. s.*	grün	2	
2306	*Hyl. hilaris* FLL.	♀ **Sonntagberg Buchenstamm.**	grün	1	
2314	*H. an͠ulata* **Stein** i. l. = *hyalipennis* **Strobl**/Z.		blaugrün	1	
2315	*H. hyal.* v. **Schienen rot.** = *coronata* Z. ? **ist** *Anthom.*	♂ **Melk Winden Wald Gesträuch**[1] 6. 7.	grün	1	[[1] Kann auch „**gestreift**" heißen]
2316	*Hyl. dubitata*	♂ **Seitenstetten Waldrand Laub**	grün	1	
2317	*Hyl. conica* WD	♂ **Mühlau Wiesen**	grün	1	
2318	*operosa* MG	**Admont** ♀ **Seitenstetten Wald Gesträuch**[1] 18. 6. 891. ♂.	blaugrün	1	[[1] Kann auch „**gestreift**" heißen]
2320	*linogrisea*	♂ Rein **bei Graz.**	blaugrün	3	
2322	*Hyl. variat*[*a*]	**Wiesen bei Mühlau** ♂. **Seitenstetten** ♀	grün	1	
2323	*Hyl. ruralis* MG **nach dem Stein wahrscheinlich Varietät** α **von** *variat*[*a*] **mit roten Schienen.**	♀ **Seitenstetten Gesträuch**[1]	grün	1	[[1] Kann auch „**gestreift**" heißen]
2324	*Hyl. lasciva* ZTT	♂ ♀ **Seitenstetten Gesträuch**[1]	grün	4	[[1] Kann auch „**gestreift**" heißen]
2325	*H. grisea* **Fall**	♀ **Österreich Schiner**	grün	1	
2326	*H. virginea* MG	♂ **Seitenstetten Grubholz Gesträuch**[1] 10. 6. 91.	blaugrün	1	[[1] Kann auch „**gestreift**" heißen]
2327	*Hyl. puella* **Stein gesehen!**	**Gesäuse Dolde** 19. 8. ♂ **Melk Donau Gesträuch**[1] 2. 7. ♀	blaugrün	1	[[1] Kann auch „**gestreift**" heißen]
2328	*H. flavipenn*[*is*]	♂ ♀ Dörflstein **Waldsumpfwiesen** 8. 6. 93	rosé	1	
2329	*Hylem. strigosa* FBR	**Wiesen bei Mühlau** ♂. Krn ♀	grün	1	
2330	*Hylem. nigrimana* MG.	♂ **Seitenstetten Laub Waldrand.**	grün	1	
2331	*Hyl. praepotens* MG	**Österreich Schiner**	grün	1	
2332	*seticrura* R. = *brunneilinea*	♂ ♀ **Seitenstetten Blümelsberg Waldwiesen** 29. 6.	blaugrün	1	
2333	*Hyl. antiqua* MG. **Rondani.**	♂ **Melk Winden Waldgras** 11. 7.	grün	1	
2334	*H. antiqua*[1] . . .[2] *seticru*[*ra*]	♀ **Griesstein** 5000′ 20. 8.	grün	2	[[1] Von P. STROBL handschriftlich durchgestrichen. – [2] Unleserliche stenographische Zeichen]
116. Reihe:					
2335	**Meine** *angustifrons* **ist teste Stein sicher** = *H. antiq*[*ua*] **die** ♀ **aber** R **nicht** . . .[1]	**Scheibleggerhochalpe** ♂ **Krumau** ♀	blaugrün	1	[[1] Unleserliches stenographisches Zeichen]
2340	*H. paralleliventris* Z	**Österreich Schiner** ♂. **Innsbruck** ♀	grün	2	
2341	*H. coarctata*	**Bösenstein** ♂. **Admont Frauenfeld** ♀	blaugrün	4	
2343	*H. nigrescens* RD **Stein gesehen**	♂ **Natterriegel Alpenwiesen** 22. 8. 91[1].	grün	2	[[1] Könnte auch „92" heißen]
2344	*Hyl. brunnescens* ZTT. STEIN	♂	–	1	
2345	[2] *Hylemyia tristriata* STEIN	[2] ♂ [1] 4. 6. 93 Gn.[1]	[1] – [2] –	2	[[1] Dürfte „Genthin" bedeuten]
2346	[2] *Hylemyia spinosa* RD ?	[2] ♂ ♀ Stein [1] VII. 94 . . .[1]	[1] – [2] –	1	[[1] Unleserliches, nicht stenographisches Wort]

Ex.-Nr. Typen-designie-rung	Vollständige Etikettenbeschriftung: Familien-, Gattungs-, Artangaben	Vollständige Etikettenbeschriftung: Sonstige Details	Etiketten-farbe	Erhal-tungs-zustand	Revisionsresultate nach 1910. [Bemerkungen von G. MORGE]
2347	*tenuiventris* ZETT.	♂ **Seitenstetten Franzwäldchen Gesträuch**[1] 6. 5. 91.	blaugrün	1	[[1] Kann auch **„gestreift"** heißen]
2348	*Hylemyia cinerella* MG. = *tenuiv.* = *lamelliseta* **Stein**	♂ Genth[in] 11. 8. 92 **Stein!**	–	1	
2349 Typus	[2] *H. lamelliseta* STEIN **Type**	[2] ♂ ♀ Genthin [1] 17. 8. 03 . . .	[1] – [2] –	1	[[1] Unleserliche, wahrscheinlich nicht stenographische Zeichen]
2350	[2] *Hylemyia cinerosa* ZETT	[1] ♂ 6. 6. 03 . . .[1] [2] ♂ ♀	[1] – [2] –	1	[[1] Unleserliche, nicht stenographische Zeichen]
	[*Anthomyia* MEIGEN (*Chortophila* MACQUART)]				[Siehe auch Ex.-Nrn. 2147, 2213, 2216, 2232, 2315]
2282	*Chortophila candens* ZETT.	♂ ♀ Rügen **Stein.** VII. 91.	–	1	
2283	[3] *Ch. insularis*	[3] ♀ [1] Borkum 95 7 [2] A. KUNTZE Dresden	[1] – [2] – mit violetter Schrift [3] –	1	
2302	*striolata* FLL.	♂ **Admont Kalkofen** 17. 7.	blaugrün	2	
2303	*A. fugax*	♂ ♀ **Melk Wege** 16. 5.	–	1	
2304 Typus	*pseudofugax* m. **Stein gesehen**	**Scheibleggerhochalpe** ♂ **Kalbling** ♀	blaugrün	1	W. HENNIG det.: „♀ wahrscheinlich nicht *pseudofugax*"
2321 Typus[1]	*A. socia* FLL.	**Trefflingufer** 23. 4. ♂ **Lederer-leiten Gebüsche** ♀	grün	2	[[1] Syntypus von „*Anthomyia varipes* STROBL"]
2336	*A. criniventris* ZTT *tibiaria*	♂ **Innsbruck bei Mühlau**	weißgrün	4	
2337	*cinerel*[1] **Schiner**/MG = *penicillaris* RD.	♀ **Melk**	grün	1	[[1] Etikett abgeschnitten und Name undeutlich geschrieben: kann *cinerea* oder *cinerella* heißen]
2338	ruficeps MG **teste Stein** v. a penic.[1] **ohne B . . .**[2] 2. **mittleres Tarsenglied** ± **stark angeschwollen**	♂ **Admont Frauenfeld**	blaugrün	4	[[1] = *Hylemyia penicillaris* RONDANI. – [2] Fast unleserliches stenographisches Zeichen, das sich aber wahrscheinlich auf fehlende **Borsten** auf der Unterseite des Abdomens bezieht]
2339	*Ch. platura*	♂ **Seitenstetten Blümelsberg Wiesen** 12. 5. 91.	blaugrün	1	
2342	*Anth. pullula* ZETT.	**Seitenstetten Waldrand** ♂ **Melk** ♀	olivgrau	2	
2351	*Anthomyia atramentaria* (d'apr. Type) MEIG = *Acyglossa*[1] *diversa* RDI	[2] ♂ [1] Cherville	[1] – [2] –	1	[[1] = *Acyglossa* RONDANI]
2352 Typus	*A. longicauda* m	♂ **Scheibleggerhochalpe** 3. 7. 97	–	2	W. HENNIG det.: siehe Anthomyiidae in LINDNER

Ex.-Nr. Typen-designie-rung	Vollständige Etikettenbeschriftung		Etiketten-farbe	Erhal-tungs-zustand	Revisionsresultate nach 1910. [Bemerkungen von G. MORGE]
	Familien-, Gattungs-, Artangaben	Sonstige Details			
2353[1]	**Alle rotbeinigen** Anth. **sind in der 21. roten Nachtragslade**		rosa		[[1] Nur Etikett, kein Tier]
2354	*Anth. pluvialis* L	♀ **Innsbruck Fenster**	grün	2	
2355	*A. procellaris* R.	♂ **Melk Winden Hügel[1]Gebüsche**	grün	1	[[1] Unsichere Dechiffrierung]
2356	*A. imbrida* R.	Cilli **Möhrendolden** ♂. Prag **Göbel** ♀	grün	1	
2357	*A. albicincta* FL	♂ ♀ **Melk Stiftsgarten Gebüsche** 27. 5., 1. 6.	grün	1	
2358	[1] *Anthom. pratincola* Pz.	[1] ♀ **Österreich Erber** [2] 14772	[1] grün [2] –	4	
2359	*A. radicum*		verblichen-rosé	1	
2360	*A. sulciventr[is]* RD	♂ **Seitenstetten** 20. 4.	rosé	1	
117. Reihe:					
2361	*spreta* Mg **von Stein gesehen**	♂ **Admont Krumau Wiese** 18. 7.	blaugrün	1	
2362 Typus	*Ch. atronitens* n. sp	♂ ♀ **Scheipisee Blume** 26. 5. 890.	blaugrün	1	W. HENNIG det.: „*Paraprosalpia atronitens* STROBL
2363	*transversalis* Z. **Stein gesehen Mik?**	♂ ♀ **Gesäuse Dolden** 19. 8.	blaugrün	4	
2364	*cinerell[a]*	♂ Scheibleggerhochalpe	blaugrün	1	
2365	*longul[a]*	♂ Algeciras Spanien STROBL.	–	1	
2366	*Chortophila sepia* MG.	[2] ♂ [1] 21. 3. 93 Ch.	[1] – [2] –	1	
2367	*A. curvicauda* Z.	Kalocsa **Frühling**	rosé	1	
2368	*Chortophila pilifera* ZETT *sepia* STEIN **Schenkel** *sepia*	♂ Genthin 4. 6. 93.	–	1	
2369		[1] ♀ 21. 7. 03.[1] [2] Hirschbad [3] GAMPERTON	[1] – [2] – [3] –	1	[[1] Jahreszahl kaum lesbar]
2370	*Chortophila vetula* ZETT	♂ ♀ 25. 10. 94. c. STEIN	–	1	
2371	*Chortophila ignota* RD **ist** *humerella* **Strobl**	♂ **Genthin Stein.** 9. 6. 93.	–	1	
2372	*Chortophila humerella* ZETT	♂ ♀ 3. 5. 91. **Stein**	–	1	
2373	*humerell[a]*	♀ **Stein.** 7. 5. 92 **Betzge**[1]	–	1	[[1] Unsichere Dechiffrierung, da fraglich, ob überhaupt stenographisches Zeichen]
2374	*Anth. parva* ZTT.	♀ Admont **Krumau** 28. 5. STROBL	blaugrün	1	
2375	[1] *Ch. stygia* MG. **Stein gesehen** [2] nicht zu ermitteln	[1] ♀ **Tauernstraße Graben** 28. 5. 90.	[1] blaugrün [2] –	5	
2376	*Anth. frontella* ZETT	♂ **Scheiblstein** 11. 7. 95. **Strobl.**	blaugrün	4	
2377	[1] *A. pratensis* MG. **richtig nach Stein** [2] **ist nach** p.C.[2] **nicht** *pr.*[3] MG. **sondern wahrscheinlich** *anthracina* Cz.	[1] ♂ Seitenstetten Wiesen Gesträuch[1].	[1] grün [2] weißgrün	3	[[1] Kann auch „**gestreift**" heißen. – [2] Dürfte „CZERNY" bedeuten. – [3] = *pratensis* MEIGEN]
2378	[1] *Ch. gnava* MG = *lactucae* RDI **stimmt genau mit den Typen Steins!**	[1] **Sirbitzkogel** ♀ **Admont** ♂ [2] VII. 94 . . .[1]	[1] rosé [2] –	1	[[1] Unleserliches, nicht stenographisches Zeichen]

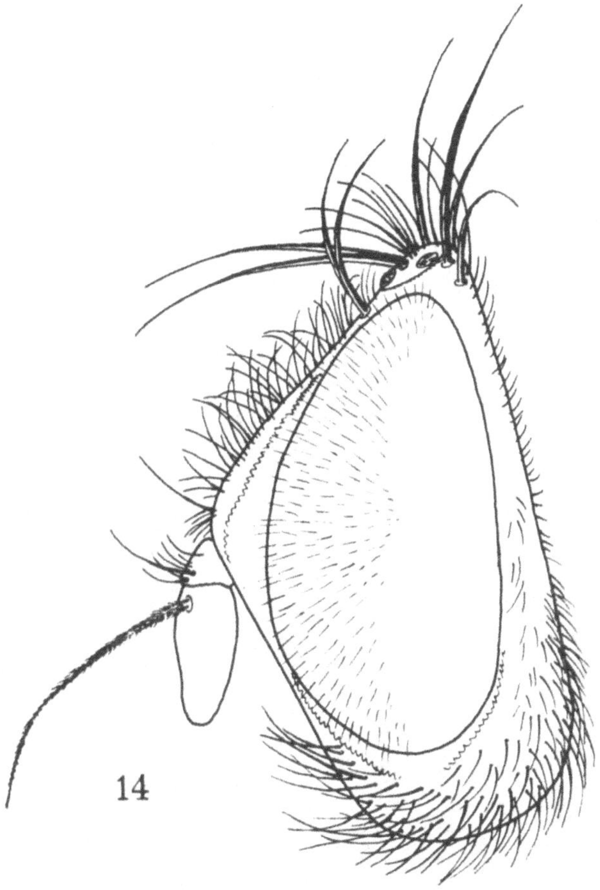

14

Fig. 14. *Chaetolonchaea dasyops* (Meigen) (Lonchaeidae):
Linke Seitenansicht des Kopfes. (30×). (Gezeichnet nach Exemplar-Nr. 2036 in der Kollektion Morge mit folgender Etikettierung: 1. „Wimmer 5/5 Vydrhelee*“. — 2. „*Lonchaea dasyops* Mg.“. — 3. „*Chaetolonchaea dasyops* (Meigen) ♀ det. G. Morge Ex. 2036“.)

[* Fast unleserlich.]

Ex.-Nr. Typen-designierung	Vollständige Etikettenbeschriftung: Familien-, Gattungs-, Artangaben	Vollständige Etikettenbeschriftung: Sonstige Details	Etiketten-farbe	Erhal-tungs-zustand	Revisionsresultate nach 1910. [Bemerkungen von G. MORGE]
2379	O			1	
2380 Typus	*coerulescens* m.	**Hochschwung Bachrand** 30. 8. ♂ **Kalbling Alpenwiesen** 25. 7. ♀.	blaugrün	1	W. HENNIG det.: „*Paregle coerulescens* STROBL."
2381	O			5[1]	[[1] Nur Nadel ohne Tier und ohne Etikett]
2382	*muscaria* MG	♂ **Melk Donauau Erlenstamm** 26. 9.	blaugrün	4	
2383	*promissa* **Stein!**	♂ **Sonntagberg Laub** 8. 5. 90	blaugrün	3	
2384	[1] *A. impudica* RD.	[1] ♀ **Gesäuse große Wiese.** [2] Styria STROBL.	[1] – [2] –	3	
2385	*A. incisvalva*	♂ Steir. Alpen **Natterriegel** 1. 8. STROBL	weißgrün	4	
2386	[2] *Chortophila octoguttata* ZETT IV 1570	[2] ♂ [1] 19. 8. 03 . . .[1]	[1] – [2] –	4	[[1] Unleserliche, nicht stenographische Zeichen]
2387	[1] *A. brevicornis* Z. [2] *brevicornis* ZETT ist = *muscaria* MG besitze die Art auch.	[1] ♂ Kalocsa	[1] rosé [2] –	1	
2388	*cilicrura* R. **ist** *plat.* **Schiner** p.p.	♂ **Innsbruck botanischer Garten Dolden**	grün	1	
2389	*trichodact.*	♀ Admont **Krumau** 6. 9. STR.	blaugrün	1	
2390	*Chortophila intersecta* MG	♂ Genthin 9. 4. 93. STEIN.	–	4	
2391	[1] *intersecta* **von Stein gesehen** [2] ist nicht *intersecta* MG	[1] ♂ **Seitenstetten Lärchenwäldchen** 17. 5.	[1] grün [2] –	1	
2392	*Chortophila nigrisquama* STEIN	♂ Genthin 15. 9. 88.	–	1	
2393	*Chortophila latipenis* ZETT	[2] ♂ ♀ [1] 12. 6. 02 **Betzge**[1]	[1] – [2] –	4	[[1] Unsichere Dechiffrierung, da fraglich, ob überhaupt stenographisches Zeichen]
118. Reihe:					
2394		31. 8. 03 . . .[1]	–	2	[[1] Unleserliches, aber nicht stenographisches Zeichen]
2395 / 2395a	*A. floccosa* MCQ = *brassicae* WD **Die ähnlichen Fälle haben keine fleckige Deckung**[1]	♂ ♀ **Innsbruck Mühlau**	rosé	4 1	[[1] Unsichere Dechiffrierung]
2396	[2] *Chortophila floralis* FLL. p.p.	[2] ♂ ♀ [1] 27. 8. 03 . . .[1]	[1] – [2] –	1	[[1] Unleserliches, aber nicht stenographisches Zeichen]
2397	*Chortophila angustifrons* MG	♂ STEIN	–	1	
2398	*angustifr[ons]*	♀ 25. 10. 94 Ch. STEIN	–[1]	2	[[1] Auf der Rückseite des Etiketts steht: „VII 90 Gr."]
2399	[2] *Chortophila trapezoides* ZETT = *discreta* MG. c. STEIN	[2] ♂. [1] Satruph. 29. 7. 93.	[1] – [2] –	2	
2400	*discreta* **Stein gesehen**	♀ **Seitenstetten Froschau Sandhaufen** 11. 5.	blaugrün	1	

Ex.-Nr. Typen-designierung	Vollständige Etikettenbeschriftung: Familien-, Gattungs-, Artangaben	Vollständige Etikettenbeschriftung: Sonstige Details	Etiketten-farbe	Erhal-tungs-zustand	Revisionsresultate nach 1910. [Bemerkungen von G. MORGE]
2401	* *Ch. cardui* ** *Hyl. penic[illaris]*	* ♂ Gstatterboden **unter Fichtengesträuch** 18. 5. 90.	blaugrün	1	[* Vorderseite des Etiketts. – ** Rückseite des Etiketts]
2402	[1] *A. varicolor* MG. **Stein gesehen**! [2] Habe die Art auch so bestimmt, obwohl die Meigensche Type anders ist.	**Seitenstetten Stiftsteich Laub** ♂ **Melk Waldrand Laub** 19. 7. ♀.	[1] grün[1] [2] –[2]	4	[[1] STROBLsches Etikett. – [2] STEINsches Etikett]
2403	*Chort. pilitarsis* **Stein als** *Prosalp.*[1]	♂ **Oberösterreich** Cz.	–	1	[[1] = *Prosalpia* POKORNY. – Siehe auch Ex.-Nr. 2408]
2404	[2] *Chortophila arcuosa* ZETT.	[2] ♂ ♀ Rügen 7. 86 STEIN. [1] 7. 86 . . .[1]	[1] – [2] –	1	[[1] Unleserliches, aber nicht stenographisches Zeichen]
2405	[2] *A. scatophagina* Z	[2] ♂ [1] Auen. 23. 4.	[1] – [2] –	1	
2409	*A. buccata* FLL	♂ **Amstetten Ybbsauen** 14. 5.	grün		
2410	[1] *A. unilineata* ZTT **nach Stein richtig!** [2] Weñ nicht i.c.[3] gefangen nicht zu ermitteln, zu welchem ♂ gehörig nicht[4] *buccata*	[1] **Melk Sandabhang Blumen** 3. 5. ♂[4] ♀!	[1] grün[1] [2] –[2]	1	[[1] STROBLsches Etikett. – [2] STEINsches Etikett. – [3] = in copula. – [4] „♂" von P. STROBL handschriftlich durchgestrichen]
2411	[2] weder *buccata* noch *unilineata*. besitze sie auch	[1] ♂.	[1] grün[1] [2] –[2]	1	[[1] STROBLsches Etikett. – [2] STEINsches Etikett]
2482 ? Typus	*lepida* Z! *glaucesc.*[1] m.	♀ **Melk Stiftsgarten** 15. 5.	–	2	[[1] Nach P. STROBLs Handkatalog = *glaucophana* STROBL]
	[*Hydrophoria* ROBINEAU-DESVOIDY]				
2307	*Hydrophoria ambigua* FLL.	♂ ♀ Genthin 10. 8. 92. **Stein**	–	3[1]	[[1] Abdomen von mir angeklebt]
2308		26. 7. 92 . . .[1]	–	1	[[1] Unleserliches, aber nicht stenographisches Zeichen]
2309	**früher als** *Hydr. ambig[ua]* **ist aber** *frontata* ZTT.	♂ ♀ **Bösenstein** 7000′ 14. 8.	weißgrün	1	
2310	○			1	
2311	*divisa* MG	♂ ♀ VII 91 Rüg.	–	1	
2312		VII 91 Rüg	–	1	
2313	*Hydrophoria Wierzejskii*		–	1	
2319	*Hydrophoria linogrisea* MG = **meine** *sericata* **Strobl**	♀ **Trefflingufer** 11. 5.	–	1	
	[*Eriphia* MEIGEN]				
2406	*Eriphia silvestris* FLL.	♂ Genthin 25. 5. 17[1] c. STEIN.	–[2]	1	[[1] Es ist deutlich „17" zu lesen, muß aber wohl „97" oder „07" heißen. –

Ex.-Nr. Typen-designierung	Vollständige Etikettenbeschriftung: Familien-, Gattungs-, Artangaben	Vollständige Etikettenbeschriftung: Sonstige Details	Etikettenfarbe	Erhaltungszustand	Revisionsresultate nach 1910. [Bemerkungen von G. MORGE]
					² Auf der Rückseite des Etiketts steht: „*Phorbia*" = *Phorbia* ROBINEAU-DESVOIDY]
2407	*Eriphia Bilbergi* ZETT. *silv[estris]* **Strobl.**	♂ ♀ Genthin 8. 9. 93. STEIN.	–	1	
2408	[1] *Er. moerens* Z. [2] *Prosalpia*[1] *styriaca* POK[ORNY] = *moer.* **Stein gesehen**	[1] ♂ **Scheipisee Alpenblume** 26. 5.	[1] blaugrün [2] rosa	2	[¹ Siehe auch Ex.-Nr. 2403]
2413	[1] *Eriph. mont[ana]* [2] *Hyporites*[1] *montanus* POK.	[1] ♀ **Scheibleggerhochalpe Gesträuch**[2].	[1] grün [2] rosa	1	[¹ = *Hyporites* POKORNY. – ² Kann auch „**gestreift**" heißen]
2414		♂ Gesäuss **auf Blättern**	grün	2	
119. Reihe:					
	[*Hammomyia* RONDANI]				
2412	*Hammomyia albescens* Z.	♀ **Melk Winden auf Wacholder** 6. 7.	blaugrün	1	
	[*Syllegopterula* POKORNY]				
2419 / **2419a** **Typen**	*Syllegopterula Beckeri* POK[ORNY] = *Coen.*[1] *tuberculiventris*[2] **Strobl, aber nicht** ZT	♂ ♀ **Scheibleggerhochalpe**	–	1 / 1	[¹ = *Coenosia* MEIGEN. – Siehe auch Ex.-Nrn. 2415 bis 2418, 2420 bis 2468 und 2470. – ² P. STROBL schreibt auf p. 249 in: „Die Dipteren von Steiermark" (Mitt. Nat. Ver. f. Steierm. **34**; 1897): „Zu *tuberculiventris* p. 266. Da *Aricia tub.* ZETT. teste STEIN eine *Cordylura* ist, muß meine Art *Coen. tub.* STROBL heißen; die Beschreibung gab ich schon in Wien. ent. Z. 1894 p. 68 . . .". – Auf p. 177 in „Dipteren von Steiermark" (Mitt. Nat. Ver. f. Steierm. **46**; 1909) schreibt P. STROBL hierzu weiter: „Meine *Coen. tuberculata*, Wien. ent. Z. 1894, wurde schon 1893 als *Syllegopterula Beckeri* von POKORNY beschrieben ..."]

Ex.-Nr. Typen-designie-rung	Vollständige Etikettenbeschriftung		Etiketten-farbe	Erhal-tungs-zustand	Revisionsresultate nach 1910. [Bemerkungen von G. Morge]
	Familien-, Gattungs-, Artangaben	Sonstige Details			
	[*Coenosia* Meigen]				[Siehe auch Ex.-Nrn. 2419, 2419a und 2469]
2415	*Coen. mollicula*		grün	1	
2416	*C. biocellata* Z.	♀ **Melk Winden**	–	1	
2417	*C. obscuricula* Rd = *remotell[a]* Z.	♂ **Scheibleggerhochalpe**	–	1	
2418	*Coen. monilis* Mg.	♂ **Seitenstetten Stiftswald**	grün	1	
2420 Typus	*Car.*[1] *troglod[ytea]* Z. *verna* v. *alpicola* **Strobl**	♂ **Seitenstetten Waldsumpf**	blaugrün	2	[[1] = *Caricea* Robineau-Desvoidy]
2421	[2] Fb[1]	[2] ♀ Prag [1] 26. 5.	[1] – [2] grün	2	[[1] Bezieht sich offenbar auf *verna* Fabricius]
2422	*C. lacteipen̄is* Z.	♂ **Hochschwung Bachrand** 19. 8.	rosé	2	
2423	○			2	
2424 Typus	*Coenos[ia] Mikii* **Strobl. Stein gesehen**	♂ Zara	rosé	3[1]	[[1] Abdomen war aufgeklebt]
2425	*C. alma* Mg	♂ **Seitenstetten Franzwäldchen Laub** 2. 5. 890.	blaugrün	4	
2426	*alm.* v. *pallipalpis*	♀ **Hohentauern Sumpfwiesen** 25. 5.	blaugrün	1	
2427 /	*C. brachialis* Rd = *Stroblii* Mik. **Von Stein gesehen!**	♂ ♀ **Seitenstetten Fichten** 20. 4.	–	1	
2427a				1	
2428	[1] *C. 8 signata* R [2] **von Stein gesehen!**	♀ Ragusa **Weingarten Gesträuch**[1] 16. 4. Strobl.	[1] – [2] –	1	[Kann auch „**gestreift**" heißen]
2429	*dorsalis* Rs = *litor.*[1] **Strobl, nicht Z.**	♀ **Seitenstetten Stiftsteich**	–	1	[[1] = *littoralis* Zetterstedt]
2430	*Coenosia litoralis* Zett	♀ Genthin 20. 6. 87 Stein	–	1	
2431 /	*tricolor* **Stein** *infantula*	**normal** ♀ **Radkersburg Wald Gesträuch**[1] 28. 7. 92.	blaugrün	2	[[1] Kann auch „**gestreift**" heißen]
2431a				2	
2432	*pum[ila]* v *C Z* = *genualis*	♀ **Amstetten Ybbsauen** 16. 5.	blaugrün	4	
2433	[2] *Coenosia elegantula* Rd	[2] ♂ ♀ c. Stein [1] 17. 8. 92. . . .[1]	[1] – [2] –	1	[[1] Unleserliches, aber nicht stenographisches Zeichen]
2434		25. 7. 92 . . .[1]	–	1	[[1] Unleserliches Zeichen, fraglich ob Stenographie; wenn ja, könnte es „**Betzge**" heißen]
2435 /	*nigritigita*[1] Rd **nach Stein** = *tricolor* m pp.	♂ ♀ **Melk** 10. 5.	blaugrün	1	[[1] = *nigridigita* Rondani]
2435a				3	
2436 Typus	[1] *Coen.* (*Centriocera*)[1] *acuminata* m. [2] **von Stein gesehen!**	[1] ♂ **Hofwiese** 15. 6. Styria Strobl.	[1] – [2] – [3] rot	4[2]	[[1] = *Centriocera* Pokorny. – [2] Verschiedene morphologische Teile waren aufgeklebt] [3] „Holotypus (nach Prof. Hennig; . . .[3] 1159". – [[3] Unleserliches Wort. – Schreiber

Ex.-Nr. Typen-designierung	Vollständige Etikettenbeschriftung: Familien-, Gattungs-, Artangaben	Vollständige Etikettenbeschriftung: Sonstige Details	Etiketten-farbe	Erhal-tungs-zustand	Revisionsresultate nach 1910. [Bemerkungen von G. MORGE]
					des Etiketts unbekannt]
2437 /	*geniculata* FLL!	♂ **Amstetten Ybbsauen**	blaugrün	3	
2437a				2	
2438	*gen.* v. *pygmaea* Z.	♂ **Gesäuse Ennsufer** 19. 8.	blaugrün	1	
2439	*C. nigrifemur* ZTT.	♀ **Veitlgraben Gesträuch**[1] 8. 8.	grün	4	[[1] Kann auch „**gestreift**" heißen]
2440 /	*ambulans* MG = *pygmaeella* P.	♂ ♀ **Hoffeld**	–	2	
2440a				2	
2441 /	*pumila* **Fll** p. **Strobl** = *perpusilla* **Stein** 97, **nicht** MG.		–	4	
2441a				2	
120. Reihe:					
2442	*C. obtusipennis* Fll **Stein gesehen**	♂ ♀ **Sirbitzkogel Alpenregion**	grün	2[1]	[[1] Abdomen von mir angeklebt]
2443	*C. bilineella* Z	♂ ♀	–	1	
2444	*C. tarsella* ZTT.	♀ **Seitenstetten Stiftsteich**	grün	1	
2445	*C. lineatipes* ZTT.	♀ **Amstetten Ybbsauen**	blaugrün	4	
2446	*Coen. 6notata* MG		grün	1	
2447	*C. 6not.* v. *cingulipes* ZTT.	♀ **Froschau Gesträuch**[1]	grün	1	[[1] Kann auch „**gestreift**" heißen]
2448 /	*C. decipiens* MG	♂ ♀ **Hohentauern**	–[1]	1	[[1] Über dem Etikett zusätzlich noch ein kleines goldenes □-Blättchen]
2448a				2	
2449	[2] *Coen. 6pustulata* RD	[2] ♀ [1] Tschinowi 27. 6.	[1] – [2] –	1	
2450	*C. pedella* FLL	♀ **Seitenstetten Stiftsteich** 25. 5. 90	blaugrün	1	
2451	*humilis* MG = *nan.* **und** *hum.* ZTT p. C[1].	♂ ♀	–	4	[[1] Kaum lesbar]
2452	○			5[1]	[[1] Nur noch Nadel vorhanden, kein Tier]
2453	*perpusilla* MG = *albicorn[is]* **Strobl** = *pumil[a]* **Stein** 97 **nicht Fall.**		–	2	
2454	*sexmacul[ata]*	♀ **Admont Krumau** 23. 7. 91.	blaugrün	1	
2455 /	*albatella* **Z teste Stein als** *sexm.* **Strobl**	♀ **Admont**	blaugrün	1	
2455a				1	
2456	*C. pulicaria* ZTT	♀ **Krumau**	–	1	
2457 /	*C. triangula* FLL	♂ ♀ **Seitenstetten buschiger Bachrand**	grün	1	
2457a					
2458	*C. pacifica* MG	♀ **Radkersburg**	–	1	
2459 Typus	*C. rufimana* m.	♂ **Admont lehmiges Ennsufer** 24. 8. 92.	rosé	1	
2460 /	*C. albifrons* **Z teste Schnabl** *obscuripes* RD	♂ ♀ **Krumau Wiesen** 25. 9.	–	1	
2460a				1	
2461	*globuliventr[is]*	♂ **Steinbrück**	blaugrün	1	

Ex.-Nr. Typen-designie-rung	Vollständige Etikettenbeschriftung		Etiketten-farbe	Erhal-tungs-zustand	Revisionsresultate nach 1910. [Bemerkungen von G. MORGE]
	Familien-, Gattungs-, Artangaben	Sonstige Details			
2462	*means* MG = *articul.* ZTT		–	1	
2463	*C. tigrina* F	♂ ♀ **Amstetten Ybbsauen**	grün	1	
2464	*C. tigrina* v. *leonina* RD	♂ ♀ **Radkersburg**	–	1	
/ 2464a				1	
2465	*Coen. agromyzina* FLL = *zella* RD **Stein gesehen**	♀ **Radkersburg**	–	1	
/ 2465a				1	
2466	*C. intermedia* FLL	♂	–	1	
2467	*Coen. meditata*		grün	1	
2468	*Coen. fungorum* DEG.	♂ ♀ **Seitenstetten Stiftsgarten**	grün	1	
2470	*Coen. rufipalpis*	STR.	–	4	
	[*Mycophaga* RONDANI]				
2469	*Mycophaga inornata* LW (**als** *Coen.*) **Notizbuch** 330.[1]	♂ Kalocsa **Thalhammer**	rosé	1	[[1] Bezieht sich auf p. 330 von P. STROBLs Hand-katalog]
	[*Chirosia* RONDANI]				
2471	*Chiroria*[1] *albimana* W.	♂ Prag **Göbel**	grün	2	[[1] = *Chirosia*]
121. Reihe:					
2472 Typus	*Chir. grossicauda* m	♂ Irun 5. 5. Spanien STROBL.	–	4	
2473	*Chir. Trollii*	♂ ♀ **Monte Balbo**	–	1	
/ 2473a				1	
2474	*Chir. fallax* LOEW	♂ **Melk Wiesenrain** 4. 5.	blaugrün	1	
	[*Cinochira* (WAHLBERG MS.) ZETTERSTEDT]				
2475	*Cinochira atra* WHL = *pinguicula* Z **Stein gesehen!**	♂	–[1]	1	[[1] Über dem Etikett noch ein kleines goldenes □-Blättchen]
	[*Myopina* ROBINEAU-DESVOIDY]				
2476	*Myopina riparia* FLL	♂ **Sebenico Kerka Gesträuch**[1]	olivgrau	2	[[1] Kann auch „**gestreift**" heißen]
2477		♀ Melk **Pielach auf Steinen**	blaugrün	1	
2478	*Myopina reflexa* RB. DSV.	♂ ♀ Sümogher **Weinberge. August** 89.	blaugrün	2	
/ 2478a				2	
	[*Syllegoptera* RONDANI]				
2479	*Syllegoptera ocypterata* MG	♂ **Melk Wach(t)berg** 3. 6.	grün	1	
	[*Lispe* LATREILLE]				
2480	*Lisp. flavicincta* LW. v. **der 4. Ring**[1] **nur in der Mitte mit einer schwachen Spur eines gelben Anfluges**	♂ Ro[2] 27. 7. Transsylv STROBL	–	2	[[1] Unsichere Dechiffrierung. – [2] Bedeutet wahrscheinlich „Rotenturmpaß"]
2481	*L. tentaculata* DG	♂ ♀ **Fiume Rečinatal**	grün	1	
2483	*L. consanguinea* LW.	♀ **Donauau Steine neben Lauchen** 26. 7.	blaugrün	1	

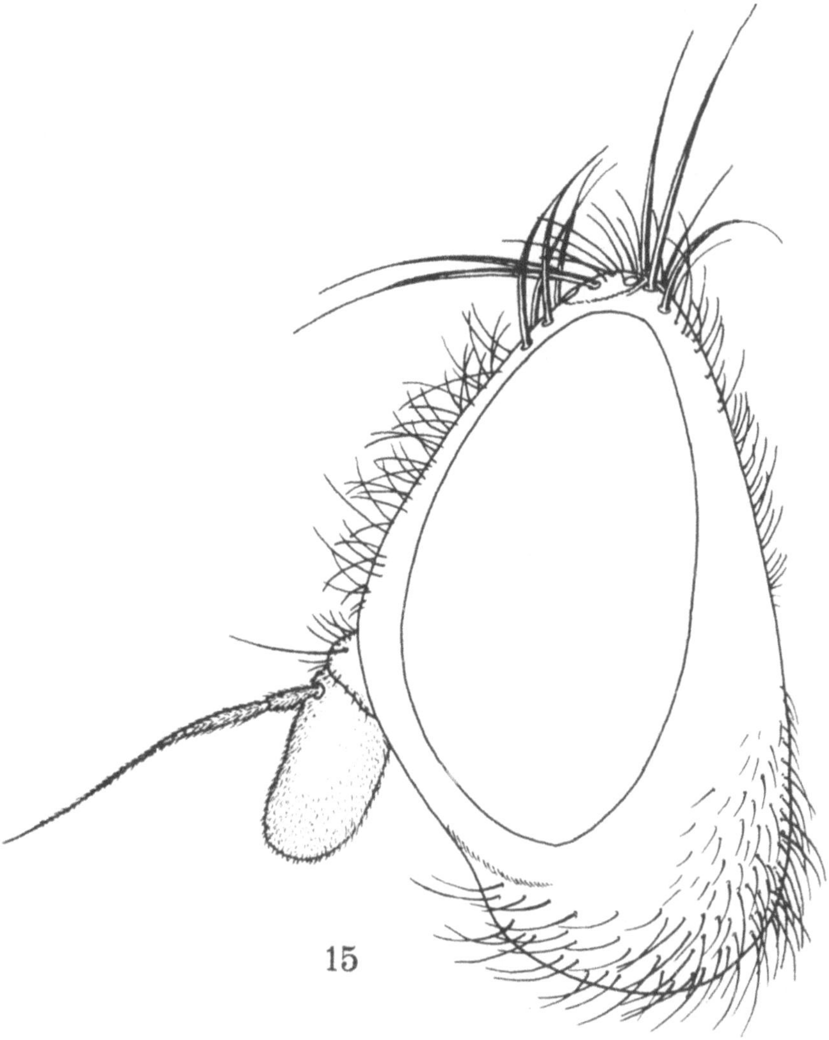

15

Fig. 15. *Chaetolonchaea pallipennis* (ZETTERSTEDT) (Lonchaeidae):
Linke Seitenansicht des Kopfes. (48×) (Gezeichnet nach einem Exemplar in der Kollektion des ehemaligen DEI, Eberswalde, mit folgender Etikettierung: 1. „Berlin-Pichelsberg 28. 5. 05“. – 2. „coll. Oldenberg“. – 3. „Chaetolonchaea pallipennis (ZETTERST.) ♀ det. G. Morge Ex. 2914“.)

Ex.-Nr. Typen-designierung	Vollständige Etikettenbeschriftung: Familien-, Gattungs-, Artangaben	Vollständige Etikettenbeschriftung: Sonstige Details	Etiketten-farbe	Erhal-tungs-zustand	Revisionsresultate nach 1910. [Bemerkungen von G MORGE]
2484	*tenuipalpis* Z. *pygmaea*	♂ **Steinbrück Bergweg** 21 7	blaugrün	1	
2485	*L. melaleuca*	♀ **Pielach Bachstein**[1] 3. 7	blaugrün	1	[[1] Könnte auch „**Bachsteg**" heißen]
2486	*Lisp. superciliosa* LW	♀ Ungarn	–	1	
2487	*L. leucomelaena* KW.	♀ Kalocsa	rosé	1	
2488	*L. littorea* FLL.	Sümegher **Weinberge**	rosé	1	
2489 Typus	*Lispa candicans* KOW v *obscurior* m.	♂ Zara	rosé	1	
	[*Dialyta* MEIGEN]				
2490	*Dial atriceps* LW	♂ Ungarn. 616	rosé	1	
2491 Typus	*Dialyta Steinii* m	♂ **Tauernteichwiesen** 27 5. 90. Styria STROBL.	–	4	
	[*Atherigona* RONDANI]				
2492	*Ath. varia*	♀ Monfalcone **Lagune** 27 7 83.	grün	1	
	[*Schoenomyza* HALIDAY]				
2493 / 2493a	*Schoen. littor[ella]*	**Eichelau blühendes Rohr** 21 7 ♂ **Kalbling Krummholz** 10. 7 ♀	blaugrün	3 / 3	
2494	*Sch. fasciata* MG	♀ Melk. **Pielach Uferstein** 19. 5.	grün	3	
2495	**X. Cordylur. XI. Scatophag. XII. Helomyz. XIII. Het. XIV. Dryomyz.**		rosa, schwarz umrandet		
	[*Cordylura* FALLÉN]				
2496	*Cordylura pubera* L.	♂ ♀ **Seitenstetten Stiftsteich Laub**	grün	1	
2497	*C. ciliata* MG	♂ Admont **Krumau auf Dolden** 27 8.	grün	1	
2498	*geniculuta* ZETT = *pudica* MG	♂ **Bösenstein Alpenwiesen**	–	1	
122. Reihe:					
2499	*Cord. atrata* ZTT	♂ ♀ **Villach Tief.**	grün	3	
2500	*C. albilabris* FB	♂ ♀ **Seitenstetten Stiftsteich Laub**	grün	1	
2501	*C pallida* ZTT	♂ **Veitlgraben Gesträuch**[1]	grün	2	[[1] Kann auch „**gestreift**" heißen]
2502	*C pictipennis* LW	♂ **Steinbrück Rain** 21 7	rosé	1	
2503	*C. albipes* FLL.	♂ ♀ **Seitenstetten Trefflingufer** 11 5.	grün	1	
	[*Parallelomma* BECKER]				
2504	*Parallelomma vittata* MG	♂ **Admont**	grauweiß	1	
	[*Acantholena* RONDANI]				
2505	*Acantholena spinipes* MG MBEZZI[1]	♀ **Schafferweg**	–	1	[[1] Handschrift BEZZIS]
	[*Norellia* ROBINEAU-DESVOIDY]				
2506	*Norellia striolata* MG	♀ Krn **Alpenwiesen**	olivgrau[1]	1	[[1] Über dem Etikett zusätzlich noch ein kleines grünes □-Blättchen]
2507	*Nor. nervosa* MG	♀ Carpathen **Göbel.** 26. 5. 1853.	grün	1	

Ex.-Nr. Typen-designie-rung	Vollständige Etikettenbeschriftung: Familien-, Gattungs-Artangaben	Vollständige Etikettenbeschriftung: Sonstige Details	Etiketten-farbe	Erhal-tungs-zustand	Revisionsresultate nach 1910. [Bemerkungen von G. MORGE]
2508	*Norellia spinimana* MG.	**Seitenstetten Buschwerk**	grün	1	
2509	*Nor. liturata* MG	♂ ♀ **Scheiblstein**	weiß	3	
	[*Clidogastra* MACQUART]				
2510	[2] *Clidogastra carbonaria* P.	[1] St. Moritz 21. 6. 9428.	[1] – [2] –	2	
2511	[2] *Clidogastra nigrita* ZETT.	[1] Wien-Schneeberg 6. 6. 90. 25096	[1] – [2] –	1	
2512	*Cl. nigrimana* Z.	♂ **Admont Bachschlucht** 7. 8.	rosé	1	
	[*Amaurosoma* BECKER]				
2513	*Amauros. flavipes* **Fall.**	♂ **Melk Stiftsgarten unter Baum schwebend**	–	1	
2518	*Amaurosoma tibiella* ZTT	♂ Kaiserau 17. 6.	blaugrün	1	
	[*Cleigastra* MACQUART]				
2514	*Cleig.* **neben** *apic*[*alis*] **vielleicht** MG **und** Z.	♀ **Amstetten Ybbsauen**	rosé	1	
2515	[1] *Cl. tibiella* Ztt [2] *armillate* ZETT.	[1] ♂ **Seitenstetten Bachufer Gesträuch**[1] 26. 4.	[1] grün [2] –	2	[[1] Kann auch „**gestreift**" heißen]
2516	*Cl. punctipes* MG	♂ **Seitenstetten Wiesen Gesträuch**[1]	grün	1	[[1] Kann auch „**gestreift**" heißen]
	[*Cnemopogon* RONDANI]				
2517	*Cnemopogon apicalis* MG	♂ **Melk Teichufer** 17. 6. STR	olivgrau	1	
	[*Nanna* BECKER]				
2519	[1] *Nanna cinerella* ZETT. [2] *Nanna* BECK.	[1] ♀ **Seitenstetten Ziegelbrennerteich** 15. 5.	[1] – [2] bräunlich	2	
	[*Acanthocnema* BECKER]				
2520	*Acanthocnema nigrimana* ZTT- = *Hydrom.*[1] *Tiefii* **Mik.**	♂ Gesäuss 18. 6. 95. **Strobl**	blaugrün	1	[[1] = *Hydromyza* FALLÉN]
	[*Trichopalpus* RONDANI]				
2521	[2] *Tricopalpus fraterna* M	[1] ♂ Liegnitz 1. 9. 24539.	[1] – [2] –	1	
	[*Kochlearium* BECKER]				
2522	[2] *Kochliarium lasiostoma* B.	[1] St. Moritz 26. 6. 9658.	[1] – [2] –	1	
123. Reihe:					
	[*Acrocnema* BECKER]				
2523	[2] *Acrocnema macrocera* M	[1] ♂ Liegnitz 29. 4. 12229.	[1] – [2] –	1	
	[*Spathiophora* BECKER]				
2524	[2] *Spathiophora hydromyzina* Z.	[1] ♀ Seeland 16933.	[1] – [2] –	1	
2525	[2] *tinctinervis* BECK.	[1] 30. 3. 87	[1] – [2] –	1	
2526	[2] *obscurum* ZETT.	[1] 17. VIII. 88	[1] – [2] –	1	

Ex.-Nr. Typen-designie-rung	Vollständige Etikettenbeschriftung		Etiketten-farbe	Erhal-tungs-zustand	Revisionsresultate nach 1910. [Bemerkungen von G. MORGE]
	Familien-, Gattungs-, Artangaben	Sonstige Details			
	[*Themira* ROBINEAU-DESVOIDY]				
2527	*Th. Falleni*	**Admont Stiftsteich**	–	1	
	[*Fucellia* ROBINEAU-DESVOIDY]				
2528	[2] *Fucellia fucorum* FALL.	[2] ♂ Küstenland. **Mik.** [1] St. Giovañi 24. 4. 64.	[1] – [2] grün	1	
	[*Scatophaga* MEIGEN]				
2529	*Scat. analis* MG	♂ ♀ **Gebüsche hinter einem Berg**[1] 29. 4.	grün	1	[[1] Fundort nach P. STROBLs Handkatalog: Seitenstetten]
2530	*Scat. inquinata*	♂ **und** ♀ **Seitenstetten Waldrand Gesträuch**[1]	grün	1	[[1] Kann auch „**gestreift**" heißen]
2531	*Sc. maculipes* Z. **Becker!**	♂ ♀ **Seitenstetten**	rosé	3	
2532	*striatipes* BECK.	♀ **Almsee**	–	3	
2533	[2] *taeniop*[*a*] RD v. *ordinata* BCK **Hinterschenkel mit 2 Borsten** [1] Z.	[1] ♂ Kalbling **Krummholzrevier** 24. 7. 83 [2] ♂	[1] – [2] grün	1	
2534	*Scat. lutaria* FBR.	♂ **Seitenstetten Stiftsteich Laub und Waldrand**	grün	1	
2535	*Sc. suilla* F = *spurca*	♂ **Wolfsgraben Dünger**	–	2	
2536	*Sc. scybalaria*	♂ **vor der Reiteralm Dünger** 29. 8.	blaugrün	1	
2537	*Sc. mica* BCK *cineraria* MG	♂ **bei Frauenfeld auf Farn** 18. 4.	rosé	1	
2538	*C.*[1] *lurida* SCHIN[ER]	♂ **Strechen Voralpenregion Blumen** 28. 7.	grün	1	[[1] = *Cordylura* FALLÉN. – Siehe auch Ex.-Nrn. 2496 bis 2503]
2539	*Sc. squalida* MG.	**Seitenstetten Brennesseln** ♂ **Almsee** ♀	grün	1	
2540	*Sc. stercoraria* L.	♂ ♀ **Melk Stiftsgarten Gesträuch**[1]	grün	1	[[1] Kann auch „**gestreift**" heißen]
2541	○			1	
2542	*Scat. merdaria* FBR.	♀ Almsee b. Turrach.	grün	1	
	[*Helomyza* FALLÉN]				
2543	*Helomyza gigantea* MG	♂ ♀ **Melk Pöverding Waldlichtungen Gesträuch**[1]	blaugrün	1	[[1] Kann auch „**gestreift**" heißen]
2544	[2] *humilis* MG	[2] ♂ **Hammern Oberösterreich Mik** [1] Hañern 29. 7. 73.	[1] – [2] grün	1	
2545	[2] *H. inornata* LW	[2] ♂ **Hammern Oberösterreich Mik** [1] Hañern 3. 8 73.	[1] – [2] grün	1	
2546	*H. nemorum* MG.	♀ **Hammern Oberösterreich** 5. 8. **Mik.**	grün	1	
2547	*Hel. foeda* LW	♂ **Innsbruck gegen Zirl Gebüsche**	grün	1	[Auf dem Etikett stehen außer den zitierten Worten noch einige durchgestrichene stenographische, aber nicht mehr lesbare Zeichen]

Ex.-Nr. Typen-designierung	Vollständige Etikettenbeschriftung: Familien-, Gattungs-, Artangaben	Vollständige Etikettenbeschriftung: Sonstige Details	Etikettenfarbe	Erhaltungszustand	Revisionsresultate nach 1910. [Bemerkungen von G. MORGE]
124. Reihe:					
2548	*Hel. pectoralis* LW = *notata* MG Cz[1]	♀ Vilenica **Wiesenrain**	–	1	[[1] Fast unleserlich]
2549	*Hel. flava* MG	♂ ♀ **Seitenstetten Bachufer**	grün	3	
2550	*H. similis* MG	♂ ♀ **Radkersburg** 28. 7.	rosé	1	
2551	*Hel. laevifrons* LW. *rufa* FALL.	♂ ♀ **Seitenstetten Waldrand**	grün	1	
2552	*H. univittata* ROS.	♂ **Seitenstetten Stiftsgarten**	grün	1	
2553	*H. ustulata* M.	♀ **Melk Winden Waldhohlweg** 22. 4.	blaugrün	1	
2554	*pilimana* LW.	♂ **Hohentauern Wirtsgraben** 1. 8. 91.	blaugrün	1	
2555	[2] *H. Zetterstedtii* LW.	[2] ♂ ♀ **Hammern Oberösterreich Mik** [1] Ham̄ern 24. 8. 73	[1] – [2] grün	1	
2556	[2] *H. montana* LW	[2] ♂ ♀ **Hammern Oberösterreich Mik** [1] Ham̄ern 17. 9. 72.	[1] – [2] grün	1	
2557	[2] *Helom. olena* MG.	[2] ♂ Oberösterreich **Mik** [1] Ham̄ern 22. 8. 73	[1] – [2] grün	1	
2558	[2] *Hel. affinis* MG.	[1] Sebenstn 16. 7. 66. [2] **Niederösterreich Mik** ♀ **Seitenstetten** ♂	[1] – [2] grün	1	
2559	*Hel. parva* LW	**Oberösterreich Mik.** ♂. **Roter Hinterleib**	grün	1	
2560	*H. flavifrons* Z.	♂ **Natterriegel** 55′ 24. 6.	grün	1	
2561	*H. obscuriventris* ZTT	**Bösenstein Alpenwiesen** ♀ **Strechen Voralpenregion** 4′ **Blätter** 28. 7.	grün	3	
2562	[2] *Hel.* (*Alophora*)[1] *atricornis* MG.	[2] ♂ Oberösterreich **Mik.** [1] Ham̄ern 9. 71.	[1] – [2] grün	1	[[1] „*Alophora*" ist zweifellos ein Irrtum P. STROBLS beim Schreiben des Etiketts. Gemeint ist „*Allophyla* LOEW", wie es P. STROBL auch in seinem Handkatalog vermerkt und publiziert hat]
	[*Leria* ROBINEAU-DESVOIDY]				
2563	*Leria villosa* MG	♀ **Seitenstetten Stiftswaldrand**	grün	1	
2571	[2] *Leria* (*Oecothea*)[1] *fenestralis* FLL.	[2] ♂ Wien. **Mik.** [1] Wien 3. 73.	[1] – [2] grün	1	[[1] = *Oecothea* LOEW]
2575	*Leria serrata* L.	♂ Kalwang **Abtritt.**	grün	2	
	[*Eccoptomera* LOEW]				
2564	*Eccoptomera flavotestacea* ZTT.	♂ **Hohentauern Wirtsgraben** 16. 8.	blaugrün	2	
2567	*Eccoptomera longiseta* MG.	♀ **Admont Bachschlucht** 17. 7.	rosé	1	
2568	*Ecc. pallescen*[*s*] MG	♀ **Admont Laub** 8. 9.	blaugrün	1	
2569	*Eccopt. ornata* LW.	♂ Griesstein 6000′ 20. 8. 883.	grün	1	
2570 Typus	*Eccoptomera Sintenisi* n. sp. ♀ Cz det L. CZERNY *umbripennis* m i l.	♀ **Kalbling Wiesen**	–	2	

Ex.-Nr. Typen-designie-rung	Vollständige Etikettenbeschriftung: Familien-, Gattungs-, Artangaben	Vollständige Etikettenbeschriftung: Sonstige Details	Etiketten-farbe	Erhal-tungs-zustand	Revisionsresultate nach 1910. [Bemerkungen von G. MORGE]
	[*Scoliocentra* LOEW]				
2565	*Scol. villosa*	♂ Meerssen 9	–	1	
	[*Gymnomyza* STROBL]				
2566	*Gymnomyza hilarella* ZTT.	♂ **Kematen Bachschlucht** 18. 8.	rosé	1	
	[*Blepharoptera* LOEW]				
2572	*Bl. spectabilis* LW.	♂ **Admont auf einem Baumstamm** 15. 4.	blaugrün	1	
2573	[2] *Blepharoptera cineraria* LW = *barbigera* **Mik.**	[2] ♂ **Hammern Oberösterreich** 8. 71. [1] Ham̄ern 8. 71.	[1] – [2] grün	1	
125. Reihe:					
2574	*Bleph. modesta* MG.	♂ **Seitenstetten Treffling Waldrand Gesträuch**[1]	grün	3	[[1] Kann auch „**gestreift**" heißen]
2576	*Bl. biseta* LW.	♂ **Hohentauern Wirtsgraben** 27. 8. 97.	–	1	
2577	*Bl. variabilis* LW.	♂ **Um die Gstadtmayrhochalpe Gesträuch**[1] 27. 8. 883.	grün	5[2]	[[1] Kann auch „**gestreift**" heißen. – [2] Nur noch Nadel vorhanden, kein Tier]
2579	*Bl. ruficeps* ZTT = *flavicornis* LW	♂ Kalocsa	–	2	
2580	[2] *Bleph. inscripta*	[2] ♂ **Oberösterreich Mik** [1] Ham̄ern 23. 7. 73.	[1] – [2] grün	1	
2581	*Blepharopt. ruficornis* MG	♂ Schulbg.[1] Transsylv. STROBL.	–	1	[[1] = Schulergebirge]
	[*Neottiophilum* FRAUENFELD]				
2578	*Neottiophilum praeustum* MG	♀ **Graz**	blaugrün	1	
	[*Heteromyza* FALLÉN]				
2582	*Heteromyz[a] oculata* FLL! **die echte**	♂ **Schafferweg**	–	1	
2584	*Het. atricornis* MG	♂ **Sankt Peter an Karstbahnfenster**[1]	–	1	[[1] = An Fenstern des Bahnhofes zu St. Peter am Karst]
2585	*H. atricornis*	♀ **Sunk feuchte Felswand** 3. 8.	blaugrün	1	
2589	[2] *Heteromyz. (Tetrochlamys)*[1] *flavipes* ZTT.	[2] ♀ **Hammern Mik** [1] Ham̄ern 9. 72.	[1] – [2] grün	1	[[1] = *Tephrochlamis* LOEW. – Siehe auch Ex.-Nrn 2583, 2586 bis 2588]
	[*Tephrochlamis* LOEW]				[Siehe auch Ex.-Nr. 2589]
2583	*Tephroph. magnicornis* LW.	♀ **Mühlauer Wald Gesträuch**[1] 1. 9.	rosé	1	[[1] Kann auch „**gestreift**" heißen]
2586	*Tephr. tarsalis* ZTT.	♂ **Melk Stiftsgarten Fenster** 18. 5.	grün	1	
2587	*Tephr. laeta* MG	♀ **Seitenstetten Fenster**	grün	1	
2588	*Tephr. rufiventris* MG.	♂ ♀ **Seitenstetten Fenster**	grün	1	
	[*Amphipogon* WAHLBERG]				
2590	[2] *Amphipogon spectrum* WHLBG	[2] ♂ ♀ **Hammern in Oberösterreich Mik** [1] Ham̄ern 7. 73	[1] – [2] grün	1	
2591	○			1	

Ex.-Nr. Typen-designierung	Vollständige Etikettenbeschriftung: Familien-, Gattungs-, Artangaben	Vollständige Etikettenbeschriftung: Sonstige Details	Etiketten-farbe	Erhal-tungs-zustand	Revisionsresultate nach 1910. [Bemerkungen von G. MORGE]
	[*Heteroneura* FALLÉN]				
2592	*Heteroneura pictipes*[1] ZTT[1] *albimana* MG	♂ **Admont Kalkofen** *Salv.* 16. 7.	grün	2	[[1] Von P. STROBL handschriftlich durchgestrichen]
2593	*Het.* (*Stomphatica* **Loew**) *flava* MG	♂ **Kematen Bachschlucht** 23. 6.	rosé	1	
	[*Dryomyza* FALLÉN]				
2594	*Dryomyza anilis* FALL.	♀ **Unter Röthelstein auf Fichten und Erlen gekluppt**	grün	1	
2595	*Dryomyza flaveola* FBR	♀ **Seitenstetten gegen Rosenau Laub**	grün	1	
2596	○			1	
2597	v. *Zawadkii*[1] SCHUM.	**Melk Stiftsgarten Gesträuch**[2] 12. 6. ♂, **Prag** ♀	grün	1	[[1] = *zawadskii.* — [2] Kann auch „**gestreift**" heißen]
2598	*decrepita* Z.	♀ **Hohentauern Bachrand** 1. 8.	blaugrün	1	
126. Reihe:					
2599	**15. Sciomyz. 16. Tetanoc. 17. Doryc. 18. Ortal. 19. Platyst.**		rosa, schwarz umrandet		
	[*Phaeomyia* SCHINER]				
2600	*Phaeomyia nigripennis*	♂ Hieflau. **Waaggraben**	blaugrün	3	
2601		♀ Villach **Tief.**	grün	2	
2602	*Ph. fuscipennis* MG.	♂ ♀ **Sonntagberg Waldrand Laub**	grün	2	
	[*Sciomyza* FALLÉN]				
2603	*Sc. glabricula*	♀ Gesäuss **Blätter** 26. 7.	blaugrün	2	
2604	*Sciom. testacea* MCQ.	♀ **Amstetten Auen Gesträuch**[1]	blaugrün	1	[[1] Kann auch „**gestreift**" heißen]
2605	*Sc. pallida* FLL.	♂ **Hohlweg gegen Michael** 3. 5.	grün	3	
2606	*Sc. dorsata*	♂ Ungarn.	blaugrün	1	
2607	*Sc. albocostata* FLL.	**Scheibleggerhochalpe Gesträuch**[1] ♀ **Melk Donauleiten** ♂.	grün	1	[[1] Kann auch „**gestreift**" heißen]
2608	*Sciom. ventralis* FLL!	♂ **Pitz Waldwege** 17. 5. Styria STROBL	—	2	
2609	*Sciomyza cinerella* FLL.	**Mariahof Dolden** ♂. **Seitenstetten** ♀.	grün	1	
2610	*Sc. notata* MG	♂ **Keczel Wald** 4. 10.	blaugrün	5[1]	[[1] Nur noch Nadel vorhanden, kein Tier]
2611	[2] *S. obsolata* FLL.	[2] ♂ c. THALH. [1] Hungaria Hild THALHAMMER	[1] — [2] —	1	
2612	*Sciom. dubia* FLL.	♂ **Amstetten Auen Gesträuch**[1]	grün	1	[[1] Kann auch „**gestreift**" heißen]
2613	*Sc. nasuta* Z.	♂ ♀ **Radkersburg Meerauen**	rosé	2	
2614	*Sciomyza obtusa*	♀ Bamberg. FUNK	—	3	
2615	*Sc. pusilla* Z.	♀ **Scheibleggerhochalpe** 27. 7.	blaugrün	1	
2616	*Sciom. nana* FLL	♂ **Admont Ziegelstadelsumpf** 20. 7.	grün	2	
2617	*an̄ulipes* ZTT	♀ Seitenstetten **Waldbäche**	blaugrün	3	
2618	*Sciom. Schönherri* FALL.	Kalocsa **Thalhammer**	grün	2	

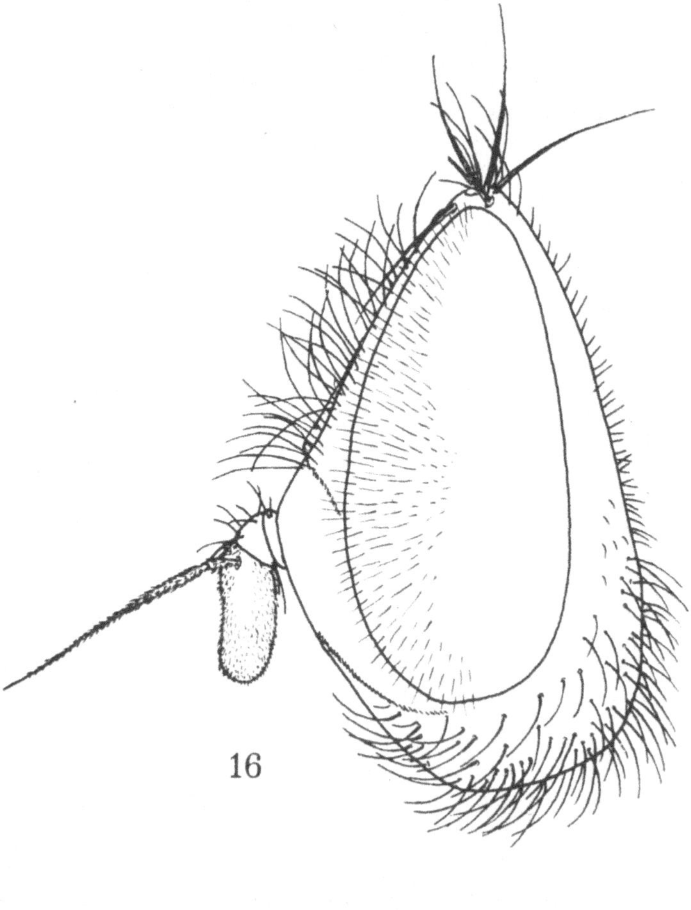

16

Fig. 16. *Chaetolonchaea pruinosa* MORGE (Lonchaeidae):

Linke Seitenansicht des Kopfes. (30×). (Gezeichnet nach Exemplar-Nr. 403 in der Kollektion MORGE mit folgender Etikettierung: 1. „Holotypus *Chaetolonchaea pruinosa* MORGE ♂ det. G.Morge Ex. 403". — 2. „Mandschurei Charbin 6. 1952 V. Alin. leg., vend. Eing. Nr. 6, 1953".) — Die Kopfborsten sind so gezeichnet wie sie am Tier erhalten sind, ohne Ergänzung oder Korrektur in die sonst übliche Lage.

Ex.-Nr. Typen-designie-rung	Vollständige Etikettenbeschriftung: Familien-, Gattungs-, Artangaben	Vollständige Etikettenbeschriftung: Sonstige Details	Etiketten-farbe	Erhal-tungs-zustand	Revisionsresultate nach 1910. [Bemerkungen von G. MORGE]
2619	*pallidiventris* FLL	♂ ♀ **Admont Schafferweg Farn** 21. 7.	rosarot	3	
2620	*sordida* **Hendel** *rufiv.* **Schiner, nicht Mik**	♂ ♀ Steir. Alpen 1. 8. STROBL	weißgrün	1	
2621	*Sc.* (*Bischofia*)[1] *dryomyzina* Z. = *atrimana* ZTT.	♂ ♀ Friedrichsrode **Erlen**	–	3	[[1] = *Bischofia* HENDEL]
	[*Cormoptera* SCHINER]				
2622	*Cormoptera limbata* MG	♂ ♀ **Melk Stiftsgarten** 19. 5.	grün	3	
	[*Tetanocera* LATREILLE]				
2623	*Tetan. elata* FBR.	♀ **Waldanhöhe des Sirbitzkogels**	grün	1	
2624	*Tetanoc. ferruginea* FLL.	♂ **Seitenstetten Stiftsteichrand, Waldrand**	grün	1	
127. Reihe:					[127. bis 139. Reihe im Kassetten-unterteil]
2625	*robusta* LW ?	♀ **Seitenstetten Ziegelbrenner-sumpf**	blaugrün	1	
2626	*T. sylvatica* MG.	♂ ♀ **Schafferweg Farn** 22. 7.	grün	1	
2627	*T. unicolor* LW	♂ ♀ **Seitenstetten Stiftsteichrand**	grün	1	
2628	*Tet. laevifrons* LW	♂ **Seitenstetten Stiftsgarten**	grün	3[1]	[[1] Kopf und ein Bein von mir angeklebt]
2631	[2] *Tetan. vittigera* SCHIN[ER]	[2] ♂ ♀ [1] Kalocsa THALHAMMER [2] **Seitenstetten Stiftsteichrand**	[1] – [2] grün	1	
2634	*T. umbrarum* L.	♂ ♀ Villach **Tief**	blaugrün	1	
2635 / 2635a	*T. punctulata* SCP	♂ ♀ **Melk Wach(t)berg Gesträuch**[1] 26. 6.	grün	1 / 1	[[1] Kann auch „**gestreift**" heißen]
	[*Pherbina* ROBINEAU-DESVOIDY]				
2629	*Pherbina coryleti* SCP. **Hendel** = *reticul.* **Schiner**	♂ ♀ **Seitenstetten Waldbäche**	–	1	
2630	**ist** *punctat*[*a*] ♀ !	**Melk Winden Sumpfgraben** 22. 4.	–	4	
	[*Lunigera* HENDEL]				
2632	*chaerophylli* F. = *coryleti* **Schiner nicht** SCP	♂ ♀ **Veitlgraben**	–	1	
2633	*chaerophylli* F. **Hendel.**		–	1	
	[*Limnia* ROBINEAU-DESVOIDY]				
2636	*Limnia marginata* FBR.	♀ **Aufstieg zur Küchenalm**[1]	grün	1	[[1] Unsichere Dechiffrierung]
2637	*L. cincta* F	♂ **Scheibleggerhochalpe** 27. 7. 91.	blaugrün	1	
2638	*Limn. unguic.*	**Seitenstetten Stiftsteich, Stiftswald usw. äußerst** . . .[1] ♀ **Licht**[2]**meßberg** 5. 8. ♂	grün	1	[[1] Unleserliches stenographisches Zeichen. — [2] Unsichere Dechiffrierung]
2639	○			1	
2640	*L. rufifrons*	♀ **Pöverding Dolden** 24. 6.	blaugrün	1	
2641	*Limn. obliterata* FBR.	♂ **Innsbruck Mauer**	grün	1	
	[*Elgiva* MEIGEN]				
2642	*Elgiva dorsalis* MG	♀ Krn **Voralpenwiesen Gesträuch**[1]	olivgrau	1	[[1] Kann auch „**gestreift**" heißen]

Ex.-Nr. Typen-designie-rung	Vollständige Etikettenbeschriftung		Etiketten-farbe	Erhal-tungs-zustand	Revisionsresultate nach 1910. [Bemerkungen von G. MORGE]
	Familien-, Gattungs-, Artangaben	Sonstige Details			
2643	*Elgiva albiseta* SCP.	♂ Austria **Erber.**	grün	2	
2644	*Elgiva rufa* PZ.	♂ Prag **Göbel**	grün	3	
2645	[2] *Elg. lineata* FLL.	[2] ♂ **Berlin Schirmer** [1] Berlin	[1] – [2] grün	1	
	[*Sepedon* LATREILLE]				
2646	*Sepedon sphegeus* FBR	♀ **Seitenstetten**	grün	1	
2647	*Sepedon spinipes* SCP	♂ ♀ Seitenstetten Froschau Ennswiese 17. 4.	grün	1	
	[*Dorycera* HOFFMANNSEGG]				
2648	**Dorycera graminum*	*♂ ♀ ** Leitha Gebirg 17. VI. 88	–[1] o	2[2]	[* Vorderseite des Etiketts. – ** Rückseite des Etiketts. – [1] Über dem Etikett zusätzlich noch ein kleines grünes □-Blättchen. – [2] Flügel von mir angeklebt]
	[*Otites* LATREILLE]				
2649	*Otites Lamed* SCHR	♂ **Unterösterreich**	grün	1	
	[*Ortalis* FALLÉN]				
2650	*Ortalis formosa* PZ.	♀ Austria **Erber.**	grün	1	
128. Reihe:					
2651	*Ortal. ruficeps* FB	**Melk Pielach Gesträuch**[1] ♂ 28. 5. **Donauleiten Gesträuch**[1] 19. 6. ♀.	grün	1	[[1] Kann auch „**gestreift**“ heißen]
2652	*Ort. guttata* MG	♂ ♀ **Seitenstetten Wiesengebüsche**	grün	1	
2653	*O. centralis*	♂ ♀ **Seitenstetten Grubholz** 10. 6.	blaugrün	1	
	[*Ceroxys* MACQUART]				
2654	*Ceroxy[s]picta*		–	1	
2655	[2] *C. acuticornis* LW	[2] ♀ [1]* Kolocsa THALHAMMER ** 7. VI.	[1] – [2] –	1	[* Vorderseite des Etiketts. – **Rückseite des Etiketts]
2656	*Cer. Urticae* L	♂ Prag **Göbel**	grün	1	
2657	*C. crassipen̄is* FBR	♀ Cernov.	grün	1	
2658	*Ceroxis omissa* MG.	♀ **Auer bei Bozen**	grün	1	
2659	*Cer. marmorea.* FL = *hyalinat[a]* **Schiner** Meck[1]: *hortana*[2]	♀ Dalmatia **Erber.**	blaugrün[3]	1	[[1] Fast unleserlich und nicht zu deuten. – [2] = *hortulana* ROSSI. – [3] Über dem Etikett zusätzlich noch ein kleines braunes □-Blättchen]
	[*Myennis* ROBINEAU-DESVOIDY]				
2660	*Myen̄. fasciata* FB.	**Melk Herrenmühle auf gefälltem Baumstamm** ♀. **Prag** ♂.	grün	2	

Ex.-Nr. Typen-designie-rung	Vollständige Etikettenbeschriftung		Etiketten-farbe	Erhal-tungs-zustand	Revisionsresultate nach 1910. [Bemerkungen von G. MORGE]
	Familien-, Gattungs-, Artangaben	Sonstige Details			
2661	*Myennis rivularis* FBR.	♂ ♀ **Seitenstetten gegen Sonntagberg Laub.**	grün	4	
	[*Herina* ROBINEAU-DESVOIDY]				
2662	*Herina paludum* FLL.	♀ **Gesträuch¹ um Blumen**	olivgrau	1	[¹ Kann auch „gestreift" heißen]
2663	*Herin. palustris* MG	♂ ♀ **Seitenstetten Waldbachrand**	grün	1	
2664	[1] *Herina afflicta* MG. [2] *Herina afflicta* MEIG.	[1] ♂ Corfu. **Erber.**	[1] grün¹ [2] –	1	[¹ Über den Etiketten zusätzlich noch ein kleines goldenes □-Blättchen]
2665	*H. germinationis* RSS.	**Amstetten Auen Gesträuch¹** ♂, **Österreich Erber** ♀.	grün	1	[¹ Kann auch „gestreift" heißen]
2666	*parva* LW	♂ ♀ **Natterriegel** 22. 8.	grün	1	
2667	*Her.* (*Tephronota*) *gilvipes* ROND.	♀ Austria **Erber.**	grün²	1	[¹ = *Tephronota* LOEW. – Siehe auch Ex.-Nr. 2668. – ² Über dem Etikett zusätzlich noch ein kleines leuchtend-grünes □-Blättchen]
2671	*Herina frondescentiae.*	**Erber.**	grün	1	
2672	○			3	
	[*Tephronota* LOEW]				[Siehe auch Ex.-Nr. 2667]
2668	[2] *Tephronota bifasciata* LW. MBEZZI¹	[2] ♂ [1] Calabria VI 93	[1] – [2] –	1	[¹ Handschrift BEZZIS]
	[*Rivellia* ROBINEAU-DESVOIDY]				
2669	*Rivellia Syngenesiae* FBR.	♀ **Froschau Gesträuch¹**	grün	1	[¹ Kann auch „gestreift" heißen]
	[*Psairoptera* WAHLBERG]				
2670	*Psairoptera albitarsis* ZETT	♀ **Bösenstein Hochalpenregion** 14. 8. 82	blaugrün	1	
	[*Platystoma* MEIGEN]				
2673	*Platystoma seminationis* FBR	♂ **Gegen Rosenau Laub**	grün	1	
2674	*Platystoma umbrarum* FBR.	♀ **Auer bei Bozen**	grün	1	
2675	*Pl. tegularia* LW.	♂ **Zara Novak**	rosé	1	
2676	*Pl. pubescens* LW.	♂ Ungarn	rosé	1	
129. Reihe:					
2677	**20. Ulidinae. 21. Sapromyzinae.**		rosa, schwarz umrandet		
	[*Chloria* SCHINER]				
2678	*Chloria demandata* FBR.	♀ **Amras Dolden**	grün	1	
	[*Ulidia* MEIGEN]				
2679	*Ulid. erythrophthalma* MG.	Austr. **Erber** ♀. **Melk** ♂.	grün¹	2	[¹ Über dem Etikett zusätzlich noch ein

Ex.-Nr. Typen-designie-rung	Vollständige Etikettenbeschriftung		Etiketten-farbe	Erhal-tungs-zustand	Revisionsresultate nach 1910. [Bemerkungen von G. Morge]
	Familien-, Gattungs-, Artangaben	Sonstige Details			
					kleines leuchtend-grünes □-Blättchen]
2680	[2] *Ulid. parallela* Lw	[2] ♀. [1] Serb. Hlf. Niš	[1] grau [2] –	1	
	[*Myodina* Robineau-Desvoidy]				
2681	*Myodina vibrans* L.	**Innsbruck botanischer Garten. ♀. Melk Winden ♂**	grün	1	
	[*Lonchaea* Fallén]				
2682	*Lonch. sylvatica* **Becker!** Bel[ing]	**Hohentauern ♀ Seitenstetten Waldrand ♂.**	grün	1	[*Lonchaea sylvatica* Beling ♀, Ex.-Nr. 3782 det. G. Morge]
2683	*L. palposa* Z.	**♀ Schlesien Tief**	–[1]	2	[[1] Über dem Etikett zusätzlich noch ein kleines goldenes □-Blättchen. – *Lonchaea palposa* Zetterstedt ♀, Ex.-Nr. 3783 det. G. Morge]
2684	*L. lasiophthalm*[*a*] **Becker!**	**♂ Melk Wach(t)berg Föhrenholz** 3. 5.	blaugrün	1	[*Dasiops latifrons* (Meigen) ♂, Ex.-Nr. 3784 det. G. Morge]
2685	*L. adriatica* **Becker.**	♂ Kalocsa	–	1	[*Earomyia adriatica* (Becker) ♂, Ex.-Nr. 3785 det. G. Morge]
2686	[1] *L. laticornis* Mg *viridana* Rd **nach Becker stimmt aber** [2] *viridiana* M.	[1] **♂ Seitenstetten Gebüsche**	[1] grün [2] –	1	[*Earomyia viridana* (Meigen) ♂, Ex.-Nr. 3786 det. G. Morge]
2687	*Lonch. hirticeps* Ztt.	**♂ Admont Ennsufer** 20. 5. 95. Strobl.	–	3	[*Lonchaea stigmatica* Czerny ♂, Ex.-Nr. 3800 det. G. Morge]
2688	*fugax* Beck[er]!!	**♀ Seitenstetten Stiftsgarten Gebüsche.**	blaugrün	1	[*Lonchaea fugax* Becker ♀, Ex.-Nr. 3787 det. G. Morge]
2689	*L. vaginalis* Fb. **Becker!**	**Schafferweg Laub** 23. 7. **♂. Melk Stiftsgarten Gesträuch**[1] 13. 5. ♀.	grün	1	[[1] Kann auch „**gestreift**" heißen. – *Neosilba fumosa* (Egger) ♂, Ex.-Nr. 3788 det. G. Morge]
2690	*L. chorea* Fbr **Becker!**	**Melk Stiftsgarten Gesträuch**[1] 13. 5. **♂ Seitenstetten ♀.**	grün	3[2]	[[1] Kann auch „**gestreift**" heißen. – [2] Kopf von mir angeklebt. – *Lonchaea chorea* (Fabricius) ♂, Ex.-Nr. 3789 det. G. Morge]
2691	*L. tarsata* Fll. **Becker!**	**♀ Melk Stiftsgarten Gebüsche** 27. 5.	grün	1	[*Lonchaea tarsata* Fallén ♀, Ex.-Nr. 3790 det. G. Morge]

Ex.-Nr. Typen-designierung	Vollständige Etikettenbeschriftung: Familien-, Gattungs-, Artangaben	Vollständige Etikettenbeschriftung: Sonstige Details	Etiketten-farbe	Erhal-tungs-zustand	Revisionsresultate nach 1910. [Bemerkungen von G. MORGE]
2692	[1] *L. laticornis* [2] *scutellaris* ROND.	[1] ♀ Kalocsa **Thalhammer**	[1] rosé	1	[*Lonchaea scutellaris* RONDANI♀, Ex.-Nr. 3791 det. G. MORGE]
2693	*Lonchaea parvicornis*	♂ Triest 28. 5. FUNK	–	1	[*Dasiops latifrons* (MEIGEN)♀, Ex.-Nr. 3801 det. G. MORGE. – ? *Dasiops ensifer* (MEIGEN), aber ohne Ovipositorpräparat nicht mit Sicherheit feststellbar]
2694	*Lonch. dasyops* **Becker!**	♂ **Melk Wach(t)berg Föhren** 7. 5.	blaugrün	1	[*Chaetolonchaea dasyops* (MEIGEN) ♂, Ex.-Nr. 3792 det. G. MORGE]
	[*Pachycerina* MACQUART]				
2695	*Pachycerina seticornis* FLL	♂ **Seitenstetten Gesträuch**[1].	grün	1	[[1] Kann auch „**gestreift**" heißen]
	[*Lauxania* LATREILLE]				
2696	*Lauxania aenea* FLL.	**Rottenmann** ♀. **Schafferweg** ♂.	grün	1	
2697	O			1	
2698	*Laux. nitens* LW.	♀ **Seitenstetten Stiftsgarten Gesträuch**[1]	grün	1	[[1] Kann auch „**gestreift**" heißen]
2699	*L. cylindricornis* FBR	♂ ♀ **Amstetten Ybbsauen Gesträuch**[1]	grün	4	[[1] Kann auch „**gestreift**" heißen]
2700	O			4	
2701 Typus	*Laux. albomaculata* m.	♂ Gesäuss STROBL	–	1	[Etikettendetails unvollständig, da Tier entliehen]
2702	*Laux. frontalis* LW **Schiner**	♀ **Gesäuse Waldgras** 19. 6. 93	blaugrün	1	
	[*Sapromyza* FALLÉN]				
2703	*Saprom*[*yza*] *affinis* Z	♂ **Admont**	–	1	
2704	*Sapromyza longipennis* FBR.	**Melk** ♀. **Admont** ♂	grün	1	
130. Reihe:					
2705	O			2	
2706	*Sapr. lupulina* FBR	♂ **Seitenstetten Waldrand Gesträuch**[1].	grün	1	[[1] Kann auch „**gestreift**" heißen]
2707	O			1	
2708	*Saprom. flaviventris*	♂ **Görz Krojnatal Dolden**	olivgrau	1	
2709	*S. fasciata* FALL.	♀ **bei Mühlau Blätter**	grün	1	
2710	*S. subvittata* LW	♀ Fiume **Rěcinatal Rain** 17. 7.	grün	1	
2711	*mucronata* BECK.	♀ Fiume **Volksgarten Gebüsche**	–	4	
2712	*Saprom. multipunctata* FLL.	♂ **Amstetten Auen Gesträuch**[1]	grün	1	[[1] Kann auch „**gestreift**" heißen]
2713	*S. decempunctat*[*a*] FLL.	♀ **Seitenstetten Froschau Wiesen**	grün	1	
2714	[1] *inusta* MG [2] *spectabilis* LW. BECKER	[1] ♀ Graz **Schieferer**	[1] grau-grün [2] –	1 1	
2715	[1] n. sp. **neben** *plumicorn*[*is*] **aber mit 2 F**[1] **am Hinterleib** [2] *Sapromyza latifacies* BECK.	[1] ♀ Fiume **Rěcinatal Gras** 19. 7.	[1] blau-grün [2] –	1	[[1] Geschrieben ist nur ein „**F**". Dürfte „**Flecken**" bedeuten]

Ex.-Nr. Typen-designie-rung	Vollständige Etikettenbeschriftung: Familien-, Gattungs-, Artangaben	Vollständige Etikettenbeschriftung: Sonstige Details	Etiketten-farbe	Erhal-tungs-zustand	Revisionsresultate nach 1910. [Bemerkungen von G. MORGE]
2716	*S. decaspila* LW **Becker!**	♂ **Veitlgraben Gesträuch**[1] 8. 8.	grün	3	[[1] Kann auch „**gestreift**" heißen]
2717	*S. bipunctata* MG.	♂ Austria **Erber**	blaugrün	1	
2718	*S. 4punct[ata]* **Becker!**	♂ **Admont Veitlgraben** 21. 8.	graugrün	2	
2719	*S. sexpunctata* MG	♂ ♀ **Seitenstetten Froschau**	grün	1	
2720	*Sapromyz[a] albiceps* FLL **Becker!**	♂ **Seitenstetten Stiftsteich**	olivgrau	1	
2721	*obscuripen̄is* LW	♀ Melk **Winden 4.** 7. 885.	graugrün	1	
2722	*laeta* ZTT **Becker!**	♂ ♀ **Scheiplsee Blumen** 30. 7.	graugrün	1	
2723	*S. illota* LOEW.	♂ **Gesäuse Blumen Gesträuch**[1] . . .[2]	grün	1	[[1] Kann auch „**gestreift**" heißen. – [2] Unleserlich]
2724	*S. decipiens* LW	**Froschau** ♂. **Donauleiten** 7. 7. ♀	grün	1	
2725	[2] *Sapr. apicalis* LW	[2] ♂ [1] Serb. HLF. Požarevac	[1] grau [2] –	1	
2726	[2] *Sapr. simplex* LW	[2] ♀ [1] Serb. HLF. Požarevac	[1] grau [2] –	1	
2727 / 2727a	*difformis* LW **Becker!**	**Veitlgraben** ♀. **Seitenstetten** ♂.	graugrün	1 / 2	
2728	*S. biumbrata*	♂ **Melk Herrenmühle Bachschlucht** 9. 7.	blaugrün	1	
2729	*pallidiventris* FLL.	♂ **Melk Donauleiten** 25. 6.	grün	1	
2730	*Sapr. nana* LW *basalis* Z	♂ **Melk Stiftsgarten Hain** 5. 7.	rosé	1	
2731	*Saprom. praeusta* FALL.	♀ **bei Mühlau Blätter**	grün	4	
2732	[2] *Sapromyz[a] nigrimana* MG. **Schiner** 105	[2] ♂ [1] Fokto 5. 5. 92	[1] – [2] blaugrün	2	
2733 Typus	*Mikii* m **Becker!**	♀ **Scheiplsee Grünerlen** 30. 7.	graugrün	2	
2734	*S. rorida* FLL	♂ ♀ **Admont**	–	3	
2735	[2] *S. minor* BCK	[2] ♂ [1] Föderaun 30. . . .[1]	[1] – [2] –	1	[[1] Unleserlich]
2736	[2] *S. interstincta* FLL.	[2] ♀ [1] Hungaria Hild THALHAMMER	[1] – [2] –	4	
2737	*Sapr. pellucida* BCK. v. **nur 2 dorsale Borsten**	♂ Admont **Veitlgraben** 18. 7. STROBL	–	1	
2738	*S. conjugata* BCK.	♀ **Schlesien Tief**	–[1]	1	[[1] Über dem Etikett zusätzlich noch ein kleines goldenes □-Blättchen]
131. Reihe:					
2739	*partelliformis* BECK.		–	1	
	[*Peplomyza* HALIDAY]				
2740	*Peplomyza Wiedemanni* LW	♂ **Melk Stiftsgarten Gesträuch**[1] 6. 6.	blaugrün	2	[[1] Kann auch „**gestreift**" heißen]
	[*Palloptera* FALLÉN]				
2741	*Pallopt. arcuata* FALL. **Becker!**	♀ **Seitenstetten Wiesenrand Gesträuch**[1]	grün	2	[[1] Kann auch „**gestreift**" heißen. – *Palloptera campta* CZERNY ♀, Ex.-Nr. 560 det. G. MORGE]

Farbtafel 9. Linke Seitenansicht des Weibchens von *Palloptera trimacula* (MEIGEN). (12×). (Gezeichnet und gemalt nach einem Exemplar in der Kollektion des ehemaligen DEI, Eberswalde, mit folgender Etikettierung: 1. „Macugnaga 5. 8. 00 Oldenberg". — 2. „coll. Oldenberg".)

Ex.-Nr. Typendesignierung	Vollständige Etikettenbeschriftung: Familien-, Gattungs-, Artangaben	Vollständige Etikettenbeschriftung: Sonstige Details	Etikettenfarbe	Erhaltungszustand	Revisionsresultate nach 1910. [Bemerkungen von G. MORGE]
2742	*venusta* L.	♀ **Schafferweg Bachrand** 26. 8.	grün	1	[*Palloptera venusta* LOEW♀, Ex.-Nr. 561 det. G. MORGE]
2743	*P. limbata* RD♀.	♀ **Damischbachturm Voralpenwiesen** 27. 8.	grün	3	[*Palloptera ephippium* ZETTERSTEDT, Ex.-Nr. 562 det. G. MORGE]
2744	*Pall. saltuum* L.	♀ **Unter Röthelstein auf einer Fichtenbank** 5. 8.	olivgrau	3	[*Palloptera saltuum* (LINNAEUS) ♀, Ex.-Nr. 563 det. G. MORGE]
2745	[2] *Palloptera costalis* LW	[1] Kaltwasser. 11. 6. 28516	[1] – [2] –	5	[*Palloptera ?costalis* LOEW, Ex.-Nr. 564 det. G. MORGE]
2746	*P. ustulata* F	♀ **Melk Herrenmühle Schlucht Gesträuch**[1] 9. 7.	dunkelgrün	1	[[1] Kann auch „**gestreift**" heißen. – *Palloptera ustulata* FALLÉN ♂, Ex.-Nr. 565 det. G. MORGE]
2747	*Palloptera umbellatarum* FBR	♀ **Unter Röthelstein von Erlen gekluppt**	grün	1	[*Palloptera umbellatarum* (FABRICIUS)♀, Ex.-Nr. 566 det. G. MORGE]
2748	*Pallopt. laetabilis* LW **Becker!**	♀ **Seitenstetten Wald Gebüsche**	grün	3	[*Palloptera lactabilis* LOEW♀, Ex.-Nr. 567 det. G. MORGE]
2749	[1] *ambusta* M. v. *b.*	[1] ♀ Gesäuss [2] Admont 11. 6. 90. 25115.	[1] grün [2] –	1	[*Palloptera ambusta* (MEIGEN)♂, Ex.-Nr.-568 det. G. MORGE]
2750	**22. Trypetinae.**		orange, schwarz umrandet		
	[*Platyparea* LOEW]				
2751	*Pl. discoidea* FBR.	♂ **Villach Tief.**	dunkelgrün	1	
2752	*Platyparea poeciloptera* **Schiner**	♂ **Österreich Erber**	grün	1	
	[*Euphranta* LOEW]				
2753	*Euphranta connexa* FBR	♂ **Voralpenwiesen des** Krn **gestreift**[1] **Dolden**	olivgrau	2	[[1] Kann auch „**Gesträuch**" heißen. Zeichen auf Etikett abgeschnitten]
	[*Aciura* ROBINEAU-DESVOIDY]				
2754	*Aciura rotundiventris* FLL.	♂ Gesäuss **Gesträuch**[1] 1. 8. 85	grün	1	[[1] Kann auch „**gestreift**" heißen]
2755	*Aciura femoralis* R D.	♂ Dalmatia NOVAK.	rosé	1	
2756	*Ac. tibialis* R. D.	♂ Zara	rosé	4	
	[*Hemilea* LOEW]				
2757	*Hemilea dimidiata* COST.	**Seitenstetten Stiftsteich Gesträuch**[1] ♂ **Melk** ♀. **Stiftsgarten**	grün	1	[[1] Kann auch „**gestreift**" heißen]

Ex.-Nr. Typen-designie-rung	Vollständige Etikettenbeschriftung		Etiketten-farbe	Erhal-tungs-zustand	Revisionsresultate nach 1910. [Bemerkungen von G. MORGE]
	Familien-, Gattungs-, Artangaben	Sonstige Details			
	[*Acidia* ROBINEAU-DESVOIDY]				
2758	*Acidia heraclea* L.	♂ **Seitenstetten Stiftsgarten Lindenblätter.**	grün	2	
2759	○			1	
2760	*onopordinis* F.	♀ **Seitenstetten Franzwäldchen Dolden** 5. 7. 90.	graugrün	1	
2761	*Acidia Lychnidis* FBR.	♂ Austr. **Erber**	grün[1]	4	[[1] Über dem Etikett zusätzlich noch ein kleines leuchtend-blaugrünes □-Blättchen]
2762	*Acidia lucida* FL.	♀ **Amstetten Auen auf Gesträuch**	grün	1	
2763	*Ac. cognata*	♂ **Freiwaldau in Schlesien Tief.**	dunkel-grün[1]	1	[[1] Über dem Etikett zusätzlich noch ein kleines goldenes □-Blättchen]
	[*Spilographa* LOEW]				
2764[1]	[2] *Spilographa* (*Zonosema*)[2] *alternata* FLL.	[2] 2 ♂ **mit** ♀. Ham̄ern **Ober-österreich Mik** [1] Ham̄ern 9. 72 MIK	[1] – [2] grün	1[3]	[[1] Mit Puparium. – [2] = *Zonosema* LOEW. – [3] Puparium: 4]
132. Reihe:					
2765	*Spilogr. cerasi* MG.	♂ **Admont**	grün	1	
2766	*Sp. hamifera* LW.	♀ **Kematen Waldweg** 16. 7.	rosé	1	
2767	*Spilog. Zoe* MG	♂ ♀ **Seitenstetten Stiftsgarten Linden** 3. 5.	grün	1	
2768	*Sp. artemisiae* F.	♀ Admont **Veitlgraben**	–	1	
	[*Orellia* ROBINEAU-DES VOIDY]				
2769[1]	[2] *Orellia Wiedemanni* MG	[2] ♀ ♂ Wien **Mik.** [1] Wien 15. 5. 75 MIK	[1] – [2] grün	1[2]	[[1] Mit Puparium. – [2] Puparium: 3]
	[*Trypeta* MEIGEN]				
2770	*Tryp. falcata*	♀ **Dolden gegen die Zirler Hochalpe**	grün	2[1]	[[1] Kopf von mir angeklebt]
2771	*Tr. jaceae* R	♂ Duino **Lagune** 24. 7.	grün	4	
2772	*T. onotrophe* LOEW.	♀ Admont **Sautratte**	grün	4	
2773	*Tr. tussilaginis* FBR	♂ Villach **Tief.**	dunkel-grün	1	
2774	*Tr. cornuta* FBR	♂ ♀ **Heiligenblut Tief**	dunkel-grün	2	
2775	*Tryp. acuticornis* LW.	♂ Austria **Erber**	grün	1	
2776	*virens* LW	♂ Akasztò **Mai** 1889. **Thalhammer**	graugrün	4	
2777	[1] *Trypeta serratulae* L. [2] *Trypeta serratula* LINN.	[1] ♂ Austria **Erber**	[1] grün [2] –	1	
2778	*Tryp. colon* LW.	♂ Zara	rosé	1	
2779		Roham . . .[1]	–	1	[[1] Unleserlich]
	[*Urophora* ROBINEAU-DESVOIDY]				
2780	*Urophora stigma* LW.	♀ Austria **Erber.**	grün	2	

Ex.-Nr. Typen-designie-rung	Vollständige Etikettenbeschriftung: Familien-, Gattungs-, Artangaben	Vollständige Etikettenbeschriftung: Sonstige Details	Etiketten-farbe	Erhal-tungs-zustand	Revisionsresultate nach 1910. [Bemerkungen von G. MORGE]
2781	*Ur. solstitialis* L.	**Steinbrück**	–	3	
2782	[2] *Ur. 4fasciata* MG	[2] ♂ ♀ **Wien von Wachtl Mik** [1] WACHTL 1880	[1] – [2] grün	4	
/ 2782a				1	
2783	*Ur. aprica* FLL	♂ ♀ Prag **Göbel**	grün	1	
2784	*Uroph[ora] affinis* FR	♂ **Volosca**	–	1	
2785	*Uroph. congrua* LW.	♂ Wien. **Mik**	grün	1	
2786	*Uroph. Cardui* L.	♂ Austria **Erber**	grün	1	
2787	*Ur. eriolepidis* LW.	♀ **Unterösterreich**	grün	2	
2788 Typus	[3] *Urophora 5fasciata* n. sp. **ist *eriol[epidis]* aber mit 5 Binden[1] und auf der Mitte der Stoßzelle[2]**	[1] ♀ 10. 5. 01 [2] Vorarlberg	[1] – [2] – [3] –	1	[[1] Kann auch „**Bändern**" heißen. – [2] Fast unleserliche stenographische Zeichen]
	[*Ensina* ROBINEAU-DESVOIDY]				
2789	*Ensina sonchi* L	**Admont Frauenfeld** ♀ **Seitenstetten** ♂	grün	4	
/ 2789a				1	
	[*Myopites* BLOT]				
2790	*Myopites Inulae* ROS.	♀ Austria **Erber.**	grün	2	
	[*Carphotricha* LOEW]				
2791	*Carphotricha guttularis* MG	♂ Austria **Erber**	grün	1	
	[*Oxyphora* ROBINEAU-DESVOIDY]				
2792	*Oxyph. miliaria* SCHR	♀ **Seitenstetten Stiftsteich**	grün	2	

133. Reihe:

2793	*Oxyph. corniculata* FLL.	♂ **Seitenstetten Gebüsche Stiftsteich**	grün	1	
2794	*Ox. biflexa* LW	♀ Ceszel 8. 5. **Thalhammer**	grün	1	
2795	*Schneideri* **Loew**	♀ Szeghalom KERTÉSZ K	–	1	
	[*Tephritis* LATREILLE]				
2796	[2] *Tephritis argyrocephala* LW.	[2] ♂ [1] St. Moritz OLDENBERG 16. 7. 02	[1] – [2] –	1	
2797	*Tephrit.* (*Oxyna*)[1] *elongatula* LW.	♂ Austr. **Frauenfeld Erber.**	grün	2	[[1] *Oxyna* ROBINEAU-DESVOIDY. – Siehe auch Ex.-Nr. 2808]
2798[1]	[2] *Tephritis* (*Sphenella*)[2] *marginata* FLL.	[2] 1 ♂ **mit** ♀ **Mik.** Ham̄ern **Oberösterreich** [1] Ham̄ern 8. 72 MIK	[1] – [2] grün	2[3]	[[1] Mit Puparium. – [2] = *Sphenella* ROBINEAU-DESVOIDY. – [3] Puparium: 2]
2799	*flavipen̄is*	♂ ♀ Admont **Sumpfwiesen**	blaugrün	1	
2800	*Tephritis pantherina*	♂ Bamberg. FUNK	–	1	
2801	*tesselata* **Loew**	♀ ♀ Ungarn **Thalhammer**	blaugrün	1	
2802	*Teph. ruralis* LW.	♂ Admont **Dörflstein** 22. 5. 95	blaugrün	4	
2803	*T. absinthii* FBR	♂ **Trefflingufer** 11. 5.	grün	2	
2804	*T. doronici* SCP	**Bösenstein Alpenwiesen** ♂ **Seitenstetten** ♀	grün	1	
2805	[2] *conjuncta* α.	[2] ♀ **Seitenstetten Blümelsberg auf Sonntagberg[1]-Rain[1]** 3. 5. 90. [1] [T]HALHAMMER Travnik	[1] – [2] blau-grün	4	[[1] Unsichere Dechiffrierung]

Ex.-Nr. Typen-designierung	Vollständige Etikettenbeschriftung: Familien-, Gattungs-, Artangaben	Vollständige Etikettenbeschriftung: Sonstige Details	Etiketten-farbe	Erhal-tungs-zustand	Revisionsresultate nach 1910. [Bemerkungen von G. MORGE]
2806	*producta* **Loew**	♀ Ungarn **Thalhammer**	blaugrün	1	
2807	*guttella* RD	♀ **Melk Stiftsgarten Gesträuch**[1] 7. 5.	blaugrün	1	[[1] Kann auch „**gestreift**" heißen]
2809	*formosa* Lw	♀ **Seitenstetten Laub.**	blaugrün	1	
2810	*T. truncata* Lw.	♂ **Niederösterreich**	grün	1	
2811	*T. Eggeri* **Frauenfeld**	♀ Austria **Frauenfeld Erber**	blaugrün	1	
2812	*T. arnicae* MG.	**Seitenstetten Bahn** ♀. **Oberösterreich Mik.** ♂!	grün	1	
2813	*Tephrit. postica* Lw.	♀ Ungarn **Frauenfeld Erber**	grün[1]	1	[[1] Über dem Etikett zusätzlich noch ein kleines rosa-violettes □-Blättchen]
2814	*T. hyoscyami* L.	♂ **Niederösterreich.**	grün	1	
2815	*bullans* WD *tenera* Lw.	♀ Ungarn **Thalhammer**	blaugrün	1	
2816	*dioscurea* Lw.	♂ Ungarn l. **Thalhammer Mai** 89	grün	1	
2817	*Tephrit. bardanae* SCHRK	♀ Austr. **Erber Frauenfeld**	grün	1	
2818	*leontodont*[*is*]	♂ ♀ **Melk Pielach Rain** 12. 6.	grün	5[1]	[[1] Nur noch Nadel vorhanden, kein Tier]
2819	*proboscidea* Lw.	♀ ♂ **Admont Krumau Wiese** 24. 7. 891.	blaugrün	2	
2820	[2] *T. conura* Lw	[2] ♀ **Wien Frauenfeld Mik** [1] Wien MIK (FRNFLD)	[1] – [2] weiß-grün	1	
2821	*nigricauda*	**Damischbachturm Krummholz** 27. 8. ♂. **Kalbling sumpfige Stelle** 19. 7. ♀	blaugrün	1	
2822	*fallax* Lw	**Gesäuse auf Berberis** ♂, **Blümelsberg Rain** 13. 5. 91. ♀	blaugrün	4	
2823	*parisiensis* DSV = *amoena* **Frauenfeld**	♂ **Seitenstetten Arzneigarten** 9. 6.	blaugrün	1	
2824	*stellata* FS	♂ Dalmatia	rosé	1	
2825	*Tephritis eluta* MG	♂ **Triest Karst Gesträuch**[1]	olivgrau	2	[[1] Kann auch „**gestreift**" heißen]
134. Reihe:					
	[*Oxyna* ROBINEAU-DESVOIDY]				[Siehe auch Ex.-Nr. 2797]
2808	*Ox. grandinata* Rd = *argyr.* v. *m*	♂ **Steinbrück Bergwiesen** 22. 7.	graugrün	1	
2826	**23. Sepsin. 24. Tanypez. 25. Psilinae.** [*Sepsis* FALLÉN]		rosa, schwarz umrandet		
2827	*Sepsis annulipes* MG.	♂ ♀ **Seitenstetten Stiftsteich Gesträuch**[1]	graugrün	1	[[1] Kann auch „**gestreift**" heißen]
2828	*S. violacea* MG	♀ **Seitenstetten Stiftsteich**	graugrün	1	
2829	*S. punctum* FBR	♂ **Amstetten auf** *Lappa* **Blättern**	grün	1	
2830	*S. cynipsea* L.	♂ ♀ **gegen Michael Rain** 29. 4.[1]	weißgrün	1	[[1] Kann auch „7." heißen]
2831	*S. flavimana* MG	**Innsbruck Blüten** ♀. **Seitenstetten** ♂.	grün	1	
2832	v. *nigripes*	♂ ♀ **Seitenstetten Stiftsteich** 11. 6.	blaugrün	1	

Ex.-Nr. Typen-designie-rung	Vollständige Etikettenbeschriftung: Familien-, Gattungs-, Artangaben	Vollständige Etikettenbeschriftung: Sonstige Details	Etiketten-farbe	Erhal-tungs-zustand	Revisionsresultate nach 1910. [Bemerkungen von G. MORGE]
2833	*atripes* MCQ	♂ Öreg. Csertó **in Wiesen Thalhammer**	blaugrün	1	
2834	*minima*	♂ ♀ **Admont unter Obstbäumen** 17. 7. 891.	grün	1	
2835	○			1	
2836	*pilipes* LW	♂ **Admont Krumau** 25. 8.	grün	1	
	[*Nemopoda* ROBINEAU-DESVOIDY]				
2837	*Nemopoda cylindrica* FBR	♂ ♀ **Seitenstetten Gesträuch**[1]	olivgrau	1	[[1] Kann auch „**gestreift**" heißen]
2838[1] /	*pectinulat*[*a*]	♂ Admont **Kalkofen Waldblätter**	grün	1	[[1] Zwei Tiere in Copula]
2838a				1	
2839	*Nemopoda stercoraria* ROB	**Frohnleiten** ♀. **Seitenstetten** ♂.	grün	4	
2840	*Nemop. varipes* MG **ist eher** *cylindrica*	**Seitenstetten Waldrand Gesträuch**[1] ♂. **Melk Stiftsgarten** ♀.	grün	4	[[1] Kann auch „**gestreift**" heißen]
2841	○			1	
	[*Themira* ROBINEAU-DESVOIDY]				
2842	*Themira patris* MG	**Trefflingufer** ♂. **Innsbruck** ♀.	weißgrün	4	
2843	*Them. ciliata* STG.	♀ **Meran.**	–	1	
2844	*Th. gracilis* ZTT.	**Trefneralm Alpensumpf** 1. 8. ♂, **Eichelau Schilfrohr** 24. 7. ♀	blaugrün	1	
	[*Saltella* ROBINEAU-DESVOIDY]				
2845	*Saltella scutell*[*aris*] va ZTT	♂ **Frauenfeld** 1. 6.	–	1	
	[*Piophila* FALLÉN]				
2846 Typus	*affin*[*is*] v. *nigrifrons* m	♀ Admont	leuchtend weißgrün	1	
2847	*P. affinis*	♂ **Admont Krumau**	–	1	
2848	*Pioph. nigriceps* M.	♂ **Seitenstetten Stiftsgarten**	weißgrün	1	
2849	*P. nigricornis* MG v.	♂ **Krumau blühende Weide** 14. 4.	grün	1	
2850	*P. pusilla* MG.	♂ **Schlesien**	–	1	
135. Reihe:					
2851	*Pioph. varipes* MG	♂ **Melk Stiftsgarten Gesträuch**[1] 26. 4.	blaugrün	1	[[1] Kann auch „**gestreift**" heißen]
2852	*Pioph. latipes*	♂ **Melk Stiftsgarten Gesträuch**[1] 19. 7.	blaugrün	1	[[1] Kann auch „**gestreift**" heißen]
	[*Madiza* FALLÉN]				
2853	*Madiza Siph.*[1] *glabra* ZTT.	♀ **Innsbruck Fenster.**	bräunlich-grau	4	[[1] = ? *Siphonella* MACQUART. Fraglich, weil durch Überschreiben von „*Siph.*" oder „*Giph.*" durch den Namen „*Madiza*" fast unleserlich]

Ex.-Nr. Typen-designierung	Vollständige Etikettenbeschriftung		Etiketten-farbe	Erhal-tungs-zustand	Revisionsresultate nach 1910. [Bemerkungen von G. MORGE]
	Familien-, Gattungs-, Artangaben	Sonstige Details			
	[*Lissa* MEIGEN]				
2854	*Lissa loxocerina* GFLL.	♂ Lemberg **Göbel**	grün	1	
	[*Tetanura* FALLÉN]				
2855	*Tetanura palliventris* FLL.	♀ Melk **Donauaue Gesträuch**[1] 5. 7. 85	grün	1	[[1] Kann auch „gestreift" heißen]
	[*Calobata* MEIGEN]				
2856	*Calobata cibaria* L.	♂ ♀ **Seitenstetten Froschau** 18. 5.	weißgrün	1	
2857	○			1	
2858	*C. cothurnata* Pz.	♂ ♀ **Seitenstetten Stiftsgarten**	weißgrün	2	
2859	*C. calceata*	♀ Krn **Voralpenwiesen**	weißgrün	2	
2860	*Cal. petronella* L.	♂ ♀ **Lemberg**	grün	1	
2861	*C. ephippium* FBR	♂ ♀ **Seitenstetten Stiftsteich**	weißgrün	2	
	[*Micropeza* MEIGEN]				
2862	*Micropeza corrigiolata* L.	♀ **Auer Südtirol Dolden**	grün	3	
	[*Loxocera* MEIGEN]				
2863	*Loxocera ichneumonea* L.	♀ **Seitenstetten**	grün	1	
2864	[3] *L. intermedia* R. D. **Loew**	[1] ♂ 20. 8. [2] Vorarlberg	[1] – [2] – [3] –	1	
2865	*Lox. elongata* MG.	♂ **Freiwaldau Schlesien Tief**	blaugrün[1]	1	[[1] Über dem Etikett zusätzlich noch ein kleines goldenes □-Blättchen
2867	*Lox. nigrifrons* MCQ	♂ **Melk Stiftsgarten Gesträuch**[1] 1. 6.	olivgrau	1	[[1] Kann auch „gestreift" heißen]
	[*Platystyla* MEIGEN]				
2869	*Platystyla Hoffmanseggi* MG	♂ **Ehrenbreitstein . . .**[1]	rosé [2]	1	[[1] Unleserliches stenographisches Zeichen. – [2] Über dem Etikett zusätzlich noch ein winziges grünes □-Blättchen]
	[*Chyliza* FALLÉN]				
2870	*Chyliza annulipes* MCQ.	♂ **Gebüsche bei Mühlau**	grün	1	
2871	*obscuripen̄is*	♂ **Seitenstetten Froschau Sumpfwiesen** 11. 5.	graugrün	1	
2872	*Ch. leptogaster* Pz	♂ ♀ **Melk Stiftsgarten Gesträuch**[1] 20. 5.	bräunlich-grau	1	[[1] Kann auch „gestreift" heißen]
2873	*Chyliz. vittata* MG	♂ **Seitenstetten Waldrand Gesträuch**[1].	grün	1	[[1] Kann auch „gestreift" heißen]
	[*Psila* MEIGEN]				
2866	*Ps. atra* MG		–	1	
2868	*Ps. rufa* MG	♂ Steir. Alpen **Griesstein** ♂ STROBL **Type**[1]	weißgrün	1	[[1] Diese Bemerkung dürfte sich auf die hier beschriebene „Typen-Sammlung" P. STROBLs beziehen]

Ex.-Nr. Typen-designie-rung	Vollständige Etikettenbeschriftung: Familien-, Gattungs-, Artangaben	Vollständige Etikettenbeschriftung: Sonstige Details	Etiketten-farbe	Erhal-tungs-zustand	Revisionsresultate nach 1910. [Bemerkungen von G. MORGE]
136. Reihe:					
2874	*Ps. Lefeburei* Z	♂ ♀ **Um den Scheipisee Grünerlen**	blaugrün	3	
2875	*Psila fimetaria* L.	**Gebüsche bei Mühlau** ♀. **Schafferweg Farn** 19. 7. ♂.	bräunlich-grau	1	
2876	○			1	
2877	*abdominalis* SCH.	♀ **Veitigraben Waldpfuhl** 17. 8.	grün	2	
2878	*Ps. bicolor* MG	♀ Dalmatia	rosé	4	
2879	*Psil. obscuritarsis* LW	♂ **Monte** Spinale 24. 7. 94. **Strobl**	blaugrün	2	
2880	*Psila nigricornis* MG	♀ **Seitenstetten gegen Rosenau**	grün	1	
2881	*Psil. pectoralis*	♀ **Stiftswaldrand Gesträuch**[1]	grün	1	[[1] Kann auch „**gestreift**" heißen]
2882	*Psila humeralis* ZETT.	♀ **Hohentauern.**	grün	1	
2883	*Psila rosae* FBR.	♀ **Admont Sautratte**	grün	3	
2884	*Psil. gracilis* MG.	♀ Admont **Hoffeld 24. 5. Strobl.**	blaugrün	1	
2885	*Psila villosula* MG	♀ **Seitenstetten Stiftswaldrand**	grün	4	
2886	*atriman[a]* MG. **wohl nur v. von** *fuscin.* **mit rotem**[1]		grün	1	[[1] Das folgende Wort ist vom Etikett weggeschnitten]
2887	*Psila nigra* FL	♂ **Seitenstetten Treffiingufer**	olivgrau	5	
2888	*Ps. morio* Z.	♂ **Scheipisee Blumen** 26. 5. 94[1]	blaugrün	2	[[1] „4" fast unleserlich]
2889	*Ps. unilineata* Z.	♂ Berlin	olivgrau	1	
2890	**26. Chloropinae**		rosa, schwarz umrandet		
	[*Platycephala* FALLÉN]				
2891	*Platycephala umbraculata* FBR.	♀ **Dolden bei Auer Südtirol**	grün	1	
2892	*Plat. planifrons* FBR	♂ **Kaiserau Sumpfwiesen** 7. 8. 91.	blaugrün	1	
	[*Meromyza* MEIGEN]				
2893	*Meromyza variegata* SCHIN. **aber nicht** MG.	♂ **Innsbruck Hinterkreiting**[1] **Blumen**	grün	1	[[1] Unsichere Dechiffrierung]
2894	*M. varieg[ata]* MG =*laeta* **Schiner**		grün	2	
2895	*Mer. pratorum* MG	♀ **Auf Wiesen um Hohentauern** 2. 8.	blaugrün	2	
2896	*M. nigriventris* MCQ	♀ **Sonntagberg Wiesen Gesträuch**[1]	olivgrau	1	[[1] Kann auch „**gestreift**" heißen]
2897	*Mer. saltatrix* L	♂ **Amras Dolden**	grün	1	
	[*Centor* LOEW]				
2898	*Centor nudipes* LW	♂ ♀ **Seitenstetten Gesträuch**[1]	bräunlich-grau	2	[[1] Kann auch „**gestreift**" heißen]
2899	*C. myopinus* LW.	♂ ♀ **Hohentauern Wiesen**	bräunlich-grau	2	
	[*Anthracophaga* LOEW]				
2901	*Anthracophaga strigula* F. = *cingulata* MG. **Schiner**	♀ **Unterösterreich**	bräunlich-grau	3	

Ex.-Nr. Typen-designie-rung	Vollständige Etikettenbeschriftung		Etiketten-farbe	Erhal-tungs-zustand	Revisionsresultate nach 1910. [Bemerkungen von G. MORGE]
	Familien-, Gattungs-, Artangaben	Sonstige Details			
	[*Haplegis* LOEW]				
2902	*H. divergens* **Loew.**	Admont **Eichelau** 21. 7.	blaugrün	3	
137. Reihe:					
	[*Eutropha* LOEW]				
2904 Typus	*Eutropha Thalhammeri* **Loew.** n. sp.	♂ Keczel 1. 5. 90. **Thalhammer**	blaugrün	5[1]	[[1] Nur noch Nadel vorhanden, kein Tier]
2905 /	*Eutropha ingrata* Lw.	♂ ♀ Ro[1] **und** Orb[2] Transsylva STROBL.	–	2	[[1] = Rotenturm-paß. – [2] Orlater
2905a				2	Bergwiesen]
	[*Diplotoxa* LOEW]				
2906	*Diplotoxa approximatinervis* ZTT.	♂ ♀ **Seitenstetten Gesträuch**[1]	bräunlich-grau	3	[[1] Kann auch „**ge-streift**" heißen]
2907	*Diplot. inconstans* Lw.	♀ **Seitenstetten Gesträuch**[1]	bräunlich-grau	1	[[1] Kann auch „**ge-streift**" heißen]
2908	*Dipl. albipila* Lw.	♂ **Gesäuse Waldboden** 17. 7. 91	blaugrün	1	
2909	*Dipl. messoria* FLL	♂ **Eichelau Schilfwiesen Gesträuch**[1] 21. 7.	blaugrün	1	[[1] Kann auch „**ge-streift**" heißen]
	[*Chlorops* MEIGEN]				
2900	*Chlor. cereris*	♂ **Seitenstetten Waldrand, Stiftsteich usw.**	grün	2	
2903	*Chl. tarsata* FLL	♂ **Seitenstetten Stiftsteich Rain** 13. 6.	bräunlich-grau	2	
2910	*Chl. puncticollis* Z.	**Admont Stiftsgarten Gesträuch**[1] 17. 7. ♂, **Krumau** ♀	blaugrün	1	[[1] Kann auch „**ge-streift**" heißen]
2911 Typus	*nigrithorax* m.	♂ **Scheipisee Grünerien** 31. 7.	blaugrün	2	
2912	*Chl. serena* Lw	♂ **Seitenstetten Stiftsteich usw. Gesträuch**[1]	olivgrau	1	[[1] Kann auch „**ge-streift**" heißen]
2913	*brevim.* v.	♀ **Hohentauern Sumpfwiesen** 3. 8.	blaugrün	3	
2914	*ringens* Lw	♂ Ungarn	grün	1	
2915 /	*brunip.* v. *b.*	♂ ♀ **Kalbling Krummholzwiesen** 19. 7. 891.	grün	2	
2915a				2	
2916 Typus	*Chl. anthracophagoides*	♂	–	1	
2917	*Chl. geminata* MG.	**Amras Dolden** ♂. **Seitenstetten** ♀.	olivgrau	1	
2918 Typus	*Chlor. grandicornis* m	♂ Cilli STROBL.	–	1	
2919	*Ch. speciosa* MG	♂ ♀ **Seitenstetten Gesträuch**[1]	olivgrau	1	[[1] Kann auch „**ge-streift**" heißen]
2920	*Chl. nasuta* SCH = *Meigenii* Lw	♂ **Seitenstetten Wiesen Gesträuch**[1].	olivgrau	1	[[1] Kann auch „**ge-streift**" heißen]
2921	*rufina* Z.	♀ **Admont Bach Laub** 18. 7. 91.	blaugrün	1	
2922 Typus	*plan[ifrons]* v. *nigrimana*[1]	♀ **Gesäuse Waldboden** 16. 7.	blaugrün	1	[[1] = v. *nigritarsis* STROBL]
2923 Typus	[2] *Ch. pannonica* m.	[1] ♂ Akaszto **Mai** 889.	[1] blau-grün [2] –	1	

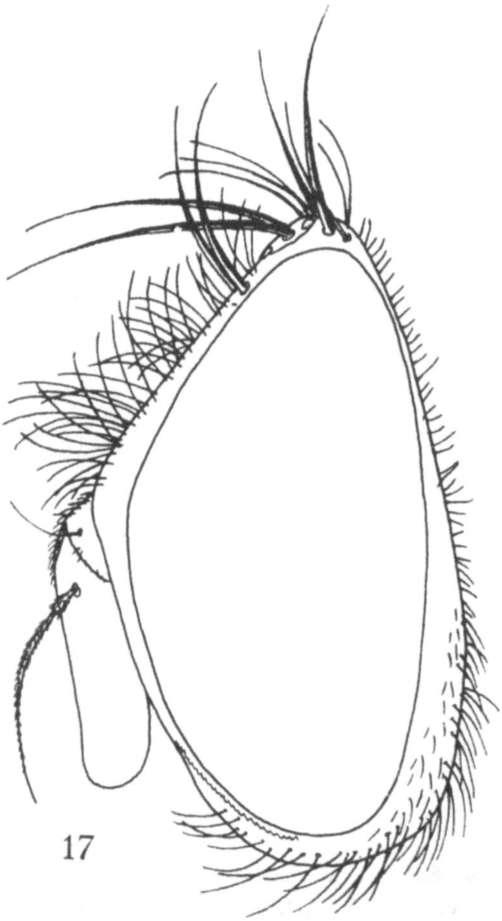

17

Fig. 17. *Neosilba fumosa* (EGGER) (Lonchaeidae):

Linke Seitenansicht des Kopfes. (30×). (Gezeichnet nach Exemplar-Nr. 2325 in der Kollektion MORGE mit folgender Etikettierung: 1. „Paratypus *Lonchaea flavipennis* MORGE ♂ det G. Morge Ex. 2325". [Diese Etikettierung entspricht noch meiner ursprünglichen Definition dieser Art in MORGE 1959: Monographie der palaearktischen Lonchaeaidae. Beitr. Ent. **9**, 938, die ich später revidierte, als ich die Synonymie von *flavipennis* MORGE zu *fumosa* EGGER feststellte.]. – 2. „*Neosilba fumosa* (EGGER) ♂ det. G. Morge Ex. 2325". – 3. „Ör Sz. Miklós Sajó IV.". – 4. „Coll. Mus. Nat. Hung.".)

Ex.-Nr. Typen-designie-rung	Vollständige Etikettenbeschriftung: Familien-, Gattungs-, Artangaben	Vollständige Etikettenbeschriftung: Sonstige Details	Etiketten-farbe	Erhal-tungs-zustand	Revisionsresultate nach 1910. [Bemerkungen von G. MORGE]
2924 / 2924a	*Ch. didyma* Z.	♂ ♀ **Seitenstetten Stiftsteich**	–	1 1	
2925	*Chl. taeniopus* MG	♂ ♀ **Amstetten** 14. 5.	bräunlich-grau	1	
2926	*Ch. hirsuta* LW	♀ **Villach Tief.**	blaugrün	1	
2927	*discicornis* LW.	♂ **Krumau auf Dolden** 25. 8.	grün	2	
2928	*Chl. dasycera* LW.	♀ **Hofwiese** 1. 7.	–	3	
2929	*Chl. minuta* L[OEW]	**Amstetten Gesträuch**[1]	bräunlich-grau	1	[[1] Kann auch „**gestreift**" heißen]
2930	*humilis* **Loew.**	♂ **Krumau**	–	1	
	[*Chloropisca* LOEW]				
2931	*Chloropisca rufa* MCQ.	♀ **Kerkafälle**	bräunlich-grau	3	
2932 Typus	*Chl. rufa* MC v. *nigrovittata* m.	♂ ♀	–	1	
138. Reihe:					
2933	*Chloropisca ornata* LW. *circumdat*[*a*] MG	♂ ♀ **Oberösterreich Mik!**	bräunlich-grau	2	
	[*Lipara* MEIGEN]				
2934	*Lipara lucens* MG.	♀ Dalmat. **Erber**	grün[1]	2	[[1] Über dem Etikett zusätzlich noch ein kleines braunes □-Blättchen]
2935	[2] *Lipara rufitarsis* LW.	[2] ♂ Wien. **Mik.** [1] Wachtl 1880	[1] – [2] grün	2	
2936	[2] *Lipara similis*	[2] **Wien. Mik** ♂ **als** *rufis.* **Schiner.** [1] Wien	[1] – [2] bräunlichgrau	2	
	[*Sciomyza* FALLÉN]				
2937 / 2937a	*Sciomyza griseola* FLL.	**Admont Sautratte** ♀. **Seitenstetten** ♂.	grün	4 4	
	[*Selachops* WAHLBERG]				
2938	*Selachops flavocincta* W.	♂ Lembg	grün	2	
	[*Camarota* MEIGEN]				
2939	*Camarota flavitarsis* MG	♂ **Steinbrück**	–	2	
	[*Eurina* MEIGEN]				
2940	[2] *Eurina pubescens* Mg	[2] ♂ Kalocsa [1] 17. 91	[1] – [2] blau-grün	1	
2941	*Eur. calva* EG	⚥ Kalocsa.	blaugrün	2	
	[*Oscinis* LATREILLE]				
2942	*Oscinis frit* L	♂ **Frauenfeld Schlosser**[1].	grün	4	[[1] Unsichere Dechiffrierung]
2943	*Oscinis pusilla* MG.	♂ **Frauenfeld Schlosser**[1].	grün	1	[[1] Unsichere Dechiffrierung]
2944	*Osc. maura*	♂ **Amstetten Gesträuch**[1] 14. 5.	bräunlich-grau	1	[[1] Kann auch „**gestreift**" heißen]

Ex.-Nr. Typen-designierung	Vollständige Etikettenbeschriftung: Familien-, Gattungs-, Artangaben	Vollständige Etikettenbeschriftung: Sonstige Details	Etiketten-farbe	Erhal-tungs-zustand	Revisionsresultate nach 1910. [Bemerkungen von G. MORGE]
2945	*Osc. vindicata*	**Seitenstetten Stiftsteichrand und Gesträuch**[1] ♀ **Melk** ♂.	grün	1	[[1] Kann auch „**gestreift**" heißen]
2946	*nitidissima* MG	♂ **Kaiserau Sumpfwiesen**	blaugrün	2	
2947	*Osc. albiseta* MG.	**Admont**	blaugrün	1	
2948	*Os. ruficeps* MG = *nigripes*		blaugrün	1	
2949	*Osc. plumiger* MG	♀ **Seitenstetten Stiftsgarten**	bräunlich-grau	1	
2950	*humeralis* LW	Kalocsa . . .[1]	blaugrün	2	[[1] Weitere Schriftzeichen sind unleserlich]
2951	*Osc. nana* Z	♀ **Seitenstetten Stiftsteich Gesträuch**[1].	bräunlich-grau	3	[[1] Kann auch „**gestreift**" heißen]
2953	*Osc.* neu.[1] *albipalpis* MG	♀ **Seitenstetten Wiesen Gesträuch**[2].	bräunlich-grau	3	[[1] Unsichere Dechiffrierung. – [2] Kann auch „**gestreift**" heißen]
2954 Typus	*O. longepilo[sa]* m.	Cilli leg[1]	rosé	2	[[1] Nach diesem Zeichen ist das Etikett abgeschnitten]
2955 Typus	*Osc. styriaca* m.	**Kalbling**	–	2	
2956	[2] *Osc. lineella* F.	[2] ♀ **Seitenstetten** [1] Pichelsberg 9. 97	[1] – [2] –	2	
2957 Typus	*O. dalmatina* ST.	♂ **Friedau untere Steiermark**	grün	3	
2958 Typus	*O. Novakii* m.	♀ Lesina	rosé	1	
2959 Typus	*O. albidipennis* m.	♂ Fiume **Volosca** 20. 7.	rosé	2	
2960	*O. ephippium* ZTT. v	♂ **Admont Stiftsgarten** 15. 7.	blaugrün	3	
139. Reihe:					
2961	*O. tibialis* MC.	♂ Admont **Krumau** 26. 6. 93	blaugrün	1	
2962	*fulviventris* MCQ ?	♀ **Melk Winden Rain** 2. 6.	grün	1	
2963	*Osc. rufipes*	♀ **Admont Ennsufer** 6. 9.	blaugrün	2	
2964	*O. pratensis* M	. . .[1]	blaugrün	3	[[1] Stenographische Schriftzeichen am Etikett fast ganz weggeschnitten und damit unleserlich]
2982	*angustif[rons]*	♀ Akaszto **Mai** 89.	blaugrün	4	
2983 Typus	*bicingulata* m.	♂ **Froschau Wiesen Gesträuch**[1].	blaugrün	5	[[1] Kann auch „**gestreift**" heißen]
2984	*O. frontella* Z	♀ **Krumau**	–	4	
2986	*O. laevifrons* LW.	♂ **Pöverding Dolden**	grün[1]	5[2]	[[1] Etikett ist nicht mehr vorhanden. – [2] Nur noch Nadel vorhanden, kein Tier]
	[*Microneurum* BECKER]				
2952 Typus	*Microneurum securiferum* m.	♀ Admont **Krumau Wiesen** STROBL.	–	3	

Ex.-Nr. Typen-designierung	Vollständige Etikettenbeschriftung		Etiketten-farbe	Erhal-tungs-zustand	Revisionsresultate nach 1910. [Bemerkungen von G. MORGE]
	Familien-, Gattungs-, Artangaben	Sonstige Details			
	[*Siphonella* MACQUART]				
2965	*S. dasyprocta* LW	♀ Triest STROBL	grün	5[1]	[[1] Nur noch Nadel vorhanden, kein Tier]
2966	*Siph. pumilionis* BJ.	**Froschau Wiesen Gesträuch**[1].	olivgrau	2	[[1] Kann auch „**gestreift**" heißen]
2967	*S. flavella*		grün	1	
2968 **Typus**	*Siph. multicingulata*		grün	1	
2969 **Typus**	v. *hispanica* m.	♂ ♀ **Monfalcone**	grün	1	
2970 **Typus**	*S. diplotoxoides* m.	**Admont**	blaugrün	4	
2971	*S. trilineata* MG	**Frauenfeld Gesträuch**[1] ♂ **Seitenstetten** ♀.	olivgrau	1	[[1] Kann auch „**gestreift**" heißen]
2972 **Typus**	[2] *sordidissima* n. sp.	[2] Kalocsa **Thal . . .**[1] [1] 1 4 95	[1] – [2] blaugrün	1	[[1] Fast unleserlich. Heißt aber sehr wahrscheinlich „**Thalhammer**"]
2973	*S. laevigata* FLL.	♂ **Eichelau blühender Rain** 21. 7.	blaugrün	1	
2974	*Siph[onella] nucis* PERR[IS]	♂ **Unterösterreich**	–	3	
2975 /	*S. pseudolaevigata* **Strobl**	**Seitenstetten buschige Bachufer Gesträuch**[1]. ♀. **Admont** ♂	olivgrau	1	[[1] Kann auch „**gestreift**" heißen]
2975a **Typen**				1	
2976	*S. palposa* Z.	♀ **Kaiserau Wiesen** 19. 8.	–	1	
2977	*S. tristis* LW.	♀ **Krumau**	–	4	
2978	*S. oscinina* FLL	♀ **Deutschland Schiner**	olivgrau	3	
	[*Elachiptera* MACQUART]				
2979	*Elachiptera cornuta* FLL	**Bei Mühlau Blätter.** ♀ **Seitenstetten**	grün	4	
2980 **Typus**	*El. aterr[ima]*	♂ Admont **trockene Bergwiesen** 24. 7. 891.	grün	1	
2981	*El. brevipennis* MG	♂ **Froschau Gesträuch**[1] 13. 4.	olivgrau	4	[[1] Kann auch „**gestreift**" heißen]
	[*Mosillus* LATREILLE]				
2985	*Mosillus arcuatus* LTR.	♀ Wien. **Mik.**	grün	1	

* * *

Übersicht der Exemplar-Nummern der Typensammlung nach Gattungsgruppierung

Die jeweils zwischen den Schrägstrichen stehenden Exemplar-Nummern gehören zu ein und derselben Gattung des von P. STROBL befolgten Systems. — Nur in den Holzkassetten V und VI hat er, wie aus dem vorangehenden Verzeichnis ersichtlich, zusätzlich auch Etiketten für die Unterfamilien eingefügt. Diese sind in der Übersicht durch „/.“ gekennzeichnet. Die an diesen Stellen ausgelassenen Exemplar-Nummern sind mithin jene solcher Unterfamilien-Etiketten.

Holzkassette I:

2987—3065/ 3066—3067/ 3068—3071/ 3073/ 3074/ 3078/ 3077/ 3079/ 3080/ 3081—3083/ 3111, 3084—3090/ 3072, 3091—3093/ 3094—3110/ 3112—3114/ 3115—3135/ 3136—3137/ 3138—3140/ 3141/ 3142—3144/ 3146/ 3145/ 3147/ 3150/ 3148/ 3149/ 3151—3157/ 3158/ 3159—3161/ 3162—3167/ 3168/ 3169/ 3170—3172/ 3173—3175/ 3176/ 3177—3178/ 3179—3188/ 3189—3193/ 3194—3199, 3201—3203/ 3200, 3204—3210/ 3211/ 3212—3226/ 3227—3244/ 3245—3246/ 3247—3248/ 3252/ 3249—3250/ 3253—3272/ 3251/ 3285—3289/ 3290—3291, 3273, 3292—3296/ 3075—3076/ 3274—3284/ 3297—3298/ 3376—3378/ 3299—3316/ 3319—3375/ 3317—3318/ 3379—3453/ 3454—3455/ 3456—3475/ 3484—3485/ 3478/ 3480—3483/ 3477, 3486—3489/ 3490/ 3500—3505/ 3476/ 3499/ 3494—3498/ 3506—3507/ 3479/ 3509/ 3491—3493/ 3510—3511/ 3508/ 3513/ 3512/ 3515—3518/ 3548/ 3514/ 3520/ 3521—3522/ 3527—3534/ 3524—3526/ 3519, 3535—3542/ 3544—3547/ 3543/ 3549—3552/ 3556/ 3553—3554/ 3557/ 3558—3559/ 3560—3563/ 3523, 3564—3567/ 3568—3569/ 3571—3572/ 3573/ 3570/ 3555

* * *

Holzkassette II:

1—6/ 7—8/ 9/ 10—13/ 14/ 15/ 16—17/ 18/ 19—26/ 27/ 28—33, 89, 34—39/ 40—54, 64, 55—63, 65—70, 72—88, 71, 90—99/ 100—102/ 103—112/ 113—114/ 115/ 116—123/ 124—128/ 129—139/ 140—146/ 147—152/ 153—160/ 161—162/ 163/ 164—207/ 208/ 209—211/ 212—216/ 217—227/ 228—255/ 256/ 257—270/ 271—274/ 275—278/ 279—282/ 283/ 284—286/ 287—300/ 301—302/ 303—305/ 306—312/ 313—315, 317/ 316, 318—320/ 321—322/ 324, 323/ 325—337/ 338—339/ 340—343, 349, 351, 357, 360, 367—368, 375—376, 385—386/ 344/ 345—346/ 347/ 348/ 350/ 352—356, 358—359, 361/ 362/ 363—366/ 369/ 370—373/ 374, 377/ 378, 380—381/ 379, 382—384/ 387—391/ 392[3]—394[3]/ 395[3]/

* * *

[3] Diese Exemplare sind keine Dipteren, sondern Hymenopteren.

Holzkassette III:

396/ 397–399/ 400–408/ 409/ 410/ 411/ 412/ 413/ 414–423/ 424–426/ 427–430/ 431–433/ 434–436/ 447, 460, 488/ 437–446, 448–459, 461–492[4], 506/ 493–500/ 501–505/ 507–543/ 544–552/ 553–555/ 559–560, 563, 570, 572–573/ 556–558, 561–562, 564–569, 571, 574–580/ 581–583/ 584–586/ 587/ 588–602/ 603/ 604–615, 620/ 616–617/ 618/ 619/ 621–633/ 634/ 635–636/ 638–651/ 652–661/ 637, 662–665, 667/ 666, 668–671/ 672–673/ 674–676/ 677–697/ 698/ 699/ 700–703/ 704/ 705/ 706–716/ 717–723/ 724–725/ 726–731/ 732–733/ 734/ 735–736/ 737–738/ 739–740/ 741/ 742/ 743–752/ 753–768, 813/ 769–774, 775–776/ 777–793/ 794–798/ 799/ 800–801, 820/ 802/ 803/ 804–812, 814–819, 821–828/ 829/ 830/ 831–837/ 838/ 839–841/ 842/ 843–897/ 898/ 899–975/ 976–980/ 981–1054/ 1055/ 1056/ 1057/ 1058–1063/ 1064–1068/ 1069–1071/ 1072–1076/ 1078–1079/ 1077, 1080–1081/ 1082–1084/ 1085–1086/ 1087/ 1088–1089/ 1090–1093/ 1094–1095/ 1096–1098/

* * *

Holzkassette IV:

1099–1103/ 1104–1108/ 1109–1110/ 1111/ 1112–1114/ 1115–1116/ 1117–1141/ 1142–1144/ 1145–1150, 1166, 1151, 1152/ 1153–1157/ 1158–1162/ 1163–1165, 1167–1172/ 1173–1174/ 1175–1176/ 1190/ 1177–1189, 1191–1237/ 1238–1303/ 1304–1308, 1310–1313/ 1309/ 1314–1325/ 1326–1327/ 1329/ 1330/ 1331–1337/ 1338–1342/ 1343–1345/ 1328, 1347–1354/ 1355–1357/ 1346, 1358–1359/ 1360–1372/ 1373–1397/ 1398–1409/ 1410/ 1411–1415/ 1416/ 1417–1423/ 1424–1426/ 1427–1440/ 1441–1442/ 1443–1450/ 1451–1453/ 1454–1457/ 1458–1469/ 1470, 1473–1477/ 1472/ 1471, 1478–1484, 1486–1488/ 1489/ 1490–1492/ 1493/ 1485, 1494–1501/ 1502–1517/ 1518–1521/ 1522–1524/ 1525–1530/ 1531–1533/ 1534/ 1535/ 1536–1538/ 1539/ 1540–1550/ 1551–1554/ 1555–1556/ 1557/ 1558/ 1559–1563/ 1564–1572/ 1573–1574/ 1575/ 1576–1581/ 1582/ 1583–1587/ 1588–1600/ 1601–1602/ 1603/ 1604/ 1605/ 1606–1609/ 1610/ 1611–1623/ 1624/ 1625–1630/

* * *

Holzkassette V:

1632–1633/ 1634–1635/ 1636/ 1637–1640/ 1641/ 1642/ 1643–1647/ 1648/ 1649/ 1650/ 1651/ 1652/ 1653–1657/ 1658–1659/ 1660–1662/ 1663–1664/ 1671–1672, 1676–1677/ 1665–1670, 1673–1675, 1679–1682, 1684–1688/ 1678/ 1683/ 1689/ 1690/ 1691–1710, 1712–1714, 1718–1719, 1722, 1725–1726/ 1711, 1715, 1717/ 1716, 1720–1721, 1723–1724/ 1727/ 1728–1732/ 1733–1735/ 1736–1745, 1747, 1750–1752/ 1746/ 1749/ 1753/ 1748/ 1754, 1759, 1761/ 1755–1757, 1760/ 1758/ 1762–1763, 1765/ 1764/ 1766/ 1767/ 1768–1774, 1776–1778/ 1775/ 1779/ 1780/ 1781/ 1782/ 1783/ 1784–1786/ 1787–1788/ 1789–1790/ 1791–1794/ 1795/ 1796/ 1797–1799/ 1800/ 1801–

[4] Außer 488.

Farbtafel 10. Linke Seitenansicht des Weibchens von *Palloptera modesta* (MEIGEN). (13×). (Gezeichnet und gemalt nach einem Exemplar in der Kollektion des ehemaligen DEI, Eberswalde, mit folgender Etikettierung: 1. „Kiel". — 2. „coll. Oldenberg".)

1804, 1806—1812/ 1805/ 1813/ 1814/ 1815—1817, 1819/ 1818/ 1820/ 1821—1822/ 1823/ 1824/ 1825—1826, 1828, 1830, 1834, 1836—1837, 1840/ 1827/ 1831/ 1829, 1832—1833/ 1835/ 1838/ 1839/ 1841—1843/ 1844/ 1845/ 1846/ 1847/ 1848—1849/ 1850—1855, 1857—1861/ 1856/ 1862/ 1863/ 1864/ 1865/ 1866—1868/ 1869—1871/ 1872/ 1873/ 1874—1876, 1878/ 1877/ 1879/ 1880, 1882/ 1881/ 1883/ 1884/ 1885—1892/ 1893—1895/. 1897—1899, 1901/ 1900, 1902/ 1903/ 1904/ 1905/ 1906—1907/ 1908—1910/ 1911—1914/ 1915/ 1916/ 1917/ 1918/ 1919/ 1920—1926, 1928/ 1927/ 1929/ 1930—1931/ 1932/ 1933/ 1934/ 1935—1937/ 1938/. 1940/ 1941—1946/ 1949/ 1947, 1948, 1950—1957/ 1958—2003/ 2004—2005/. 2007—2009/ 2010—2011/ 2012—2018/ 2019—2022/ 2023—2030/ 2031—2036/ 2037—2049/ 2050—2053/ 2054—2059/ 2060—2070/ 2071—2072/. 2074—2100, 2103—2106, 2109—2118, 2120—2128/ 2101—2102, 2107—2108, 2119, 2131—2132, 2134—2180, 2182—2183/ 2129—2130, 2133, 2181, 2184—2198, 2200—2205, 2208—2214, 2216/ 2206—2207/ 2199/ 2215/ 2217/ 2218, 2220—2221, 2223—2225/ 2219, 2226—2232/ 2233/ 2234—2239/ 2244—2246/ 2222, 2240—2243, 2247—2259/

* * *

Holzkassette VI:

2260—2281, 2284—2301/ 2305—2306, 2314—2318, 2320, 2322—2335, 2340—2341, 2343—2350/ 2282—2283, 2302—2304, 2321, 2336—2339, 2342, 2351—2405, 2409—2411, 2482/ 2307—2313, 2319/ 2406—2408, 2413—2414/ 2412/ 2419/ 2415—2418, 2420—2468, 2470/ 2469/ 2471—2474/ 2475/ 2476—2478/ 2479/ 2480, 2481, 2483—2489/ 2490—2491/ 2492/ 2493, 2494/. 2496—2503/ 2504/ 2505/ 2506—2509/ 2510—2512/ 2513, 2518/ 2514—2516/ 2517/ 2519/ 2520/ 2521/ 2522/ 2523/ 2524—2526/ 2527/ 2528/ 2529—2542/ 2543—2562/ 2563, 2571, 2575/ 2564, 2567—2570/ 2565/ 2566/ 2572—2574, 2576—2577, 2579—2581/ 2578/ 2582, 2584—2585, 2589/ 2583, 2586—2588/ 2590—2591/ 2592—2593/ 2594—2598/. 2600—2602/ 2603—2621/ 2622/ 2623—2624/ 2625—2628, 2631, 2634—2635/ 2629—2630/ 2632—2633/ 2636—2641/ 2642—2645/ 2646—2647/ 2648/ 2649/ 2650—2653/ 2654—2659/ 2660—2661/ 2662—2667, 2671, 2672/ 2668/ 2669/ 2670/ 2673—2676/. 2678/ 2679—2680/ 2681/ 2682—2694/ 2695/ 2696—2702/ 2703—2739/ 2740/ 2741—2749/. 2751—2752/ 2753/ 2754—2756/ 2757/ 2758—2763/ 2764—2768/ 2769/ 2770—2778/ 2779/ 2780—2788/ 2789/ 2790/ 2791/ 2792—2795, 2808/ 2796—2807, 2809—2825/. 2827—2836/ 2837—2841/ 2842—2844/ 2845/ 2846—2852/ 2853/ 2854/ 2855/ 2856—2861/ 2862/ 2863—2865, 2867/ 2869/ 2870—2873/ 2866, 2868, 2874—2889/. 2891—2892/ 2893—2897/ 2898—2899/ 2901/ 2902/ 2904—2905/ 2906—2909/ 2900, 2903, 2910—2930/ 2931—2933/ 2934—2936/ 2937/ 2938/ 2939/ 2940—2941/ 2942—2951, 2953—2964, 2982—2984, 2986/ 2952/ 2965—2978/ 2979—2981/ 2985/

* * *

Ergänzungen zur Dechiffrierung von Etiketten-Details

Mit der Revision der Typensammlung konnten die meisten der bisher nicht enträtselbaren, von P. STROBL in abgewandelter oder hieroglyphenartiger Schrift auf seinen Etiketten vermerkten Einzelheiten geklärt werden. So fanden fast alle bisher nicht deutbaren Fundorte und anderweitigen Angaben ihre Lösung.

Beispielsweise bedeutet das in den vorangegangenen Teilen dieser Publikationsserie oft erscheinende, bislang rätselhafte Wort „**Study**" in Wirklichkeit „**Staudinger**", der fraglicherweise früher als „**Grauental**" dechiffrierte Fundort bezeichnet das „**Krojnatal**" etc.

Der sowohl in der Typen- wie auch in der Hauptsammlung P. STROBLs sehr häufig vorkommende Fundort „Gesäuse" wurde von ihm auf vielen Etiketten und in seinen beiden handgeschriebenen Katalogen fast ausschließlich „Gesäuss" geschrieben. — Der dechiffriert als „**Froschau**" geschriebene Fundort bei Seitenstetten ist identisch mit P. STROBLs „**Fröschelau**".

Register zum Artenverzeichnis der Typensammlung

Schreibweise und Kombination der Gattungs-, Art- und Autornamen entsprechen auch im Register nur den Angaben P. STROBLs auf seinen Etiketten. Dort fehlende Details wurden von mir nach seinen Katalogangaben ergänzt. Lediglich offensichtliche Schreibfehler und die Absicht P. STROBLs, durch die Angabe eines anderen Namen als den des ursprünglichen Autors einer Art auf dem Etikett auf eine spätere Deutung hinzuweisen, sind im Register berücksichtigt. — Mehrfach vorkommende Artnamen sind nicht nach den Autoren, sondern nach den Gattungen alphabetisch geordnet.

Folgende „Ex.-Nrn" des Artenverzeichnisses weisen nur auf handschriftliche Etiketten mit Familiennamen hin, die P. STROBL sporadisch in die Typensammlung eingefügt hat. An den betreffenden Stellen befinden sich keine Tiere: 1939, 2006, 2073, 2495, 2599, 2677, 2750, 2826 und 2890.

„**Typus***" an ganz wenigen Stellen des Registers im Gegensatz zur oft vorkommenden Bezeichnung „**Typus**" kennzeichnet einzelne Exemplare, deren Typenwahrscheinlichkeit sich erst nach schon erfolgter Drucklegung des Artenverzeichnisses durch weitere Dechiffrierungen aus P. STROBLs Katalogen ergab und die mithin im Verzeichnis selbst noch nicht vermerkt ist.

Die Zahlen weisen nicht auf die Druckseiten hin, sondern bekunden in der Reihenfolge ihrer Aufzählung die jeweilige Holzkassette/Reihe/Exemplar-Nummer.

A

B

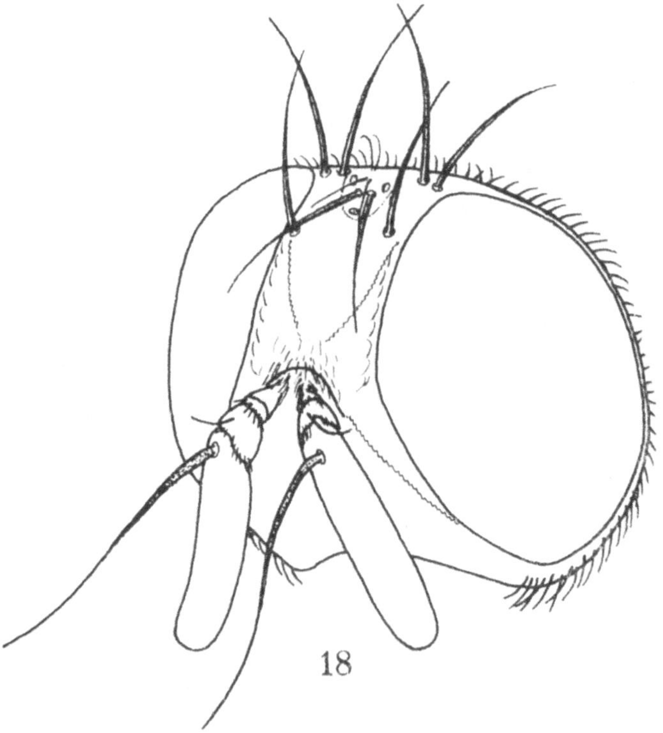

18

Fig. 18. *Lonchaea haplosetifera* McAlpine (Lonchaeidae):

Kopf von oben links seitlich. (30×). (Gezeichnet nach einem Exemplar, das mir Prof. Dr. Erwin Lindner dankenswerterweise von seiner Afrika-Expedition zur Revision zur Verfügung stellte, mit folgender Etikettierung: 1. „Msingi 1.—19. V. 1952 D. O. Afrika Exp.". — 2. „Lonchaeidae Lindner det.". — 3. „*Lonchaea haplosetifera* McAlpine ♀ det. G. Morge Ex. 2867".)

C

Farbtafel 11. Linke Seitenansicht des Weibchens von *Chaetolonchaea pallipennis* (ZETTERSTEDT). (13 ×). (Gezeichnet und gemalt nach einem Exemplar in der Kollektion des ehemaligen DEI, Eberswalde, mit folgender Etikettierung: 1. „Berlin Pichelsberg 31. 5. 07". — 2. „*Chaetolonchaea pallipennis* (ZETTERST.) ♀ det. G. Morge Ex. 2923".)

D

E

F

G

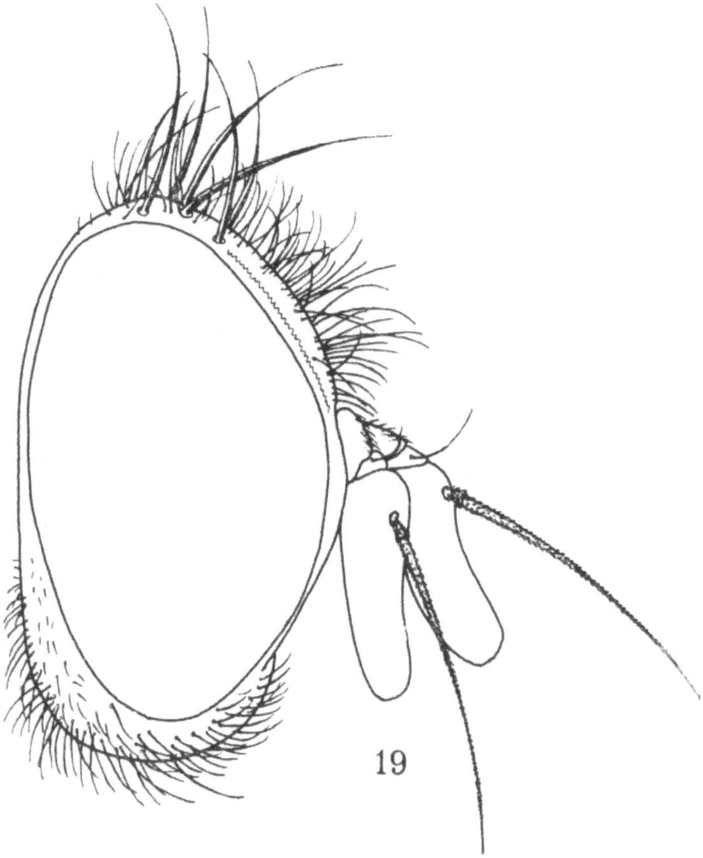

19

Fig. 19. *Lonchaea patens* COLLIN (Lonchaeidae):

Rechte Seitenansicht des Kopfes. (30×). (Gezeichnet nach einem Exemplar in der Kollektion MORGE mit folgender Etikettierung: 1. „Pécs Thalhammer VI. 21". – 2. „*Lonchaea tarsata* Fll. coll. Thalhammer". – 3. „Coll. Mus. Nat. Hung.". – 4. „*Lonchaea patens* COLLIN ♂ det. G. Morge Ex. 2281".)

H

I

J

K

L

Farbtafel 12. Linke Seitenansicht des Kopfes von *Earomyia lonchaeoides* ZETTERSTEDT, Weibchen. (65 ×). (Gezeichnet und gemalt nach einem Exemplar in der Hauptkollektion des Zoologischen Museums der HUMBOLDT-Universität zu Berlin mit folgender Etikettierung: 1. „Syntypus *Lonchaea frontata* BECKER ♀ det. G. Morge Ex. 3361". 2. „*Earomyia lonchaeoides* ZETTERSTEDT ♀ det. G. Morge Ex. 3361". – 3. „Asch 26 3 871.". – 4. „Coll. H. Loew".)

M

N

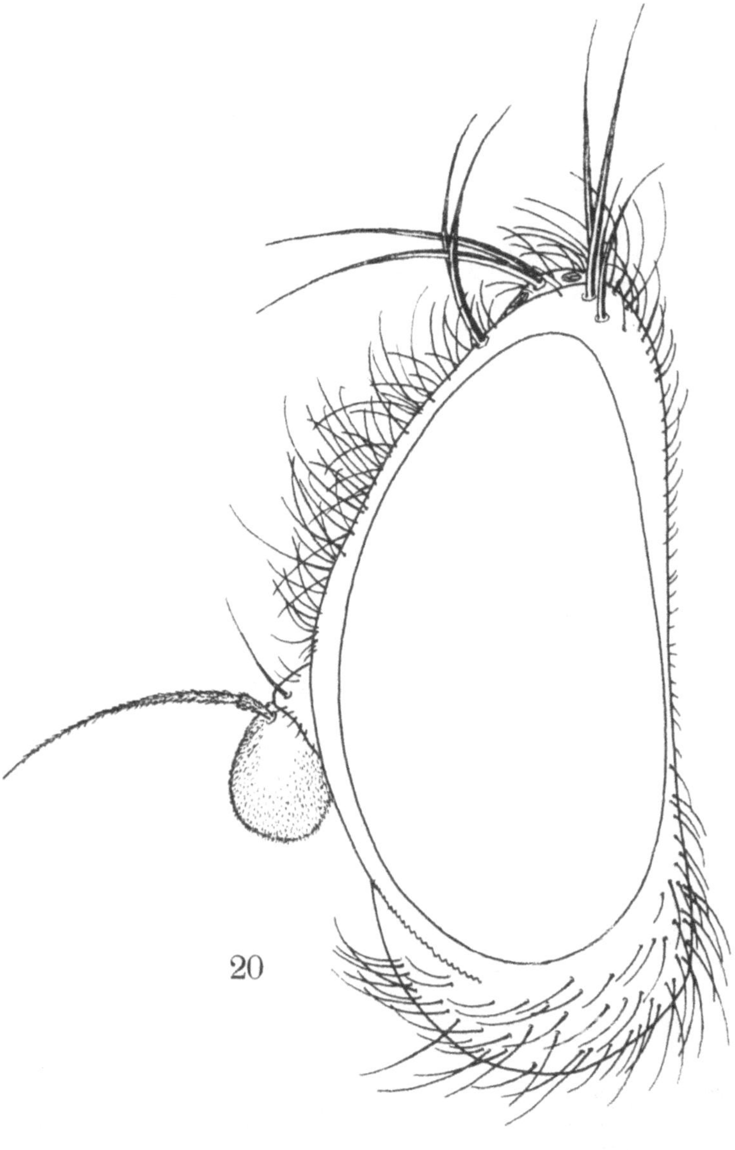

20

Fig. 20. *Earomyia adriatica* (Becker) (Lonchaeidae):

Linke Seitenansicht des Kopfes. (48×). (Gezeichnet nach einem Exemplar in der Kollektion Morge mit folgender Etikettierung: 1. „Tatarszentgyörgy Ungarn VI. 1925 leg. Dr. Engel". – 2. „Münch.". – 3. „*Earomyia adriatica* (Becker) ♂ det. G. Morge".)

O

Farbtafel 13. Rechte Seitenansicht des Topariums von *Lonchaea bruggeri* MORGE. (29,7 × ; natürliche Größe: 4,45 mm). (Gezeichnet und gemalt nach einem aus Borkenkäferuntersuchungen stammenden Exemplar der Typenserie vom gleichen Fundort und gleichen Fundtag wie der Holotypus: Gemeindewald Sölden/Tirol (Österreich), Nederwald: Heilig-Kreuz-Klipple (etwa 1520 Meter über dem Meere); Larve leg. G. MORGE, 25. April 1961 unter der Rinde eines Lärchenstammes, der von der „Kehlrinne" aus etwa 1750 Meter Höhe zu Tale geführt worden war.)

Q

R

T

W

X

Z

In diesem Exemplar fehlen in der Publikation
G. Morge: Diptera Collectionis P. Gabriel Strobl – V
die in der übrigen Auflage des Sonderbandes
dort enthaltenen Farbtafeln 1 bis 8.

FSC
www.fsc.org
MIX
Papier | Fördert gute Waldnutzung
FSC® C083411

Kolibri 360 GmbH
Ferdinand-Jühlke-Straße 7
99095 Erfurt, Deutschland
produktsicherheit@kolibri360.de